内容简介

的内容是在仔细分析和认真总结初、中级用户学用计算机的需求和困惑的基础上确定的。它基于“快速掌握、、学以致用”的原则，根据日常工作及娱乐中的需要取材谋篇，以应用为目的，用任务来驱动，并配以大量过本书的学习，读者可以轻松、快速地掌握计算机实际应用技能，得心应手地使用五笔飞速打字和使用 Word 排版。

分 18 章，主要内容包括：键盘操作与指法分区，认识五笔，认识五笔字根，汉字的拆分，输入单个汉字，简字，输入词组，重码、容错码和万能学习键，98、18030 和 2010 增强词库版王码五笔输入法，其他五笔输入 Word 2010，Word 2010 的基本操作，Word 2010 的编辑操作，Word 2010 的基本排版与打印，Word 2010 的，Word 2010 的表格编辑与处理，Word 2010 的高级美化与应用以及 Word 2010 的实例操练。除此之外，还字型 86 版和 98 版输入法中常用汉字及不常用汉字的编码速查字典。

及配套的多媒体光盘面向初级和中级电脑用户，适用于电脑入门者、电脑爱好者、电脑培训人员、退休人员业需要学习五笔和 Word 的人员，也可以作为大中专院校师生学习的辅导和培训用书。

编目(CIP)数据

打字与 Word 美化排版/科教工作室编著. --2 版. --北京：清华大学出版社，2011.9
系列丛书)
7-302-26328-9

Ⅱ. ①科… Ⅲ. ①五笔字型输入法—基本知识 ②文字处理系统，Word—基本知识 Ⅳ. ①TP391.1

书馆 CIP 数据核字(2011)第 152323 号

章忆文 陈立静
杨玉兰
北京东方人华科技有限公司
王 晖
何 芊
清华大学出版社 地 址：北京清华大学学研大厦 A 座
http://www.tup.com.cn 邮 编：100084
社 总 机：010-62770175 邮 购：010-62786544
投稿与读者服务：010-62776969，c-service@tup.tsinghua.edu.cn
质 量 反 馈：010-62772015，zhiliang@tup.tsinghua.edu.cn
清华大学印刷厂
全国新华书店
210×285 印 张：19.75 插 页：1 字 数：757 千字
附 DVD1 张
2011 年 9 月第 2 版 印 次：2011 年 9 月第 1 次印刷
～4000
3.00 元

041226-01

光 盘 说

一．打开光盘

1. 将光盘放入光驱中，几秒钟后光盘会自动运行。如果没有自动运行，可通过打开【计算机】窗口，右击光驱所在盘符，在弹出的快捷菜单中选择 【自动播放】命令来运行光盘。

2. 光盘主界面中有几个功能图标按钮，将鼠标放在某个图标按钮上可以查看相应的说明信息，单击则可以执行相应的操作。

二．学习内容

1. 单击主界面中的【学习内容】图标按钮后，会显示出本书配套光盘中学习内容的主菜单。

2. 单击主菜单中的任意一项，会弹出该项的一个子菜单，显示该章各小节内容。

3. 单击子菜单中的任一项，可进入光盘的播放界面并自动播放该节的内容。

三．进入播放界面

1. 在内容演示区域中，将以聪聪老师和慧慧同学的对话结合实例演示的形式，生动地讲解各章节的学习内容。

2. 选中此区域中的按钮可自行控制播放，读者可以反复观看、模拟操作过程。单击【返回】按钮可返回到主界面。

3. 像电视节目一样，此处字幕同步显示解说词。

四．跟我学

单击【跟我学】按钮，会弹出一个子菜单，列出本章所有小节的内容。单击子菜单中的任一选项后，可以在播放界面中自动播放该节的内容。

该播放界面与单击主界面中各节子菜单项后进入的播放界面作用相同。【跟我学】的特点就是在学习当前章节内容的情况下，可直接选择本章的其他小节进行学习，而不必再返回到主界面中选择本章的其他小节。

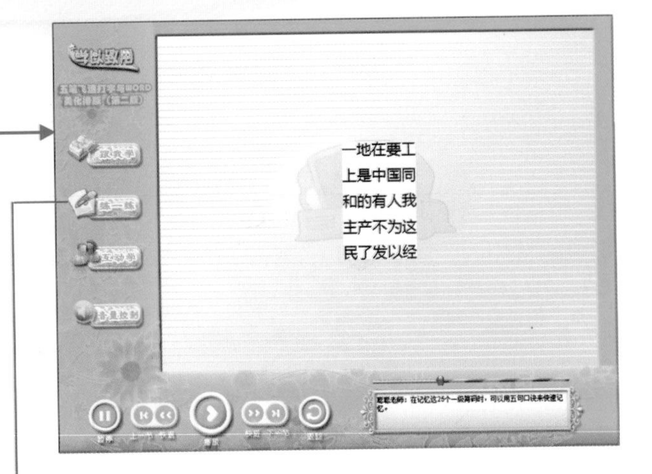

五．练一练

单击播放界面中的【练一练】按钮，播放界面将被隐藏，同时弹出一个【练一练】对话框。读者可以参照其中的讲解内容，在自己的电脑中进行同步练习。另外，还可以通过对话框中的播放控制按钮实现快进、快退、暂停等功能，单击【返回】按钮则可返回到播放窗口。

六．互动学

1. 单击【互动学】按钮后，会弹出一个子菜单，显示详细的互动内容。

2. 单击子菜单中的任一项，可以在互动界面中进行相应模拟练习的操作。

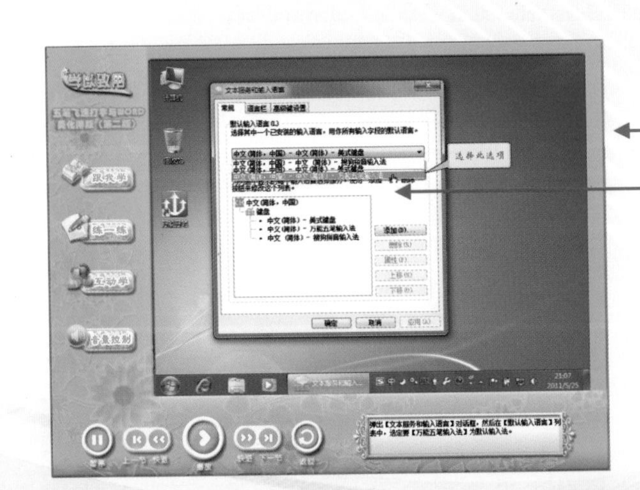

3. 在互动学交互操作环节，必须根据给出的提示用鼠标或键盘执行相应的操作，方可进入下一步操作。

学以致用系列丛书

五笔飞速打字与 Word 美化排版

(第二版)

科教工作室　编著

清华大学出版社

北　京

本书
即查即用
实例，通
进行美化
本书
码输入法
法，初识
图形处理
附有五笔
本书
和各行各

本书封面
版权所有

图书在版编

五笔飞速打
(学以致用
ISBN 978-

I. ①五…

中国版本图

责任编辑：
封面设计：
版式设计：
责任校对：
责任印制：
出版发行：

印 装 者：
经　　销：
开　　本：

版　　次：
印　　数：
定　　价：

产品编号：

出版者的话

第二版言★

首先，感谢您阅读本丛书！正因为有了您的支持和鼓励，“学以致用”系列丛书第二版问世了。

臧克家曾经说过：读过一本好书，就像交了一个益友。对于初学者而言，选择一本好书则显得尤为重要。“学以致用”是一套专门为电脑爱好者量身打造的系列丛书。翻看它，您将不虚此“行”，因为它将带给您真正“色、香、味”俱全、营养丰富的电脑知识的“豪华盛宴”！

本系列丛书的内容是在仔细分析和认真总结初、中级用户学用电脑的需求和困惑的基础上确定的。它基于“快速掌握、即查即用、学以致用”的原则，根据日常工作和娱乐中的需要取材谋篇，以应用为目的，用任务来驱动，并配以大量实例。学习本丛书，您可以轻松快速地掌握计算机的实际应用技能、得心应手地使用电脑。

丛书书目★

本系列丛书第二版首批推出 13 本，书目如下：

(1) Access 2010 数据库应用

(2) Dreamweaver CS5 网页制作

(3) Office 2010 综合应用

(4) Photoshop CS5 基础与应用

(5) Word/Excel/PowerPoint 2010 应用三合一

(6) 电脑轻松入门

(7) 电脑组装与维护

(8) 局域网组建与维护

(9) 实用工具软件

(10) ***五笔飞速打字与Word 美化排版***

(11) 笔记本电脑选购、使用与维护

(12) 网上开店、装修与推广

(13) 数码摄影轻松上手

丛书特点★

本套丛书基于“快速掌握、即查即用、学以致用”的原则，具有以下特点。

一、内容上注重“实用为先”

本系列丛书在内容上注重“实用为先”，精选最需要的知识、介绍最实用的操作技巧和最典型的应用案例。例如，①在《Office 2010 综合应用》一书中以处理有用的操作为例(例如：编制员工信息表)，来介绍如何使用 Excel，让您在掌握 Excel 的同时，也学会如何处理办公上的事务；②在《电脑组装与维护》一书中除介绍如何组装和维护电脑外，还介绍了如何选购和整合当前最主流的电脑硬件，让 Money 花在刀刃上。真正将电脑使用者的技巧和心得完完全全地传授给读者，教会您生活和工作中真正能用到的东西。

二、方法上注重“活学活用”

本系列丛书在方法上注重“活学活用”，用任务来驱动，根据用户实际使用的需要取材谋篇，以应用为目的，将软件的功能完全发掘给读者，教会读者更多、更好的应用方法。如《电脑轻松入门》一书在介绍卸载软件时，除了介绍一般卸载软件的方法外，还介绍了如何使用特定的软件(如优化大师)来卸载一些不容易卸载的软件，解决您遇到的实际问题。同时，也提醒您学无止境，除了学习书面上的知识外，自己还应该善于发现和学习。

三、讲解上注重“丰富有趣”

本系列丛书在讲解上注重“丰富有趣”，风趣幽默的语言搭配生动有趣的实例，采用全程图解的方式，细致地进行分步讲解，并采用鲜艳的喷云图将重点在图上进行标注，您翻看时会感到兴趣盎然，回味无穷。

在讲解时还提供了大量“提示”、“注意”、“技巧”的精彩点滴，让您在学习过程中随时认真思考，对初、中级用户在用电脑过程中随时进行贴心的技术指导，迅速将“新手”打造成为“高手”。

四、信息上注重“见多识广”

本系列丛书在信息上注重“见多识广”，每页底部都有知识丰富的“长见识”一栏，增广见闻似地扩充您的电脑知识，让您在学习正文的过程中，对其他的一些信息和技巧也了如指掌，方便更好地使用电脑来为自己服务。

五、布局上注重“科学分类”

本系列丛书在布局上注重“科学分类”，采用分类式的组织形式，交互式的表述方式，翻到哪儿学到哪儿，不仅适合系统学习，更加方便即查即用。同时采用由易到难、由基础到应用技巧的科学方式来讲解软件，逐步提高应用水平。

图书每章最后附“思考与练习”或“拓展与提高”小节，让您能够针对本章内容温故而知新，利用实例得到新的提高，真正做到举一反三。

光盘特点★

本系列丛书配有精心制作的多媒体互动学习光盘，情景制作细腻，具有以下特点。

一、情景互动的教学方式

通过“聪聪老师”、“慧慧同学”和俏皮的“皮皮猴”3个卡通人物互动于光盘之中，将会像讲故事一样来讲解所有的知识，让您犹如置身于电影与游戏之中，乐学而忘返。

二、人性化的界面安排

根据人们的操作习惯合理地设计播放控制按钮和菜单的摆放，让人一目了然，方便读者更轻松地操作。例如，在进入章节学习时，有些系列光盘的“内容选择”还是全书的内容，这样会使初学者眼花缭乱、摸不着头脑。而本系列光盘中的“内容选择”是本章节的内容，方便初学者的使用，是真正从初学者的角度出发来设计的。

三、超值精彩的教学内容

光盘具有超大容量，每张播放时间达8小时以上。光盘内容以图书结构为基础，并对它进行了一定的延伸。除了基础知识的介绍外，更以实例的形式来进行精彩讲解，而不是一个劲地、简单地说个不停。

读者对象★

本系列丛书及配套的多媒体光盘面向初、中级电脑用户，适用于电脑入门者、电脑爱好者、电脑培训人员、退休人员和各行各业需要学习电脑的人员，也可以作为大中专院校师生学习的辅导和培训用书。

互动交流★

为了更好地服务于广大读者和电脑爱好者，如果您在使用本丛书时有任何疑难问题，可以通过 xueyizy@126.com 邮箱与我们联系，我们将尽全力解答您所提出的问题。

作者团队★

本系列丛书的作者和编委会成员均是有着丰富电脑使用经验和教学经验的 IT 精英。他们长期从事计算机的研究和教学工作，这些作品都是他们多年的感悟和经验之谈。

本系列丛书在编写和创作的过程中，得到了清华大学出版社第三事业部章忆文主任的大力支持和帮助，在此深表感谢！本书由科教工作室组织编写，陈迪飞、陈胜尧、崔浩、费容容、冯健、黄纬、蒋鑫、李青山、罗晔、倪震、谭彩燕、汤文飞、王佳、王经谊、杨章静、于金彬、张蓓蓓、张魁、周慧慧、邹晔等人（按姓名拼音顺序）参与了创作和编排等事务。

关于本书★

王永民老师创造的五笔字型汉字输入法，被尊称为“不亚于活字印刷术”的伟大发明。在 IT 界，五笔输入法的诞生，让汉字输入不能与西文相比的时代终结了；而在汉字输入史上，五笔字型输入法也是被公认为汉字录入速度最快的输入法。

为了让大家能够在较短的时间内就能掌握使用五笔字型输入法录入汉字和使用 Word 进行美化排版的应用技能，我们编写了《五笔飞速打字与 Word 美化排版》一书。本书共 18 章，内容丰富、实用性强。在五笔字型输入法方面，详细介绍了 86、98、18030 和 2010 增强词库版王码五笔输入法的规律和窍门；在 Word 2010 方面，不仅介绍了其基本编辑、美化排版、高级应用功能，还辅以实例加以指导，内容更加易学易用。

专业人员会要求自己使用专业软件来做更为专业的工作！迄今为止，五笔输入法仍是汉字输入法中最专业、最快捷的工具软件。学完本书，您也将轻松成为一名拥有专业技能的办公人员！

科教工作室

目 录

学以致用系列丛书

第1章 键盘操作与指法分区

键盘是向计算机输入数据的主要途径，是我们与计算机沟通的好帮手，本章介绍键盘操作的正确方法并学习指法分区，加强练习，让你尽快地与你的好帮手达成默契，在以后的学习中如鱼得水！

学习要点

- ❖ 键盘操作与指法分区概述
- ❖ 指法和分区
- ❖ 键盘的使用
- ❖ 练习指法
- ❖ 使用“金山打字通2010”软件练习打字
- ❖ 其他常用打字软件介绍

学习目标

通过本章的学习，读者应该能够掌握键盘的构造及其使用方法，对于字母、符号能快速地进行输入，同时掌握“金山打字通2010”的使用方法。

需要注意的是，首先必须清楚以下几方面。

为什么要学习键盘的结构？

为什么要学习指法和分区？

学习指法能带来什么好处？

1.1 键盘操作与指法分区概述

键盘是向计算机输入数据的主要工具。通过学习本章读者可以了解键盘，认识它的指法分区，掌握正确的打字姿势和击键方法，通过练习熟练地使用键盘。

1.1.1 认识键盘

首先让我们来认识一下标准 Windows 107 键盘吧！

当然，并不是所有的键盘都是 Windows 107 键盘，在 DOS(磁盘操作系统)时代，用得最多的是 84 键、101 键、102 键的键盘，1995 年 Windows 95 发布后，又诞生了 104 键盘，它被称为 Win95 键盘，这种键盘在原来 101 键盘的左右两边、Ctrl 和 Alt 键之间增加了两个 Windows 键和一个属性关联键。到 1999 年前后，随着 Windows 操作系统的普及，为了与 Windows 系统一些快捷功能相匹配，功能键区在普通的 104 键盘上增加了 Power、Sleep 和 Wake Up 三个功能键，这三个键一般位于键盘的右上方，这就形成了 107 键盘，它又被称为 Win98 键盘，也是我们日常使用最多的键盘类型。目前，各大厂商，尤其是品牌电脑厂商各自推出了富有特色的键盘，有些有“一键上网”功能，限于种类太多，在此不再过多介绍。

上图是台式机的键盘，受电脑体积的影响，笔记本电脑的键盘和台式机的键盘有很大不同，且因各个厂商制造的笔记本不同，键盘也不尽相同。通常，在笔记本电脑键盘上小键盘区与主键盘区合并，并在左下角多一个 Fn 键，用来配合 F1 至 F12 中与其颜色相同的键来实现系统的特殊功能，具体与笔记本电脑的种类有关，在此就不详细介绍了。

107 键盘是什么意思？
它是指键盘上有 107 个按键。

1.1.2 键盘分区

键盘的种类比较多，现在各厂商又制造了如无线键盘、多媒体键盘等各种不一样的键盘，但是每种键盘上的字符排列都是大同小异的。

一般情况下，我们可以把键盘分为五个区，即主键盘区(也称为打字键区)、功能键区、编辑键区和小键盘区(也称数字键区)和指示灯区，如下图所示。

- ❖ 主键盘区：它是键盘上使用最为频繁的区域，包括字母键、数字键、符号键和控制键，主要用于输入字母和文字。
- ❖ 功能键区：包括 Esc 键、F1 至 F12 键，以及 Power、Sleep 和 Wake Up 三个键，在不同的情况下，有不同的定义。
- ❖ 编辑键区：共有 13 个键，其中 10 个用于控制输入文字时插入光标的位置。
- ❖ 小键盘区：即数字键区，位于键盘的最右边，共有 17 个键，主要用于快速输入数字。
- ❖ 指示灯区：主要用于提示键盘的工作状态，从左到右分别为 Num Lock 指示灯、Caps Lock 指示灯和 Scroll Lock 指示灯。

1.1.3 掌握键盘的技巧

有道是“千里之行，始于足下”，如果连键盘都认识不全的话，又怎么可能“健步如飞”呢？所以，还是先通过下列技巧熟悉键盘吧！

(1) 按分区认识键盘是熟悉键盘的最好方法。

(2) 主键盘区的键不必刻意记忆，通过下面的指法学习和练习，时间长了就能熟练掌握。

(3) 功能键区由 F1 至 F12，按顺序排列。

(4) 编辑键区 13 个键，4 个光标键即“上下左右”不必记忆，中间 6 个键 Insert 和 Delete 配套、Home 和 End 配套、Page Up 和 Page Down 配套，一上一下。

(5) 小键盘区从 0～9 号键开始记起，再掌握外围的几个键。

Windows 7 是由微软公司开发的，具有革命性变化的操作系统。该系统旨在让人们日常的电脑操作更加简单和快捷，为人们提供高效易行的工作环境。

1.2 指法和分区

键盘上有107个键位，而我们只有10个手指，怎样分配才能使我们的操作准确而快捷呢？

1.2.1 基准键位

在使用键盘打字时，用户的各个手指应该放在相应的键位上，这些键位称为基准键位。基准键位包括A、S、D、F、J、K、L和;键，共计8个键。有了基准键位，用户就不会盲目地乱按键了。用户应将左右手除大拇指外的8个手指放在相应的基准键位上，其对应关系如下图所示。

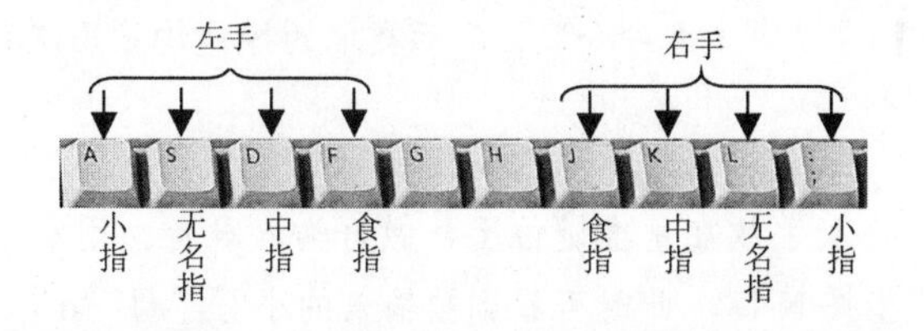

1.2.2 十个手指的指法分区

上一小节我们确定了基准键位，下面我们对十个手指的指法进行分区，分区以基准键位为基点，分出各个手指的击键范围，如下图所示。

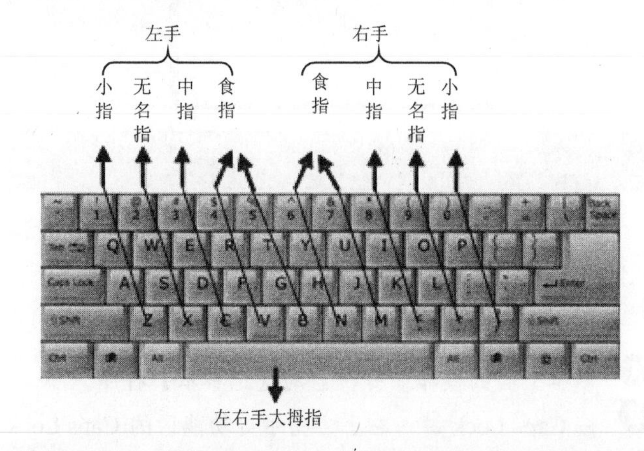

1.2.3 正确的打字姿势

正确的打字姿势可以提高我们的打字速度，而且不容易疲劳。其基本要点如下。

❖ 平坐在舒适的凳子和椅子上，自然坐正，双手自然地放在键盘上。

❖ 平坐高度与键盘、显示器的高度相适应，键盘高度以双手自然放在键盘上时，肘关节略高于手腕，形成悬臂状；而显示器高度，则应按第一条坐下时，目光平视于显示屏的2/3处为宜。

❖ 眼睛与显示器距离在40厘米左右，对于19寸以上的显示器，距离还要大一些。

❖ 打字超过1小时，要站立活动，眺望远方，使眼睛放松10分钟。

正确的打字姿势如下图所示。

1.2.4 击键方法

掌握正确的打字姿势后，再运用正确的击键方法，将进一步提高打字的速度。正确的击键方法主要有以下几点要求。

❖ 录入前，两手处于基准键位处，坐姿正确，手要垂放，关节自然弯曲，指头放在键中部。

❖ 录入时，指尖轻击键，靠手腕的力量带动手指完成击键动作，对于初学者无名指和小指通常感到无力，手腕的力量更加重要。

❖ 击键后迅速回归到基准键位，不击键的手指也要处于基准键位上。

❖ "击"键而非"按"键。

技巧

击键方法要求"轻、快、准"，"轻"就是击键时不要太用力，敲击一下即可；"快"就是击键时手指要迅速，击键后手指迅速返回到相应的基准键位上，不拖泥带水；"准"就是击键时要精力集中，力求做到准确无误。

1.2.5 快速打字的几个技巧

在熟悉键盘的基础上，从一开始就要练习盲打，盲打指基本不看键盘而进行打字操作，当我们操作熟悉以

Windows 7中自带了很多Windows 7主题，用户也可以自己设计创建Windows 7主题，Windows 7主题还可以保存，而且微软支持用户和第三方合作伙伴将其打包销售。

长见识

后，甚至要求不看屏幕，只看稿件。只有盲打才能实现快速打字。

(1) 在练习了一段时间后，可以尝试在QQ聊天中使用，实战往往能取得更大的进步。

(2) 一定要强化训练各指，拇指按空格键时，最好左右开弓。

(3) 一定要按节奏击键，这样找到感觉，能加快速度。

(4) 准确是快速的前提，打字必须保证正确率，否则快速输入就失去了意义。

1.3 键盘的使用

只记住键盘上各键的位置，知道这些按键分别用哪个手指去敲击它是不能达到熟练打字要求的，用户应熟练使用键盘来敲击所要输入的字符。

1.3.1 使用字母键

字母键就是主键盘区上的26个标有大写字母的字母键，主要用于输入26个英文字母，其排列位置与英文打字机上的字母键相同，用户只要按一下某个字母键，即可输入相应的字母。可是，输入的是大写字母还是小写字母呢？如何实现字母的大小写混合输入呢？下面就让我们一起试试吧！

1. 输入小写字母

输入小写字母的步骤如下。

操作步骤

❶ 在电脑桌面上单击【开始】按钮，在展开的菜单中选择【所有程序】命令，如下图所示。

❷ 接着从展开的子菜单中选择【附件】命令，然后选择【记事本】命令，如下图所示，打开【记事本】窗口。

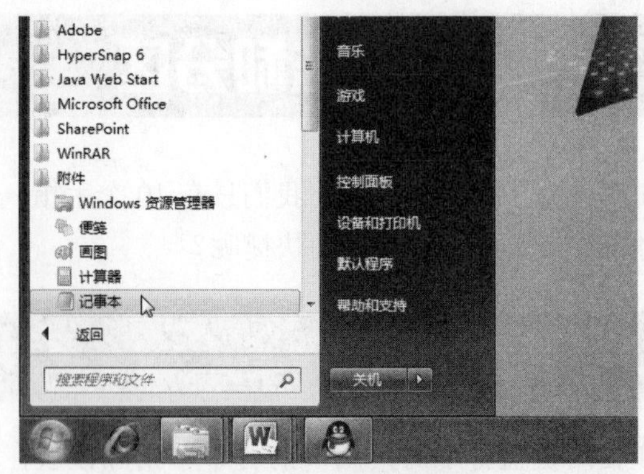

提示

为了叙述方便，我们步骤1、2中的“单击【开始】按钮，在展开的菜单中选择【所有程序】命令，接着从子菜单中选择【附件】命令，然后选择【记事本】命令”简写为“选择【开始】|【所有程序】|【附件】|【记事本】命令”。以后类似的操作均采用这种叙述方式。

❸ 将双手放在基准键位上，做好输入准备。用右手食指按N键，此时可看到被输入的小写字母“n”了。用右手中指按I键，可输入小写字母“i”。再用左手大拇指按空格键，输入一个空格，如下图所示。

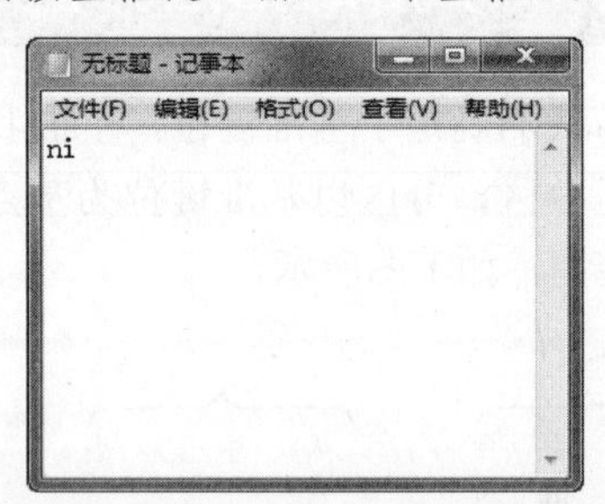

2. 输入大写字母

直接按键盘上的字母键只能输入小写字母，那么，如何输入大写字母呢？其操作步骤如下。

操作步骤

❶ 参照上面的操作步骤，启动【记事本】程序。

❷ 按Caps Lock键，右上方指示灯功能区的Caps Lock键指示灯亮，表明此时处于大写字母输入状态。

提示

如果要输入小写字母，则需要再按一下Caps Lock键，指示灯功能区的Caps Lock键指示灯熄灭即可。也就是说，指示灯区的Caps Lock亮，键盘处于大写字母输入状态；如果不亮，则处于小写字母输入状态。

Windows 7大幅缩减了Windows的启动时间，据实测，在2008年的中低端配置下运行，系统加载时间一般不超过20秒，这比Windows Vista的40余秒相比，是一个很大的进步。

3 现在将双手放在基准键位上，用右手中指按O键，接着用左手拇指按空格键。结果如下图所示。

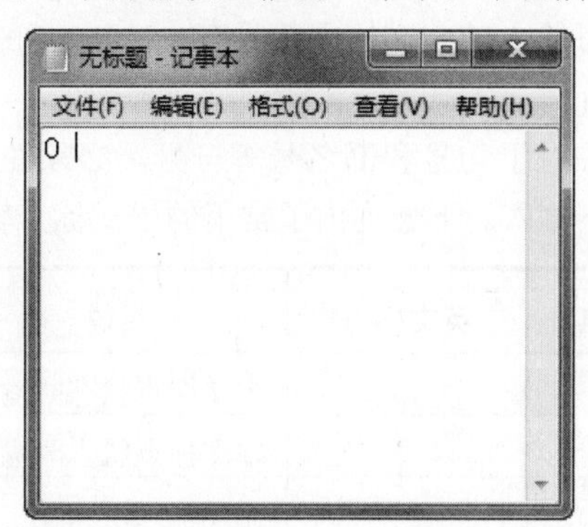

4 下面我们将输入“你好吗”的拼音“NI HAO MA”。用右手食指按N键，输入大写字母“N”。

5 用右手中指按I键，输入大写字母“I”。

6 用左手拇指按空格键。

7 用右手食指按H键，输入大写字母“H”。

8 用左手小指按A键，输入大写字母“A”。

9 用右手无名指按O键，输入大写字母“O”。

10 用左手拇指按空格键。

11 用右手食指按M键，输入大写字母“M”。

12 用左手小指按 A 键，输入大写字母“A”。输入的结果如下图所示。

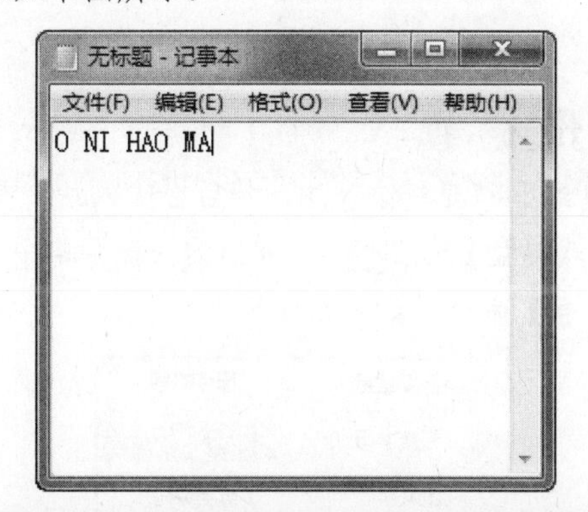

3. 大小写混合输入

前面我们已经知道了如何输入英文的小写字母和大写字母，但是一篇英文文章是不可能全是小写字母或者全是大写字母的。那么，如何实现大小写字母的混合输入呢？其操作步骤如下。

操作步骤

1 参照上面的操作步骤，打开【记事本】窗口。

2 如果要输入的混合字母中，小写字母较多的话，可以通过按住Shift键不松手，再按相应的字母键输入大写字母。例如要输入“I am here”这几个字母。我们可以先按住 Shift 键，再按 I 键，然后松开 Shift 键，再按空格键、A、M键和空格键、H、E、R、E键，结果如下图所示。

3 如果要输入的混合字母中，大写字母较多的话，我们可以先按一下Caps Lock键，然后再按相应的字母键。例如要输入“A S D F G H J K L z x c v b”这几个字母。我们可以先按 Caps Lock 键，再分别按 A、S、D、F、G、H、J、K、L键，然后再按 Caps Lock 键，再按 z、x、c、v、b键，结果如下图所示。

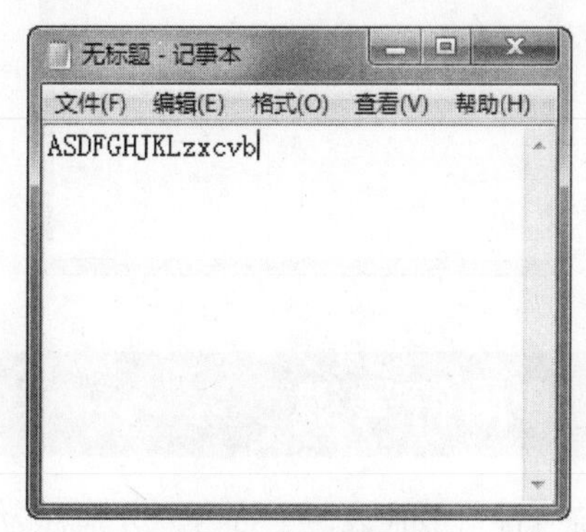

技巧

根据不同的情况，可以决定选用 Caps Lock 键或是 Shift 键来输入大写字母。一般来说，少量输入大写字母的情况下使用 Shift 键，大量输入大写字母的情况下，使用 Caps Lock 键。

1.3.2 使用数字键

数字键位于主键盘区上第一排，数字键就是指主键盘区最上方1至0共10个键，主要用于输入阿拉伯数字，它的每个键位也由两种字符组成：数字和上档字符。其操作步骤如下。

操作步骤

1 参照前面所讲的步骤，打开记事本。然后用右手食指敲击数字键“7”后返回到基准键位上，再用左手食指敲击数字键“4”后返回到基准键位，输入的结果如下图所示。

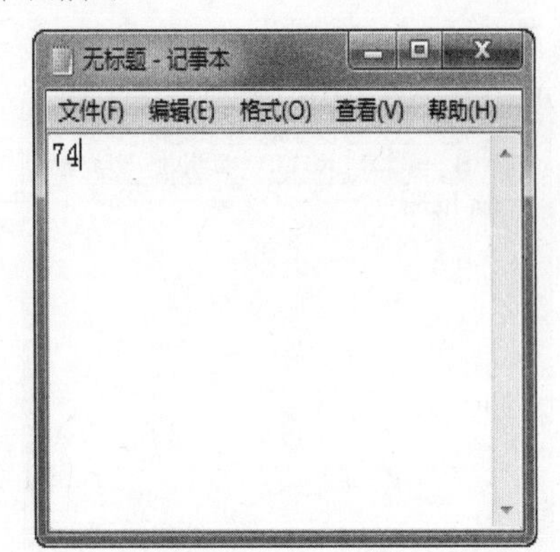

❷ 同理，我们敲入一个空格后，再输入如下数字“1234567890”，结果如下图所示。

1.3.3 使用符号键

一个符号键一般代表两个符号，分别称为符号的上档字符和下挡字符，如位于L键右边的;键，就代表“;”和“:”两个符号，其中“;”是下挡字符，“:”是上挡字符。下挡字符直接输入，而上挡字符，则要按住Shift键，再按键输入上挡字符。

例如：输入“#”号，先按住Shift键，再按主键盘区的“3”键。

这里要说明的是，对于标点符号的输入分中文标点和英文标点两种。在中文符号输入状态下，键盘上的.键可输入句号；在英文符号输入状态下，则输入点号。用户可以通过单击输入状态指示条中的相应按钮来改变输入标点的状态，如下图所示。

中英文标点切换按钮，此时表示输入英文标点。

- 可输入的英文标点符号有：` ~ ! @ # $ % ^ & * ( ) - _ = + { } \ | ; : ’ “, < . > / ?
- 可输入的中文标点符号有：`~！ •#￥%……—*()——+-=|、：；“‘《，》。？/

可见，对于句号和书名号等符号，必须在中文标点符号状态下输入。下表列出了常用的中文标点输入方法。

中文标点	英文标点	说 明
，	,	中文标点状态时输入
。	.	中文标点状态时输入
“”	"	循环输入
‘’	'	循环输入
$	$	循环输入
<<	<	循环输入
》	>	循环输入

要说明的是，有的标点符号需要通过快捷键输入，例如“……”，在“王码五笔86”下需要通过按Shift+6键输入。

提示

在不同输入法下，中文标点输入，可能有不同的效果。

还可以通过软键盘插入符号，具体操作步骤如下。

操作步骤

❶ 切换到王码五笔输入法，然后在输入法工具栏中右击【软键盘】按钮，从弹出的快捷菜单中选择【数字序号】命令，如下图所示。

❷ 在软键盘上通过鼠标去单击上面的数字序号，记事本中也随之增加了所单击的数字序号，如下图所示。

长见识 Windows 7包括改进了的安全和功能合法性，还会把数据保护和管理扩展到外围设备。Windows 7改进了基于角色的计算方案和用户账户管理，在数据保护和坚固协作的固有冲突之间搭建沟通桥梁，同时也会开启企业级的数据保护和权限许可。

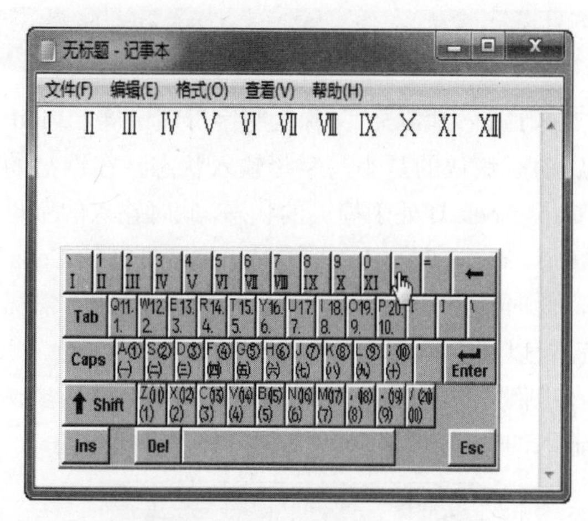

❸ 再次单击按钮，关闭软键盘。

1.3.4　使用控制键

控制键一共14个键位，位于字母区的两侧，其中Shift键、Alt键、Ctrl键和键左右各一个，在一般情况下，左右两键的功能是一样的，下面我们分别对这些控制键的用法进行介绍。

1. Ctrl键

Ctrl 键：又称为控制键，在实际运用中较多，此键与其他键配合使用，完成相应的功能，例如：Ctrl+空格键，可以完成对中英文输入法间的切换；Ctrl+C 组合键在Windows中定义为复制；Ctrl+V键在Windows中定义为粘贴，它不能单独使用。具体操作步骤如下。

操作步骤

❶ 我们借用Ctrl键来复制“ni hao ma.”字符。打开记事本，输入“ni　hao　ma.”字符，然后把光标定位到“n”字符前面，按住鼠标左键不松，拖动到该句话的末尾，字符呈灰色显示，如下图所示，表示选中。在选中字符时，用户也可以从后至前选中字符。

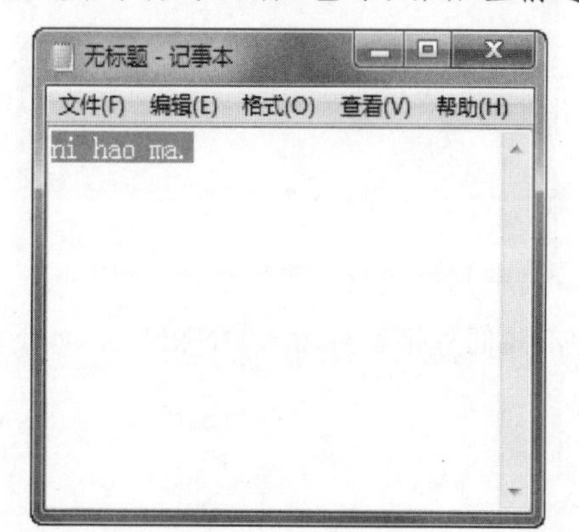

❷ 按Ctrl+C组合键，复制选中的字符。然后把光标定位到要粘贴字符的位置，再按Ctrl+V组合键，粘贴复制的字符，如下图所示。读者可以多按几次Ctrl+V键复制多份字符。

提示

如果刚才把Ctrl +C组合键按成Ctrl +X组合键的话，字符“ni　hao　ma.”将被剪切到剪贴板中，原位置什么都没有了，光标自动定位到最初的起始位置。然后按Ctrl+V键，即可把字符粘贴到记事本中了。

2. Alt键

Alt 键：又称切换键。它同Ctrl键一样也不能单独使用，与其他键配合使用，例如：Alt+Tab组合键，在Windows中定义为程序切换；Alt+F4在Windows中定义为关闭窗口。

3. Shift键

Shift 键：又称为换档键，该键不能单独使用。在小写字母状态下，按住Shift键，然后再按字母键输入的是大写字母，反之亦然。在输入符号时，按住Shift键输入键位的上档字符，松手输入下档字符。在Windows 7系统中，该键可以同别的键组合，实现相应的功能，如Shift+空格键，则可实现半角/全角输入状态的切换。

操作步骤

❶ 打开Windows记事本，按N键输入“n”，可以得到如下图所示的结果。

在Windows 7中，微软终于把搜索功能融合到了操作系统本身，不再明显地占用系统资源，搜索过程相当迅速，最重要的是，搜索结果很精确。

❷ 按住Shift键，按N键，此时输入的是大写字母“N”，如下图所示。

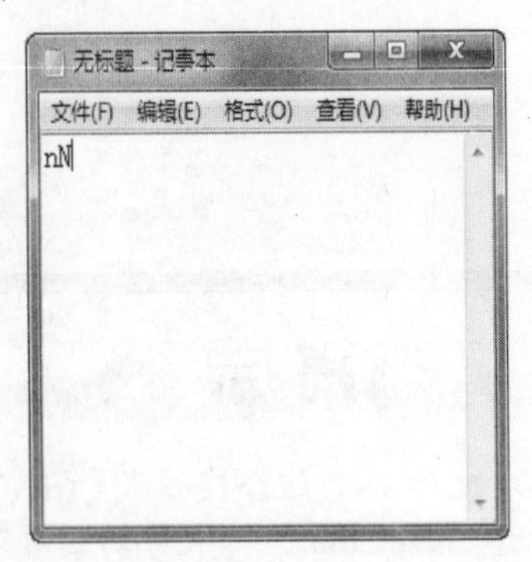

❸ 松开Shift键后，再按N键，输入的均为小写字母“n”，如下图所示。

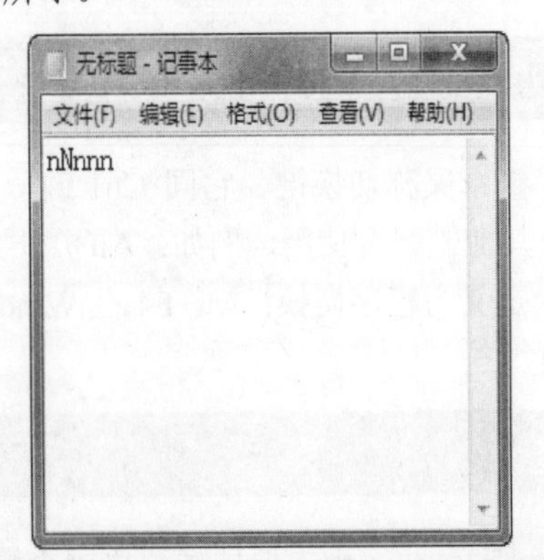

4. Enter键

Enter键：又称回车键，在运行程序时，起确定或取消作用，在Word 2010中起换段作用。

在上例中，我们按Enter键一次，可见光标移动到下一行，如下图所示。

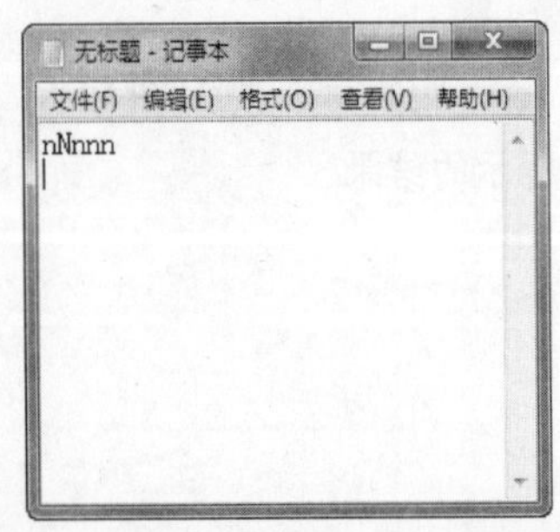

5. Caps Lock键

Caps Lock键：又称大写字母锁定键。Windows 7系统启动后默认的是小写字母输入状态，在键盘的指示灯区Caps Lock灯处于熄灭的状态，此时输入的字母都是小写字母。当按Caps Lock键时，指示灯区的Caps Lock灯亮，此时输入的字母均为大写字母。在通常情况下，按此键可以判断计算机是否死机。

在上例中，我们按一次Caps Lock键，然后多次按N键，输入的全是大写字母“N”，如下图所示。

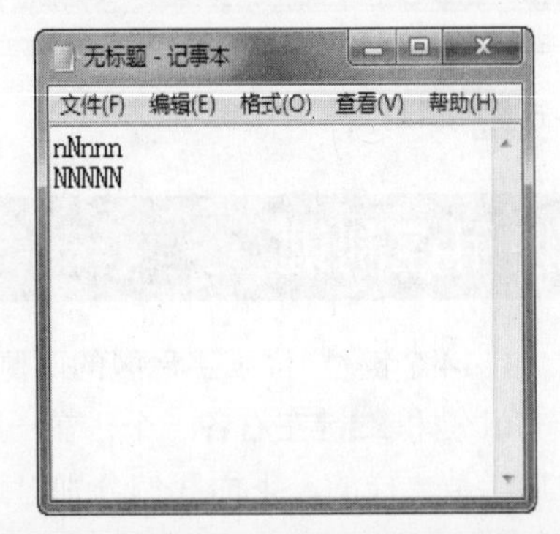

6. Tab键

Tab键：又称跳格键。按此键一次，光标向右移动一个制表位，在Word 2010中可以自定义制表位的宽度。具体操作如下。

操作步骤

❶ 接上例，按Tab键一次，此时可看到光标移动了一个较大的空位，如下图所示。此空位称为制表位，在记事本中此空位宽度是固定的，在Word 2010中可控制此空位的大小。

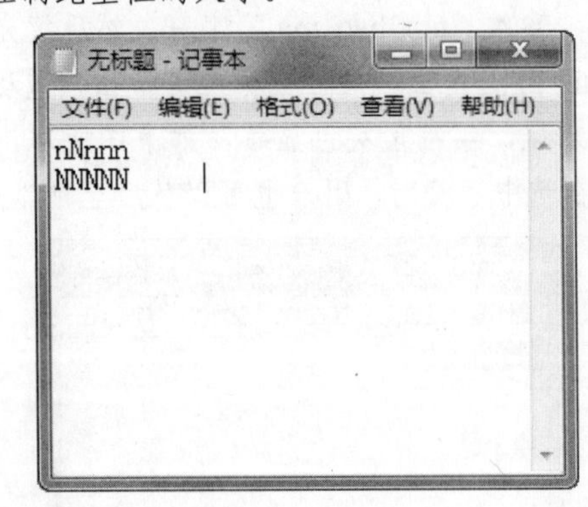

❷ 此时，我们可接着再输入“NNN”，如下图所示。

长见识

在Windows 7中，你几乎可以从任何地方进行搜索：开始菜单，控制面板，资源管理器。尽管还有一些瑕疵——例如，不是真正的通配符搜索，文本搜索仅匹配开始的几个字符等，但最终，你会从搜索结果中发现你要找的东西。

7. Backspace 键

Backspace 键：又称退格键，按下此键可使光标向左移动一个字符位，删除光标前的一个字符。

接上例，我们按一下 Backspace 键，可看到，最后一个字母"N"被删去，同时光标向前移动一格，如下图所示。

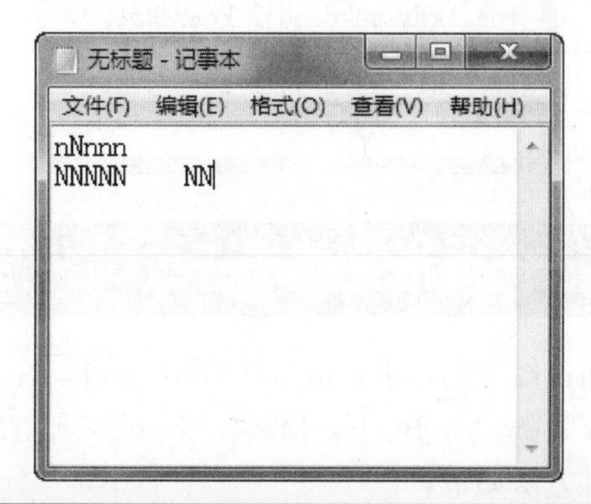

8. Space 键

Space 键：又称空格键，无论是台式机键盘还是笔记本键盘中，该键均是最长的，且在键上没有任何字符，按此键一次，输入一个空格，在某些程序中也可以起到确定的作用。具体操作步骤如下。

操作步骤

❶ 在上例中，按一次 Enter 键，并按一下 Space 键，此时，光标向前移动一个字符位，如下图所示。

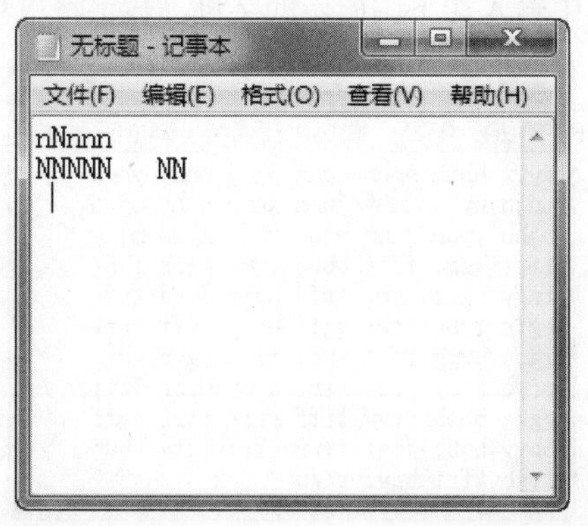

❷ 此时，再输入"N"，结果如下图所示。

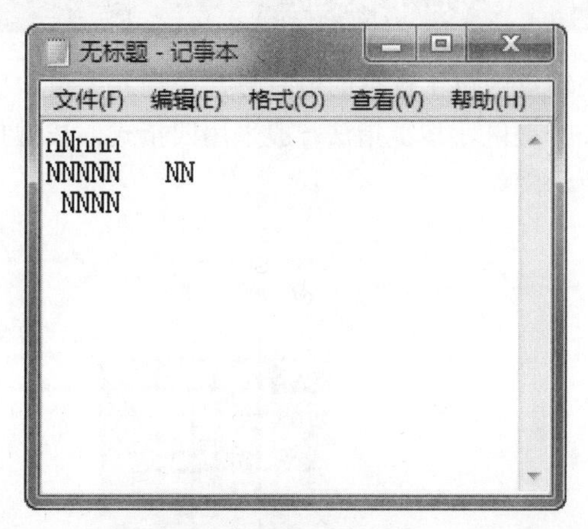

技巧

有时候，选用空格键输入空格，有时候用跳格键实现相似的功能，一般来说，在文章正文中使用空格键，在文章开头部分可以使用跳格键。在 Word 2010 中，跳格键和空格键功能有很大不同，更要注意用法。

1.3.5 使用功能键

功能键位于键盘的最上方，有 Esc 键、F1～F12 键、Power、Sleep 和 Wake Up 共 16 个键，如下图所示。在不同的情况下、不同程序中有不同的定义。例如：在 Windows 桌面状态下，定义 F1 键为帮助键；F5 键被定义为刷新等；Esc 键，一般被定义为取消或退出功能。

1.3.6 使用编辑键

编辑键区的所有键称为编辑键，含上下左右 4 个光标键，在文档编辑环境下，按相应键，光标向相应方向移动一格；Insert 键为插入/改写状态切换键；Delete 键为删除光标位后的字符；Home 键移动当前行行头和 End 键光标移动到当前行行尾；Page Up 键代表向上翻页；Page Down 代表向下翻页。按相关的键实现相应的功能。

这里要说明的是，在不同的程序中，这些键也可能有不同的定义。

Windows 7 是微软发布的新一代视窗操作系统，其强大的功能吸引了不少用户，更多的用户是冲着 Windows 7 主题炫目的视窗效果去的。

1.3.7 使用小键盘

小键盘区位于键盘的最右方，是输入大量数字最方便的一个键区，按键指法一般采用四指式，按键指法如下图所示。

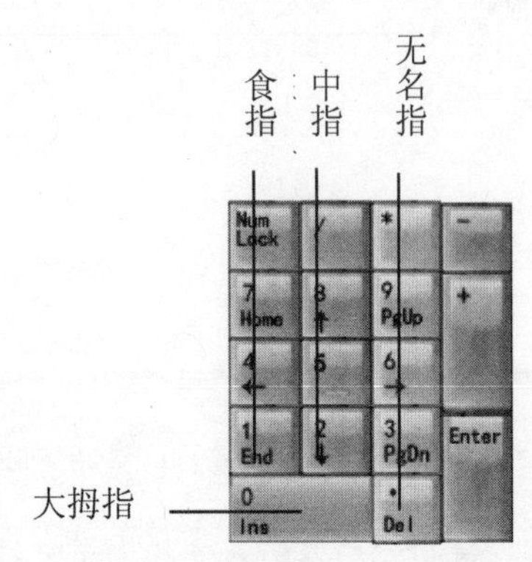

在小键盘区的数字键上方，有一个功能键Num Lock。它显示小键盘数字输入是否处于打开的状态，按下此键后，指示灯区Num Lock亮，此时处于小键盘数字输入状态，再按此键，指示灯区 Num Lock 灯熄，此时小键盘数字输入处于关闭状态，表示小键盘为其下档字符输入状态。

提示

在数字输入状态下，小键盘中的5号键有个小凸点，也就说明，小键盘的基准键是4、5、6三个键。

1.3.8 技巧讲解

键盘是我们主要的输入工具，对于键盘的使用，有如下一些技巧，这些技巧可以使我们事半功倍。

(1) 键盘要与手指长期接触，容易受污，要经常清洗。

(2) 不同的键盘带给人的手感是不一样的，在开始练习阶段，选择一款适合自己手感的键盘。

(3) 一定要养成按指法输入的习惯。

(4) 键盘上分常用键和非常用键，常用键必须熟悉，非常用键只需记住其大概位置就可以了。

1.4 练习指法

指法的练习至关重要，没有正确的指法谈不上正确操作键盘，无法正确操作键盘，就不能带来快速的打字速度。下面，我们按十指分工进行全面的指法训练。

1.4.1 基准键位练习

将左手食指放在 F 键上，中指、无名指、小指依次放在D、S、A键上；右手食指放在J键上，其他三个指头依次放在K、L、;键上。击键结束后，手指回到基准键上，进行下一次击键。

操作步骤

❶ 启动记事本。

❷ 进行基准键的练习，按照上面所介绍的指法输入，在记事本中输入如下图所示的字母。

1.4.2 食指指法练习

前面已经讲到，由食指击打的键包括F、G、H、J、R、T、Y、U、V、B、N、M、4、5、6、7这16个键。

击键方法如下。

❖ 左手食指以 F 键为基准点，左手食指向其左上方击打 R 键、4 键，向其右上方击打 T 键、5键，向内弯曲食指击打 V 键，向外偏右击打B键。

❖ 右手食指以 J 键为基准点，右手食指伸向其左上方击打U键、7键，向其右上方击打Y键、6键，向内弯曲食指击打 M 键，向外偏左击打N键。

下面进行食指指法的练习，按照上面所介绍的指法，在记事本中输入如下图所示的字母，数字将单独练习。

用户还可以选择对Windows 7主题使用“桌面幻灯片演示”功能，系统会依据时间表不停地更换指定多张桌面背景。

1.4.3　中指指法练习

由中指击打的键有：3、E、D、C、8、I、K、,这 8 个键。

击键方法如下。

❖ 左手中指以 D 键为基准点，左手中指向其左上方击打 E 键、3 键，向内弯曲中指击打 C 键。

❖ 右手中指以 K 键为基准点，右手中指向其左上方击打 I 键、8 键，向内弯曲中指击打，键。

下面进行中指指法的练习，按照上面所介绍的指法，在记事本中输入如下图所示的字母和符号。

1.4.4　无名指指法练习

由无名指击打的键有：2、W、S、X、9、L、O、.这 8 个键。

击键方法如下。

❖ 左手无名指以 S 键为基准点，左手无名指向其左上方击打 W 键、2 键，向内弯曲无名指击打 X 键。

❖ 右手无名指以 L 键为基准点，右手无名指向其左上方击打 O 键、9 键，向内弯曲无名指击打.键。

下面进行无名指指法的练习，按照上面所介绍的指法，在记事本中输入如下图所示的字母。

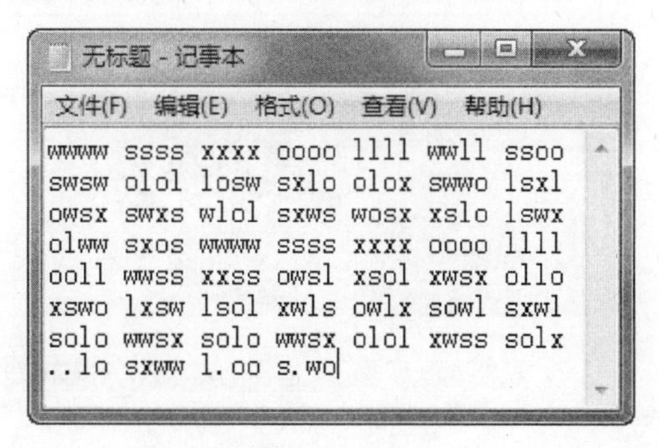

1.4.5　小指指法练习

由小指击打的键有：1、Q、A、Z、0、P、;、/这 8 个键。

击键方法如下。

❖ 左手小指以 A 键为基准点，左手小指向其左上方击打 Q 键、1 键，向内弯曲小指击打 Z 键。

❖ 右手小指以;键为基准点，右手小指向其左上方击打 P 键、0 键，向内弯曲小指击打/键。

下面进行小指指法的练习，按照上面所介绍的指法，在记事本中输入如下图所示的字母和符号。

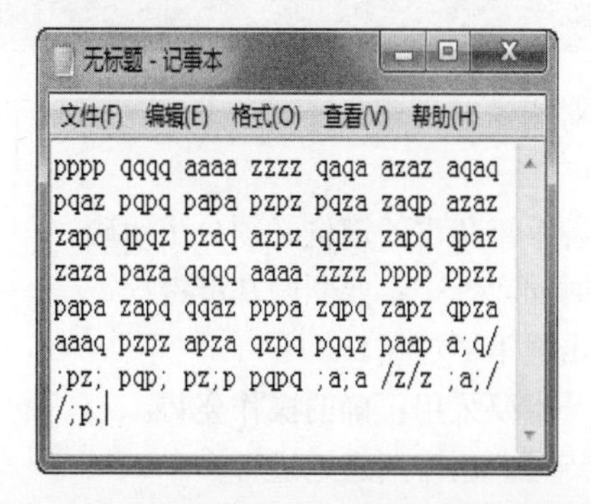

1.4.6　数字练习

数字键在平常使用并不多，所以在此将它单独练习，练习时不必在意在主键盘区数字输入的速度，关键是在脑海里形成数字键的印象，提高敲击准确度。

数字键包括 0、1、2、3、4、5、6、7、8、9 这 10 个键。

下面开始数字键的练习。按照各键对应的指法，在记事本中输入如下图所示的数字。

1.4.7　指法混合练习

下面开始指法的混合练习，按正确的指法，输入以下一段字符，注意大小写字母和上下挡字符的切换，注意英文标点和中文标点的区别。

Windows 7 进一步增强了移动工作能力，无论何时、何地、任何设备都能访问数据和应用程序，开启坚固的特别协作体验，无线连接、管理和安全功能会进一步扩展。令性能和当前功能以及新兴移动硬件得到优化，拓展了多设备同步、管理和数据保护功能。最后，Windows 7 会带来灵活计算基础设施，包括胖、瘦、网络中心模型等。

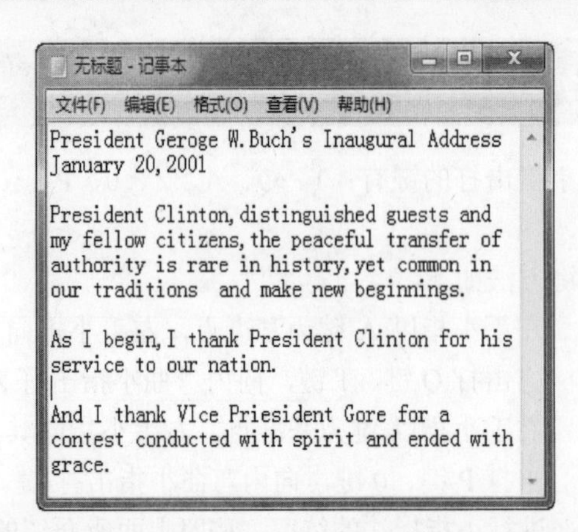

1.4.8 指法练习的要诀

如果对指法掌握得还不熟练，可以试试下面几个练习要诀！

(1) 各手指负责的键位必须分工明确。

(2) 时间允许一定要回归基准键。

(3) 击键不要过重。

(4) 一定要采用正确的操作姿势。

(5) 练习要循序渐进地进行。

(6) 食指击键要注意键位角度。

(7) 小指击键要保持均匀力度。

1.5 使用“金山打字”软件练习打字

“金山打字”是一款非常优秀的打字练习软件，用户可以运用这个软件来练习五笔，并且在练习的同时还可以测试打字的速度；它还有“打字游戏”的功能，用户可以边玩游戏边练习打字。

1.5.1 金山打字的安装

金山打字功能十分强大，它生动有趣，上手容易，适用于初学者和中级学员。下面就让我们一起安装金山打字软件吧！

提示

用户可以到金山打字通的官方网站去下载该软件，其官方网站网址是 http://www.kingsoft.net。

操作步骤

❶ 在金山打字光盘中或下载的金山打字安装软件中双击安装文件 setup.exe，将弹出如下图所示的【金山打字通 2010 安装】对话框，单击【下一步】按钮。

❷ 进入如下图所示的【许可证协议】界面，阅读许可证协议，并单击【我接受】按钮接受该协议。

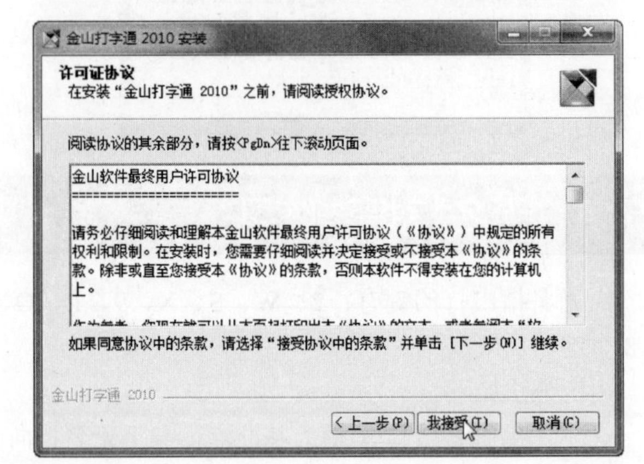

❸ 进入如下图所示的【金山打字游戏】界面，你可以选择安装金山打字游戏，它可以让你开开心心地成为打字的高手，对于初学者来说，这是个不错的学习途径。再单击【下一步】按钮。

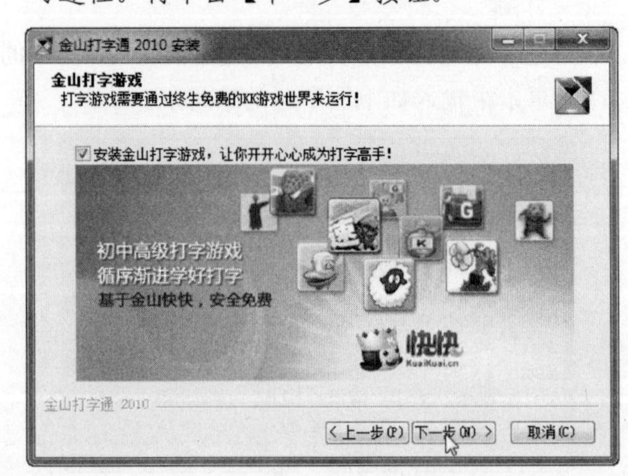

❹ 进入如下图所示的【选择推荐软件】界面，你可以

长见识：金山打字通针对用户水平的定制个性化的练习课程，循序渐进，提供英文、拼音、五笔、数字符号等多种输入练习，并为收银员、会计、速录等职业提供专业培训。

选择酷狗音乐、风行电影、网页游戏这几个软件，并单击【下一步】按钮。

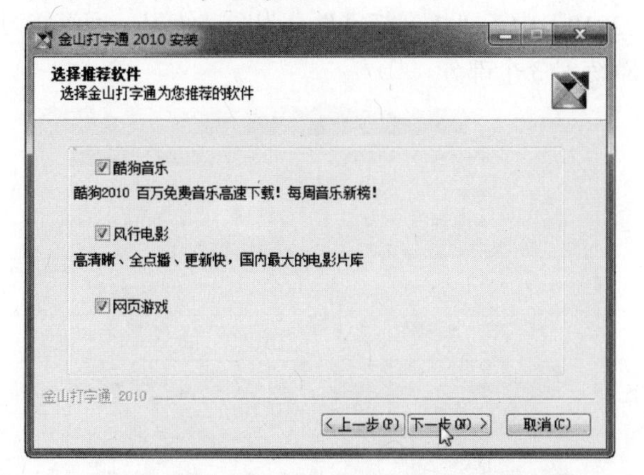

❺ 进入如下图所示的【选择安装位置】界面，单击【浏览】按钮可重新选择文件的安装位置，这里选择默认的路径，并单击【下一步】按钮。

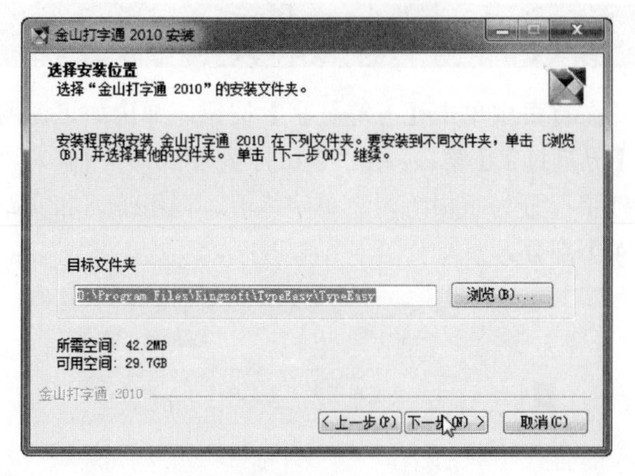

❻ 进入如下图所示的【选择"开始菜单"文件夹】界面，用于程序的快捷方式，你也可以输入名称，创建新的文件夹，并单击【安装】按钮。

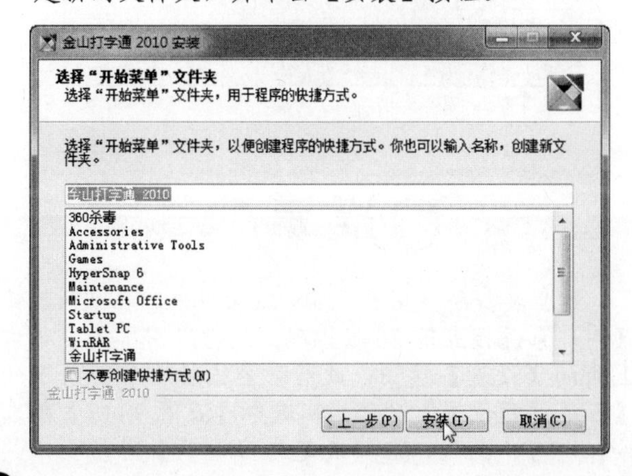

❼ 开始安装软件，需等待几分钟。安装完成后，会进入如下图所示的【安装完成】界面，单击【下一步】按钮。

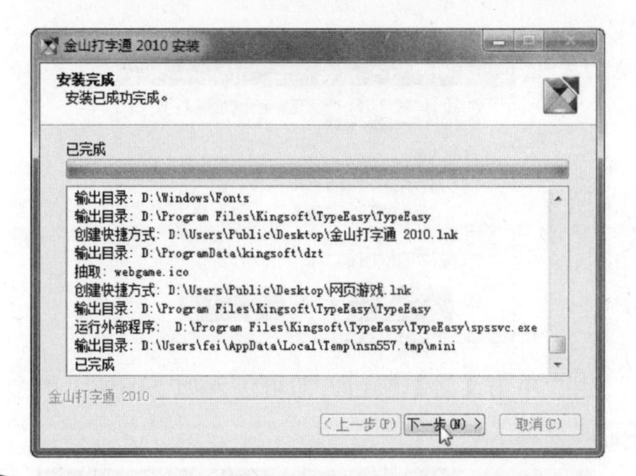

❽ 这时就会进入【正在完成"金山打字通 2010"安装向导】界面，单击【完成】按钮，就可以运行金山打字通了。

1.5.2 金山打字的使用

对于初次使用金山打字的用户，在启动时会弹出如下图所示的对话框，需要登录才可以使用。在【请输入用户名并回车可添加新用户】文本框中填入一个用户名，可以是你的真名或网名等，再单击【加载】按钮就可以开始金山打字之旅了。

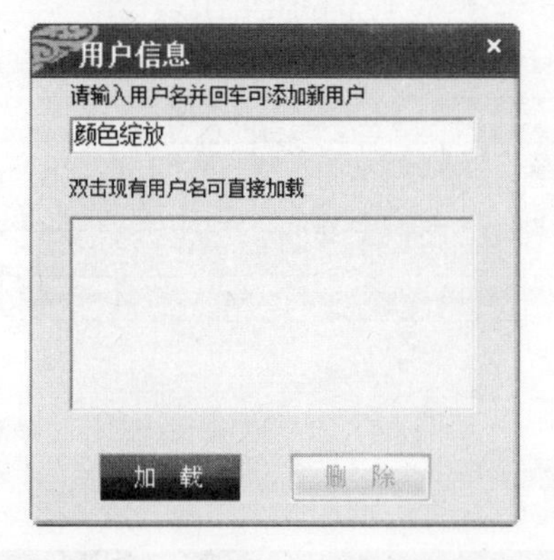

用户初次登录后，将会出现如下图所示的对话框。

由于微软对系统内置的主题使用了数字签名加密，系统不支持使用非官方 Windows 7 主题，因此想使用非官方的 Windows 7 主题就必须破解系统。

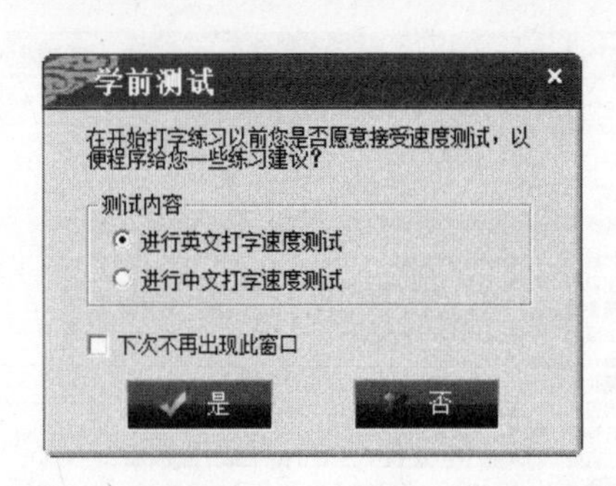

用户单击【否】按钮，即可进入如下图所示的金山打字的首页了。

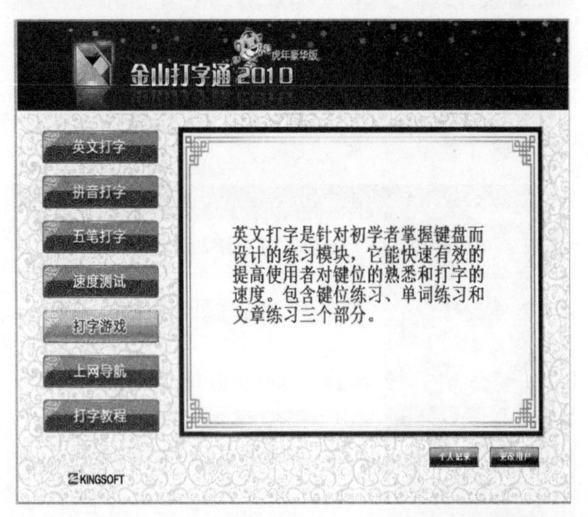

1. 英文打字

在首页中我们单击【英文打字】按钮，弹出如下图所示的【英文打字】窗口，这里可以进行针对英文的全面训练。训练包含初级键位练习、高级键位练习、单词练习和文章练习 4 个部分。用户可以选择适合自己水平的练习，从易到难逐步提升自己的水平。

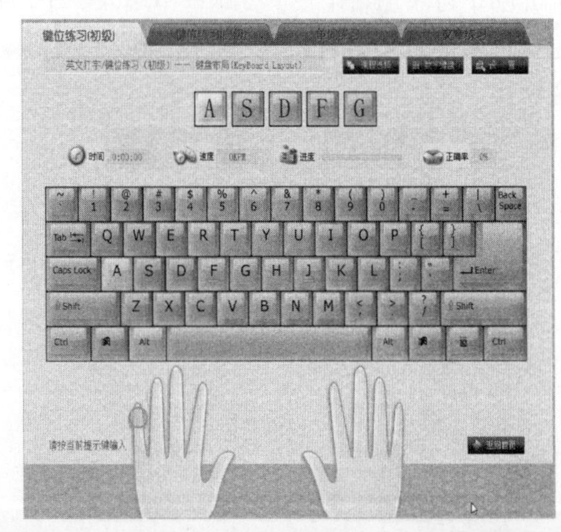

2. 拼音打字

在首页中单击【拼音打字】按钮，弹出如下图所示的【拼音打字】窗口。拼音打字对于普通用户是比较适用的，相对五笔部分的练习难度要低些，在“金山打字通 2010”中，“拼音打字”分为音节练习、词汇练习和文章练习 3 个部分。

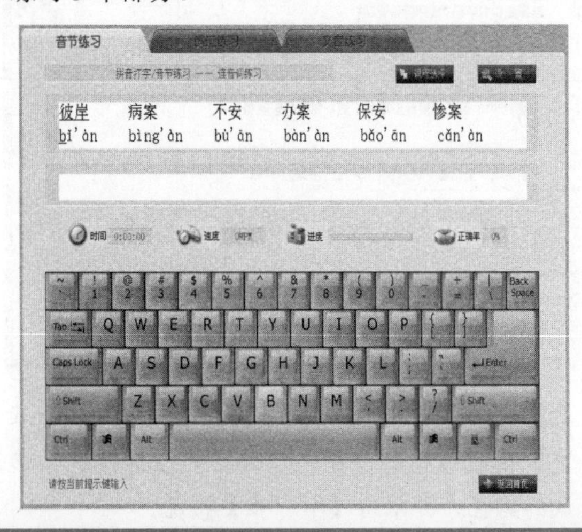

3. 五笔打字

在首页中单击【五笔打字】按钮，弹出如下图所示的【五笔打字】窗口。在“金山打字通 2010”中，将“五笔打字”分为字根练习、单字练习、词组练习和文章练习 4 个部分。

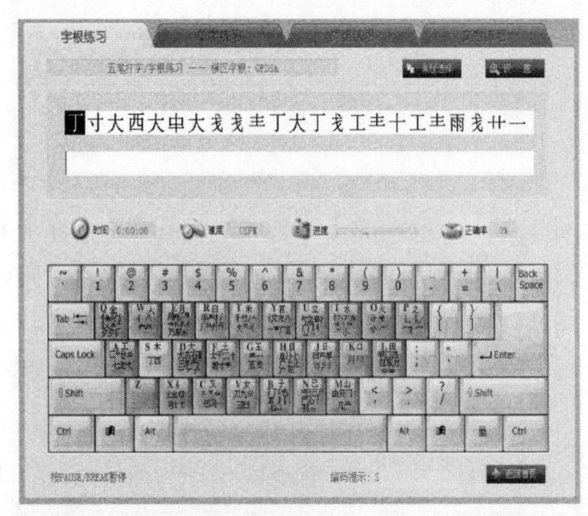

提示

这里要提醒使用五笔 98 版的用户，在默认的情况下，系统按五笔 86 版识码，此时只需单击窗口右上角的【设置】按钮，此时就会出现如下图所示的【五笔练习设置】对话框，选中【五笔 98 版】单选按钮即可。此外，在【五笔练习设置】对话框中，还可以对换行方式、练习方式、编码提示和音效进行设置，在一般情况下，我们建议用户选择默认设置的方式练习。

长见识　如果要改变 Windows 7 的主题，首先需要个性化窗口，具体方法有以下几种：①右击桌面，单击个性化选项。②在“开始菜单”中输入“改变主题”并按 Enter 键。③在控制面板的小程序中选择“外观和个性化”，单击“更改主题”。

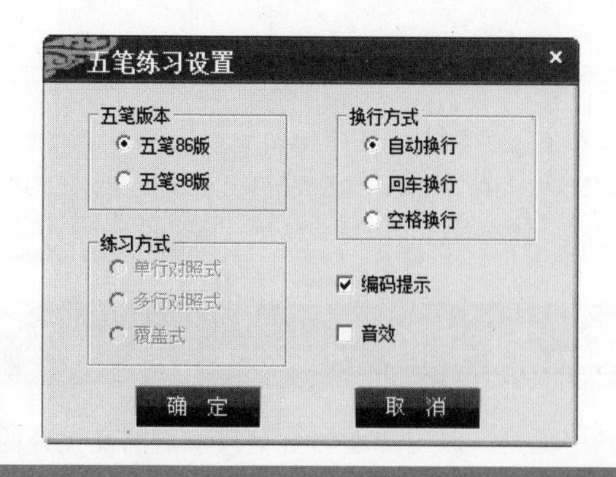

4. 速度测试

在首页中单击【速度测试】按钮，弹出如下图所示的【速度测试】窗口。“金山打字通 2010”设计了科学的多功能的打字速度测试方案，用户经过一个测试可以了解自己的学习是否进步，同时，有三种速度测试方法：屏幕对照测试、书本对照测试和同声录入测试，分别针对普通测试环境、实际工作环境和专业录入环境进行速度测试。

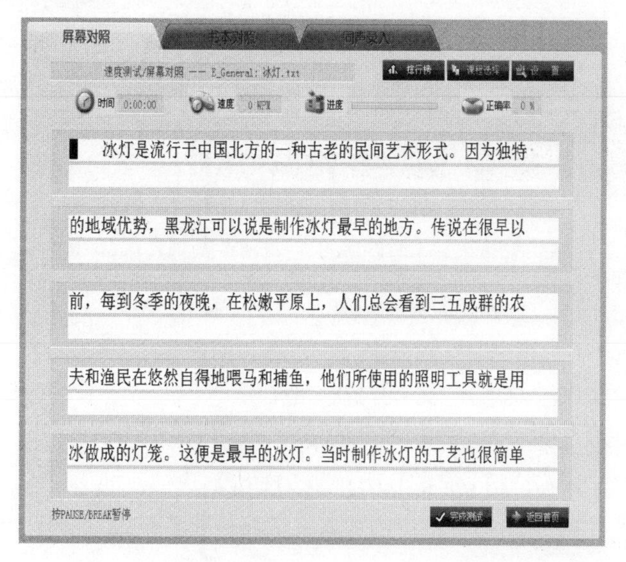

下面，我们通过【课程选择】功能，选择一篇英文文章来进行练习。

操作步骤

1. 在速度测试环境下单击【课程选择】按钮。
2. 弹出如下图所示的【课程选择】对话框，在其中选中【英文文章】单选按钮，在右边的列表中选中一篇英文文章，然后单击【确定】按钮。开始选定文章速度测试。

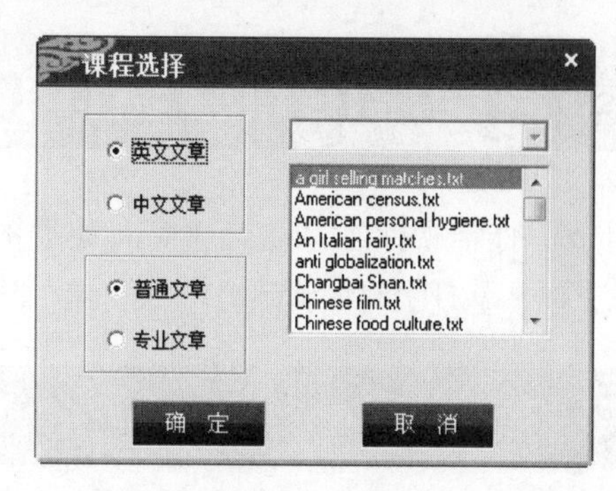

3. 打开如下图所示的窗口，对照上面一排的单词输入，如果输入正确，将显示为灰色，输入错误，将显示为红色，输入错误，可以用退格键删除，但系统仍将认为其输入错误，所以在速度测试的时候要尽量避免出错。

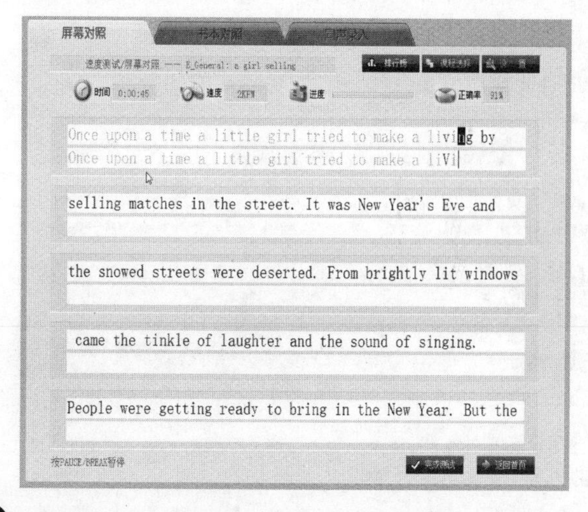

4. 测试完毕后系统将弹出最终测试结果。

5. 打字教程

在首页中单击【打字教程】按钮，弹出如下图所示的【打字教程】窗口。“金山打字通 2010”为了使用户尽快地学会打字，为用户提供了网上授课，简单明了的在线教程，教会您正确的打字姿势、打字指法、打字练习的方法、认识键盘、汉字输入法和五笔输入法等内容，让用户一学就会，轻轻松松成为打字高手。

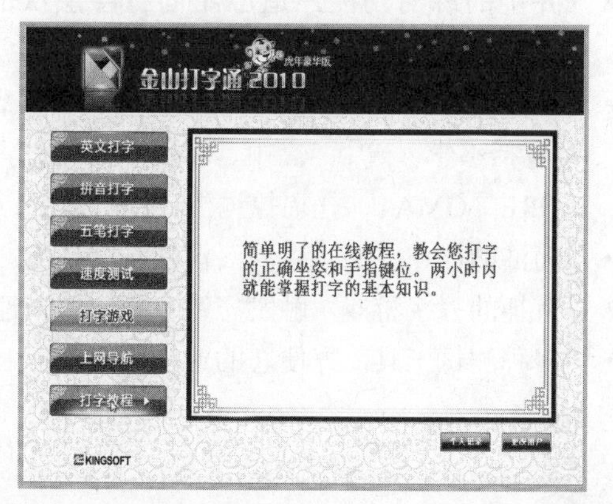

学以致用系列丛书

Windows 7 的英文版中一共包含 5 个主题：澳大利亚、加拿大、南非、英国和美国。

1.6 其他常用打字软件介绍

使用金山打字软件练习还习惯吗？如果不习惯的话，就换下面几款打字软件试试吧！

1.6.1 打字之星

打字之星下载介绍：打字之星是一个功能齐全、数据丰富、简单实用的集打字练习、打字测试于一体的打字软件。它主要包括英文打字(键位练习、单词练习、文章练习)，中文打字(五笔86和五笔98打字、文章练习)，自由录入，打字游戏，速度测试和五笔字典几大项功能，如下图所示。

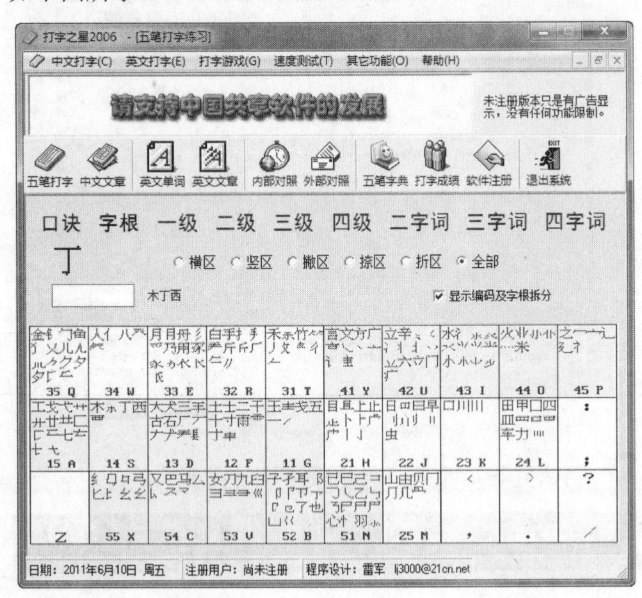

它具有以下特点。

- ❖ 详尽的五笔练习：显示每个字的编码提示及字根拆分，真正做到无师自通。
- ❖ 实用的五笔字典：支持五笔86、五笔98编码和字根拆分。
- ❖ 齐全的练习功能：适应不同打字层次的打字用户。
- ❖ 丰富的数据：打字之余还可学习英语、背单词(包括小学、初中、高中、大学4级、大学6级、GRE、GMAT、托福等词汇)。
- ❖ 简洁的操作界面，生动活泼的打字环境。
- ❖ 有趣的打字游戏，触发您练习打字的兴趣。
- ❖ 多种测试工具，方便您的速度测试。

提示

您可以到专业的软件网站下载打字之星2010软件，例如：http://www.onlinedown.net/。其安装与使用方法和“金山打字2010”相似，这里不再赘述。

1.6.2 打字通

打字通是一款专为学习五笔打字的朋友设计的练习软件，它的设计傻瓜化，不用看说明文档就可以进行操作，它跟市面的上其他五笔学习软件最大的不同在于它提供了强大的帮助功能，使您学五笔的难度下降了一半，效率提高了1倍。它特别适合五笔初学者使用，汉字拆分提示、键盘提示、声音提示和编码提示随着您打汉字的同时给予提示，五笔打字不再难。该软件的操作界面如下图所示。

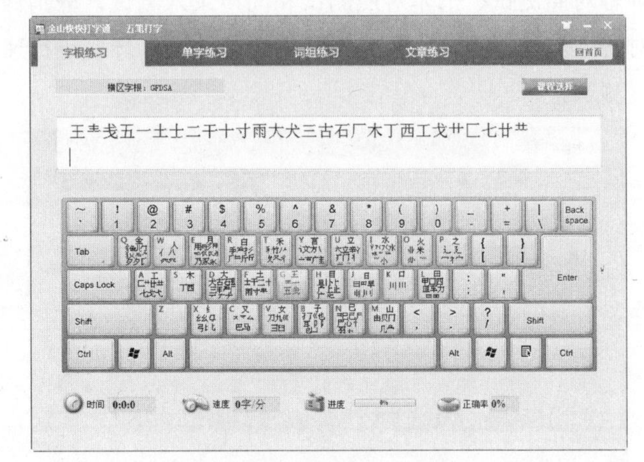

提示

您可以到专业的软件网站下载最新版本的打字通软件。例如：http://www.onlinedown.net/。与“金山打字通2010”相似，这里就不再赘述了。

1.6.3 指法练习打字软件

指法练习打字软件是进行全键盘的模拟，比较适合初学者以及财务、会计、出纳、金融等众多办公室工作人员练习、测试打字速度的软件。指法练习打字还能学习英语，具有初级、中级、高级练习难易度选择，可以实时显示你的键盘录入速度，即每分钟输入单词数，同时统计出正确单词和错误单词以及总的输入单词数，并给出正确百分比率。对于初学计算机的人，练习好英文输入是很重要的一环，使用本软件，让你运指如神！

该软件的操作界面如下图所示。

在默认情况下，Windows 7的个性化窗口中仅显示一个国家主题，其他的将会被默认隐藏。

提示

您可以到专业的软件网站下载最新版本的指法练习打字软件。例如：http://www.onlinedown.net/。与"金山打字通 2010"相似，这里就不再赘述了。

1.6.4 金山打字游戏

在"金山打字"首页中单击【打字游戏】按钮，弹出如下图所示的【打字游戏】窗口。金山打字 2010 为用户提供了机器猫练打字、字母大战打字游戏、经典打字游戏、最热门的网页在线游戏和牛牛打字高手游戏 5 款游戏，其操作简单，情节惊险刺激，让用户在不知不觉中提高了打字的速度，真正做到了寓教于乐。

1.7 思考与练习

选择题

1. 在 Windows 107 键盘中，换档键是________。

   A. Shift 键　　B. Ctrl 键

   C. Caps Lock 键　　D. Tab 键

2. 下列键中，不是基准键的是________。

   A. J 键　　B. H 键

   C. F 键　　D. D 键

3. 键盘中使用最多和最频繁的区域是________。

   A. 功能键区　　B. 主键盘区

   C. 小键盘区　　D. 编辑键区

4. 一个 Tab 键代表________个字符空位。

   A. 一个　　B. 两个

   C. 三个　　D. 随软件定义不同

操作题

1. 安装"五笔打字员"打字软件。

可到 http://www.skycn.com 网站查找下载该软件。

2. 在"金山打字通 2010"的"速度测试"中选择【书本对照】选项，输入以下文章。

(1) 输入几则英文笑话。

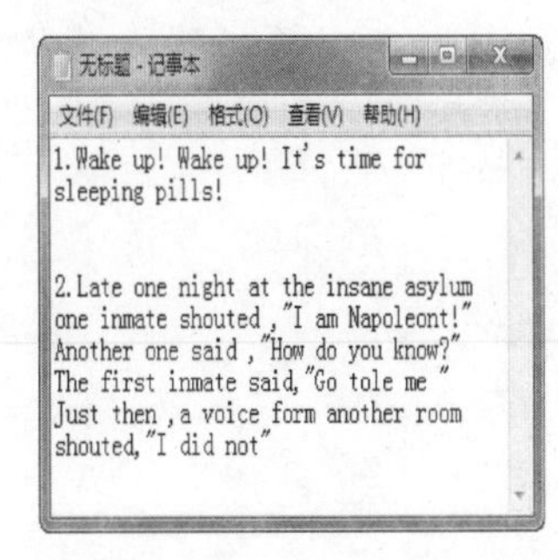

(2) 输入"我心永恒"(My heart will go on)歌曲的英文歌词。

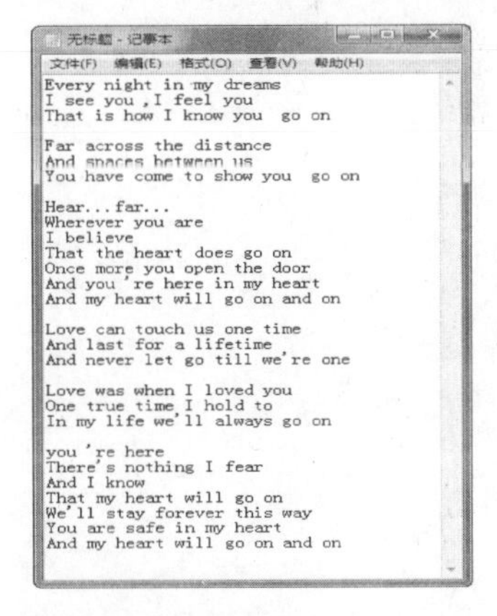

(3) 输入英文短诗。

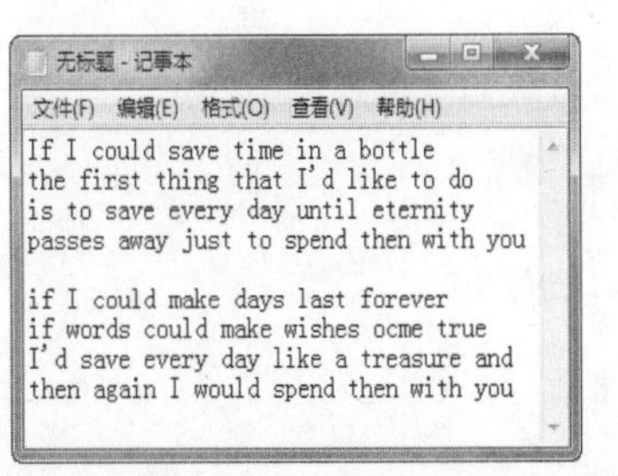

学以致用系列丛书

Windows 7 做了许多方便用户的设计，例如快速最大化，窗口半屏显示，跳转列表(Jump List)，系统故障快速修复等，这些新功能令 Windows 7 成为最易用的 Windows。

第2章 认识五笔

本章重点讲解了输入法的安装与删除方法以及对于输入法的各种设置，读者可以在这一章了解到五笔的一些基础知识。有了坚实的基础，才可以开始修建高楼大厦！

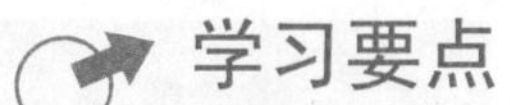

学习要点

- ❖ 汉字输入法概述
- ❖ 常用的汉字输入法
- ❖ 选择合适的汉字输入法
- ❖ 安装 Windows 7 中未提供的输入法
- ❖ 汉字输入法的设置
- ❖ 输入法的状态

学习目标

通过本章的学习，读者应该对汉字的输入法有个整体的了解，掌握其分类，并能独立地安装、添加和删除输入法。本章所学习的内容都是为学习五笔奠定一定的基础，以营造一个好的环境的。

2.1 汉字输入法概述

前面讲到，键盘是向电脑输入文字及数据的主要途径，是我们与电脑沟通的好帮手。那么，如何才能向电脑输入汉字及数据呢？这就要依靠汉字输入法了，在传统意义上，将汉字输入法分为拼音输入法和表形输入法。拼音输入法以汉字的拼音为输入依据，常用的有微软拼音输入法和简体中文全拼输入法。表形输入法是根据汉字笔画的特点，将汉字拆分为若干个字根，并按照一定规律分布在键位上，在输入汉字时，只需将其字根组合起来，此类输入法以王码五笔输入法最为常用。

2.1.1 Windows 7 中的自带输入法

在 Windows 7 系统桌中内置了多种输入法，下图是其中的一部分。

中文（繁体，澳门特别行政区）
中文（繁体，台湾）
中文（繁体，香港特别行政区）
中文（简体，新加坡）
中文（简体，中国）
键盘
简体中文全拼（版本 6.0）
简体中文双拼（版本 6.0）
简体中文郑码（版本 6.0）
微软拼音 - 简捷 2010
微软拼音 - 新体验 2010
中文（简体） - 美式键盘 （默认）
中文（简体） - 微软拼音 ABC 输入风格
中文（简体） - 微软拼音新体验输入风格
显示更多...
....

2.1.2 汉字输入法的分类

传统的汉字输入法分类一般是指键盘输入方式的分类，目前，随着多媒体技术的高速发展，涌现了一些新型输入法。所以，对于汉字输入法，本书将其分为非键盘输入和键盘输入两类。对于非键盘输入方式，主要有语音输入、手写输入、鼠标输入以及扫描识别输入(OCR)等。其中语音输入方式在最近几年已得到广泛应用，IBM 的语音识别系统的识别准确率可达到 95%以上，在 Office 2010 系统中，也集成了 Microsoft 公司的语音识别系统，经语音训练，其识别率也很高；手写输入方式也比较实用，但在速度上比较慢，且需额外增加一个手写板；鼠标输入方式很不方便，所以很少使用；OCR 输入方式要求有原稿，对于印刷体的识别较好，对于手写体识别度仍待提高。目前使用最多的仍然是键盘输入方式。

使用键盘输入汉字，与英文不同，存在着汉字和键的对应比太大的问题。汉字的字数有上万个，而键盘中的英文字母只有 26 个，为了向电脑输入汉字，必须将一个个汉字编码，使几个字母代表一个汉字或词组进行输入。

汉字输入法，也就是利用原英文键盘按一定的汉字编码方法来输入汉字。汉字的编码不同，产生的输入法也不同。

目前，汉字输入法的编码方案有上百种之多，已经使用的也有好几十种，汉字与其他文字不同，它由字的音、形、义来共同表达，现在的汉字输入方法，一般都是将汉字的音、形、义单独或混合作为编码方案，完成汉字的输入，所以通过对这些编码方案的归纳总结，可以将汉字输入法分为以下几类。

1. 音码

音码的典型代表是全拼输入法，它按拼音的规定来输入汉字，只要掌握拼音即可，不需要特殊的记忆，符合中国人的思维习惯，在 QQ 聊天中广泛使用的微软智能 ABC 输入法也属于这一类的输入法，但是拼音输入也有很多缺点：一是同音字很多，重码率很高，对于一些不常用的字选择麻烦，输入效率低；二是对于非北方普通话系的用户，拼音输入法可能会有一些麻烦；三是不认识的字难以处理，有时还要借助字典，十分麻烦。

音码输入法不适用于专业的打字员，但对于一般的电脑用户是不错的选择。音码输入法目前已经脱离了单字输入时代，这样重码选择已经不是影响音码输入速度的主要因素，例如智能 ABC 输入，可以实现整句输入，这使得拼音输入的速度有很大幅度的提高。对于打字速度要求不高，使用常见文本汉字的用户，可以采用此类输入法。

目前设计较好的音码输入法有：智能 ABC、全拼、紫光拼音、搜狗拼音等。

2. 形码

汉字不同于英文的主要特征是它的形状，汉字由许多相互独立的部分组成，例如“品”字由三个“口”组成，“麻”字由“广”和两个“木”组成，这里说的“口”、“广”、“木”在汉字编码中称为“字根”，形码就是通过将某一汉字拆分成类似上例的几个字根来编码的。

形码的典型代表是五笔字型输入法，它的最大优点是重码少，只要经过一段时间的训练，将会有很快的输入速度，因而目前应用十分广泛。基本上大多数专业汉字录入员都使用五笔字型输入法；对于非北方语音的电脑用户，因为不涉及拼音的编码，所以基本不影响速度。形码也有其相应的缺点：它需要一定时间的专门训练；对于应用不熟练的用户，如果长时间在实际工作中不应

目前五笔字型共分为 86 版、98 版、18030 版三个定型版本，前两个版本是以推出的时间而命名的，即 86 版为 1986 年推出；98 版为 1998 年推出。18030 版是按 GB18030—2000 大字集标准而命名的。它们之间的关系为：86 版和 98 版是两套相互独立的版本，18030 版是 86 版的大字集升级版，并加强了编码规范性。

用便可能会忘记。

3. 音形码

音形码是将上述的音码和形码的优点集中，混合使用。

音形码的典型代表是自然码，它主要以音码输入为主，形码辅助编码，采用切音法，解决了音码中不认识的汉字无法输入的问题。

音形码的特点是输入速度比较快， 而且容易掌握，但是相对于音码和形码来说，通用性较差，使用此类输入法的人非常少。对于作家一类的用户，推荐使用。

4. 混合输入

混合输入法与音形码不同，它是采用软件智能，多入口输入，即同时允许采用音、形、义输入。在一种输入法中内置了多种输入法。

混合输入法的典型代表是万能五笔，它包括基本的五笔、拼音、英文单词翻译、中文翻译英文等输入法，所有的输入状态不必切换。软件采用智能识别方法，输入拼音则按音码输入，输入形码则按形码输入，输入英文则按英文输入，甚至可以通过一种输入法查另一种输入法的汉字编码，基本上解决了汉字输入的问题。

2.2 常用的汉字输入法

按照编码方案的不同将汉字输入法分为 5 类，其中常用的有数音码和形码两类。其代表分别是拼音输入法和五笔字型输入法。

2.2.1 拼音输入法

目前最常用的拼音输入法首推智能 ABC 输入法，它支持单字全拼或是简拼输入，而且只需输入这个句中每个字拼音的第一个字母就可以整句输入，例如“您好吗”，则输入“nhm”即可。

除了智能 ABC 输入法，还有全拼输入法、微软拼音输入法、紫光拼音输入法等，这里就不作详细介绍了。

2.2.2 五笔字型输入法

五笔字型输入法常用的有王码五笔的 86 版、98 版输入法，还有智通陈桥和万能五笔等。不同的软件有不同的功能，但是大体上是通用的。

2.3 选择合适的汉字输入法

对于不同的用户，选择合适的汉字输入法是十分重要的，不必过分地追求速度。例如：专业作家，我们推荐使用音码，因为在实际写作中，人一般想到的是字的音，使用形码会影响作者的思维；对于普通用户，我们建议使用智能 ABC，它不必专门学习，即可上手，而且也有较快的打字速度；对于专业输入人员或是学生，我们强烈推荐五笔；因为五笔输入速度快，重码少，学习时间短，一旦掌握终生受益，使用广泛，具有很强的通用性；对于上了一定年纪的老人，我们不建议使用五笔，可选用手写板输入或是智能 ABC 输入法，方便实用。

注意

选用输入法，最基本的选用原则：一是实用；二是方便。

2.4 安装 Windows 7 中未提供的输入法

下面，以安装万能五笔为例，来介绍如何安装 Windows 中未提供的汉字输入法。

操作步骤

1. 首先打开万能五笔的安装文件，双击其图标运行，弹出【万能软件安装程序】对话框，单击【下一步】按钮继续安装，如下图所示。

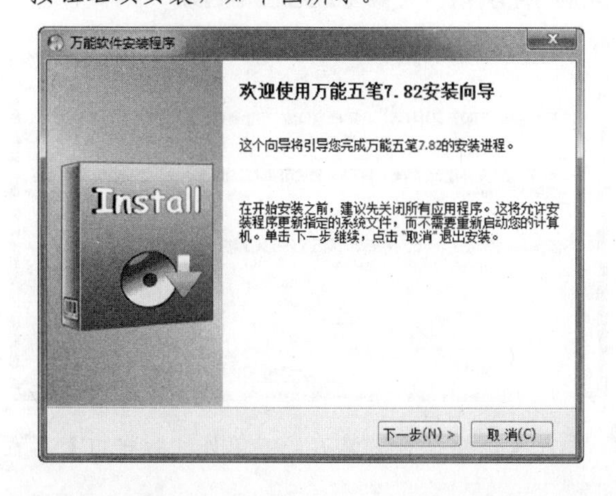

86 版——王码最早推出的一代五笔字型，被广泛接受和使用，因此五笔用户中使用 86 版的人数最多，支持的软件也最多，但其编码规范性有一定的缺陷。

❷ 进入【许可证协议】界面，直接单击【我同意】按钮，如下图所示。

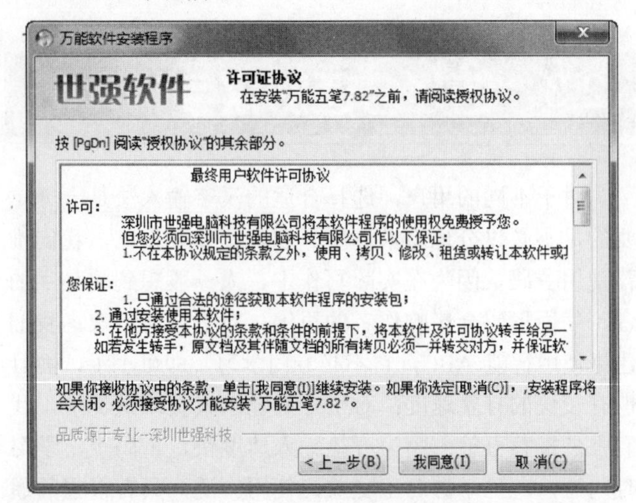

❸ 进入【选择组件】界面，如下图所示，选择要安装的软件，并单击【下一步】按钮。

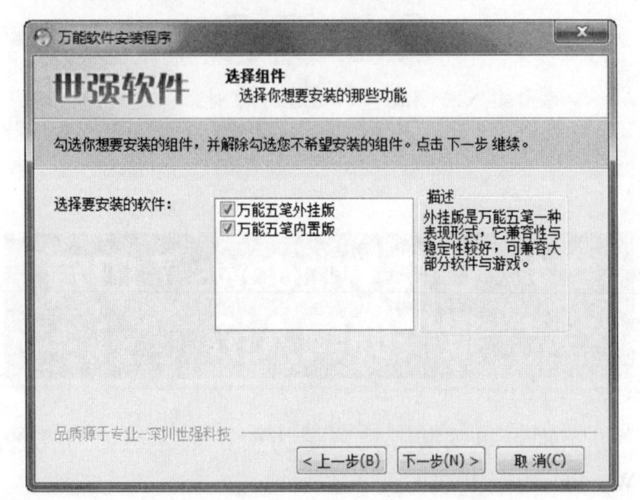

❹ 进入【温馨小提示】界面，如下图所示，提示您万能五笔外挂版的特殊功能。单击【下一步】按钮。

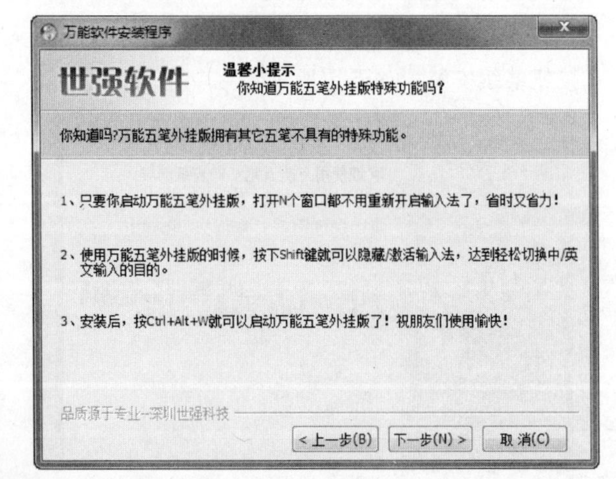

❺ 进入【选择是否安装万能五笔外挂版接口】界面，你可以选择在语言栏添加万能五笔外挂版接口，或者不在语言栏添加万能五笔外挂版接口，单击【下一步】按钮，如下图所示。

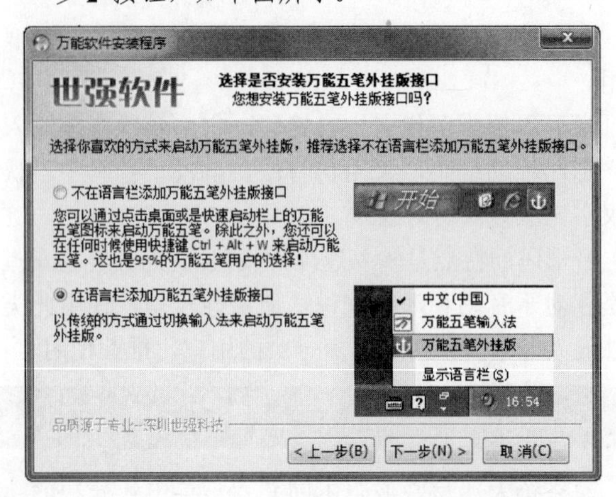

❻ 进入安装百度工具栏的界面，可以选择单击安装百度工具栏，再单击【下一步】按钮，如下图所示。

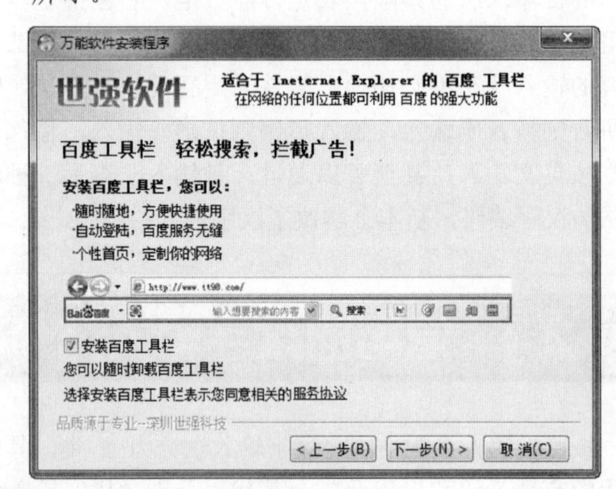

❼ 进入【选择是否全新安装】界面，你可以选择单击保留安装或者是全新安装，再单击【下一步】按钮，如下图所示。

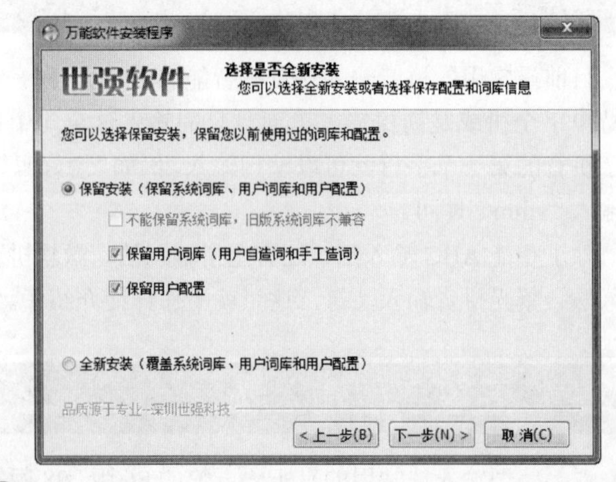

❽ 进入【正在安装】界面，如下图所示。随系统速度

学以致用系列丛书

长见识

18030版——王码根据GB 18030—2000大字集标准推出的针对第一代五笔字型的加强型版本，编码规范性做了改良，通过了国标鉴定；但由于推出时间较晚，目前其使用人数是最少的。

不同，安装将在10秒至2分钟内完成。

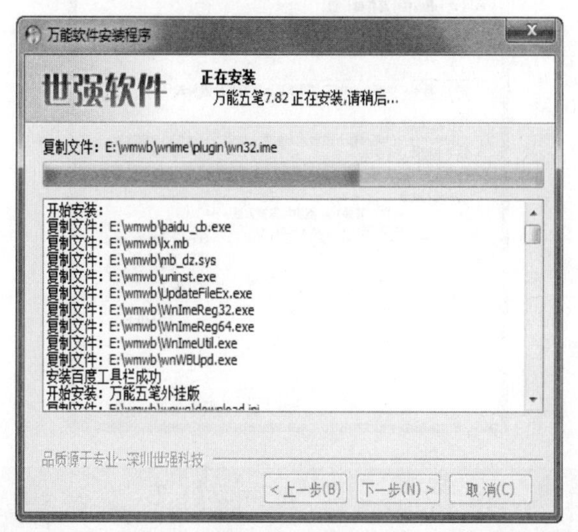

9 安装完成后，进入【完成“万能五笔7.82”安装向导】界面，单击【完成】按钮，完成安装，如下图所示。

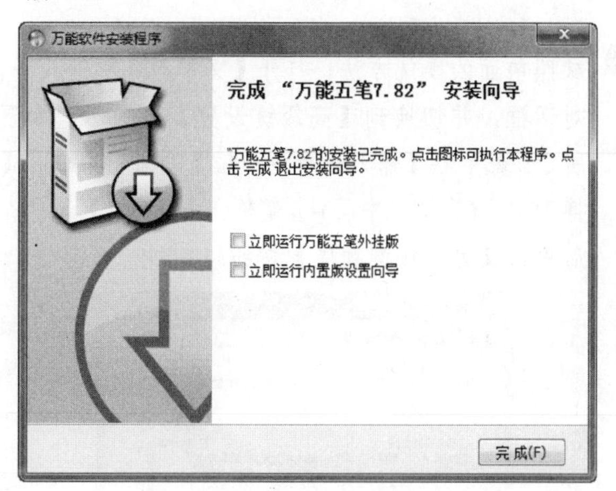

10 单击【开始】按钮，在展开的菜单中可以发现，“万能五笔输入法”已经被安装在系统中了，如下图所示。

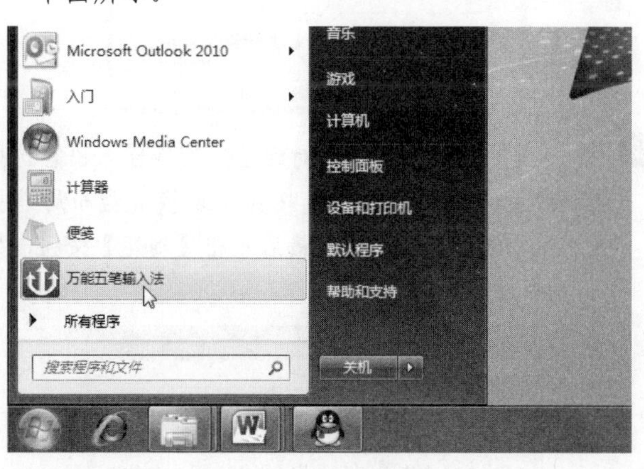

2.5 汉字输入法的设置

您想把语言栏固定下来吗？您想更换系统默认的输入法吗？您想把常用的输入法指定为默认输入法吗？那就跟我一起来操作吧！

2.5.1 调整语言栏的位置

在Windows 7任务栏的右下角，有如下图所示的一块区域，通过其上的按钮可以方便地对语言(包括输入法)进行设置，它可以到处移动，称为语言栏。语言栏可以调整到屏幕的其他位置。

操作步骤

1 单击语言栏中的【还原】按钮，如下图所示。

2 拖动语言栏前方带纹路处，可将语言栏移动到其他位置，如下图所示。

2.5.2 添加输入法

当语言栏中的输入法不适合自己时，怎么办呢？很简单，添加输入法啊！具体操作方法如下。

操作步骤

1 将鼠标移动到语言栏上并右击，在弹出的快捷菜单中选择【设置】命令，如下图所示。

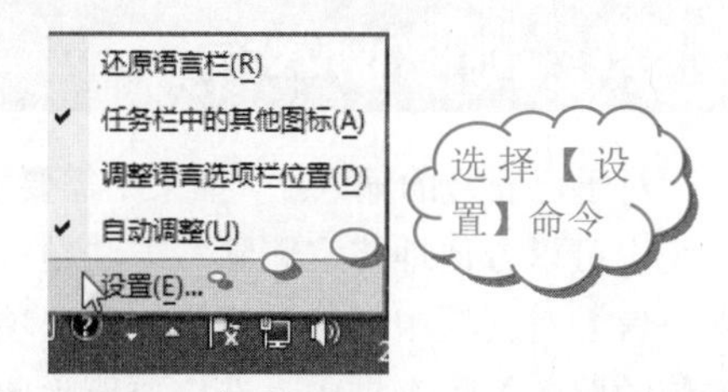

2 弹出【文本服务和输入语言】对话框，切换到【常规】选项卡，然后单击【添加】按钮，如下图所示。

98版——王码推出的第二代五笔字型，它对编码规范性做了改良，通过了国标鉴定。但由于86版先入为主，所以98版未能很好地推广，目前使用人数比86版少。

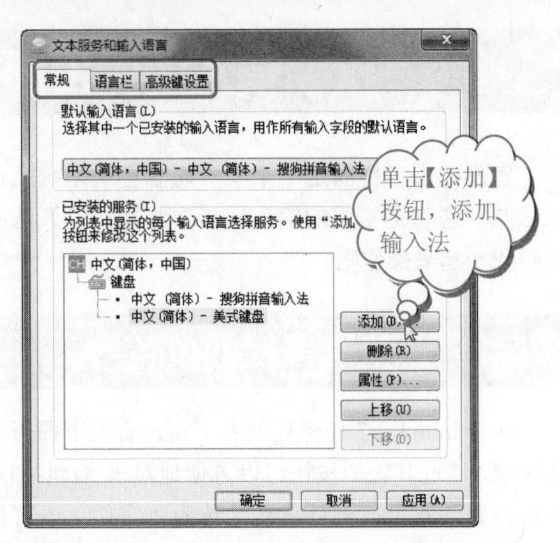

❸ 弹出【添加输入语言】对话框，在列表框中选择【中文(简体，中国)】选项，再在下面的复选框中选中要添加的输入法，这里我们添加“王码五笔型输入法86版”，最后单击【确定】按钮，如下图所示。

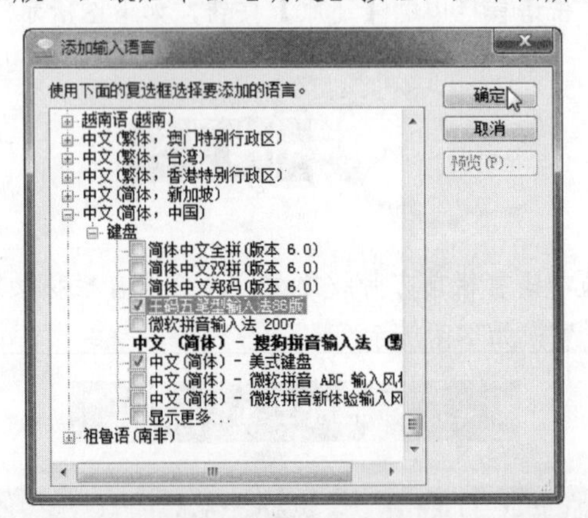

提示

在 Windows 7 系统中并不自带王码五笔型 86 版，您可以通过网络搜索下载安装王码五笔 86 版。例如：华军软件园(http://www.onlinedown.net/)、非凡软件站(http://www.crsky.com/)等。

2.5.3 删除输入法

对于已安装的输入法，如果不需要了，在 Windows 7 系统中可以方便地将它删除。方法是在【文本服务和输入语言】对话框中切换到【常规】选项卡，然后在【已安装的服务】列表框中，选定要删除的输入法，再单击【删除】按钮，就完成了对输入法的删除，如下图所示。

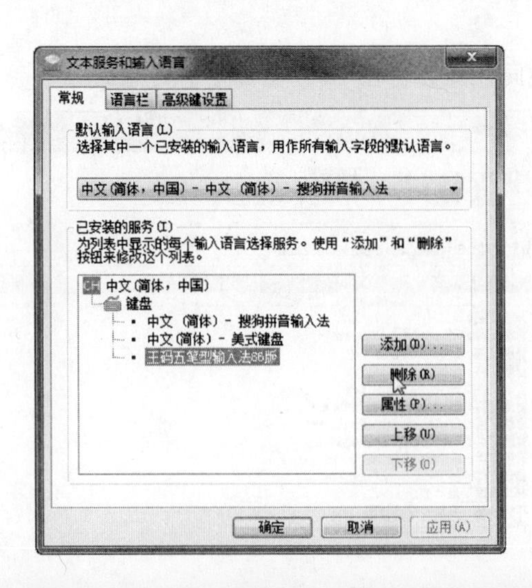

2.5.4 为输入法设置快捷键

为了快速切换到五笔字型输入法，可以为五笔字型输入法设置快捷键，具体操作方法如下。

操作步骤

❶ 参照前面的操作方法，打开【文本服务和输入语言】对话框，并切换到【高级键设置】选项卡，如下图所示。然后在【输入语言的热键】列表框中选择【切换到中文(简体，中国)-五笔输入法 86 版】选项，最后单击【更改按键顺序】按钮。

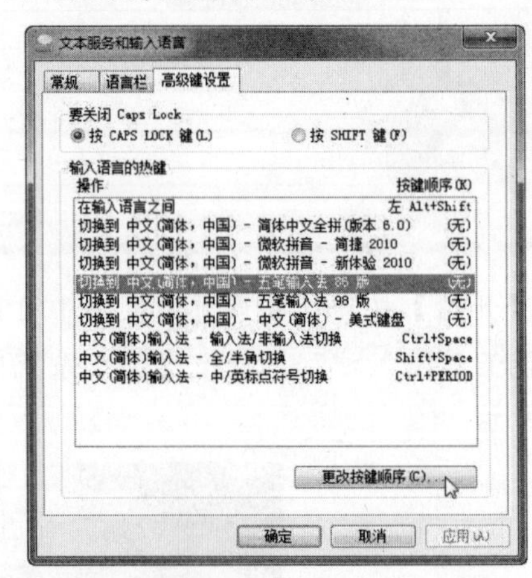

❷ 弹出【更改按键顺序】对话框，切换输入语言选择【左 Alt+Shift(L)】单选按钮，切换键盘布局选择 Ctrl+Shift(T)单选按钮，最后单击【确定】按钮，如下图所示。

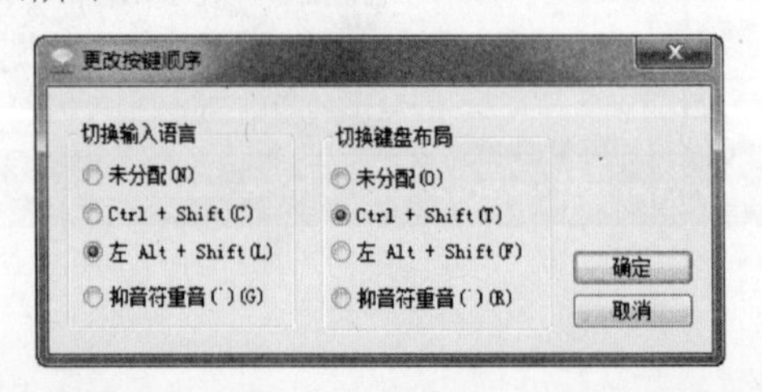

最“霸道”的中文字集——GB18030 是国家制定的一个强制性大字集标准，全称为 GB 18030—2000，凡在中国大陆销售的国内外中文电脑，都必须能够处理 27533 个汉字，否则将不准销售。它的推出使我国港台地区及其他国家使用的汉字集有了一个“大一统”的标准。

2.5.5 设置五笔字型输入法为默认输入法

如果您觉得使用快捷键切换五笔字型输入法还是麻烦，那就把五笔字型输入法设置为默认输入法吧！其操作方法是在【文本服务和输入语言】对话框中单击【常规】选项卡，然后在【默认输入语言】列表中，选定“王码五笔型输入法86版”为默认输入法，此时，在【已安装的服务】列表框中，【王码五笔型输入法86版】选项将以粗体显示，如下图所示，单击【确定】按钮，即可将五笔字型输入法设置为默认输入法。

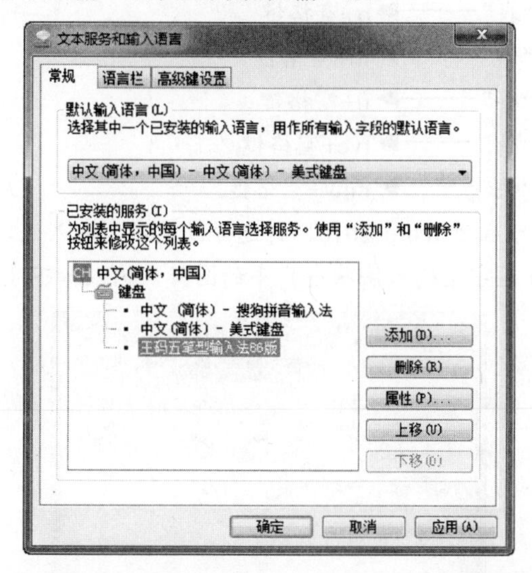

2.6 输入法的状态

要输入五笔，必须启用五笔，通常，我们使用五笔状态栏进行文字输入工作。状态栏如同进入输入法操作的大门，只有通过它，我们才能进行输入法的操作。状态栏一般有如下两种显示样式。

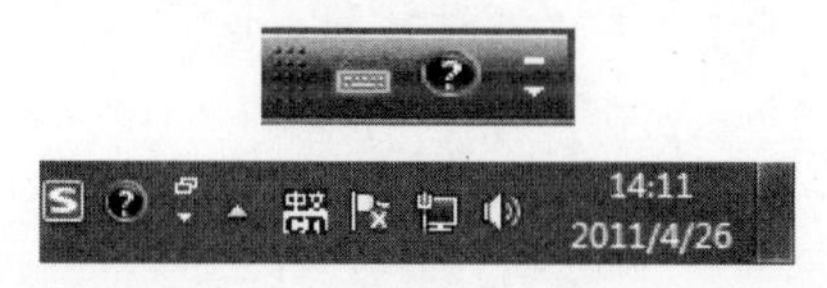

2.6.1 中/英文输入切换法

在启用五笔字型后，可以在状态栏上方便地切换中/英文输入状态。状态栏中的图标表示目前输入法处于汉字输入状态，用于输入中文；单击该图标，它将变为A图标，此时用于输入大写英文字母。

操作步骤

1. 将鼠标移动到五笔状态栏上，单击中英文输入切换按钮，如下图所示。

2. 此时状态条变为如下图所示的状态，此时即可输入英文，要说明的是此时输入的英文为大写字母，要输入小写字母，可按一下Caps Lock键，然后再输入字母。

A 五笔型

技巧

除上述方法外，通过按Ctrl+空格键也可以快速切换英/中文的输入状态。

2.6.2 全/半角切换

在状态栏上可方便地切换全/半角输入状态。在全角状态输入的字符与半角状态下的不一样。例如在半角状态下输入的数字“123”，在全角状态下将变为“１２３”。在全角状态下，输入的字母、字符和数字均占一个汉字的位置(即两个字节)；在半角状态下，输入的字母、字符和数字只占半个汉字的位置。全角状态下的数字不能参与数字运算，在Office 2010仅被当做汉字字符处理。

操作步骤

1. 如下图所示，将鼠标移动到五笔状态栏上，单击【全/半角切换】按钮。

2. 此时状态条变为如下图所示的状态，表示处于全角输入状态，按 > 键，即可在记事本中输入句号了。

技巧

您还可以通过按Shift+空格键快速进行全/半角的切换。

2.6.3 中/英文标点符号切换

在状态栏上可方便地切换中/英文标点符号输入状

目前常用的汉字字集——GB字集是简体字集，全称为GB 2312(80)字集，共包括国标简体汉字6763个。BIG5字集是台湾繁体字集，共包括国标繁体汉字13053个。GBK字集是简繁字集，包括了GB字集、BIG5字集和一些符号，共包括21003个字符。

态。只有在中文标点符号输入状态下，才能直接输入中文标点。默认的图标用于输入中文标点符号，单击该图标，它将变为图标，此时用于输入英文标点符号。这样，便可以在中文标点符号和英文标点符号之间进行快速切换了，如下图所示。

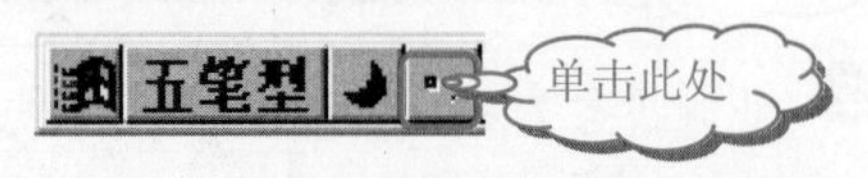

2.7 思考与练习

选择题

1. 五笔和其他输入法比较，不属于其优点的一项是________。

   A. 击键次数少　　B. 重码率低
   C. 学习十分方便　　D. 输入速度快

2. 在汉字输入法中，五笔字型属于________。

   A. 音码　　B. 形码
   C. 音形码　　D. 以上都不对

3. 五笔字型输入法的全/半角切换图标是________。

   A. ●/◐　　B. A/囲
   C. ,,/,,　　D. ▦

4. Windows 7 语言栏中对输入法不可进行的操作是________。

   A. 删除　　B. 添加
   C. 选择使用　　D. 改装

5. 汉字的输入是汉字信息处理中的重要组成部分，目前汉字的输入技术中下面哪项还未实现________。

   A. 手写输入　　B. 语音输入
   C. 键盘输入　　D. 意识输入

操作题

1. 查看系统中是否有王码五笔型输入法 98 版，若有则删除它，若没有则添加它。

2. 安装王码五笔型输入法 86 版，打开 Windows 7 记事本，输入“我学得很快”5 个汉字。

提示：“我学得很快”编码为

“我”——→q+空格键
“学”——→ip+空格键
“得”——→tj+空格键
“很”——→tve+空格键
“快”——→nnw+空格键

3. 启动 Word 2010，再选择五笔字型输入法，通过切换五笔字型输入法状态栏中的图标，输入如下字符。

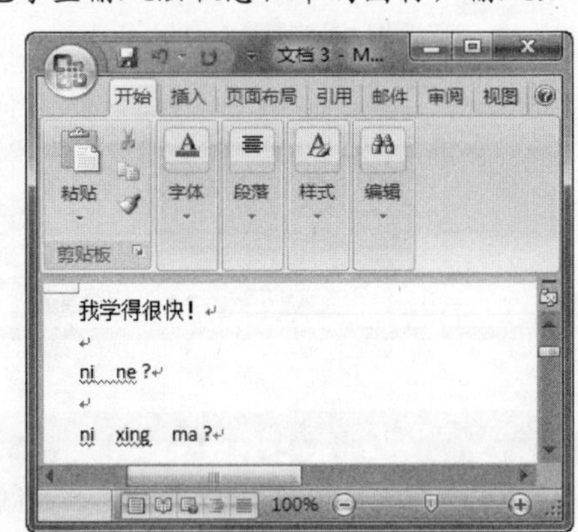

长见识　86 版也就是老式的五笔，又称 4.5 版，使用 130 个字根，可处理 GB 2312 汉字集中的 6763 个汉字。由于习惯问题，它至今仍然是拥有用户群最为巨大的编码方案。

第3章 认识五笔字根

高楼不可能平地而起，同样，快速地打字也要有牢固的基础。本章将系统地讲述五笔的汉字编码。掌握好字根的分布规律和各字根对应的键位，就可以十分容易地拆字，进而实现快速打字。

学习要点

- ❖ 五笔字根基础
- ❖ 五笔字根的区和位
- ❖ 五笔字根的键盘分布
- ❖ 五笔字根的分布规律
- ❖ 五笔字根口诀
- ❖ 五笔字根练习

学习目标

五笔字型输入法中，字根是构成汉字的基本单位，同时也是学习五笔字型输入法的基础。因为怕记字根，许多人在学与不学五笔之间徘徊。通过本章的学习，读者将会发现字根与并非想象中那么难记，五笔并不难学，通过系统的学习，简单的举例，读者将能够很快上手。

3.1 五笔字根基础

五笔字型输入法是一种形码输入法，用汉字的字形特征进行编码，即将多个字根组合在一起成为一个汉字。因此，要学会五笔字型输入法，首先必须了解汉字的基本结构及其关于汉字的一些约定。

3.1.1 理解字根

在五笔中，字根是构成汉字的基本单位。在五笔编码中，将字拆为许多基本字根，再根据汉字、字根和笔画的关系，遵从原来的书写习惯和运笔顺序，以字根为基本单位组合出汉字。

1. 基本字根

在五笔编码中，将组字能力强，出现频率高的汉字基本单元结构，称为基本字根。

以下均是基本字根。

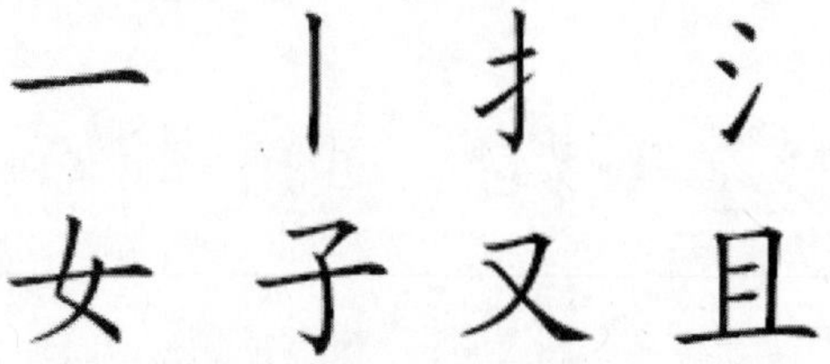

一 丨 扌 氵
女 子 又 且

提示

可见，许多基本字根也是汉字，这样就给用户记忆带来了方便，这也是五笔易学而且应用广泛的一个重要原因。

2. 基本字根与汉字

按照一定的规律，所有汉字都可以拆成基本字根，所以汉字可看成是由基本字根组成的，例如，“格”字是由“木”、“夂”“口”3个字根组成的，分解如下图所示。

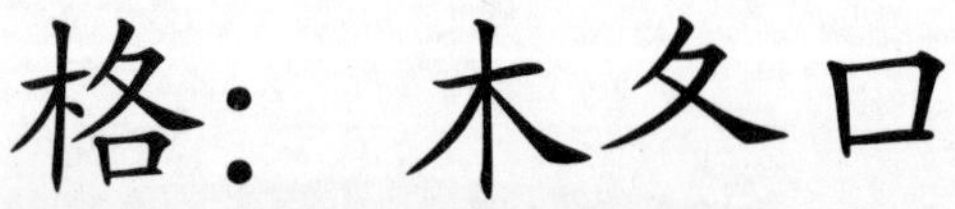

格：木夂口

3.1.2 汉字的3个层次

按照五笔编码的约定，将汉字分为笔画、字根、单字3个层次，即由笔画组成字根，由字根组成单字。

1. 笔画

书写汉字时一次写成的不间断的一笔，也就是人们通常所说的横、竖、撇、捺、折，如下图所示。

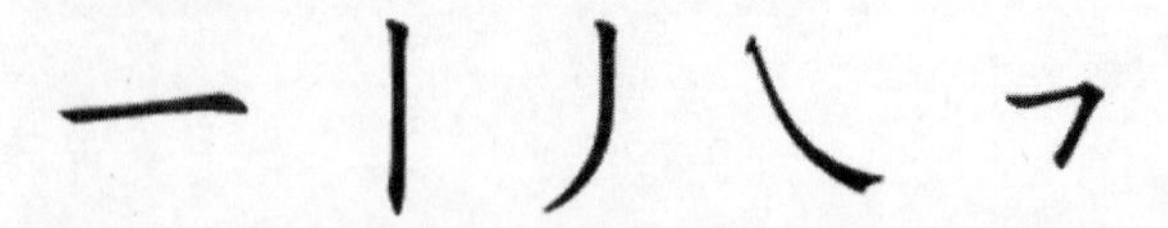

2. 字根

字根是指由若干笔画复合交叉而形成的相对不变的结构，它是构成汉字最基本的单位。

一些常用的汉字部首即字根，如下图所示。

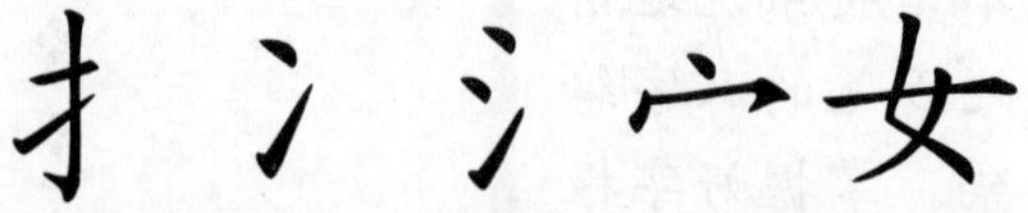

扌 冫 氵 宀 女

3. 单字

将字根按一定的关系组合起来就组成了单字，不同的单字的字根数不一样。

例如：“标”字由“木”、“二”、“小”3个字根组成；“如”字由“女”、“口”2个字根组成。如下图所示。

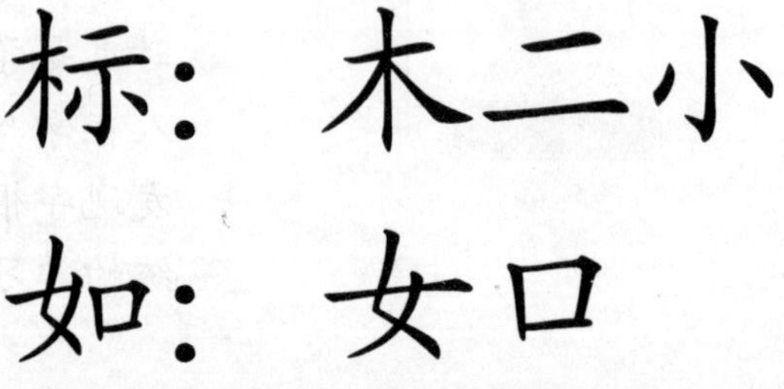

标：木二小
如：女口

3.1.3 汉字的5种笔画

汉字由多笔画组成，一个连贯的笔画，不能断开成几段来处理，一个或者几个笔画组成一个字根。

为了简化汉字输入，在五笔中只考虑笔画的运笔方向，而不计其长短，这样就将汉字的诸多笔画归结为5种基本笔画，即横(一)、竖(丨)、撇(丿)、捺(㇏)、折(㇇)。

1. 横

横是指运笔方向从左到右的笔画。例如，“二”、

长见识 电脑桌面上放最常用的东西就好，全都放上也许会方便些，但是要付出占用系统资源和牺牲速度的代价。

“三”和“示”等字中的水平线段都属于“横”笔画。同时，按五笔的定义，“提(㇀)”也归类为“横”笔画，例如“打”和“圳”等汉字中的“扌”和“土”的最后一笔都被视为“横”笔画。

须字中的黑色部分，归为撇，和提(㇀)不一样。

2. 竖

竖是指运笔方向从上到下的笔画。例如，“丰”和“十”等汉字中的竖直线段都属于“竖”笔画。同时，“竖左钩”也归类为“竖”笔画，如“刘”和“利”等汉字中的最后一笔都被视为“竖”笔画。

3. 撇

撇是指从右上到左下的笔画。在五笔字型中，许多有撇特征的笔画都归为“撇”类，如“俗”和“九”等汉字中的“丿”笔画都属于“撇”笔画。

4. 捺

“捺”是指从左上到右下的笔画。例如，“八”和“汉”等汉字中的“㇏”都属于“捺”笔画。同时，“点(丶)”作为特殊的一类捺，也归类为“捺”笔画，例如“颜”和“汉”等汉字中的“丶”都被视为“捺”笔画。

5. 折

折的构成形式比较多，在五笔中，定义除竖钩以外的所有带转折的笔画都属于“折”笔画。例如，“甲”、“乙”、“弱”和“构”等字中都带有“折”笔画，如下图所示。

为了方便记忆和应用以上 5 种笔画，根据使用频率的高低，我们依次用 1、2、3、4、5 作为其代号。

在五笔中，5 种笔画的定义大体与人们常说的一致，但也有不一样的地方，要多加注意。

3.1.4 汉字的 3 种字型

五笔作为形码的杰出代表，其编码按汉字的结构，分为如下 3 种类型。

1. 左右型

在左右型结构的汉字中，字根之间的相互位置属于左右排列关系，左右型的汉字包括以下几种情况。

- 呈左右排列的两个部分合并在一起的汉字，汉字的两个部分之间有一定的距离。
- 呈左中右排列的汉字，可将其明显地分为左、中、右 3 个部分。
- 汉字的左侧分为上下两部分或汉字的右侧分为上下两部分，如下图所示。

2. 上下型

在上下型结构的汉字中，字根之间的相互位置属于上下排列关系，上下型的汉字包括以下几种情况。

- 呈上下排列的两个部分合并在一起的汉字，两个部分之间有一定的距离。
- 呈上中下排列的汉字，可将其分为上、中、下 3 个部分。
- 汉字的上方分为左右两部分或汉字的下方分为左右两部分，如下图所示。

品

3. 杂合型

杂合型是指汉字的各个部分之间没有明确的分界，不能明确分为左右两部分或上下两部分，这类汉字的书写顺序有多种，其中汉字的字根也没有固定的排列关系。

杂合型汉字在五笔定义中可以分为以下几种。

- 独体字：独体字只有一个字根。没有字根与字根之间的结构关系。
- 全包围型：在全包围结构的汉字中，一个字根完全包围了汉字的其余字根。

❖ 半包围型：在半包围结构的汉字中，一个字根并未完全包围汉字的其余字根。

例如：

国 成 进

在汉字的 3 种分类类型中，左右型和上下型比较好确定。下面对杂合型有如下 4 个约定，读者可据约定判断待拆汉字是否为杂合型。

❖ 难以判断是左右型或上下型的都认为是杂合型。
❖ 凡单笔画与字根相连或带点结构的都视为杂合型。
❖ 包含两个字根并且相交的属杂合型，如“末、本、无”等。
❖ 含“廴”、“辶”字根的字为杂合型，如“建”、“过”、“庭”等。

例如：

“你”、“汉”、“纺”为左右型；

“想”、“字”、“号”为上下型；

“我”、“王”、“建”为杂合性。

3.2 五笔字根的区和位

要掌握五笔字型输入法的字根键盘分布，我们先介绍一下字根的区位号。

3.2.1 五笔字根的区

字根的区是指将键盘上除 Z 键外的 25 个字母键分为横、竖、撇、捺、折 5 个区，每个区都有 5 个键，我们依次用代号 1、2、3、4、5 表示区号，并且作如下约定。

第 1 区放置横起笔类的字根，例如二、土、大。

第 2 区放置竖起笔类的字根，例如丨、卜、口。

第 3 区放置撇起笔类的字根，例如亻、彡、人。

第 4 区放置捺起笔类的字根，例如广、立、氵。

第 5 区放置折起笔类的字根，例如乙、纟、女。

3.2.2 五笔字根的位

上面我们分了区，现在我们将每个区的每个键称为一个位，依次用代号 1、2、3、4、5 表示位号。

第 1 区的 G 键、第 2 区的 H 键、第 3 区的 T 键、第 4 区的 Y 键及第 5 区的 N 键对应的位号都为 1。

这样，我们将每个键的区号作为十位数字，位号作为个位数字，组合起来表示一个键，就成了“区位号”，这样按区位号命名后，A 至 Y 25 个字母键便有了唯一的编号，这样对字根的查询和记忆就方便了。

例如：

11 指的是第一区的第一位。

31 指的是第三区的第一位。

3.3 五笔字根的键盘分布

五笔字根的键盘分布是根据字根的首笔画代号属于哪一区来规定的。

例如：

“二”字根的首笔画是横“一”，就归为横区，即第 1 区。

“目”字根的首笔画是竖“丨”，就归为竖区，即第 2 区。

下面是五笔字根的键盘分布图。

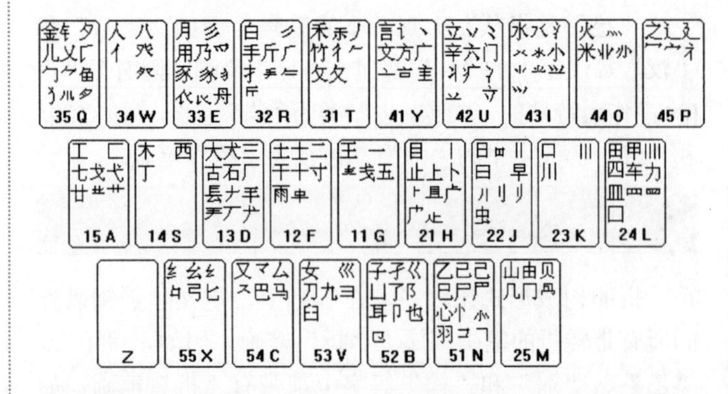

3.4 五笔字根分布规律

记字根并不难，关键是要掌握字根的分布规律。在记字根时根据字根在键盘上的分布规律来记忆。

3.4.1 规律一

1) 键名汉字

每个键上都有一个键名汉字，键名汉字位于键位的左上角，是其中最具有代表性的字根，是一个完整的汉字。在五笔字型输入法中，将那些与键名汉字外形相近

的字根，都分配在该键名汉字所在的键位上。

2) 成字字根

在键位上凡是字根成字的都称为成字字根。

3) 一般字根

除键名汉字和成字字根外的属于一般字根。

我们可以先记键名汉字，再掌握成字字根，最后按下面的“规律二”掌握一般字根。

3.4.2 规律二

1) 区号记忆

我们注意到，每个键位的区号与该键上所有字根的首笔代号一致，这样可以很容易地记住字根的区号。

例如：G 键的区号为 1，则其上所有字根的首笔均为横。

2) 位号记忆

字根的首笔代号决定字根分布的区号，第 2 笔代号则决定字根分布的位号。

(1) 单笔画。单笔画字根位于每个区的第 1 位。

例如：一、丨、丿、㇏、乙分别位于区位号为 11、21、31、41、51 的 G、H、T、Y 和 N 键上。

(2) 双笔画。双笔画字根位于每个区的第 2 位。

例如：二、刂、⺈、冫、巜分别位于区位号为 12、22、32、42、52 的 F、J、R、U 和 B 键上。

(3) 三笔画。三笔画字根位于每个区的第 3 位上。

例如：三、川、彡、氵、巛分别位于区位号为 13、23、33、43、53 的 D、K、E、I 和 V 键上。

(4) 四笔画。四笔画字根位于每个区的第 4 位上。

例如：灬位于区位号为 44 的 O 键上，舞字中的四竖部分位于区位号为 24 的 L 键上。

3.5 五笔字根口诀

正如武侠中的“神功”有口诀一样，五笔字根也有记忆口诀，根据 25 句五笔字根口诀可以快速记忆每个区的字根，读者只需反复背诵多加练习，就会很快记住字和键的对应关系，为提高五笔打字速度做好准备。五笔字根键盘如下图所示。

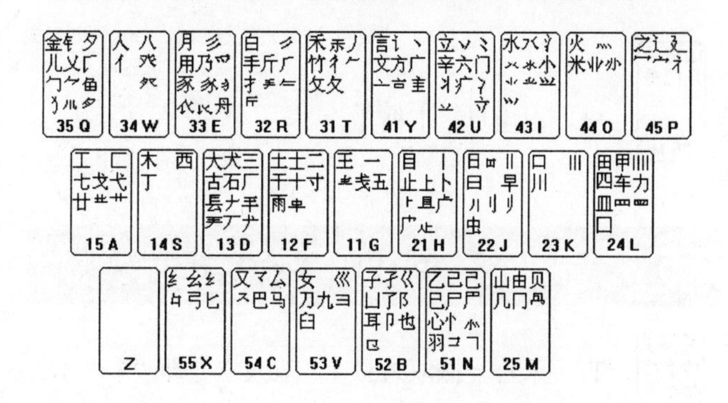

下面以区为单位详细介绍记忆五笔字根的口诀。

3.5.1 横区

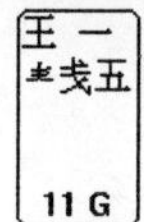

G 王旁青头戋(兼)五一(“兼”与“戋”同音)。

F 土士二干十寸雨。

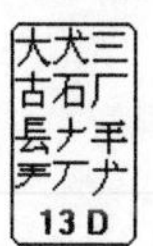

D 大犬三羊古石厂(“羊”指羊字底)。

S 木丁西。

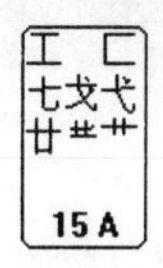

A 工戈草头右框七(“右框”即“匚”)。

3.5.2 竖区

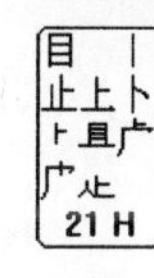

H 目具上止卜虎皮(“具上”指具字的上部)。

J 日早两竖与虫依。

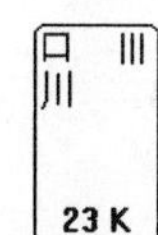

K 口与川，字根稀。

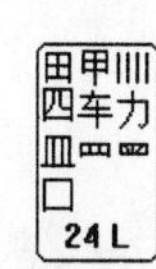

L 田甲方框四车力(“方框”即“口”)。

由于计算机在运行时不可避免地会产生电磁波和磁场，因此最好将计算机放置在离电视机、录音机远一点的地方，这样做可以防止计算机的显示器和电视机屏幕的相互磁化，引起交频信号互相干扰。

M　山由贝，下框几。

3.5.3　撇区

T　禾竹一撇双人立（“双人立”即“彳”），反文条头共三一（“条头”即“夂”）。

R　白手看头三二斤。

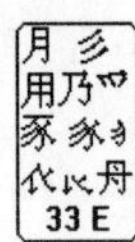

E　月彡(衫)乃用家衣底(“家衣底”即“豕与𧘇”)。

W　人和八，三四里(“人”和“八”在34里边)。

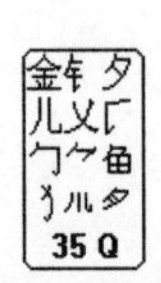

Q　金勺缺点无尾鱼(勺缺点指“勹”)，犬旁留叉儿一点夕(一点夕指“夕”)，氏无七(妻)(“氏”去掉“七”为“𠂆”)。

3.5.4　捺区

Y　言文方广在四一，高头一捺谁人去（高头即“亠”，“谁”去“亻”为“讠”和“主”)。

U　立辛两点六门疒。

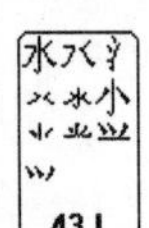

I　水旁兴头小倒立(指“氵、⺍、⺌”)。

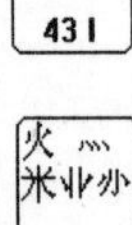

O　火业头，四点米(“业头”即“业”)。

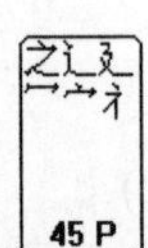

P　之字军盖建道底(即“之、宀、冖、廴、辶”)。

摘礻(示)衤(衣)(“礻、衤”摘除末笔画即“⺀”)。

3.5.5　折区

N　已半巳满不出己，左框折尸心和羽(“左框”即“コ”)。

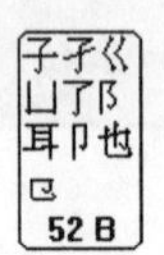

B　子耳了也框向上(“框向上”即“凵”)。

V　女刀九臼山朝西(“山朝西”即“彐”)。

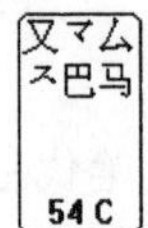

C　又巴马，丢矢矣(“矣”去“矢”为“厶”)。

X　慈母无心弓和匕(“母无心”即“母”)，幼无力(“幼”去“力”为“幺”)。

3.6　五笔字根练习

启动“金山打字通 2010”软件，在“金山打字通 2010”的首页中单击【五笔打字】按钮，弹出如下图所示的窗口，按屏幕提示进行字根练习。

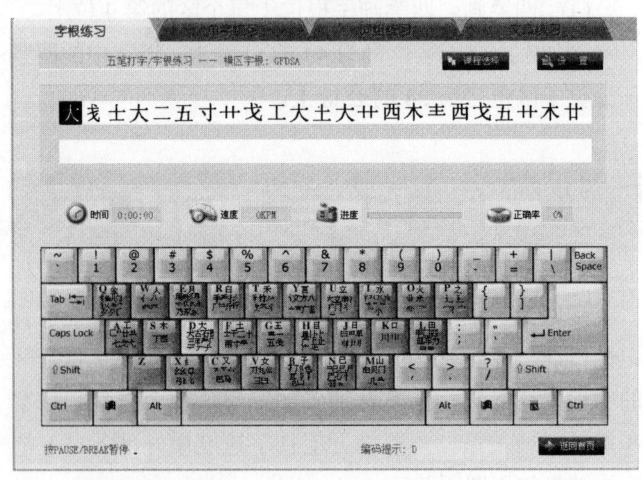

要求读者在此练习中每分钟至少达到 50 个字。

长见识　由于现在光驱的转速越来越高，使用质量差的光盘不但会发出很大的噪声，而且由于“偏心”，导致光盘高速旋转时会损伤激光头，所以请尽量使用高质量的光盘。一般来说，太薄、不均匀的光盘都可能是低质量的光盘。

3.7 思考与练习

选择题

1. 在五笔字型输入法中，从结构上看汉字可以分为3个层次，下面________是不正确的。

   A. 笔画　　B. 字根

   C. 单字　　D. 组成

2. 在五笔字型输入法中，根据构成汉字的字根之间的位置关系，可将成千上万的汉字分为3种字型，下面不正确的字型是________。

   A. 左右型　　B. 上下型

   C. 综合型　　D. 杂合型

3. 在五笔字型中哪种不是基本笔画________。

   A. 横　　B. 竖

   C. 提　　D. 折

操作题

1. 判断以下字根的键位。

巛人又大止川羽犬丁古廿西氵弓又小王巳
田目禾钅方广白戋讠米言六门疒灬文辛乃
豕车月用刀彐山臼九水彳口日五宀阝廴亻
八立力廴口匕乃金千土竹心几戈工弋白火
卜㔾四厶尸

2. 根据字根分布规律判断以下字根的区位号。

冫　　用　　刀　　门　　乃

厶　　尸　　马　　甲　　虫

3. 根据字根分布规律判断以下字根的区位号和所在键位。

大　　王　　已　　田　　彐

耳　　廾　　皿　　凵　　孑

幺　　阝　　月　　宀　　廴

4. 启动“金山打字通2010”，选择五笔字根练习，练习基本字根。

学以致用系列丛书

计算机一旦启动起来，硬盘就以每分钟几千转的高速进行旋转，所以应在电源管理中设定一个硬盘关机时间，当电脑在一段时间中不使用时，硬盘就会自动关闭，停止旋转，从而减少磨损，延长使用寿命。

长见识

第4章 汉字的拆分

学习五笔的关键是将汉字正确地拆分，本章将向大家直观明了地介绍汉字拆分的各种方法和技巧，使你快速地进入“五笔”的殿堂！

学习要点

- 五笔字根之间的关系
- 汉字拆分原则
- 汉字拆分举例分析

学习目标

通过本章的学习，读者应该掌握五笔字根之间的关系，掌握常见汉字的拆分技巧，熟悉五大拆分原则。

在学习本章时需要特别注意的是，不一定所有的字都要明白为什么要这样拆。根据实际应用的经验，许多常用字并不是“拆”出来的，而是在实际应用中多次输入“记”下来的。因此，不必过分强调拆分技巧，而应把精力集中在练习上。

4.1 五笔字根之间的关系

第 3 章中我们已经介绍了，在五笔字型输入法中，汉字都是由字根组成的，要输入汉字，必须先把汉字拆分，形成一个个的字根，本章我们将系统地介绍拆分汉字的方法。

在学习拆分汉字前，先来了解一下汉字与字根之间的关系，这样才能准确地、有原则地拆分汉字。

在五笔字型输入法中，汉字均可看作是由基本字根组成的。在拆分汉字时，我们将所有的非基本字根一律拆分为基本字根。这些基本字根交叉相连的关系包括单、散、连、交4种。

4.1.1 单字根结构汉字

单字根结构汉字是指汉字仅由一个基本字根组成，即该字根本身就是一个汉字，例如“木”、“金”、“目”、“口”和“皿”等。

单字根结构汉字主要包括24个键名汉字和成字字根汉字。

例如：

金 目

4.1.2 散字根结构汉字

散字根结构汉字是指构成汉字的基本字根不止一个，并且组成汉字的基本字根之间有一定的距离，几个字根之间没有相连或交叉的部分，字根之间的位置为左右型或上下型，例如：“格”、“宁”和“件”等，少部分也有杂合型，例如“连”。

格 连

4.1.3 连笔字根结构汉字

连笔字根结构汉字是指由一个基本字根与一个单笔画相连而组成的汉字。

例如：“千”是由单笔画横“一”与字根“十”相连而成的，“生”是由“丿”与“𡈼”相连而成的。

千 生

4.1.4 交字根结构汉字

交字根结构汉字是指由几个基本字根交叉相叠构成的汉字，字根间没有距离。例如：“里”由字根“曰”与“土”交叉而成，“夫”由字根“二”与“人”交叉而成。

里 夫

4.2 汉字拆分原则

使用五笔字型输入法输入汉字时，需要将汉字拆分成字根，在拆分汉字时应遵循以下拆分原则。

4.2.1 “书写顺序”原则

汉字，是中华民族特有的。从古至今，书写汉字，正楷均要求按正确的书写顺序。汉字的编码方法，如果其编码顺序与原有的书写顺序相差甚远，例如规定：“先右后左”“先下后上”，实际上对于汉字文化也是一种折磨。一种优秀的汉字编码方法，其拆分字根的顺序，一定要符合原有的正确的书写习惯。

五笔字型规则在拆分汉字时，完全是按照正确的书写顺序来进行的，先写的先拆，后写的后拆。

“书写顺序”原则是指按照书写汉字的顺序，将汉字拆分为键面上已有的基本字根。书写顺序通常为从左到右、从上到下、从外到内，拆分汉字时也应按照该顺序来进行。

例如：

想	正：	木目心
	误：	木心目
新	正：	立木斤
	误：	立斤木

在打字和玩游戏时，由于精神过度集中，击键的力度明显过大，这样很容易造成键盘按键的失灵。长此以往，键盘就容易损坏。所以，在打字和玩游戏时要注意保护键盘，特别是笔记本电脑的键盘。

以下是一些不同结构的字的正确拆分顺序。

- ❖ 左右型：从左到右拆分。例如“洲”：氵、丶、丿、丶、丨、丶、丨；“汉”：氵，又。
- ❖ 上下型：从上至下拆分，若有左右，先左后右，例如“想”：木、目、心。
- ❖ 杂合型：按正常书写顺序拆分。例如“回”：口、口(从外到内先大口再小口)。

4.2.2 “取大优先”原则

“取大优先”原则是指在拆分汉字时，拆分出来的字根的笔画数量应尽可能多，拆分的字根应尽可能少。

在拆分汉字时，可把握住以下两个原则。

- ❖ 拆分汉字时，拆分出的字根数应最少。
- ❖ 当有多种拆分方法时，应取字根笔画多的拆法。

也就是说，按书写顺序拆分汉字时，应当找到这样的感觉，拆下的每个字根都是最大的，这样的拆法才是正确的。

世 正：廿乙
误：一凵乙

制 正：𠂉冂丨刂
误：丿一冂丨刂

显然，错误的拆法比正确的字根要多几个，例如“制”字，因为第二码的“一”，可以与第一个字根“丿”凑成更大一点的字根“𠂉”，这就是“取大优先”原则。

“取大优先”，是一个在汉字拆分中最常用到的基本原则，至于这个“取大”，怎样才算最大，答案很简单：字根表中笔画最多的字根就是“最大”，如果能“凑”成“大”的，就不能取小的，待掌握了五笔的字根表，熟练了以后，这个问题就很容易解决了。

4.2.3 “能散不连”原则

“能散不连”原则是指在拆分汉字时，能拆分成散结构的字根就不要拆分成连结构的字根。

天 正：一 大
误：二 人

丑 正：乙 土
误：刀 二

这种类型的字，在实际使用中并不多见，读者知道即可。

4.2.4 “能连不交”原则

“能连不交”原则是指在拆分汉字时，能拆分成连结构的字根就不要拆分成相交结构的字根。

请看以下拆分实例。

于 正：一 十
误：二 丨

午 正：𠂉 十
误：丿 干

百 正：厂 日
误：一 白

当一个字既可拆成相连的几个部分，也可拆成相交的几个部分时，我们认为“相连”的拆法正确。因为一般来说，“连”比“交”更为“直观”。

一个单笔画与字根“连”在一起，或一个孤立的“点”处在一字根附近，这样的笔画结构，叫做“连体结构”。以上“能连不交”的原则，可以指导我们正确地对“连体结构”的字进行拆分。

4.2.5 “兼顾直观”原则

“兼顾直观”原则是指在拆分时，为了使拆分出来的字根容易辨认，有时需要暂时牺牲“书写顺序”和“取大优先”原则，形成极个别的例外情况。

国 正：囗王丶
误：冂王丶一

用手触摸显示器的屏幕，会发生剧烈的静电放电现象而损害显示器，对于液晶显示器更容易产生划伤，同时手上的油脂还会破坏显示器表面的涂层。所以，千万不要用手去“指点江山”。

“国”如果按书写顺序拆，就破坏了汉字构造的直观性，故只好违背“书写顺序”，作上述拆分。

自 正：丿目
误：亻乙三

“自”按“取大优先”应拆成“亻、乙、三”，但这样拆，不直观，而且也有悖于“自”字的字源(一个手指指着鼻子)，故只好违背了“取大优先”作上述拆分。

拆分时要注意照顾到汉字结构的直观性，这叫做“兼顾直观”。

卤 正：⺊口乂
误：上乂凵

综上所述，我们可以把拆分汉字的基本原则归纳成下列3点。

(1) 首先要按书写顺序拆分字根。

(2) 当存在多种拆分形式时，尽量按取大优先并兼顾字形的直观性。

(3) 当字根的笔画间存在多种关系时，按散优于连，连优于交的原则拆分。

笔画和字根之间，字根与字根之间的关系，可以分为“散”、“连”和“交”的3种关系。

例如：

倡：三个字根之间是“散”的关系。

自：首笔“丿”与“目”之间是“连”的关系。

夷：“一”、“弓”与“人”是“交”的关系。

字根之间的关系，决定了汉字的字型(上下、左右、杂合)。

注意

- 几个字根都“交”、“连”在一起时，例如：“夷”、“丙”等，肯定是“杂合型”，而散字根结构一般是“左右”型或“上下”型字。
- 只要不是单笔画，一律按“能散不连”拆分。有时候一个汉字被拆成的几个部分都是复笔字根(是单笔画)，它们之间的关系，在“散”和“连”之间模棱两可。

例如：占：⺊、口两者按“连”处理，便是杂合型；两者按“散”处理，便是上下型。严：一、业、厂，后两者按“连”处理，便是杂合型；后两者按“散”处理，便是上下型。当遇到这种既能“散”，又能“连”的情况时，一律按“能散不连”来拆分。

- 做以上这些规定，是为了保证编码体系的严谨性。实际上，用得上“能连不散”、“能连不交”和“兼顾直观”这三条规定的字相当少。

4.3 汉字拆分举例分析

本节将介绍一些汉字的拆分，通过这些举例分析，可以很快地拆出一些汉字来。

4.3.1 常见汉字的拆分

对一些常见的汉字，我们仅需要按以上我们介绍的几个原则来进行拆分即可。

阵：阝 车

晨：曰 厂 二

风：几 乂 ㉀

除了以上的常用汉字，还有一些字，我们也经常遇到，但就是怎么拆都拆不出来。

由于偏旁给人带来的习惯影响，例如“衤”应拆为两部分，这样的还有“犭”等。

还有一些字，在对拆字的原则不熟悉的情况下，读者除了应认真掌握拆字原则以外，对这部分字也要稍稍记忆一下。

被：礻 冫 广 又

套：大 镸 ㉀

牛：𠂉 丨

卷：龹 大 㔾 ㊛

 长见识 不足4个字根的汉字将字根都打完之后再加末笔识别码，如果仍不足4个字根用空格补齐。

4.3.2 实战练习

启动“金山打字通 2010”软件，在首页中单击【五笔打字】按钮，就会弹出如下图所示的【五笔打字】窗口，使用该软件就可以练习打字了。

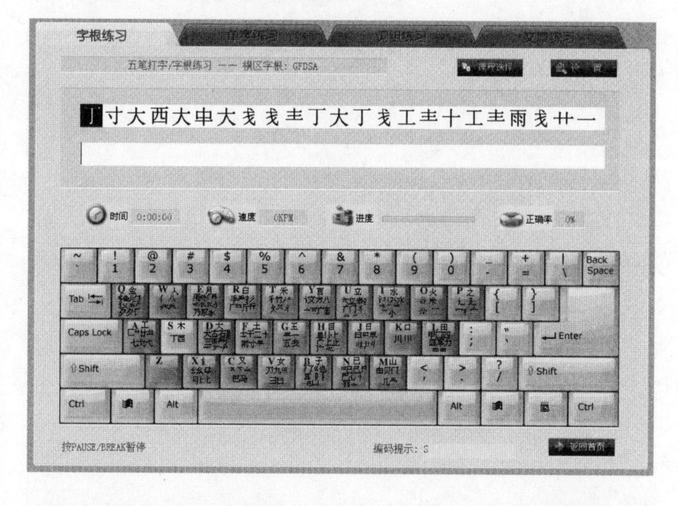

4.4 思考与练习

选择题

1. “戴”字应拆分成________，类似的汉字还有“載”、“哉”、“栽”等。

A. 十戈田八　　B. 一丨田八

C. 土田艹八　　D. 土戈田八

2. “报”字应拆分成________，类似的汉字还有“卫、叩”等。

A. 扌乙丨又　　B. 扌丨乙又

C. 扌卩又　　D. 扌乙又

3. 字根“七”、“匕”、“戋”、“小”分别在字母键________上。

A. A、X、G、I　　B. X、X、E、I

C. X、A、G、I　　D. A、A、G、I

操作题

打开记事本，并在记事本中使用五笔字型输入法输入下面的成字字根。

广干方西卜厂马贝刀

止古手文门米心四儿

手巳竹川贝了七辛车

也几由羽止丁斤文心

耳虫早五雨已石夕寸

不要加载或者安装太多同样功能的软件，同样功能的软件势必会行使相同的职责，从而引起争端。因此，相同功能的软件应当有所取舍，应当选择最适合自己使用习惯的软件，特别是防病毒软件，建议使用单品种正版软件。

长见识

第 5 章 输入单个汉字

在五笔输入中，输入单个汉字是五笔输入的最基本的功能，本章将介绍单个汉字的输入方法。对于单个汉字的输入技巧，读者应熟练掌握，这样才能拉开快速打字的序幕。

学习要点

❖ 输入键面汉字
❖ 输入键外汉字

学习目标

通过本章的学习，读者应该学会键面汉字和键外汉字的输入方法，并在前一章的学习基础上练习熟练地拆字。单字的输入要以常见字为主，对于生僻字要求掌握拆分方法。

5.1 输入键面汉字

在使用五笔字型输入法输入单个汉字时有两种情况：键面汉字和键外汉字。

键面汉字是指在五笔字型字根表里存在的字根本身就是一个汉字；键外汉字是指五笔字型字根表里没有的汉字。

5.1.1 输入键名汉字

从五笔字根的键盘分布图中可以看到，除X键上的“纟”外，每一个键的左上角都有一个简单的汉字，它是键位上所有字根中最具有代表性的字根，这就是键名汉字。

为了便于记忆键名，将键名汉字编成如下“键名谱”来辅助记忆。

1区横起类：王土大木工
GFDSA

2区竖起类：目日口田山
HJKLM

3区撇起类：禾白月人金
TREWQ

4区捺起类：言立水火之
YUIOP

5区折起类：已子女又纟
NBVCX

这些键名汉字的编码就是4个所在键位的键名字母。

例如：“王”字的编码为GGGG，“月”字的编码为EEEE，“立”字的编码为UUUU，“日”字的编码为JJJJ，“又”字的编码为CCCC。

输入键名汉字的方法是：连续敲击该字根所在键位4次。

王：GGGG

土：FFFF

大：DDDD

5.1.2 输入成字字根

在五笔字根的键盘分布图中可以看到，除了键名汉字外，还有一些完整的汉字，例如S键上的“西”、U键上的“辛”和J键上的“虫”等，这就是成字字根汉字。除键名外，成字根一共有102个，其中包括国标字集中也规定为汉字的“氵”、“亻”、“勹”、“刂”等。

以下是这些成字字根。

- ❖ 一区：王一五戋，土士二干十寸雨，大犬三古石厂，木丁西，工戈弋廿七。
- ❖ 二区：目卜上止丨，日刂早虫，口川，田甲囗四皿力，山由贝冂几。
- ❖ 三区：禾竹攵夂彳丿，白手扌龵斤，月彡乃用豕，人亻八癶，金钅勹儿夕。
- ❖ 四区：言讠文方广亠丶，立辛六疒门冫，水氵小，火灬米，之辶廴冖宀。
- ❖ 五区：已巳己心忄羽乙，子孑耳阝了也凵，女刀九臼彐，纟厶巴马幺弓匕。

作为成字字根，有其固定的输入方法：先打字根本身所在的键(称之为“报户口”)，再根据“字根拆成单笔画”的原则，打它的第一个单笔画、第二个单笔画，以及最后一个单笔画，不足4键时，加打一个空格键。

这样的输入方法，可以写作一个公式：

报户口＋首笔＋次笔＋末笔

成字字根的编码法，体现了汉字分解的一个基本规则：成字根，报完户口，就拆成单笔画。

下面是一些例子。

小：小丨丿丶

千：千一一丨

字例	报户口	首笔	次笔	末笔
文	文	丶	一	丶
手	手	丿	一	丨
西	西	一	丨	一
十	十	一	丨	
儿	儿	丿	乙	
力	力	丿	乙	

删除程序时，应当到控制面板中的【删除或添加程序】中去执行，或者在【开始】菜单中找到程序的目录里的卸载快捷方式，直接删除容易产生错误。

5.1.3　输入单笔画

在五笔字根的键盘分布图中，有横(一)、竖(丨)、撇(丿)、捺(㇏)、折(乙)5种基本笔画，它们也称为单笔画。5种单笔画一、丨、丿、㇏、乙，在国家标准中都是作为"汉字"来对待。在"五笔字型"中，按理它们应当按照"成字根"的方法输入，即：报户口＋笔画(只有一个键)＋空格键，如果按这样的方法，这5个单笔画的编码为

一：11 11(GG)

丨：21 21(HH)

丿：31 31(TT)

㇏：41 41(YY)

乙：51 51(NN)

除"一"之外，其他几个都不常用，按"成字根"的打法，它们的编码只有2码，这么简短而高效的编码用于如此不常用的字，比较浪费，于是，在五笔中，为了解决这个问题，将其简短的编码"让位"给了更常用的字，人为地在其正常码的后边，加两个"L"，以此作为5个单笔画的编码，即

一：11 11 24 24(GGLL)

丨：21 21 24 24(HHLL)

丿：31 31 24 24(TTLL)

㇏：41 41 24 24(YYLL)

乙：51 51 24 24(NNLL)

由以上可知，字根总表里面，字根的输入方法，被分为两类：第一类是24个键名汉字；第二类是键名以外的字根。

字根是组成汉字的一个基本队伍。将来我们对键面以外的汉字进行拆分的时候，都要以拆成"键面上的字根"为准。

只有通过键名的学习、成字字根的输入，我们才能加深对字根的认识，才能分清楚哪些是字根，哪些不是，为此，读者应加强练习。

5.1.4　输入偏旁部首

五笔字型输入法把130多个字根分成五区五位，科学地排列在25个英文字母键上便于记忆，也便于操作，其特点如下。

特点一：每键平均2～6个基本字根，有一个代表性的字根成为键名。

特点二：每一个键上的字根形态与键名相似。

例如："王"字键上有一、五、戋、龶、王等；"日"字键上有日、曰、早、虫等。

特点三：单笔画基本字根的种类和数目与区位编码相对应。

例如：一、二、三这3个单笔画字根，分别安排在一区的第一、二、三位上；丶、冫、氵、灬这四个单笔画字根，分别安排在四区的第一、二、三、四位上；丨、刂、川这三个单笔画字根，分别安排在二区的第一、二、三位上。

5.1.5　输入生僻字的一些方法

生僻字通常有几种，下面我们介绍几种输入生僻字的方法。

1. 系统其他字库中没有的字

系统默认的字体是宋体，应该来说，这是系统最全的字库，因为现在通用的GBK汉字字库是宋体，宋体能把屏幕上GBK字库中所有的字显示出来，包括多数生僻字。如果是楷书、隶书之类的字体，你会发现有的字是显示不出来的。例如：把宋体"覃"字变成楷体，结果是还是宋体或是空白。

在这种情况下，我们可以选用宋体作为字体或者下载完整的字库。

2. 打不出来的字

我们要认识到汉字作为音形义的结合体，用形码输入有较高的速度，但并不是说，其他的输入法就一无是处，某些情况下，使用拼音输入能收到意想不到的效果。

如果我们知道生僻字的正确读音，而使用紫光拼音输入法之类的又显示没有，你试试用全拼，拼出读音，再逐页找，常常能找到。你一定会问为什么？全拼可以把GBK中的字全部显示出来，生僻字自然在其中。

五笔输入法86版中包括的字有限，所以也会造成先天不足，很多字打不出来，对于常输入生僻字的用户，可以考虑升级五笔，使用18030版五笔，很多问题就可以迎刃而解了。

3. 使用插入字符的方式

如果某个字用五笔无法输入，也拼不出来，你可以采用如下方法。

新建一个Word文档，先输入生僻字的偏旁，用鼠标

一般情况下，最好把硬盘转换为NTFS的格式，它比FAT32的格式要更加安全，不容易出错，该转换建议由专业人士处理。

选中，然后选择【插入】|【符号】命令，就会发现，窗口中处于选择状态的正是字库中的生僻字偏旁，后面跟了一堆与这个偏旁有关的字，然后用几十秒，耐心找出想要的字。

5.2 输入键外汉字

一般来说，在输入汉字时，输入的大多数都是键外汉字。本节主要介绍键外汉字的输入方法。

5.2.1 单个汉字全码输入

键外汉字的输入方法是：根据书写顺序，将汉字拆分成字根，取汉字的第 1 个、第 2 个、第 3 个和最末一个字根，并敲击这 4 个字根所在的键位。若拆分时不满 4 码，则添加识别码。

5.2.2 正好四码

刚好由 4 个字根构成的汉字，叫做“四根字”，其取码方法即输入方法是：依照书写顺序把 4 个字根取完。

规：二人冂儿

(12 34 25 35 — F W M Q)

书：乙乙丨、

(51 51 21 41 — N N H Y)

两：一冂人人

(11 25 34 34 — G M W W)

笔：竹丿二乙

(31 31 12 51 — T T F N)

照：日刀口灬

(22 53 23 44 — J V K O)

统：纟亠厶儿

(55 41 54 35 — X Y C Q)

甜：丿古廿二

(31 13 15 12 — T D A F)

段：亻三几又

(34 13 25 54 — W D M C)

容：宀八人口

(45 34 34 23 — P W W K)

磨：广木木石

(41 14 14 13 — Y S S D)

禁：木木二小

(14 14 12 43 — S S F I)

5.2.3 不足四码

“五笔字型”编码的最长码是 4 码，凡是不足 4 个字根的汉字，我们规定字根输入完以后，再追加一个“末笔字型识别码”，简称“识别码”，这样一来，就使两个字根的汉字由 2 码变成 3 码，三个字根的汉字由 3 码变成为 4 码。

“识别码”是由“末笔”代号加“字型”代号构成的一个附加码。

下面带括号的那些笔画或字根即为“识别码”。

汉：氵又

[、] (43 54 41 — I C Y)

长见识 如果要在关机后启动计算机，一定要等待 1 分钟以上再重新开机，或者就在主机没有断开电源的时候按下机箱上的热启动键进行重启，否则会给电脑带来损害。

字：宀子

[二]　(45 52 12 — P B F)

中：口丨

[川]　(23 21 23 — K H K)

华：亻匕十

[刂](34 55 12 22 — W X F J)

团：口十丿

[彡](24 12 31 33 — L F T E)

府：广亻寸

[氵](41 32 12 43 — Y W F I)

加入“识别码”后，仍然不足 4 个码时，还要加打一下空格键，以示“该字编码结束”。

并不是所有的不足 4 码的都要输入识别码，其中大多属于二级和三级简码，读者在下一章可以了解到，真正要输入识别码的字也是少数。

5.2.4　末笔字型识别码

下面让我们来认识一下末笔字型识别码吧！

1. 设计“识别码”的原因

在常用的 7000 来个汉字中大约有 10%的汉字，是由两个字根构成的，例如“红”、“计”、“要”、“他”等。把这些字的两个字根输入电脑后，其编码长度为 2(即两个码)。

可是，“五笔字型”是用 25 个键处理汉字的。只用 25 个键，打两下算是一个汉字的编码，最多可以组成 25×25＝625 个编码。就是说，我们只有 625 个房间号，却要住 7000 个人！这就难免产生拥挤，而且并不是每一种组合都能对应一个汉字。因此，许多房号永远是“空号”，不能“住人”，这样势必要拥挤不堪——产生大量重码！

重码字太多，影响输入效率，这是我们不希望看到的，何况，这些由两个字根组成的字，大都是最常用的字。

因此，必须把它们的编码区分开来，这样就好像两个字的人名(例如“王强”、“赵刚”)容易重名，如果规定后边都再加上一个字(王强春、赵刚剑)，就不易重名一样。我们规定：凡是由 2 个、3 个字根组成的字，字根输入完之后，一律再加上一个“识别码”。这样，就可以大幅度减少常用字的重码，从而提高输入效率。

“末笔字型识别码”为减少重码起到了关键作用，使得绝大多数原本重码的常用字都有与之对应的唯一编码，而不再重码。

2. “识别码”的必要性

以下例子可以进一步说明对于不足四码的汉字增加“识别码”的必要性。

(1)　丢失字形信息会引起重码

叭：口八

(K W) (末笔为丶，1 型字)

只：口八

(K W) (末笔为丶，2 型字)

吧：口巴

(K C) (末笔为乙，1 型字)

邑：口巴

(K C) (末笔为乙，2 型字)

旮：九日

(V J) (末笔为一，2 型字)

旭：九日

(V J) (末笔为一，3 型字)

(2) 因字根处在同一键位上引起重码

沐：氵木

(I S) (末笔为丶，1 型字)

汀：氵丁

(I S) (末笔为丨，1 型字)

洒：氵西

(I S) (末笔为一，1 型字)

他：人也

(W B)(末笔为乙，1 型字)

仓：人𠃌

(W B)(末笔为乙，2 型字)

仔：亻子

(W B) (末笔为一，1 型字)

大家看出来了，如果有办法补一个“末笔”信息，这些字则无一重码。

“五笔字型”中设计的“末笔字型识别码”，是一个既含有“末笔”信息，又含有“字型”信息的综合功能码。以上的例子只要在字根之后加上“识别码”，就不会有重码了。

“识别码”是五笔字型输入法仅仅使用 25 个键位，又有极少重码的关键性技术。专家们鉴定五笔字型“构思巧妙”，就是指“识别码”而言的。

3. “识别码”的组成

当一个字拆不够 4 个字根时，它的输入编码是：先打完字根码，再追加一个“末笔字型识别码”，简称“识别码”。

“识别码”的组成：它是由“末笔”代号加“字型”代号而构成的一个附加码。

(1) 对于 1 型(左右型)，打完字根之后，补打一个末笔画即等同于加了“识别码”。例如：

沐：氵木

[丶](“丶”为末笔，“㊀丶”即为“识别码”)

汀：氵丁

[丨](“丨”为末笔，“㊀丨”即为“识别码”)

洒：氵西

[一](“一”为末笔，“㊀”即为“识别码”)

杉：木彡

[丿](“丿”为末笔，“㊀丿”即为“识别码”)

忆：忄乙

[乙](“乙”为末笔，“㊀乙”即为“识别码”)

(2) 对于 2 型(上下型)字，打完字根之后，补打由两个末笔画“复合构成”的“字根”，即等同于加了“识别码”。

例如：

华：亻匕十

[刂](“丨”为末笔，“㊀刂”即为“识别码”)

字：宀子

[二](“一”为末笔，“㊁”即为“识别码”)

参：厶大彡

[彡]("丿"为末笔，"㊂"即为"识别码")

会：人二厶

[氵]("丶"为末笔，"㋇"即为"识别码")

仓：人㔾

[巳]("乙"为末笔，"㊯"即为"识别码")

(3) 对于3型(杂合型)字，打完字根后，补打由3个末笔画"复合构成"的"字根"，即等同于加了"识别码"。

同：冂一口

[三]("一"为末笔，"㊂"即为"识别码")

串：口口丨

[川]("丨"为末笔，"㊉"即为"识别码")

丙：一冂人

[氵]("丶"为末笔，"㋇"即为"识别码")

疹：疒人彡

[彡]("丿"为末笔，"㊂"即为"识别码")

庇：广匕匕

[巛]("乙"为末笔，"㊯"即为"识别码")

至于为什么这些"笔画"可以起到"识别码"的作用，只要仔细研究一下"区位号"与"笔画数"的关系以及"识别码"的定义，便会恍然大悟。

4. 末笔字型识别码表

末笔笔画只有5种，字型信息只有3类，因此末笔字型交叉识别码只有15种，如下表所示。

笔画区	横	竖	撇	捺	折
结构	第一区	第二区	第三区	第四区	第五区
左右	G	H	T	Y	N
上下	F	J	R	U	B
杂合	D	K	E	I	V

从表中可见，"汉"字的交叉识别码为Y，"字"字的交叉识别码为F，"沐、汀、洒"的交叉识别码分别为Y、H、G。如果字根编码和末笔交叉识别码都一样，这些汉字称重码字。对重码字只有进行选择操作，才能获得需要的汉字。

应当指出的有如下几点。

(1) 上表中，"丶"的形式包括了捺内的所有形式，因为都是同一键，所以用任何一种形式当做"识别码"都是一样的，而用笔画形式更易学易用、直观方便。

(2) 并不是所有的汉字都需要识别码，能拆出4个字根或更多字根的汉字，字根已经足够，因此，便不需要"识别码"了。

(3) "识别码"只对"字根以外的字"才可以追加。成字字根的编码，即使不足4码，也一律不加"识别码"。

厂：厂一丿

九：九丿乙

5. "末笔"的几项说明(适用五笔86版)

(1) 关于"力、刀、九、匕、七"。

鉴于这些字根的笔顺常常因人而异，"五笔字型"中特别规定，当它们参加"识别"时，一律以其伸得最长的"折"笔作为末笔。

男：田力

(末笔为“乙”，2 字型)

花：艹亻匕

(末笔为“乙”，2 字型)

(2) 带“框”的“国、团”与带“辶”的“进、远、延”等，因为是一个部分被另一个部分包围，规定：视被包围部分的“末笔”为末笔。

进：二刂辶

(末笔为“丨”，3 字型，加“川”作为“识别码”)

远：二儿辶

(末笔为“乙”，3 字型，加“巛”作为“识别码”)

团：口十丿

(末笔为“丿”，3 字型，加“彡”作为“识别码”)

哉：十戈口

(末笔为“一”，3 字型，加“三”作为“识别码”)

(3) “我”“戋”“成”等字的末笔，由于因人而异，故遵从“从上到下”的原则，一律规定“丿”为其末笔。

我：丿扌乙丿

(TRNT，取一二三末笔)

戋：戋一一丿

(GGGT，成字根，先“报户口”再取一二末笔)

成：厂乙乙丿

(DNNT，取一二三末笔)

(4) 单独点。对于“义、太、勺”等字中的“单独点”，离字根的距离很难确定，可远可近，我们干脆认为这种“单独点”与其附近的字根是“相连”的。既然“连”在一起，便属于杂合型(3 字型)。其中“义”的笔顺，还需按上述“从上到下”的原则，认为是“先点后撇”。

例如：

义：丶乂氵

(末笔为“丶”，3 型，“氵”即为“识别码”)

太：大丶氵

(末笔为“丶”，3 型，“氵”即为“识别码”)

勺：勹丶氵

(末笔为“丶”，3 型，“氵”即为“识别码”)

6. 字型的确定

关于字型的确定，有以下规定。

- 凡单笔画与字根相连者或带点结构均视为杂合型。
- 字型区分时，也用“能散不连”的原则。例如“矢”、“卡”、“严”等的字型均视为上下型。
- 内外型汉字的字型一律认为是杂合型。例如“困”、“同”、“匝”等的字型均视为杂合型。
- 含两字根且相交的汉字属杂合型。例如“东”、“电”、“本”、“无”等的字型均视为杂合。
- 下含“辶”的汉字一律规定为杂合型。
- 拆分中还应注意，一个笔画不能割断用在两个字根中。

果：日木(正)

显示器和打印机因为静电作用，容易积累灰尘，要时常清洁，特别是显示器。清洁时，千万不要轻易拆开，可用干净的软布轻擦屏幕或用吸尘器轻吸灰尘，切忌用湿布擦洗。

田木(误)

故口诀可以再加四句，补充如下。
单勿需拆，散拆简单，难在交连，笔画勿断；
能散不拆，兼顾直观，能连不交，取大优先。

5.3 思考与练习

选择题

1. 王字的正确输入方法是________。
   A. gghg　　B. gghh
   C. gggg　　D. gggh
2. 下列关于识别码论述不正确的是________。
   A. 识别码一般用于重码字中
   B. 识别码在成字字根输入中不使用
   C. 只有拆字超过3个字根的汉字才用识别码
   D. “相” 的识别码是G
3. 五笔型输入汉字，最长输入码是________码。
   A. 3　　B. 4
   C. 5　　D. 6
4. 五笔的键名汉字是________。
   A. 指打“键”或“名”两字的汉字
   B. 指键盘上印的大写字母
   C. 指五笔中需要按四个键才能输入的汉字
   D. 指在五笔字型字根表里存在的字根本身就是一个汉字

操作题

1. 在记事本中使用五笔字型输入法输入下面的成字字根。

   广干方西卜厂马贝刀
   止古手文门米心四儿
   手巳竹川贝了七辛车
   也几由羽止丁斤文心
   耳虫早五雨己石夕寸
2. 判断出下列汉字的交叉识别码。

   农明定期表等号
   条图好无使级反
   床放位定长质政
3. 通过“金山打字通2010”练习五笔输入。

(注意：不会的字先在脑海里拆，不要看提示。)

CPU(Central Processing Unit)又叫中央处理器，其主要功能是进行运算和逻辑运算，内部结构可以分为控制单元、算术逻辑单元和存储单元等几个部分。按照其处理信息的字长可以分为：八位微处理器、十六位微处理器、三十二位微处理器以及六十四位微处理器等。

长见识

第 6 章 简码输入汉字

汉字很多，但常用的一般只有一两千个。为了提高汉字输入的速度，五笔字型将大量的常用汉字输入码进行了简化，使击键次数大大减少，从而大幅度提高了汉字的录入速度。

学习要点

- ❖ 一级简码的输入
- ❖ 二级简码的输入
- ❖ 三级简码的输入

学习目标

简码即编码较简单的汉字，通常只需要输入一个、两个或三个编码就能完成输入，简码输入是使用五笔字型输入法快速输入文字的主要途径。通过本章的学习，读者能够掌握一级、二级和三级简码的输入方法，加快打字速度。

6.1 一级简码的输入

一级简码是高频字，指编码只有一位的汉字。

五笔字型输入法把最常用的 25 个汉字定为一级简码，分布在键盘 5 个区的 25 个键位上，一个字母键对应一个汉字。

由于五笔字型认为高频字在汉语中的使用频度最高，且不包括空格键，编码长度为 1，因此也将这 25 个汉字称为一级简码汉字。

一级简码的输入方法是最简单的，只需敲击对应的字母键，然后再敲击一下空格键即可。

在记忆这 25 个一级简码时，可以用 5 句口诀来快速记忆。

一地在要工
上是中国同
和的有人我
主产不为这
民了发以经

为了熟练掌握一级简码，我们对这些字作强化练习。

读者一定要十分熟练地输入一级简码，达到敲由所想的境界。

产地要工上
人我主不是
国同和了为
中发一以在
民经有的这

6.2 二级简码的输入

二级简码是指编码只有两位的汉字。

二级简码的输入可以减少取最后一个识别码和其余编码所带来的麻烦，所以输入时相当方便和快速。

二级简码的输入方法是：先按前两个字根所在的键位，再按空格键。

通过查阅二级简码表来输入某个字时，可先按它所在行的字母键，再按它所在列的字母键。例如，要输入“开”字，应先按它所在行的字母键 G，再按它所在列的字母键 A；要输入“由”字，应先按它所在行的字母键 M，再按它所在列的字母键 H。

开 GA

由 MH

二级简码由单字全码的“前两个字根码”组成。25 个键位代码，共有两码组合 25×25=625 个。

我们将全部单字的编码按其前两码分类，可以分为 625 个小组，从每一小组中选取使用频度较高的一个汉字，让它“享受”二级简码。

二级简码的编码容量是 625 码，五笔字型实际定义有 589 个二级简码字。这类汉字在常用应用文中的出现频度可达 60%，因此读者应重点练习，要同一级简码一样达到十分熟练的程度。

6.3 三级简码的输入

三级简码汉字的编码只取全码的第 1、2、3 位码，再按一下空格键。这类汉字在输入时虽然仍需要击 4 个键，但不用对末字根或末笔字型交叉识别码进行判别，因此能够大大提高输入速度。三级简码的编码容量是 25×25×25=15625 码，实际定义有 4000 多个三级简码字。

全码是 XFMU　　简码是 XFM

长见识

硬盘是十分精密的设备，工作中磁头在盘片表面的浮动高度只有几微米，一旦发生较大的振动，就可能造成磁头与数据区相撞击，导致盘片数据区损坏，因此在主轴电机尚未停机之前，千万不要挪动硬盘。

颈 全码是 CADM　简码是 CAD

娘 全码是 VYVE　简码是 VYV

盟 全码是 JELF　简码是 JEL

国标一、二级字库规定有 3 755 个一级汉字，其使用频度最高。在这 3 755 个一级汉字中，三级简码字占 2 211 个，而且另有 617 个汉字的全码本身只有三码，因此剩余的需要四码方能输入的一级汉字其实已经很少了。而这剩余的 800 个四码汉字的使用频度相对较低，若能记住其中常用的四码字，其余多数汉字按三级简码输入，即可迅速提高汉字录入速度。

6.4 思考与练习

选择题

1. 下列不是一级简码的字是________。
   A. 一　　B. 中
   C. 王　　D. 以
2. 五笔中共收录了________个二级简码。
   A. 625　　B. 589
   C. 600　　D. 599
3. 下列汉字中不是二级简码的是________。
   A. 天　　B. 五
   C. 胡　　C. 经

操作题

1. 在记事本中输入如下汉字。
   赤 红 绿 东 南 北
   李 刘 肖 陈 钱 耿
   虎 马 龙 燕 凤 蝇
2. 根据二级简码的输入规则，练习输入如下词语。
   管理 机械 历史 方法 成就 平原
   绵阳 昆明 安阳 长春 辽宁 吉林
3. 根据三级简码的输入规则，练习输入如下汉字。
   蓝 纠 炉 笋 赚 进
   噌 咏 疲 恒 贷 摆
   顺 贿 薪 怒 远 渌

LCD 显示器保养：① 怕水，不要让任何有水分的东西进入 LCD。② 怕长烧，不要让 LCD 长时间地工作。③ 怕粗暴，LCD 非常脆弱，在清洁时要十分小心。④ 怕拆卸，不要频繁拆卸 LCD。

长见识

第7章 输入词组

为了提高输入速度，五笔字型输入法中还提供了词组输入功能。一个词组无论包含多少个汉字，取码时都最多只取4码，可以极大地提高输入速度。

学习要点

- ❖ 双字词组的输入
- ❖ 三字词组的输入
- ❖ 四字词组的输入
- ❖ 多字词组的输入

学习目标

西文无论是发音或是书写，都是以单词为基本单位的。而中文，至少书写起来是以单字为基本单位的。汉字的词在书面语中，没有明显的标记，字词之间没有任何界限，这是汉字与西文的重要区别之一。在实际学习中遇到能用词组输入方法输入的词语，要尽量用词组输入方法。

7.1 双字词组的输入

前面介绍的都是单字的输入方法，使用五笔时如果只是一个单字一个单字地输入，输入的极限速度为每分钟 120 个汉字。为了进一步提高输入速度，可以采用词组输入的方法。

双字词组的取码规则为

第 1 个字的第 1 个字根+第 1 个字的第 2 个字根+第 2 个字的第 1 个字根+第 2 个字的第 2 个字根。

举例如下。

经济：纟 ㇀ 氵 文
X C I Y

机器：木 几 口 口
S M K K

汉字：氵 又 宀 子
I C P B

实践：宀 冫 口 止
P U K H

轮船：车 人 丿 舟
L W T E

暴风：日 廾 几 乂
J A M Q

7.2 三字词组的输入

三字词组的取码规则为

第 1 个字的第 1 个字根+第 2 个字的第 1 个字根+最后一个字的第 1 个字根+最后一个字的第 2 个字根。

举例如下。

国务院：口 夂 阝 宀
L T B P

重庆市：丿 广 亠 冂
T Y Y M

十二月：十 二 月 月
F F E E

目的地：目 白 土 也
H R F B

7.3 四字词组的输入

四字词组的取码规则为

第 1 个字的第 1 个字根+第 2 个字的第 1 个字根+第 3 个字的第 1 个字根+第 4 个字的第 1 个字根。

举例如下。

艰苦奋斗：

又 艹 大 冫
C A D U

出租汽车：

凵 禾 氵 车
B T I L

7.4 多字词组的输入

多字词组是指词组中的字多于 4 个的情况。

多字词组的取码规则为

第 1 个字的第 1 个字根+第 2 个字的第 1 个字根+第 3 个字的第 1 个字根+最后一个字的第 1 个字根。

举例如下。

中华人民共和国：

口 亻 人 口
K W W L

新疆维吾尔自治区：

立 弓 纟 匚
U X X A

3D 是 three-dimensional 的缩写，就是三维图形。在计算机中显示 3D 图形，就是说在平面上显示三维图形，计算机里只是看起来很像真实世界，因此在计算机显示的 3D 图形，就是让人眼看上去像真的一样。

技巧

二字、三字、四字的词组最多，在实际应用中，超过四字的词组实际上很少，但读者可以自己定义。

例如：将“祝你万事如意，身体健康”定义为pwdy。

具体定义方法在后面将详细讲述。

7.5　思考与练习

选择题

1. 一个词组无论包含多少个汉字，取码时都最多只取________。

   A. 3 码　　B. 2 码

   C. 5 码　　D. 4 码

2. 四字词组的输入规则是________。

   A. 第 1 个字的第 1 个字根+第 2 个字的第 1 个字根+第 3 个字的第 1 个字根

   B. 第 1 个字的第 1 个字根+第 2 个字的第 1 个字根+第 3 个字的第 1 个字根+第 4 个字的第 1 个字根

   C. 第 1 个字的第 4 个字根+第 3 个字的第 1 个字根+第 2 个字的第 1 个字根+第 1 个字的第 1 个字根

   D. 第 1 个字的第 1 个字根+第 2 个字的第 2 个字根+第 3 个字的第 3 个字根+第 4 个字的第 4 个字根

操作题

1. 根据词组的输入方法，在记事本中输入下面的词组。

造句　呕吐　繁忙　复杂　告诉　战争
稿纸　片段　高兴　处理　江苏　模式
中草药　周期性　全世界　一等品　南美洲
副产品　多功能　留学生　外语系　人民币
轻工业部　同甘共苦　艰苦奋斗　基础单位
内蒙古自治区

2. 打开记事本，在记事本中开启五笔字型输入法，输入下面的一篇文章，在输入过程中遇到简码和词组时，要尽量用简码和词组的输入方法，从而提高输入速度。

近一段日子来，我特别关心天气的变化。每天晚上看完“新闻联播”，总要再等着看“天气预报”。看到我熟悉的那个图案上总是重复出现那枚小太阳，觉得特别扎眼，我知道又没有下雨的希望了，有时耽误了看“天气预报”，就在传呼机上找，传呼机许久不用了，也没有人再呼我，重新给它装上电池，是为了看“天气预报”。天气的变化成了我近期关注的一个焦点。

天空不蓝，灰蒙蒙的。太阳光落到地面时呈散射的光。我知道它不是被云层水汽散化的，它应该是被空气中大量的尘埃散化的。太阳光穿过城市上空密集的尘埃，光线被无数次反射，与看不见的尘埃一起从天空落下。城市在这种散光的笼罩中没有明显的阴影。散光是摄影师忌讳的一种光线，它会使物体的轮廓在镜头中丧失立体感，散光也会使我们看见的事物显得平淡没有生气。

走到屋外，鼻翼会不由自主地抽动。我能感觉到但看不到自己鼻翼抽动的样子，肯定很可笑，我想。呼吸之间，鼻腔被弥散在空气中的尘埃刺激着，不时地打一个响亮的喷嚏，像得了感冒似的。一天夜里，打车回家，汽车从东到西，穿城而过。在车灯的照射下，我发现，整个城市被一层浑浊的雾气覆盖着，确切地说是被尘埃覆盖着，因为很久没下雨了。

我愿意这样理解，那些尘埃，像雾一样浑浊的尘埃，是北方的大地在季节交替的吐纳之中，排出的浊气，是久淤肺腑的一种抱怨。我相信大地也是一种生命。这些天来，我在早晨起床后整理床铺时，随着床刷的扫动，扬起了一些粉尘状的东西。我知道它们来自我的身体，尽管它们是那么微不足道，但它们却曾是我身体的一部分。我的身体对它们像一个缺少吸附力的磁石，它们自然脱落了。这时候我突然明白了一点尘埃的事情，也就明白了一点打喷嚏的事情。

从昨天的卫星云图上了解到，近期仍然没有下雨的可能。不用观天象，现代科技使我提前获得了几天以后的预报，也使我的期盼显得更焦灼。

春雨潇潇是大地上一幅壮丽的景象，是天空与大地贯通的一种方式。丝线一样源源不断的雨水像音乐和舞蹈，从天而降。雨中的人们，都撑着莲花一样开放的雨伞，像大地吐出的气泡……

想象中的情景总是充满了诗意，这种诗意的想象是人类生存的需要，就如我期待中的雨水，虽然好像还没有到来，其实它早已渗入我的肌肤。

有三维图像，当然也有三维音乐，3D Sound 是指采用数码技术进行混响、录音和制作，用以保证能够充分发挥多媒体音效的三维环绕立体声技术。

第 8 章

重码、容错码和万能学习键

极少的重码，先进的容错技术，使得用户在使用五笔时免除了很多麻烦。万能学习键的引入也使用户学习五笔时更方便，遇到生僻字也有了办法。

学习要点

- ❖ 万能学习键——Z键
- ❖ 重码的输入
- ❖ 认识容错码

学习目标

重码是其他输入法(如全拼输入法)的常见问题，五笔字型输入法中也存在部分重码现象。容错码是五笔字型输入法选择重码的一种技术，可以允许一部分因人而异引起的错误拆分。万能学习键则是我们学习五笔和输入五笔的好帮手，但是，建议读者不到万不得已不要使用，因为那样会降低速度。

8.1 万能学习键——Z键

五笔字型的字根键盘只使用了A至Y这25个英文字母键，Z键没有安排任何字根，Z键在五笔字型输入法中被用做了万能学习键。

具体地说，在五笔字型的汉字编码中，字母 Z 可以替代A至Y中的任何一个字根码或末笔字型识别码。当初学者在对某个字根的键位尚不熟悉或者对某些字根拆分有困难时，可用 Z 键代替编码中的未知代码，这时系统将自动检索出那些符合已知字根代码的汉字，同时将这些汉字及其准确代码显示在提示行中。用户通过汉字前面的编号即可选择需要的汉字，否则当前提示行中的第一个汉字将是用户的默认选择。如果具有相同已知字根的汉字超过5个(提示行每次最多显示5个汉字)，则可通过-或=键向前或往后翻阅其他汉字，直到找到需要的汉字为止。

例如：输入“煦”字，但记不清其中字根“勹”的代码，那么可输入JZKO这样的编码。此时提示行将显示如下。

五笔字型：JZKO　1. 煦 qko　2. 照 vko

只要按数字键“1”，即可在当前光标位置得到“煦”字。

用“Z”键也可以查询二根字或三根字的识别码。例如：汉字“京”和“应”的字根编码(YI)相同，若想知道它们各自的末笔字型识别码，可输入“YIZ［空格］”。这时提示行将显示如下。

五笔字型：YIZ

1. 应 d　2. 诮 e　3. 说 p　4. 京 u

据此可知“京”的识别码是U(42)，“应”的识别码是D(13)。

在五笔字型汉字输入技术中，字母键 Z 键被安排作为一个万能学习键。它可以用来代替编码中一时记不清楚或一时难以确定的字根的代码，帮助操作员尽快把需要的字找出来，并通过提示行告知 Z 键所对应的键位或字根。它不仅可以代替一个字根的代码，而且可以代替两个、三个甚至四个，给学习、使用五笔字型汉字输入技术带来很大方便。

提示

需要提醒用户注意的是，并非所有类型的五笔输入法都提供Z键的学习功能。

8.2 重码的输入

用全拼输入法输入汉字时，会遇到很多的重码，同样，在五笔字型中，如果一个汉字或一个词组的编码不是唯一的，即还有与其编码相同的字或词，则输入法会显示出按一定顺序排列的重码字或重码词。

8.2.1 重码分类

对于五笔的重码，我们分为 3 种形式，分别为：字字重码、字词重码和词词重码。

尽管五笔字型编码方案采用了多种措施避免重码，然而，采用目前的版本编码汉字时仍然不可避免地存在着重码现象。

例如：“枯”与“柘”的编码均为“SDG”。

为了提高重码汉字的输入效率，五笔字型编码方案按其实用频率作了分级处理，为其中使用频度较高的字设置了简码以避开重码的问题。

例如：为“枯”设置了二级简码“SD”。

这样在输入“枯”时可用简码输入，避开与“柘”重码的问题。而对于无法设置简码避开重码的汉字，在编码输入后，五笔字型方案将会按使用频率的高低在提示行上显示出全部重码汉字(使用频率较高的排在前)，供用户选择。而且，如果显示在第一个位置上的汉字就是要输入的汉字，只要继续输入后文，该字就会自动出现在屏幕上；而要输入的汉字不是第一个时，只要输入它前面的序号即可。

8.2.2 重码字输入

当遇到重码时，五笔字型根据重码字的使用频度进行了分级处理，即按使用频率高的字先出现的原则对重码字进行处理。

当输入重码的编码时，所有重码字将同时显示在提示行里，且按照使用频度的高低由前向后依次排列。其中使用频率最高的那个字总被安排在全部重码字的第一位置。出现重码字时，Windows 7 系统将报警提醒用户进行选择，如果直接敲空格键或者直接继续输入其他文字，则重码字中的使用频率高的第一个字将作为默认输入自动出现在当前光标位置。

例如：在五笔字型86版输入状态下输入编码TMGT时，输入法提示行将显示如下。

DIY是每个电脑爱好者熟悉的新名词，是英文Do It Yourself的首字母缩写，自己动手制作的意思，硬件爱好者也被俗称DIYer。

1. 微
2. 徽
3. 微

如果用户需要“微”字，则可不予选择而继续录入其他文字，这时“微”字将作为用户的默认选择而自动出现在当前光标位置。

如果需要的是“徽”字，则必须敲数字键 2 实现输入。

8.3 认识容错码

在五笔中，容错码有两个含义：一是容易编错的码；二是允许编错的码。

这两种编码允许你按错的打，这就是所谓的“容错码”，王码五笔中的容错码设计了将近 1000 个左右，这些容错码分为以下 4 种。

- ❖ 拆分容错：指的是有些汉字的书写顺序因人而异，五笔字型输入法也允许其他一些习惯顺序的输入。
- ❖ 字型容错：指的是个别汉字的字型分类不清，不容易确定，所以设计了字型容错码。
- ❖ 方案版本容错：五笔字型的优化版本与原版本的字根设计有一些不同。现在使用的五笔字型输入法有很多版本，例如 86 版、98 版、18030 版等。
- ❖ 定义后缀：指的是把最后一码改为 24(L)的字，这种方法主要用于定义一级汉字重码中使用频度比较低的那个字，使其成为唯一性外码(原码仍保留)。

虽然容错码的设置，可以方便用户拆字或避免打字的错误，但是在事实上由于容错码打破了编码的唯一性，使人难以辨清正确的编码，实际是提高速度的障碍，所以很多五笔软件的码表中都去掉了容错码，只保留正确的、唯一的编码。

8.3.1 拆分容错

拆分容错：个别汉字的书写顺序因人而异，因而容易弄错。

举例如下。

(正确码)

长：丿七丶氵

(容错码)

长：七丿丶氵

(正确码)

秉：丿一彐小

(容错码)

秉：禾彐氵

8.3.2 识别容错

识别容错是指个别汉字因人们书写的习惯顺序，容易造成识别码判断错误。

举例如下。

(正确编码)

右：ナ口 12

编码：DKF，简码为 DK

(字型容错)

右：ナ口 13

编码 DKD，简码为 DK

(正确编码)

连：车辶 23

编码 LPK

(末笔识别容错)

连：车辶 13

编码 LPD

论坛上常见文章标有 zt 字样，并不是什么高级东西，其实不过是“转帖”的拼音缩写而已。同样在网络上常见的还有“伊妹”，不要以为是什么美女，而是指电子邮件 E-mail。

(正确编码)

占：卜口 12

编码 HKF

(字型容错)

占：卜口 14

编码 HKD

(正确编码)

击：二山 23

编码 FMK

(字型容错)

击：二山 22

编码 FMJ

综上所述，由于容错码的存在，在输入某些汉字时即使没有按正确编码输入，同样能得到该汉字。要提醒读者注意的是，在86版五笔中，已经取消了大部分容错码的设置，这样要求用户一定要正确地拆字，才能输入想要的汉字，从实用角度来讲，这样才是高速输入的必然要求。

8.3.3 易混淆字根

在拆字过程中，我们经常会遇到这样一些字根，容易弄混，比如“七”和“匕”，长得就很像。下面我们就专门讲一下这些形状相似，容易混淆的字根。

(1) “七”和“匕”、“手”和“𠂒”、“⺈”和“冖”。

这几组字根很相似，拆分时要注意它们的起笔不同，所在区位与起笔有关。

例如“七”起笔是横，所以在1区，而“匕”起笔是折，在5区；这样输入“龙”字时，第二个字根编码为X。“𠂒”起笔为撇，在3区，所以“看”字编码为RHF，而“着”字第二个字根起笔为横，在第1区，所以就取羊字底，“着”的编码为UDH。

我们再看“军”和“角”，比较好区分。“冖”起笔是点，在4区的P键位上；而“⺈”起笔是撇，在第3区的Q键位上。

(2) “戋”、“戈”、“弋”它们都在同一区，只是位号有所不同，在拆分汉字时要按字根次笔笔画来区分。例如：“代”、“伐”、“钱”三个字中有一个形近字根，分别为“弋”、“戈”、“戋”，“弋”、“戈”次笔都是折，所以在5位上，区位号15；“戋”次笔为横，所以在1位上，区位号11。

(3) “晓”、“曳”、“茂”这几个字由于斜钩部分起笔的笔画不同。所以选择字根也不一样。

“晓”：该字的斜钩部分由横、斜钩、撇组成，与字根“戈”很像，但少了一点，不能当“戈”来处理，该部分与“七”很像，按取大优先的原则，就取一字根，所以“晓”可以拆分为：“日、七、丿、儿”，编码为JATQ。

“曳”：该字的斜钩部分由斜钩、撇组成，与“匕”相似，按取大优先原则，把它看做是“匕”的变形字根，“曳”就拆分为“日、匕”，识别码33，编码JXE。

“茂”：该字的斜钩部分也是由斜钩、撇组成，但不能取“匕”作为变体字根，因为这个字的末笔还有一个点，在五笔中，规定这类汉字结构的字一般以撇作为末笔，这个字的斜钩部分就变成了斜钩、点、撇，所以不能取“匕”，而取折作为字根，“茂”字拆为“艹、厂、乙、丿”，编码ADNT。

这几个字不太好区分，这样的字也不太多，最好的办法只有硬记一下这几个字的拆法。

(4) “勹”和“㔾”字根的变形。

“敖”：该字的第二个字根笔画与字根“勹”相似，按取大优先的原则，取第二个字根为“勹”的变体。这样“敖”字拆分为“孑、勹、攵”，编码为GQTY。类似的字还有“傲、遨”等。

“予”：该字上面是字根“マ”，第二个字根与“㔾”很像，所以把“予”拆分为“マ、㔾”，编码为CBJ。类似的还有“矛、预、柔”等。

8.4 思考与练习

选择题

1. 重码的输入方法中，要输入使用频率高的字，不正确的方法是________。

A. 按空格键　　B. 输入1

C. 不理睬，直接输入　D. 输入2

在英语中，bug是“臭虫”的意思，但在电脑行业却把电脑内部发生的小故障也称为“bug”，如程序运行不畅等，这种叫法也许与臭虫不无关系。有人猜测，之所以用bug，首先是因为它非常简洁明快，其次，臭虫也确实使人连休息也不得安宁，如同电脑中的小故障一样，最后，臭虫虽小，但麻烦还是很大的。

2. 五笔中有________种容错技术。

A. 1　　B. 2

C. 3　　D. 4

操作题

本题安排的主要目的，不是练习重码，而是继续练习汉字的输入。

(1) 输入如下散文片段。

望着你，岁月才不致使我觉得沉重。

那不甘寂寞的一剪生命，兀立陡峭的枝头，迎着风，抒情的姿势站立成古典的笑容。

曾几何时，凄风苦雨散作一片无语的忧伤，而婉约，此刻已飞旋为另一种寓意上的豪放。我知道你在为凄惶的红尘美丽最后一次，那一丝纤柔的暗香浮动，早已定格成我眼中的绝版的温柔。

不可企及的美，如此从容。纵使生命枯萎，也并不能使你低下清高的头颅。你从容地绽放，从容地飘落，从容地化入春泥，无怨无悔的。冥冥中忽然让我灵感让我再一次恍然：生前于气节中美丽，死后在纯洁里永生。

凋零是一次美丽，飘落是一种重生，猛醒是一道绝临深渊的思想飞越。

我无法平静，更无法面对这样的涅槃。况且在这样的孤独之夜。

红尘默默。我已染成一头白发。

(2) 输入如下散文片段。

静坐在季节的边缘，尽情挥洒岁月里的柔情，往事如云如烟，丝丝缕缕萦绕在已褪了色的旧梦里。而我却像是灯红酒绿中一只独飞蝴蝶，啜饮着一杯陈年老酒不愿清醒。

好长时间没你的消息了，也不知你现在怎样？你的微笑和忧郁又会有什么变化？这座城市好大，一个人就像一粒沙子，风一吹就看不见了。我只能远远地想象着，想象你今天上班没有，是不是又身着那套乳白色的休闲服，双手插进衣兜，脸上带着一丝淡淡的微笑正踽踽独行——这是我第一次见到你时的模样，那么多年了，那丝淡淡的忧郁已在我心中定格成了永恒。

我还是老样子，一点没变，只是心有些老了，不再那么爱笑，尤其是想起你的时候，笑一下都困难！你离开的这些日子，我暗淡无光，过去的美丽时时像鱼刺一样令我疼痛，叫我伤心，某些艰难的时刻不得不靠回忆取暖。夜深人静，我反复感受着你不经意间流露出的爱意，怀揣着曾经的誓言抵御寒冷。想你，柳叶青青；想你，夏日炎炎；想你，秋风萧萧；想你，飞雪盈盈。

ADSL是中国电信推出的一项质优价廉的互联网接入服务，它是通过电话线进行数据传输的，只要家里有电话就可以拨打10000申请安装。ADSL的速度一般在每秒512KB～3MB之间，速度越快，价格越贵，如果要在线收看影视节目，应选择每秒1MB以上的速度。

长见识

第9章 98、18030和2010增强词库版王码五笔输入法

各种五笔输入法有着各自不同的优点，学会这些输入法，便可以把它们结合起来使用，取长补短。在实际工作中根据需要选用合适的输入法，打起字来会更加得心应手。

学习要点

- 98版五笔输入法
- 98版与86版的不同
- 王码18030版五笔字型输入法
- 王码2010增强词库版五笔字型输入法

学习目标

在86版五笔字型输入法的基础上，王码公司又开发出98版五笔字型输入法、王码18030版五笔输入法和王码2010增强词库版五笔字型输入法，本章将对这三种输入法进行详细介绍。需要读者注意的是后两种版本与86版的区别还是比较大的，如果你一直学习86版，建议你不要与98版、王码18030版或者是王码2010版混杂输入，以免影响你输入的速度。

9.1 98版五笔输入法

98版五笔字型输入法是在86版的基础上改进而来的一种输入法。

9.1.1 98版输入法的特点

前面我们所讲的均是86版五笔的内容，介绍了五笔字型的编码规则与学习方法。所有这些内容，完全适合98版五笔字型。本节将介绍98版五笔字型输入法与86版五笔字型输入法的不同之处，对于其相同之处请读者参阅86版相关章节所讲的内容。

86版五笔字型称构成汉字的基本单元为“字根”，一共选取了130个字根，98版称构成汉字的基本单元为“码元”，一共选取了245个码元。86版五笔字型与98版五笔字型的编码规则及拆分方法应用完全一样，本章主要介绍98版的码元分布及相应的一级简码、二级简码的应用。98版选取的245个码元中有5个单笔画，150个主码元和90个次码元(简称次元)。

98版五笔字型输入法是在86版的基础上改进而来的一种输入法。

9.1.2 速记98版五笔字型码元

“码元”又称字根。如今的码元又出现了很多种，例如98版五笔字型码元。速记98版五笔字型码元，可以使打字速度大大提高。

1. 什么是码元

98版五笔字型输入法把笔画结构特征相似、笔画形态及笔画数量大致相同的笔画结构作为编码的单元，即汉字编码的基本单位，简称“码元”。

相对于86版五笔字型输入法来说，“码元”实质上等同于“字根”的概念，只是“码元”的称谓更加科学。

2. 码元的键盘分布

98版五笔字型输入法与86版一样，将键盘上除Z键外的25个字母键分为横、竖、撇、捺和折5个区，依次用代码1、2、3、4、5来表示区号；每个区有5个字母键，每个键称为一个位，依次用代码1、2、3、4、5来表示位号。

将每个键的区号作为第1个数字、位号作为第2个数字，组合起来表示一个键，即我们所说的“区位号”。

其中，第1区放置横起笔类的码元，第2区放置竖起笔类的码元，第3区放置撇起笔类的码元，第4区放置捺起笔类的码元，第5区放置折起笔类的码元。98版五笔字型输入法的码元分布如下表所示。

分区	区位	键位	识别码	键名↓ 码元	助记词	高频字
1区横起	11 12 13 14 15	G F D S A	㊀ ㊁ ㊂	**王** 龶一戋五夫丰 **土** 士干十寸二甫雨寸 **大** 犬古石三手𠂇镸厂丆𠂇𠂇甘 **木** 丁西朩覀 **工** 匚廾廿艹七弋戈𠃊𠂇 七廾	王旁青头五夫一 土干十寸未甘雨 大犬戊其古石厂 木丁西甫一四里 工戈草头右框七	一 地 在 要 工
2区竖起	21 22 23 24 25	H J K L M	ⓘ ⓘⓘ ⓘⓘⓘ	**目** 且丨卜⺊⺊上止⺊⺊且⺌虍虎 **日** 曰⺜早刂丿川刂虫 **口** 口川川 **田** 甲囗四皿罒罒皿车力罒 **山** 由贝冂罒几	目上卜止虎头具 日早两竖与虫依 口中两川与三竖 田甲方框四车里 山由贝骨下框集	上 是 中 国 同
3区撇起	31 32 33 34 35	T R E W Q	㊀ ㊁ ㊂	**禾** 禾竹丿𠂉攵夂彳⺮ **白** 手⺘扌彡厂𠂉斤斤丘乂 **月** 目丹用彡罒乃豕豕⻂𧘇彡力毛豸𠂤白 **人** 亻八癶癶几 **金** 钅鱼儿勹犭乂儿夕夕⺈𠂆勹⺈鸟儿犭	禾竹反文双人立 白斤气丘叉手提 月用力豸毛衣臼 人八登头单人力 金夕鸟儿犭边鱼	和 的 有 人 我
4区捺起	41 42 43 44 45	Y U I O P	㊀ ㊁ ㊂	**言** 讠文方㇏亠言广丶主言 **立** 六立辛冫丬丷䒑疒门⺶爿 **水** 氺⺢⺢氵⺍⺍⺌⺌氺肖 **火** 业⺌灬米※严 **之** 辶廴冖宀礻礻衤	言文方点谁人去 立辛六羊病门里 水族三点鳖头小 火业广鹿四点米 之字宝盖补礻衤	主 产 不 为 这

长见识 DJ是DISCO JOCIKEY(唱片骑士)的英文缩写，以DISCO为主，DJ这两个字现在已经代表了最新、最劲、最HIGH的Music。

学以致用系列丛书

续表

分区	区位	键位	识别码	键名 ↓ 码元	助记词	高频字
5区折起	51	N	㉠乙	已　巳己コ乙尸尸心忄小羽㇠𠃜日ㄧ	已类左框心尸羽	民
	52	B	巜	子　孑了巜㔾也耳卩阝凵	子耳了也乃框皮	了
	53	V	巛	女　刀九巛彐臼艮艮ヨ⺕	女刀九艮山西倒	发
	54	C		又　スマ厶巴马牛　马	又巴牛厶马失蹄	以
	55	X		幺　纟幺母弓匕𠤎　彑毌	幺母贯头弓和匕	经

学习 98 版五笔字型输入法也需要熟记码元助记词、一级简码和键名汉字的分布，其中，一级简码和键名汉字的分布与 86 版完全相同，不必再次记忆，只需要记忆码元助记词。

9.1.3　98 版五笔字型的拆分与输入

使用 98 版五笔字型输入法输入汉字的方法与 86 版完全相同：首先将汉字拆分成基本码元，然后根据基本码元所在的键位编码，依次按下码元所在的键。具体方法这里不再讲解，下面介绍 98 版五笔字型输入法中新增的一个功能——“补码码元”。

“补码码元”也叫双码码元，实际上是成字码元的一种特殊形式。“补码码元”是指在参与编码时，需要两个码的码元，其中一个码元是对另一个码元的补充。

补码码元的取码规则为：除了将取码码元本身所在的键位作为主码外，还要补加补码码元中的最后一个单笔画作为补码。98 版五笔字型输入法中的补码码元共有 3 个。三个补码码元分别为：犭、礻、衤。

下面是补码码元的编码示例。

礻	礻丶丶丶	PYYY
衤	衤丶	PUY
犭	犭丿丿	QTT
祺	礻丶八	PYDW
补	衤卜	QUH
莸	艹犭丿丶	AQTY

98 版五笔字型输入法也分为键面汉字和键外汉字两种输入方式，其取码方式与 86 版类似。

9.1.4　98 版五笔字型码元表

下图所示为 98 版五笔字型码元表。

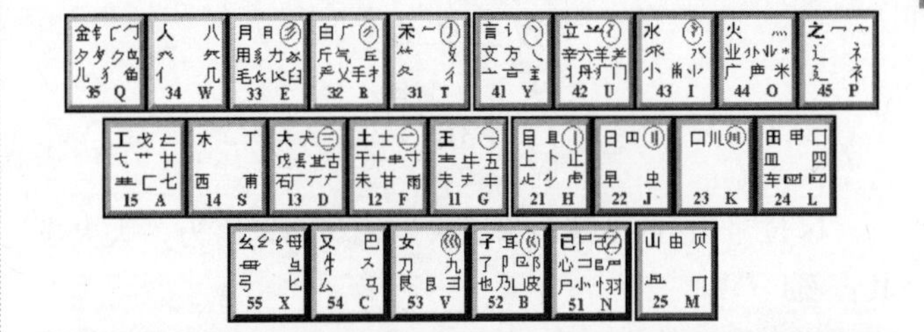

1. 第一区

1)　G

王　一
龶　五
夫 丰 耂 丰
11G

区位号为 11，键名为王，其助记语为“王旁青头五夫一”。

“王旁”指主码元“王”，其成字代码为 GGGG 或 GGG，可组成二级简码“GM 现”。

“青头”指“青”字的上部，可组成二级简码“GE 表”、“GT 麦”。

“五”字的二级简码为 GG。

“夫”字的全码为 GGGY。

“一”字的一级简码为 G，其全码为 GGLL。可以组成二级简码“GD——天”，与其他字组成二字词组时的代码为“GG”，例如“GGFN——块”。

2)　F

土士干二
十寸丰寸
未 甘 雨
12F

区位号为 12，键名为土，其助记语为“土干十寸未甘雨”。

“土”字的代码为 FFFF，可组成三级简码“FTX 老”。

“干”字的代码为 FGGH，可组成二级简码“FJ 刊”。

“十”字的二级简码为 FG，可组成二级简码“YF 计”。

“二”字的代码为 FGG，可组成二级简码“FI 示”。

“寸”字的代码为 FGHY，可组成二级简码“DF 夺”。

“未”字的代码为 FII，可组成三级简码“VFI 妹”。

“甘”字的代码为 FGHG，可组成二级简码“FS 某”。

“雨”字的代码为 FGHY，可组成二级简码“FL 雷”。

“革底”指“革”字的底部，可结合二级简码“AF 革”进行记忆。

学以致用系列丛书

“士”字的代码为 FGHG，可组成三级简码“WFG 仕”。

3) D

大犬三
戊其古
厂石
13D

区位号为 13，键名为“大”，其助记语为“大犬戊其古石厂”。

“大”字的代码为 DDDD 或 DD，可组成三级简码“DDU 套”。

“犬”字的代码为 DGY，可组成三级简码“WDY 伏”。

“戊”字的代码为 DGTY，可组成二级简码“DN 成”。

“其”指“其”字的上部，可组成二级简码“DW 其”。

“古”字的代码为 DGHG，可组成二级简码“DT 故”。

“石”字的代码为 DGTG，可组成二级简码“DB 破”。

“三”字的代码为 DG，可组成三级简码“DWJ 春”。

“厂”字的代码为 DGT，可组成二级简码“DL 历”。

4) S

木 丁
西 甫
14S

区位号为 14，键名为“木”，其助记语为“木丁西甫一四里”。

“木”字的代码为 SSSS，可组成二级简码“SS 林”。

“丁”字的代码为 SGH，可组成二级简码“SD 顶”。

“西”字的代码为 SGHG，可组成二级简码“SF 票”。

“甫”字的代码为 SGHY，可组成三级简码“ISY 浦”。

5) A

工 匚
戈 七
廿 廾
15A

区位号为 15，键名为“工”，其助记语为“工戈草头右框七”。

“工”字的代码为 AAAA 或 A，可组成二级简码“AE 功”。

“戈”字的代码为 AGNY，可组成二级简码“AJ 划”。

“草头”有四个次码元，可与相应的“草 AJJ”、“革 AF”、“异 NAJ”、“共 AW”等字联系起来记忆。

“右框”指“匚”，可与“AR 区”字联系起来记忆。

“七”字的代码为 AG，可组成二级简码“AV 切”。二级简码字“PA 赛”的第二码元也在此键上。

2. 第二区

1) H

目 丨
上 卜
止
21H

区位号为 21，键名为“目”，其助记语为“目上卜止虎头具”。

“目”字的代码为 HHHH，可组成二级简码“HV 眼”。

“上”字的代码为 H，可组成二级简码“HK 占”。

“卜”字的代码为 HHY，可组成二级简码“QH 外”。

“止”字的代码为 HHG，可组成二级简码“HI 步”。

在这个键上还有几个次码元，其中“丨”是一竖，理所当然地应该在“H”键上。

“走”字的下部也形似“止”，例如三级简码“NHJ 蛋”。

“占”字的上部形似“卜”，例如二级简码“HK 占”和“HM 贞”等。

2) J

日 曰
早 虫
22J

区位号为 22，键名为“日”，其助记语为“日早两竖与虫依”。

“日”字的代码为 JJJJ，可组成二级简码“JG 量”。

“早”字的代码为 JHNH，可组成三级简码“AJJ 草”。

“虫”字的代码为 JHNY，可组成三级简码“JPJ 螟”。

转动 90°的“罒”也在此键上，可结合“JTYJ 临”的第四码记忆。

3) K

口 川
川
23K

区位号为 23，键名为“口”，其助记语为“口中两川三个竖”。

“口”字的代码为 KKKK，可组成二级简码“KT 吃”。

“川”的代码为 KTHH，可组成二级简码“KD 顺”。

“三个竖”理所当然地应该在此键上，可组成三级

国标一、二级汉字共计 6763 个，其中最常用的有 1000～2000 个。为提高汉字输入的速度，五笔字型采用简化取码的方式，将大量的常用汉字的输入码进行了简化。经过简化后，汉字输入码只取其全码的前一个、前两个或前三个字根码，称为简码。利用简码输入汉字可使击键次数大大减少，从而大幅度提高汉字录入的速度。

简码“GKP 带”。

4) L

田 口 Ⅲ
甲 车
四皿罒皿
24L

区位号为 24，键名为“田”，其助记语为“田甲方框四车里”。

“田”字的代码为 LLLL，可组成二级简码“LN 思”。

“甲”字的代码为 LHNH，可组成二级简码“RL 押”。

“方框”指“口”，可组成三级简码“LKD 回”。

“四”字的代码为 LH，可组成二级简码“LQ 罗”。

“车”字的代码为 LG，可组成二级简码“LP 连”。

“黑头”指“黑”字的头，可与“LFO 黑”联系起来记忆。

“皿”字的代码为 LHNG，可组成三级简码“TLD 血”。

“四个竖”理所当然也在 L 键上。

5) M

山 冂 冂
由 冂 几
贝 　 皿
25M

区位号为 25，键名为“山”，其助记语为“山由贝骨下框几”。

“山”字的代码为 MMMM，可组成三级简码“MTR 峨”。

“由”字的代码为 MH，可组成二级简码“MB 邮”。

“贝”字的代码为 MHNY，可组成二级简码“MJ 则”。

“骨”指“骨”字的上部，可用“骨”字的二级简码“ME”记忆。

“下框几”指的是“门月”形的各种码元，例如“MFK 周”、“MQ 见”、“MY 丹”等。

3. 第三区

1) T

禾 𠂉 丿
竹 　 文
彳 　 夂
31T

区位号为 31，键名为“禾”，其助记语为“禾竹反文双立人”。

“禾”字的代码为 TTTT，可组成一级简码“T 和”。

“竹”是指“竹字头”，可组成二级简码“TF 等”，“竹”字的代码是 THT。

“反文”是“文”和“夂”，可结合二级简码“TS 条”记忆。

“双立人”指“彳”，可组成三级简码“TGS 行”记忆。

“知”字的第一个码元也在此键上，可结合二级简码“TD 知”和“TG 年”记忆。

“丿”当然也在此键上。

2) R

白 厂 ⺈
斤 丘 气
乂 扌 手
32R

区位号 32，键名为“白”，其助记语为“白斤气丘叉手提”。

“白”字的代码为 RRRR，可组成二级简码“RI 泉”。

“斤”字的代码为 RTT，可组成二级简码“RR 折”。

“气”字的代码为 RTGN，可组成三级简码“IRN 汽”。

“丘”字的代码为 RTHG，可组成二级简码“RW 兵”。

“叉”字指“乂”，例如二级简码“YR 义”。

“手”字的二级简码为“RT”。

“看”字的上部码元也在此键上，可结合二级简码“RH 看”记忆。

“所 RN”、“质 RFM”等字的第一码元都在此键上。

3) E

月 日 ⺈ 彡
用 力 豸 豕
毛 衣 𧘇 臼
33E

区位号为 33，键名为“月”，其助记语为“月用力豸(豹)毛衣臼”。

“月”字的代码为 EEEE 或 EEE，可组成二级简码“EE 朋”。

“用”字的代码为 ET，可组成二级简码“RE 拥”。

“力”字的二级简码为 EN，可组成二级简码“EW 办”。

“豹”可以与二级简码“ER 貌”或词组“PYER 礼貌”联系起来记忆。

“毛”字的代码为 ETGN，可组成二级简码“EH 毡”。

“衣”指“衣”字的底部，可与二级简码“YE 衣”

定义了简码的汉字称为“简码汉字”。简码汉字共分三级，即一级简码汉字、二级简码汉字和三级简码汉字。一般来说，简码的级数越低，汉字的使用频度越高。

联系起来记忆。

“臼”字代码为ETHG，可组成三级简码“ELE舅”。

“爱”字的头部也在这个键上。

“彡”为三撇，必然在此键；例如二级简码“ED须”。

三级简码“GEP逐”的第二个码元也在此键上。

4) W

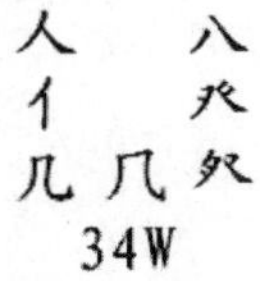

人 八
亻 癶
几 几 癶
34W

区位号为34，键名为“人”，其助记语为“人八登头单人几”。

“人”字的代码为WWWW或W，例如二级简码“WW从”。

“八”字的代码为WTY，可组成二级简码“WC公”。

“登头”指“登”字与“祭”字的上部，可与“WFI祭”、“WGKU登”联系起来记忆。

“单人”指“亻”，例如二级简码“WK保”。

“几”字的代码为WTN，可组成二级简码“WR风”。

5) Q

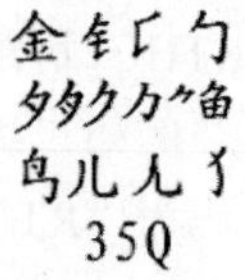

金 钅 𠂆 勹
夕 夕 ク 力 ⺈ 鱼
鸟 儿 ㇈ 犭
35Q

区位号为35，键名为“金”，其助记语为“金夕鸟儿犭边鱼”。

“金”字的代码为QQQQ，可组成“QQQF鑫”。

“钅”码元可与二级简码“QG钱”联系起来记忆。

“夕”字的代码为QTNY，可组成二级简码“QQ多”。

“鸟”指“鸟”字的上部，代码为QGD。

“鱼”指“鱼”字的上部，可结合“QGJ鲁”记忆。

此键上还有几个与“夕”形似的次元，可结合二级简码“QD然”、“QY久”、“QW欠”和三级简码“GQE万”记忆。

4. 第四区

1) Y

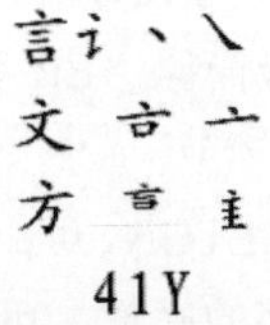

言 讠 丶 ㇏
文 亠 二
方 亠 主
41Y

区位号为41，键名为“言”，其助记语为“言文方点谁人去”。

“言”字的代码为YYYY，可组成“AQKY警”。

“文”字的代码为YYGY，可组成三级简码“YGA斌”。

“方”字的二级简码为YY，可组成二级简码“YT放”。

“点”指一点，其代码为Y，可组成二级简码“YR义”。

2) U

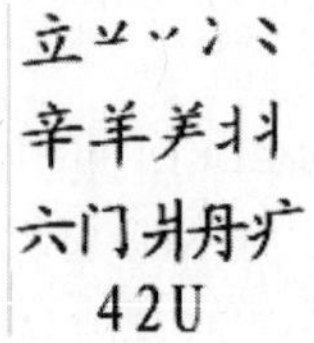

立 ⺌ 丷 冫
辛 羊 𦍌 丬
六 门 爿 疒
42U

区位号为42，键名为“立”，其助记语为“立辛六羊病门里”。

“立”字的代码为UUUU或UU，可组成二级简码“US亲”。

“辛”字的代码为UYGH，可组成三级简码“QUH锌”。

“六”字的代码为UY，可组成二级简码“UR交”。

“羊”字的代码为UYTH，可组成三级简码“IUH洋”。

“病”指码元“疒”，可结合二级简码“UB疗”记忆。

“门”字的代码为UYHN，可组成二级简码“UW闪”。

除“母”字外，汉字中所有的“两点”都在此键上。

3) I

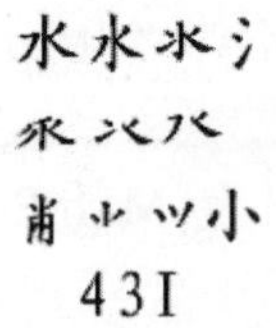

水 氵 氺 氵
氺 ⺢ 𠂆
⺌ ⺍ 小
43I

区位号为43，键名为“水”，其助记语为“水族三点鳖头小”。

“水族”指与“水”字形似的六个码元。

“水”字的代码为IIII或II，可组成二级简码“UI冰”。

“三点”指“IPB学”、“IP党”等字的上部三点。

“鳖头”指的是“鳖”字的左上角部分“尚”。

“小”字的代码为IH，可组成二级简码“ID尖”。

4) O

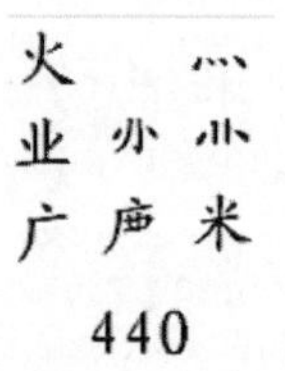

火 灬
业 ⺌ 业
广 户 米
44O

区位号为 44，键名为“火”，其助记语为“火业广鹿四点米”。

“火”字的代码为 OOOO，可组成二级简码“OO 炎”。

“业”字的代码为 OH，可组成二级简码“JO 显”。

“广”字的全码为 OYGT，可组成二级简码“OF 庄”。

“鹿”指“鹿”字的上半部，鹿的二级简码为“OX”。

“四点”可结合二级简码“SO 杰”来记忆。

“米”字的代码为 OYTY，可组成二级简码“OD 类”。

5)　P

之 冖 宀
辶 礻
廴
45P

区位号为 45，键名为“之”，其助记语为“之字宝盖补礻衤”。

“之”字的代码为 PPPP 或 PP，可组成二级简码“AP 芝”。

码元“廴”和“辶”等与“之”字形似，可用“TFPD 廷”和“UTHP 道”来记忆。

“宝盖”指码元“冖”和“宀”，可用二级简码“PB 字”与“PL 军”来记忆。

“补礻衤”指需要补上一点或两点才能成为“礻”和“衤”，可用“PYB 祁”和“PUH 补”等字来记忆。

5. 第五区

1)　N

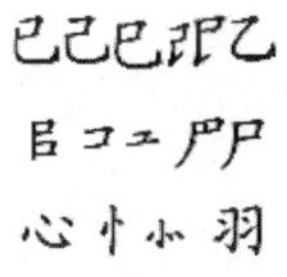

已己巳尸乙
𠃍 コ ㇇ 尸
心 忄 小 羽
51N

区位号为 51，键名为“已”，其助记语为“已类左框心尸羽”。

“已类”指“已、己、巳”等，“已”字的代码为 NNNN，“己”字的代码为 NNGN，“巳”的代码为 NNGN。

“左框”可与“所 RN”联系起来记忆。

“心”字的代码为 NY，可组成二级简码“LN 思”。

偏旁“忄”也在此键上，可组成二级简码“NJ 慢”。

“尸”字的代码为 NNGT，可组成二级简码“ND 居”。

“羽”字的代码为 NNYG，可组成三级简码“WCN 翁”。

2)　B

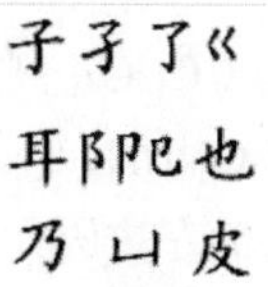

子 孑 了 巜
耳 阝 卩 也
乃 凵 皮
52B

区位号为 52，键名为“子”，其助记语为“子耳了也乃框皮”。

“子”字的代码为 BBBB 或 BB，可组成二级简码“VB 好”。

“耳”字的代码为 BGHG，可组成三级简码“BKW 职”。

“了”字的代码为 BNH，可组成二级简码“BP 辽”。

“也”字的代码为 BN，可组成三级简码“IBN 池”。

“乃”字的代码为 BNT，可组成二级简码“WB 仍”。

“框”指朝上的框“凵”，例如三级简码“RBK 凶”中的第二码。

“皮”字的代码为 BNTY，例如三级简码“UBI 疲”中的第二码。

3)　V

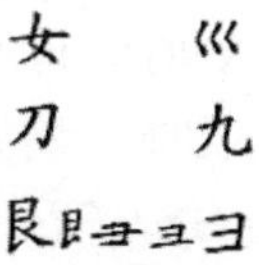

女 巛
刀 九
艮 ⺕ 彐 ヨ 彐
53V

区位号为 53，键名为“女”，其助记语为“女刀九艮山西倒”。

“女”字的代码为 VVVV，例如二级简码“VB 好”。

“刀”字的代码为 VNT，例如三级简码“VYN 忍”。

“艮”做码元组字时的代码为 V，例如二级简码“VP 退”。

下列字的左边码元与“艮”形似，也在此键上，做码元组字时的代码为 V，例如二级简码“VA 既”与三级简码“VBH 即”。

4)　C

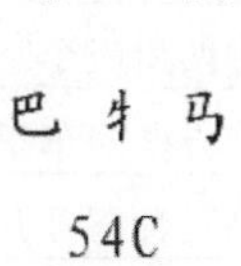

又 ス マ 厶
巴 牛 马
54C

区位号为 54，键名为“又”，其助记语为“又巴牛厶马失蹄”。

“又”字的代码为 CCCC，例如二级简码“CC 双”。

“巴”字的代码为 CNHN，例如三级简码“RCN 把”。

“牛”指“牲”字的左边码元，牛字的代码为 TGK。

“厶”码元可以结合二级简码“TC 厶”来记忆。

“马失蹄”是“马”字没有下面的一横，可结合二级简码“CG 马”来记忆。

5) X

幺纟幺母

ㄠ 毌

弓匕⺊匕

55X

区位号为 55，键名为“幺”，其助记语为“幺母贯头弓和匕”。

“幺”可以结合“XG 线”来记忆。

“母”字的全码为 XNNY，可组成二级简码“VX 姆”。

“贯头”指“贯”字的上部，可结合二级简码“XM 贯”来记忆。

“弓”字的代码为 XNGN，可组成二级简码“XC 弘”。

“匕”字的代码为 XTN，例如二级简码“XD 顷”。

“互”字的代码为 GX，第二个码元也在此键上。

9.1.5 98 版五笔字型助记词

为方便读者，我们将五笔字型 98 版的助记词以表格的形式列出，如下表所示。

位	键 位	助 记 词
11	G	王旁青头五夫一
12	F	土干十寸未甘雨
13	D	大犬戊其古石厂
14	S	木丁西甫一四里
15	A	工戈草头右框七
21	H	目上卜止虎头具
22	J	日早两竖与虫依
23	K	口中两川三个竖
24	L	田甲方框四车里
25	M	山由贝骨下框几
31	T	禾竹反文双人立
32	R	白斤气丘叉手提
33	E	月用力豸毛衣臼
34	W	人八登头单人几
35	Q	金夕鸟儿犭边鱼
41	Y	言文方点谁人去
42	U	立辛六羊病门里
43	I	水族三点鳖头小
44	O	火业广鹿四点米
45	P	之字宝盖补礻衤
51	N	已类左框心尸羽
52	B	子耳了也乃框皮
53	V	女刀九艮山西倒
54	C	又巴牛厶马失蹄
55	X	幺母贯头弓和匕

9.2 98 版与 86 版的不同

下面让我们来了解一下 98 版字根与 86 版字根的不同之处吧！

9.2.1 98 版五笔字型的新增功能

在 98 版五笔字型键盘表中包括下面几个主要部分。

(1) 键名字：每个键左上角打头的主码元，都是构词能力很强或者有代表性的汉字，也称为键名。

(2) 主码元：各键上代表各种汉字结构特征的笔画结构。

(3) 次码元：具有主码元的特征，不太常见的笔画结构。

9.2.2 98 版与 86 版五笔字型的区别

98 版五笔字型输入法与 86 版的输入方法基本相同，不同之处在于它对 86 版的一部分字根进行了重新编排和调整，从而使其输入更加方便、规范和科学。

要学习 98 版五笔字型输入法，只需记住 98 版的码元(字根)分布即可，因为 98 版的输入规则与 86 版相似，不同之处在于码元稍有变化，其特点如下。

- ❖ 既能批量造词，又能取字造词。
- ❖ 提供内码转换器，能在不同的中文操作平台之间进行内码转换。

计算机病毒是一种人为的用计算机高级语言写成的可存储、可执行的计算机非法程序。这种程序隐藏在计算机系统可存取的信息资源中，利用计算机系统信息资源进行生存、繁殖，影响和破坏计算机系统的正常运行，是个很讨厌的东西。例如“熊猫烧香”就是一种危害极大的病毒。

❖ 支持重码动态调试。
❖ 既能创建容错码，又能对五笔字型编码进行编辑和修改。

9.2.3 98版与86版五笔字型输入法的区别

98版五笔字型输入法是在86版的基础上发展而来的，在拆分原则和编码规则上大致相同，但也有一定的区别，其主要区别表现为以下几点。

(1) 对构成汉字的基本单元的称谓不同：在86版五笔字型输入法中，把构成汉字的基本单元叫做字根，而在98版五笔字型输入法中则称为码元。

(2) 选取的基本单元数量不同：在86版五笔字型输入法中，一共选取了130个字根作为构成汉字的基本单元，而在98版五笔字型输入法中则选取了245个码元作为构成汉字的基本单元。

(3) 处理汉字的数量不同：86版五笔字型输入法只能处理国标简体字中的6763个字，而98版五笔字型输入法不仅可以处理国标简体字中的6763个字，还可以处理港、澳、台地区的13053个繁体字以及中、日、韩三国大字符集中的21003个汉字。

(4) 码元选取更规范：86版五笔字型输入法无法对某些规范字根做到整字取码，而98版五笔字型输入法中的码元和笔画顺序完全符合规范。例如，在98版五笔字型输入法中，可将“羊”、“丘”、“甘”、“毛”、“夫”和“母”等字根作为一个码元，而在86版中它们并不是字根，需要再次进行拆分。

98版五笔字型输入法与86版一样，都是将一个汉字拆分成几个字根(码元)，再按字根(码元)在键盘上的分布依次按键，从而输入汉字的。

9.3 王码18030版五笔字型输入法

五笔字型是一种高效率的汉字输入法，只用25个字母键，在键盘上以汉字的笔画、字根为单位，向电脑输入汉字的方法。这一输入法，是在世界上占主导地位、应用最广的汉字键盘输入法。下面让我们一起来学习一下王码18030版五笔字型输入法吧！

9.3.1 推出王码18030版五笔字型输入法的原因

1983年，五笔字型发明时，国家颁布的汉字集标准GB2312(80)中，一共收入了一、二级汉字共6763个，因为汉字集本身未收录所有汉字，从而使国内外用户现今使用的五笔字型，不能处理更多的汉字。

1986年推出了“五笔字型86版”，经过十多年的推广，现在已经拥有国内外数以千万计的用户，这是一个不争的事实。

已经使用了五笔多年的用户，早已熟练掌握了五笔字型的编码和指法，享受着五笔带给他们方便的同时，也遇到一些麻烦，例如，对于“镕”、“鎔”、“珮”、“堃”、“喆”、“珺”这样常见的人名用字，却是“编码人人会，就是打不出”。根本的原因是软件中没有这些字的编码。

广大用户急切盼望自己的电脑能处理更多的汉字，特别是人名、地名用字。

为使我国港、台地区及其他国家使用的汉字集有一个“大一统”的标准，在包含有中、日、韩三国和港、澳、台地区汉字在内的国际大字符集CJK的基础上，2000年3月17日国家颁布了一个扩展字集。

GB18030—2000，简称GB18030。此字集可以处理27533个汉字，其中包括国标GB2312(80)字集中的6763个简体字、台湾地区BIG5字集的13053个繁体字。

GB18030是一项强制性国家标准：凡在中国大陆销售的国内外中文电脑，都必须能够处理GB18030国标字集的27533个汉字，否则将不准销售。

为贯彻推行国家标准，五笔字型应当处理GB18030字集的27533个汉字。

然而，要用86版的字根体系为27533个汉字编码，并不是一件容易的事，必须特地为其中的繁体汉字和以前没有处理过的汉字设计字根、安排键位，并制订与86版保持一致的编码规则。这是一项浩繁的工程，是一套“简繁兼容”而又“新老通用”的新方案。新方案既能保证与原来的“编码”和“指法”完全一致，又能科学而有规律地处理比6763多得多的汉字，使数以千万计的老用户不经任何训练，便可“原汁原味”地沿用原来的编码规则和键盘指法，输入新增加的20770个汉字。

这就形成了承前启后、简繁兼备的“标准五笔字型”编码体系和全新的输入软件。

为满足不同类型用户的需要，新推出的标准五笔字型软件，按处理字数的多少，分为大(Large)、中(Middle)、小(Small) 3 个产品，其产品名称分别如下。

- WB-18030L，大字符集：处理 GB18030 全部汉字 27533 个。
- WB-18030M，简繁字集：处理 GB2312(80)、BIG5 字集和 3000 个香港字，共 18432 个字。
- WB-18030S，简体字集：处理 GB2312(80) 和人名常用字，计 7000 多字。

以上 3 种软件加在一起，统称为“标准五笔字型”软件 WB-18030。

标准五笔字型软件，除了以 86 版为基础，扩大字集外，还集十多年推广应用经验之大成，对软件的功能做了创造性地大幅度改进，增加了屏幕取字造词、“拉杆天线”式字集切换技术、在提示行提示字根分解及编码、识别码三级输入法、可选 10 余种专业词库及设置“帮助”等一系列非常实用因而备受用户欢迎的新功能。

9.3.2 王码 18030 版五笔字型输入法的特点

经过标准化的王码 18030 版五笔字型继承了五笔的各种优点，下面我们以王码 18030 版为标准来介绍五笔字型输入法的特点。

五笔字型输入法的特点包括以下几种。

1) 世界上重码最少的汉字输入法之一

五笔字型按纯形编码，编码的唯一性好，非常适合专职和非专职人员共同使用。同时按照“形码设计三原理”设计的字根键位分布，实现了同一键位上若干字根的相容性，合理地分配了编码空间，使重码减少到最低限度。平均每输入 10000 个汉字，仅有 1～2 个字需要人工挑选。相对于无重码的区位码等输入法，易学程度和录入速度是显而易见的。

2) 不受读音方言限制

GB18030—2000 字集的汉字有 27533 个，中等文化水平的人只认识其中的 3000 个字左右，将近 90%不认识或受方言影响读不准的字，只能用“形码”输入。

3) 有效地克服同音字、同音词

数万个汉字只有 400 多个读音，在 GB18030 中，读 LI、JI、BI、XI、YI 音的字都多达数百个，由同音字构成的同音词如“事实”、“失事”、“逝世”、“誓师”等，用“音码”无法辨别，然而用五笔字型输入时，字形不同，编码不同，特别适合汉字的特点及广大有方言地区的用户。

4) 输入效率高

五笔字型用双手十指击键。经过标准的指法训练，每分钟向电脑中输入 100 个汉字是平常的事。

小资料：1998 年“京城五笔字型大奖赛”，经国家公证处公证，冠军的速度是(在错 1 罚 5 的严厉评判规则下，输入生稿连续测试 10 分钟) 每分钟输入生稿 293 个汉字，创造了汉字输入的世界纪录。

5) 字词兼容

用五笔字型既能输入单字，也能输入词汇。无论多么复杂的汉字最多只击 4 下键，不超过 32 个汉字的词汇也只打 4 下键。字与词之间，不需要任何转换或附加操作，既符合汉字构词灵活、语句中字和词难以“切分”的特点，又能大幅度地提高输入速度。

6) 越打越顺手

“五笔字型”依照“形码设计三原理”研究完成，实现了科学的“多目标”的统一。字根在键位上的组合符合“相容性”，使重码最少；键位安排符合“规律性”，使字根易记易学，而指法设计的“协调性”则使得各个手指的击键负担趋于合理，打起来顺手，越打越快。

7) 全球通用

“五笔字型”经过了 20 年之久的大规模社会实践的检验，已成为在国内外占主导地位的汉字输入技术，具有很好的通用性。学会了五笔字型，到处都有现成的电脑可供使用，厂家的电脑类产品装入了“五笔字型”，全国乃至世界各地，都有成百上千的人不经训练便会操作。

9.3.3 王码 18030 版五笔助记词

为方便读者，我们将王码 18030 版五笔助记词以表格的形式列出，如下表所示。

位	键 位	助 记 词
11	G	王旁青头戋五一
12	F	土士二干十寸雨
13	D	大犬三羊古石厂
14	S	木丁西在一四里
15	A	工戈草头右框七
21	H	目止具头卜虎皮
22	J	日早两竖与虫依
23	K	口中一川三个竖
24	L	田甲方框四车力
25	M	山由骨头贝框几
31	T	禾竹反文双人立

长见识：按照人眼的反应时间，响应时间在 50 ms 左右就不会出现较严重的运动图像迟滞现象。目前液晶显示器的标准响应时间大部分在 50 ms 左右，不过也有少数机种可达到全程 30 ms 左右。

续表

位	键 位	助 记 词
32	R	白斤气头手边提
33	E	月乃用舟家衣下
34	W	人八登祭把头取
35	Q	金夕犭儿包头鱼
41	Y	言文方广在四一
42	U	立辛两点病门里
43	I	水族三点兴类小
44	O	火里业头四点米
45	P	之字宝盖补礻衤
51	N	已类左框心尸羽
52	B	子耳了也框上举
53	V	女刀九巛臼山倒
54	C	又巴劲头私马依
55	X	绞丝互幺弓和匕

9.4 王码2010增强词库版五笔字型输入法

五笔字型输入法是目前输入速度最快、出错率最低的汉字输入法。而王码2010五笔字型输入法是在86版本、98版本五笔输入法发展的基础上，有了一个量的飞跃，一个质的提高。它量的飞跃与质的提高主要表现在一些字根的调整，变得更规范，同时也便于用户去学习五笔字型输入法，下面一起来学习王码2010版的五笔字型输入法吧！

9.4.1 王码微软2010五笔输入法推出的原因

为了满足不同类型用户的需求，对于有的用户来说，就喜欢用拼音来进行输入，微软2010就新增加了一个新的功能，就是在安装王码微软2010五笔输入法时也同步安装王码全拼输入法，这就便利了喜欢用拼音打字的用户，同时也扩大了微软的市场。

为了能够让用户使用到更多的、更广泛的词句，王码微软2010五笔输入法提供了处理国家标准的大字符功能，允许输入WB86-GBK标准的汉字，同时还可以输入港台地区的13 053个繁体字，以及国际标准GBK大字符集的中、日、韩三国21 003个汉字，增加的字根及编码提示功能，会在输入过程中给予该字或词的字根及编码提示，这样就可以让用户尽快地熟练掌握五笔字型的编码。

9.4.2 微软2010版的组成结构

微软王码2010版本五笔输入法中包含了86版本与98版本的五笔输入法，在安装时你可以根据自己的喜好去选择你要安装的版本。

微软86版本的输入法又称4.5版。使用130个字根，可处理GB 2 312汉字集中的6 763个汉字，同时字根的规范化设计，编码与输入的指法更加的简单易懂，及新增繁体字部分的编码规则均与现行的86版完全的一致，老用户不用学习即可顺利升级，保持同类输入法中重码率最低的优势，这就大大地降低了用户的学习难度了。

微软98版五笔输入法则是一种改进型的方案，其编码的科学性更强、更易于学习和使用。使用245个码元，可处理国际标准GBK大字符集的中、日、韩三国21 003个汉字，这就大大地促进了国际上的交流与合作，同时还提供五笔字型字根及编码的反查功能，这样就方便了新的用户按照拼音输入汉字，“重码选择窗”中将给出该字的字根及编码提示，这样就降低了用户的学习难度，提高用户的学习速度，可以让用户在短时间内就能掌握王码五笔输入法了，同时WB86-GBK软件具有屏幕动态造词、删词功能。新版《助记词》，配有乐谱，生动易记、朗朗上口，可以降低用户学习的疲劳感，在无形中增加了用户的学习兴趣。

9.4.3 微软2010版的6个码元

“码元”又称字根。如今的码元又出现了很多种，例如微软2010版本中的86版、98版五笔字型码元。速记微软2010版五笔字型码元，可以使打字速度大大提高。

1. 汉字的基本笔画

汉字的基本笔画可以归结为横、竖、撇、捺、折5类。这5类笔画分别以1～5为代号，分布于英文键盘的5个区，这便是“五笔字型”输入法编码的基本依据。

笔画代号	笔画名称	笔画走向	同类笔画
1	横(一)	左—右	提
2	竖(丨)	上—下	竖勾
3	撇(丿)	右上—左下	—
4	捺(㇏)	左上—右下	点
5	折(乙)	带转折	横勾、竖提、横折勾、竖弯勾等

2．王码键盘的五个区

汉字中形态相似、笔画数大致相同的部件，作为编码的基本单元即“码元”。这些码元分配在键A～Y的25个英文字母键上(“Z”键用作万能查询键，不参与普通编码)。根据首笔代号不同，这些码元分别属于5个键盘区。

(1) 第1区：GFDSA，主要放置横起笔的码元，例如王土大木工等。

(2) 第2区：HJKLM，主要放置竖起笔的码元，例如目日口田山等。

(3) 第3区：TREWQ，主要放置撇起笔的码元，例如禾白月人金等。

(4) 第4区：YUIOP，主要放置点起笔的码元，例如言立水火之等。

(5) 第5区：NBVCX，主要放置折起笔的码元，例如已子女又幺等。

3．每个区的五个键位

王码键盘的1～5每个区又各有5个键位，位号也是从1到5，区位号组合共形成5×5=25个键位。其码元分布的一般规律为以下几方面。

(1) 码元第一笔的代号与其所在区号一致，例如“禾、白、月、人、金”首笔为撇，撇的笔画代号为3，故它们都在3区。

(2) 码元第二笔的代号与其所在位号一致，例如“土、白、门”的第二笔为竖，竖的代号为2，故它们位号都为2。

(3) 单笔画“一、丨、丿、丶、乙”都在第1位，两个单笔画的复合笔画“二、刂、厂、冫、了”都在第2位，三个单笔画复合起来的码元“三、川、彡、氵、巛”，其位号都是3。

(4) 各区的位号，都从键盘的中部，向两端排列，这样就使得双手放到键盘上时，位号的顺序与食指到小指的顺序相一致。

4．汉字的码元结构

根据码元之间的位置关系，可以把汉字分成3种类型。

(1) 左右型，例如：汉、湘、结、封。

(2) 上下型，例如：字、莫、华、花。

(3) 杂合型或独体字，例如：困、凶、道、天。

(4) 汉字编取码时，若某些汉字码元较少而不好拆分笔画，便需要补加上述字型信息，称为末笔识别码。

5．码元的笔画结构

用五种笔画组成码元时，其间的关系可分为4种。

(1) 单：即五种笔画自身。

(2) 散：组成码元的笔画之间有着一定的间距，例如：三、八、心等。

(3) 连：组成码元的笔画之间是相连接，可以是单笔与单笔相连，也可以是笔笔相连，例如：厂、人、尸、弓等。

(4) 交：组成码元的笔画是彼此相互交叉的。例如：十、力、水、车等。

9.4.4 微软2010版的扩展功能

微软王码2010五笔输入法自动安装程序，含86版及98版。王码数字系列，由5项专利、5种编码输入法构成，同一科学体系，由初级到高级，一脉相承、五级递进，并与五笔字型巧妙链接，均可输入单字和词汇。学会任一种，便可解决在数字产品上“汉字输入难”的问题。6个码元，规则简单；会写汉字，就会输入！既可输入简繁汉字，又可输入词汇。千百万王码新老用户，均可无师自通！可输入多个字集的简繁汉字、标点符号，英文大小写字母、数字等；根据需要，还可以扩充处理GB18030字集的27 533个简繁汉字和数量不限的词汇。

数字五笔不停地在研发升级，近日推出的2010版软件，增加了许多的人性化功能，下面让我们一起来看看。

1．完美支持64位操作系统

随着科学技术的发展，64位操作系统已经成为了潮流，在未来的3～5年内必将取代32位的操作系统。因为普通的32位应用程序可以在64位下以兼容模式无缝运行，但输入法不行，32位的输入法是不能完整地在64位操作系统下使用的。现在，支持64位操作系统的输入法不多，除了几家著名的输入法厂商外，其他的都还不

在使用计算机和大屏幕投影机进行多媒体教学时，由于鼠标操作的牵制，会使教员的教学活动受到限制，不利于教学双方的交流。用红外线取代了鼠标和计算机之间的连线，用按键控制光标的移动，解决了上述问题。

支持。笔画输入法中数字五笔是目前唯一一家支持了 64 位操作系统的输入法，这就为笔画输入法的用户解决了后顾之忧，不用担心以后系统升级就无法打字了，而且数字五笔为用户提供了无限期的升级服务，活到老，用到老，更新到老!

2. 增加多套键盘布局方案

由于数字五笔是使用数字按笔画输入的输入法，所以使用数字小键盘输入是最方便的途径了。但现在越来越多的用户开始使用笔记本电脑，而笔记本电脑上并没有专门的数字小键盘，只有和字母键共用的模拟小键盘。这会使用户在使用中造成很多不便，例如在需要输入字母时，必须关闭小键盘的灯，输入完后还得切换回来。“使用模拟数字小键盘输入(不含 789)”，这是专门为只使用 12345 五个单笔画的用户设计的，这样在笔记本上，就可以直接使用上面一横排的数字来进行选字了，不会再出现 67 890 不能选字的情况了。

3. 在任务栏增加服务图标

数字五笔 2010 版在系统托盘上增加了一个服务图标，这是为了更加方便用户了解自己的输入法状态，如果用户嫌图标太多比较烦，也可以选择隐藏图标。微软 2010 版的五笔输入法还修正了不少以前版本的问题，在许多细节方面更加的精益求精，在此就不赘述了，用户可以登录数字五笔网站，下载安装使用感受一下！

9.5 思考与练习

选择题

1. 王码公司目前推出________种主要输入法。

   A. 1　　B. 2

   C. 3　　D. 4

2. 五笔输入法输入的汉字最多的版本是________。

   A. 86 版　　B. 98 版

   C. 王码 18030 版　　D. 王码 2010 版

操作题

用你喜欢的输入法输入下面两首诗。

月下独酌

花间一壶酒，独酌无相亲。
举杯邀明月，对影成三人。
月既不解饮，影徒随我身。
暂伴月将影，行乐须及春。
我歌月徘徊，我舞影零乱。
醒时同交欢，醉后各分散。
永结无情游，相期邈云汉。

附　诗

精剪裁出场面改，偏却自然月下海。
明月对影成三人，不醉看月永不来。

DVD (Digital Versatile Disk)，一般传统光盘可储存 650MB，而 DVD 可储存 4～17GB 的数据量。DVD 采用 MPEG II 压缩格式，读取讯号后可将讯号解压缩，可全动态、全彩地播放声音与影像，影音效果优于 LD、VCD、VHS 录像带等媒体，是目前影音效果最好的媒体之一。

第10章 其他五笔输入法

现在的五笔输入法已经不再是单调而死板的模样，许多工作室或公司出品了众多五笔输入法，它们有着传统输入法不具有的功能和更漂亮的外观，受到了广大用户的喜爱，如果您是时尚一族，不妨试试。

学习要点

- ❖ 万能五笔输入法
- ❖ 智能五笔输入法
- ❖ 极点五笔输入法
- ❖ 海峰五笔输入法
- ❖ 小鸭五笔输入法
- ❖ QQ 五笔输入法
- ❖ 微软拼音五笔输入法
- ❖ 搜狗五笔输入法

学习目标

除了 86 版、98 版和王码 18030 版五笔输入法外，人们又开发出了许多与之类似的五笔输入法，如极点五笔、万能五笔、智能五笔和海峰五笔等。它们各自有着不同的优点，学会这些输入法，可以把它们结合起来使用，取长补短。在实际工作中根据需要选用合适的输入法，打起字来会更加得心应手。

10.1 万能五笔输入法

“万能输入法”是万能产品“万能快笔”、“万能五笔”、“万能英译中”、“万能拼音”、“万能笔画”系列产品之一，万能输入法起步于“音形码”，又叫“快笔”，其名来源于其输入速度较“快”，发展到现在称之“万能快笔”。在原理与实践上均优于五笔字型。

10.1.1 万能五笔输入法的特点

万能五笔输入法有着强大的功能，它具有以下的特点。

- 多元输入功能，多元输入指在一种汉字编码状态下，任意一个汉字或词组都具有多种编码输入途径，从而提供更快捷的编码输入。也就是在输入一个汉字时，可以输入这个汉字的拼音编码，也可以输入这个汉字的五笔编码，此时输入法会自动识别输入的编码，然后显示正确的汉字。
- 具有较好的兼容性，万能五笔输入法独创的EXE 外挂式输入法，可以在任何版本的Windows 操作系统及外挂中文平台中使用。也就是在安装其他语言版本Windows操作系统的电脑中可以直接运行万能五笔输入中文。
- 万能五笔输入法具有强大的文字功能，包括“中英文互译”、“编码反查”、“词语联想”和“智能记忆”等。

10.1.2 组合输入法码

在使用输入法时，觉得现有的词组远远无法满足现实需要，于是需要手工编造许多词组，或者觉得现有编码不太适合自己，需要修改与调整。但辛辛苦苦造好的词组或修改好的码表怎样才能导入输入法中加以使用呢？幸好万能五笔有“DIY 词库”这么一个功能，下面一起来学习一下具体操作步骤吧。

操作步骤

❶ 右击万能五笔工具条，从弹出的菜单中单击【词库管理】选项，如下图所示。

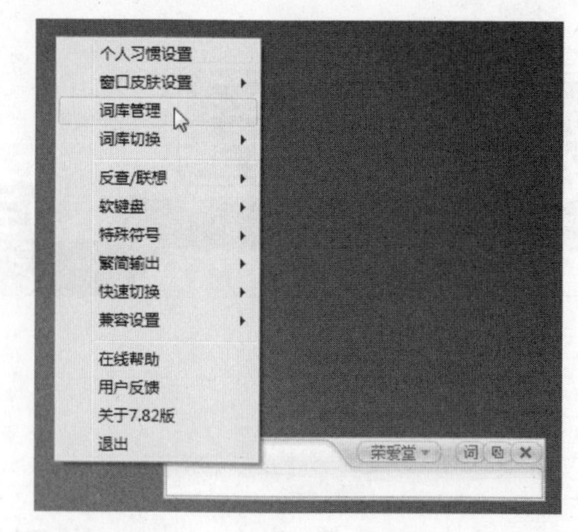

❷ 弹出【万能五笔外挂用户词库管理】按钮，切换到【DIY 词库】选项，选中【万能五笔综合词库】复选框，接着单击【生成词库】按钮，如下图所示。

❸ 弹出【生成词库】对话框，在【词库名称】文本框里输入要生成的词库，输入完毕后单击【确定】按钮，如下图所示。

❹ 生成成功后，弹出【万能五笔提示】对话框，单击【确定】按钮即可，如下图所示。

HTML(Hyper Text Mark-up Language)即超文本标记语言或超文本链接标示语言，是目前网络上应用最为广泛的语言，也是构成网页文档的主要语言。

提示

在【DIY 词库】选项卡里单击【导入词库】按钮，在弹出的【打开】对话框里，找到系统中的其他词库，单击【打开】按钮，即可快速的导入词库。

10.1.3 给输入法窗口换肤

万能输入法有如下几种可选皮肤：万能海蓝、传统淡蓝、传统银白、兰花、天鹅、水族馆之半月神仙、水族馆之月光蝶、荣爱堂-和谐拯救危机、荷花、迪斯尼-小熊维尼、迪斯尼-米奇、鸽子。用户可以随心所欲地给窗口可以换肤，使输入界面风格更华丽更有个性化。

操作步骤

1. 右击万能五笔工具条，从弹出的菜单中单击【更换皮肤】选项，接着从列表中选择一种皮肤样式，这里选择【兰花】，如下图所示。

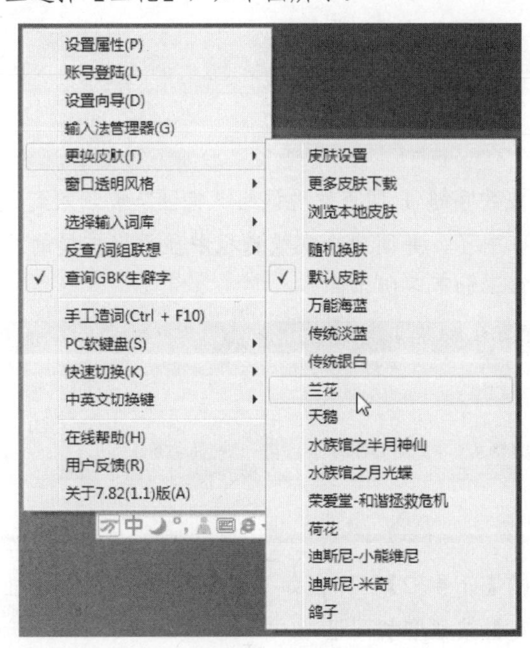

2. 更换皮肤后的效果如下图所示。

提示

如果对软件自带的皮肤不满意，用户还可以在【更换皮肤】列表里选择【更多皮肤下载】命令，下载更多的皮肤样式。

10.1.4 GBK 疑难字的输入

万能五笔增加所有GBK疑难字的输入，可输出“鎔”、“嘅”、“堃”等不常用的汉字，避免了传统五笔对于“镕”、“瞭(望)”、“啰(嗦)”、“芃”、“冇”、“嘢”、“囍”等汉字不能输入的尴尬。

10.2 智能五笔输入法

智能五笔输入法是由陈虎先生开发的，是第一套真正直接支持二万多个汉字的五笔编码输出的五笔字型软件，它内置了非常好用的智能五笔和新颖实用的陈桥拼音，具有智能提示、语句输入、语句提示、简化输入和智能选词等多项非常实用的独特技术，全面支持 GBK 汉字五笔编码输出、繁体汉字输出、各种符号输出、大五码汉字输出，内含丰富的词库和强大的词库管理功能。灵活强大的参数设置功能，可使绝大部分人员都能称心地使用本软件。

提示

您可以到国内大型的软件网站查找下载智能五笔的最新版本，如太平洋电脑网(http://www.pconline.com.cn)、华军软件园(http://www.onlinedown.net/)、非凡软件站(http://www. crsky.com/)等。

10.2.1 智能五笔输入法的特点

五笔字型是一种很好的型码汉字输入系统，它在我国被相当多的用户所采用。但是，随着智能汉字输入法的产生，传统的五笔字型已难以满足广大用户的要求。因此，传统的五笔字型必须与智能处理相结合才能使其

长见识：防火墙是设置在因特网与用户设备之间的一种安全设施，它可通过识别和筛选，把未被授权或具有潜在破坏性的访问阻挡在外，达到安全和保密的目的。根据不同的安全要求，防火墙可以有多种类型，例如有路由器类型的、隔离网络类型的等。

更加完善。智能陈桥系统就是为传统的汉字输入法与计算机的智能处理之间搭上一座桥梁，使传统的汉字输入方法顺应时代的需要。智能五笔系统是把五笔字型与智能五笔系统的智能处理功能相结合，从而使其实用性能大大提高。智能五笔系统还可挂接多种类似于五笔字型的汉字输入法，可用于汉字输入法的开发与使用。 五笔输入法的特点有以下几点。

- ❖ 极具实用价值的智能语句提示及简化输入操作功能，把汉字输入技术由“要的时代”带入“给的时代”，使各类写作人员写作更加流畅。
- ❖ 独特的智能词句输入功能，可以以智能词句方式输入刚输入过的词句和采用智能五笔系统经常输入过的词句。
- ❖ 新增方便的保密开关，可使你在录入需要保密的内容时，单击保密开关，使系统不会记下你的输入内容。
- ❖ 智能输入不影响传统五笔字型的正常使用，并且加强了传统五笔字型的功能。
- ❖ 高智能的重码词选取功能，可以以智能方式自动选取重码字词。
- ❖ 直接支持全部GBK汉字的五笔编码输出，并可采取灵活的设置来定义输出选择，使其不影响原来的操作习惯。
- ❖ 强化的各种符号输入功能，采取了全面输入加自定义编码输入的解决方案，使输入各种符号更感方便，而且还不影响五笔字型的正常输入。
- ❖ 新颖的提示行显示功能，可显示简码、词组、输入速度、输入字数等信息。
- ❖ 灵活的词库管理功能，可随时对常用词库进行增减操作，词库容量不受限制。新增的快捷增加和删除词组功能，使词组管理更为方便。
- ❖ 灵活的句号和小数点智能处理功能，在输入“3.14”时不会出现“3。14”。
- ❖ 全面支持繁体汉字输出功能，与海外交流不再为难。
- ❖ 方便的疑难字表功能，可通过提示键打出疑难字表中的疑难汉字 。
- ❖ 强大的系统状态参数设置功能，可对系统进行更为灵活的设置，使系统适用于各种人员及各种场所。改进的参数设置窗口，使设置操作更为直观和方便。
- ❖ 方便的外码提示功能，并设有方便的许可使用开关设置，供用户自由选择。
- ❖ GB/BIG5双内码汉字支持功能，能在BIG5汉字内码环境下进行输入。
- ❖ 新增非常好用的拼音输入功能，不仅在打不出字时可通过CTRL键来切换到该拼音状态下来输出，并且该拼音输入法单独使用，也是相当不错的输入法之一，它支持强大的词库和语句库，可进行字、词、语句混合输入。
- ❖ 智能五笔系统可挂接多种类似于五笔字型的汉字输入方法，可直接挂接“郑码”、“表形码”、“王码98”等输入法，也可用于开发新的汉字输入方法并重新编写代码，使系统运行更为稳定，适用范围更广泛。

10.2.2 智能五笔输入法的使用

下面先让我们熟悉一下智能五笔的功能使用吧！

1. 五笔输入

操作步骤

1. 首先下载并安装智能陈桥五笔输入法，然后切换到该输入法状态，接着根据五笔输入规则拆分词组“特区”，按下t、r、a、q键，如下图所示。

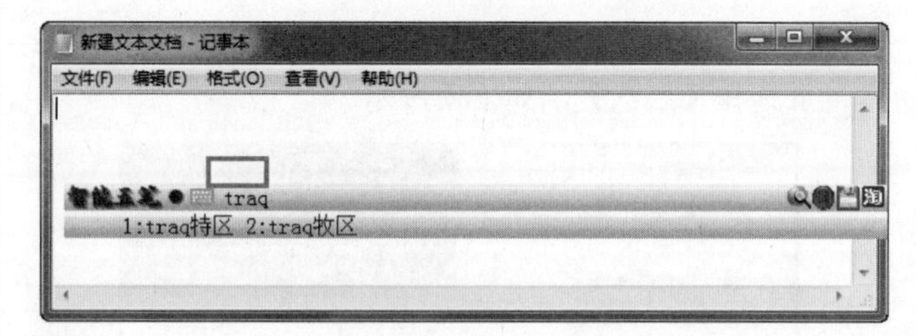

2. 按数字键1即可发现词组“特区”被录入到文档窗口中了，并同时会在候选栏中显示出扩展的词语内容，如下图所示。

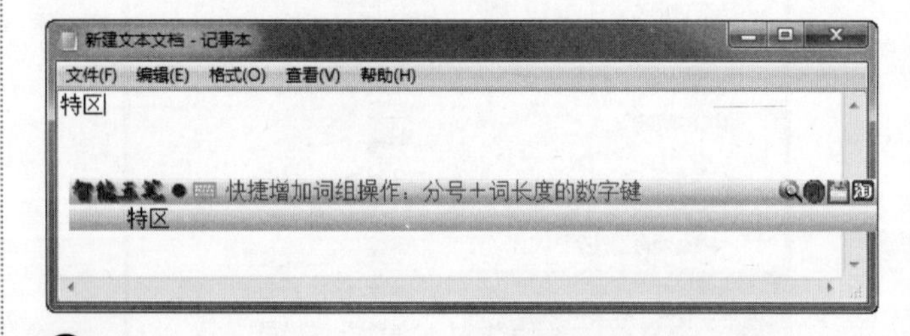

3. 按【分号+2】，弹出如下图所示的对话框，单击【确定】按钮增加词组。

微软没有提供从XP直接升级到Windows 7的途径，所以需要提前准备迁移用户数据。

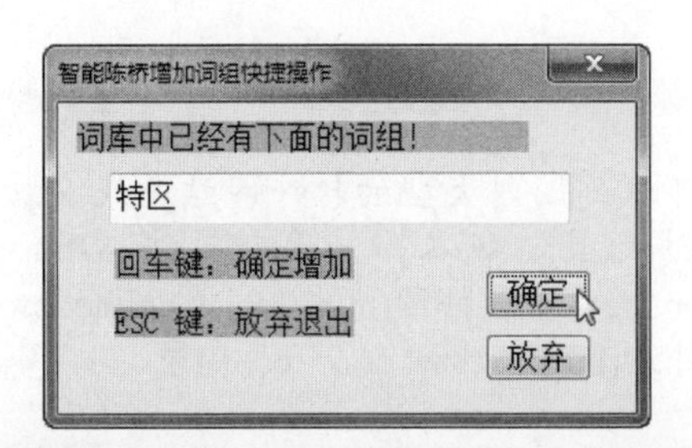

2. 拼音输入

单击【智能五笔】按钮，将其切换到拼音输入状态，然后通过拼音录入汉字，这时会在候选栏中提示该汉字的五笔编码，方便用户在拼音录入汉字的同时，掌握该汉字的五笔编码，如下图所示。

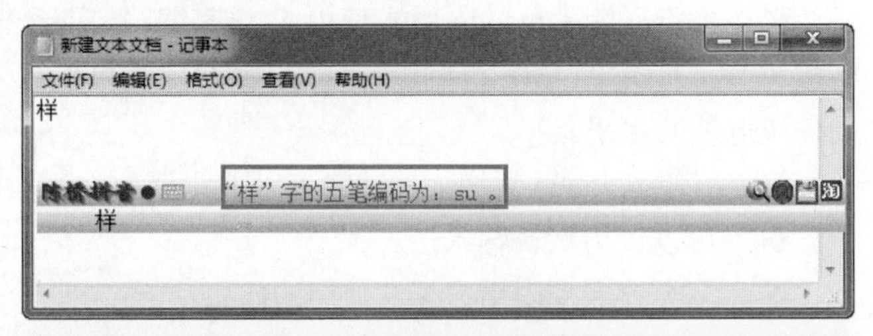

3. 快捷操作

- ❖ 英数转换：右或左 Shift 键。
- ❖ 五笔拼音转换：右或左 Ctrl 键。
- ❖ 增加词组：分号键+对应词组长度的数字键。
- ❖ 删除词组：删除键+对应的数字键。
- ❖ 移动窗口：将鼠标左键多按一会儿再移动。
- ❖ 保密开关：用鼠标点击状态窗口上的保密开关图标。

4. 推荐的简化设置

- ❖ 办公写作人员：右击智能陈桥窗口进入个性设置，选择【办公写作人员】选项，并单击【确定】按钮即可完成设置，适宜于各类办公人员、作家、记者、技术人员等。
- ❖ 专业录入人员：右击智能陈桥窗口进入个性设置，选择【专业录入人员】选项，并单击【确定】按钮即可完成设置，适宜于各类专业录入人员、打字员、擅长盲打的五笔高手等。
- ❖ 初学五笔人员：右击智能陈桥窗口进入个性设置，选择【初学五笔新手】选项，并单击【确定】按钮即可完成设置，适宜于各类初学五笔的人员。
- ❖ 上述三类设置还可通过【参数设置】进行调整。

10.3 极点五笔输入法

极点五笔输入法是一款免费的多功能五笔拼音输入软件。同时，极点完美支持一笔、二笔等各种“型码”及“音型码”输入法。具有五笔拼音同步录入、屏幕取词、屏幕查询、在线删词、自动智能造词等多项十分方便的功能。

10.3.1 极点五笔

极点五笔是一款免费的多功能五笔拼音输入软件。极点 Unicode 版除具有传统五笔的稳定与兼容性。

1) 新的特色

- ❖ 错码后可以继续输入。
- ❖ 会五笔打五笔，不会五笔可以直接打拼音。
- ❖ 可以造带标点的词组。
- ❖ 标点可以顶字上屏。
- ❖ 可以五笔拼音互查。
- ❖ 可以随时调换词组次序。
- ❖ 全面支持 GB18030 标准，“镕”、“瞭”、“啰”、“堃”等字轻松输。
- ❖ 一次回车即可发送聊天信息。

2) 新增加的功能

- ❖ 智能辨别编码、拼音，编码与拼音单字可同时录入，也可选用拼音词组录入。
- ❖ 自动造词、在线造词功能，所造词组可为任意字符。
- ❖ 具手动、自动调序及在线删词功能。
- ❖ 支持 BIG5 码输出，且具有简入繁出功能。
- ❖ 具编码、拼音互查功能。
- ❖ 清新的界面，随心所欲定制系统皮肤、外观。
- ❖ 纯文本、开放式码表，自由打造自己的输入法。

1. 五笔字型

操作步骤

❶ 首先下载并安装极点五笔输入法，然后切换到“五笔字型输入法”状态，接着根据五笔输入规则拆分词组“特区”，按下 t、r、a、q 键，如下图所示。

HTML，超文本标识语言，此语言专用在全球互联网上，为网上资讯标准格式化的一种，需用浏览器来观看。一般使用 IE 浏览器。

❷ 按数字键 1 即可发现词组“特区”被录入到文档窗口中了，如下图所示。

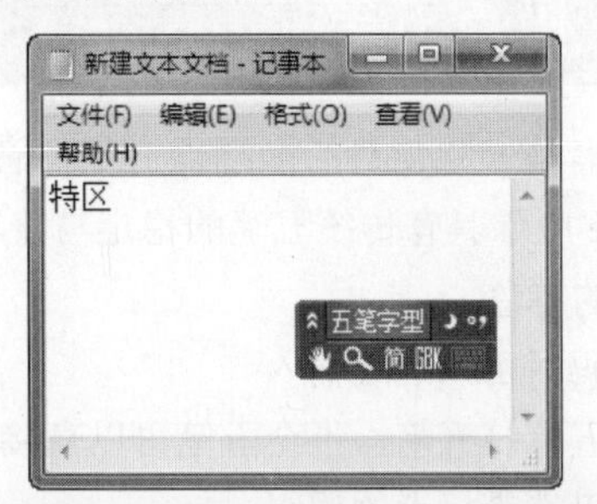

2. 五笔拼音

极点五笔中可以同时录入编码和拼音单字。切换到“五笔拼音输入法”状态，接着根据五笔输入规则拆分词组“特区”，按下 t、r、a、q 键，再通过拼音输入汉字“样”，如下图所示。五笔拼音同时录入，方便用户在忘记五笔编码时直接通过录入拼音输入汉字，无需再切换输入法状态。

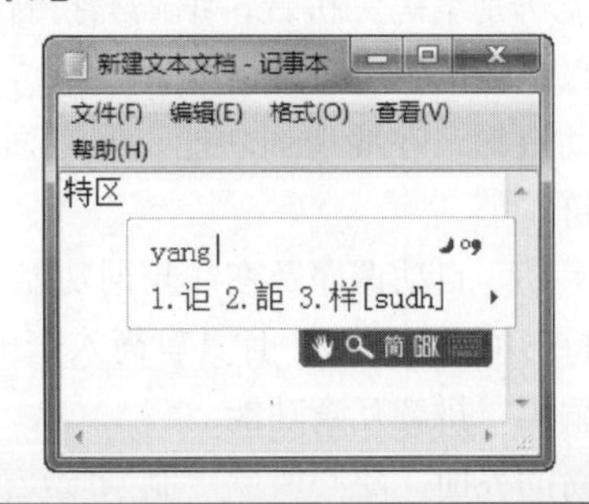

3. 拼音输入

切换到“拼音输入输入法”状态，可以运用拼音自由输入汉字，如下图所示。

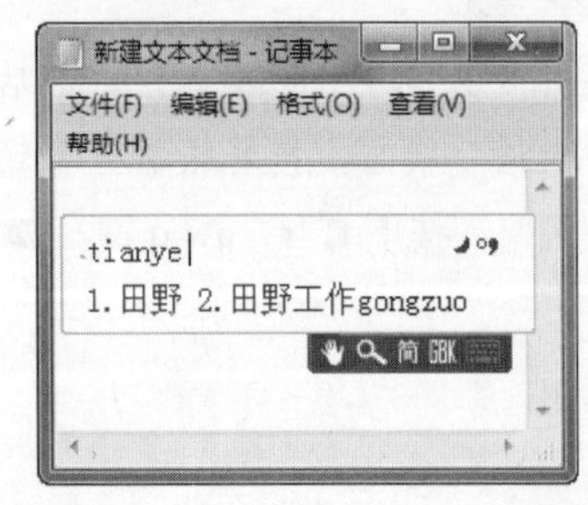

提示

您可以到国内大型的软件网站查找下载极点五笔输入法的最新版本，如天空软件站(http://www.skycn.com/)、华军软件园(http://www.onlinedown.net/)、霏凡软件站(http://www. crsky.com/)等。

10.3.2 极点五笔 Unicode 集成加强版

极点五笔 Unicode 版本使用传统五笔的界面，同时支持换肤及原极点五笔系统的众多优秀功能。

现在极点五笔 Unicode 版本使用 C 语言编写，并严格按照 Windows 的 IME 机制进行开发，其稳定性可以达到传统五笔的水平。

极点五笔 unicode 新增加的功能有以下几点。

- 可以设为默认输入法。
- 不会存在受限用户无法使用的问题。
- 游戏兼容性与传统五笔相同。

由于极点五笔 Unicode 版本与普通的极点五笔属于完全不相同的两个软件，整个编码机制并不兼容，所以在老用户决定过渡到极点五笔 Unicode 版本前，必须对两者之间的迁移方法有一定的了解，而且为了用户能更加了解极点五笔 Unicode 版本的使用方法，开发者已经预先发布了极点五笔 Unicode 的使用帮助。

10.4 海峰五笔输入法

海峰五笔输入法是孙海峰博士开发的。其五笔特点在其码表，海峰五笔删除了原五笔码表中的容错码，只保留标准编码，目的是不让容错码在打词时产生干扰，因此其单字码表可以说是最规范的五笔字型码表。他还加入了极其丰富的词库，是大词库的典范。并且，海峰连同多个网友完成了对 Unicode 超大字符集的汉字进行五笔编码这一浩大工程，海峰五笔是目前唯一能输出［CJK+CJK 扩展 A+CJK 扩展 B］和 GB18030 中 7 万多汉字的免费五笔软件，其使用界面如下图所示。

长见识 如果要在非索引服务器上增加 UNC 路径，可以为此路径创建符号链接，然后加入库，例如 mklink HomeFolder \\ServerName\Homefolder。

海峰五笔超大字集标准版是一款支持64位系统的五笔输入法，它通用于95/ 98/ME/NT/2000/XP/2003/7下。

(1) 海峰五笔输入法有如下一些特点。

❖ 收录Unicode超大字集全部7万多中日韩汉字，精选6万高频词汇。

❖ 两种可选的编码方案：86版和98版五笔，完全采用标准规则。

❖ 配套超大字集支持包。

(2) 海峰五笔输入法主要有如下功能。

❖ 支持Windows Vista系统的TableTextService输入方式，避免了传统输入法在IE7保护模式无法正常读写词库的问题。这是世界上第一个基于Vista系统TTS服务的五笔输入法，安装成功后手动添加到语言栏中即可。

❖ 正式收录CJK扩展C集的4129个标准汉字，及标准CJK集之外的300多个康熙部件与笔画、1000多个兼容与补充汉字，以及3000多个各类常用字母与符号。配合中日韩越超大字集支持包UniFonts5.0版，海峰五笔目前可输入的标准汉字字符总数已达75000个。

❖ 新增临时切换打简出繁快捷键——Ctrl+，并支持查自身编码。完善Win2000/XP/2003下的手动调频功能(用Ctrl+序号提升词序)，并将检索字符集细化为GB2312、GBK、GB18030和UNICODE四档。将一、二级简码扩大3倍，启用；键选择第2、3重码的功能，大大减少了击键数量。

❖ 全面支持64位Windows系统，可在任何32位/64位程序中作为标准的内置输入法使用。这是目前唯一全面支持64位系统的传统五笔输入软件。解决了非管理员账户拒绝写入词库的问题，使网吧用户能顺利使用调频与造词功能。

提示

您可以到国内大型的软件网站查找下载海峰五笔输入法的最新版本，如天空软件站(http://www.kycn.com/)、华军软件园(http://www.onlinedown.net/)、非凡软件站(http://www. crsky.com/)等。

10.5 小鸭五笔输入法

小鸭五笔是一款以五笔为主的中文输入软件，并提供了拼音辅助输入功能。它支持GB18030标准(可输入GBK字符集21004字及CJK-A扩充区6582字)，其使用界面如下图所示。

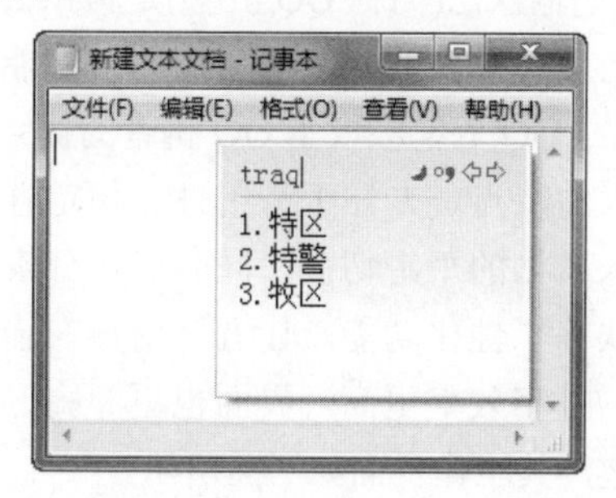

为方便最初使用五笔的用户，它提供了突出显示简码字的功能，并且还支持如下功能。

❖ 支持打简出繁，支持简→繁体非对称转换。

❖ 支持拼音、五笔编码双向反查。

❖ 支持在线造词、删词。

❖ 支持手动、自动调频。

❖ 提供方便的修改、替换词库的方法。

❖ 支持定制常用字表、减少录入时重码率，以提高录入效率。

❖ 提供多种重码排序方案，允许动态切换。

❖ 支持三重二级简码(可定制)。

❖ 支持多用户环境，配置文件与Windows登录用户同步切换，以保存多用户环境中个人的使用习惯。

❖ 提供了多套不同风格的配色方案。

现在的小鸭五笔已经开始支持Windows 7 x86/x64了，并且提供了更多的功能支持。

❖ 导入/导出所有字词功能改进：简码已同全码项一起导入导出。

❖ 自定义标点：增加空格项。

❖ 修正在IE保护模式下快捷英文输入状态时按SHIFT+SPACE无法切换全/半角状态的BUG。

BBS是英文Bulletin Board System的缩写，中文意思是电子公告板系统，现在国内统称做论坛。

- ❖ 完善简繁转换算法：增强了对长词/自造词转换的准确性。
- ❖ 单字检索范围快捷键：允许取消 Ctrl+Shift+M 快捷键项，按 Ctrl+M 时直接在常用字和码表支持的最大范围间切换。
- ❖ 完善单字检索范围/简繁输出快捷键处理：如果当前为输入状态且候选窗不是第一页，则继续保持原页面显示而不再跳回第一页。
- ❖ 增加：是否保存全/半角、中/英文标点状态选项。

10.6 QQ 五笔输入法

QQ 五笔输入法(简称 QQ 五笔)是腾讯公司继 QQ 拼音输入法之后，推出的一款界面清爽，功能强大的五笔输入法软件。QQ 五笔吸取了 QQ 拼音的优点和经验，结合五笔输入的特点，专注于易用性、稳定性和兼容性，实现各输入风格的平滑切换，同时引入分类词库、网络同步、皮肤等个性化功能。让五笔用户在输入中不但感觉更流畅、打字效率更高，界面也更漂亮、更容易享受书写的乐趣，其工作界面如下图所示。

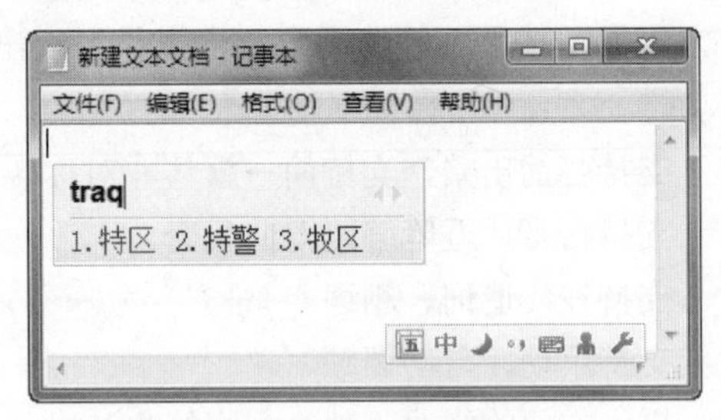

(1) QQ 五笔输入法主要的功能如下。

- ❖ 增加一个编码反查快捷键 Ctrl + Alt + /键。
- ❖ 新增快速造词功能(按“Ctrl+”进入快速造词模式，快捷键可设置)。
- ❖ 新增拼音词临时记录功能(通过拼音可以打出来的词，通过五笔也可以打出来)。
- ❖ 优化属性设置，增加快捷键设置页。
- ❖ 优化右键菜单，分类更清晰。
- ❖ 优化符号输入器中特殊符号页的滚动体验。
- ❖ 优化标点配对功能。
- ❖ 提高稳定性和兼容性。
- ❖ 程序更新默认选项改为提示更新。

(2) QQ 五笔输入法有如下一些特点。

- ❖ 词库开放：提供词库管理工具，用户可以方便地替换系统词库。
- ❖ 输入速度快：输入速度快，占用资源小，让五笔输入更顺畅。
- ❖ 大量精美皮肤：提供多套精美皮肤，让书写更加享受。
- ❖ 兼容性高，更加稳定：专业的兼容性测试，让 QQ 五笔表现更加稳定。
- ❖ 输入速度快：输入速度快，占用资源小，让五笔输入更顺畅。

10.7 微软拼音五笔输入法

稳定、好用的微软五笔输入法，内含 86 和 98 版本。本安装程序拆解自 Office 中文输入法安装包，安装快速简便，其工作界面如下图所示。

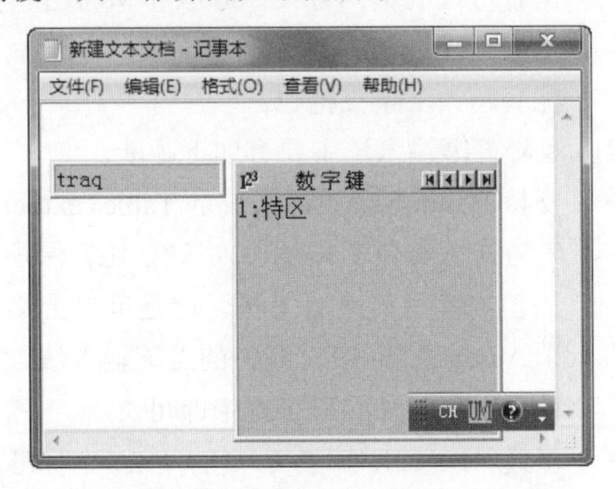

微软拼音五笔输入法特点如下。

- ❖ 既能批量造词，又能取字造词。
- ❖ 提供内码转换器，能在不同的中文操作平台之间进行内码转换。
- ❖ 支持重码动态调试。
- ❖ 既能创建容错码，又能对五笔字型编码进行编辑和修改。

10.8 搜狗五笔输入法

搜狗五笔输入法是当前互联网新一代的五笔输入法，并且承诺永久免费。搜狗五笔输入法与传统输入法不同的是，不仅支持随身词库——超前的网络同步功能，并且兼容目前强大的搜狗拼音输入法的所有皮肤，值得一提的是，五笔+拼音、纯五笔、纯拼音多种模式的可选，使得输入适合更多人群。其使用界面如下图所示。

人们常说的五笔 86 版，98 版，18030 版，新世纪版，被称之为王码五笔输入法。其他五笔，如极点五笔、万能五笔、海峰五笔、智能五笔、搜狗五笔、可以说是高级五笔，个性五笔，有各自的发明人，但基本上都是以 86 版五笔为编码标准的。

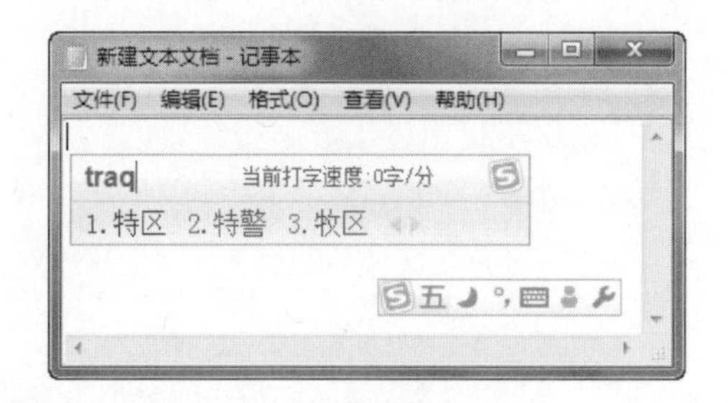

搜狗五笔输入法主要功能如下。

❖ 添加以 Z 开头的特殊符号输入，方便快捷。
❖ 词语联想可对词进行联想。
❖ 空码时自动查找 GBK 生僻字。
❖ 通行证同步和导入配置时，新增对删词信息的合并，使垃圾词不再出现。
❖ 支持皮肤系列，和搜狗拼音通用，成套皮肤流畅体验。
❖ 添加输入法管理器，自由设置输入法顺序。
❖ 新增选项：纯五笔下只在输入 4 码时显示词组、初始繁/简体状态可设为上次状态，半角状态下输出全角空格。
❖ 分号模式新增帮助提示窗口。
❖ 标点符号自动配对(可选)。
❖ 自定义短语支持缩写以大写字母开头。
❖ 安装包新增 4 款冬季和圣诞节主题时尚皮肤，新增两款皮肤系列。
❖ 精选细胞词库。
❖ 优化打字速度。
❖ 优化系统词库。
❖ 进一步改进软件兼容性。
❖ 连续按两次分号键，直接上屏分号。
❖ 优化顶字上屏逻辑，使输入更流畅。
❖ 按 ESC 键可关闭软键盘。

10.9 思考与练习

选择题

1. 目前一共推出______种五笔输入法。

   A. 7　　B. 8

   C. 9　　D. 超过 9

2. 下列关于极点五笔，说法错误的是______。

   A. 可以随时调换词组顺序

   B. 可以五笔拼音互查

   C. 错码后不可以继续输入

   D. 可以输入带标点的词组

操作题

1. 下载 QQ 五笔输入法，然后在 Windows 7 中安装。

2. 打开 Word 2010，利用 QQ 五笔输入法输入如下诗句。

元宵

有灯无月不娱人，有月无灯不算春。
春到人间人似玉，灯烧月下月如银。
满街珠翠游村女，沸地笙歌赛社神。
不展芳尊开口笑，如何消得此良辰。

附诗一

良辰难消，笑口难开。
银光如泻，孤月独赏。
满轮佳节，首北望乡。

附诗二

不露皓齿难得笑，岂让孤独伴元宵。
玉兔不在宫中住，已随嫦娥他乡遥。

第11章 初识Word 2010

在无纸化办公环境中，Word是使用最多的一款文字处理软件，办公人员可以在文档中快速编写公司公文、会议资料或公司合同等内容。从本章开始，将为大家介绍Word 2010的使用方法。

学习要点

- ❖ 安装 Word 2010
- ❖ Word 2010 新增功能简介
- ❖ 与 Word 2010 亲密接触
- ❖ Word 2010 的窗口
- ❖ Word 2010 的帮助功能

学习目标

通过本章的学习，读者应该掌握如何安装 Word 2010，学会如何启动和关闭 Word 2010，熟悉 Word 2010 窗口的组成、排列、移动和大小的控制，了解运用 Word 2010“文档导航”窗格、截取屏幕图片等新增功能，同时还要学会如何使用 Word 2010 的帮助服务以及通过 Internet 获得技术支持。

11.1 安装 Word 2010

Word 是一个功能强大的文档处理器，但它却不仅仅是一个文字编辑软件。除了用于典型的普通文档外，Word 还可以用来创建 Web 页，编辑电子邮件，甚至编辑一些可以进行交互的小程序。熟练掌握并使用它，可以轻松地创建具有专业风格的电子文档，使你成为一个文字处理大师。

11.1.1 自定义安装 Word 2010

要想充分感受 Word 2010 的魅力，我们必须要先将其安装。

操作步骤

❶ 双击 Office 2010 安装程序，弹出如下图所示的对话框，输入产品密钥，开始验证输入的密钥。当密钥验证成功后，单击【继续】按钮。

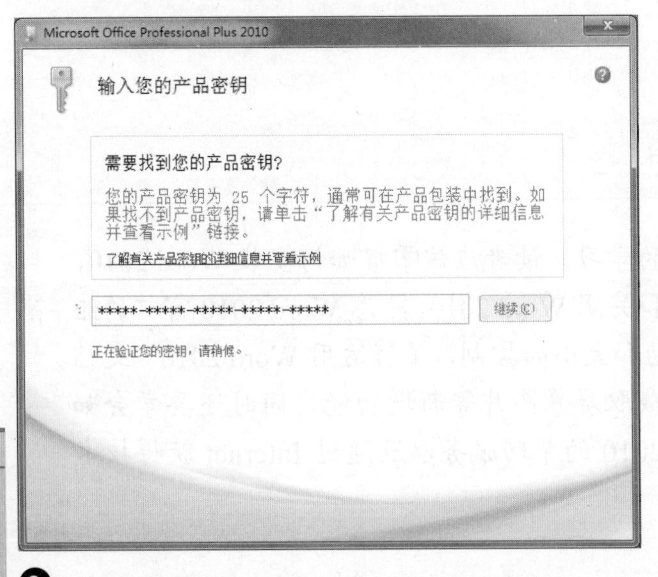

❷ 进入【阅读 Microsoft 软件许可证条款】对话框，阅读许可协议，然后选中【我接受此协议的条款】复选框，再单击【继续】按钮，如下图所示。

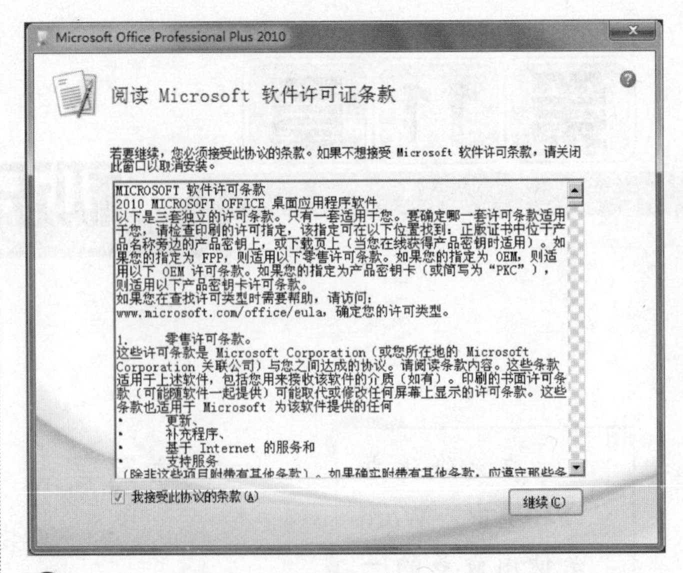

❸ 弹出【选择所需的安装】对话框，选择安装类型，这里单击【自定义】按钮，如下图所示。

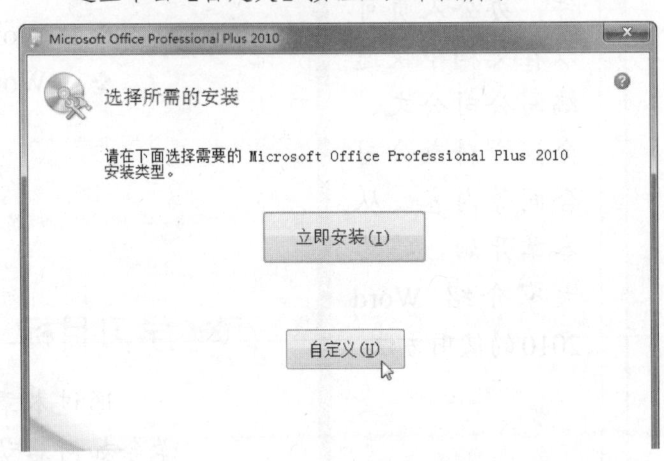

❹ 接着在弹出的对话框中切换到【安装选项】选项卡，自定义 Office 程序中各组件的运行方式，如下图所示。

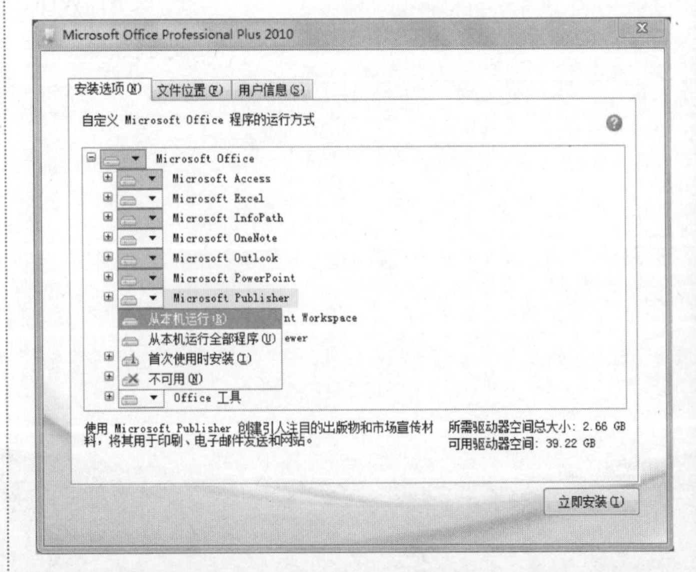

长见识：Office 2010 共有 6 个版本，分别是初级版、家庭及学生版、家庭及商业版、标准版、专业版和专业高级版。

提示

- 【从本机运行】选项：该组件及其下子组件的程序文件按设置复制到用户计算机的硬盘上。
- 【从本机运行全部程序】选项：将该组件及其所有子组件的所有程序复制到用户计算机硬盘上。
- 【首次使用时安装】选项：只复制必要的系统文件，在需要时才复制其他程序文件到计算机中。
- 【不可用】选项：不安装这个组件。

5. 单击【文件位置】选项卡，设置文件的安装位置，这里使用默认安装位置，如下图所示。

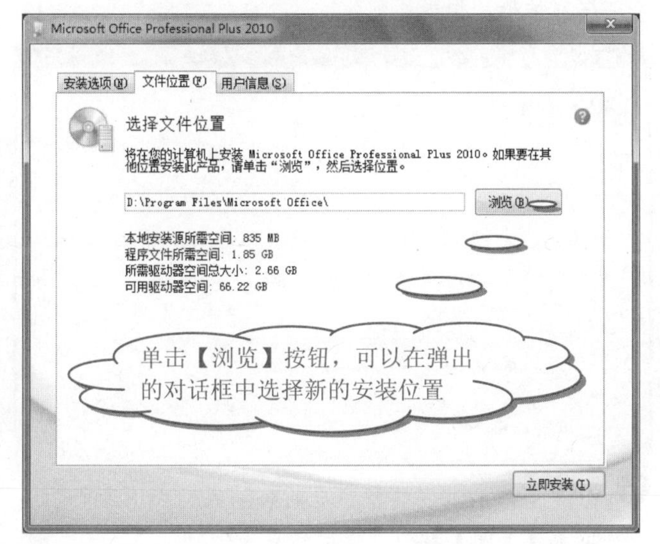

6. 切换到【用户信息】选项卡，输入用户名、缩写、公司/组织等信息，再单击【立即安装】按钮，如下图所示。

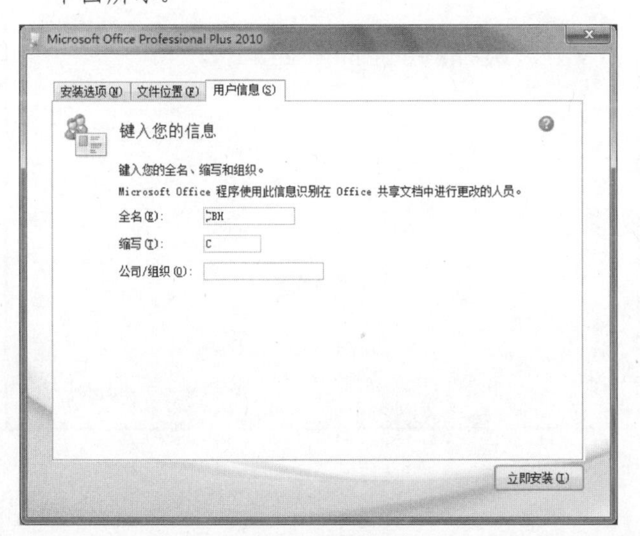

7. 开始安装程序，并弹出如下图所示的进度对话框，稍等片刻。

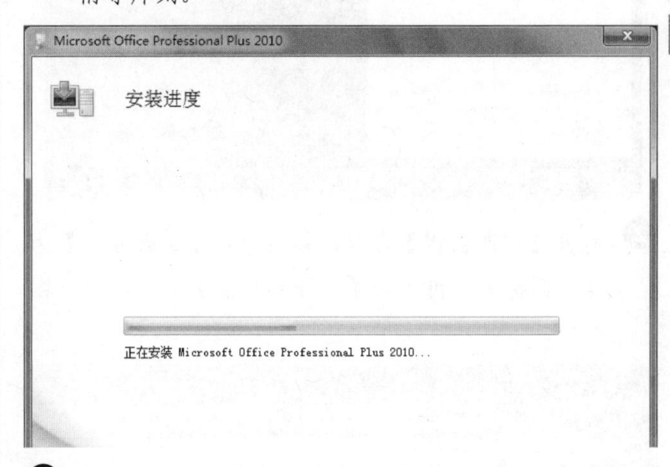

8. 程序安装完成后，将会弹出如下图所示的对话框，单击【关闭】按钮，重新启动计算机即可使其生效。

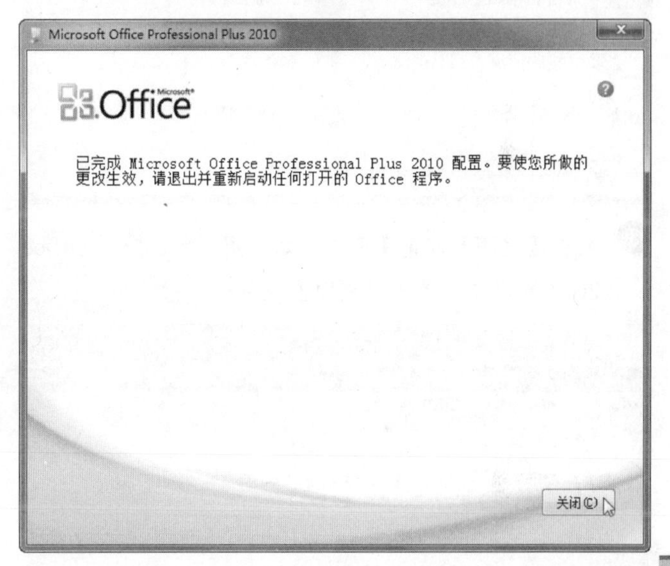

11.1.2　修复 Word 2010

如果 Word 2010 出现了异常情况，我们可以对其进行修复！具体操作如下。

操作步骤

1. 单击【开始】按钮，从展开的菜单中选择【控制面板】命令，如下图所示。

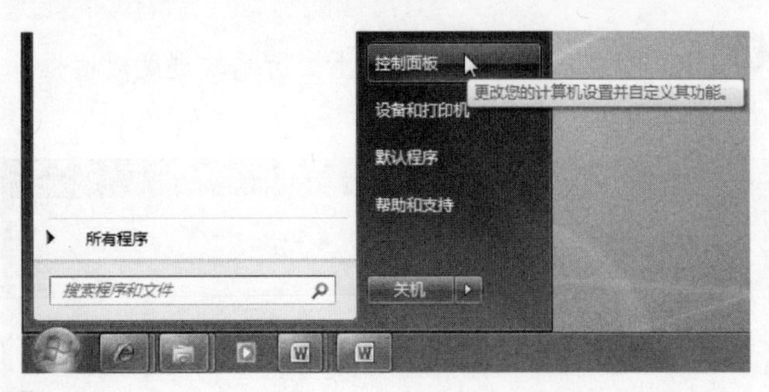

❷ 打开【控制面板】窗口，然后设置【查看方式】为【大图标】，再单击【程序和功能】选项，如下图所示。

❸ 打开【程序和功能】窗口，如下图所示，找到 Office 2010 的程序，单击【更改】按钮。

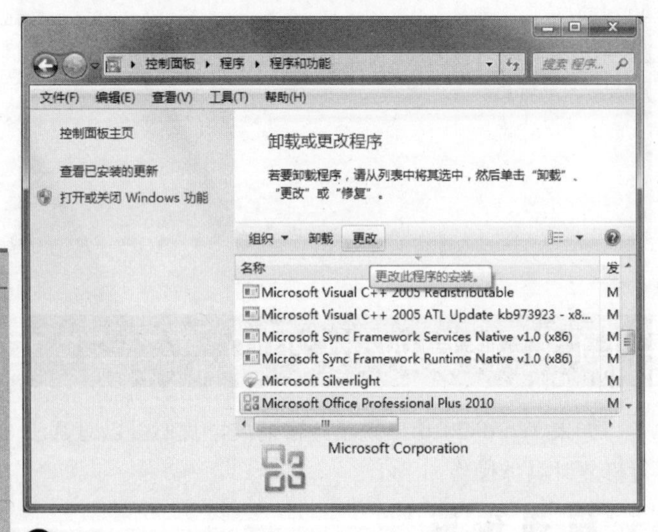

❹ 弹出如下图所示的对话框，选中【修复】单选按钮，再单击【继续】按钮。

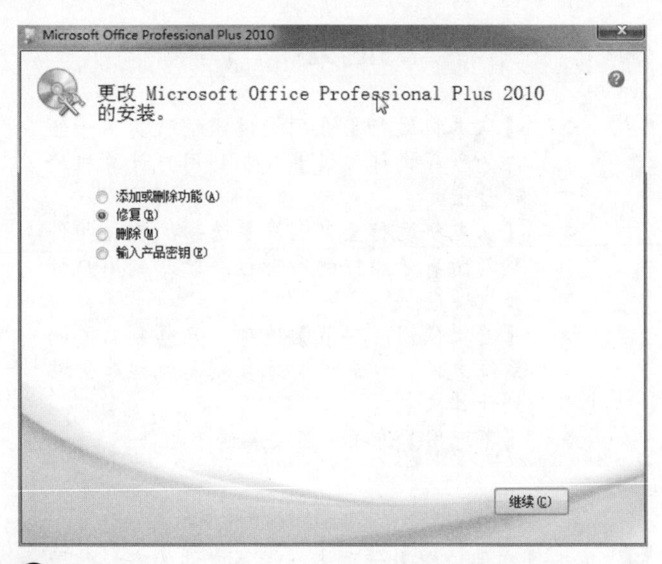

❺ 开始修复 Office 2010 程序，并弹出如下图所示的进度对话框，稍等片刻。

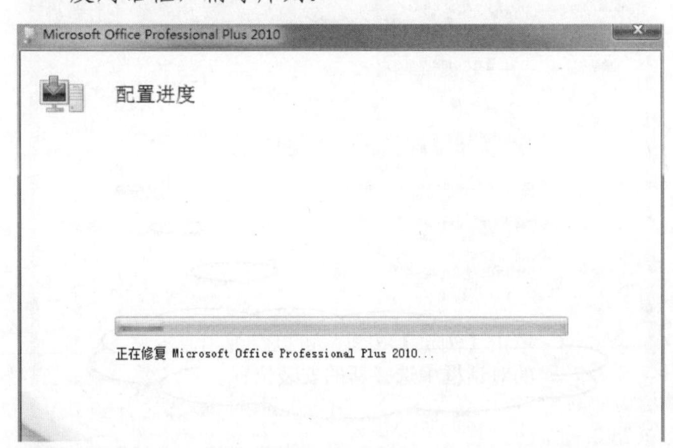

❻ 修复完成后，安装程序会报告结果，如下图所示。单击【关闭】按钮，完成修复操作。

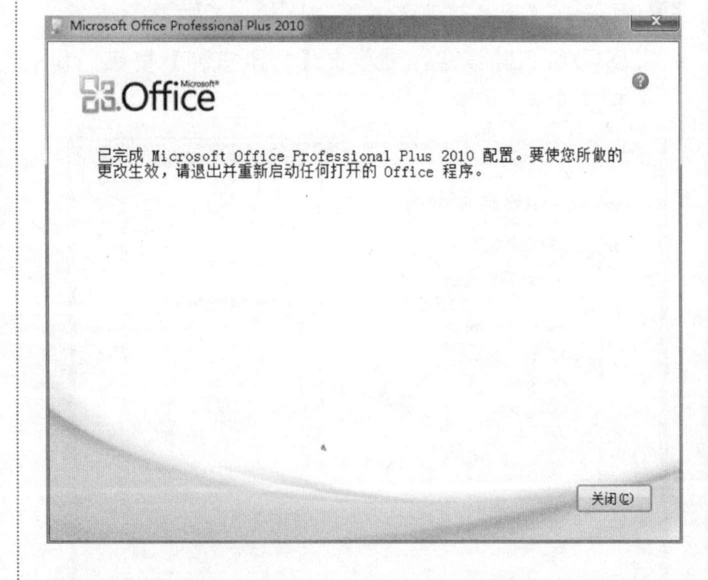

长见识 Office 2010 小型企业版有助于家庭用户和小型企业用户更加快速、轻松地完成任务，使您几乎可以在任意位置自由工作。

❼ 为了使刚才所做的设置生效，系统提示您重新启动计算机，如下图所示。单击【是】按钮，就可以重新启动计算机了。

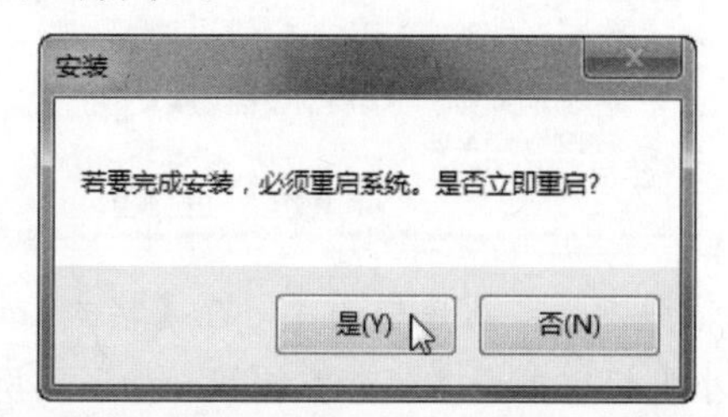

11.2 Word 2010 新增功能简介

随着计算机技术的发展，用纸和笔来进行文字处理的时代即将过去。文字处理软件经过多年的发展和完善，已经成为目前应用最广泛的软件产品之一。而 Word 作为 Office 系列产品的重要组件之一，则是众多文字处理软件中的佼佼者。使用它，不仅可以轻松地编排出规整的报告、信函、计划书，还可以快速地审阅、修订和管理文档。

11.2.1 “文档导航”窗格

工作中我们常常需要处理一些比较长的文档，想要重新组织文档内容要用鼠标滚轮来回滚动，既麻烦，又很容易出错。不过如果你已经用上了 Office 2010，就不会再被这个问题困扰了。使用 Word 2010 组件中新增的“文档导航”功能，再长的文档你也能轻松掌握了。

操作步骤

❶ 在 Word 2010 中打开一篇较长的文档后，然后在【视图】选项卡下的【显示】组中，选中【导航窗格】复选框，如下图所示。

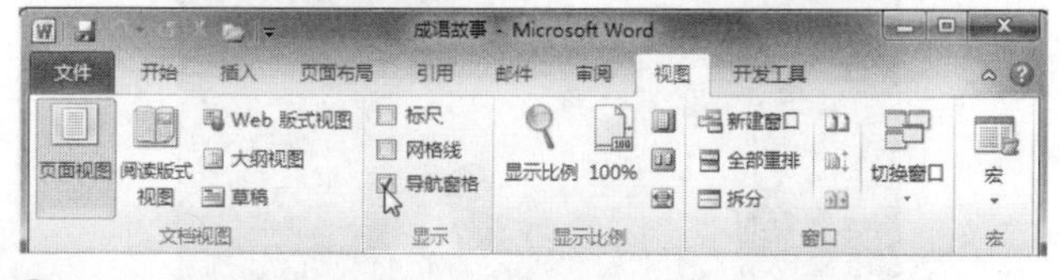

❷ 开启导航功能后，在文档左侧会出现一个导航栏。如下图所示。

❸ 在导航栏的搜索框中输入要查找的关键字，整篇文档所有包含该关键词的位置就很明显的标注出来，直接点击就能快速定位，如下图所示。

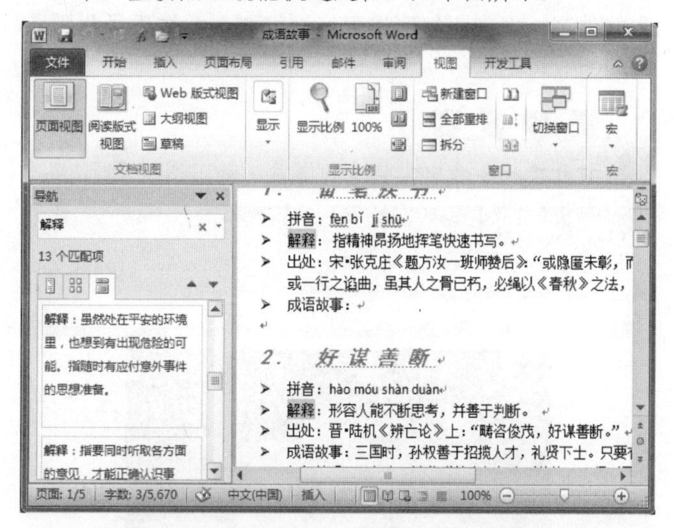

11.2.2 利用 SmartArt 图形图片布局

在 Word 2010 中，利用新增的 SmartArt 图形图片布局，您可以使用照片或其他图片来讲述故事，您只需在图片布局图表的 SmartArt 形状中插入图片即可。每个形状还具有一个标题，您可以在其中添加说明性文本。

SmartArt 图形是信息和观点的视觉表现形式。可以通过从多种不同布局中进行选择来创建 SmartArt 图形，从而快速、轻松、有效地传达信息。

下表给出了 SmartArt 图形目录，可供选用。

图形分类	简　述
列表	分为蛇形、图片、垂直、水平、流程、层次、目标和棱锥等种类
流程	分为水平流程、列表、垂直、蛇形、箭头、公式、漏斗和齿轮等类型

Office 2010 附带 30 多个专门构建的图形，用于将图像合并到用户文档中。其中一些图片布局适用于很多情况，而其他图片布局专用于指定方案。

续表

图形分类	简 述
循环	分为图表、齿轮和射线等类型
层次结构	包含组织结构等类型
关系	包含漏斗、齿轮、箭头、棱锥、层次、目标、列表流程、公式、射线、循环、目标和维恩图等类型
矩阵	以象限图显示整体与局部的关系
棱锥图	用于显示包含、互连或层级等关系

11.2.3 改进的图片压缩和裁剪功能

使用新增和改进的图片编辑功能裁剪图像以获得所需的外观。现在，您可以更好地控制在图像质量和压缩之间的取舍。

操作步骤

1. 打开文档，选中文档中的图片，如下图所示。

2. 在图片工具【格式】选项卡中，单击【调整】组中的【压缩图片】按钮，如下图所示。

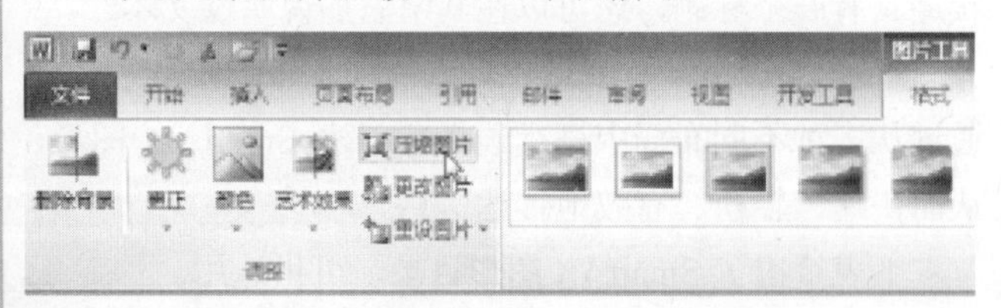

3. 弹出【压缩图片】对话框，进行相应的设定，最后单击【确定】按钮即可，如下图所示。

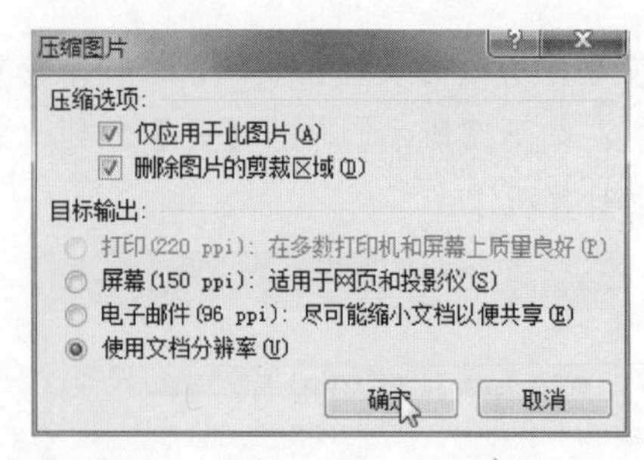

4. 如果裁剪图片，则选中图片，在【格式】选项卡的【大小】组中单击【裁剪】按钮，如下图所示。

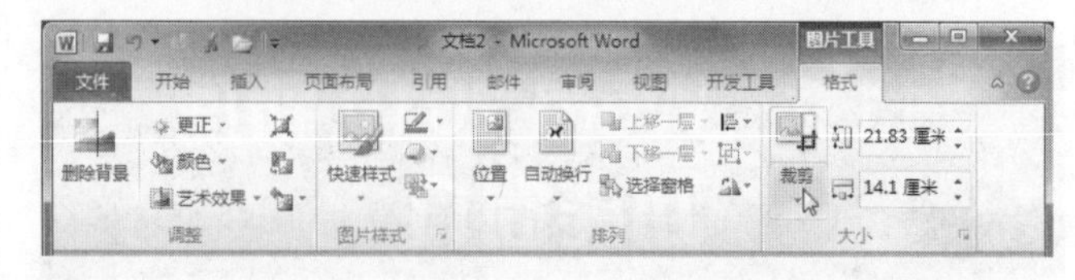

5. 这时会发现图片四周出现了黑色的裁剪控制点，如下图所示。

6. 把鼠标放在黑色标志处，按住鼠标左键不放，拖动鼠标，如下图所示。

7. 选择好裁剪区域后，按 Enter 键即可。

在 Word 2010 中的【插入】选项卡下新增了【屏幕截图】功能，利用此功能可以得到当前打开的窗口图片，这是 Word 2007 所做不到的。

11.2.4 截取屏幕图片

在 Word 2010 中可以快速添加屏幕截图，以捕获可视图示并将其融入您的文档中。在添加屏幕截图后，可以使用【图片工具】选项卡上的工具编辑和增强该屏幕截图。在文档之间重用屏幕截图时，在放置屏幕截图之前可以利用“粘贴预览”功能查看效果。

11.2.5 恢复未保存的工作

如果您在未保存的情况下关闭了文件，或者要查看或返回正在处理的文件的早期版本，现在可以更加容易地恢复 Word 文档。与早期版本的 Word 一样，启用自动恢复功能将在您处理文件时以您选择的间隔保存版本。

现在，如果您在没有保存的情况下意外关闭了文件，则可保留该文件自动保存的最新版本，以便于您在下次打开该文件时可以轻松还原。而且，当您处理文件时，还可以从 Microsoft Office Backstage 视图中访问自动保存的文件列表。

11.2.6 使用“翻译屏幕提示”

当你用 Word 在处理文档的过程中遇到了不认识的英文单词时，大概首先会想到使用电子词典，但是不巧电脑中又没有装。其实 Word 中就自带了不错的文档翻译功能，而在最新的 Word 2010 中，除了以往的文档翻译、选词翻译和英语助手之外，还加入了一个“翻译屏幕提示”的功能，可以像电子词典一样进行屏幕取词翻译。

11.3 与 Word 2010 亲密接触

启动和退出 Word 文档是使用 Word 最基本的两项操作。那就让我们从“启动”和“退出”开始，揭起 Word 2010 的盖头来。

11.3.1 启动 Word 2010

启动 Word 2010 的方法是双击桌面快捷图标。但是，新安装的 Office 软件并不会在桌面上自动创建快捷图标，这就需要用户自己创建了，具体的步骤如下。

操作步骤

1. 选择【开始】|【所有程序】| Microsoft Office 命令，然后在展开的列表中右击 Microsoft Word 2010 命令，并从弹出的快捷菜单中选择【发送到】|【桌面快捷方式】命令，如下图所示。

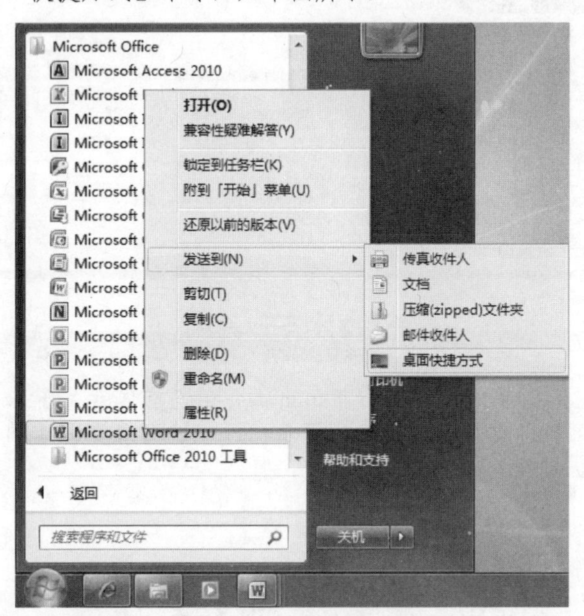

2. 这时桌面上就会出现 Word 2010 的快捷图标了，如下图所示。双击该快捷图标，即可启动 Word 2010。

技巧

还可以通过在电脑桌面上选择【开始】|【所有程序】| Microsoft Office|Microsoft Word 2010 命令，或是双击已保存的 Word 文档来启动 Word 2010 程序。

11.3.2 退出 Word 2010 程序

退出 Word 的方法也有很多，这里介绍两种比较简单易行的方法。

1. 使用【文件】选项卡退出程序

完成工作后，要退出 Word 环境，可以进行如下操作。在文档中选择【文件】|【退出】命令即可退出程序，如下图所示。

Office Mobile 2010 套件是在智能手机上使用的 Microsoft 软件。使用 Office Mobile 可以查看和编辑文档，查看演示文稿等。

提示

如果对文档进行了退出操作但没有保存，屏幕上会出现如下图所示的提示框。可根据需要选择相应选项。

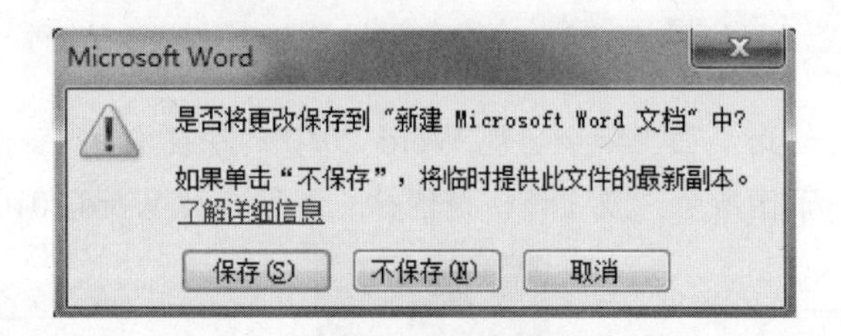

2. 通过任务栏退出程序

也可通过右击任务栏中的Word图标，在弹出的快捷菜单中选择【关闭所有窗口】命令退出程序。

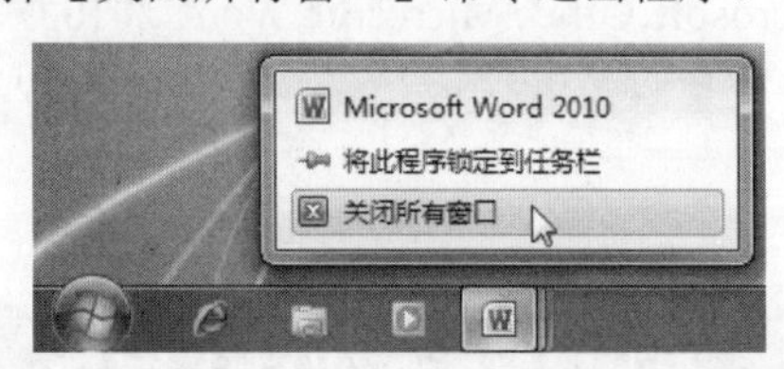

技巧

单击Word窗口右上角的【关闭】按钮，也可以关闭正在运行中的Word文档。

11.4 Word 2010 的窗口

有没有发现Word 2010窗口中有很多按钮命令啊？是的，这是因为Word 2010更具有人性化的表现。那么，这么多按钮怎么记忆呢？下面先来认识一下Word 2010的窗口组成吧。

11.4.1 窗口的组成

接下来介绍一下Word 2010文档窗口中各组成部分及其功能。

1) 标题栏

标题栏位于窗口的顶部，用于显示文档名称。最右侧是控制按钮区，包括【最小化】按钮、【还原】按钮和【关闭】按钮，单击【还原】按钮，拖动标题栏就可以移动整个窗口了。在标题栏左侧是程序图标和快速访问工具栏，只要在相应的图标上单击就可以实现相应的操作了。

2) 【文件】选项卡

【文件】选项卡位于窗口左上角，在窗口中单击【文件】选项卡，然后通过选择一些命令可以新建文档，或是保存、打印文档等操作。

3) 功能区

功能区位于标题栏下方，它替代了旧版本Word窗口中的菜单和工具栏。为了便于浏览，功能区包含若干个围绕特定方案或对象进行组织的选项卡，并把每个选项卡细化为几个组，如下图所示。

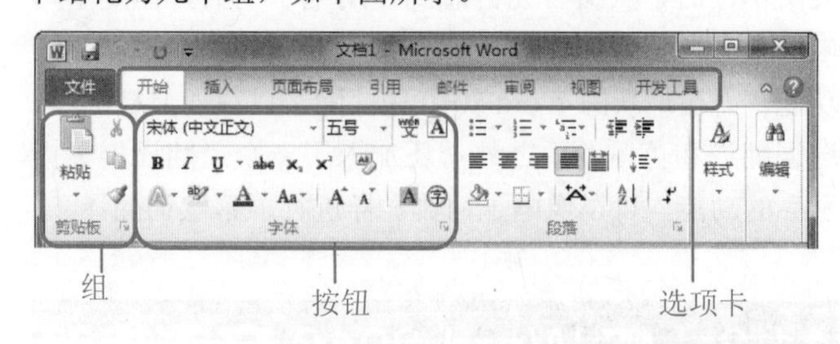

❖ 选项卡：选项卡设计为面向任务，它将各种命令分门别类地放在一起，只要单击即可，该选项卡中所有的命令按钮都将按组显示出来。

提示

在选项卡右侧有一个【帮助】按钮，单击该按钮，则会打开【Word 帮助】窗口，这里列出一些帮助的内容，如下图所示。用户也可以在【搜索】文本框中输入要搜索的内容，再单击【搜索】按钮寻求帮助。

长见识：在默认情况下，Word 2010窗口中的标尺是不显示的，用户可以通过在【视图】选项卡下的【显示】组中，选中【标尺】复选框来显示标尺。

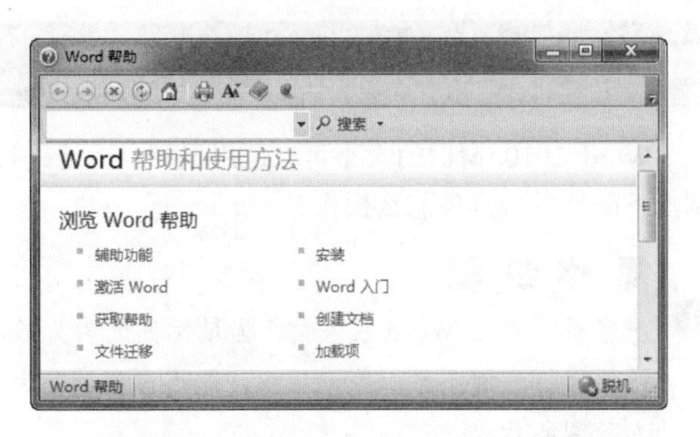

❖ 组：每个选项卡中的组都将一个任务分成多个子任务。

❖ 按钮：单击每个组中的按钮都将执行一个命令或显示一个命令菜单。

4) 标尺

标尺的作用是设置制表位、缩进选定的段落。水平标尺上提供了首行缩进、悬挂缩进/左缩进、右缩进三个不同的滑块，选中其中的某个滑块，然后拖动鼠标，就可以快速实现相应的缩进操作，单击【标尺】按钮就可在文档中显示或隐藏标尺，如下图所示。

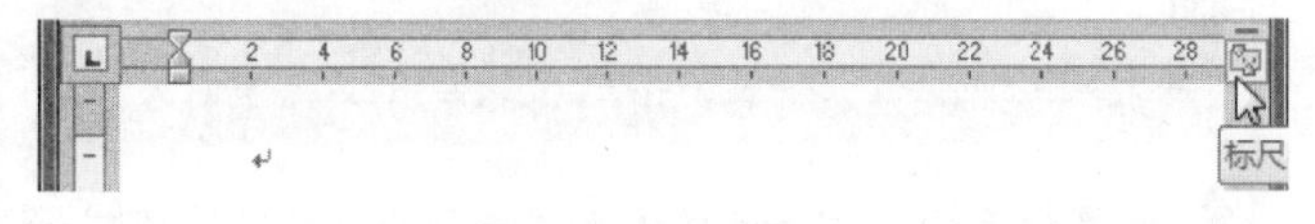

5) 【导航】窗格

使用新增的【导航】窗格和搜索功能可以轻松地应对长文档，通过拖放文档结构图的各个部分可以轻松地重新组织您的文档。除此以外，还可以使用渐进式搜索功能查找内容，无需确切即可找到要搜索的内容。

6) 状态栏

在窗口的最下部是状态栏，其左边是光标位置显示区，它表明当前光标所在页面，文档字数总和，Word 2010 下一步准备要做的工作和反映当前的工作状态等。右边是视图按钮，显示比例按钮等。

11.4.2 窗口的排列

在编辑时，有时需要同时打开几个文档，Word 2010 可以轻松地对文档进行排列，方便了文档的编辑。

(1) 新建窗口。

操作步骤

❶ 首先打开要编辑的文档，然后在【视图】选项卡下的【窗口】组中，单击【新建窗口】按钮，如下图所示。

❷ 这时会为文档打开另一个编辑窗口，并且会在文档名称后面出现“:1”字样，如下图所示。

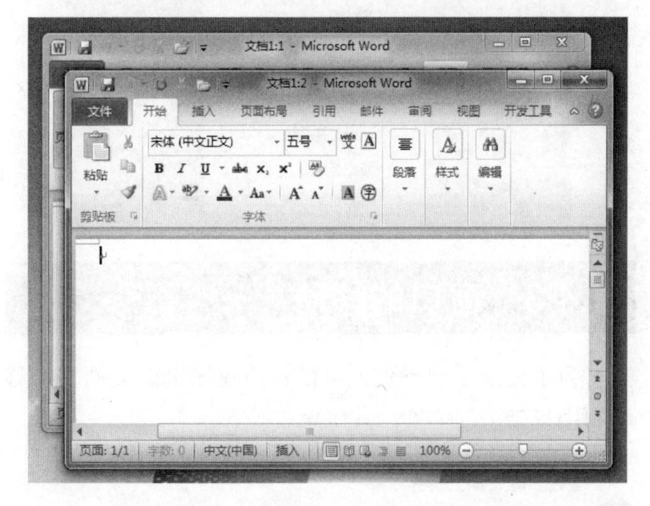

(2) Word 2010 具有多个文档窗口并排查看的功能，经过窗口并排查看，可以对不同窗口中的内容进行分析。

操作步骤

❶ 打开两个或两个以上 Word 2010 文档窗口，在当前文档窗口中切换到【视图】选项卡。然后在【窗口】组中单击【并排查看】按钮，如下图所示。

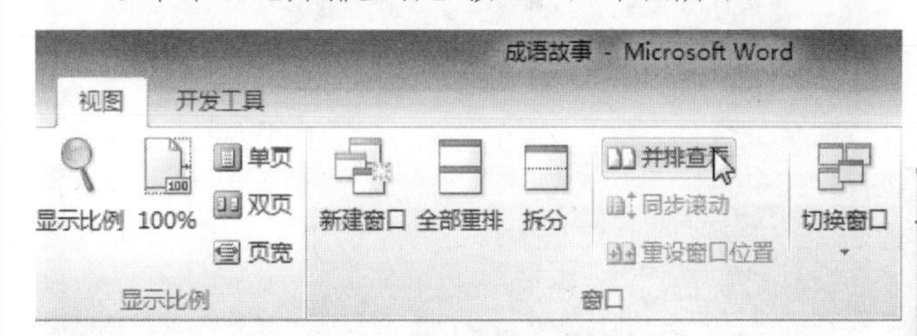

❷ 这时打开的两个文档就并列排列了，如下图所示。

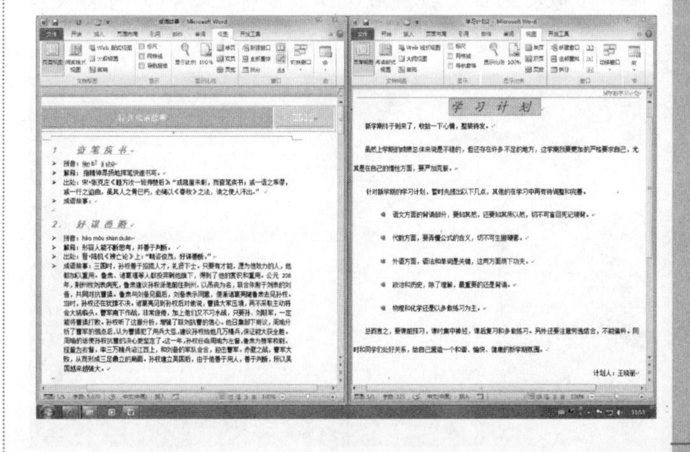

学以致用系列丛书

翻译屏幕提示还包括一个“播放”按钮和一个“复制”按钮，利用前者您可以听到单词或短语的发音，利用后者您可以将翻译粘贴到其他文档中。

长见识

提示

如果要对显示在桌面上的窗口进行重新排列，可以右击任务栏空白处，然后从弹出的快捷菜单中选择需要的排列方式即可，如下图所示。

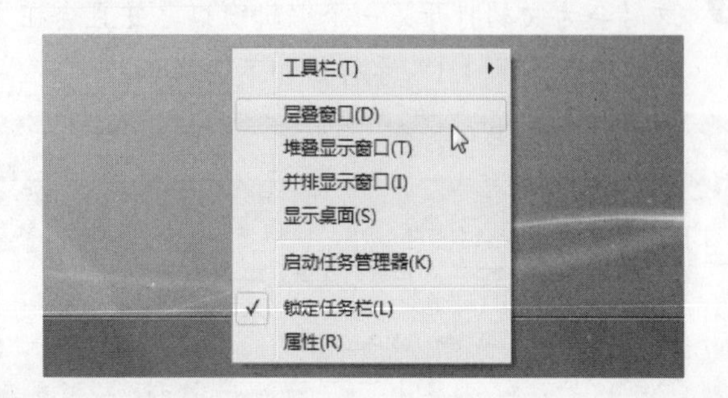

11.4.3 窗口的移动

为了便于用户操作，可以将正在编辑的文档窗口移动到用户顺手的位置，具体操作如下。

操作步骤

❶ 首先切换到要移动的文档窗口，然后将光标移动到标题栏中的空白处，接着按下鼠标左键不松进行拖动，如下图所示。

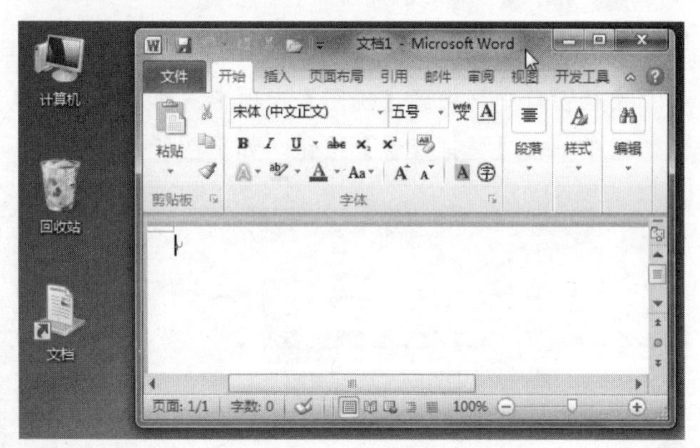

❷ 当拖动到目的位置后，释放鼠标左键，即可将文档窗口移动到目标位置了，如下图所示。

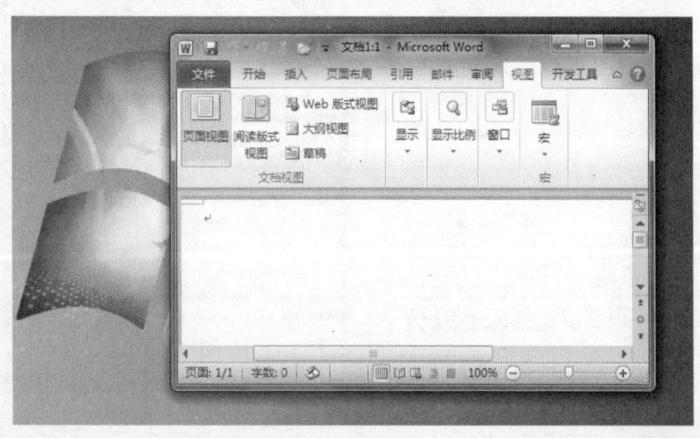

11.4.4 窗口的大小

Word 2010 窗口的大小可以运用鼠标自由地进行控制，下面就看看具体怎么操作。

操作步骤

❶ 把鼠标定位在 Word 右下角，当鼠标变成箭头形时，按住鼠标左键不放，拖动鼠标，即可自由调整大小，如下图所示。

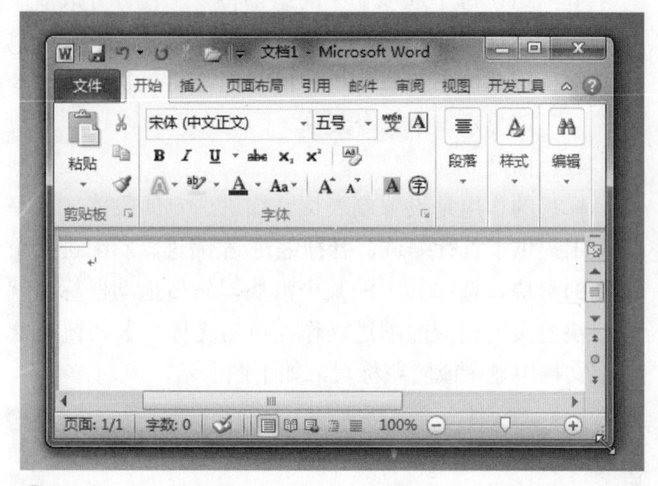

❷ 把鼠标定位在 Word 的左侧或者下侧，当鼠标变成箭头形式，按住鼠标左键不放，拖动鼠标，即可向左或向下调整大小，如下图所示。

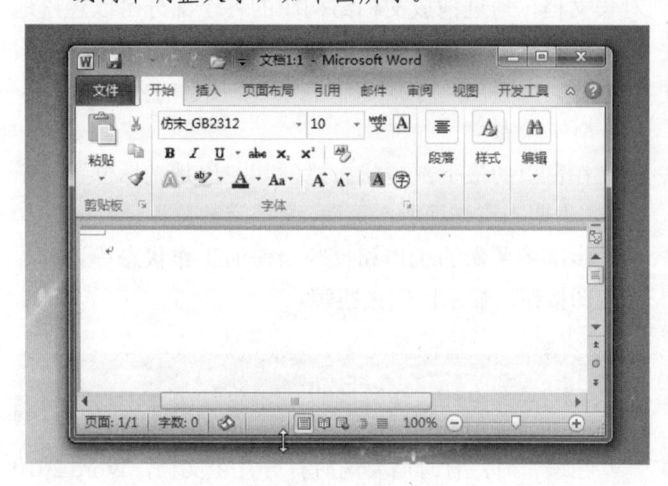

技巧

单击窗口右上角【功能区最小化】按钮，可以缩小功能区域，扩大工作区域，如下图所示。

学以致用系列丛书

长见识：Word是微软公司的Office系列办公组件之一，是目前世界上最流行的文字编辑软件。使用它，我们可以编排出精美的文档，方便地编辑和发送电子邮件，编辑和处理网页等。

11.5　Word 2010 的帮助功能

在 Office 2010 中若遇到难以弄懂的问题，可以求助它的【帮助】功能，它就像 Office 的军师，可以帮你排忧解难，下面我们来认识一下！

11.5.1　使用 Word 2010 帮助服务

下面就以 Word 2010 为例，讲解【帮助】功能的作用。单击【帮助】按钮即可打开【Word 帮助】窗口，如下图所示，其中列出了一系列内容，单击某个文字链接即可打开。或者您也可以在【搜索】文本框中输入要搜索的内容，然后单击【搜索】即可向 Word 2010 寻求帮助。

11.5.2　通过 Internet 获得技术支持

若此时您的电脑已联网，还可以通过强大的网络搜寻到更多的 Office 2010 信息，具体操作如下。

操作步骤

❶ 单击【帮助】按钮，打开【Word 帮助】窗口，再单击【下载】超链接，如下图所示。

❷ 在打开的 Office 网页中单击任一条文字链接，就可以搜索到更多的信息，如下图所示。

11.6　思考与练习

选择题

1. 下面不是 Word 2010 新增功能的是_______。

   A. 添加【签名行】

   B. 插入【屏幕截图】

   C. 在文档中使用【翻译屏幕提示】功能

   D. 在文档中插入 SmartArt 图形图片

2. 在安装 Office 2010 软件时，用户可以采用的安装方式有________。

   A. 自定义安装

   B. 立即安装

   C. AB

Microsoft Office Standard 2010(Office 2010 标准版)是家庭和小型企业不可或缺的办公软件套件，使用它可以快速、轻松地创建外观精美的文档、电子表格和演示文稿，还可以管理电子邮件。

3. 菜单栏中不包含的选项是________。

A. 开始　　B. 插入

C. 引用　　D. 粘贴

操作题

1. 自定义安装 Office 2010，只安装微软公司 Word 2010、Excel 2010、PowerPoint 2010 三大强势组件。

2. 分别尝试用本章介绍的各种方法启动和退出 Word 应用程序。比较哪种方式更简单？

3. 如果桌面上并没有 Word 快捷方式图标，您知道如何创建吗？

长见识

如果您在 Microsoft Word 2010 中打开由 Microsoft Word 2007、Word 2003 或 Word 2000 创建的文档，则会开启兼容模式，而且您会在文档窗口的标题栏中看到“兼容模式”的字样。

第 12 章 Word 2010 的基本操作

本章将引领大家熟悉素有“电脑文书”之称的 Word 2010，学习 Word 文档的新建和保存等基本操作。现在就步入 Word 2010 的新世界，开始我们的初次旅程吧！

学习要点

❖ 光标的定位
❖ 文档的基本操作
❖ 文本的基本操作

学习目标

通过本章的学习，读者应该学会如何新建文档，怎样输入各种类型的文档，如何更快、更准确地保存文档、关闭文档、打开文档等。学会编辑文本的一些基本操作，如复制、移动、选择、删除文本等。

掌握这些操作是进行文本编辑的基础，对以后进一步认识和学习 Word 2010 是非常重要的。

12.1 光标的定位

在运用 Word 编辑文档前首先要运用鼠标进行光标的定位，只要把鼠标移动到要定位的文字前面，按下鼠标左键就能定位光标，除此之外，还可运用快捷键快速完成光标的定位。

(1) 按住 Ctrl+Home 键就可以快速将光标定位到文章的最开头。

(2) 按住 Ctrl+End 键就可以快速将光标定位到文章的最末尾。

(3) 按住 Ctrl+PageUp 键就可以快速将光标定位到文档的第一页。

(4) 按住 Ctrl+PageDown 键就可以快速将光标定位到文档的最后一页。

12.2 文档的基本操作

使用 Word 2010 可以编排出专业的文档，方便地编辑和发送电子邮件，制作精美的网页等。下面先来学习一下文档的基本操作。

12.2.1 新建文档

启动 Word 程序，系统会自动创建一个空白文档供用户使用。对于有特殊需要的用户，可以根据模板快速创建需要的文档。

1. 通过【文件】选项卡新建

使用【文件】选项卡新建文档时，可以选择的文档格式非常丰富。具体操作步骤如下。

操作步骤

❶ 单击【文件】选项卡，并在打开的 Backstage 视图中选择【新建】命令，如下图所示。

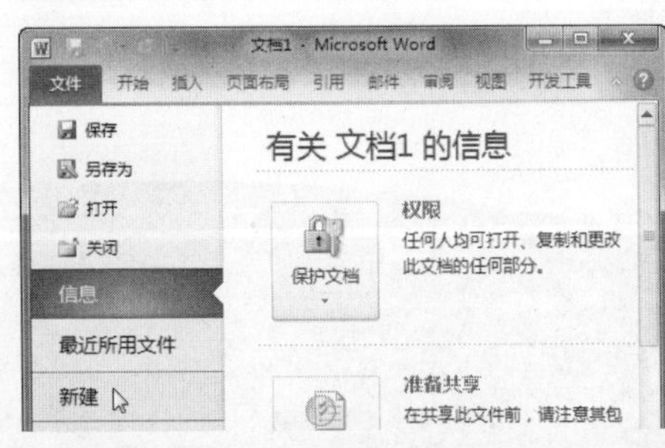

❷ 接着在中间窗格中选择要使用的模板，再单击【创建】按钮，如下图所示。

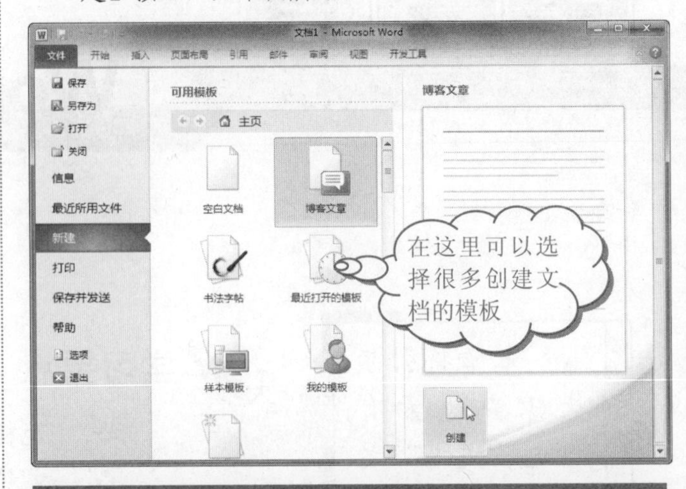

2. 通过快速访问工具栏新建

通过快速访问工具栏新建文档是一种常用的创建空白文档的方法。具体操作步骤如下。

操作步骤

❶ 单击标题栏上的【自定义快速访问工具栏】按钮，从打开的菜单中选择【新建】命令，如下图所示。

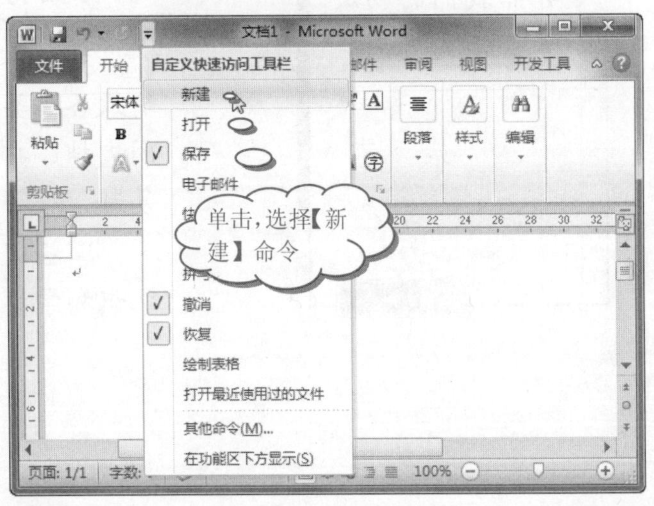

❷ 这时，【新建】按钮被添加到快速访问工具栏中了，如下图所示。单击【新建】按钮即可创建空白文档了。

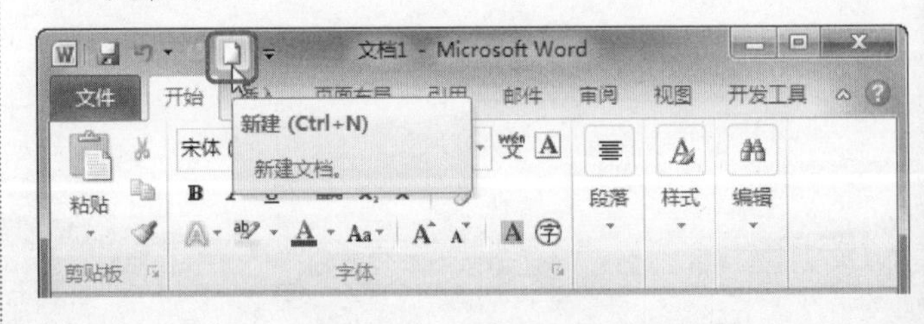

Word 是由 Microsoft 公司出版的一个文字处理器应用程序。它最初是由 Richard Brodie 为了运行 DOS 的 IBM 计算机而在 1983 年编写的。随后的版本可运行于 Apple Macintosh(1984 年)，SCO UNIX 和 Microsoft Windows (1989 年)，并成为了 Microsoft Office 的一部分，目前 word 的最新版本是 word 2010，于 2010 年 6 月 18 日上市。

技巧

最简单、方便的新建文档方法是使用快捷方式，即 Ctrl +N 组合键。

在标题栏中单击【自定义快速访问工具栏】按钮，然后从打开的菜单中选择【其他命令】命令，可以在弹出的对话框中添加其他命令。

12.2.2 输入文本

文档创建完成后，就可以向文档中输入文本内容了，下面一起来研究一下吧。

在文档中输入英文和汉字的具体步骤如下。

操作步骤

1. 单击语言栏中的输入法图标，从打开的菜单中选择适合的输入法，这里选择【微软拼音-新体验 2010】命令，如下图所示。

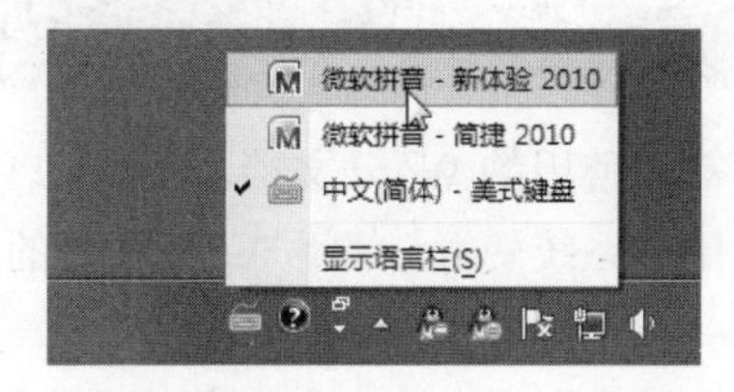

2. 在工作区单击，将光标定位到文档中，如下图所示。

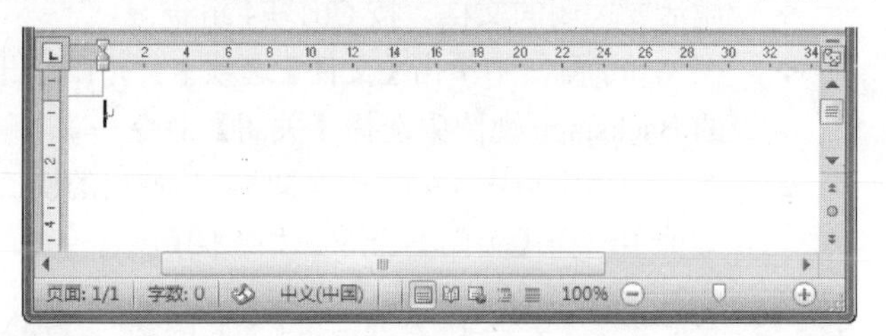

3. 然后向文档中输入文本内容，再按 Enter 键换行，如下图所示。

4. 按 Shift 键切换到英文输入状态，接着即可输入英文字母，如下图所示。

5. 若输入了错误字符，可以将光标定位到该字符后面，然后按 Backspace 键将其删除，接着输入正确字符即可。

12.2.3 保存文档

当完成文档的输入、编辑和排版等工作后，需要将文档保存起来，以便以后使用。下面将介绍如何保存文档以及文档的命名。

1. 保存新文档

对于没有保存过的文档第一次保存时可进行如下操作。

操作步骤

1. 在快速访问工具栏上单击【保存】按钮，或者单击【文件】选项卡，并在打开的 Backstage 视图中选择【保存】命令，如下图所示。

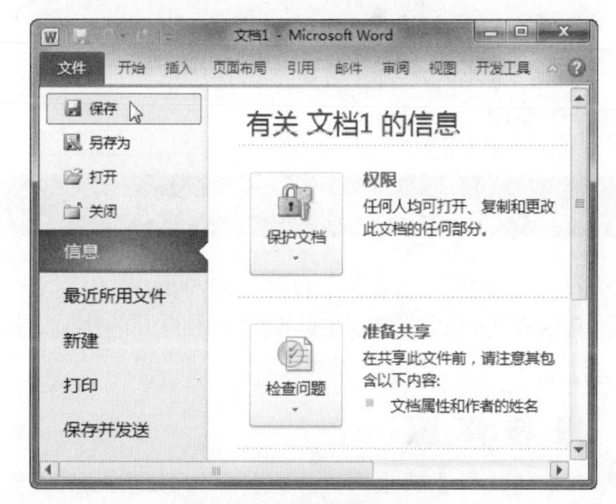

提示

如果文档已经保存过，现在要保存为其他格式，可以在 Backstage 视图中选择【另存为】命令，然后在打开的【另存为】对话框中进行设置即可。

2. 弹出【另存为】对话框，选择保存文件的位置，默认

在【打开】对话框中，单击【打开】按钮右侧的下拉按钮，从打开的菜单中选择【以只读方式打开】命令。以只读方式打开某文档后，该文档窗口标题栏的文档名右侧将添加“只读”字样，此时文档不能以原文件名进行保存，要保存对其的修改，可以换名进行保存。

情况下保存在【文档】文件夹中，然后在【文件名】文本框中输入文档名称，再单击【保存】按钮，如下图所示。

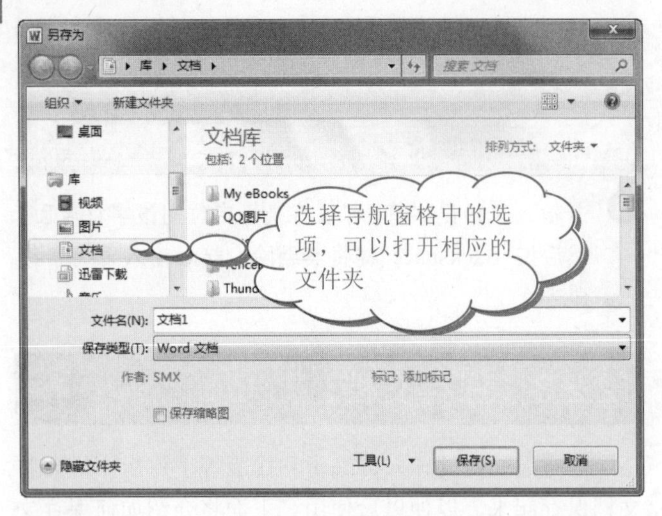

注意

- ❖ 完成文档的第一次保存之后，下次再进行保存操作时，就不会弹出【另存为】对话框，Word 2010会将修改后的文档内容直接覆盖以前的文件。
- ❖ 在执行保存操作时，一定要注意所保存的文件是否在需要的文件夹中，这是初学者最容易忽视的地方，否则日后可能一时找不着该文件。
- ❖ 在文档编辑过程中，应养成随时保存的好习惯，以免突然停电或电脑死机等意外而使你的工作付之东流。最顺手的保存操作就是按下Ctrl+S组合键。

2. 保存可在Word早期版本中打开的文档

为了便于在其他版本中打开新版本的Word文档，可以将其保存为可以在Word早期版本中打开的格式，其操作方法如下。

操作步骤

❶ 单击【文件】选项卡，并在打开的Backstage视图中选择【另存为】命令，如下图所示。

❷ 打开【另存为】对话框，在【保存类型】下拉列表框中选择【Word 97-2003文档】选项，如下图所示，再单击【保存】按钮即可。

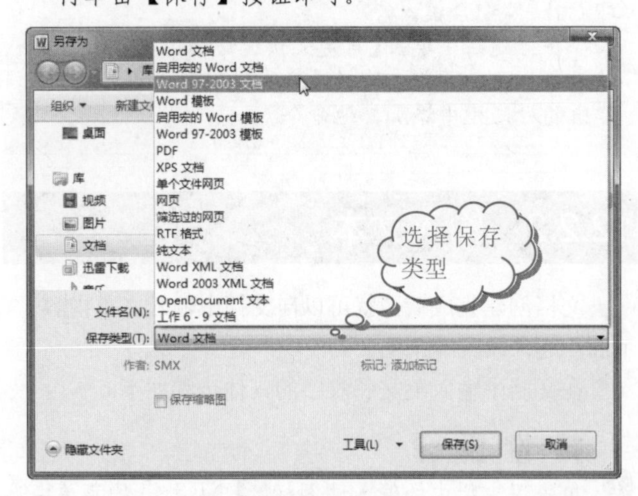

12.2.4 关闭文档

对于不需要使用的Word文档，建议用户关闭该文档以释放其占用的系统资源。关闭Word文档的常用方法有以下几种。

- ❖ 在Word窗口中单击右上角的【关闭】按钮 ✕。
- ❖ 激活要关闭的文档，按Ctrl+F4组合键。
- ❖ 在Word窗口中单击【文件】选项卡，并在打开的Backstage视图中选择【关闭】命令。
- ❖ 在标题栏中单击Word程序图标，从弹出的快捷菜单中选择【关闭】命令，如下图所示。

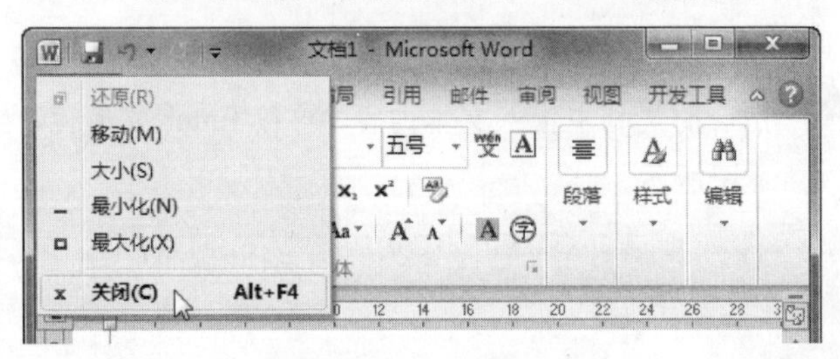

- ❖ 在Word窗口中右击标题栏空白处，从弹出的快捷菜单中选择【关闭】命令，如下图所示。

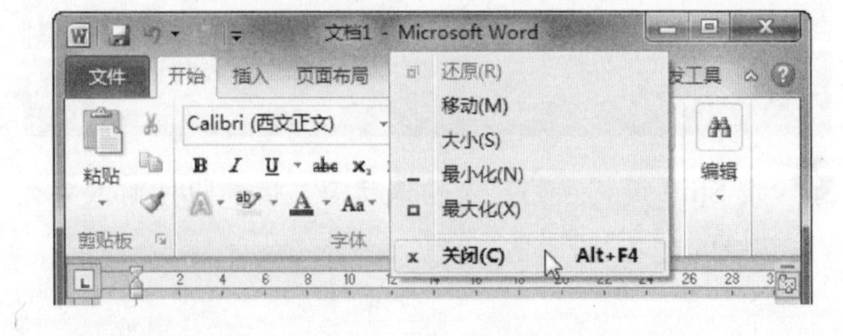

长见识 Word 2010支持的文件格式有：Word文档(.docx)、启用宏的Word文档(.docm)、Word 97～2003文档(.doc)、Word模板(.dotx)、启用宏的Word模板(.dotm)、Word 97～2003模板(dot)、PDF(.pdf)和XPS文档(.xps)。

12.2.5 打开文档

打开已存在的文档的最简单方法就是在文档的存储位置处双击 Word 文档图标将其打开。除此之外，下面再来介绍一些打开文档的方法供用户选择。

1. 通过【文件】选项卡打开

通过【文件】选项卡打开文档的操作方法如下。

操作步骤

❶ 单击【文件】选项卡，从打开的菜单中选择【打开】命令，如下图所示。

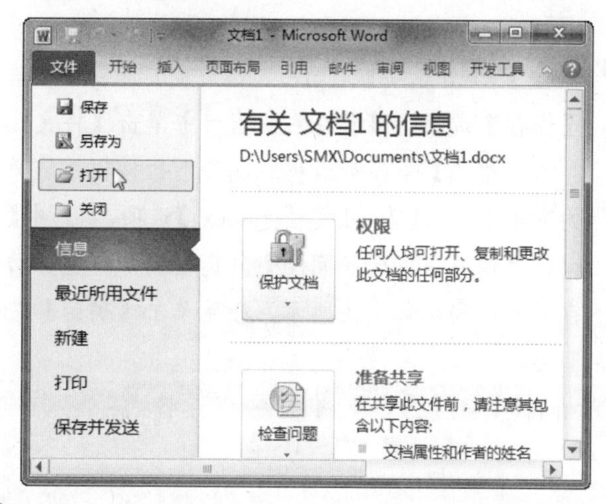

❷ 弹出【打开】对话框，选择要打开的文件，再单击【打开】按钮即可打开文件了，如下图所示。

2. 通过快速访问工具栏打开

第二种打开方式是通过快速访问工具栏打开，这种方式操作简单，使用较多。

操作步骤

❶ 单击标题栏上的【自定义快速访问工具栏】按钮，从打开的菜单中选择【打开】命令，如下图所示。

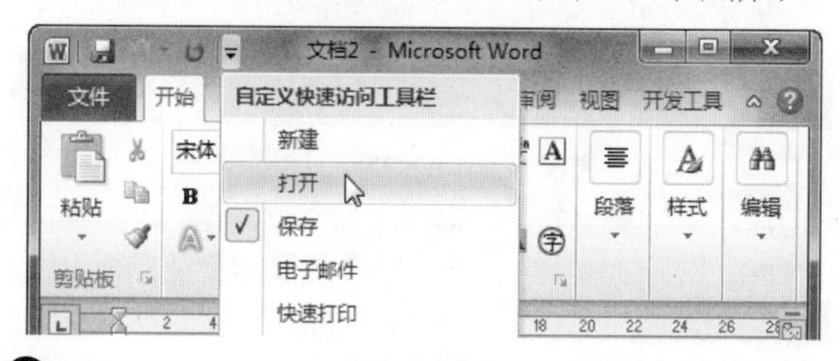

❷ 这时，【打开】按钮被添加到快速访问工具栏，如下图所示。单击【打开】按钮，将会弹出【打开】对话框，选择需要打开的文件，再单击【打开】按钮即可。

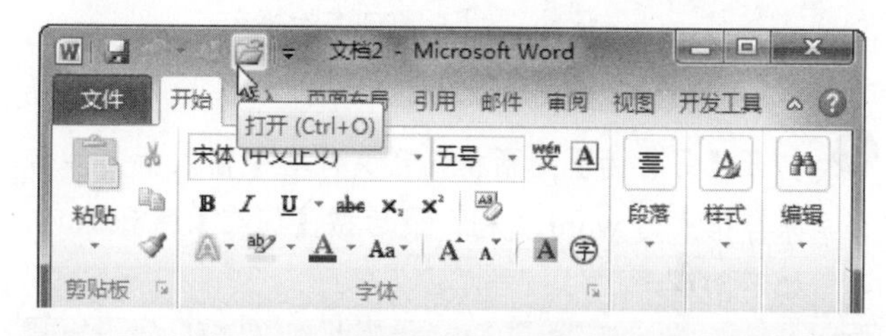

3. 通过【最近所用文件】列表打开文件

在默认情况下，Word 程序允许在【最近所用文件】列表中记录最近打开的 25 个文件，如下图所示，单击相应的文件链接，即可将其打开。

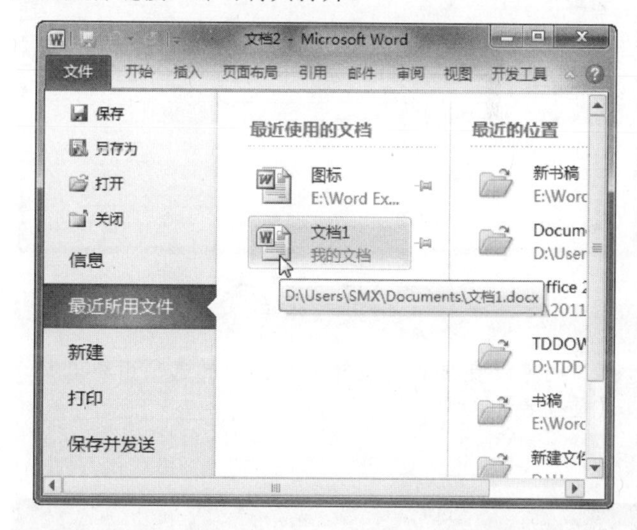

12.2.6 重命名文档

在 Word2010 中可以重命名文档，对文档重命名后，其格式不会发生改变。

学以致用系列丛书

在 Word 2010 程序中，无法将文件保存为 JPEG (.jpg)或 GIF (.gif)格式。

长见识

操作步骤

❶ 在文档中单击【文件】|【另存为】命令，如下图所示。

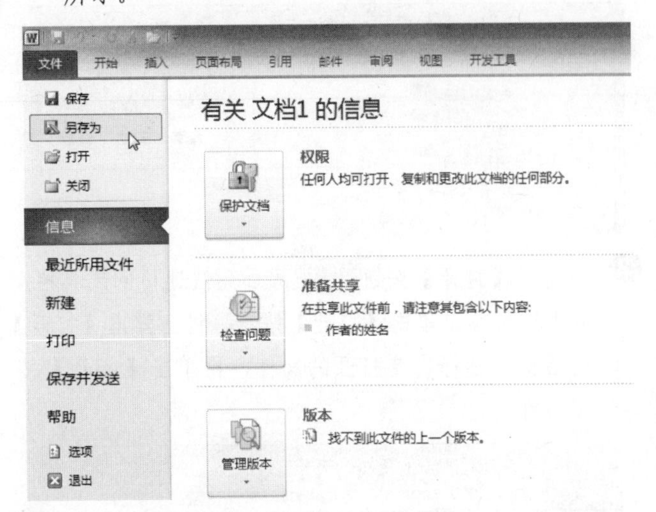

❷ 打开【另存为】对话框，在文件名中输入新文件名，保存格式为word文档，最后按【保存】按钮即可，如下图所示。

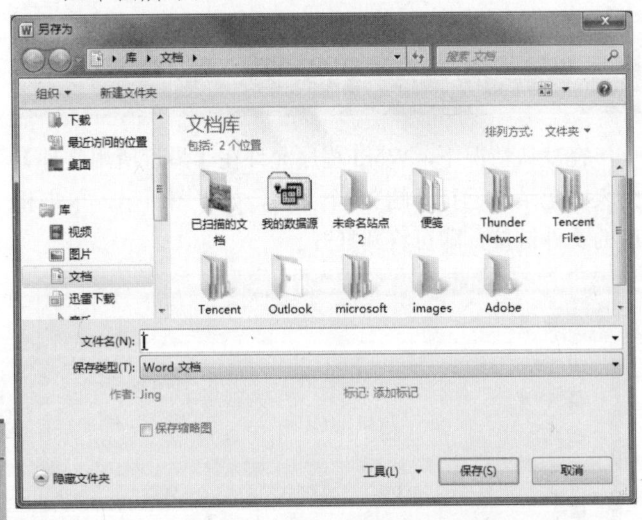

提示

也可以直接右击文件，在弹出的选项卡中选择【重命名】选项。

12.2.7 自动保存文档

通过设置，用户还可以让Word程序自动保存文档。这样，当电脑意外关闭后，再次开机启动Word程序，则会在【文档恢复】窗格列出了上次关机时无法保存的文档，单击文档的自动恢复版本，可以最大限度地恢复用户对文件所做的更改。

操作步骤

❶ 单击【文件】选项卡，并在打开的Backstage视图选择【选项】命令，如下图所示。

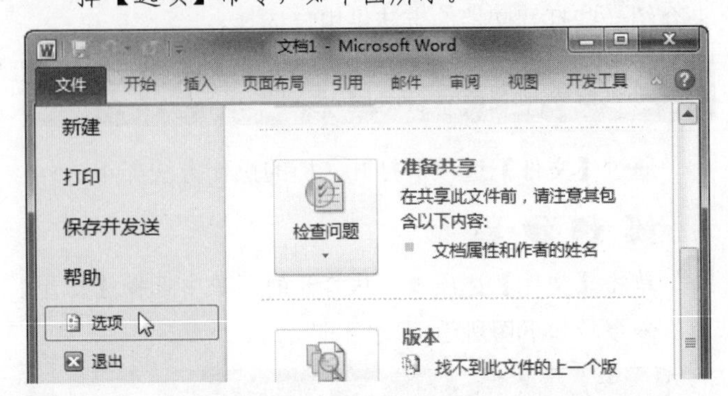

❷ 弹出【Word选项】对话框，然后在左侧窗格中单击【保存】选项，接着在右侧窗格中单击【将文件保存为此格式】下拉列表框右侧的下拉按钮，从弹出的列表中选择【Word文档(*.docx)】选项，再选中【保存自动恢复信息时间间隔】复选框，并调整自动保存时间间隔，如下图所示。最后单击【确定】按钮即可。

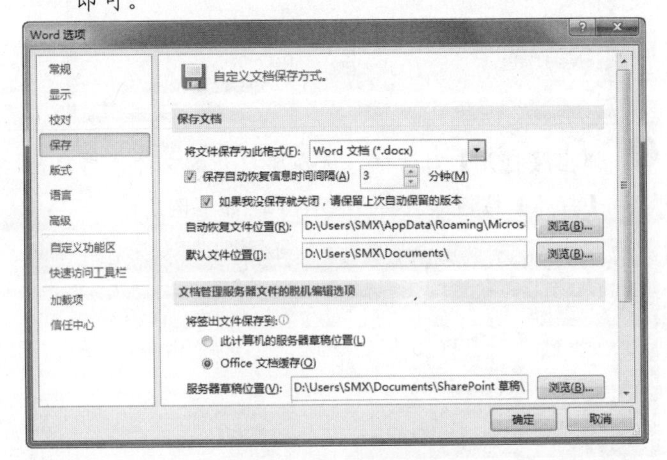

12.3 文本的基本操作

前面讲述了文档的基本操作，接下来介绍一下文本的编辑操作，包括选择文本、移动文本、复制文本以及删除文本等。

12.3.1 选择文本

在前面添加拼音和音调时，都提到了要选择文本，那么，如何快速选中需要的文本呢？下面一起来研究吧。

长见识 您知道吗？当您编辑完一篇文档之后，要想了解文档的字数，需要一个字一个字的数吗？完全不用，教您一个快速统计字数的好办法，只需单击状态栏中的【字数】按钮，即可打开【字数统计】对话框，在其中即可查看。自己试试吧！

1. 通过鼠标选取文本

鼠标是常用的输入工具，借助鼠标，读者可以选择任意文本内容，其操作步骤如下。

操作步骤

1. 将光标定位到要选定文本的开始位置，如下图所示。

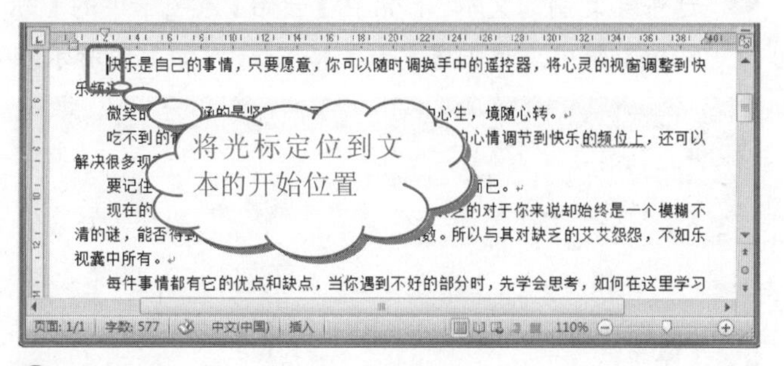

2. 按Shift键，在要选定文本的末尾位置处单击即可选中需要的文本了，如下图所示。

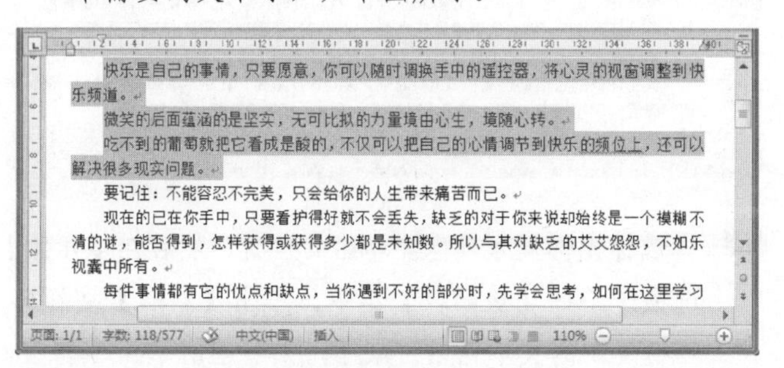

技巧

单击需要选定文本的开始位置，按下鼠标左键不松并进行拖动，拖动到需要选定文本的末尾位置处松开鼠标，即可选中文本了。

2. 选取行

将光标移动到文档的左侧选定区，当光标变成一个斜向上方的箭头形状时，单击即可选中这一行，如下图所示。

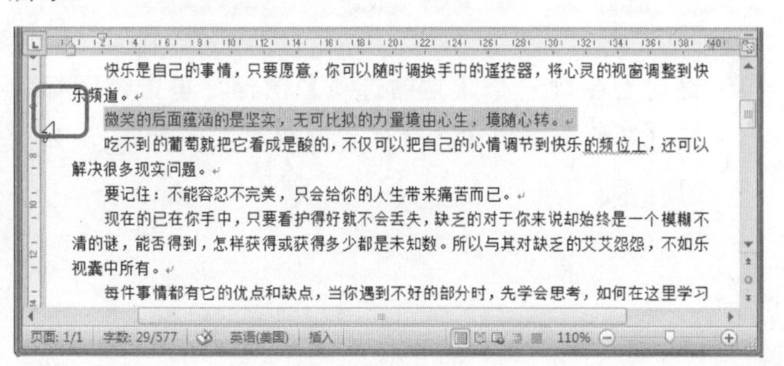

技巧

把光标定位到一行文字的任意位置(行首与行尾除外)，然后按Shift+End(Home)键，可以选中光标所在位置到行尾(行首)的文字。

3. 选取段

如果要选取段落，可以将光标移动到段落的左侧选定区，当光标变成一个斜向上方的箭头形状时，两次单击即可选中该段。除此之外，在要选取段落的任意位置处3次单击也可以选中该段落，如下图所示。

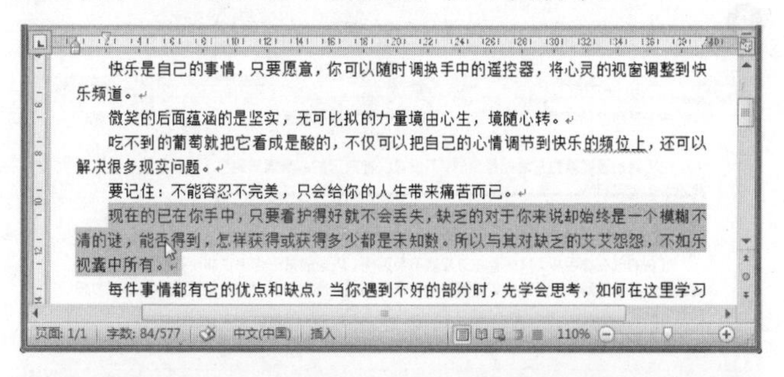

4. 选取全文

选取全文有以下4种操作方法。

- 使用Ctrl +A组合键快速选中全文。
- 在左侧的选定区中3次单击选中全文，如下图所示。

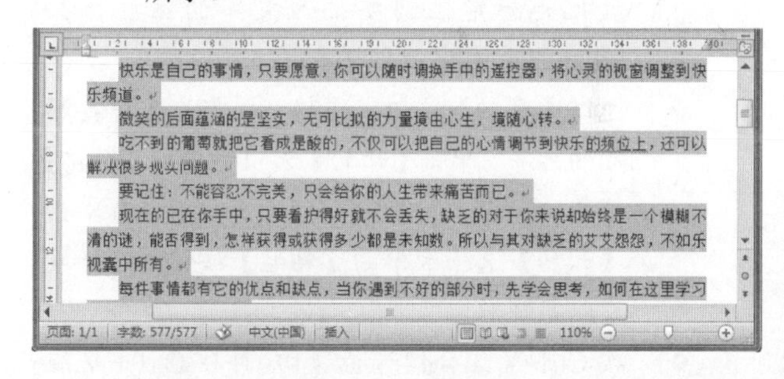

- 先将光标定位到文档的开始位置，再按Shift+Ctrl +End组合键选取全文。
- 按住Ctrl键，在左边的选定区中单击也可以选取全文。

12.3.2 移动文本

当你在编辑学习计划时，发现计划中的第一点放在了第二点的后面。这时不必着急，你可以通过移动功能进行修改。

在Word 2010中，如果双击文档启动Word打开文档，则Word 2010将自动地根据所双击的文档类型作兼容模式的操作。打开一个后缀名为.doc的Word 2003创建的文档，此时，将文档保存，文档仍为doc格式，不会因经过了Word 2010编辑而保存为Word 2010的新格式docx。

长见识

操作步骤

❶ 选中要移动的文字，然后在选中的文字上按下鼠标左键后拖动鼠标，如下图所示。

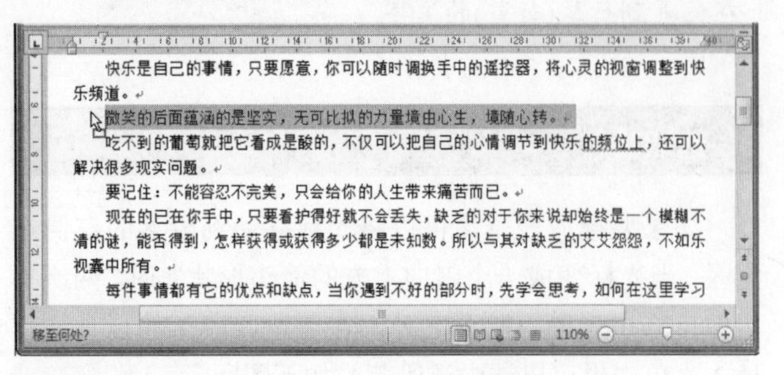

❷ 拖动到要插入的位置后松开，如下图所示。

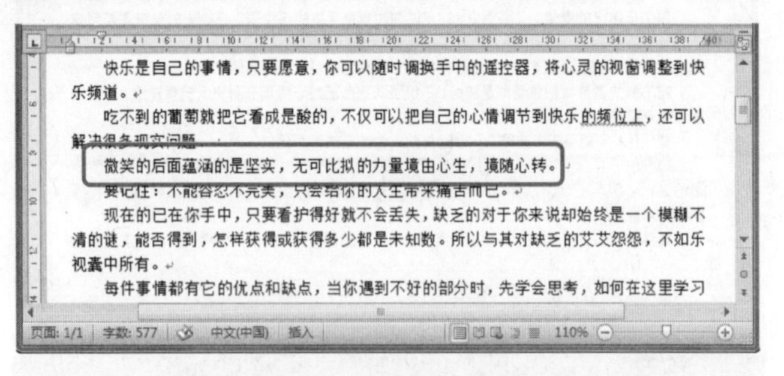

技巧

要移动文本，也可以按以下方法做。

- ❖ 先选取要移动的文字，然后按F2键，用键盘把光标定位到要插入文字的位置，按Enter键，文字就移过来了。
- ❖ 通过【剪切】按钮实现移动。首先选中要移动的文字，单击【开始】选项卡中的【剪切】按钮，把鼠标指针移到目标位置，再单击【开始】选项卡中的【粘贴】按钮，这样就可以实现移动文本了。
- ❖ 按Ctrl+X组合键进行剪切，再按Ctrl + V组合键进行粘贴，这样也可以实现移动文本。

如果要实现跨页的文本移动，使用后面两种方法会非常简单哦！

12.3.3 复制文本

在Word文档中，用户可以通过复制的方法快速输入相同的文本内容。

1. 使用按钮移动/复制文本

在【开始】选项卡下的【剪贴板】组中，有【复制】按钮、【剪切】按钮和【粘贴】按钮，复制文本就是通过这三个按钮来完成的。

操作步骤

❶ 选中要复制的文本，然后在【开始】选项卡下的【剪贴板】组中，单击【复制】按钮，如下图所示。

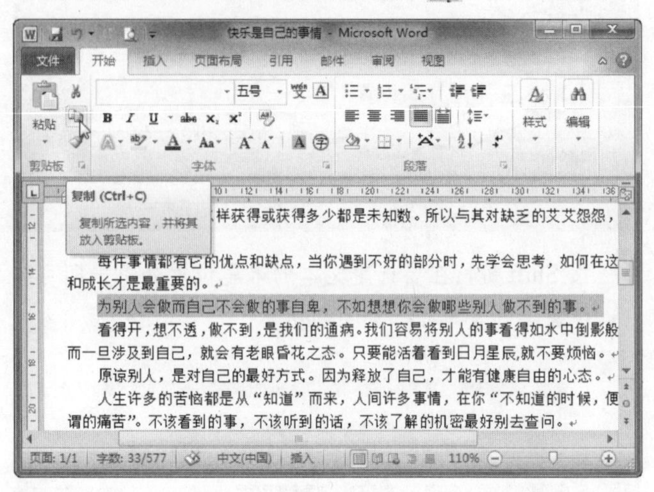

❷ 将鼠标光标插入到需要粘贴的位置，然后在【开始】选项卡下的【剪贴板】组中，单击【粘贴】按钮即可将复制的文本粘贴过来了，如下图所示。

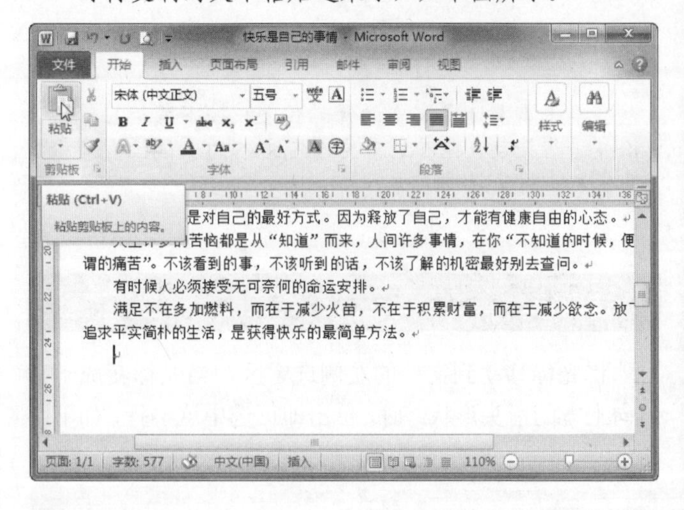

❸ 这时会出现一个【粘贴选项】图标，单击该图标，从打开的菜单中单击【保留源格式】图标，如下图所示。

长见识：在拖动选中文本的同时，按住Ctrl键不放，此时拖动到其他位置释放，则可以复制选中的文本。

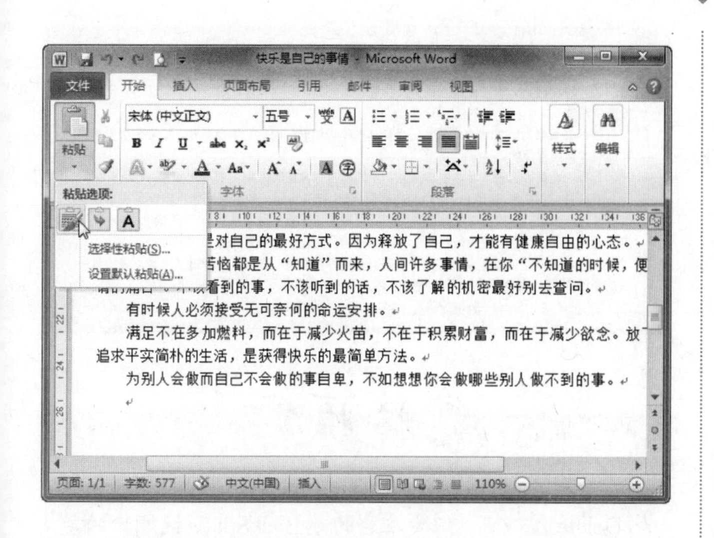

技巧

- 选取整篇文档最方便、快捷的方法是按下 Ctrl+A 组合键。
- 把鼠标移动到编辑区左侧的区域，连续 3 次单击鼠标左键也可选中全文。

提示

Word 还有一种扩展选取状态，只要按 F8 键，系统就进入了扩展状态；再按一下 F8 键，则选取了光标所在位置的一个词；再按一下，选区就扩展到了整句；再按一下，就选取了一段；再按一下，就选取了全文；这时按 Esc 键或单击鼠标左键，系统就退出了扩展状态。

2. 使用【剪贴板】窗格移动/复制文本

如果有多个文本需要复制，也可以像单个文本那样一个一个复制。当然，用户也可以利用剪贴板快速复制多个文本，其操作方法如下。

操作步骤

❶ 在【开始】选项卡下的【剪贴板】组中，单击对话框启动器按钮，如下图所示。

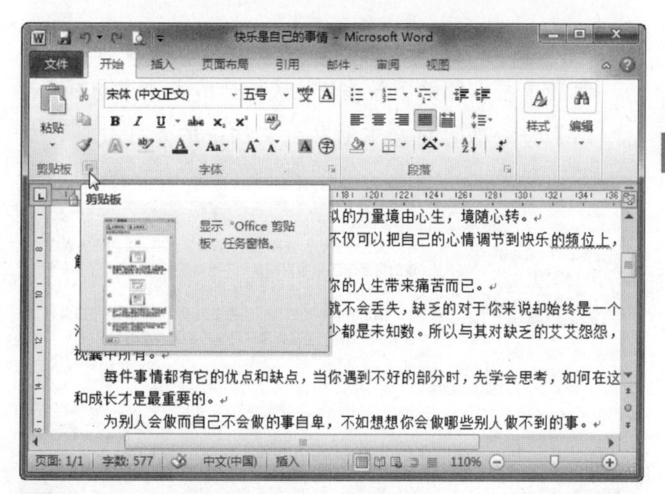

❷ 打开【剪贴板】窗格，如下图所示。同时会在任务栏的通知区中出现一个粘贴图标【剪贴板】图标。

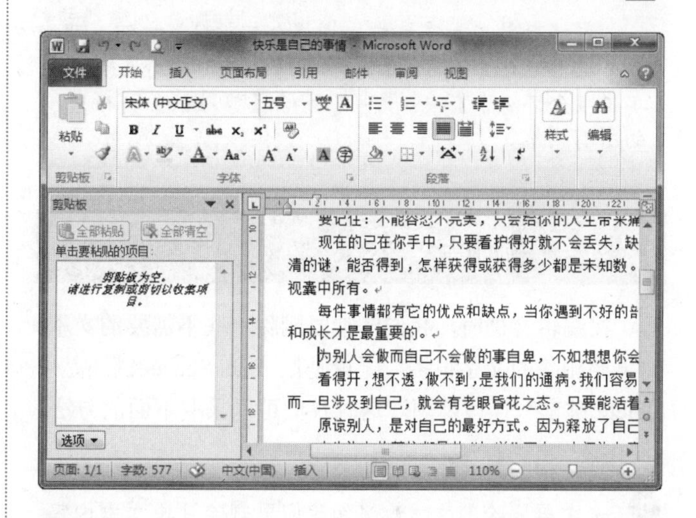

❸ 选择需要复制的文本，然后单击【复制】按钮，此时剪贴板中就含有已经复制的内容，如下图所示。

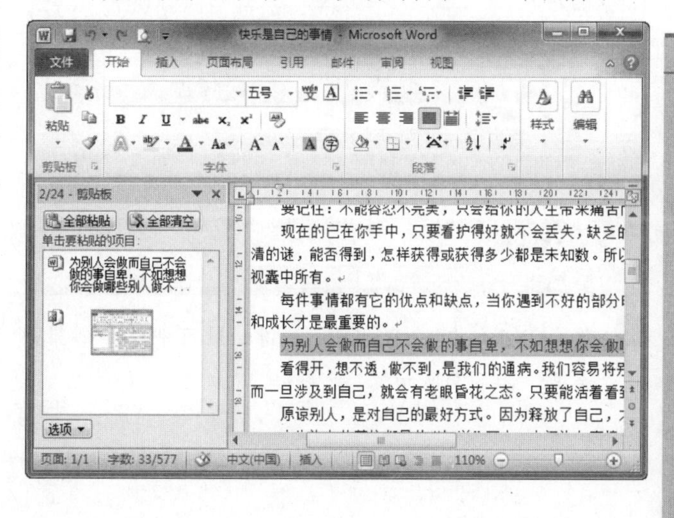

学以致用系列丛书

您想在同一窗口中快速显示多个文档吗？只需要在【视图】选项卡的【窗口】组中，单击【全部重排】按钮，就会将所有打开但未被最小化的文档显示在屏幕上。每个文档存在于一个小窗口中，且只有标题高亮显示的窗口中的文档被激活。

长见识

❹ 将光标移动到【剪贴板】窗格中要粘贴的项目上，然后单击右侧的下拉按钮，从打开的菜单中选择【粘贴】命令即可将文本粘贴到文档中的光标处了，如下图所示。

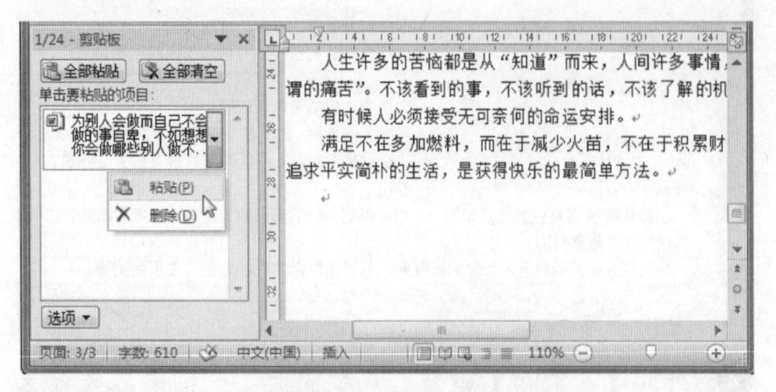

技巧

在【剪贴板】窗格中单击【全部粘贴】按钮，可以一次性地将【剪贴板】窗格中的内容粘贴到文档中；单击【全部清除】按钮，可以清除【剪贴板】窗格中的所有内容。

12.3.4 删除文本

在编辑文档时，我们经常要删除一些不需要的文本。如果要删除的文字很多，无论是用 BackSpace 键还是用 Delete 键都一样很麻烦。这时我们可以采取下面的方法。

操作步骤

❶ 选中要删除的文本，例如我们要删除几段文本内容，如下图所示。

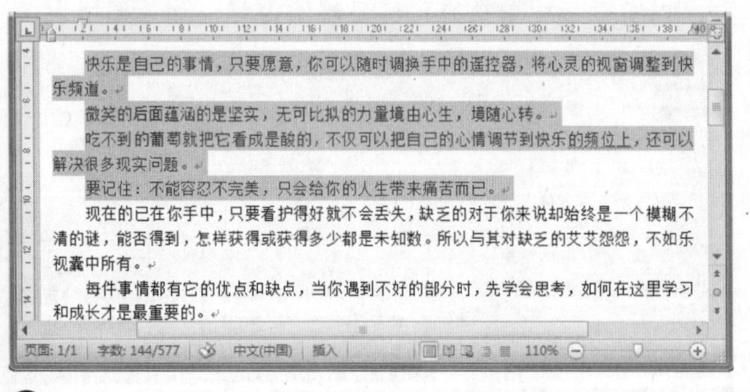

❷ 单击 Delete 键或 BackSpace 键，就可把这些全部删除掉，如下图所示。

技巧

如果是删除个别字或词的话，按下 BackSpace 键或 Delete 键即可。但要注意的是 BackSpace 键删除的是光标前面的字符，而 Delete 键删除的是光标后的字符。

12.4 思考与练习

选择题

1. 在编辑 Word 2010 文档中，Ctrl+A 组合键可以________。

   A. 选定整个文档　　B. 选定一段文字

   C. 选定一个句子　　D. 选定多行文字

2. Word 文档中部分内容移动位置，首先要进行的操作是________。

   A. 复制　　B. 选定内容

   C. 光标定位　　D. 粘贴

3. 对复制和剪切，说法正确的是________。

   A. 复制和剪切的效果完全一样

   B. 复制一次后不可以多次粘贴

   C. 剪切可以达到移动的效果

   D. 剪切和复制一样不可以实现多次粘贴

操作题

1. 新建一个名为“Word 2010 我的朋友”文档，输入文字后，把它保存到 D 盘，然后退出 Word 2010。

2. 再通过“文件”按钮打开它，把它另存为“我的朋友”，放在桌面上。

有时写完一篇文章后，例如写日记，觉得有必要在文章的末尾插入日期或时间，这里有个小窍门，只要我们按 Alt+Shift+D 组合键，Word 就会自动插入当前系统日期，而按 Alt+Shift+T 组合键则插入系统当前时间，很快吧！

第 13 章 Word 2010 的编辑操作

在上一章中，我们学习了 Word 2010 文档的基本操作方法。这一章我们将继续学习如何编辑文档，以及如何对文档进行进一步的修改，使之更好地满足需要！

学习要点

- 输入内容
- 设置不同类型的文本
- “大有用处”的自动更正功能
- 巧用“翻译屏幕提示”功能
- 查找与替换操作
- 撤销与恢复操作

学习目标

通过本章的学习，读者应该学会如何输入各种类型的文本。学会编辑文本的一些基本操作，例如查找与替换文本，了解撤销和恢复操作之间的关系，更好地利用自动更正功能和翻译屏幕提示功能。

掌握这些操作是进行文本编辑的基础，对以后进一步认识和学习 Word 2010 是非常重要的。

13.1 输入内容

下面我们来学习如何在Word中输入英文、汉字、标点符号、特殊符号以及时间和日期。

13.1.1 输入英文和拼音

在Word文档窗口中单击鼠标左键，插入光标，然后切换到中文输入法状态，即可开始输入汉字了，如下图所示。

若要输入英文，可以单击输入法工具栏中的【中】按钮，转换为英文输入状态，或者按Shift键也可进行中、英文输入切换，如下图所示，即可输入英文内容了。

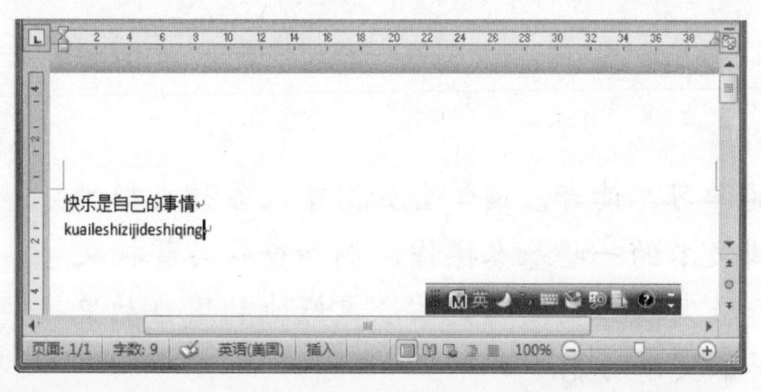

13.1.2 输入当前的日期/时间

传统手动输入时间日期的时代早已过去了，现在只需将光标定位在需要插入日期/时间处，在【插入】菜单下的【文本】组中，单击【日期和时间】按钮，在弹出的【日期和时间】对话框中选择日期和时间的格式，再单击【确定】即可，如下图所示。

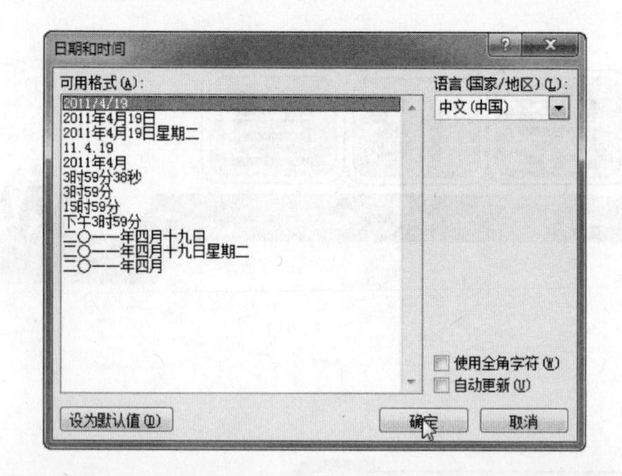

13.1.3 输入标点符号

一篇文章若没有标点符号，后果是不堪设想的。在Word中，有些标点符号在键盘上是可以找到的，输入这些标点符号很容易，但有些标点符号在键盘上是找不到的，下面我们就来针对这些在键盘上找不到的标点符号进行讲解，具体操作如下。

操作步骤

1. 单击【微软拼音-新体验2010】输入法工具栏上的【软键盘】按钮，从弹出的菜单中选择【标点符号】命令，如下图所示。

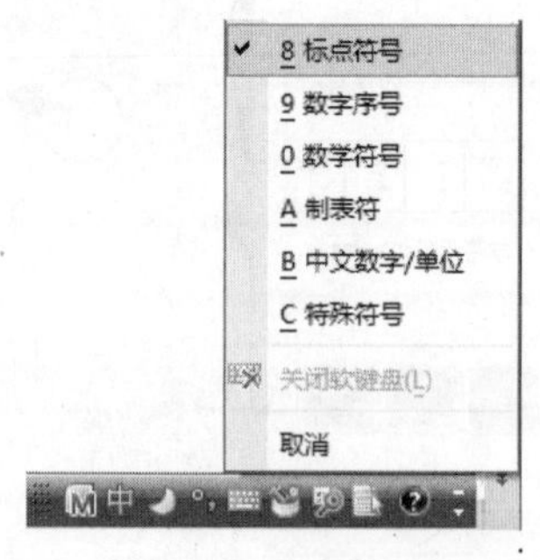

2. 打开如下图所示的软件盘，然后单击选择需要的标点符号即可。

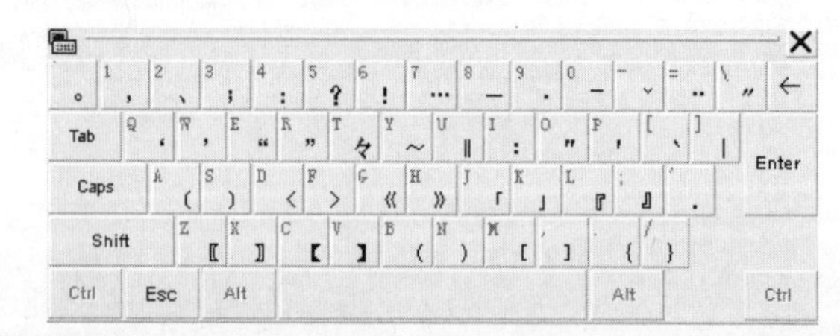

13.1.4 输入特殊符号

在编辑的过程中有时需要输入一些特殊符号，这些符号在键盘上有的也找不到，下面我们来学习如何输入特殊符号，具体操作如下。

您若单击【数学序号】文字链接，在其中会出现很多不常见的数学序号，单击选择你需要的序号即可将其插入文本中。

操作步骤

❶ 在【插入】选项卡下的【符号】组中，单击【符号】按钮 Ω，从打开的菜单中单击选中【其他符号】命令，如下图所示。

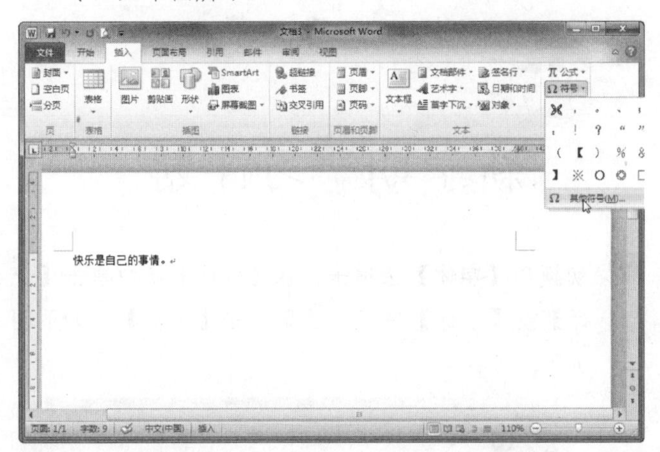

❷ 在打开的【符号】对话框中选中需要的符号，再单击【插入】按钮即可，如下图所示。

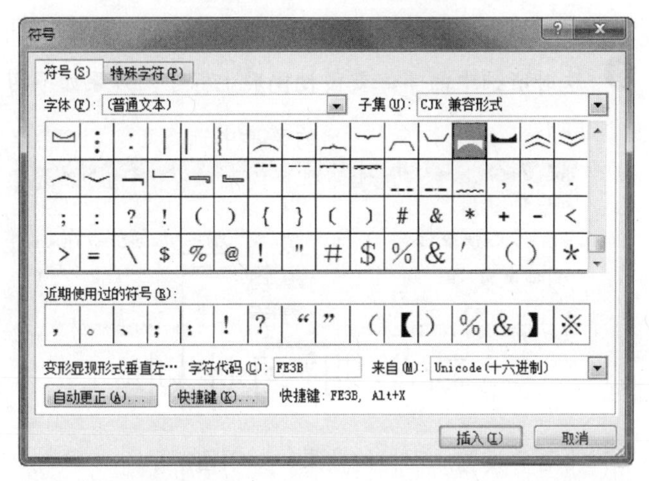

13.2　设置不同类型的文本

Word 可以设置出不同类型的文本，下面就来简单介绍一下。

13.2.1　使用拼音指南

在编辑文档的过程中有时会遇到不认识的汉字或者需要特别注明的地方，这时可以使用 Word 自带的拼音指南功能给字符标注拼音，具体操作如下。

操作步骤

❶ 选中要标注拼音的文字，然后在【开始】选项下的【字体】组中，单击【拼音指南】按钮，如下图所示。

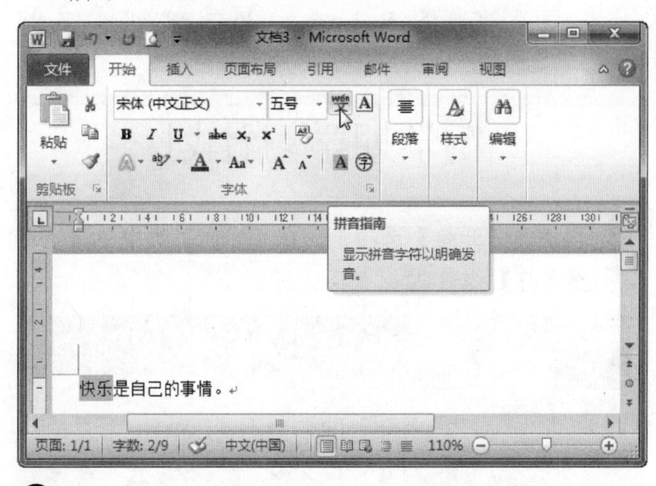

❷ 弹出【拼音指南】对话框，在其中可以进行设置，再单击【确定】按钮，如下图所示。

❸ 返回 Word 文档，刚才所选的文字已经被标注上了拼音，如下图所示。

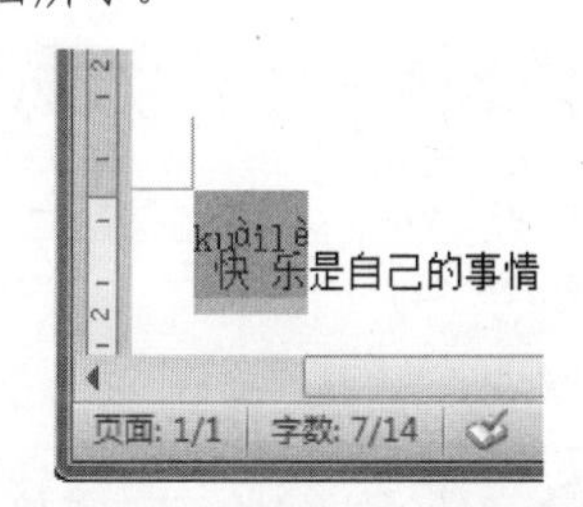

13.2.2　使用带圈字符

Word 中，可以轻松地为字符添加圈号，制作出各种各样的带圈字符。

操作步骤

❶ 打开 Word 文档，选定要添加圈号的字符，如下图所示。

学以致用系列丛书

在一个英文单词中双击，可以选中这个单词。按住 Ctrl 键的同时，在文本的任意位置单击鼠标左键，可选中单击处所在的整个句子。

新学期学习计划

❷ 切换到【开始】选项卡，在【字体】组中单击【带圈字符】按钮㊫，如下图所示。

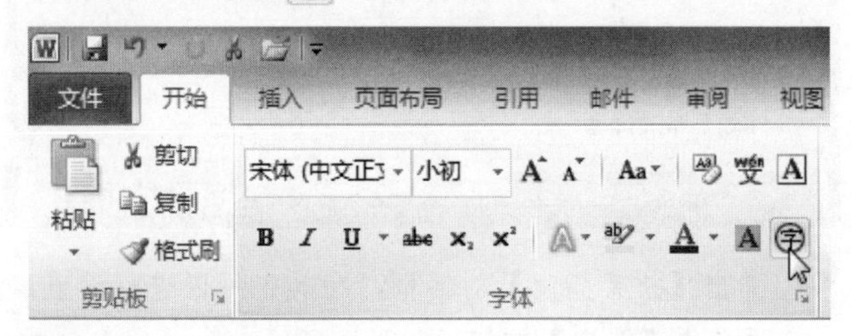

❸ 弹出【带圈字符】对话框，设置好【样式】和【圈号】，单击【确定】按钮，如下图所示。

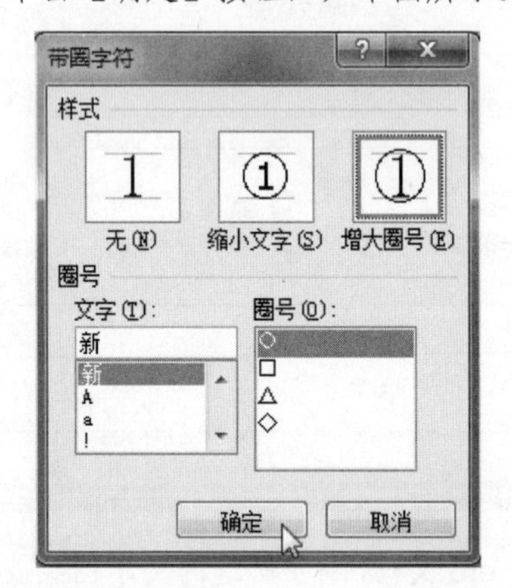

❹ 最后看看设置后的效果。

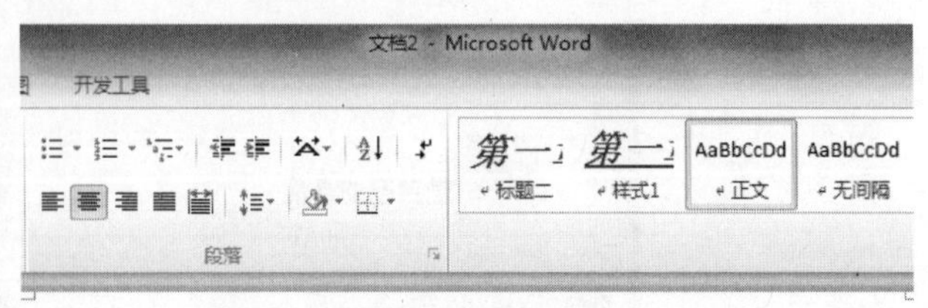

㊉学期学习计划

13.2.3 设置文字的上标与下标

在数学公式中我们会经常使用到上标或者下标，它是文本中比一般的文字略高或者略低的文本文字。

操作步骤

❶ 选中需要设置为下标或者上标的文字，如下图所示。

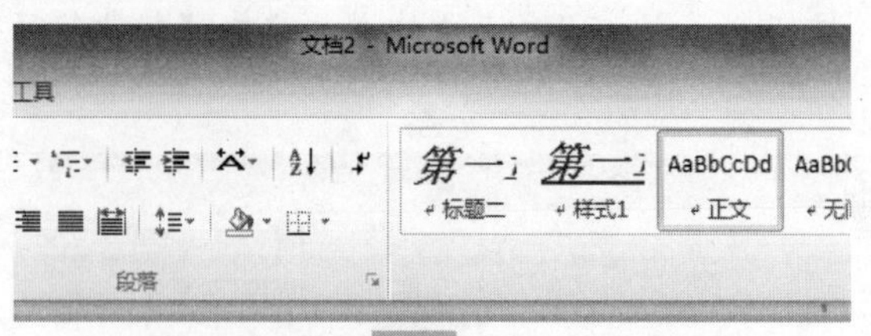

新学期学习计划

❷ 切换到【字体】选项卡，在【字体】组中单击【上标】或【下标】按钮，这里单击【上标】，如下图所示。

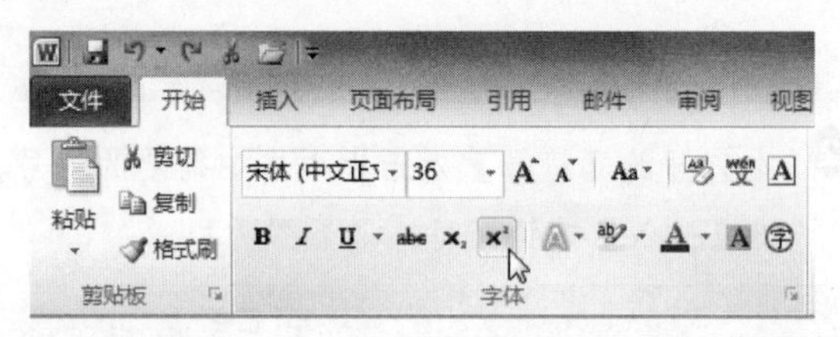

❸ 这时所选中的字体就被设置成上标了，效果如下图所示。

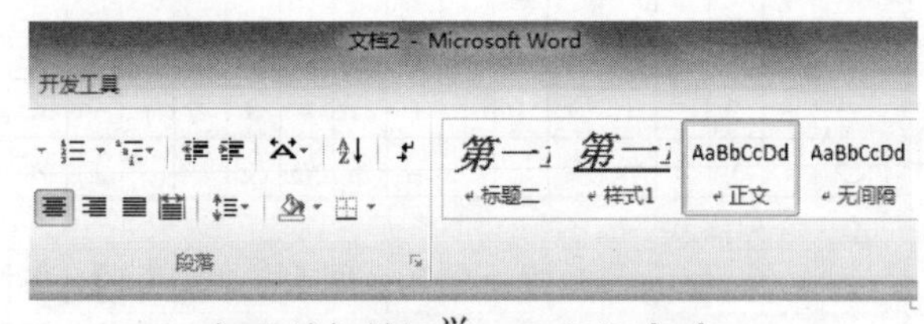

新学期^{学}习计划

❹ 再看看设置成下标的效果，如下图所示。

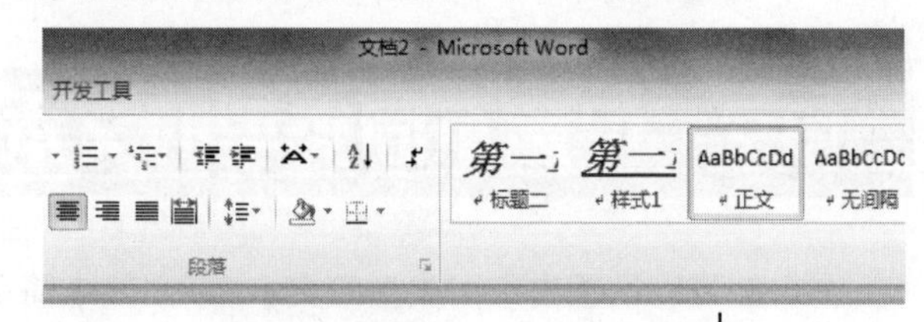

新学期$_{学}$习计划

13.2.4 给字符添加边框

Word中，还可以为字符添加边框。

操作步骤

❶ 选中要添加边框的字符，如下图所示。

做一篇很长的稿子，一定不要自己敲编号，如果自己打了编号，一定要小心，这极可能给后续的修改带来无穷的后患。因为如果是自己打了编号，一旦对文章作了修改，例如增加了章节，那么，编号几乎都需要重新编。

新学期学习计划

❷ 切换到【开始】选项卡，在【字体】组中单击【字符边框】按钮A，如下图所示。

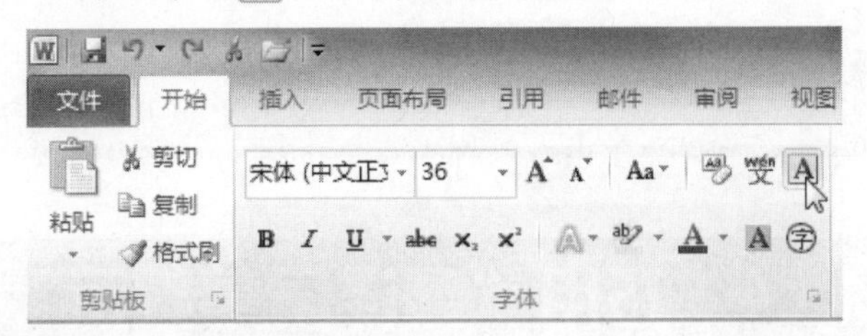

❸ 设置后的效果如下图所示。

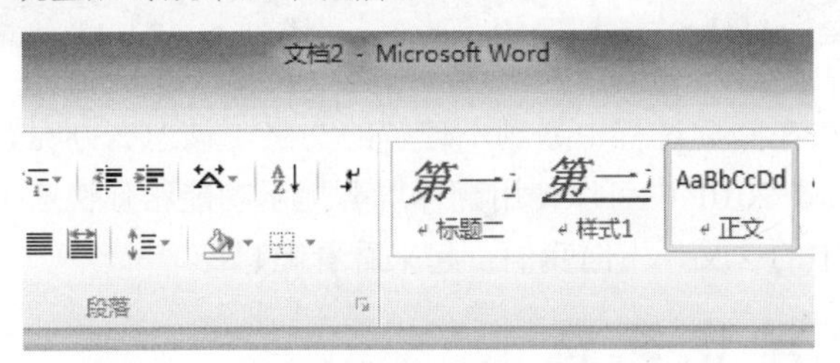

新学期学习计划

13.2.5 增大或缩小字体

在撰写 Word 文档时，有两种方法可以改变字体大小，一种是在【字体】组中设置；另一种就是运用快捷键。下面就介绍下怎样在【字体】组中进行设置。

操作步骤

❶ 选中要增大或缩小的字体，如下图所示。

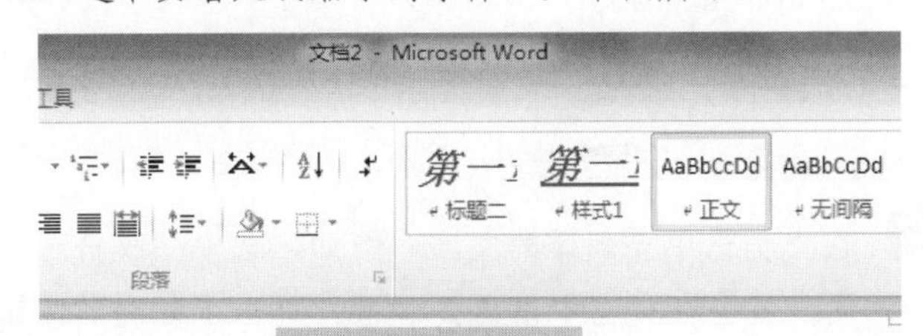

❷ 在【开始】选项卡的【字体】组中，单击对话框启动器，弹出【字体】对话框，在【字号】选项里进行设置，单击【确定】按钮，如下图所示。

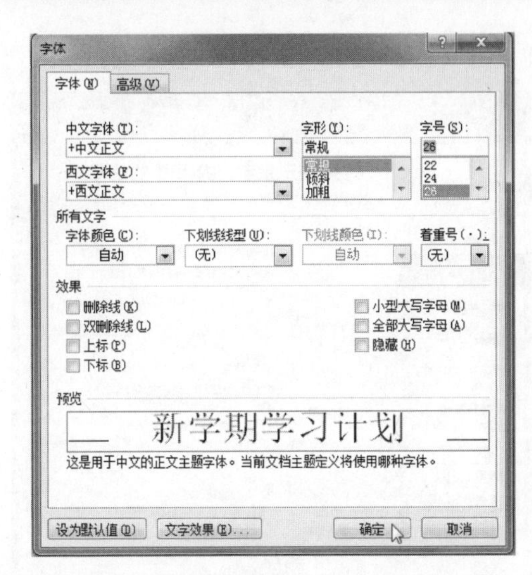

❸ 设置后的效果如下图所示。

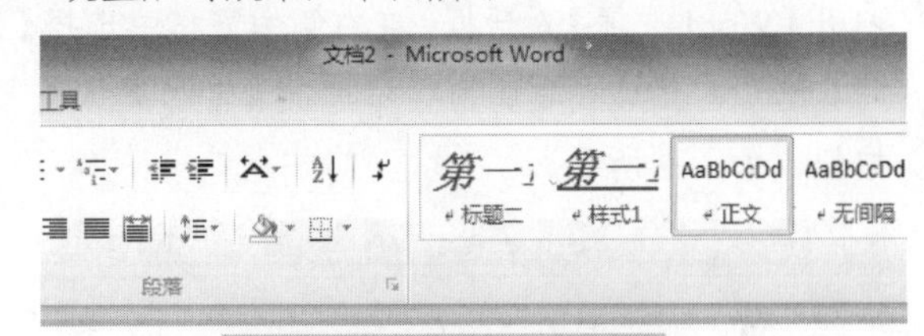

新学期学习计划

13.3 “大有用处”的自动更正功能

我们了解 Word 有自动更正功能，但在编辑文档的过程中很少甚至几乎不会用到此功能。其实，自动更正功能的作用很大，下面让我们一起来体验自动更正的奥妙之处吧！

例如，在编辑完文档后，都要在文档的末尾处签上自己的名字或插入自己的照片等，但是每一次都要重复操作，显得特别麻烦，这时您可以利用自动更正功能来处理，具体操作如下。

操作步骤

❶ 在文档末尾处输入您的签名，并选中它，如下图所示。

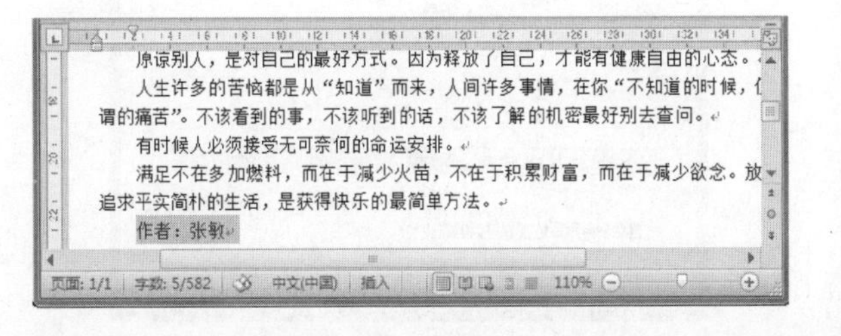

原谅别人，是对自己的最好方式。因为释放了自己，才能有健康自由的心态。

人生许多的苦恼都是从“知道”而来，人间许多事情，在你“不知道的时候，……谓的痛苦”。不该看到的事，不该听到的话，不该了解的机密最好别去查问。

有时候人必须接受无可奈何的命运安排。

满足不在多加燃料，而在于减少火苗，不在于积累财富，而在于减少欲念。放……追求平实简朴的生活，是获得快乐的最简单方法。

作者：张敏

❷ 单击【文件】|【选项】按钮，如下图所示。

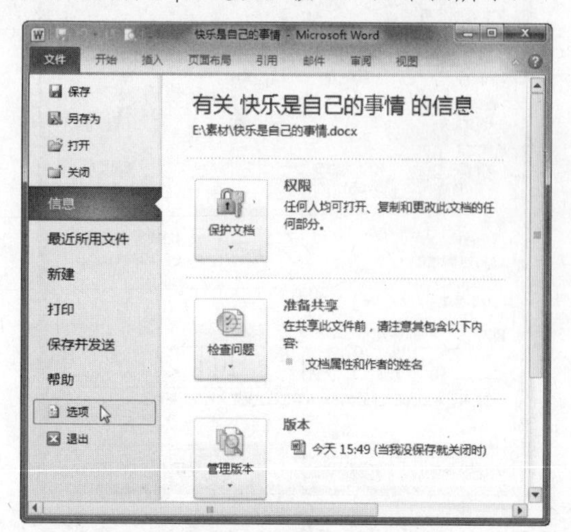

❸ 打开【Word 选项】对话框，在右侧的窗格中选择【校对】选项，然后在右侧窗格中单击【自动更正选项】按钮，如下图所示。

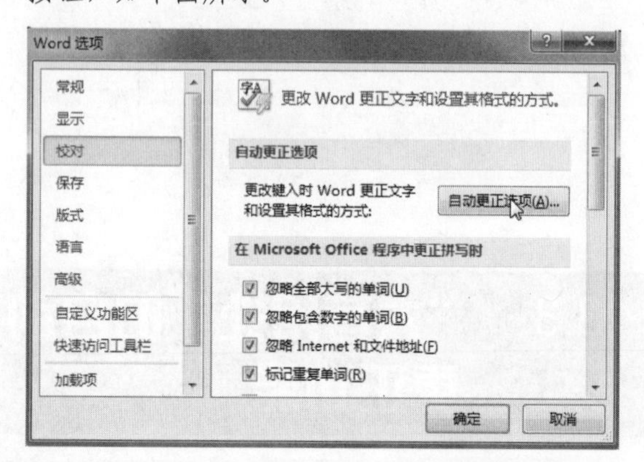

❹ 弹出【自动更正】对话框，切换至【自动更正】选项卡，刚才选中的内容已经存在于【替换为】文本框中了，我们在【替换】文本框中输入替换内容，然后依次单击【添加】和【确定】按钮即可，如下图所示。

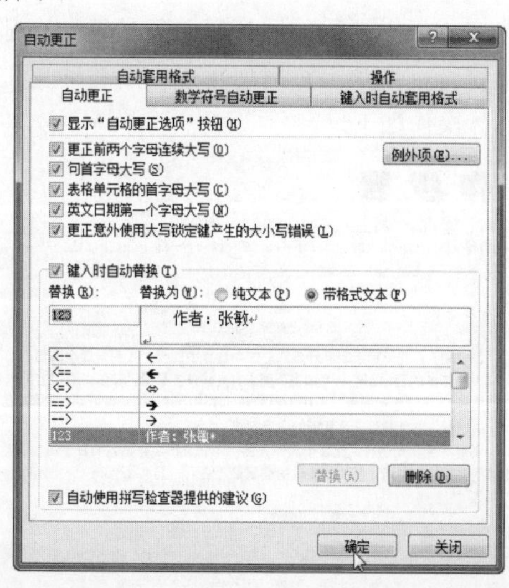

❺ 返回【Word 选项】对话框，单击【确定】按钮即可，如下图所示。

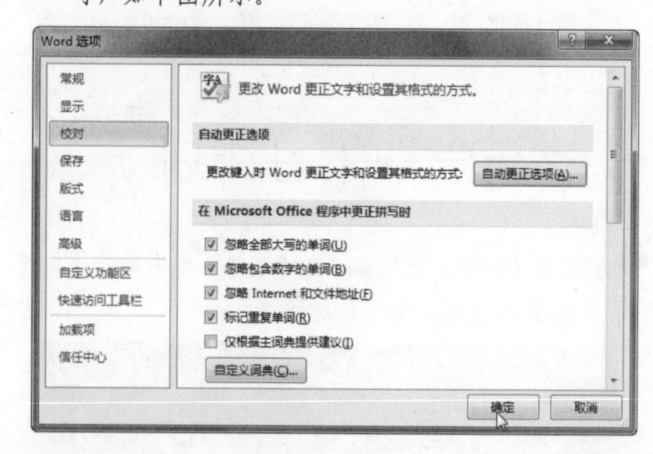

13.4 巧用“翻译屏幕提示”功能

在阅读过程中遇到不理解的文字，该怎么办呢？在Word 2010 中可以使用翻译屏幕提示功能帮你快速了解其中的含义，下面我们一起来看看吧！

操作步骤

❶ 在【审阅】选项卡下的【语言】组中单击【翻译】按钮，从其下拉列表中选择【翻译屏幕提示[英语助手：简体中文]】选项，以激活该功能。

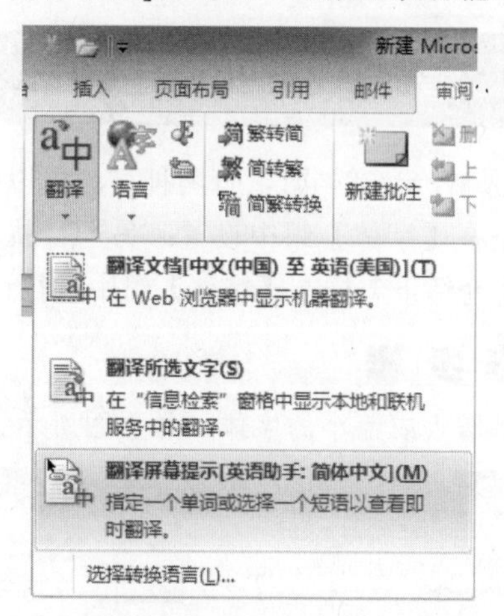

❷ 在文档选中要翻译的文字，例如，选中“收拾”一词，就会在文档中出现提示框。单击【复制】按钮即可对翻译的文字进行复制操作；若单击【播放】按钮，则可以对翻译的文字进行播放操作。如下图所示。

长见识 通过使用自动更正功能，您可以更正拼写错误的单词，还可以插入符号及其他文本片断。默认情况下，自动更正使用一个典型错误拼写和符号的列表进行设置，但是您可以修改该列表。

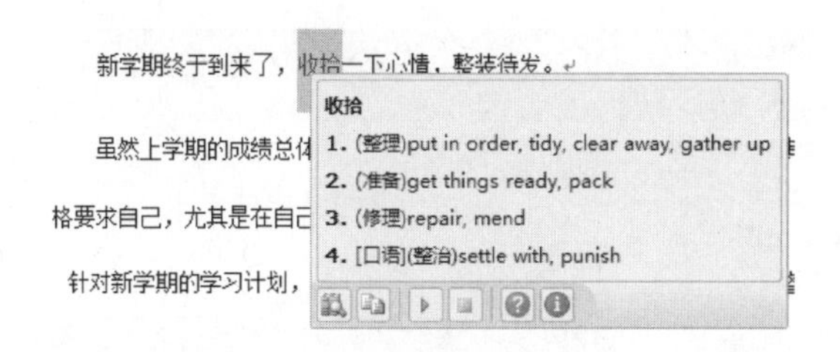

❸ 如下图所示，在下拉列表中选择【选择转换语言】选项，则可以打开【翻译语言选项】对话框。

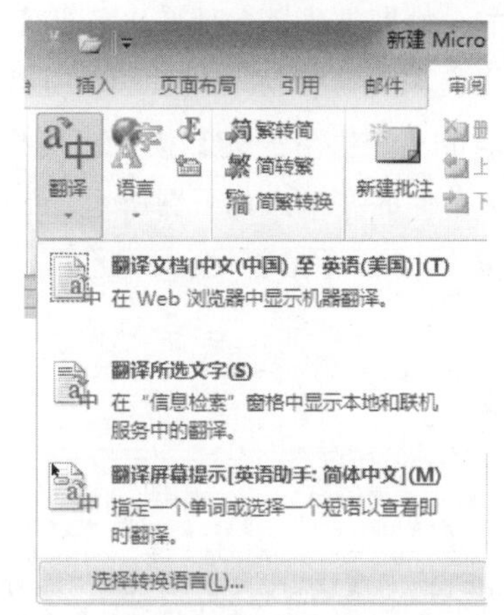

❹ 在【翻译语言选项】中可以设置翻译文字的语种，如这里选择的是【英语(美国)】选项，如下图所示。

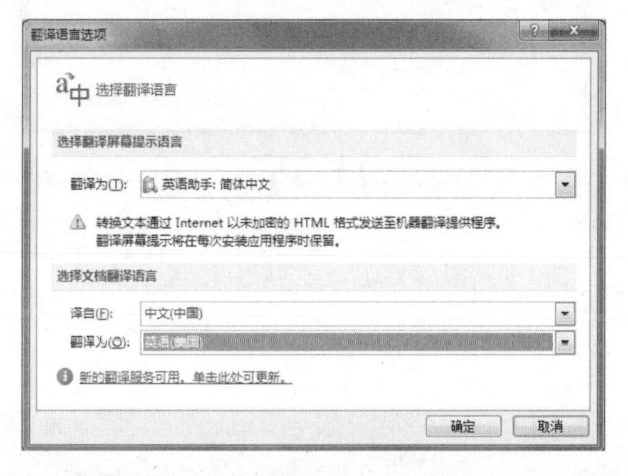

13.5　查找与替换操作

在编辑文档的过程中，特别是在长文档中，我们经常遇到要查找某个文本或者要更正文档中多次出现的某个文本，此时使用查找和替换功能可以快速实现。

13.5.1　查找文本

要在一份长文档中查找某一个文本，利用 Word 提供的查找功能，将会事半功倍。例如我们要在“学习计划”文档中查找“学习”一词，这时我们可以使用下面的两种方法进行操作。

1. 使用【导航】对话框查找文本

操作步骤

❶ 把光标定位在文档中，在【开始】选项卡下的【编辑】组中单击【查找】按钮，在其下拉列表中选择【查找】选项。

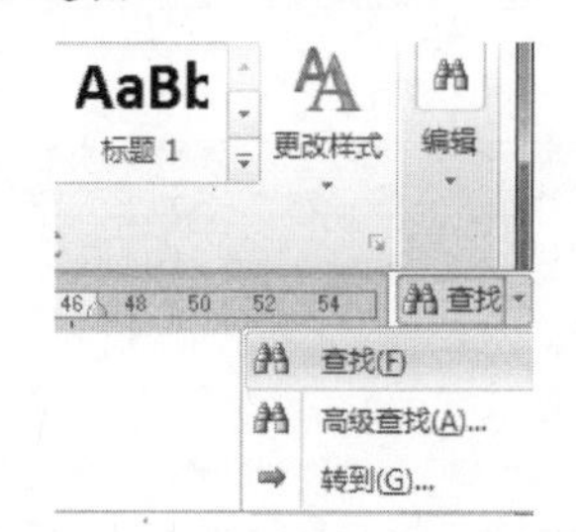

❷ 打开【导航】窗口，然后在文本框中输入搜索文本，如输入“知道”，并单击【搜索】按钮，搜索的结果会在文档中以黑色黄底显示出来，如下图所示。

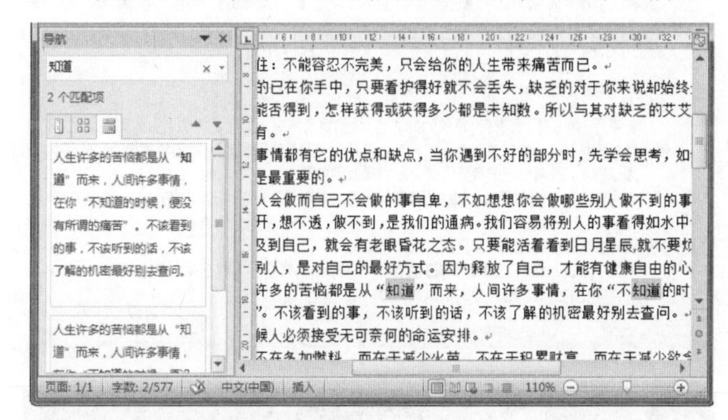

2. 使用“高级查找”查找文本

操作步骤

❶ 把光标定位在文档中，在【开始】选项卡下的【编辑】组中单击【查找】按钮，在其下拉菜单中选择【高级查找】命令。

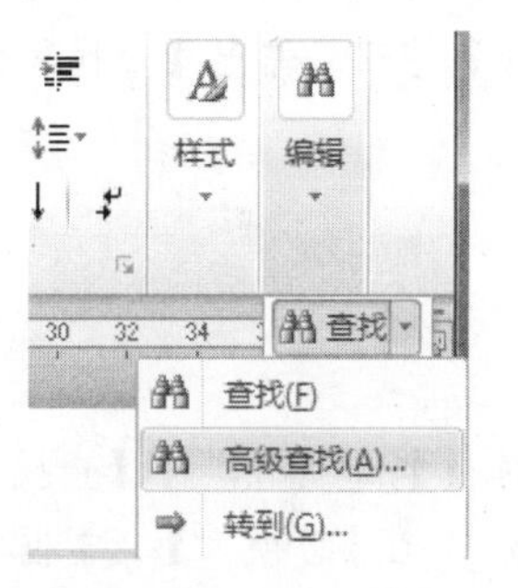

❷ 这时会打开【查找和替换】对话框，如下图所示。

在编辑文档时，如果自动更正功能作出了不需要的更正，您可以通过按 Ctrl+Z 组合键将其撤销，还可以对程序进行设置，以便在撤销对自动更正的更改时，自动将该单词添加到例外项列表中。执行此操作后，自动更正将停止更改该单词。

❸ 切换至【查找】选项卡下，在【查找内容】文本框中输入“知道”，再单击【查找下一处】按钮，如下图所示。

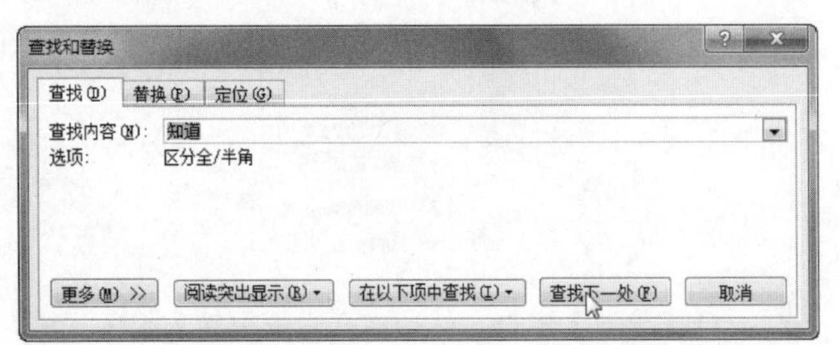

❹ 这时在文档中符合条件的字符会用黑色蓝底显示出来。继续单击【查找下一处】按钮，系统将会继续查找符合条件的字符，如下图所示。

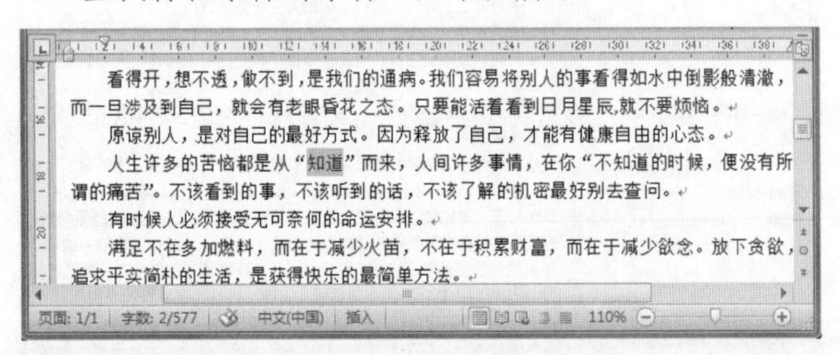

13.5.2 替换文本

如果想把“快乐是自己的事情”文档中所有出现的“知道”替换成“了解”时，不必一个一个去替换，采用替换功能就可以一次性完成任务。

操作步骤

❶ 如下图所示，单击【开始】选项卡下的【编辑】组中的【替换】按钮，弹出【查找和替换】对话框。

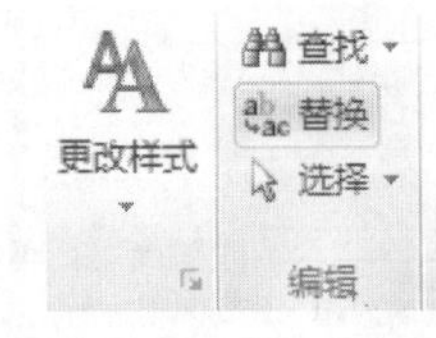

❷ 切换到【替换】选项卡，在【查找内容】文本框中输入“知道”，在【替换为】文本框中输入“了解”，如下图所示。

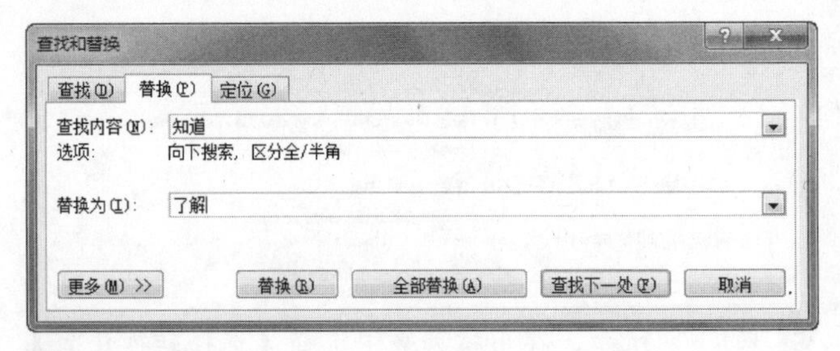

❸ 单击【替换】按钮，系统将会查找到第一个符合条件的文本，如果想替换，可再次单击【替换】按钮，查找到的文本就被替换，然后继续查找。如果不想替换，单击【查找下一处】按钮，则将继续查找下一处符合条件的文本，如下图所示。

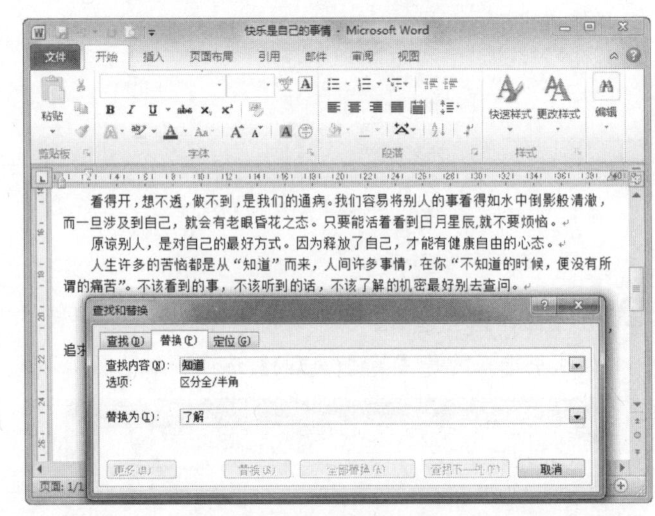

技巧

如果单击【查找和替换】对话框中的【全部替换】按钮，则文档中所有的“知道”都将替换成“了解”，并弹出如下图所示的提示框，单击【确定】按钮即可。

13.5.3 使用搜索代码

当查找一些字符命令时，可以使用代码查找和替换。

操作步骤

❶ 单击【开始】选项卡中的【查找】下拉菜单，选择【高级查找】命令，如下图所示。

长见识：使用 Microsoft Office Word 2010 可查找和替换文本、格式、段落标记、分页符以及其他项目，还可以查找和替换名词或形容词的各种形式或动词的各种时态。

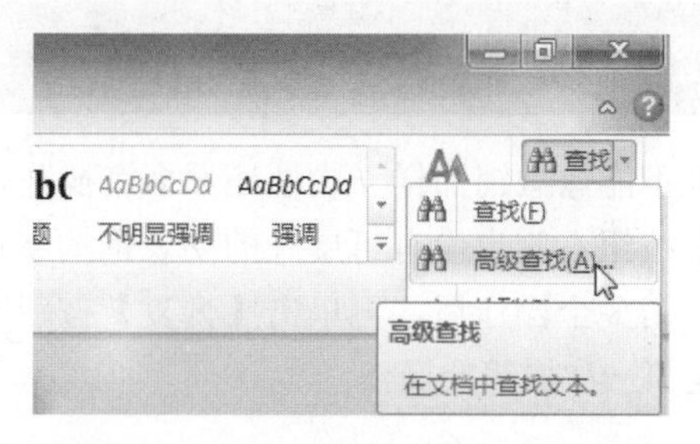

❷ 弹出【查找与替换】对话框，单击【更多】按钮，如下图所示。

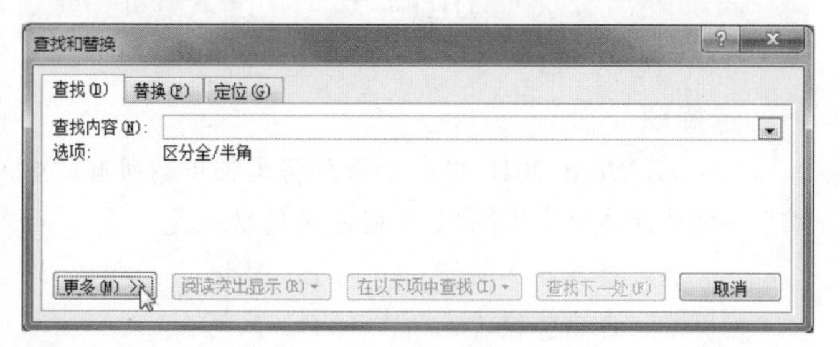

❸ 在【查找】栏中，单击【特殊格式】下拉按钮，选择要查找的字符，如下图所示。

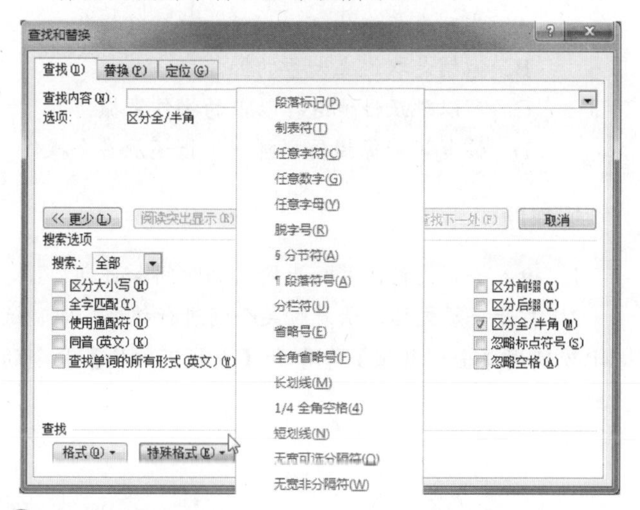

❹ 例如选择【省略号】，则在查找内容里就出现此代码，按【查找下一步】进行查找，如下图所示。

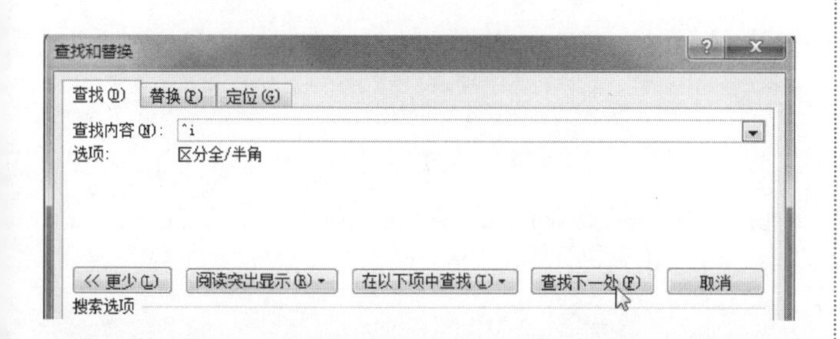

13.6　撤销与恢复操作

撤销与恢复是相对应的，撤销是取消上一步的操作，而恢复就是把撤销操作再恢复。这两个命令按钮位于标题栏的左边，如下图所示。

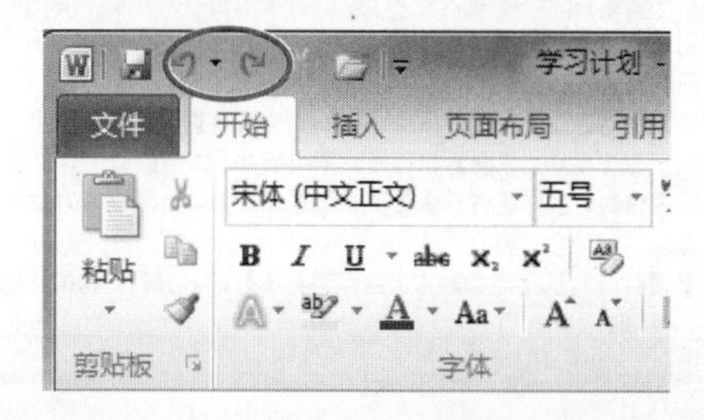

13.6.1　撤销操作

我们常说“天下没有后悔药可吃”，但在 Word 中却可以轻而易举地将编辑的文档恢复到原来的状态。

操作步骤

❶ 在编辑文档时，如果不小心把文档的第二段删除了，如下图所示。

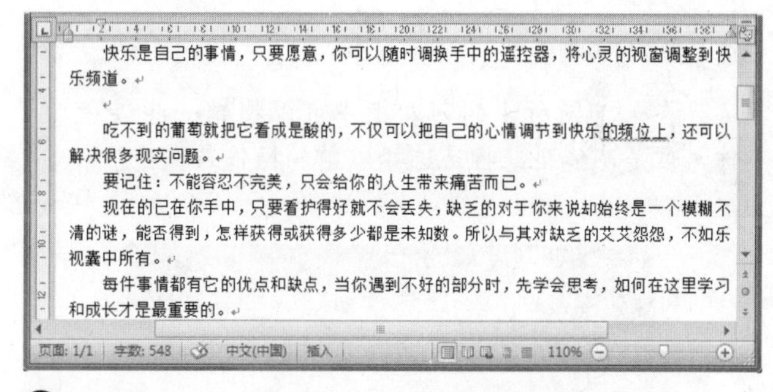

❷ 这时可以单击【撤销】按钮 恢复删除的文本，如下图所示。

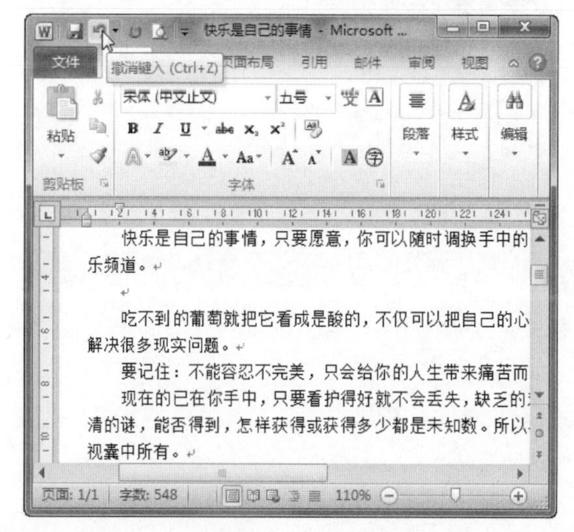

❸ 第二段的文本又出现了，如下图所示。

如果包含可选连字符代码，Word 只会找到在指定位置带有可选连字符的文字；如果省略可选连字符代码，Word 将找到所有匹配的文字，包括带有可选连字符的文字。

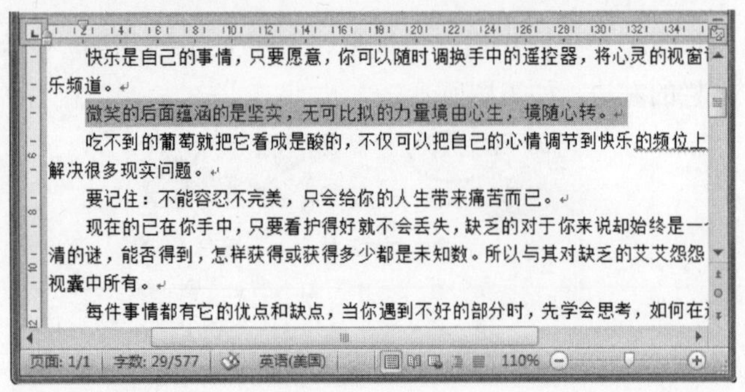

❹ 再用鼠标单击【恢复】按钮，刚才出现的文本就会再一次删除。

技巧

可以一次撤销一个操作，也可以一次撤销多个操作。单击【撤销】按钮右侧的下三角按钮，会弹出一个列表框，列表框中列出了目前能撤销的所有操作。

注意

在如下图所示的列表框中可以撤销一些连续操作，但是不能跳跃性地选择以前的操作来撤销。

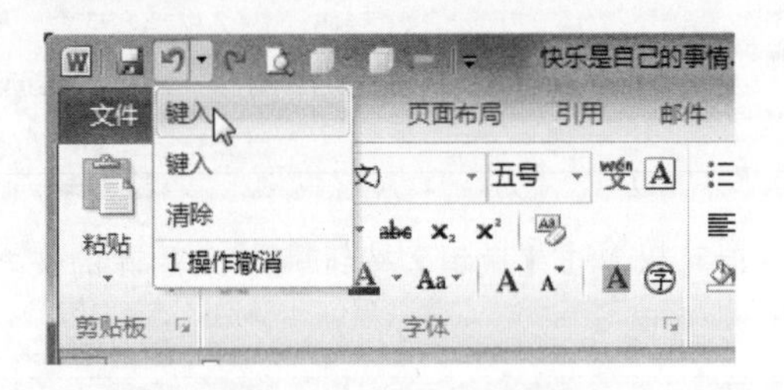

13.6.2 恢复操作

恢复不能像撤销那样一次性还原多个操作，所以在【恢复】按钮右侧也没有可展开的列表框的下拉按钮。当一次撤销多个操作后，再单击【恢复】按钮时，最先恢复的是第一次撤销的操作。

13.7 思考与练习

选择题

1. 在 Word 2010 中，如果要将文档中的所有“电脑”一词修改成“计算机”，可能使用的功能是________。

A. 查找　　B. 替换

C. 自动替换　　D. 改写

2. 下面关于撤销和恢复的说法，错误的是________。

A. 在列表框中你可以撤销一些连续操作

B. 撤销是取消上一步的操作

C. 可以跳跃性地选择以前的操作来撤销

D. 恢复不能像撤销那样一次性还原多个操作

操作题

1. 输入一篇文档，并标上输入的时间和日期。

2. 打开一篇文档，试着对某个词进行替换，同时试着比较使用【全部替换】命令和【查找下一处】命令的区别。

学以致用系列丛书

长见识：如要查找使用 Unicode 值的字符，请选择“区分大小写”复选框；如果清除“区分大小写”复选框，Word 将搜索该值指定的所有大写字符和小写字符的实例。

第 14 章 Word 2010 的基本排版与打印

在这一章我们将继续学习 Word 2010 的一些基本的编辑方法，为以后的深入学习打好基础。那么，现在就一起步入 Word 2010 的美妙世界，继续我们的旅程吧！

学习要点

- ❖ 字体格式
- ❖ 段落格式
- ❖ 使用“格式刷”和自动套用格式
- ❖ 给段落添加项目符号和编号
- ❖ 给文本添加边框和底纹
- ❖ 给文档分栏
- ❖ 设置首字下沉
- ❖ 设置文字的方向
- ❖ 页面布局与打印

学习目标

通过本章的学习，读者应该学会如何设置字体格式，使字体更加美观，更加吸引人；学会设置段落格式，使结构更为清晰；学会使用“格式刷”和自动套用格式，让编辑更高效；学会给文本添加边框和底纹，突出文本的重点；学会添加项目符号和编号、分栏等，让文档更具有条理性；以及学会如何打印文档等。

14.1 字体格式

在Word文档中输入的文字，其格式系统默认为“五号”的宋体，如果不对字体的格式进行设置，则既不能突出重点，也毫无美观可言。在编辑好文档后，为了突出其标题可以对其字体进行一些格式设置，例如字体、字号、字形、字符间距和文字效果等。

14.1.1 设置文本的字体、字号和字形

当我们在文档中输入内容时，会发现文档中所有的字体格式都一样。在这一节中，我们将对文档标题的字体、字号、字形进行格式设置，使其更加美观。

操作步骤

❶ 选取要设置格式的字符，如文档的标题，如下图所示。

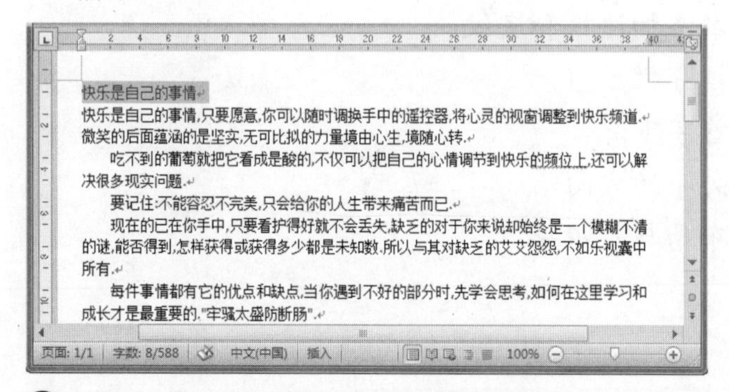

❷ 切换到【开始】选项卡，在【字体】组中可以看到【字体】、【字号】及【字形】等设置按钮。下面就让我们来一起试试它们的设置效果吧！首先单击【字号】下拉列表框右侧的下三角按钮，选择字体大小，这里选择【二号】选项，如下图所示。

❸ 这时选中的文本字体就突出显示了。单击【字体】下拉列表框右侧的下三角按钮，选择字体类型，这里选择【楷体 GB2312】选项，如下图所示。

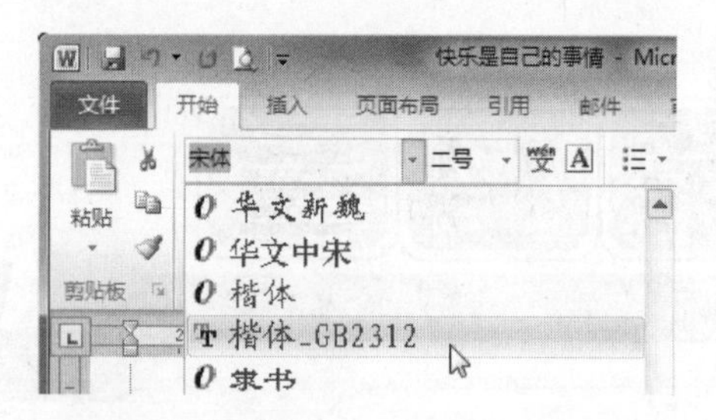

❹ 这时文本字体发生变化，单击【加粗】B按钮。这时字体效果如下图所示。

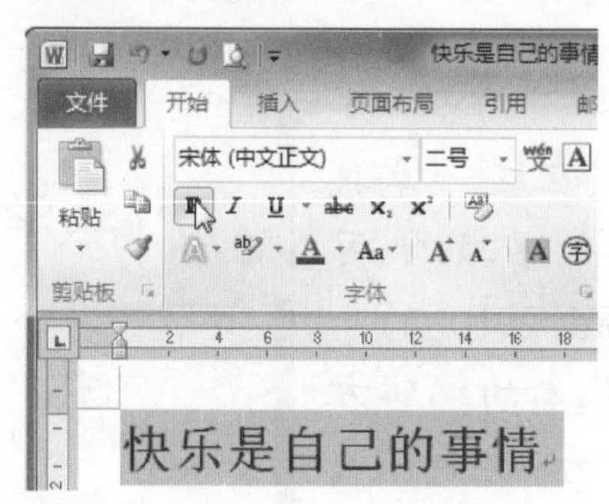

❺ 这时文本线条变粗了，单击【倾斜】按钮I。这时字体效果如下图所示。

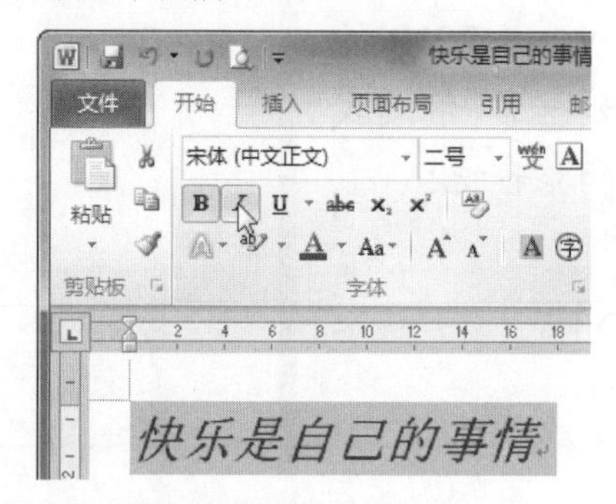

❻ 文本标题设置后的最终效果如下图所示。

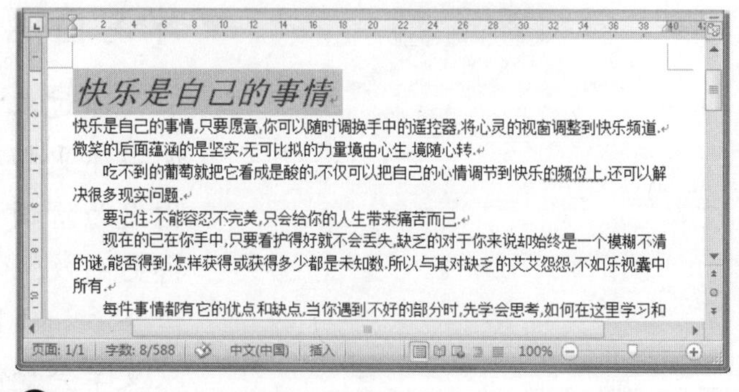

❼ 这时看起来还是不太好看，我们可以将它设置为“居中”显示，效果如下图所示。

长见识

在Microsoft Office Word 2010中，可以通过应用文档主题快速、轻松地设置整个文档的格式，使之具有专业的现代化外观。文档主题是一组格式选择，其中包括颜色主题、字体主题和效果主题。

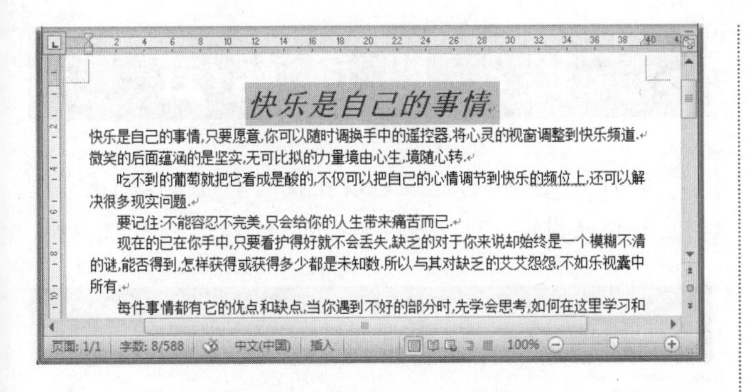

技巧

需要对字体进行设置时，也可以在选中的文字上右击，在弹出的快捷菜单中选择【字体】命令，这时将弹出【字体】对话框。在对话框中，可以对文字的字体、字号、字形、字符间距及文字效果等进行综合设置，如下图所示。

前面的操作，都可以在这里实现！

14.1.2　使用“字体”对话框

设置了文档标题的字体、字号和字形后，我们发现标题字符间太紧凑，这时可以应用“字体”对话框对标题的字符间距进行调整，同时还可为标题添加一些文字效果使其更醒目。

操作步骤

❶ 还是以文档标题为例，选取要设置格式的字符。

❷ 在【开始】选项卡中，单击【字体对话框启动器】按钮，如下图所示。

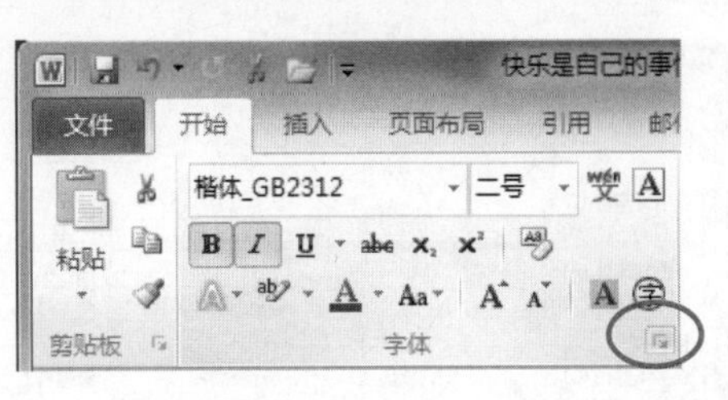

❸ 在弹出的【字体】对话框中，切换到【高级】选项卡，在【间距】下拉列表框中选择【加宽】，并在其右侧的【磅值】下拉列表框中选择【8 磅】选项，如下图所示。

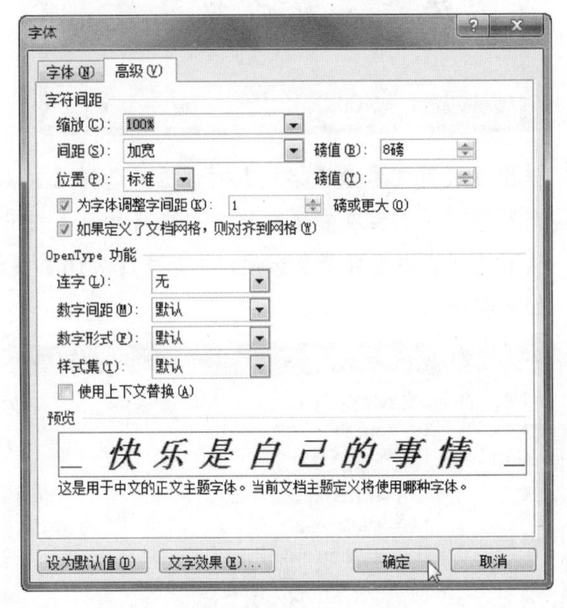

❹ 单击【确定】按钮，效果如下图所示。

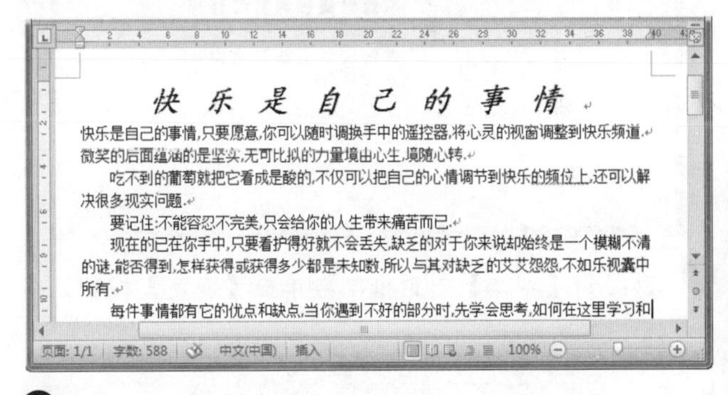

❺ 在【字体】对话框中单击【文字效果】按钮，如下图所示。

学以致用系列丛书

在【字体】对话框的【效果】选项组中可以为选中的文字添加动态效果，使文档更美观。但这些动态效果只能在屏幕上显示，不能打印出来。

长见识

❻ 弹出【设置文本效果格式】对话框，选择【文本填充】选项，然后在右侧窗格中单击【颜色】按钮，从下拉列表中选择紫色选项，再单击【关闭】按钮，如下图所示。

❼ 返回到【字体】对话框，再单击【确定】按钮，效果如下图所示。

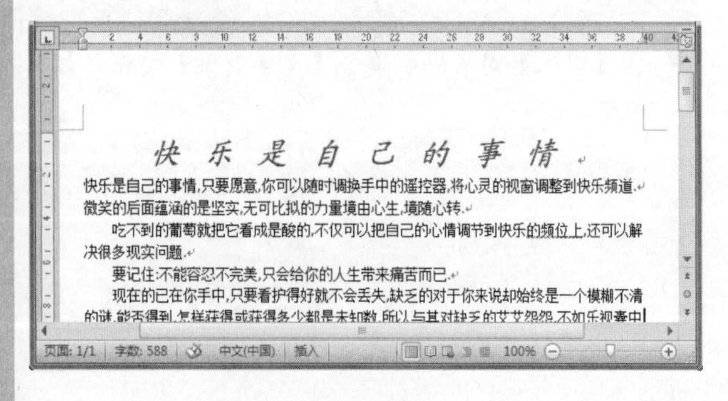

14.2 段落格式

设置好文档的标题后，现在我们来对文档的正文段落进行格式设置，使文档结构更加清晰，层次更加分明。

14.2.1 设置段落缩进

通过水平标尺可以快速设置段落缩进。水平标尺中有行缩进、左缩进、右缩进和悬挂缩进四种标记，如下图所示。

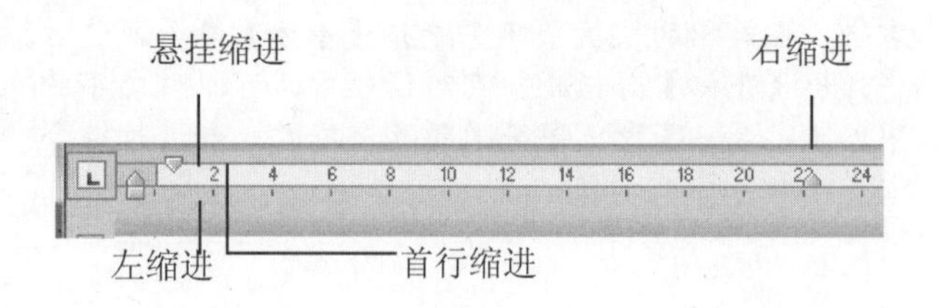

这四种标记的作用分别如下。

- 首行缩进：拖动该标记，可以设置段落首行第一个字的位置，在中文段落中一般采用这种缩进方式，默认缩进两个字符。
- 悬挂缩进：拖动该标记，可以设置段落中除第一行以外的其他行左边的起始位置。
- 左缩进：设置左缩进时，首行缩进标记和悬挂缩进标记会同时移动。左缩进可以设置整个段落左边的起始位置。
- 右缩进：拖动该标记，可以设置段落右边的缩进位置。

下面通过对文档设置首行缩进来讲解如何通过水平标尺进行段落缩进设置。

操作步骤

❶ 把光标定位到要设置段落缩进的段首，如下图所示。

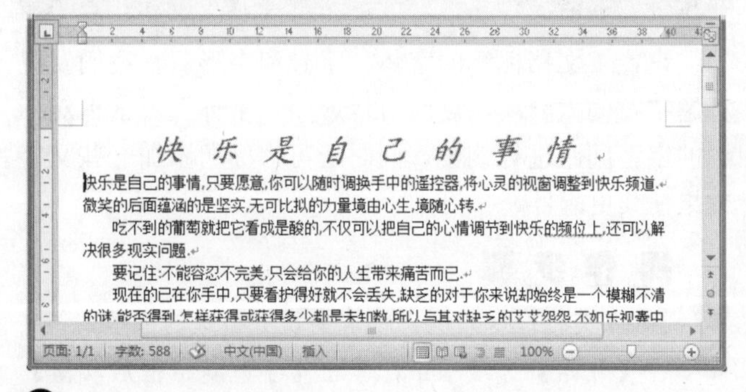

❷ 拖动首行缩进标记，例如我们把它拖到数字“2”的位置，如下图所示。

在【行距】下拉列表框中，【多倍行距】选项是指按指定的百分比增大或减小行距。例如，将行距设置为1.2，就会在【段落】对话框的单倍行距的基础上再增加20%。

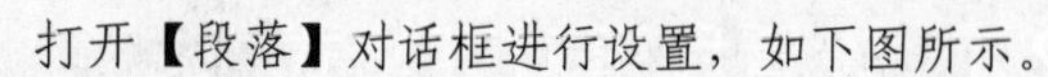

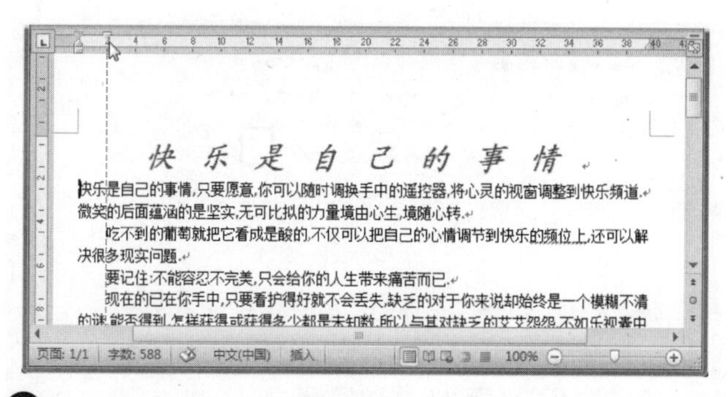

❸ 设置后其效果如下图所示。

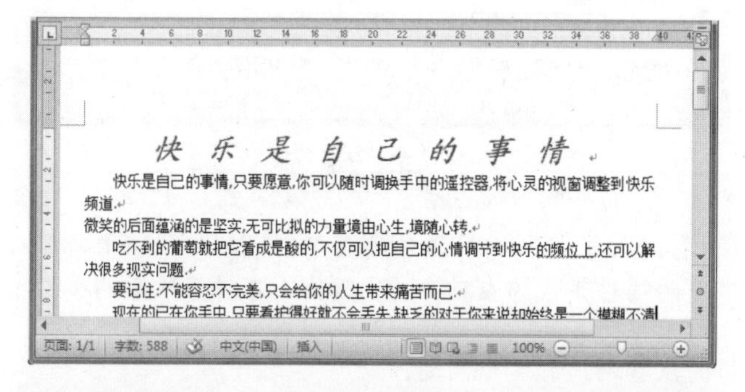

14.2.2　设置行间距和段间距

行间距就是行和行之间的距离，而段间距是段落与段落之间的距离。行间距一般系统默认是 1.0，也可以根据需要进行调整。

操作步骤

❶ 选中文档的正文或将光标插入文档中，单击【开始】选项卡下的【段落】组中的【行和段落间距】按钮。在其下拉列表中有一些具体的间距数值，如果有需要的数值，只要单击它即可，这里单击“2.0”，如下图所示。另外在这个列表中还有【增加段前间距】和【增加段后间距】选项，通过这两个选项可以对段间距进行设置。

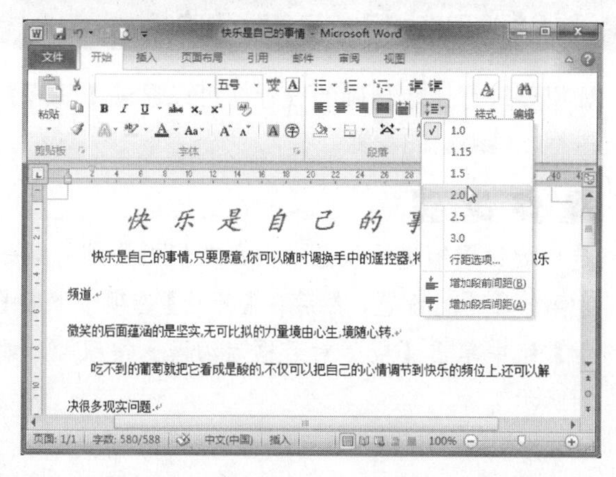

❷ 如果没有合适的行距，可选择【行距选项】选项，打开【段落】对话框进行设置，如下图所示。

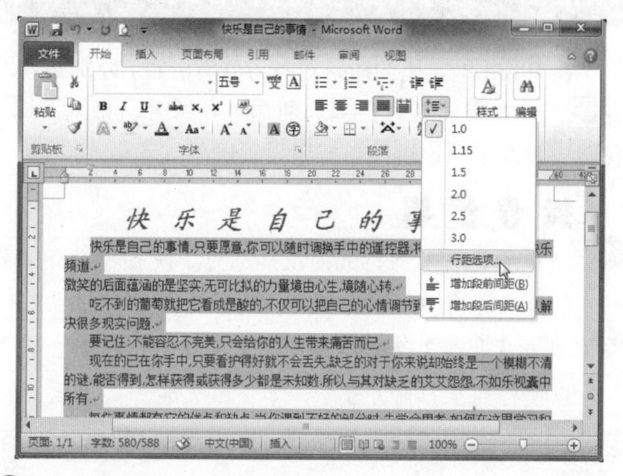

❸ 在【段落】对话框的【行距】下拉列表框中选择【多倍行距】选项，如下图所示。

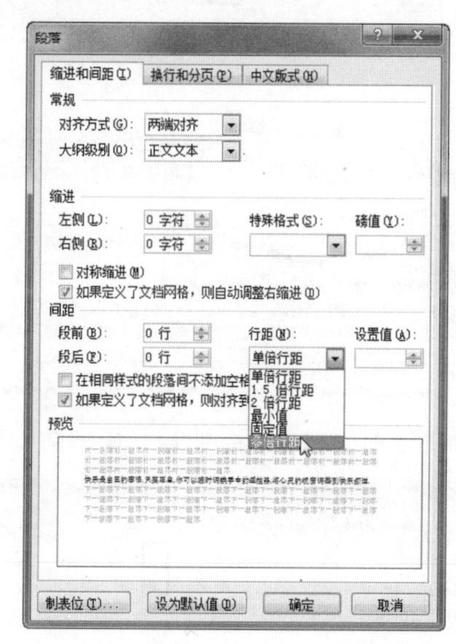

❹ 单击【确定】按钮，其效果如下图所示。

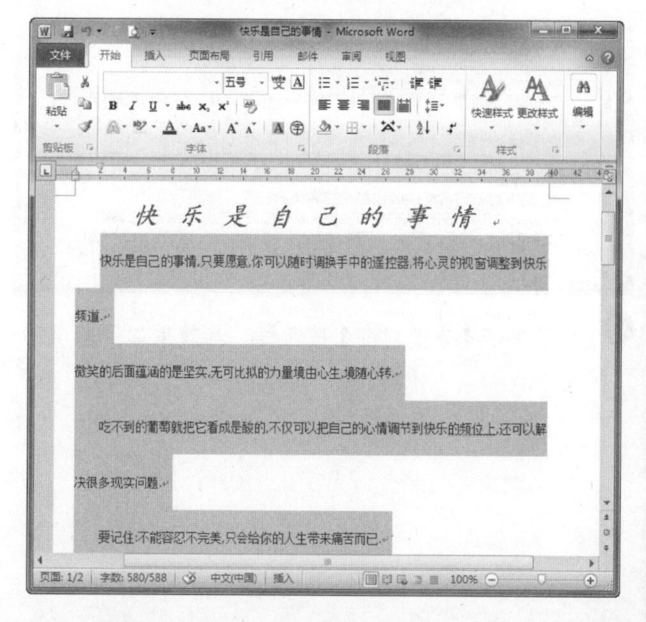

缩进决定了段落到左右页边距的距离。在页边距内，可以增加或减少一个段落或一组段落的缩进，还可以创建反向缩进，使段落超出左边的页边距，此外还可以创建悬挂缩进，即段落中的首行文本不缩进，但下面的行缩进。

14.2.3 设置段落对齐格式

在 Word 里常用的段落对齐方式有五种，分别是左对齐、居中、右对齐、两端对齐和分散对齐。我们一般都采用通过菜单按钮设置段落对齐格式。

操作步骤

1. 选中要设置对齐格式的段落。为了使各种对齐方式的效果更明显，我们以文档的标题进行说明。
2. 单击【开始】选项卡中的【右对齐】按钮，就可以使标题呈右对齐显示，如下图所示。

3. 如果单击【两端对齐】按钮，其效果如下图所示。

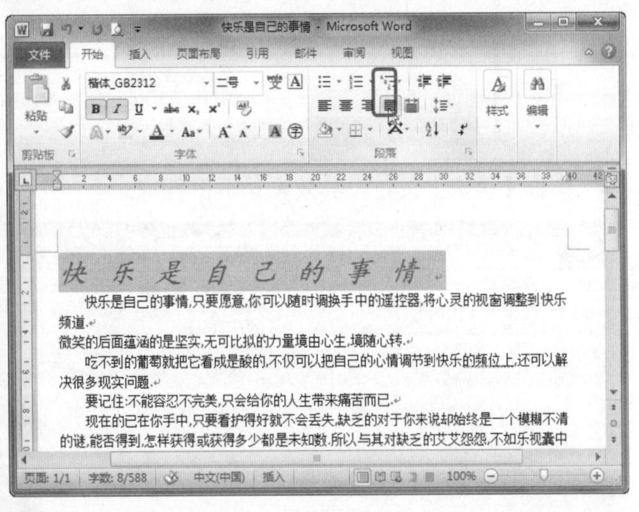

4. 如果单击【分散对齐】按钮，其效果如下图所示。

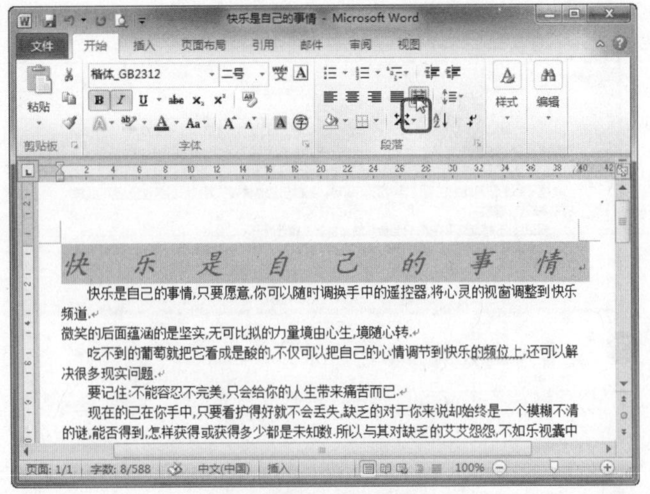

注意

Word 的“左对齐”格式用得比较少，通常都是用两端对齐代替左对齐。实际上，左对齐段落的最右边是不整齐的，会是有一些不规则的空，而两端对齐的段落则没有这个问题。

技巧

如果只设置一个段落的格式，只要把光标的插入点移到该段落内即可；如果是多个段落，则可先选中这些段落，再一起设置。

14.2.4 使用“段落”对话框

除了上述的方法外，还可以使用“段落”对话框进行格式的设定，下面分别介绍如何通过“段落”对话框设置段落的缩进以及设置段落对齐格式。

1. 通过【段落】对话框设置段落缩进

如果要进行比较精确的设置，可以通过【段落】对话框进行段落缩进的设置。

操作步骤

1. 选取要设置缩进的段落，例如我们对文档的第一段和第二段进行设置，然后在【开始】选项卡下的【段落】组中单击【段落对话框启动器】按钮，如下图所示。

长见识：Word 2010 的界面非常人性化，只要把箭头移动到按钮上，就会出现一个解释该按钮的文本框。动手移动鼠标看看吧，熟悉各种按钮的用途对以后更加熟练地使用 Word 2010 是非常有利的。

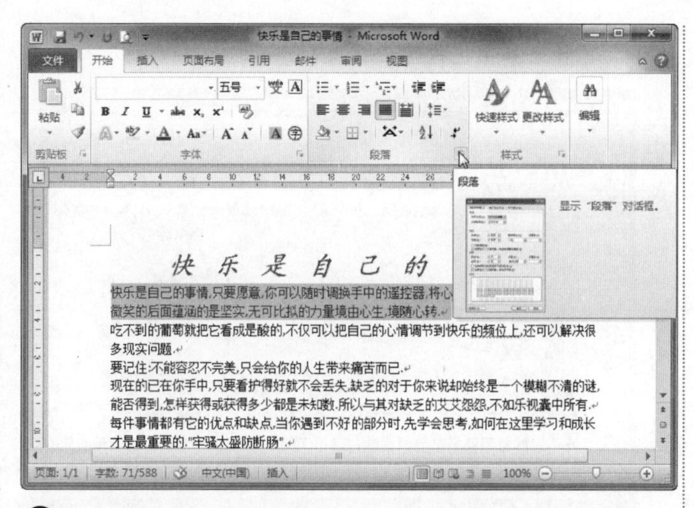

❷ 弹出【段落】对话框，并切换到【缩进和间距】选项卡，在【缩进】选项组的【特殊格式】下拉列表框中选择【首行缩进】选项，如下图所示。

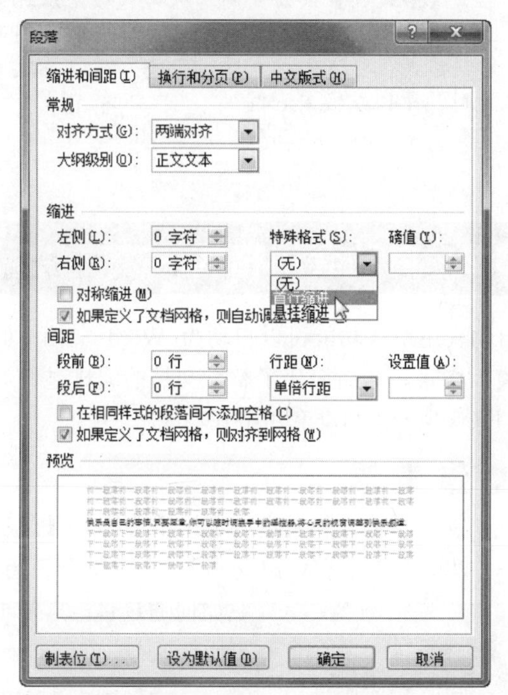

❸ 单击【确定】按钮，其效果如下图所示。

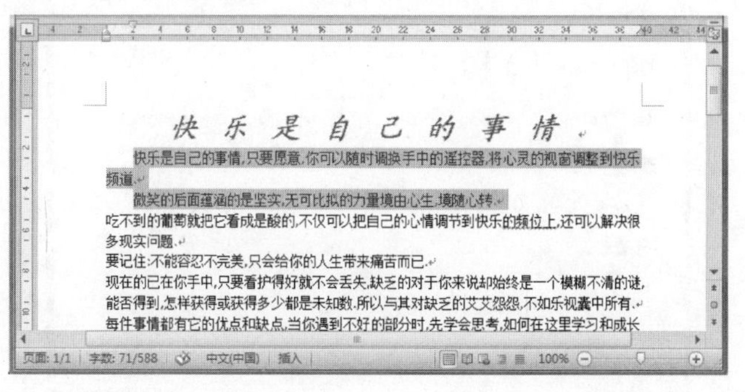

技巧

您还可以通过【减少缩进量】按钮和【增加缩进量】按钮来实现段落的缩进设置。

2. 通过【段落】对话框设置段落对齐格式

除了上面介绍的方法外，我们还可以在【段落】对话框中对段落对齐格式进行设置。

操作步骤

❶ 选中要设置对齐格式的段落，这里我们还以文档的标题为例。然后右击，在弹出的快捷菜单中选择【段落】命令，如下图所示。

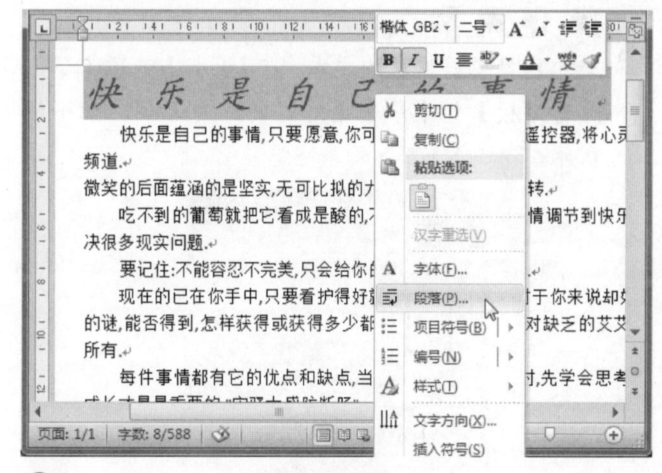

❷ 在弹出的【段落】对话框的【对齐方式】下拉列表框中，选择需要设置的对齐格式，如下图所示。

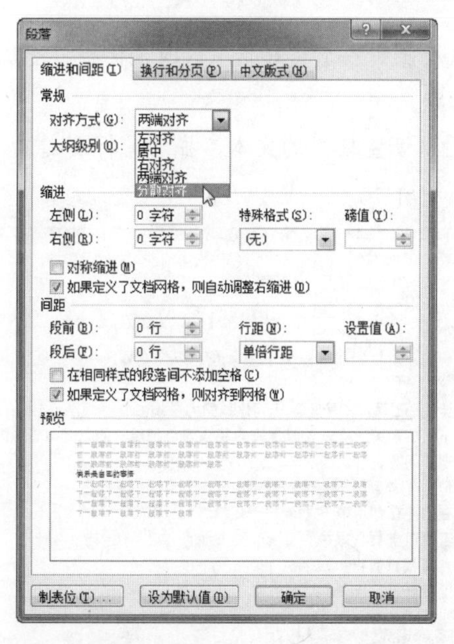

❸ 单击【确定】按钮即可。

学以致用系列丛书

如果要删除已设置的缩进，先插入光标再按空格键即可，还可以单击快速访问工具栏上的【撤消】按钮。

14.3 使用“格式刷”和自动套用格式

我们在编辑文档时，总是对一些经常需要重复的操作感到厌烦，有没有一种更简便的方法呢？格式刷和自动套用格式功能可以为您实现操作的简化。

14.3.1 格式刷

格式刷是您快速编辑文字的好助手，当需要设置的格式和已有的格式相同时，你不必再重复进行格式设置，而是直接用格式刷刷一下就好了。

操作步骤

1. 选中已设置好格式的文本，在【开始】选项卡下的【剪贴板】组中单击【格式刷】按钮，如下图所示。

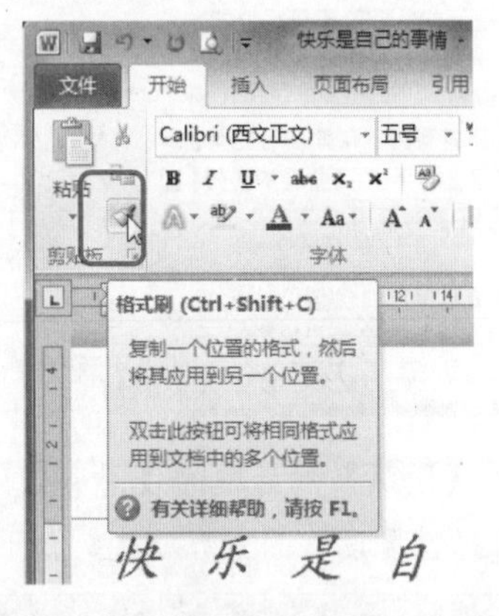

2. 把鼠标指针移到编辑区，这时鼠标指针变成刷子的形状。
3. 找到要设置格式的文本，拖动鼠标刷过文本即可，如下图所示。

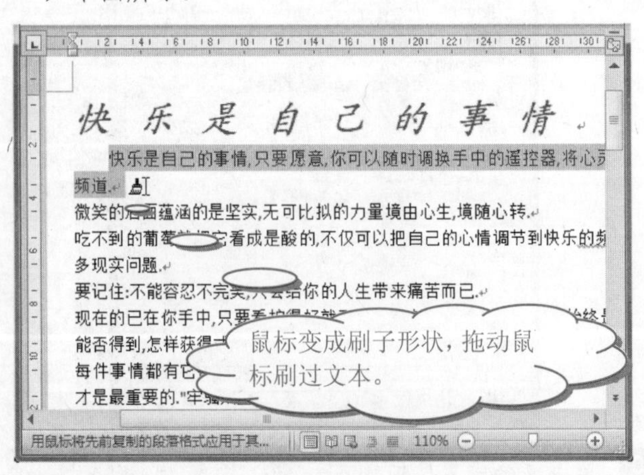

4. 其效果如下图所示。

提示

单击【格式刷】按钮复制一次格式后，系统会自动退出复制状态。如果是双击而不是单击时，则可以多次复制格式。要退出格式复制状态，可以再次单击【格式刷】按钮或按 Esc 键。

14.3.2 自动套用格式

自动套用格式功能可以自动为 Word 文档中的文字套用模板格式，从而简化了整个文档的编排过程。下面让我们来认识一下自动套用格式功能吧。

操作步骤

1. 选中要套用格式的文本，选择【文件】|【选项】命令，以此来打开【Word 选项】对话框，如下图所示。

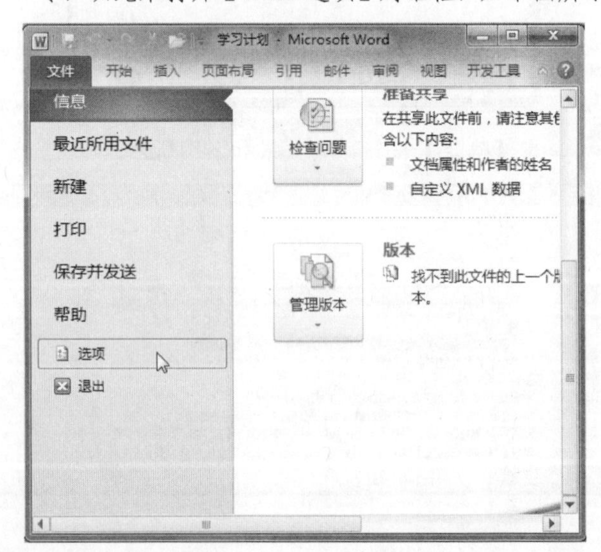

2. 弹出【Word 选项】对话框，选择左侧窗格中的【校

长见识：在 Microsoft Word 2010 中，可以使用【浮动】工具栏上的【格式设置】选项快速设置文本格式。当您选择文本时，【浮动】工具栏会自动出现，当在选中文本上右击时，它还会与快捷菜单一起出现。

对】选项，在右侧窗格中单击【自动更正选项】按钮，如下图所示。

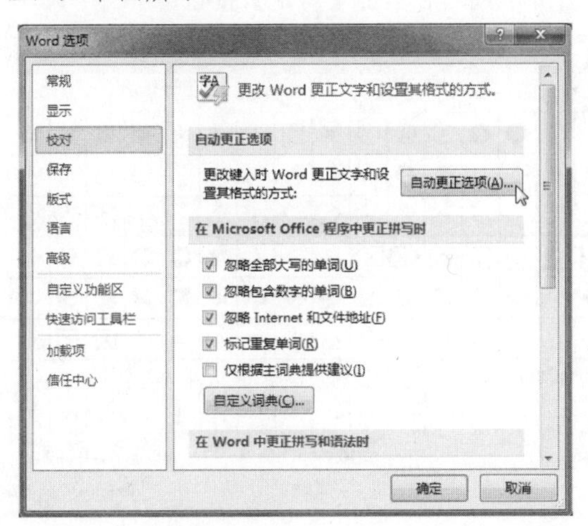

3. 弹出【自动更正】对话框，切换到【自动套用格式】选项卡，进行相关设置，然后单击【确定】按钮，如下图所示。

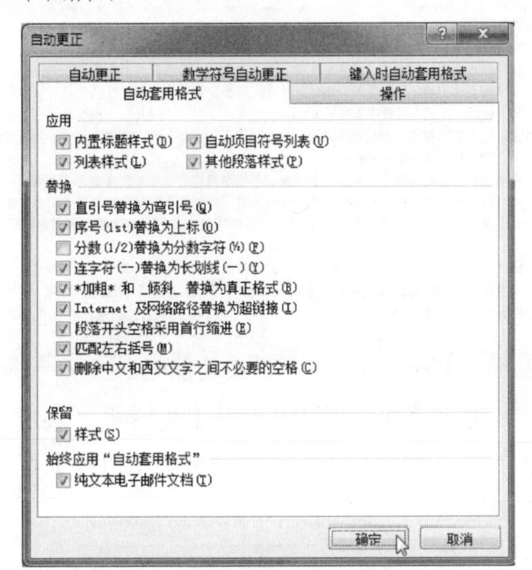

4. 返回到【Word 选项】对话框，再单击【确定】按钮即可，如下图所示。

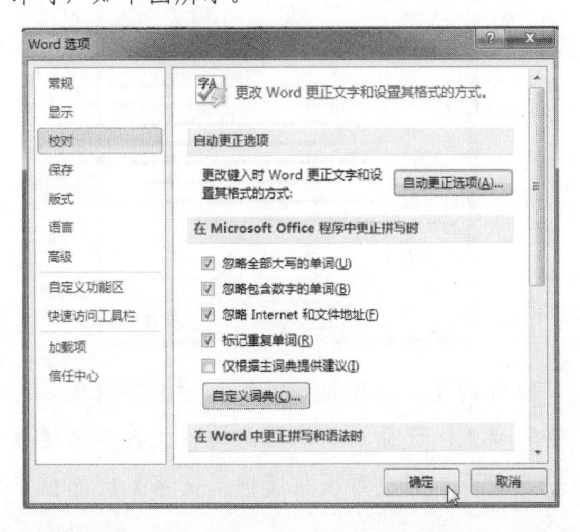

14.4 给段落添加项目符号和编号

Word 的编号功能是很强大的，可以轻松地设置多种格式的项目符号及多级编号等，能为工作带来很多方便，所以掌握它是非常有必要的。

14.4.1 添加项目符号

项目符号用于一些较为特殊的段落格式，例如有几个并列的项目时，就可以使用它。但如果这几个项目不是并列关系而是有先后之分或层级的，则一般使用编号。

下面我们还以“快乐是自己的事情”文档为例讲解如何添加项目符号。

操作步骤

1. 打开“快乐是自己的事情”文档，选取要添加项目符号的文本，然后单击【开始】选项卡下【段落】组中的【项目符号】按钮 ☰，如下图所示。

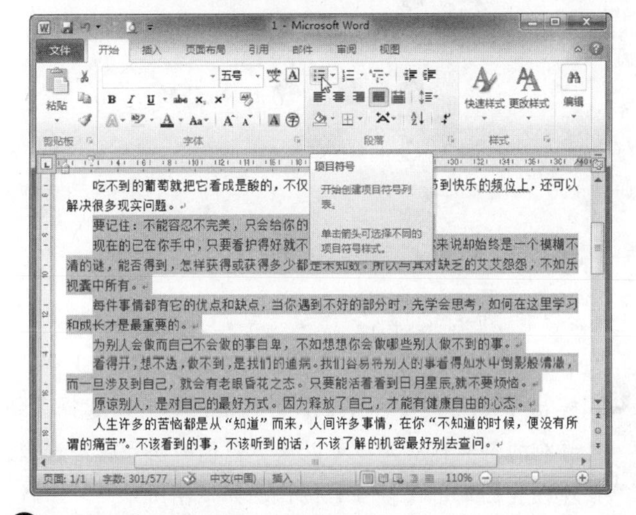

2. 这时 Word 将以悬挂缩进方式排列选中的段落，并在段落前面添加●符号，如下图所示。

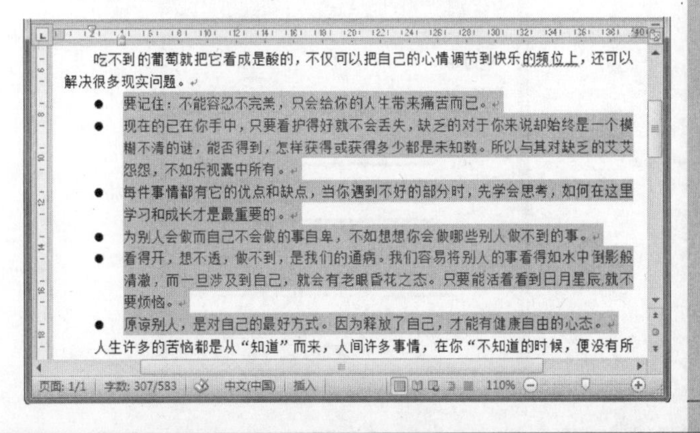

行距决定了段落中各行文字之间的垂直距离。段落间距决定了段落上方和下方的间距，默认情况下，各行之间是单倍行距，每个段落后的间距会略微大一些。

❸ 如果希望使用其他形式的项目符号，则可单击【项目符号】按钮右侧的下三角按钮，在其下拉列表中有各种各样的符号样式，可以根据需要选用，效果如下图所示。

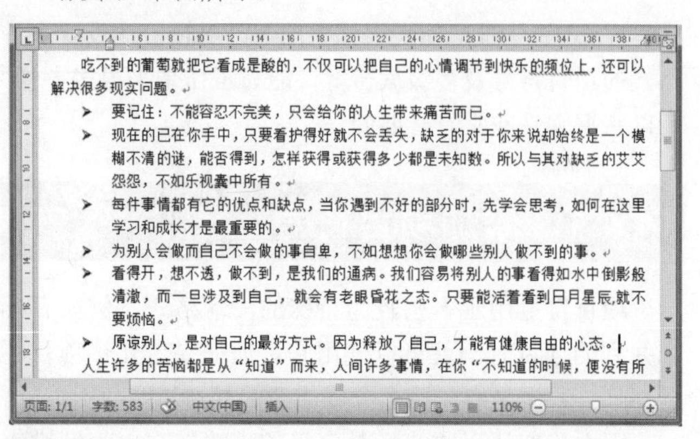

❹ 如果对上面列出的符号样式都不满意，则可以在下拉列表中选择【定义新项目符号】选项，如下图所示。

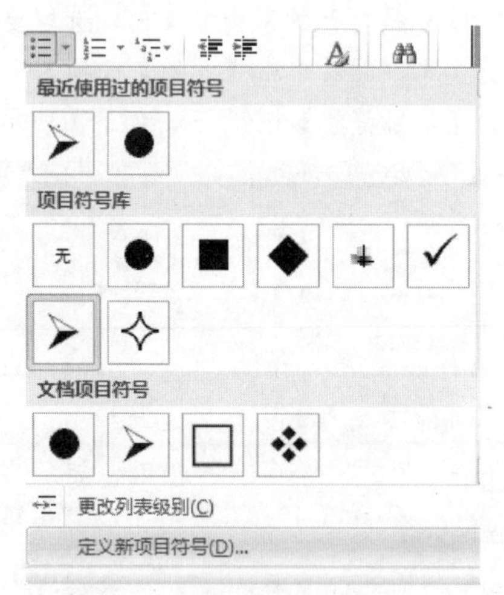

❺ 弹出【定义新项目符号】对话框，您可以选择系统原有的符号样式，也可以从你自己的图片库中选取。现在我们单击【符号】按钮，如下图所示。

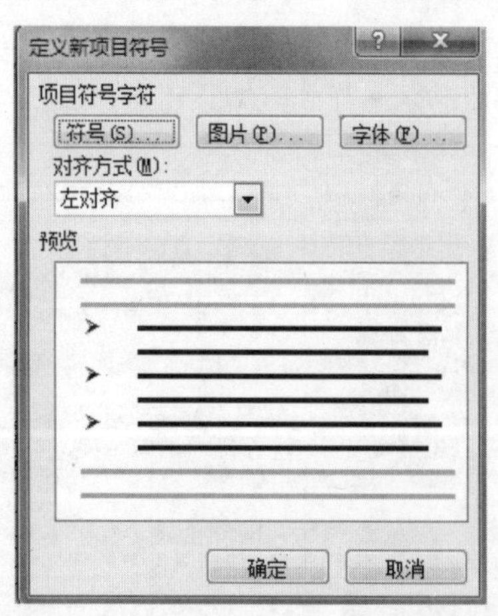

❻ 在打开的【符号】对话框中选择项目符号，如下图所示，然后单击【确定】按钮。

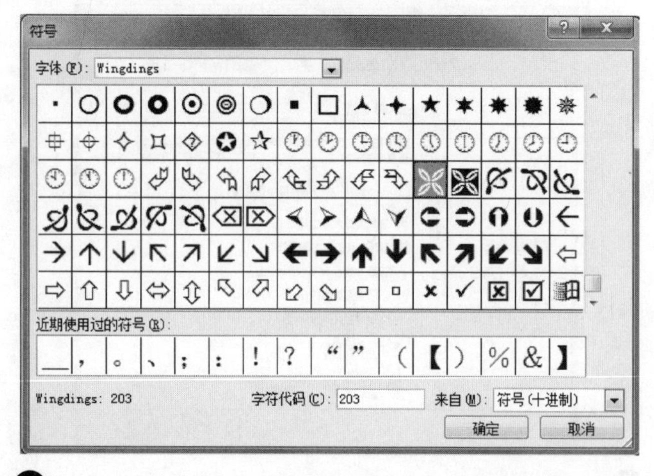

❼ 返回【定义新项目符号】对话框，再单击【确定】按钮，效果如下图所示。

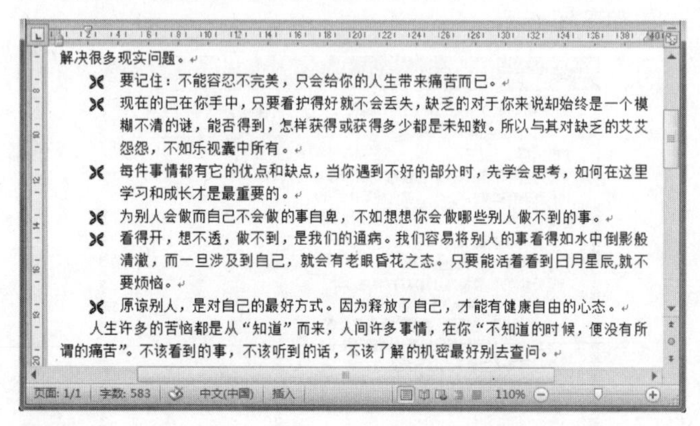

❽ 再次打开【定义新项目符号】对话框，我们为文本换个图片效果的项目符号，单击【图片】按钮，如下图所示。

❾ 在打开的【图片项目符号】对话框中有很多图片符号的样式，选择一个您满意的样式再单击【确定】按钮即可。您也可以在【搜索文字】文本框中输入

长见识：在使用格式刷进行格式复制时，最好先复制段落格式，再复制文字格式。因为如果一个段落中包含有不同的文字格式时，在应用段落格式时会将文字格式设置为段落格式。

关键字来搜索更多的图片符号样式，如下图所示。

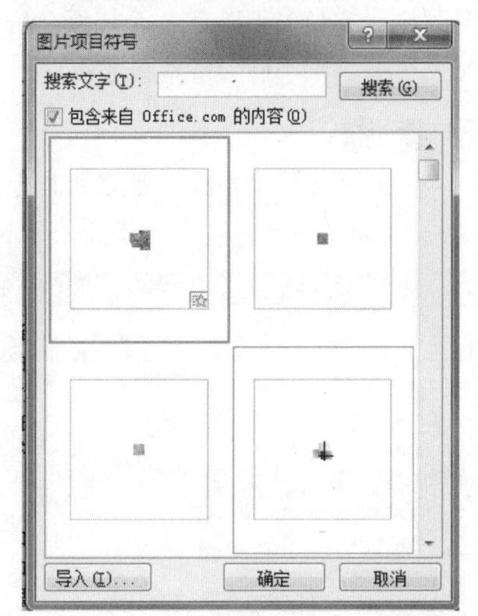

⑩ 返回【定义新项目符号】对话框，再单击【确定】按钮，其效果如下图所示。

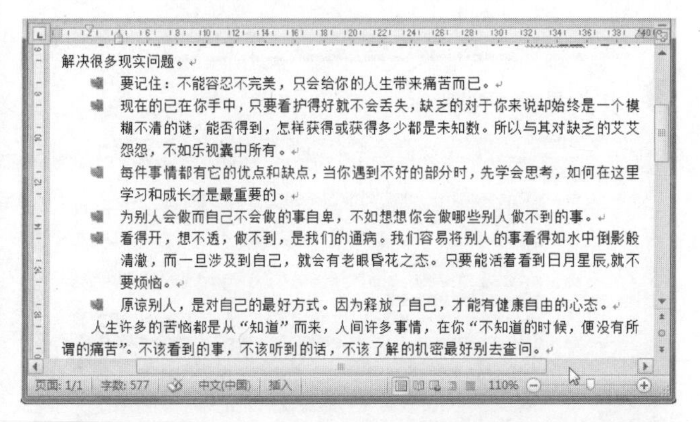

14.4.2 添加项目编号

当你在文档中输入“第一”作为段落的开头时，按下 Enter 键，在下一段落中系统将自动输入“第二”，后面依此类推，这就是自动编号功能。下面我们在“学习计划”的文档中演示一下如何添加编号。

操作步骤

① 还是选中和前面一样的文本，然在单击【开始】选项卡下【段落】组中的【编号】按钮 右侧的下三角按钮，从下拉列表中选择一种编号样式，这时在选中的文本前面将自动添加编号，如下图所示。

② 如果希望得到其他形式的编号，则要在【定义新编号格式】对话框中进行设置。单击【编号】按钮右侧 的下三角按钮，在下拉列表中选择【定义新编号格式】选项即可打开相应的对话框，如下图所示。

③ 在【定义新编号格式】对话框中，我们可以设置编号的样式，如下图所示。

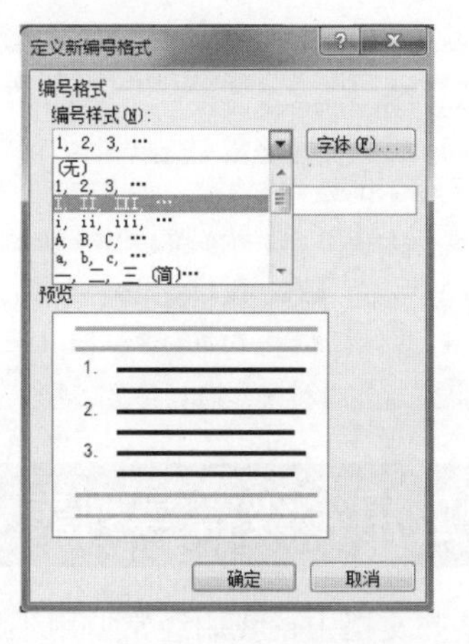

如果要复制文本格式，则选择段落的一部分；如果要复制文本和段落的格式，则选择整个段落，包括段落标记。格式刷不能复制艺术字文本的字体和字号。

长见识

❹ 单击【字体】按钮，即可打开【字体】对话框，在这里可以设置编号的字体、字形、字号以及字体颜色等，再单击【确定】按钮，如下图所示。

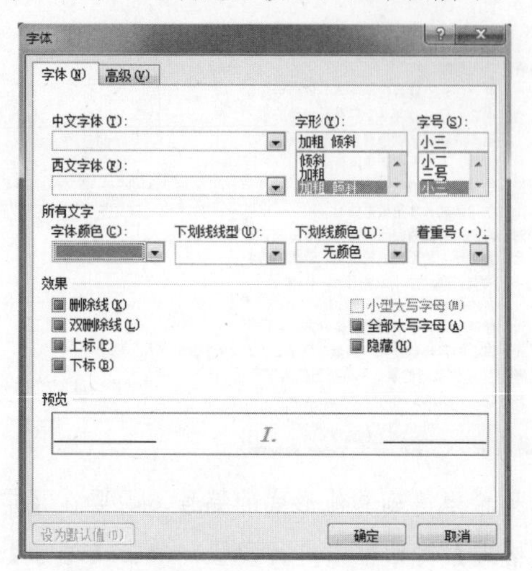

❺ 返回到【定义新编号样式】对话框，再单击【确定】按钮即可，如下图所示。

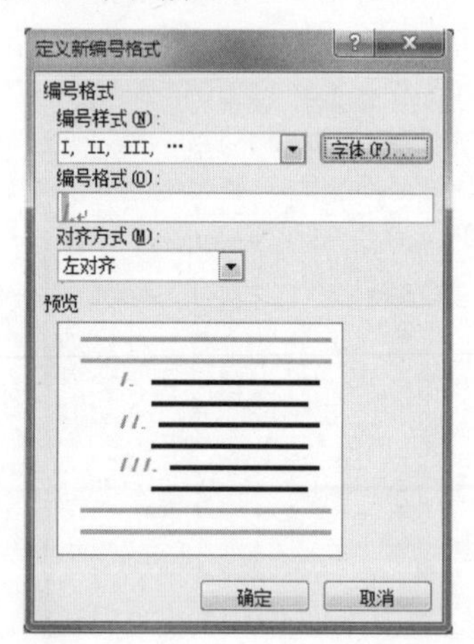

❻ 设置完成以后，效果如下图所示。

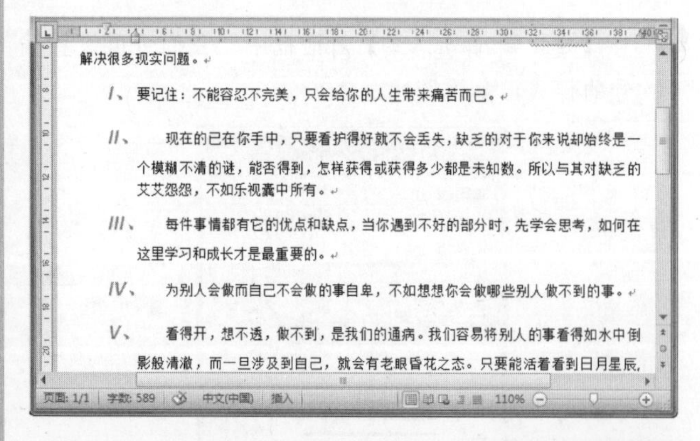

14.4.3 应用多级符号列表

在某些文档中，我们经常要用不同形式的编号来体现标题或段落的层次，此时，就可以应用到多级符号列表。它最多可以有 9 个层级，每一层级都可以根据需要设置不同的格式和形式。

操作步骤

❶ 在文档中选取要设置的段落，然后单击【多级列表】按钮，在列表库中选择一种样式，如下图所示。

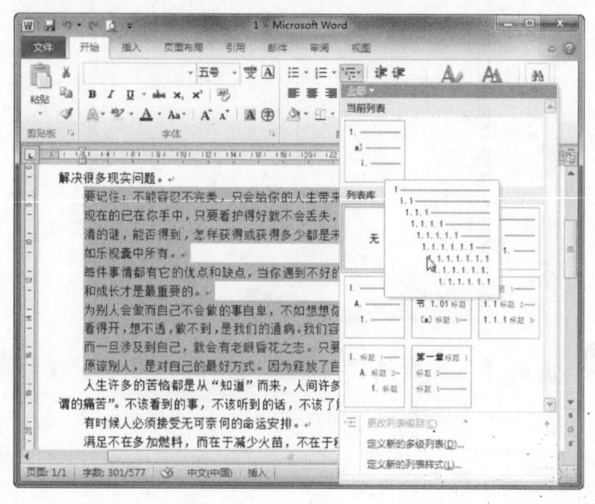

❷ 其效果如下图所示。

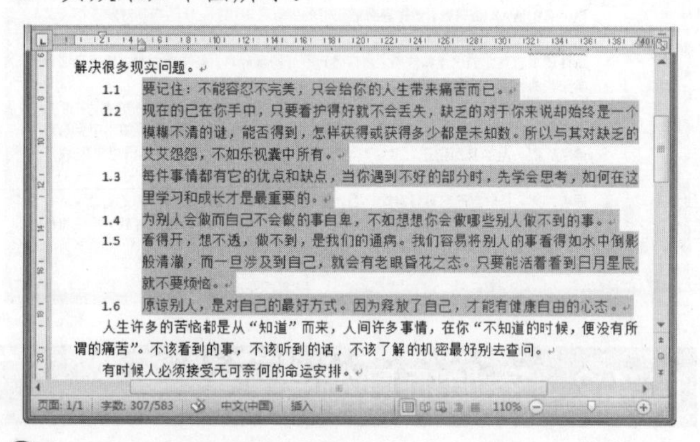

❸ 选取要设置为下一级的段落，单击【增加缩进量】按钮，如下图所示。

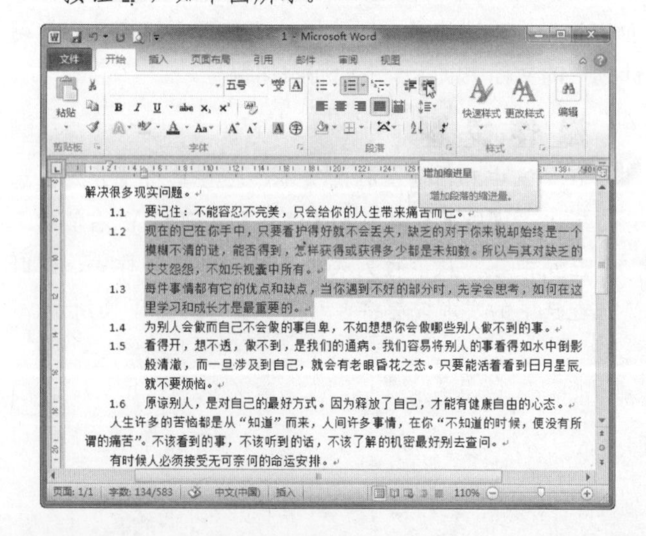

长见识 项目编号和符号的默认对齐方式是【左对齐】，除此之外，还有【居中对齐】和【右对齐】，效果如何，您可以自己去体验。

❹ 其效果如下图所示。

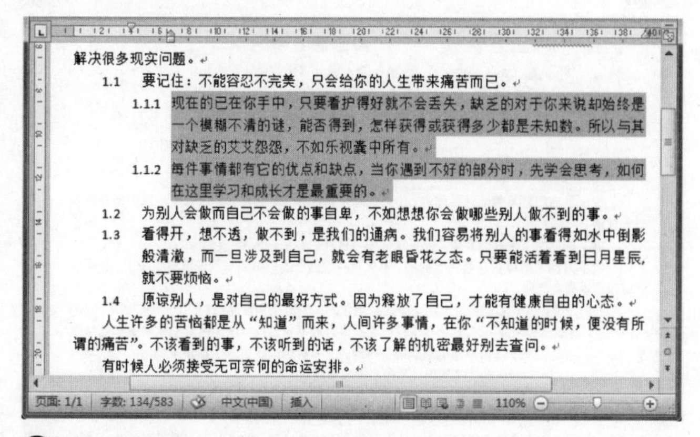

❺ 若要继续设置下一级段落，可以参照步骤 3，其效果如下图所示。

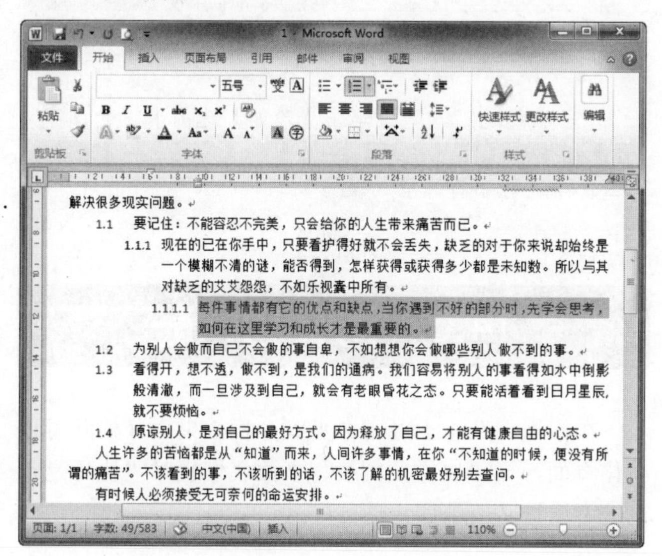

注意

不能对文档中出现的第一个层级编号使用【增加缩进量】按钮来降低其层级，只能产生缩进效果。

14.5 给文本添加边框和底纹

在 Word 中可以为选中的文本、段落或整个页面进行边框和底纹的设置，以突出显示某个部分。下面让我们一起来学习如何为文本添加边框和底纹吧！

14.5.1 添加边框

首先让我们来尝试如何为所选文本添加边框，以此来达到美化的效果。

操作步骤

❶ 选取要添加边框的段落，这里选择文档的标题，然后单击【开始】选项卡下【段落】组中的【下框线】按钮，在其下拉列表中选择【边框和底纹】选项，如下图所示。

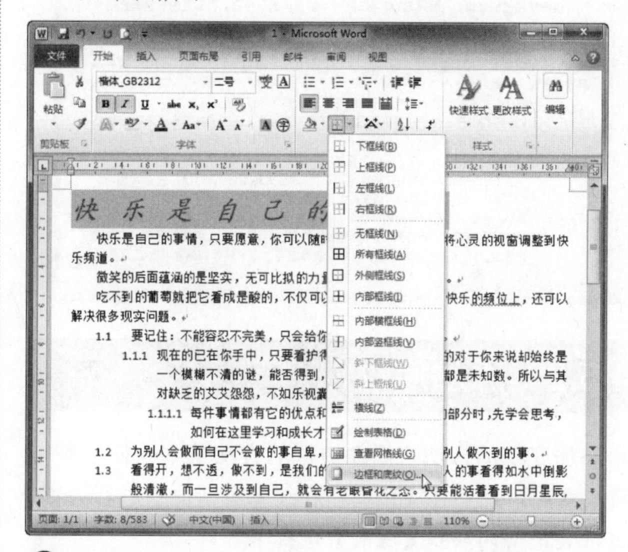

❷ 弹出【边框和底纹】对话框。在【边框】选项卡下的【设置】选项组中选择要应用的边框类型(例如【方框】)；然后在【样式】列表框中选择边框线的样式；接着在【颜色】下拉列表框中选择边框线的颜色；在【宽度】下拉列表框中选择边框线的粗细；最后在【应用于】下拉列表框中选择应用边框的范围，再单击【确定】按钮，如下图所示。

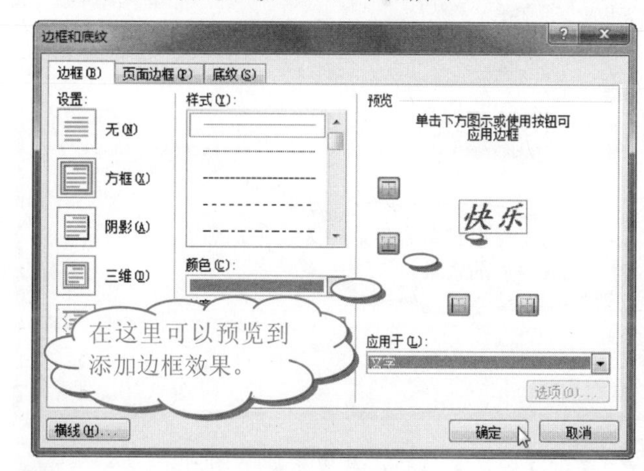

❸ 添加边框后的效果如下图所示。

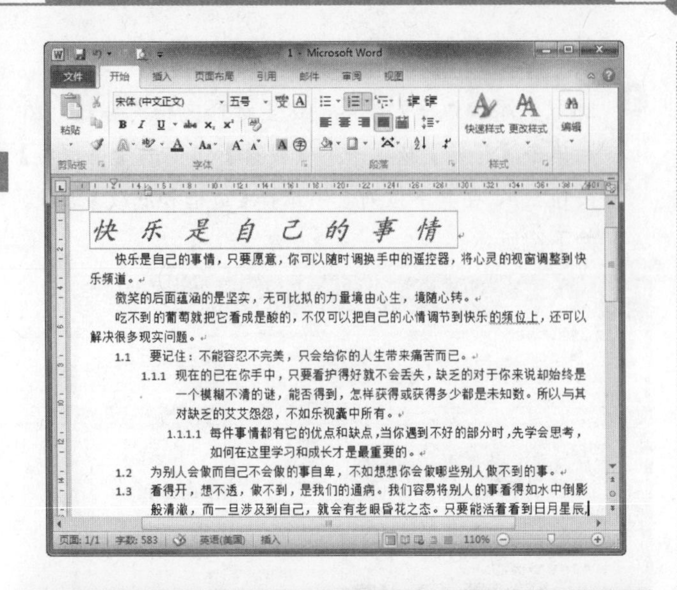

14.5.2 添加底纹

添加底纹的方法与添加边框的方法基本一样，都是先选取对象，然后在【边框和底纹】对话框中进行设置，不过，要记得切换到【底纹】选择卡。

操作步骤

1. 选取要添加底纹的文本，我们还是选择文档的标题。
2. 单击【边框和底纹】按钮，弹出【边框和底纹】对话框。切换到【底纹】选项卡，进行底纹的设置，如下图所示。

3. 单击【确定】按钮，其效果如下图所示。

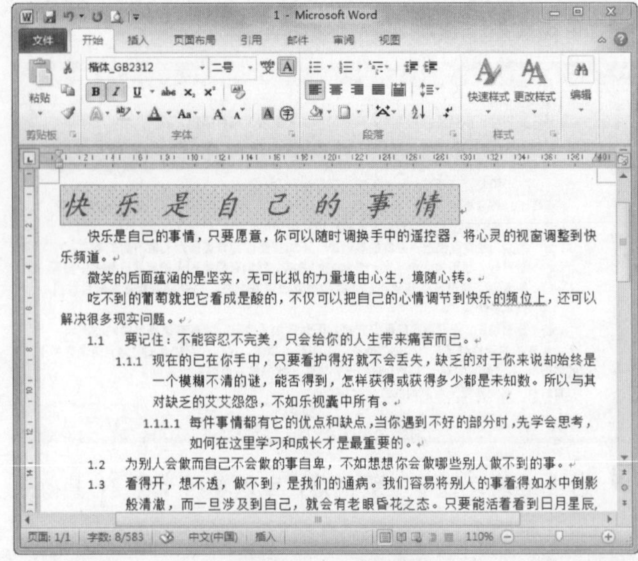

技巧

当然您还可以通过单击【开始】选项卡下的【字体】组中的【字符边框】按钮A和【字符底纹】按钮A直接进行字符设置，既方便又快捷。

14.6 给文档分栏

在报纸、杂志上经常会见到分栏效果，分栏既可以美化页面，又可以方便阅读。下面我们也对“快乐是自己的事情”文档进行分栏吧！

14.6.1 分栏设置

如果分栏后每一栏的宽度不一样，将会影响文档的美观并给阅读带来极大的不便，因此我们要学会如何设置宽度相等的栏。

操作步骤

1. 在文档中选取要分栏的文本。这里选取文档中的所有文本。在【页面布局】选项卡下的【页面设置】组中，单击【分栏】按钮，如下图所示。

在Word 2010窗口中选择【文件】|【选项】命令，会弹出【Word选项】对话框，单击【常规】选项，接着在右侧窗格中可以对电脑进行个性设置，如修改【用户名】和【缩写】等，有兴趣的用户可以自己试试！

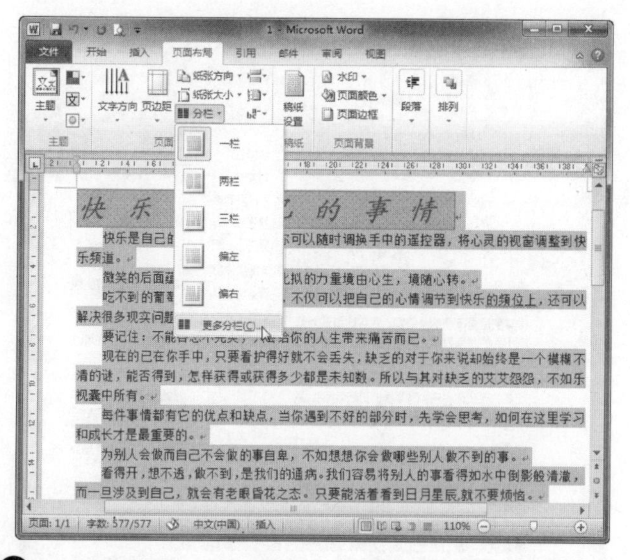

❷ 在【分栏】下拉列表中，可以快速选择预置的分栏样式，如果选择【更多分栏】选项，则会弹出【分栏】对话框，如下图所示。

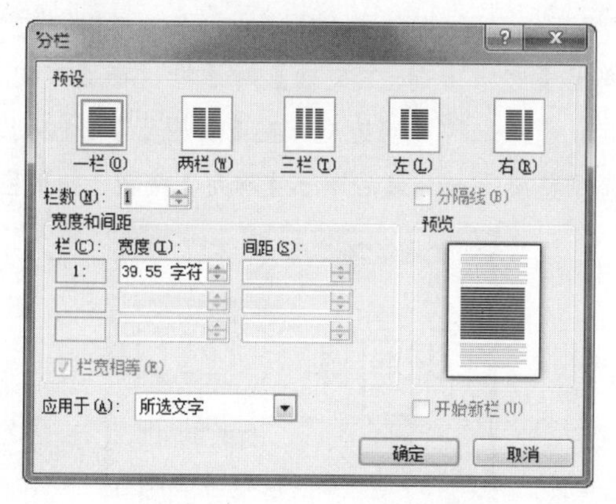

❸ 我们对文档进行如下设置：分为两栏，栏宽相等，应用于所选文字，不设置分隔线。然后单击【确定】按钮即可，如下图所示。

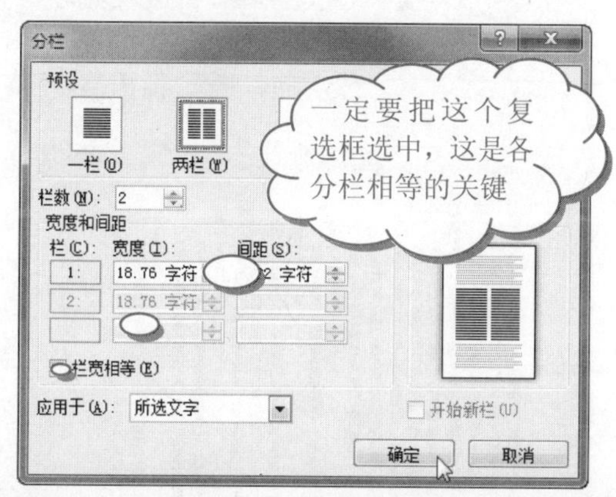

14.6.2　设置通栏标题

对文档的正文设置分栏后，我们还可以将其标题设置为跨越多栏的通栏标题，这样看起来比较舒适、美观。

操作步骤

❶ 选取要设置成通栏标题的文本，如“快乐是自己的事情”。

❷ 单击【分栏】按钮，在下拉列表中选择【一栏】选项，如下图所示。

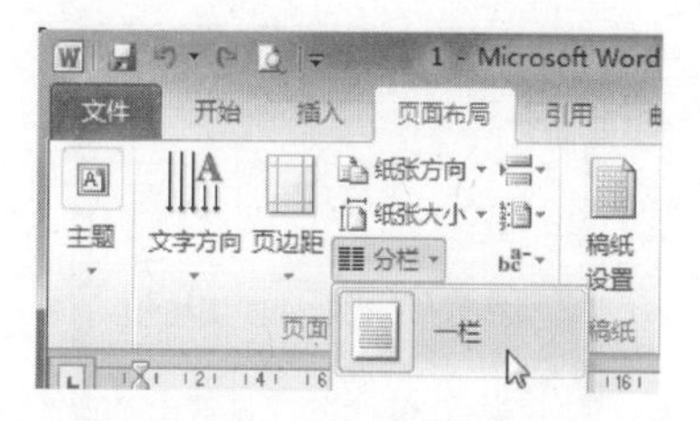

❸ 再把标题的对齐方式设置为“居中对齐”，就可以完成通栏标题的效果了，自己试试吧。

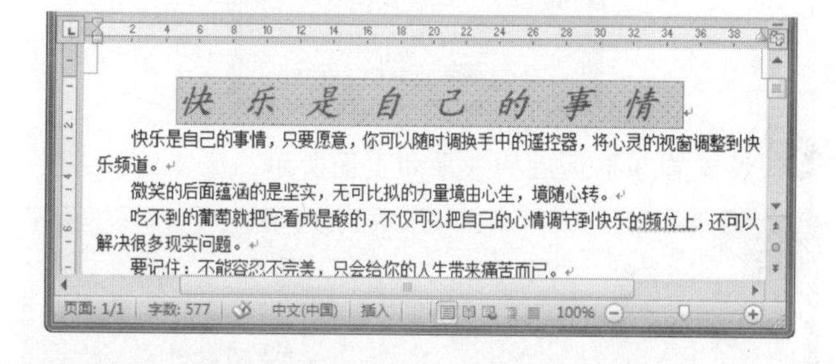

14.7　设置首字下沉

简单地说，首字下沉是加大字号的首字符，可用于文档或章节的开头，也可用于为新闻稿或请柬增添趣味。

操作步骤

❶ 将光标定位到要设置首字下沉的段落中，然后在【插入】选项卡下的【文本】组中，单击【首字下沉】按钮，接着从弹出的菜单中选择相应的命令即可，如下图所示。

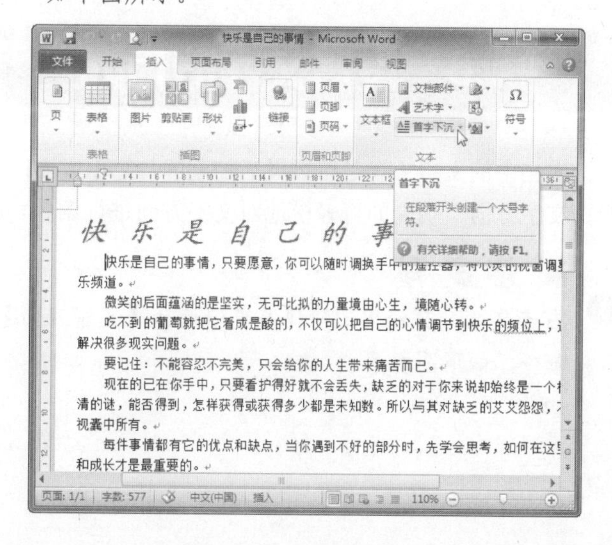

项目符号或符号可以给列表增添视觉效果。在Microsoft Word 2010中，如果别人发来的文档中有您特别喜欢的项目符号样式，则可将该样式添加到项目符号库中，供以后反复使用。

长见识

❷ 如果选择【首字下沉】选项，则会弹出【首字下沉】对话框，然后在【位置】选项组中选择首字下沉的位置，接着在【选项】选项组中设置首字的字体样式和下沉行数以及距正文的距离等内容，最后单击【确定】按钮，如下图所示。

❸ 设置首字下沉后的效果如下图所示。

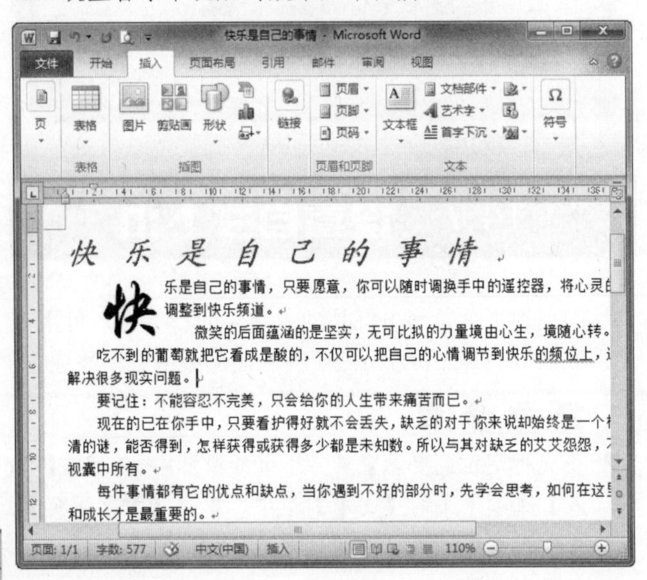

14.8 设置文字的方向

文档中的文字方向是可以灵活控制的，应用 Word 中的“文字方向”功能即可轻松地对文字方向进行调整。

操作步骤

❶ 右击文档，在弹出的快捷菜单中选择【文字方向】命令，如下图所示。

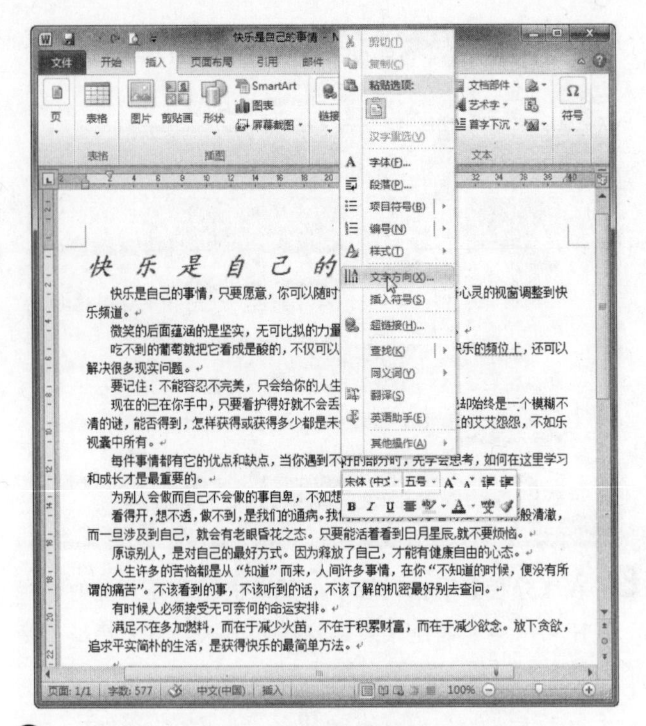

❷ 弹出【文字方向-主文档】对话框，在【方向】选项组中选择一种文字方向，在【应用于】下拉列表框中选择整篇文档，最后单击【确定】按钮，如下图所示。

❸ 设置后的文字效果如下图所示。

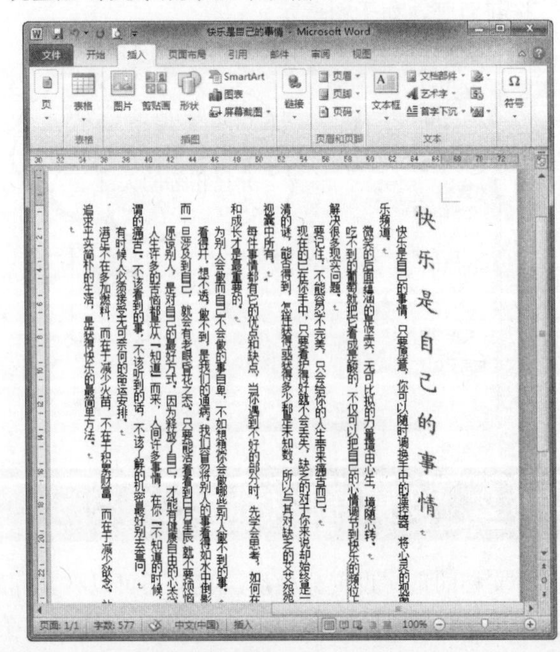

学以致用系列丛书

长见识：如果选中【分栏】对话框中的【分隔线】复选框，则分栏之间将会添加分隔线。如果要对整篇文章进行分栏设置，不需要进行选取，可以直接进行分栏设置。

14.9 页面布局与打印

创建好一篇文档后，如果考虑要把它打印出来，就要对它的页面进行设置，不然在打印时，可能会出现文档的内容打印不全等问题。

14.9.1 添加页眉和页脚

我们可以在每个页面的顶部设置页眉，也可以在底部设置页脚，在页眉和页脚中可以插入文本或者图形。例如，可以添加页码、时间和日期、公司徽标、文档标题、文件名或作者姓名等，这样可以使我们的文档更加丰富。

操作步骤

1. 在【插入】选项卡的【页眉和页脚】组中单击【页眉】或【页脚】按钮，在下拉列表中选择所需的页眉或页脚设计，页眉或页脚即被插入到文档的每一页中，如下图所示。

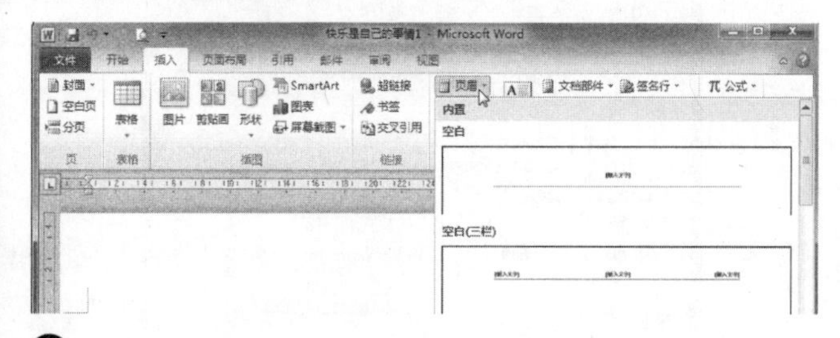

2. 如我们在文档的页眉中插入“心情日记”，单击【关闭页眉和页脚】按钮，退出页眉和页脚的编辑状态，如下图所示。

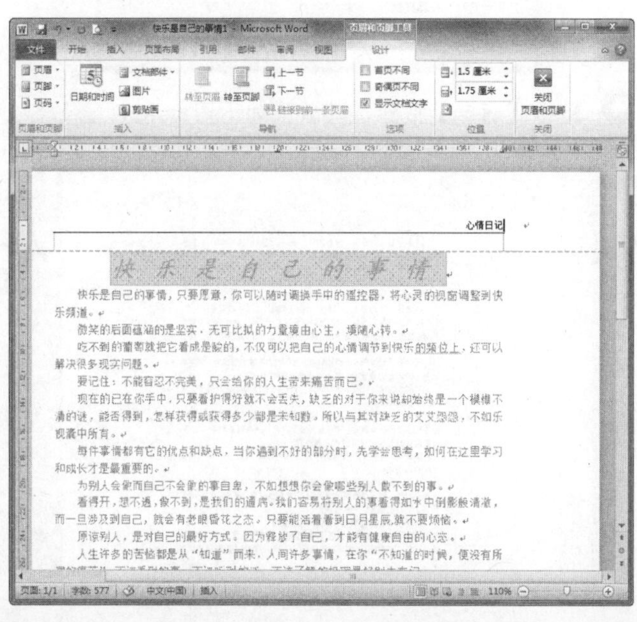

3. 其效果如下图所示。

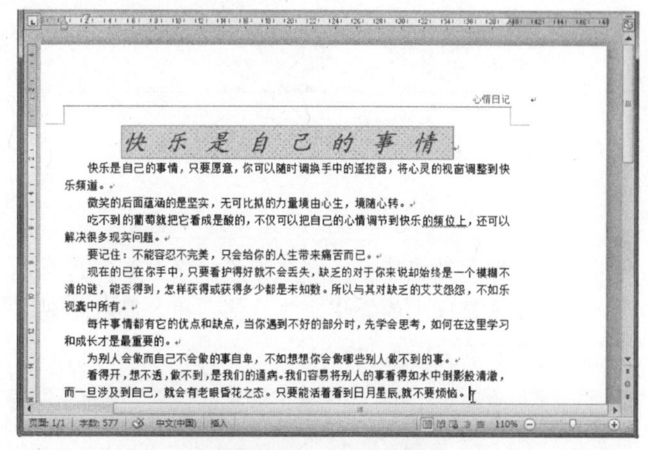

技巧

如果要对奇偶页使用不同的页眉（或页脚），可以双击页眉（或页脚）区，进入页眉和页脚区域，然后在【页眉和页脚工具】下的【设计】选项卡中，选中【选项】组中的【奇偶页不同】复选框，如左下图所示，接着对奇数页和偶数页分别设置页眉（或页脚）内容即可，设置完毕后单击【关闭】组中的【关闭页眉和页脚】按钮即可。

14.9.2 插入页码

如果一本书没有页码，情况是不可想象的。文档也一样，如果没有预先设置好页码，打印出来后，由于数量非常多，顺序极容易搞乱，因此我们有必要为稿件插入页码。

操作步骤

1. 把光标定位在第一页中，在【插入】选项卡的【页眉和页脚】组中单击【页码】按钮，如下图所示。

2. 根据您希望页码在文档中显示的位置，在【页码】下拉列表中选择【页面顶端】、【页面底端】、【页边距】、【当前位置】选项。这里我们选择【当前位置】选项下【带有多种形状】选项组中的第一个样式，如下图所示。

要更改文档中某一部分的边距，请选择相应文本，然后在【页面设置】对话框中的【页边距】中输入新的边距，从而设置所需边距并在【应用于】下拉列表框中选择【所选文本】选项。

长见识

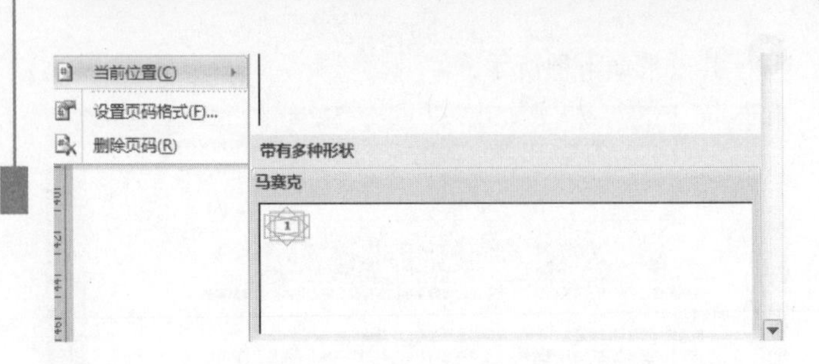

❸ 在文档的奇数页中插入奇数页码，这时我们再在第二页中重复以上的操作，文档就会插入偶数页码，其效果如下图所示。

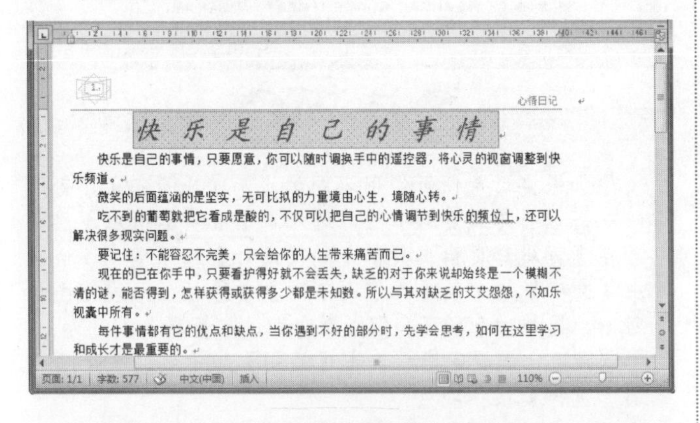

14.9.3 页面设置

页面设置主要包括设置纸张大小、调整页边距等内容，下面主要从三个方面介绍页面设置。

1. 设置页边距

页边距就是页面上打印区域之外的空白空间。如果页边距设置得太窄，打印机将无法打印到纸张边缘的文档内容，导致打印不全，所以我们在打印文档前应该先设置文档的页面。

操作步骤

❶ 在【页面布局】选项卡的【页面设置】组中单击【页边距】按钮。

❷ 在其下拉列表中，Word提供了6个页边距选项。您可以使用这些预定好的页边距，也可以通过选择【自定义页边距】选项卡设置页边距，如下图所示。

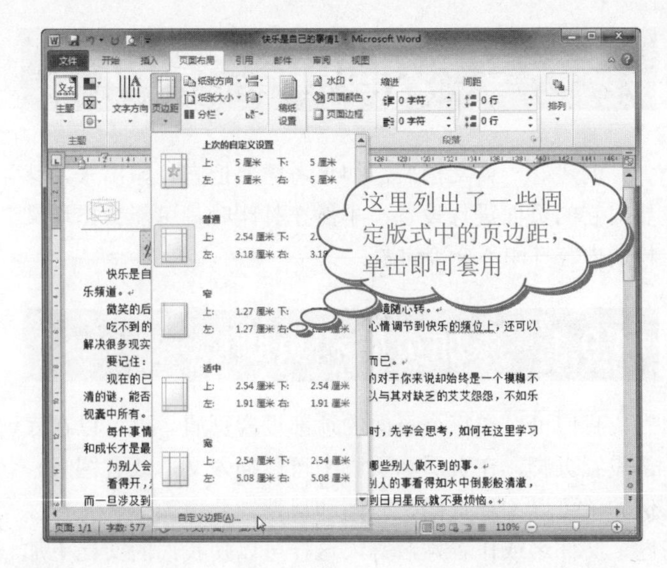

❸ 如果选择【自定义边距】选项，则会弹出【页面设置】对话框，切换到【页边距】选项卡，在【页边距】选项组中的【上】、【下】、【左】、【右】微调框中都输入“5厘米”，如下图所示。

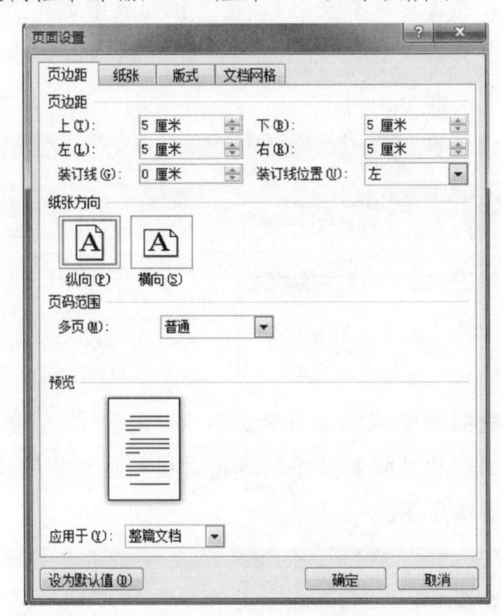

❹ 单击【确定】按钮，其效果如下图所示。

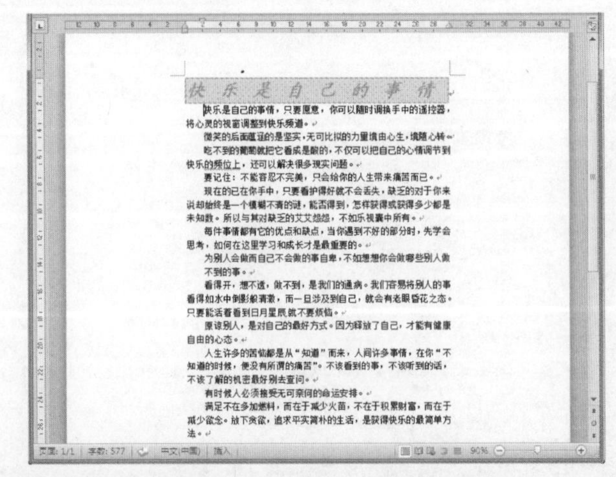

长见识 在页眉和页脚编辑区中，如果按下Ctrl+A组合键，然后按下Delete键，可一次性删除所有的页眉和页脚，而不需要对页眉或页脚分别进行删除操作。

2. 调整纸张

纸张的设置决定了您所要打印纸张的大小，下面我们来为文档设置一下它的打印纸张大小吧。

操作步骤

1. 在【页面布局】选项卡的【页面设置】组中单击【纸张大小】按钮。在其下拉列表中，Word提供了几个预定好的选项，您可以根据需要选择使用，系统默认的纸张是A4纸。当然，如果这些都不合意，您也可以通过选择【其他页面大小】选项来自己设置，如下图所示。

2. 例如选择【其他页面大小】选项，打开【页面设置】对话框，切换到【纸张】选项卡。
3. 在【纸张大小】下拉列表框中选择【自定义大小】选项，在【高度】、【宽度】微调框中都输入“29厘米”，如下图所示。

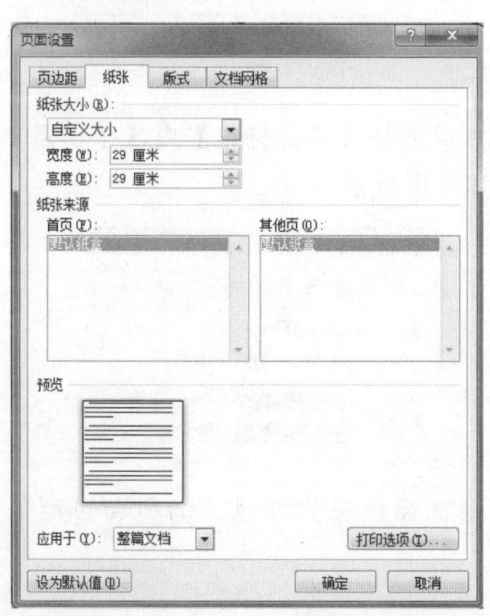

4. 单击【确定】按钮。其效果图与系统默认设置图对比如下图所示。

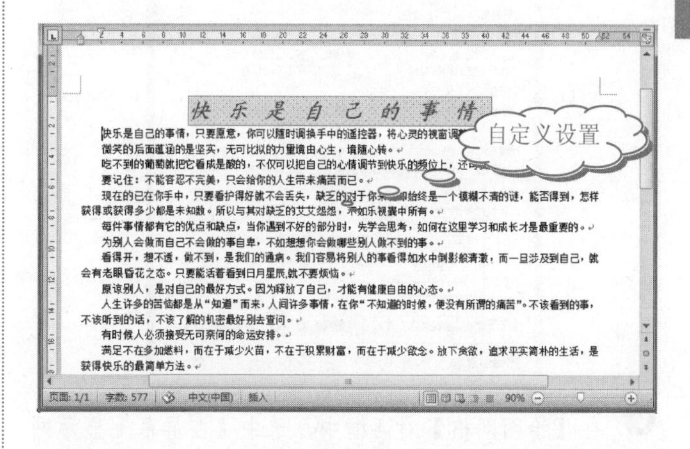

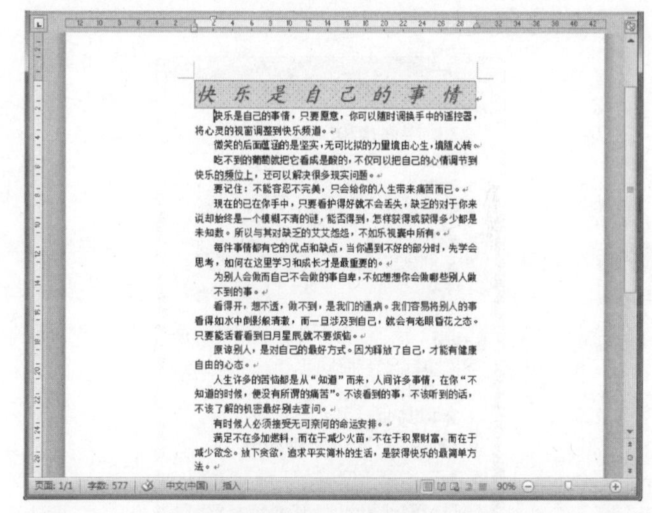

3. 设置文档网格

网格对我们来说并不陌生，在我们所使用的信纸、笔记本、作业本上都有。在Word文档中我们也一样可以设置网格。

操作步骤

1. 参考前面的方法，打开【页面设置】对话框，切换到【文档网格】选项卡。在【网格】选项组中选中【指定行和字符网格】单选按钮，再单击【绘图网格】按钮，如下图所示。

在【页眉和页脚工具】下的【设计】选项卡的【导航】选项组中，单击【链接到前一节页眉】按钮，可以断开新节中的页眉和页脚与前一节中的页眉和页脚之间的连接。

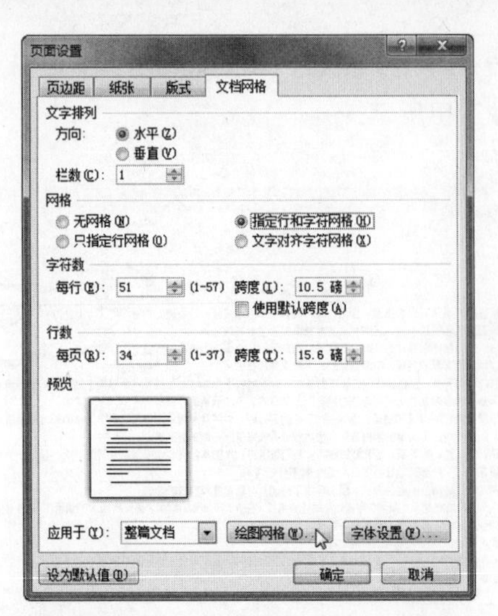

❷ 在【绘图网格】对话框中，选中【在屏幕上显示网格线】复选框。

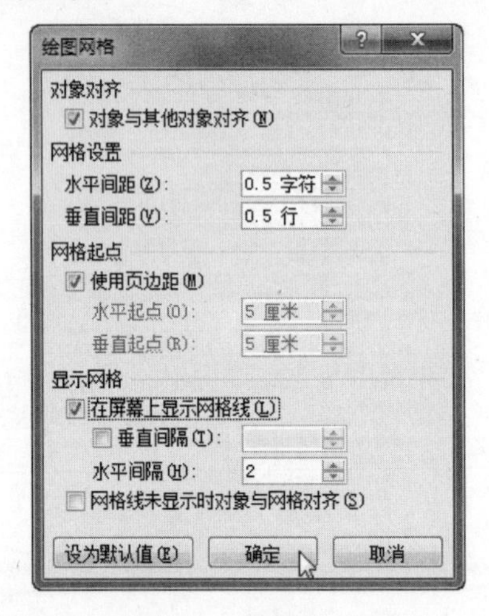

❸ 单击【确定】按钮，其效果如下图所示。

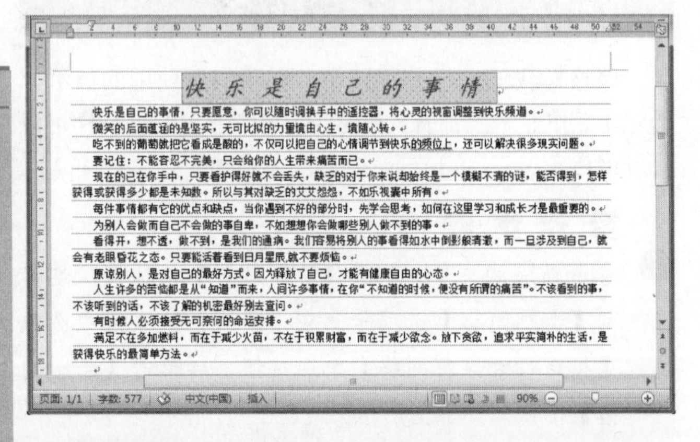

14.9.4 打印设置

设置好文档样式之后，我们可以将其打印出来，在打印前要进行属性设置，先设置哪种选项全凭自己的习惯，这里就从上到下的顺序来进行设置。

操作步骤

❶ 在【打印】选项组中的【份数】微调框下选择你想要打印的文档份数。在【打印机】选项组中选择一种打印机类型，基本情况下都保持默认，如下图所示。

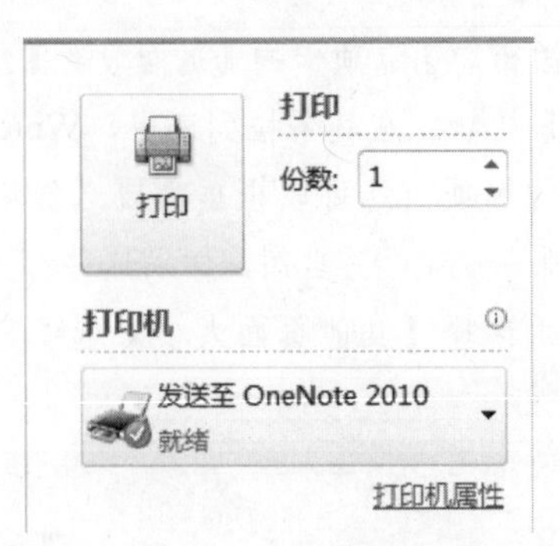

❷ 在【设置】选项组中单击【打印所有页】按钮，从弹出的下拉列表中选择打印文档的范围，这里选择【打印所有页】选项，您也可以选择【打印当前页面】选项，表示打印光标所在的页，如下图所示。

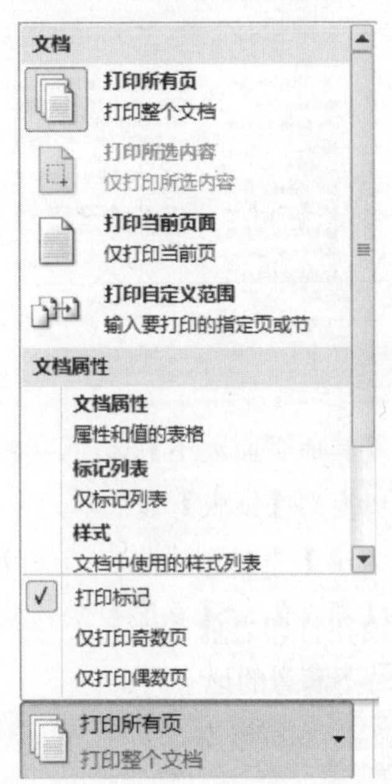

❸ 您还可以选择【单面打印】或【手动双面打印】选项，如下图所示。

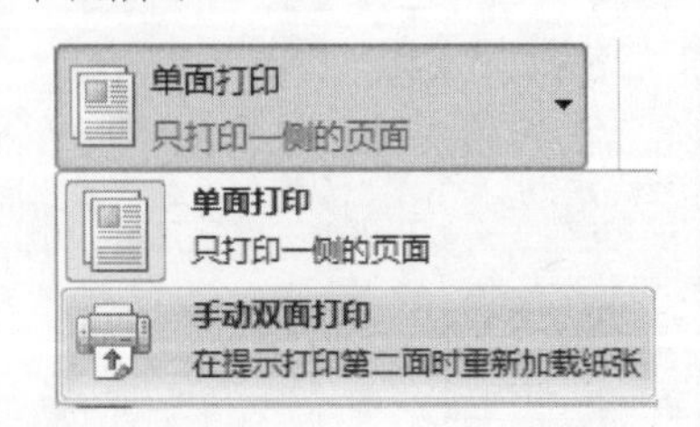

❹ 您可以选择纸张的方向、类型和边距等，如下图所示。

长见识 最小页边距的设置取决于您的打印机、打印机驱动程序和页面大小。若要确定最小的页边距设置，请参考打印机使用手册。

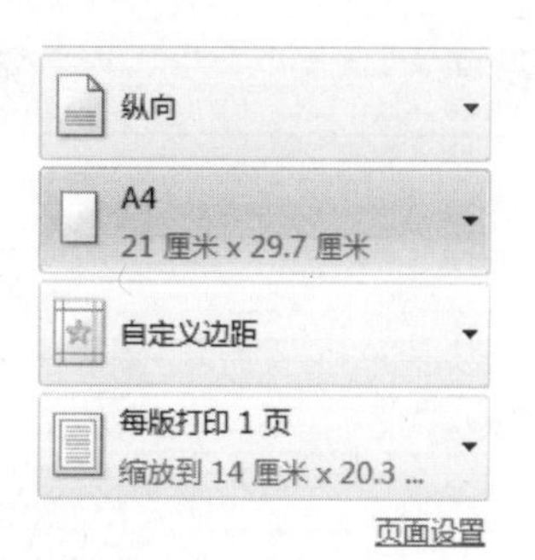

5. 您还可以单击【页面设置】链接，在【页面设置】对话框中进行设置，如下图所示。

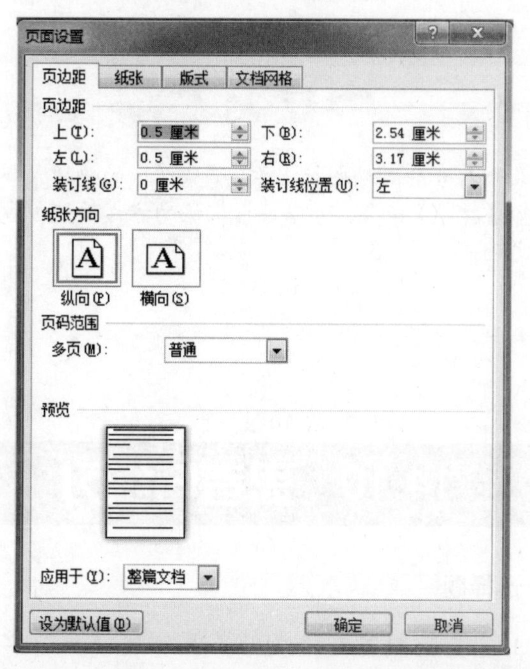

14.9.5 预览并打印文档

文档编辑完成后，为了便于阅读，用户可以将文档打印出来。不过在打印之前，最好先预览一下设置的效果，以便及时对不满意的地方进行调整。

1. 预览文档

在 Word 2010 中预览文档的方法如下。

操作步骤

1. 单击【文件】选项卡，并在打开的 Backstage 视图中选择【选项】命令，打开【Word 选项】对话框，如下图所示。

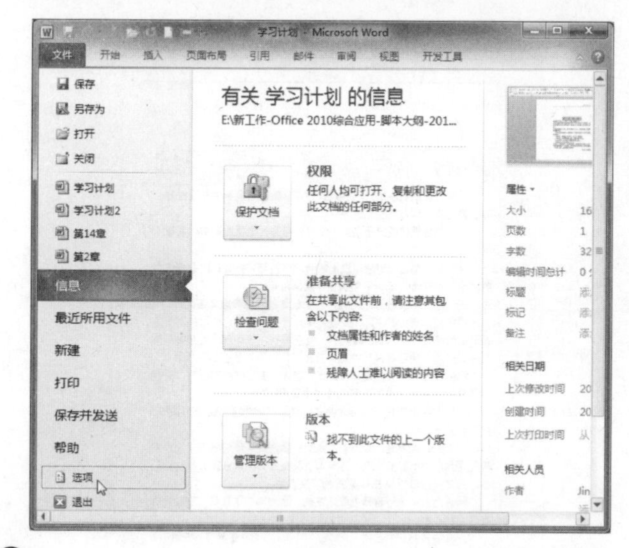

2. 在左侧窗格中单击【快速访问工具栏】选项，接着在右侧的【从下列位置选择命令】下拉列表中选择【不在功能区中的命令】选项，接着在列表框中选择【打印预览和打印】命令，再单击【添加】按钮，最后单击【确定】按钮进行保存，如下图所示。

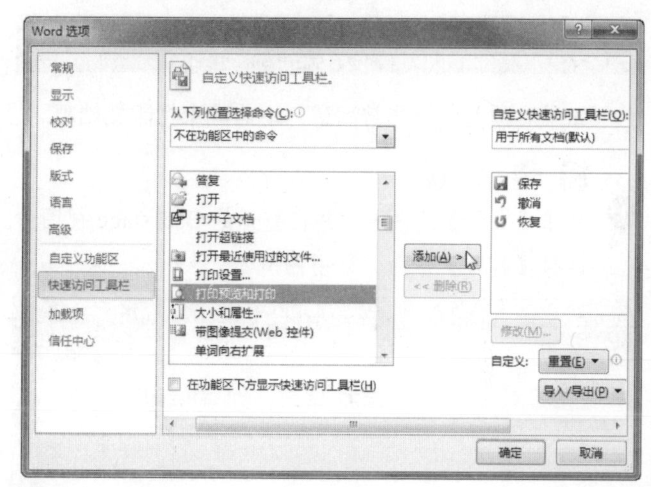

3. 在快速访问工具栏中单击【打印预览和打印】按钮，如下图所示。

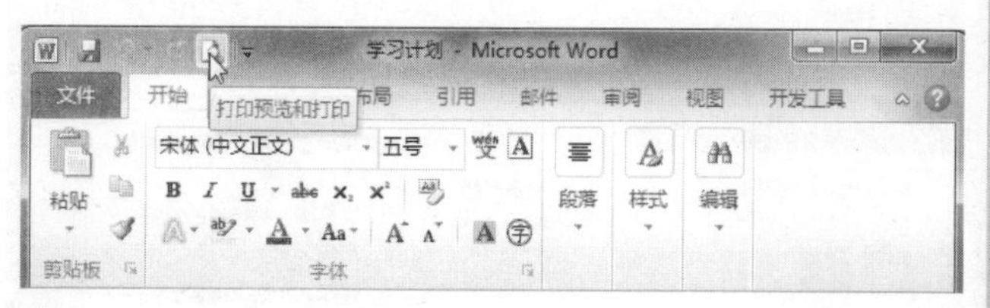

4. 这时将会切换至 Backstage 视图，在右侧窗格即可预览文档内容了，如下图所示。

学以致用系列丛书

若选择【打印自定义范围】选项，就可以随意设置你想打印的页码范围，在【页数】文本框中输入所要打印的页码即可。如果要打印的是连续的页面，如要打印第 A 页到第 E 页，这时输入的格式是“A—E”；如果要打印的是不连续的页面，如只要打印 A、C、F 页时，输入“A,C,F”就可以了。

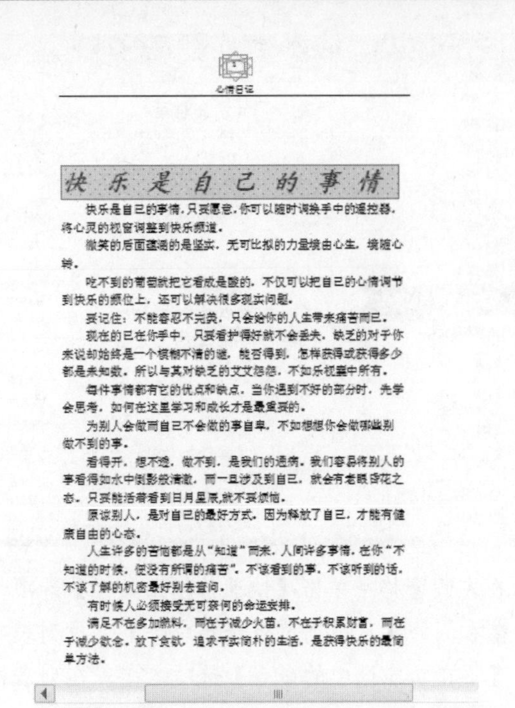
心情日记

快乐是自己的事情

快乐是自己的事情，只要愿意，你可以随时调换手中的遥控器，将心灵的视窗调整到快乐频道。

微笑的后面蕴涵的是坚实，无可比拟的力量缘由心生，境随心转。

吃不到的葡萄就把它看成是酸的，不仅可以把自己的心情调节到快乐的频位上，还可以解决很多现实问题。

要记住：不能容忍不完美，只会给你的人生带来痛苦而已。

现在的已在你手中，只要看护得好就不会丢失，缺乏的对于你来说却始终是一个模糊不清的谜，能否得到，怎样获得或获得多少都是未知数，所以与其对缺乏的艾艾怨怨，不如乐视囊中所有。

每件事情都有它的优点和缺点，当你遇到不好的部分时，先学会思考，如何在这里学习和成长才是最重要的。

为别人会做而自己不会做的事自卑，不如想想你会做哪些别做不到的事。

看得开，想不透，做不到，是我们的通病。我们容易将别人的事看得如水中倒影般清澈，而一旦涉及到自己，就会有老眼昏花之态。只要能活着看到日月星辰,就不要烦恼。

原谅别人，是对自己的最好方式，因为释放了自己，才能有健康自由的心态。

人生许多的苦恼都是从“知道”而来，人间许多事情，在你“不知道的时候，便没有所谓的痛苦”，不该看到的事，不该听到的话，不该了解的机密最好别去查问。

有时候人必须接受无可奈何的命运安排。

满足不在多加燃料，而在于减少火苗，不在于积累财富，而在于减少欲念，放下贪欲，追求平实简朴的生活，是获得快乐的最简单方法。

2. 打印文档

如果对预览效果非常满意，下面就来打印文档吧。

操作步骤

❶ 单击【文件】选项卡，并在打开的Backstage视图中选择【打印】命令，如下图所示。

❷ 接着在中间窗格设置打印参数，设置完毕后单击【打印】按钮，即可开始打印文档了，如下图所示。

技巧

在未打开的文档图标上右击，从弹出的快捷菜单中选择【打印】命令，可以使用默认的方式快速打印整篇文档。

14.10 思考与练习

选择题

1. 要复制字符格式而不复制字符时，需要使用________。

   A. 格式刷　　B. 【复制】命令

   C. 【剪切】命令　　D. 【粘贴】命令

2. 在文档中要体现出文档的不同级别和层次，需要使用________。

   A. 项目符号　　B. 项目编号

   C. 多级列表　　D. 以上都可以

3. 下面属于段落缩进方式的是________。

   A. 悬挂缩进　　B. 左缩进和首行缩进

   C. 右缩进　　D. 以上都是

4. 段落的对齐方式有________。

   A. 左对齐　　B. 右对齐

   C. 两端对齐和居中　　D. 以上都是

5. 设置通栏标题时，只要把标题设置为________就可以了。

   A. 两栏　　B. 一栏

   C. 无　　D. 三栏

长见识 若在编辑文档过程中出现标记〰，则有可能是语句不通顺或语法错误，应及时进行查改。

操作题

请将下面的内容输入到 Word 文档里，然后回答问题。

快乐是自己的事情

快乐是自己的事情，只要愿意，你可以随时调换手中的遥控器，将心灵的视窗调整到快乐频道。

微笑的后面蕴涵的是坚强，无可比拟的力量境由心生，境随心转。

吃不到的葡萄就把它看成是酸的，不仅可以把自己的心情调节到快乐的频位上，还可以解决很多现实问题。

要记住：不能容忍不完美，只会给你的人生带来痛苦而已。

现在的已在你手中，只要看护得好就不会丢失，缺乏的对于你来说却始终是一个模糊不清的谜，能否得到，怎样获得或获得多少都是未知数。所以与其对缺乏的哀哀怨怨，不如乐视囊中所有。

每件事情都有它的优点和缺点，当你遇到不好的部分时，先学会思考，如何在这里学习和成长才是最重要的。

为别人会做而自己不会做的事自卑，不如想想你会做哪些别人做不到的事。

看不开，想不透，做不到，是我们的通病。我们容易将别人的事看得如水中倒影般清澈，而一旦涉及自己，就会有老眼昏花之态。只要能活着看到日月星辰，就不要烦恼。

原谅别人，是善待自己的最好方式。因为释放了自己，才能有健康自由的心态。

人生许多的苦恼都是从“知道”而来，人间许多事情，在你“不知道的时候，便没有所谓的痛苦”。不该看到的事，不该听到的话，不该了解的机密最好别去过问。

有时候人必须接受无可奈何的命运安排。

满足不在多加燃料，而在于减少火苗，不在于积累财富，而在于减少欲念。放下贪欲，追求平实简朴的生活，是获得快乐的最简单方法。

要求：

(1) 设置文档的标题：字体为楷体，字形为粗体，字号为二号，字体颜色设置为红色。

(2) 为文档正文设置底纹。

(3) 为整个文档设置外边框，边框线宽度为 1 磅，黑色。

(4) 给文档进行分栏设置，分为三个栏，有分隔线，每一栏的宽度要相同。

(5) 对第六～八段进行多级编号的设置，使其逐段下降。

如果从项目符号库中删除了某个项目符号，但该项目符号仍在文档项目符号区域内可用，则可以轻松地将它添加回项目符号库。

第 15 章 Word 2010 的图形处理

通过前面的学习，相信用户对文档的编辑已经非常了解。但是，怎样在文档中添加图片，使之更加精美呢？本章将为大家介绍一些 Word 2010 图形处理方法，全面提高用户对 Word 2010 的应用能力。

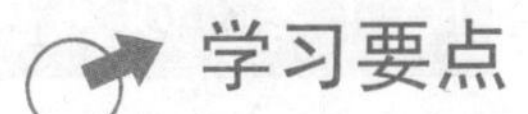

学习要点

- ❖ 添加屏幕截图
- ❖ 添加 SmartArt 图形
- ❖ 添加图片
- ❖ 添加剪贴画
- ❖ 添加自选图形
- ❖ 添加文本框
- ❖ 添加艺术字

学习目标

通过本章的学习，读者应该学会如何在文档中绘制自选图形，插入艺术字、图片、剪贴画、文本框，并学会如何对它们进行格式设置，最终实现页面精美的图文混排。

15.1 添加屏幕截图

屏幕截图是 Word 2010 的新增功能，利用屏幕截图可以随时随地截取当前正在编辑的窗口中的图片。

15.1.1 使用屏幕截图截取图片

下面我们具体来学习一下如何使用屏幕截图截取图片。

操作步骤

❶ 在【插入】选项卡下的【插图】组中，单击【屏幕截图】按钮，从打开的菜单中选择【屏幕剪辑】命令，如下图所示。

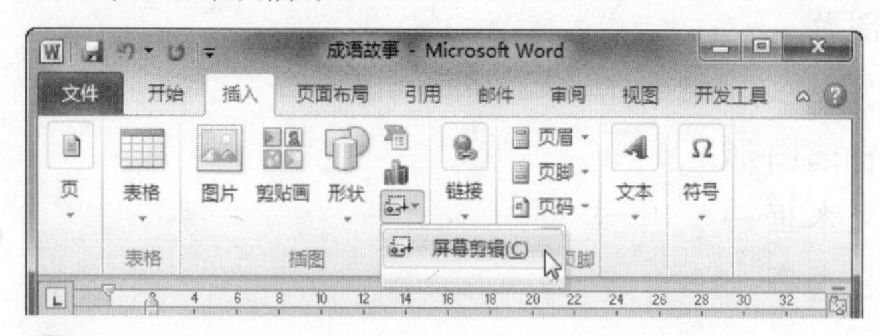

❷ 这时即可发现桌面已被冻结，在需要剪辑的位置单击鼠标左键拖动，如下图所示。

❸ 拖到合适位置后释放鼠标，刚才选中的图片就被添加到文档中了，效果如下图所示。

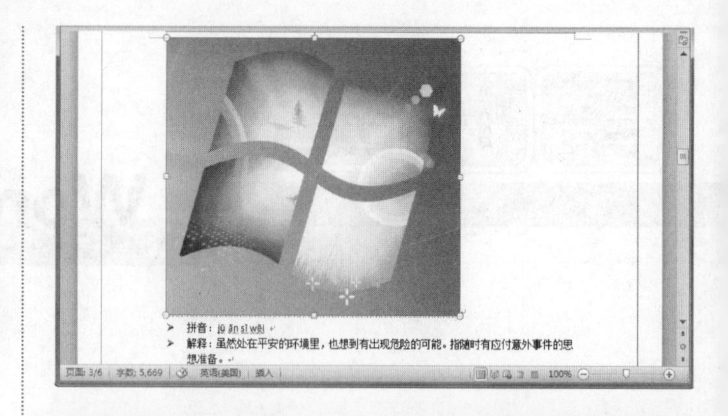

15.1.2 改变图片大小

在插入图片后，需要对图片的大小进行设置，其操作方法如下。

操作步骤

❶ 右击图片，从弹出的快捷菜单中选择【大小和位置】命令，如下图所示。

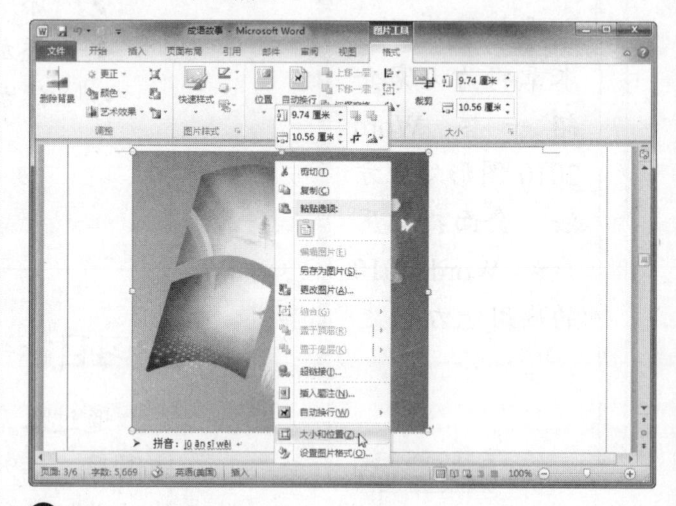

❷ 弹出【布局】对话框，然后在【大小】选项卡下调整图片的【高度】和【宽度】值，再单击【确定】按钮即可，如下图所示。

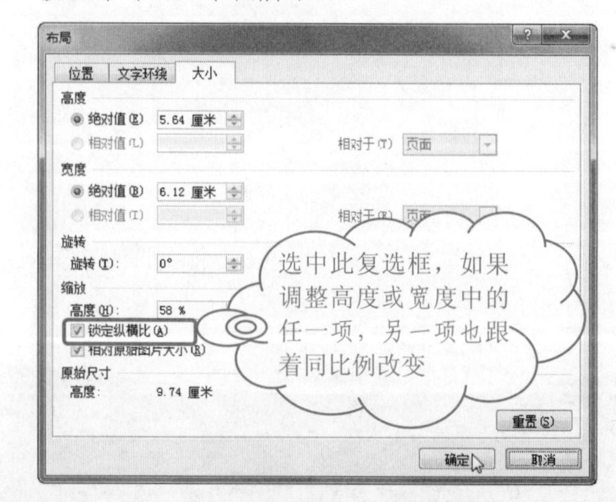

长见识 若您使用屏幕截图打开了多个窗口，单击【屏幕截图】按钮时，这些打开的窗口的缩略图便会出现在下拉列表中，单击其中一个便能得到相应窗口的图片。

技巧

选中图片，然后在【图片工具】下的【格式】选项卡中，在【大小】组中通过调整【宽度】和【高度】值，也可以调整图片大小，如下图所示。

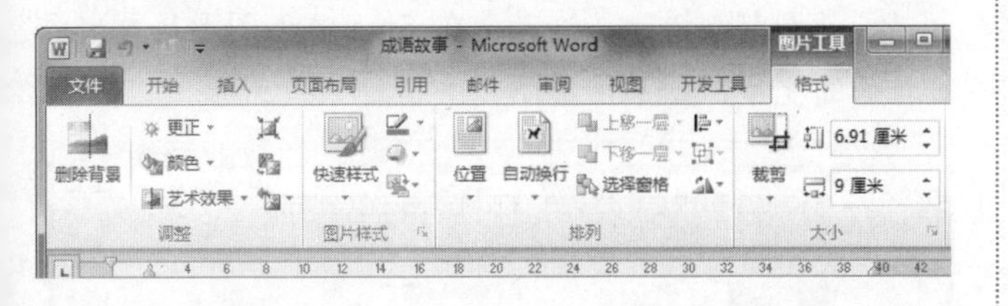

15.1.3 改变图片位置

如果想把图片放到合适的位置，只需要参照上一步骤，打开【布局】对话框，然后在【位置】选项卡中调整图片的【水平】和【垂直】值，再单击【确定】按钮即可，如下图所示。

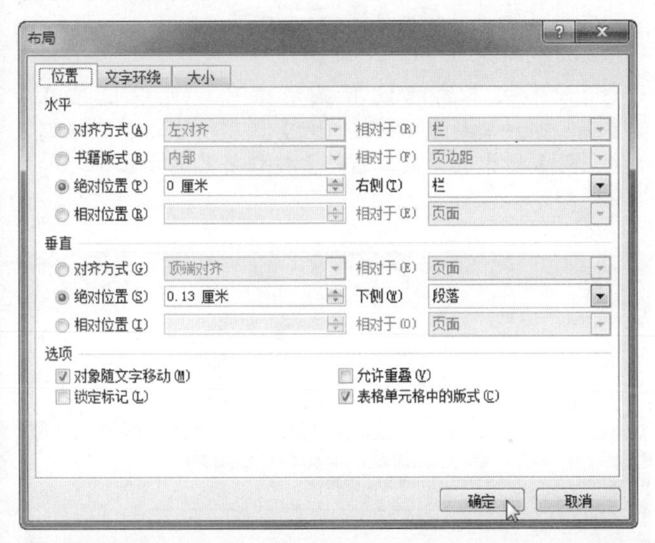

15.1.4 设置图片与文本的环绕方式

为了让截取的图片与文本排版的更加美观，需要设置图片与文本的环绕方式。

操作步骤

1. 依然打开【布局】对话框，然后在【文字环绕】选项卡下设置图片的【环绕方式】，这里选择【四周型】，最后单击【确定】按钮，如下图所示。

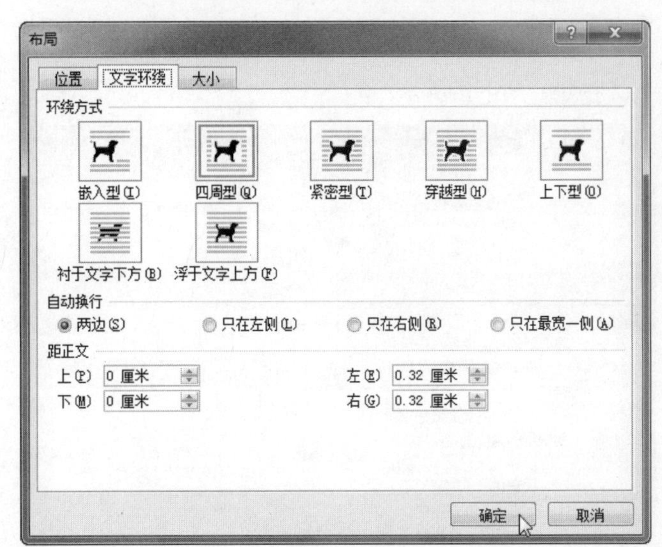

2. 设置后的效果如下图所示。

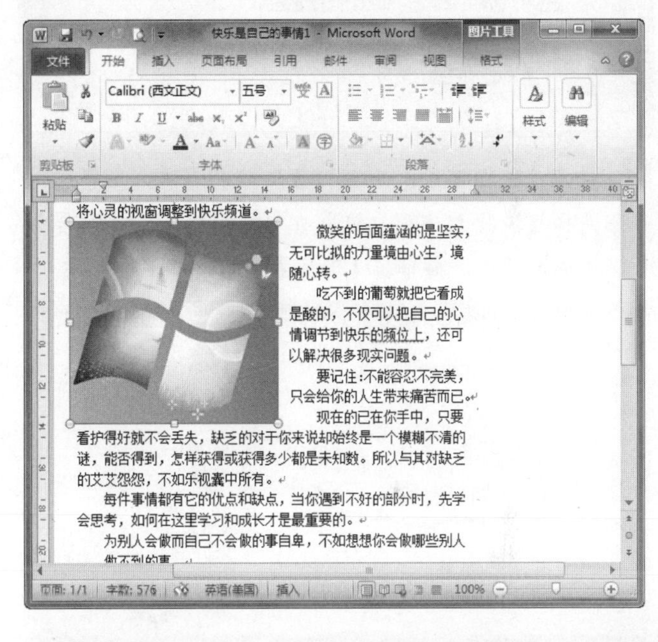

15.2 添加 SmartArt 图形

SmartArt 图形是信息和观点的视觉表现形式，用户可以通过从多种不同布局中进行选择来创建 SmartArt 图形，从而快速、轻松、有效地传达信息。

15.2.1 插入 SmartArt 图形

在 Word 2010 中使用 SmartArt 图形和其他新功能，只需单击几下鼠标，即可创建具有设计师水准的插图了。

操作步骤

1. 将光标定位到要插入 SmartArt 图形的位置，然后在

要查看 Word 中某些文字应用的格式，可以按 Shift+F1 组合键，然后单击该文字，查看完毕后，再按一下 Shift+F1 组合键就可退出这种状态。

【插入】选项卡下的【插图】组中，单击 SmartArt 按钮，如下图所示。

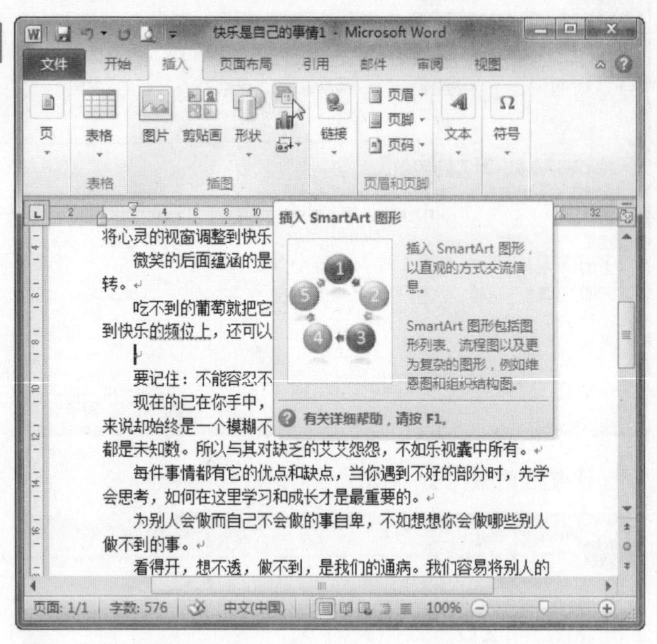

❷ 弹出【选择 SmartArt 图形】对话框，在左侧窗格中选择【流程】选项，接着在中间窗格中选择需要使用的流程图，再单击【确定】按钮，如下图所示。

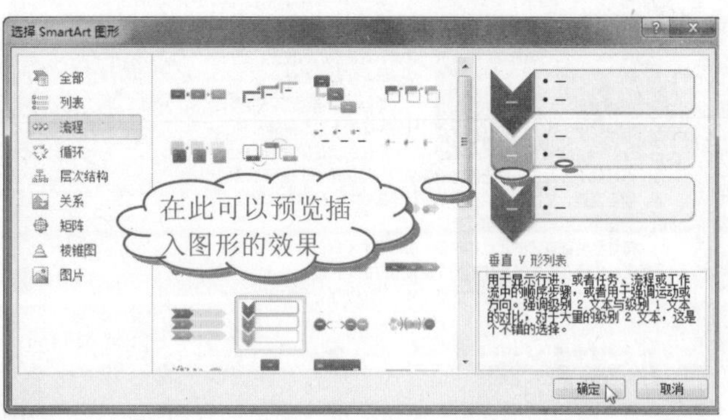

❸ 插入的 SmartArt 图形结构如下图所示。

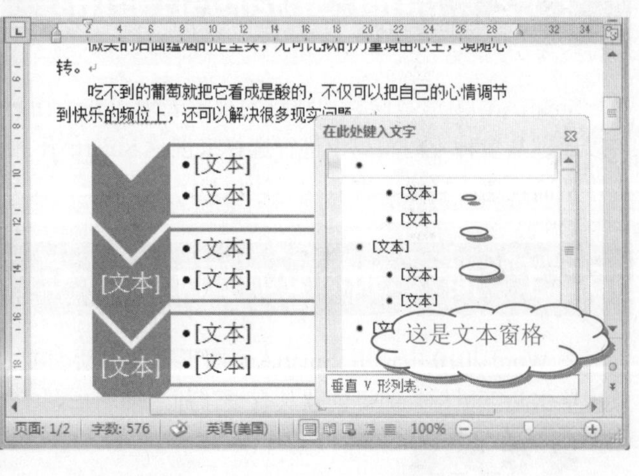

15.2.2 编辑图形

下面来编辑插入的 SmartArt 图形吧。

操作步骤

❶ 在文本窗格中单击要编辑的“文本”字符，接着输入“调节心情”，这时会在 SmartArt 图形显示出添加的文字，如下图所示。

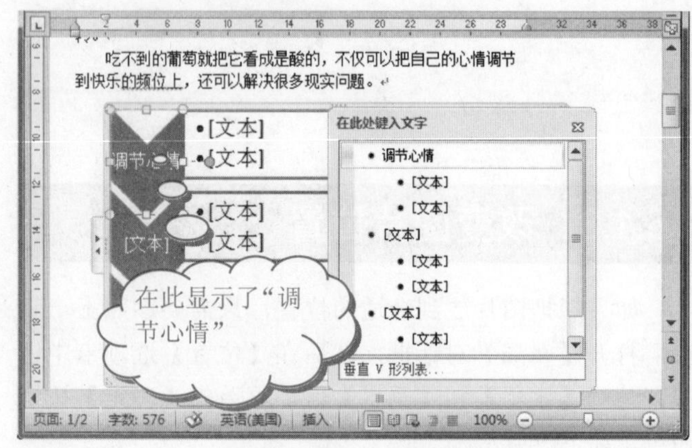

提示

如果文本窗格没有显示出来，可以通过在【SmartArt 工具】下的【设计】选项卡中，单击【创建图形】组中的【文本窗格】按钮将其显示出来，如下图所示。

❷ 选中输入的文本，然后设置其字体格式为【华文楷体】、【11 号】，效果如下图所示。

长见识：SmartArt 图形包含的形状比更改形状库中的多，因此，如果用户替换了形状，然后希望恢复原始形状，请右键单击新形状，再单击【重设形状】按钮。

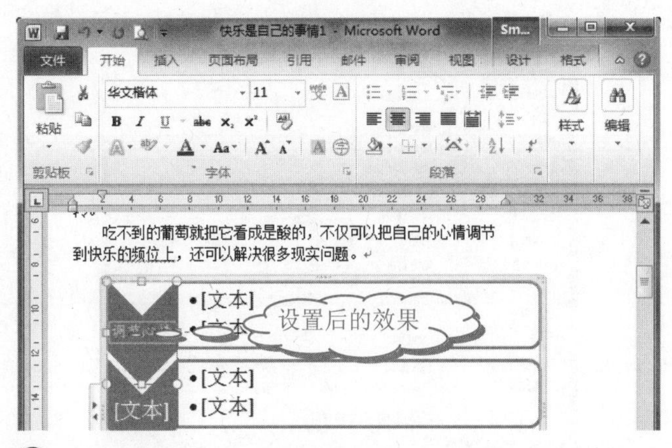

❸ 如果 SmartArt 图形中的形状不够用，可以再添加。方法是在要添加图形的位置处右击，从弹出的快捷菜单中选择【添加形状】|【在后面添加形状】命令，如下图所示。

提示

Word 2010 提供了 5 种添加图形的方式，其含义分别如下。

❖ 【在后面添加形状】：选择该命令，在该形状后面插入一个与当前所选形状同级别的形状。

❖ 【在前面添加形状】：选择该命令，在该形状前面插入一个与当前所选形状同级别的形状。

❖ 【在上方添加形状】：选择该命令，在所选形状的上一级别插入一个形状。新形状将占据所选形状的位置，而所选形状及直接位于其下的所有形状均降一级。

❖ 【在下方添加形状】：选择该命令，在所选形状的下一级别插入一个形状。新形状将添加在同级别的其他形状之后。

❖ 【添加助理】：选择该命令，添加助手形状。

技巧

也可以通过下述方法添加图形：选择要添加图形的位置，然后在【SmartArt 工具】下的【设计】选项卡中，在【创建图形】组中单击【添加形状】按钮右边的下三角按钮，从打开的菜单中选择需要的命令即可，如下图所示。

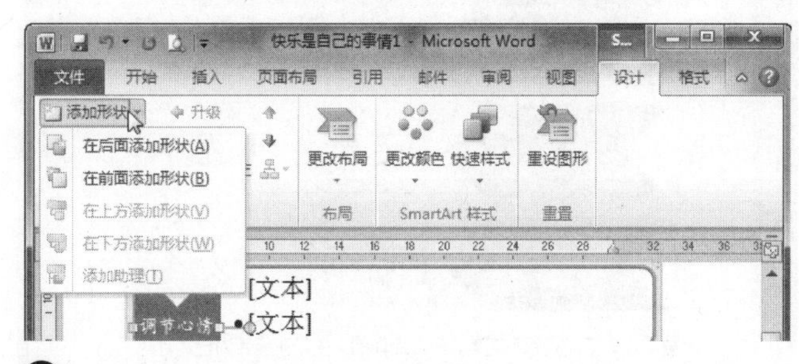

❹ 这时会在选择的图形后面添加一个新形状，效果如下图所示。

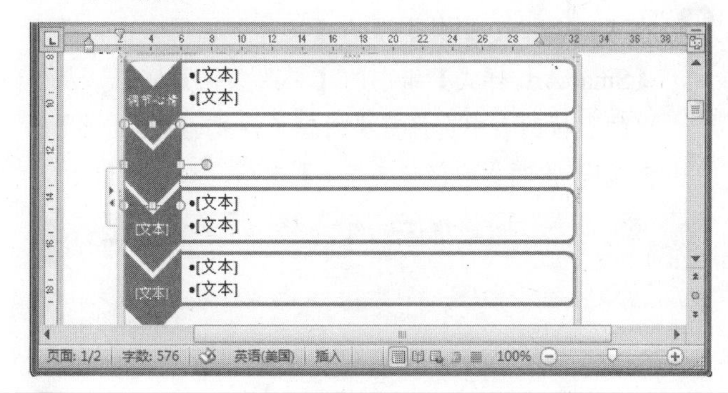

❺ 选中某一形状，按 Delete 键可以将其删除。

❻ 选中 SmartArt 图形，然后在【SmartArt 工具】下的【设计】选项卡中，单击【布局】组中的【其他】按钮，从弹出的列表中选择【V 型列表】选项，如下图所示。

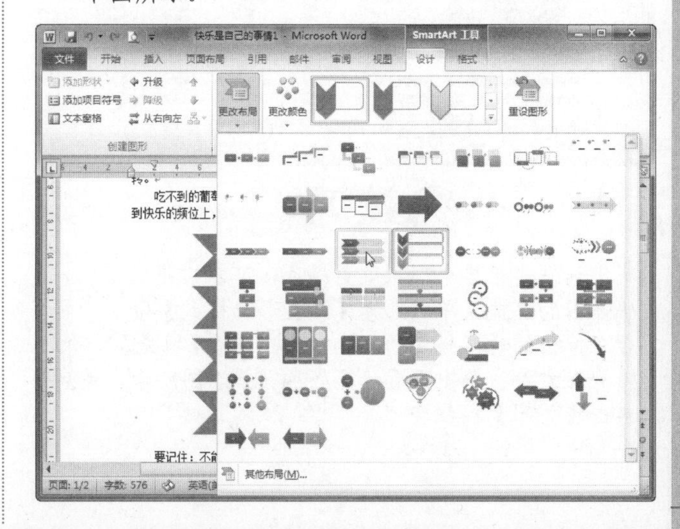

学以致用系列丛书

在 SmartArt 图形的一些布局中，如果更改形状的几何结构(例如，将矩形更改为三角形)，则您的文本可能不再适合当前形状。

7 更换布局后的效果如下图所示。

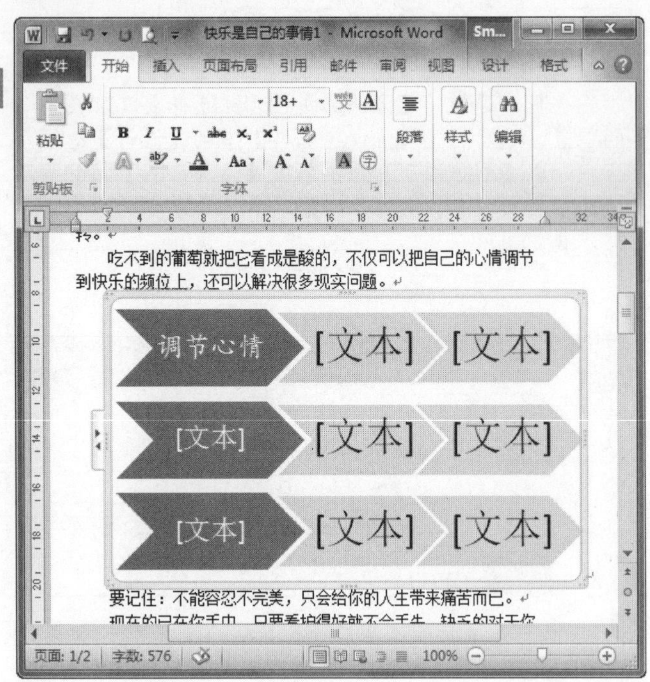

8 在【SmartArt 工具】下的【设计】选项卡中，单击【SmartArt 样式】组中的【更改颜色】按钮，从弹出的下拉列表中选择需要的颜色样式，这里选择【彩色范围-强调文字颜色 5 至 6】选项，如下图所示。

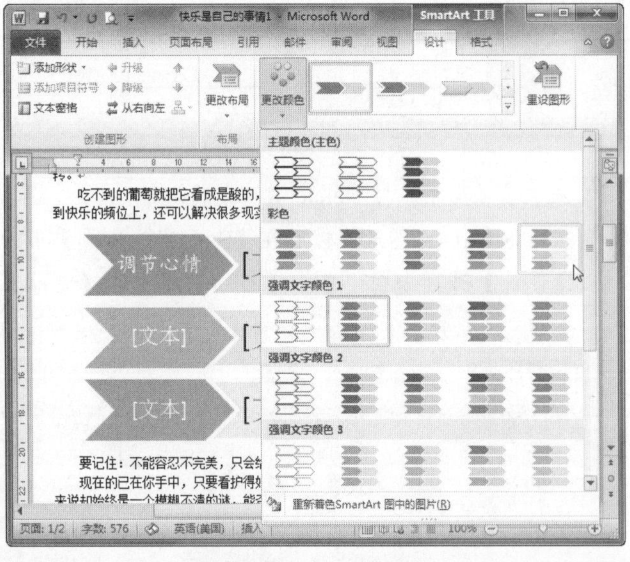

技巧

如果要对单个形状设置颜色，可以右击该形状，从弹出的快捷菜单中选择【设置形状格式】命令，然后在弹出的对话框中的左侧窗格中单击【填充】选项，接着在右侧窗格中设置填充颜色，如下图所示，最后单击【关闭】按钮即可。

9 在【SmartArt 工具】下的【设计】选项卡中，单击【SmartArt 样式】组中的【其他】按钮，从弹出的下拉列表中的【三维】区域中选择【嵌入】选项，如下图所示。

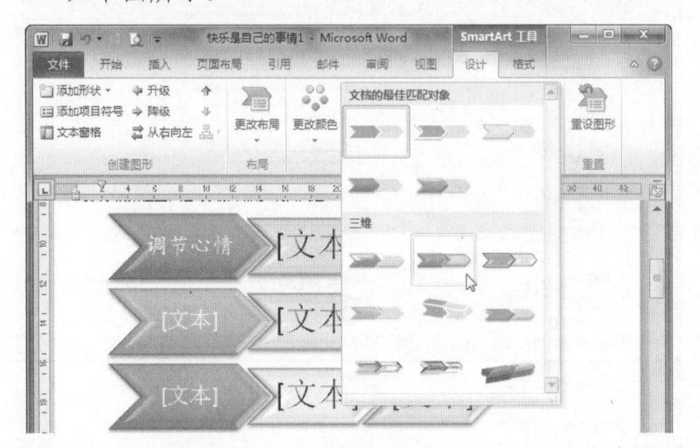

10 在【SmartArt 工具】下的【格式】选项卡中，单击【艺术字样式】组中的【快速样式】按钮，从弹出的下拉列表中的选择要使用的文字样式，如下图所示。

11 右击 SmartArt 图形，从弹出的快捷菜单中选择【其他布局选项】命令，如下图所示。

长见识

如果插入的 SmartArt 图形包含许多形状，则不要单个更改所有形状的颜色，而是要更改整个 SmartArt 图形的颜色，然后再手动更改单个形状的颜色。

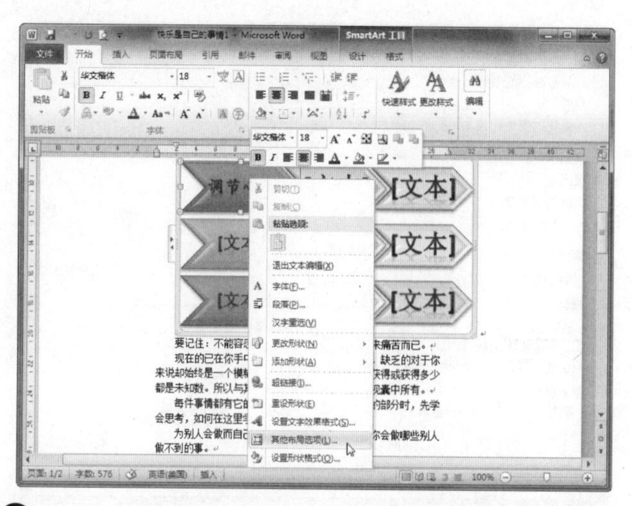

⓬ 弹出【布局】对话框，然后在【大小】选项卡中设置 SmartArt 图形的大小，再单击【确定】按钮，如下图所示。

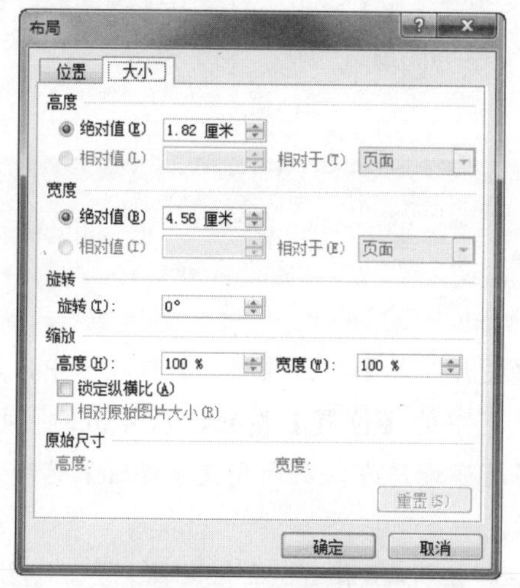

技巧

还可以通过在【SmartArt 工具】下的【格式】选项卡中，调整【大小】组中的【高度】和【宽度】数值框来调整 SmartArt 图形大小，如下图所示。

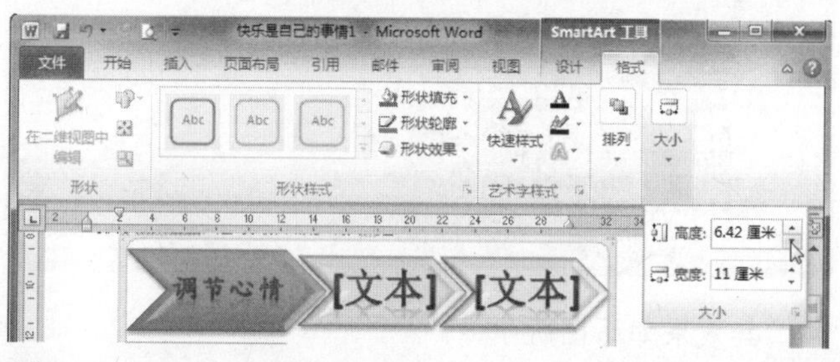

⓭ 如果对设置的效果不满意，可以在【SmartArt 工具】下的【设计】选项卡中，单击【重置】组中的【重设图形】按钮来快速清除图形的设置效果，如下图所示。

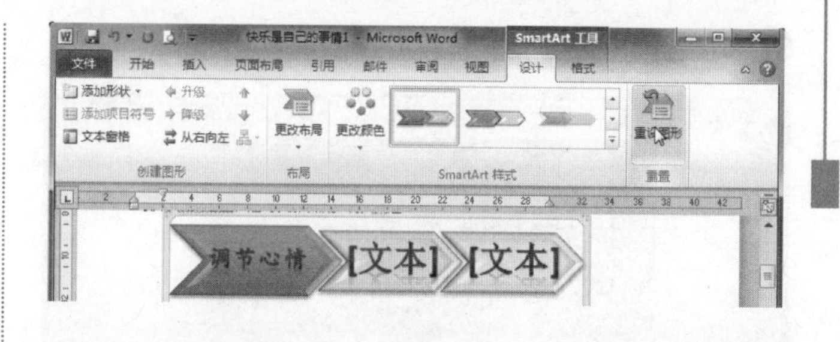

15.3　添加图片

美观的文档，当然不仅是靠字体与段落设置，在文档中插入图片，会让文档锦上添花。

15.3.1　插入图片

为了更加形象，用户可以在 Word 2010 中插入图片进行说明，其操作方法如下。

操作步骤

❶ 将光标定位到要插入图片的位置，然后在【插入】选项卡下的【插图】组中，单击【图片】按钮，如下图所示。

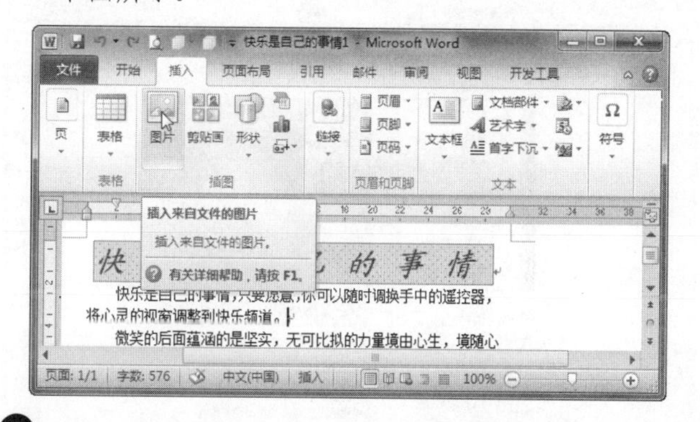

❷ 弹出【插入图片】对话框，选择需要的图片，再单击【插入】按钮，如下图所示。

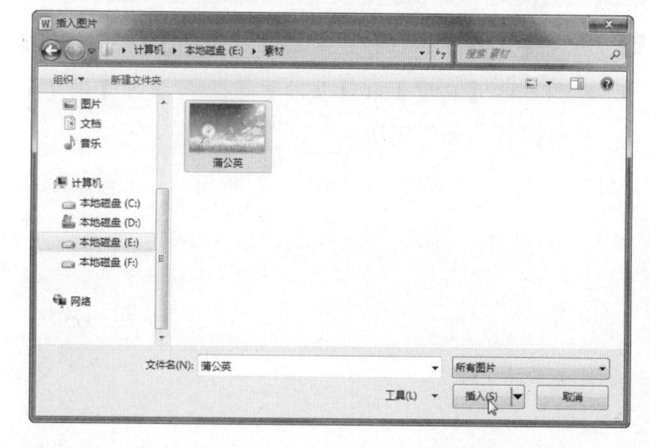

❸ 图片被插入到文档中了，如下图所示。

15.3.2 编辑图片

在插入图片后，需要对图片进行格式设置，其操作方法如下。

操作步骤

❶ 右击图片，从弹出的快捷菜单中选择【大小和位置】命令，如下图所示。

❷ 弹出【布局】对话框，然后在【大小】选项卡中调整图片的【高度】和【宽度】值，再单击【确定】按钮即可，如下图所示。

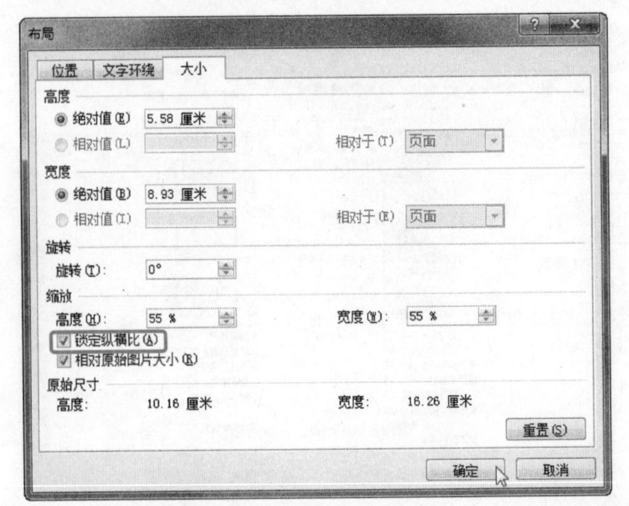

技巧

选中图片，然后在【图片工具】下的【格式】选项卡中，在【大小】组中通过调整【宽度】和【高度】值，也可以调整图片大小，如下图所示。

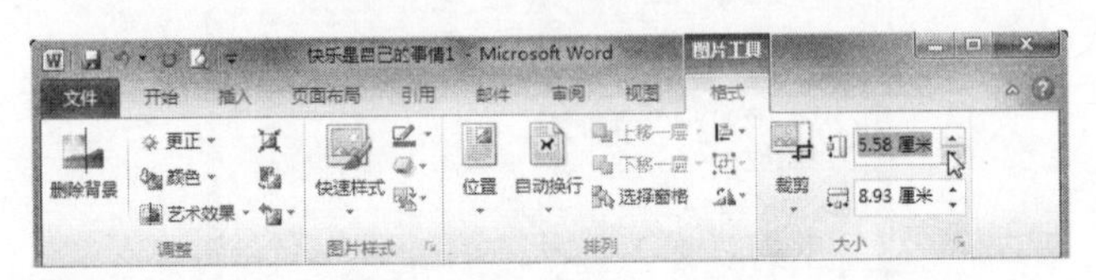

❸ 在【图片工具】下的【格式】选项卡中，单击【排列】组中的【位置】按钮，从弹出的下拉列表中选择【底端居左，四周型文字环绕】选项，如下图所示。

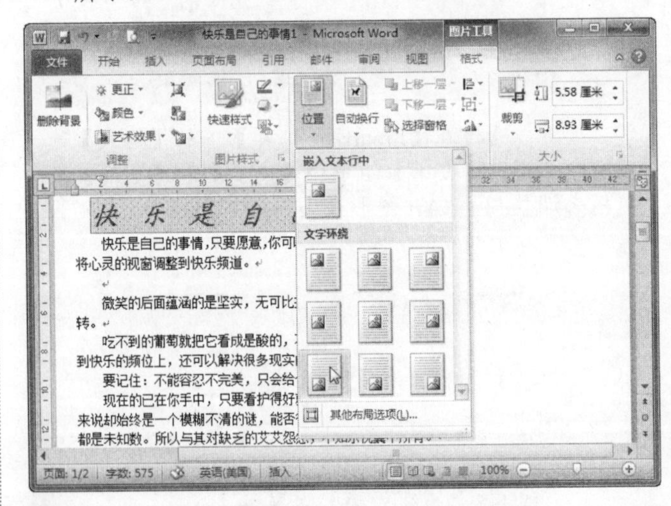

❹ 其效果如下图所示。

学以致用系列丛书

长见识

单击选中图片，把鼠标移到图片的控点上，这时指针变为双箭头形状。按住鼠标左键不放，移动鼠标可以改变图片的宽度或高度。

15.4 添加剪贴画

在 Word 2010 中内置了很多剪贴画，通过插入剪贴画可以使文档更加丰富多彩。

15.4.1 插入剪贴画

下面介绍一下如何将剪贴画插入到文档中，其操作步骤如下。

操作步骤

1. 将光标定位到要插入剪贴画的位置，然后在【插入】选项卡下的【插图】组中，单击【剪贴画】按钮，如下图所示。

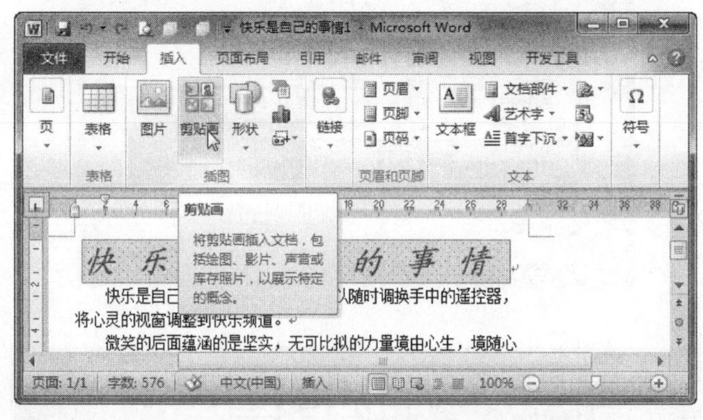

2. 打开【剪贴画】窗格，然后在【搜索文字】文本框中输入关键字，并单击【搜索】按钮，接着在列表框中单击要插入的剪贴画，如下图所示。

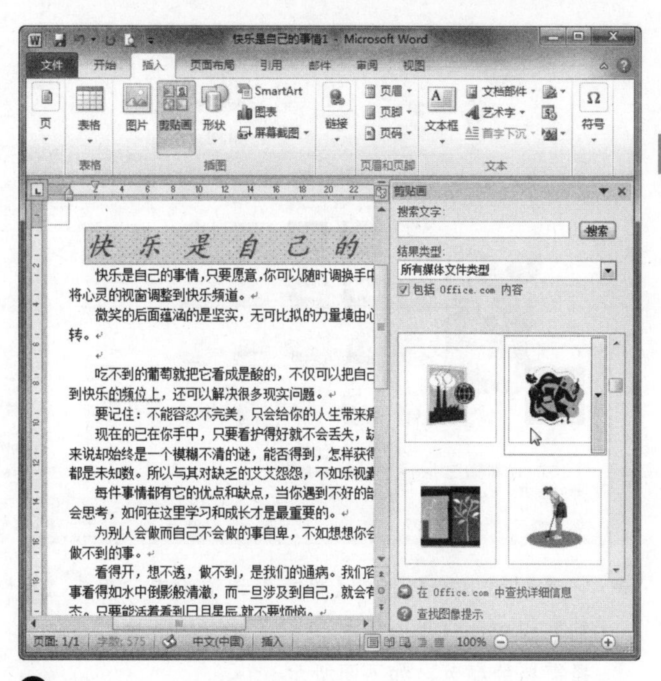

3. 这时，选中的剪贴画被插入到文档中了，如下图所示。

15.4.2 编辑剪贴画

插入剪贴画后，还可以对其进行编辑，以便创造出不同的剪贴画效果。

操作步骤

1. 单击剪贴画，然后在【图片工具】下的【格式】选项卡中，单击【图片样式】组中的【其他】按钮，从弹出的下拉列表中选择【矩形投影】选项，如下图所示。

学以致用系列丛书

您可将渐变填充应用于 Excel、PowerPoint 和 Word 中的形状、文本框和 SmartArt 图形。渐变填充是一种形状填充，可在形状表面将一种颜色逐渐转变为另一种颜色。

❷ 在【图片工具】下的【格式】选项卡中，单击【调整】组中的【颜色】按钮，从弹出的下拉列表中选择需要的颜色，如下图所示。

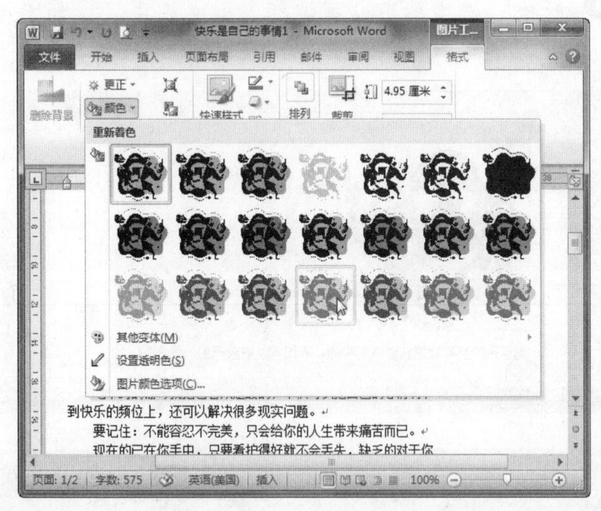

❸ 在【格式】选项卡下的【调整】组中，单击【更正】按钮，从弹出的下拉列表中选择亮度，如下图所示。

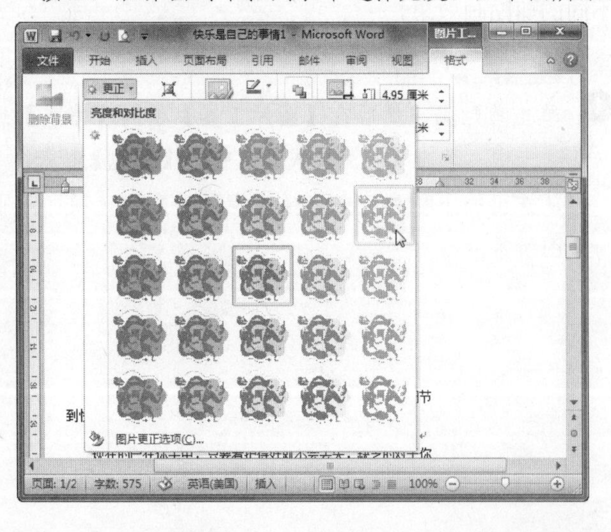

❹ 右击剪贴画，从弹出的快捷菜单中选择【自动换行】|【衬于文字下方】命令，如下图所示。

❺ 这时即可发现图片被置于文字下方了，效果如下图所示。

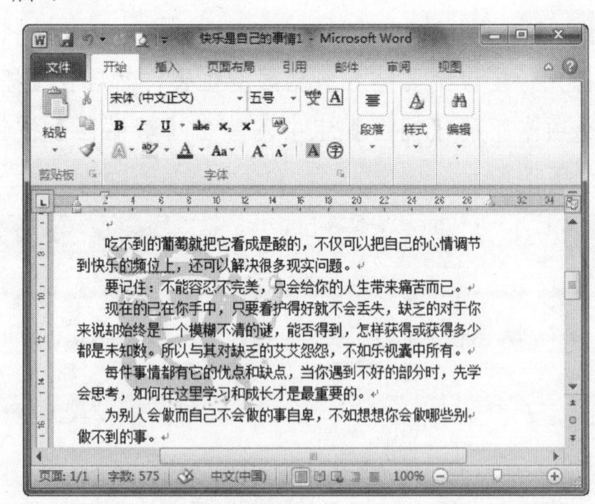

15.5 添加自选图形

除了插入图片和剪贴画外，用户也可以在文档中绘制出需要的图形图像。

15.5.1 选择自选图形

选择自选图形非常简单，下面以在文档中绘制竖卷形图形为例进行介绍。

长见识 在默认情况下，插入到文档中的图片、剪贴画、艺术字等内容的环绕方式都是嵌入型。

操作步骤

1. 在【插入】选项卡下的【插图】组中，单击【形状】按钮，从弹出的下拉列表中选择【竖卷形】选项，如下图所示。

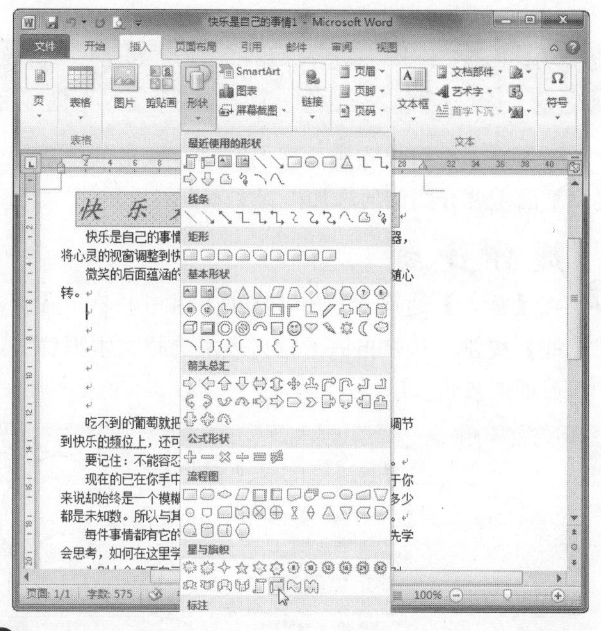

2. 这时光标会变成加号形状，在文档中按下鼠标左键拖动，绘制竖卷形图形，如下图所示。

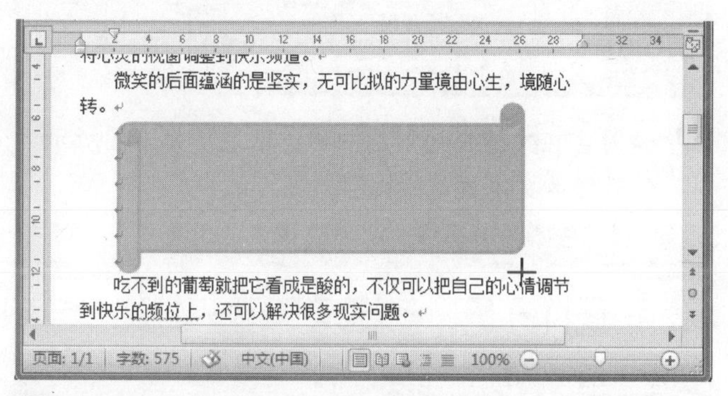

3. 松开鼠标，绘制的自选图形如下图所示。

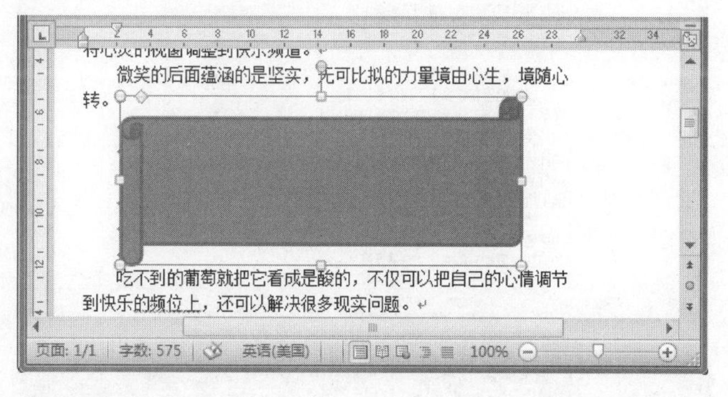

15.5.2 编辑图形

插入的自选图形没有经过任何的修饰，看起来非常单调。下面就来编辑一下插入的自选图形吧。

操作步骤

1. 右击自选图形，从弹出的快捷菜单中选择【添加文字】命令，如下图所示。

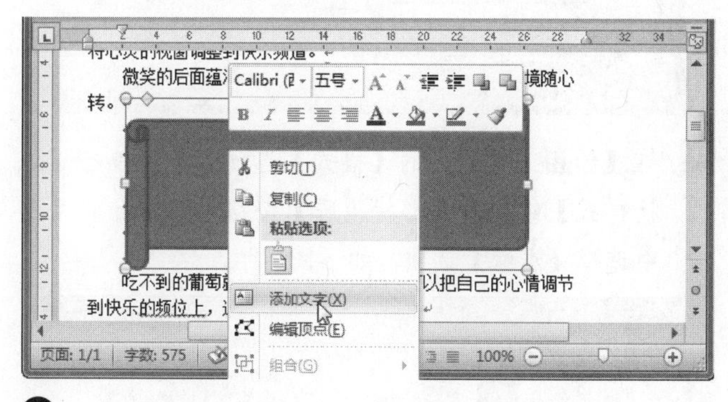

2. 这时光标将被插入到自选图形中，然后输入文本内容，如下图所示。

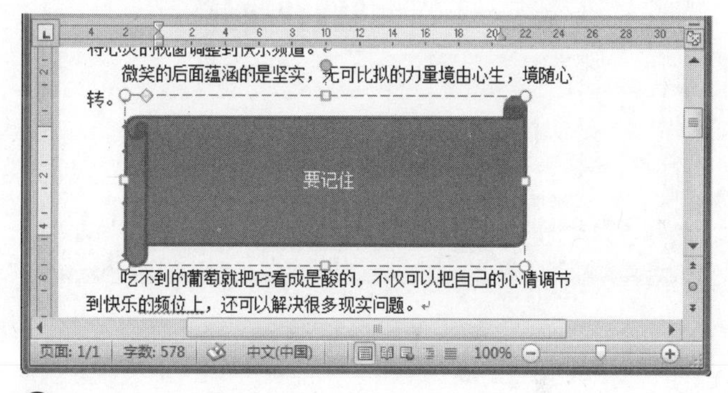

3. 使用【开始】选项卡下的【字体】组中的命令，设置自选图形中文本的字体格式为【华文行楷】、【三号】，效果如下图所示。

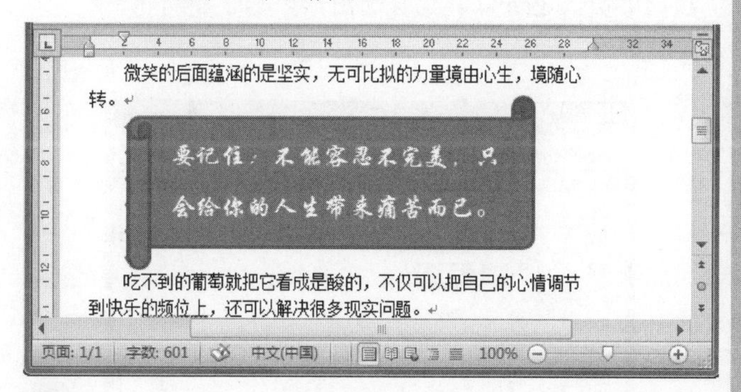

4. 选中自选图形，然后在【绘图工具】下的【格式】选项卡中，单击【形状样式】组中的【形状填充】按钮，从打开的菜单中选择【橄榄色】选项，如下图所示。

插入文本框时，既可以插入横排文本框，也可以插入竖排文本框。实际上任何一段文本都可以在选取后改变其文字方向。

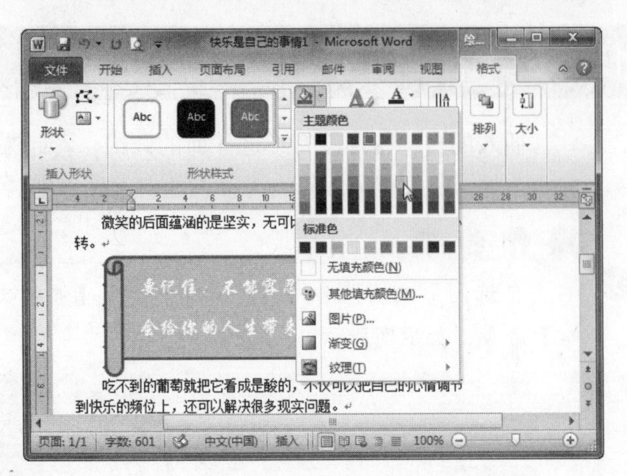

❺ 在【绘图工具】下的【格式】选项卡中，单击【形状样式】组中的【形状轮廓】按钮，从打开的菜单中选择【浅绿】选项，如下图所示。

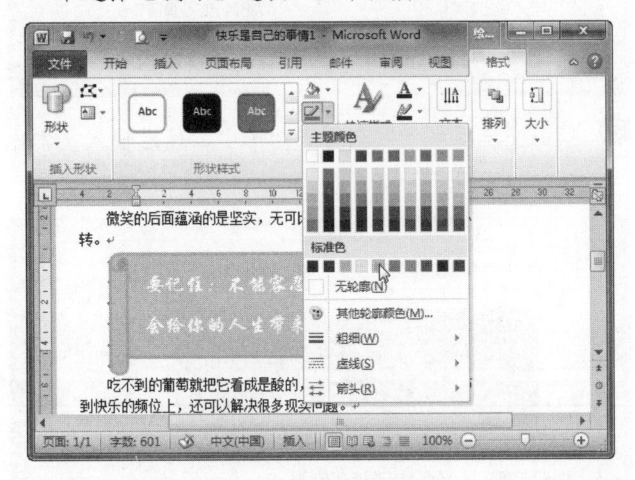

技巧

右击自选图形，从弹出的快捷菜单中选择【设置形状格式】命令，然后在弹出的【设置形状格式】对话框中设置【填充】、【线条颜色】、【线型】等选项的参数，也可以美化自选图形，如下图所示。

15.6 添加文本框

文本框作为存放文本的容器，可以放置在页面上的任何位置并任意调整其大小。

15.6.1 添加内置文本框

插入文本框可以实现文字的混排，做出各种奇妙效果，下面主要介绍如何添加内置文本框。

操作步骤

❶ 在【插入】选项卡下的【文本】组中，单击【文本框】按钮，从弹出的下拉列表中选择文本框样式，如下图所示。

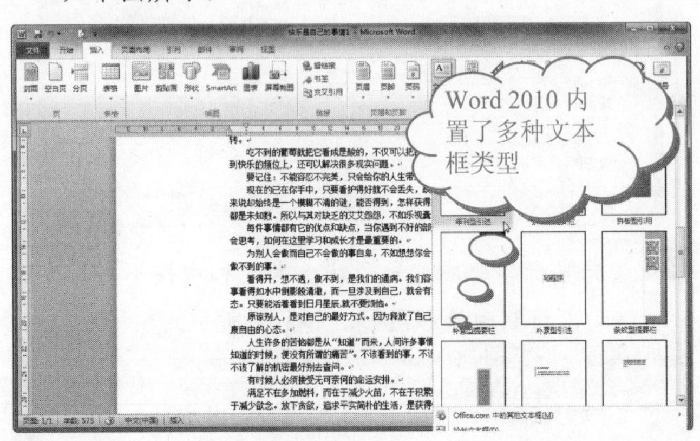

❷ 这时会在文档中插入选中的文本框，如下图所示，然后修改文本框值的内容。

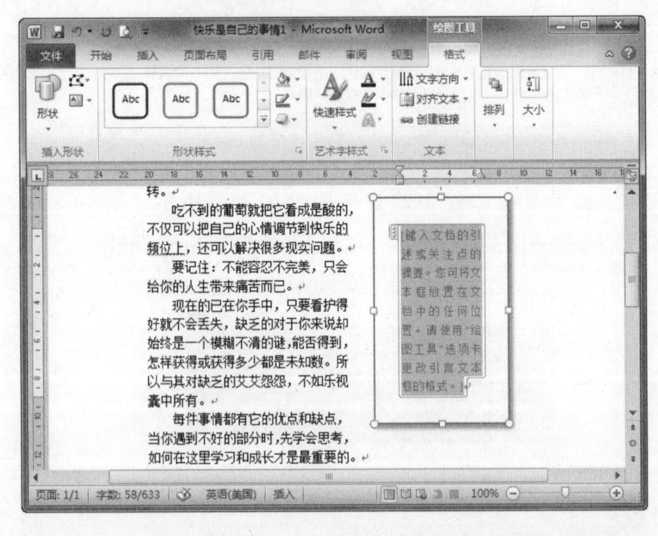

15.6.2 网联获取更多文本框

如果对内置文本框样式不满意，用户还可以通过网联获取更多文本框，其操作非常简单。

长见识 通过链接到图片，可以减小文件的大小。在【插入图片】对话框中，单击【插入】旁边的下三角按钮，然后选择【链接到文件】命令。

在【插入】选项卡下的【文本】组中，单击【文本框】按钮，在其下拉列表中选择【Office.com 中的其他文本框】按钮，从弹出的下拉列表框中选择一种文本框即可，如下图所示。

15.6.3　动手绘制文本框

除了系统自带的文本框外，用户还可以自己动手绘制文本框。

操作步骤

❶ 在【插入】选项卡下的【文本】组中，单击【文本框】按钮，在其下拉列表中选择【绘制文本框】按钮，如下图所示。

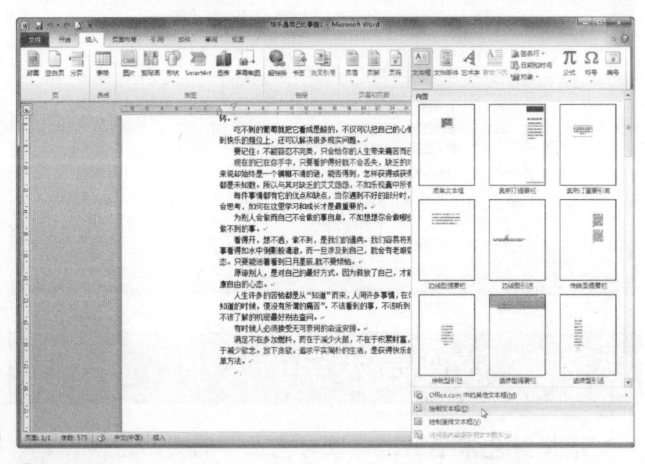

❷ 这时鼠标变成十字形，按下鼠标左键拖动可以自由地控制文本框的大小，如下图所示。

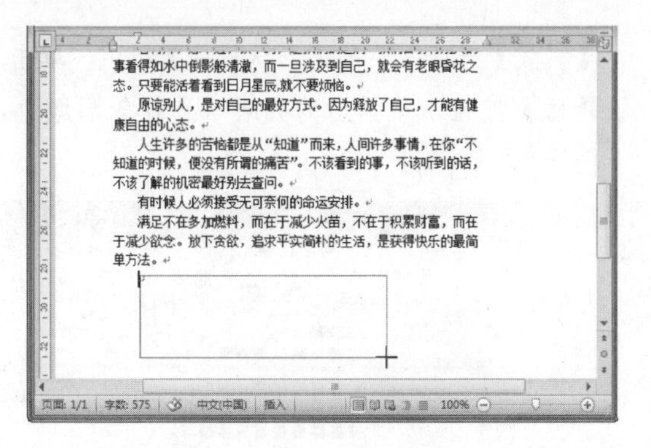

❸ 大小合适后松开鼠标，文本框就绘制成功了，如下图所示。

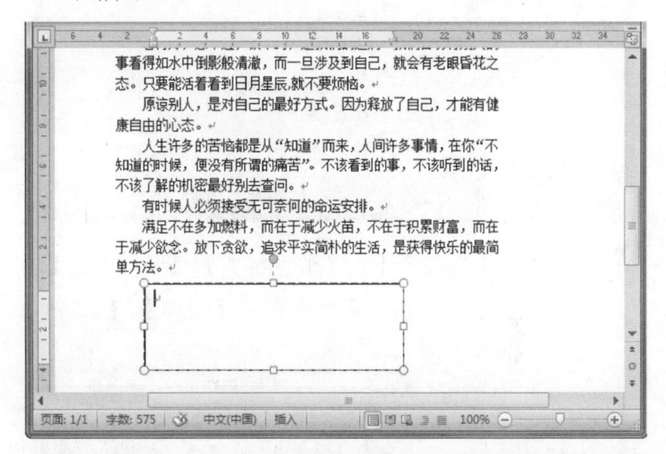

15.6.4　编辑文本框

下面再来介绍一下如何编辑文本框，使它变得更漂亮。

操作步骤

❶ 选中已创建的文本框，然后在【绘图工具】下的【格式】选项卡中，单击【形状样式】组中的【其他】按钮，从弹出的列表中选择形状样式，如下图所示。

选中图片，然后在【绘图工具】下的【格式】选项卡中，单击【大小话框启动器】按钮，弹出【布局】对话框，然后在【大小】选项中对图片的大小进行设置。

❷ 在【格式】选项卡下的【形状样式】组中，单击【形状轮廓】按钮，从弹出的列表中选择轮廓颜色，如下图所示。

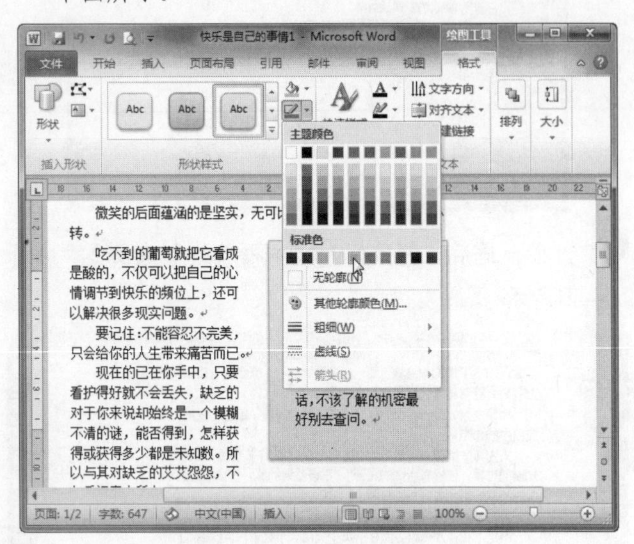

❸ 在【格式】选项卡下的【形状样式】组中，单击【形状轮廓】按钮，从子菜单中选择【粗细】|【1.5 磅】命令，如下图所示。

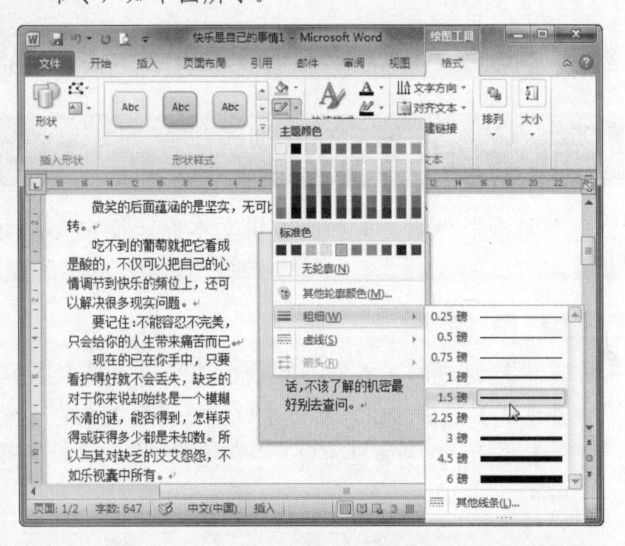

15.7 添加艺术字

艺术字是经过专业的字体设计师艺术加工的汉字变形字体，用户可以通过使用艺术字来强调一些特殊的文本内容。

15.7.1 选择艺术字

在文档中选择艺术字的方法如下。

操作步骤

❶ 在【插入】选项卡下的【文本】组中，单击【艺术字】按钮，从弹出的下拉列表中选择艺术字样式，如下图所示。

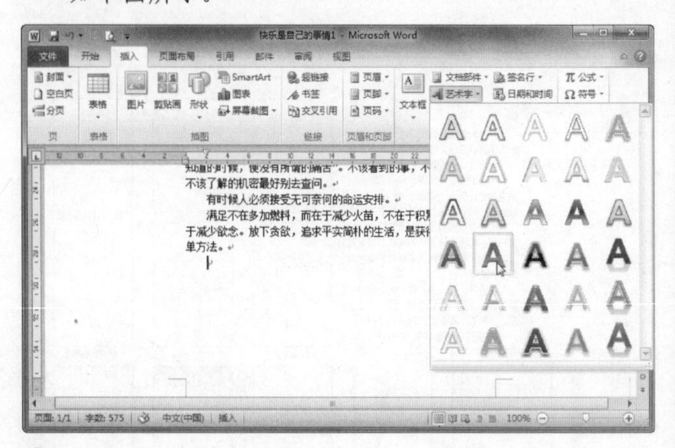

❷ 这时将会出现“请在此放置您的文字”字符，如下图所示。

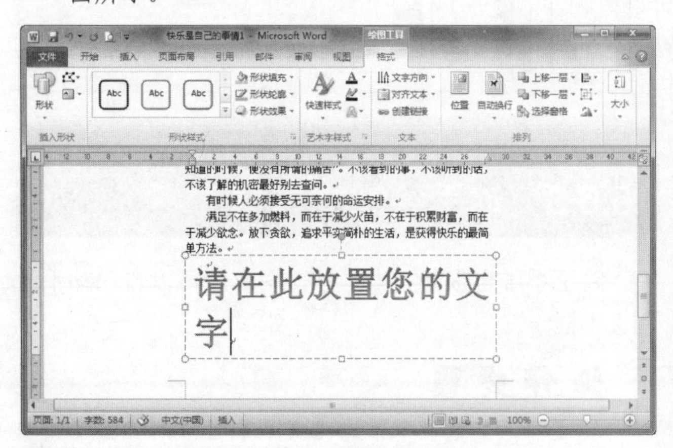

❸ 接着输入文本内容，效果如下图所示。

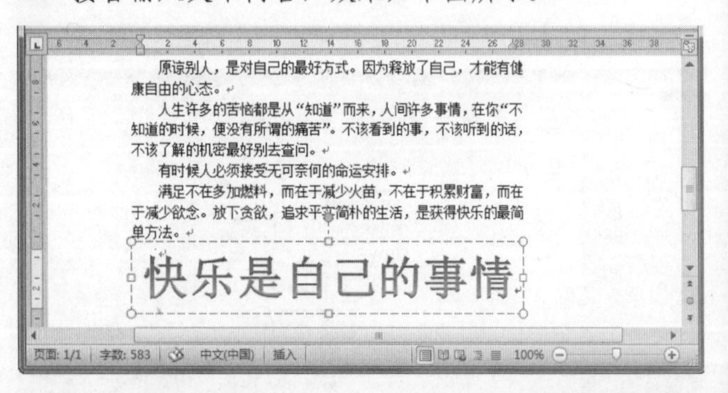

15.7.2 改变艺术字的大小

选择好艺术字后，可以对艺术字的大小进行设置。只需选中艺术字，切换到【开始】选项卡，单击【字体】组中【字号】下拉列表框右侧的下三角按钮，选择字体大小，如下图所示。

长见识 设置自选图形中的文字居中显示方法是：选中自选图形，然后单击右键并从弹出的快捷菜单中选择【设置自选图形格式】命令，在弹出的【设置自选图形格式】对话框中的【文本框】选项卡下的【垂直对齐方式】组中单击【居中】按钮。

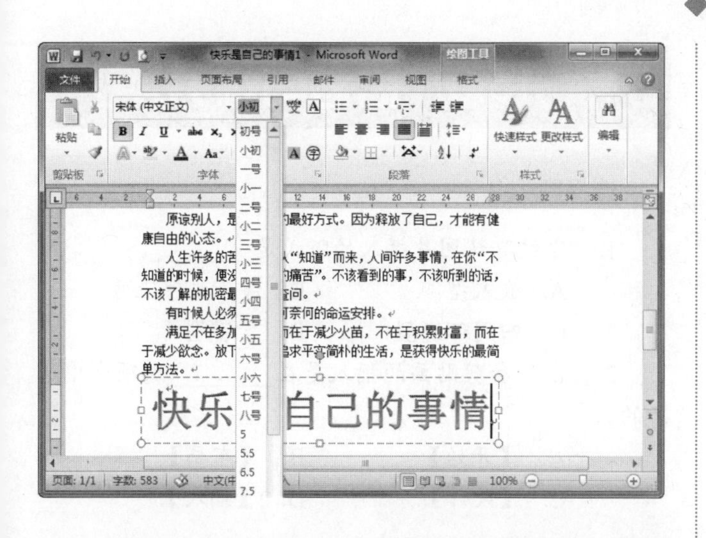

15.7.3　改变艺术字的位置

改变艺术字的位置非常简单，将鼠标放在艺术字文本框边缘，当鼠标变成✣时，按下鼠标左键不放，拖动鼠标移动到需要的位置即可，如下图所示。

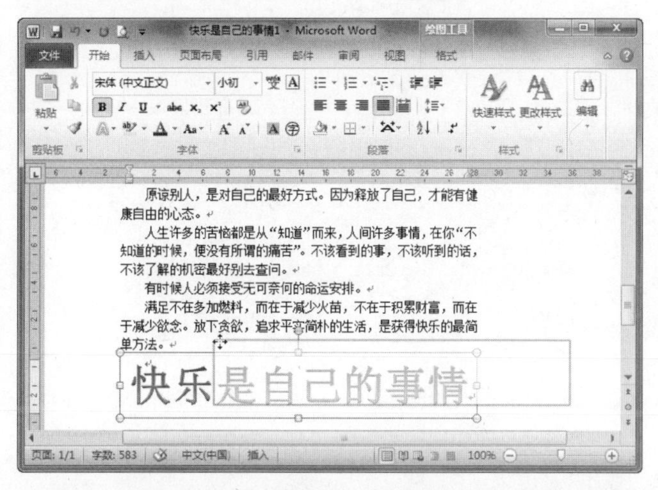

15.7.4　艺术字和文档的排列方式

为了使插入的艺术字与众不同，下面来设置艺术字与文档的排列方式。

操作步骤

❶ 在【绘图工具】下的【格式】选项卡中，单击【形状样式】组中的【其他】按钮▾，从弹出的列表中选择形状样式，如下图所示。

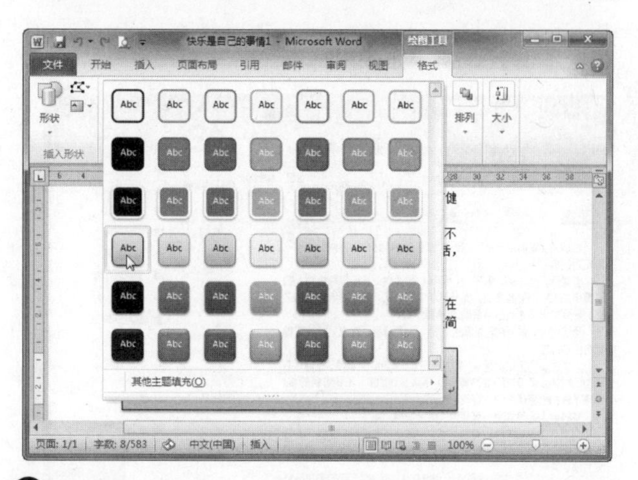

❷ 在【绘图工具】下的【格式】选项卡下的【形状样式】组中，单击【形状效果】按钮，从弹出的列表中选择【三维旋转】命令，接着从子菜单中选择旋转效果，如下图所示。

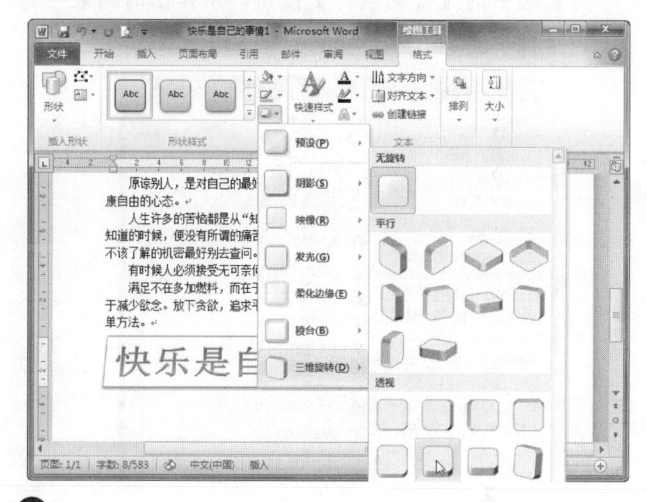

❸ 在【绘图工具】下的【格式】选项卡下的【艺术字样式】组中，单击【文本轮廓】按钮，从弹出的列表中选择轮廓颜色，如下图所示。

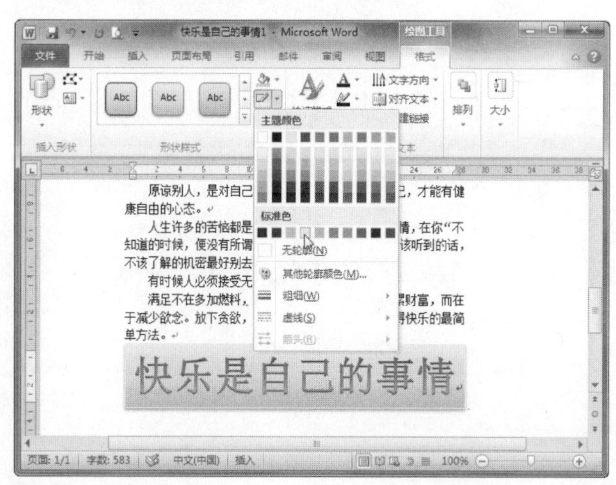

❹ 在【绘图工具】下的【格式】选项卡中，单击【排列】组中的【对齐】按钮，从弹出的列表中选择【左

学以致用系列丛书

在设置艺术字时，既可以选择艺术字样式后再输入艺术字的内容；也可以选中已有的文字，然后将其转变为艺术字。

右居中】命令，如下图所示。

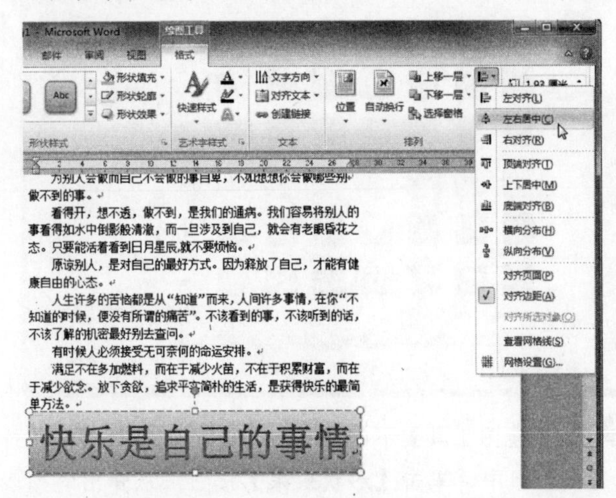

❺ 在【绘图工具】下的【格式】选项卡中，单击【排列】组中的【自动换行】按钮，从弹出的列表中选择【衬于文字下方】命令，如下图所示。

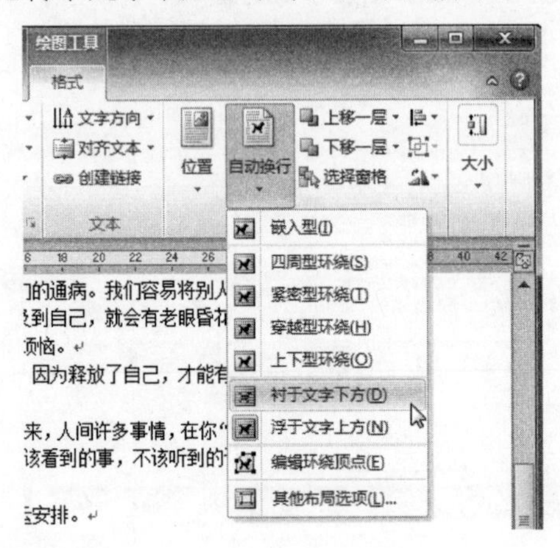

15.8 思考与练习

选择题

1. 系统默认图片插入的版式是________。

A. 嵌入型　　B. 浮于文字上方

C. 四周环绕型　　D. 紧密型

2. 图片和剪贴画的插入是在________选项卡中进行的。

A. 【开始】　　B. 【布局】

C. 【设计】　　D. 【插入】

操作题

1. 在文档中插入一个五角星，并对五角星的格式进行如下设置：把轮廓设置为黑色，里面填充为红色，版式设置为四周环绕型。

2. 在文档中插入一张图片，大小设置为原来的60%。

长见识：画布是一个区域，我们可在这个区域上绘制多个形状。因为形状包含在绘图画布内，所以它们可作为一个单元移动和调整大小。

第16章 Word 2010的表格编辑与处理

在文档中插入表格，可以增强文档的可读性、逻辑性及条理性，同时使文档内容上下融会贯通，一目了然。如果您还不会在Word文档中使用表格，快翻开本章，一起来学习吧。

学习要点

- ❖ 添加表格
- ❖ 编辑表格
- ❖ 美化表格
- ❖ 表格的数据处理

学习目标

通过对本章的学习，读者首先应该掌握表格的绘制方法；其次要求掌握表格的编辑操作，包括合并或拆分单元格、调整表格的行高与列宽以及绘制斜线表头等操作；最后要求掌握一些美化表格的方法。

16.1 添加表格

Word 2010 为用户提供了丰富的表格处理功能，下面先来学习一下如何在 Word 2010 文档中创建表格。

16.1.1 使用插入表格对话框插入表格

使用【表格】命令最多可以创建 10×8 的表格，如果要创建的表格的行列数过多，可以通过【插入表格】对话框来创建表格，其操作步骤如下。

操作步骤

1. 在【插入】选项卡下的【表格】组中，单击【表格】按钮，从弹出的下拉列表中选择【插入表格】命令，如下图所示。

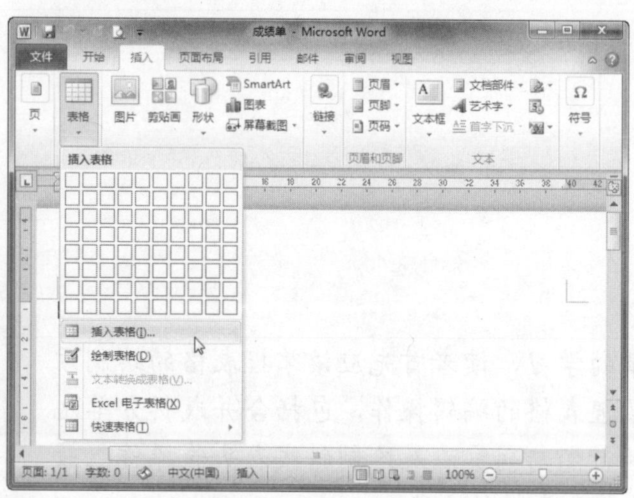

2. 弹出【插入表格】对话框，然后在【表格尺寸】选项组中设置表格的列数和行数，再单击【确定】按钮即可插入表格了，如下图所示。

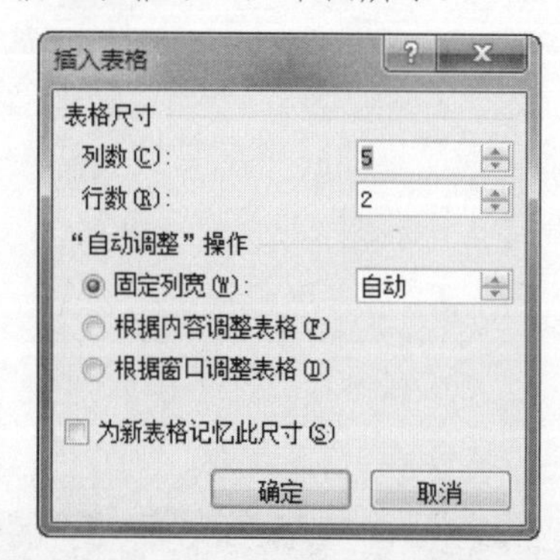

16.1.2 手动绘制表格

如果要创建的表格比较复杂，该怎么创建表格呢？这时，用户可以自己动手绘制表格，其操作步骤如下。

操作步骤

1. 在【插入】选项卡下的【表格】组中，单击【表格】按钮，从弹出的下拉列表中选择【绘制表格】命令，如下图所示。

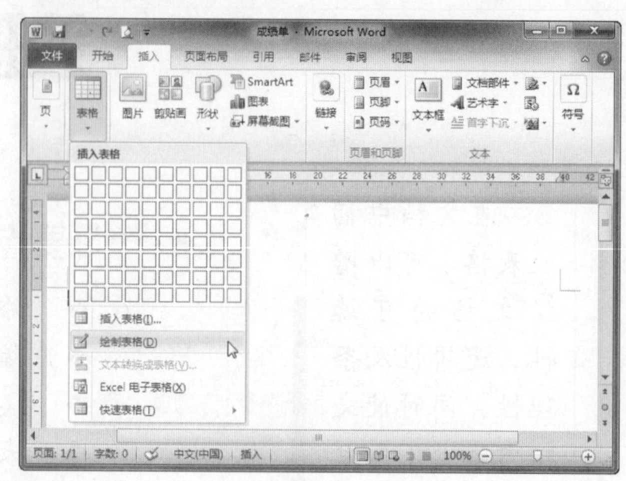

2. 这时，光标变为铅笔形状，在文档编辑区中按下鼠标左键不松，并进行拖动，绘制表格边框，如下图所示。

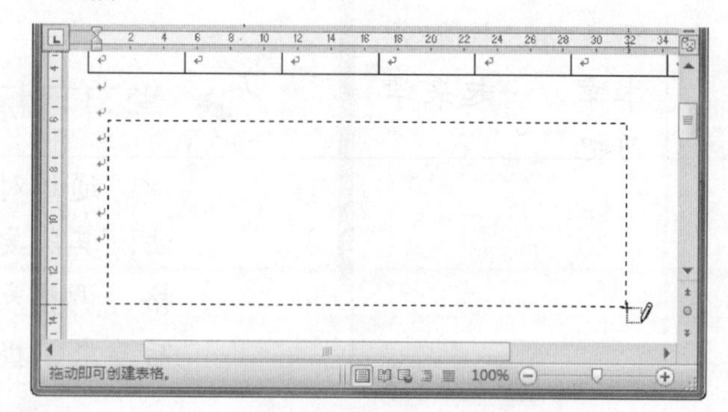

3. 将光标移动到刚才绘制的矩形的左边框上，按下鼠标左键并向右拖动到边框的另一边，添加表格横线，如下图所示。

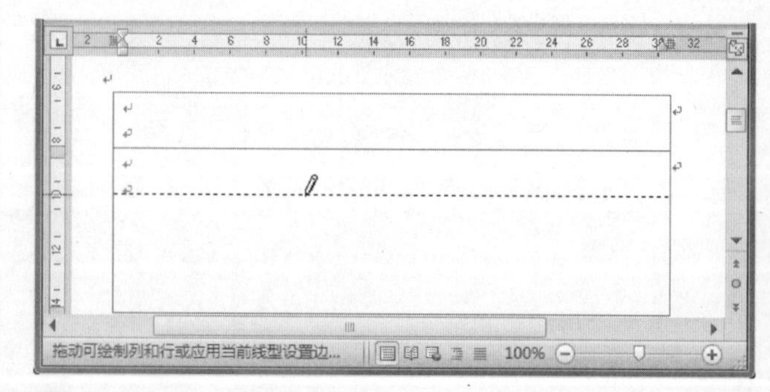

4. 绘制竖线与绘制横线的方法相似，将光标移动到表格的上边框上，按下鼠标左键并向下拖动到边框的另一边，添加表格竖线，如下图所示。

学以致用系列丛书

在【插入表格】对话框中，如果选中【根据内容调整表格】单选按钮，则当在单元格中输入过长的文本时，系统将会自动调整表格的宽度。

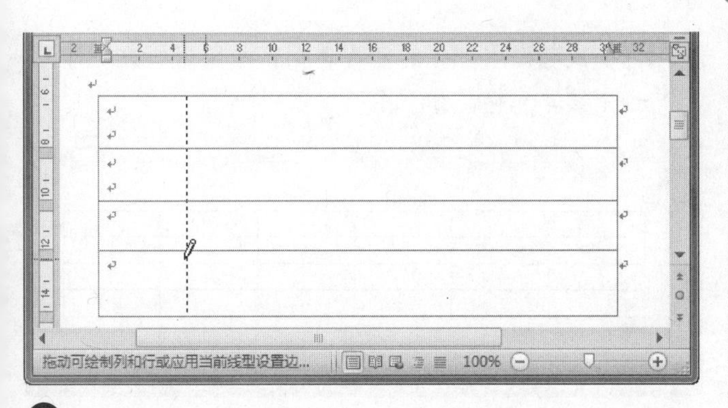

❺ 绘制斜线。将光标移动到要绘制斜线的起始端，然后按下鼠标左键，并沿对角线方向拖动，到达另一端时释放鼠标，即可在单元格中绘制斜线了，如下图所示。

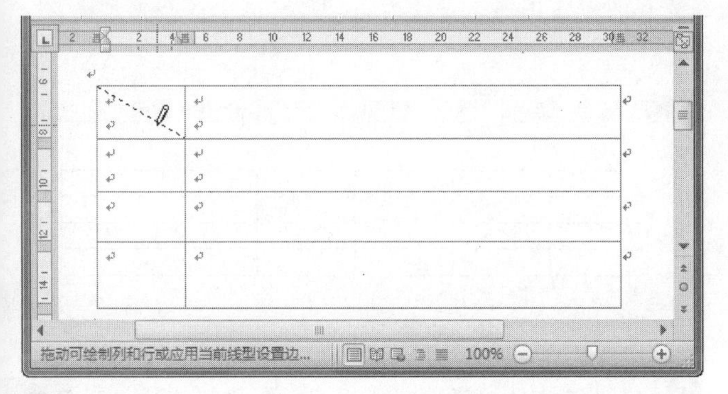

❻ 如果绘制的表格线太多了，还可以进行擦除。方法是在【表格工具】下的【设计】选项卡中，单击【绘制边框】组中的【擦除】按钮，如下图所示。

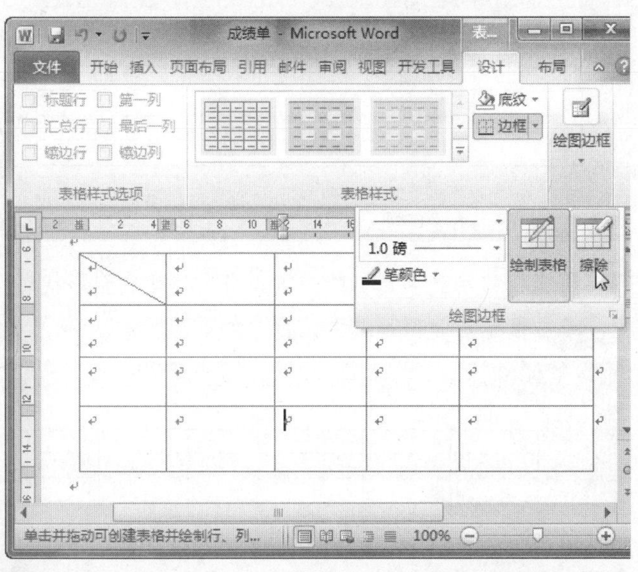

❼ 这时光标会变成橡皮擦形状，将其移动到要去除的表格线上，再单击鼠标左键即可删除该条表格线了，如下图所示。

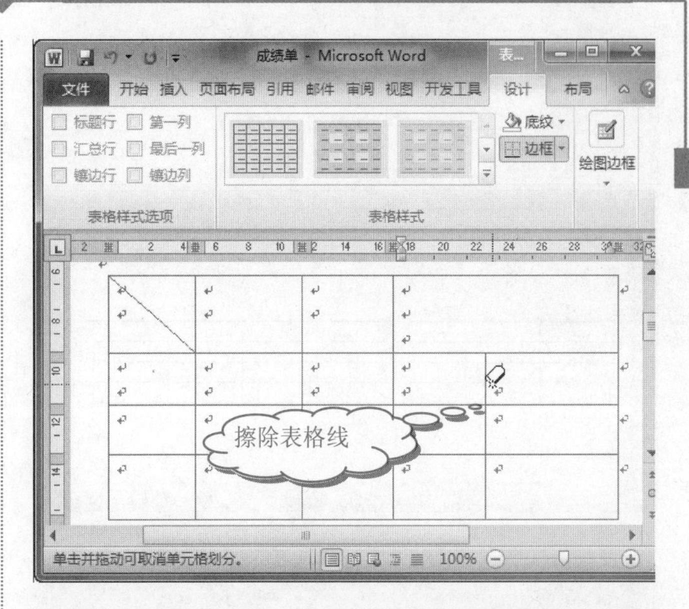

16.1.3 插入快速表格

如果用户要创建的表格的行列数不是很多，可以通过【表格】命令快速创建需要的表格，其操作步骤如下。

操作步骤

❶ 新建一个名为"成绩单"的文档，然后在【插入】选项卡下的【表格】组中，单击【表格】按钮，在弹出的下拉列表中的选择要插入表格行列数，如下图所示。

❷ 选择好行列数后单击鼠标左键确认，这时会在文档中插入表格，如下图所示。

学以致用系列丛书

长见识 在Word 2010文档中创建的表格最多可达到63列，如果需要编辑更大的表格，最好在Excel中进行。

技巧

还可以使用表格模板插入基于一组预先设好格式的表格，方法是在【插入】选项卡下的【表格】组中，单击【表格】按钮，从弹出的下拉列表中选择【快速表格】命令，接着在打开的子菜单中选择需要的表格模板即可，如下图所示。

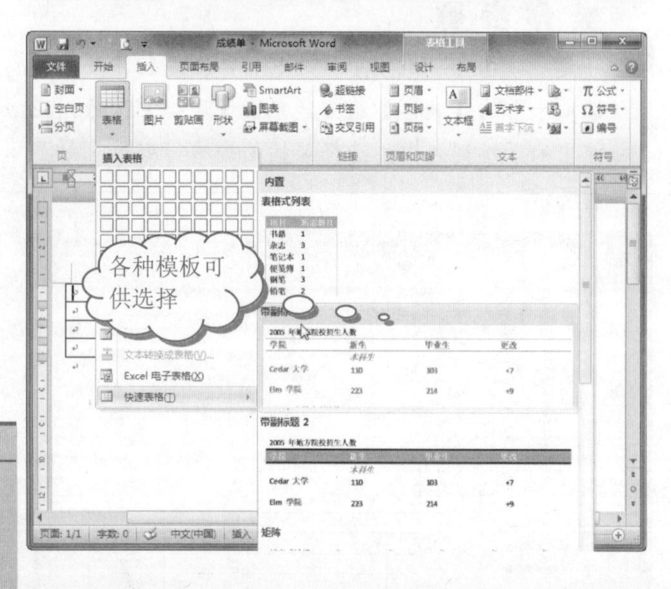

16.2 编辑表格

表格创建完成后，就可以对表格进行编辑操作了，包括选中单元格、合并与拆分单元格、插入与删除单元格、调成表格的行高和列宽等。

在对表格进行编辑之前，必须先选中单元格，然后才能进行其他操作。

操作步骤

❶ 将光标移动到要选中单元格的左侧边框线上，当光标变成指向右上方的箭头↗时，单击鼠标左键即可选中该单元格，如下图所示。

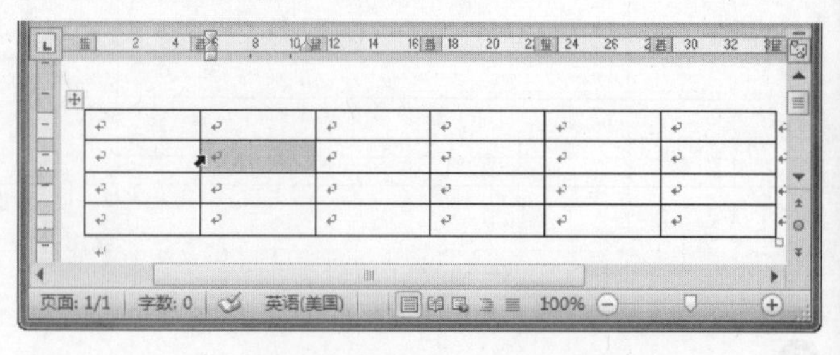

技巧

如果在步骤1中单击鼠标左键后，按下鼠标左键不松，向上/下/左/右方向拖动鼠标，可以选中多个单元格。如下图所示是向右拖动鼠标选中多个单元格。

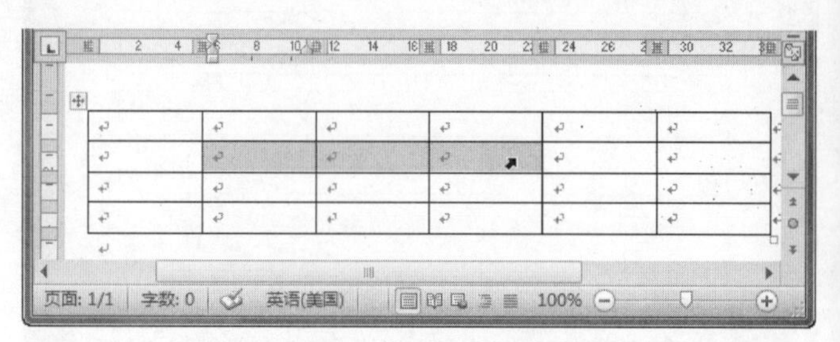

❷ 将光标移动到要选列的上方，当光标变成向下箭头形状⬇时，单击鼠标左键即可选中该列，如下图所示。

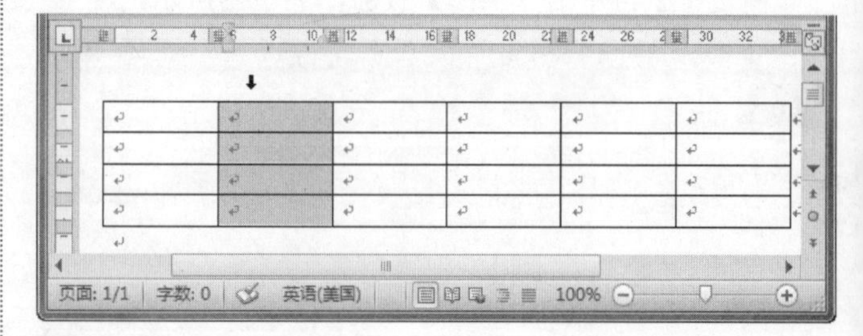

❸ 将光标移动到要选行的左侧，当光标变成↗形状时，单击鼠标左键即可选中该行，如下图所示。

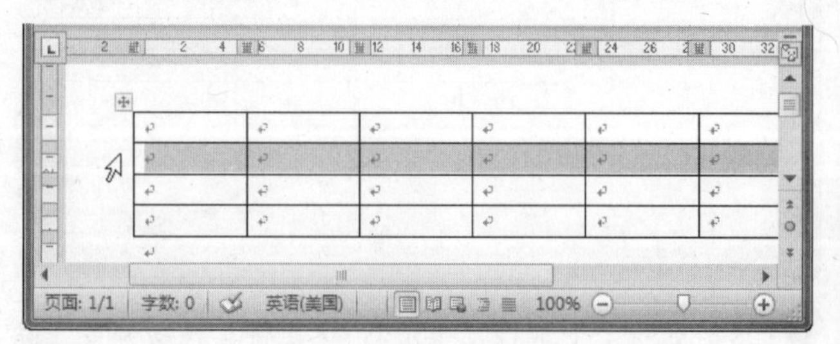

❹ 在表格的左上角有一个⊞图标，单击该图标即可选中整个表格，如下图所示。

长见识：在手动绘制表格的过程中，无论是画横线、竖线或斜线，都不必在意是否精确地将开始位置定在边框或拐角上，只要在边框附近，Word 2010会自动识别位置。

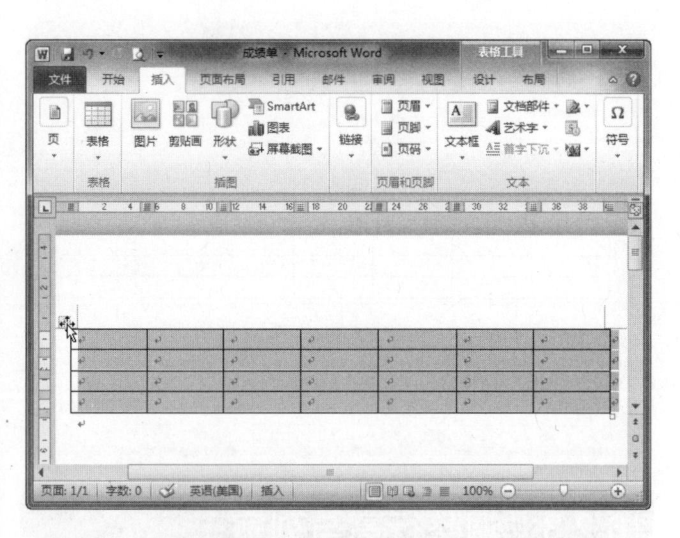

技巧

除此之外，还可以通过命令来选中需要的单元格，方法是：将光标定位到要选中的单元格中，然后在【表格工具】下的【布局】选项卡中，单击【表】组中的【选择】按钮，再从打开的菜单中选择需要的命令即可，如下图所示。

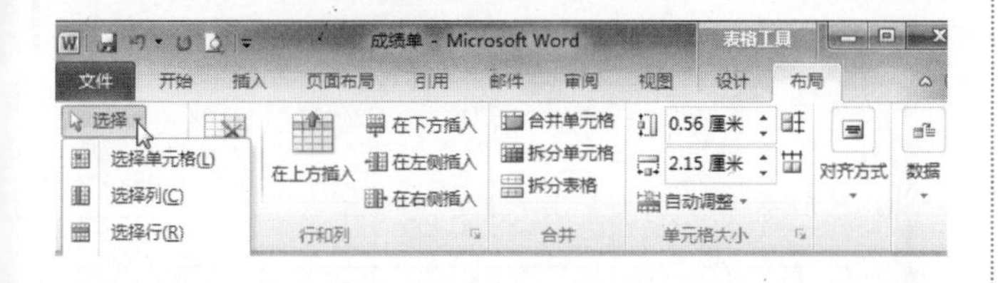

16.2.1　输入数据

看到这里，也许有些用户会问，表格还是空的，怎么向表格中输入文本呢？别急，这就是下面要介绍的内容，一起来学习吧。

操作步骤

❶ 将光标定位到要输入文本的单元格中，然后按 Ctrl+Shift 组合键选择需要的输入法，接着即可输入文字了，这里输入“姓名”文本，如下图所示。

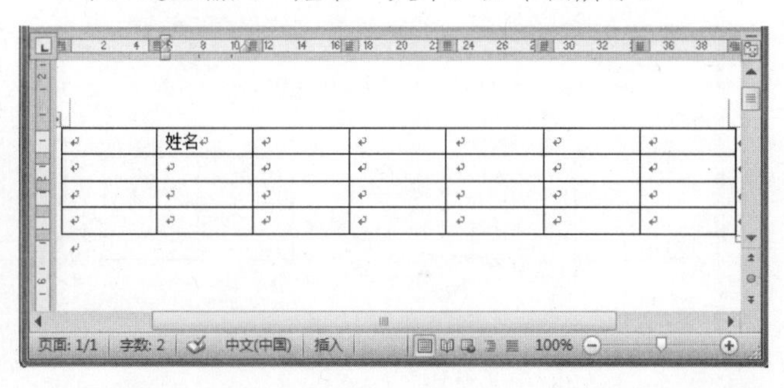

❷ 文本输入完毕后，按向右(→)方向键，光标将移动到右侧的单元格中，用户可以接着向单元格中输入文本，如下图所示。如果按向下(↓)方向键，光标将被移动到下方的单元格中。

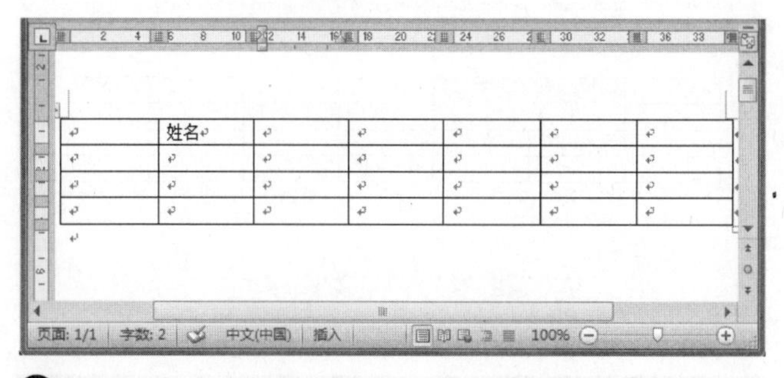

❸ 如果输入了错误的内容，可以将光标定位到该单元格中，然后按 Delete 键或 Backspace 键进行删除。

16.2.2　合并/拆分单元格

在 Word 文档中，用户可以将同一行或同一列中的两个或多个表格单元格合并为一个单元格，也可以将单个单元格拆分成多个单元格。

1. 合并单元格

合并单元格的操作步骤如下。

操作步骤

❶ 选中要合并的连续单元格，然后在【表格工具】下的【布局】选项卡中，单击【合并】组中的【合并单元格】按钮，如下图所示。

❷ 这时，选中的连续单元格将被合并为一个单元格，如下图所示。

学以致用系列丛书

选定整个或部分表格，并右击，从弹出的快捷菜单中选择【边框和底纹】命令，然后在弹出的对话框中切换到【边框】选项卡，接着在【设置】栏中选择【无】选项，再单击【确定】按钮即可隐藏表格线。

长见识

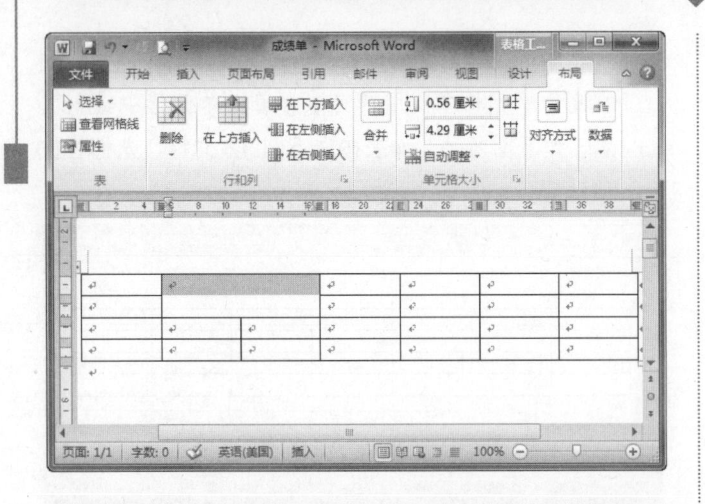

2. 拆分单元格

拆分单元格的操作步骤如下。

操作步骤

❶ 将光标定位到要拆分的单元格中，然后在【表格工具】下的【布局】选项卡中，单击【合并】组中的【拆分单元格】按钮，如下图所示。

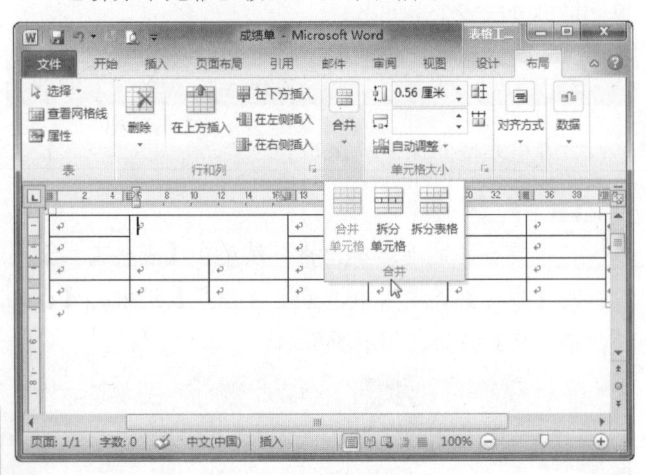

❷ 弹出【拆分单元格】对话框，设置要拆分成的列数和行数，再单击【确定】按钮，如下图所示。

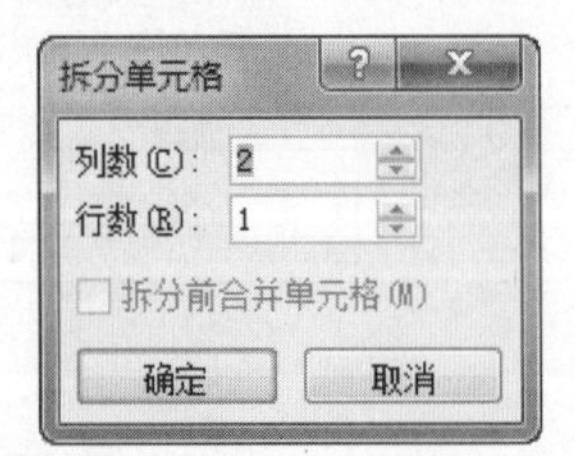

❸ 这时，选中的单元格变成两个了，如下图所示。

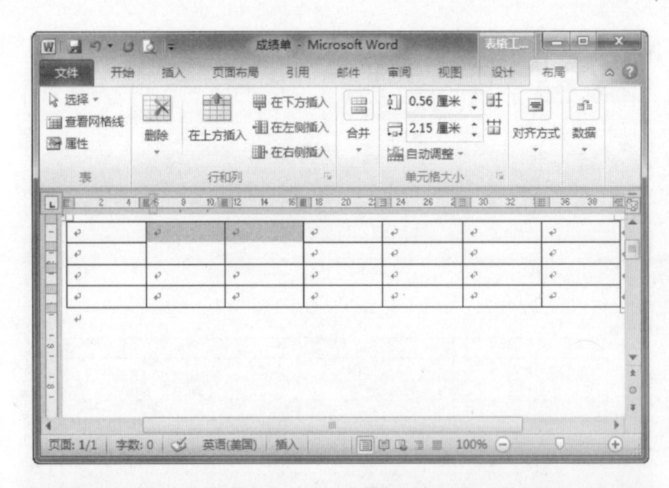

16.2.3 调整行高与列宽

下面再来研究一下如何调整表格中的行高和列宽。

1. 调整表格的行高

在 Word 文档中，调整行高的最简单的方法就是将光标移动到要调整行的下边框线上，当光标变成÷形状时，按下鼠标左键向上(或下)拖动即可调整表格的行高了，如下图所示。

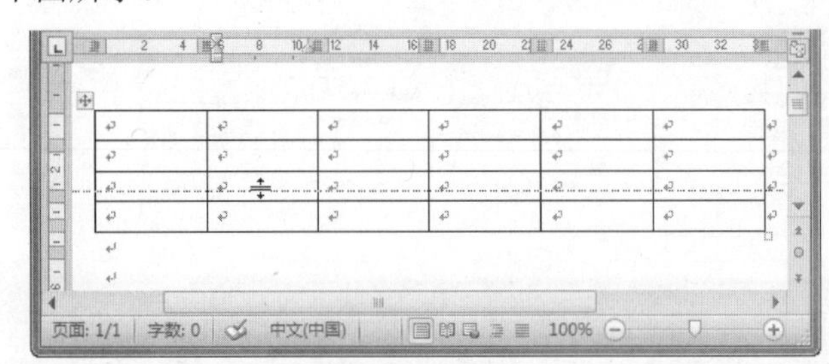

如果用户需要指定表格的行高为具体数值，则可以通过【表格属性】对话框来实现，其操作步骤如下。

操作步骤

❶ 右击需要调整的行，从弹出的快捷菜单中选择【表格属性】命令，如下图所示。

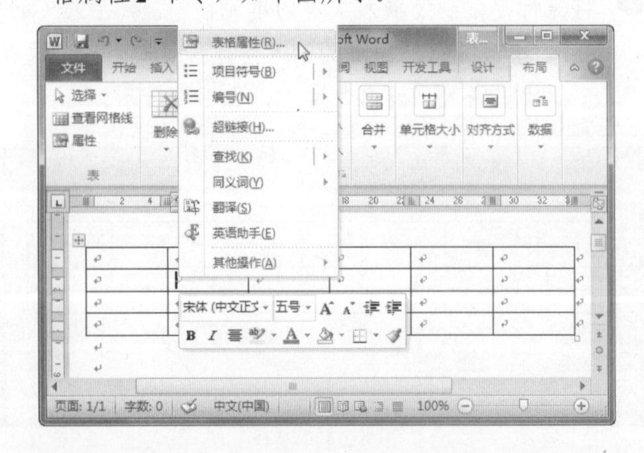

长见识：在表格中右击，从弹出的快捷菜单中选择【自动调整】|【根据内容调整表格】命令，可以看到表格中单元格的大小发生了变化。

❷ 弹出【表格属性】对话框，切换到【行】选项卡，然后在【尺寸】组中选中【指定高度】复选框，并在右侧的文本框中输入行高值，再单击【行高值是】下拉列表框右侧的下拉按钮，从弹出的下拉列表中选择【固定值】选项，如下图所示，最后单击【确定】按钮。

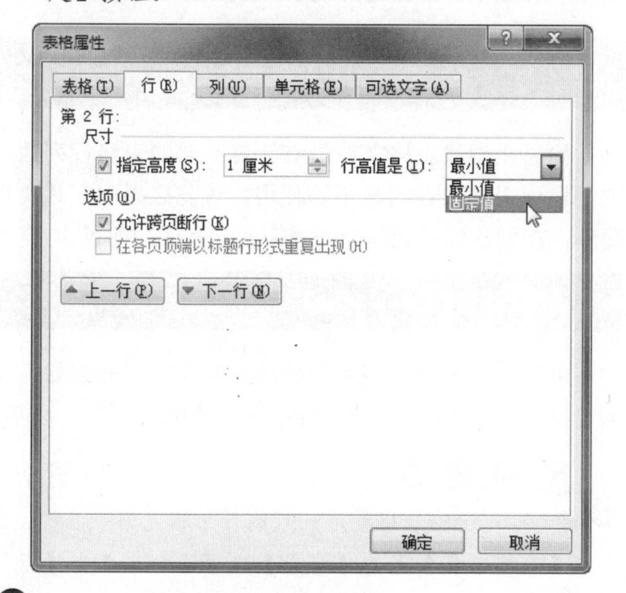

❸ 调整行高后的效果如下图所示。

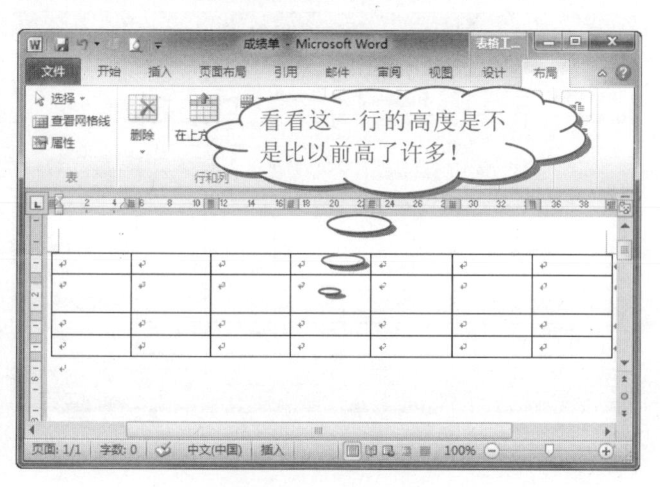

技巧

将光标定位到要调整高度的行的任一单元格中，然后在【表格工具】下的【布局】选项卡中，在【单元格大小】组中单击【高度】文本框右侧的微调按钮，也可以调整表格行高。

2. 调整表格的列宽

调整表格的列宽的方法与调整行高的方法类似，也是将光标移动到要调整宽度的列的右侧边框线上，当光标变成 形状时，按下鼠标左键向左(或右)拖动即可调整表格的列宽，如下图所示。

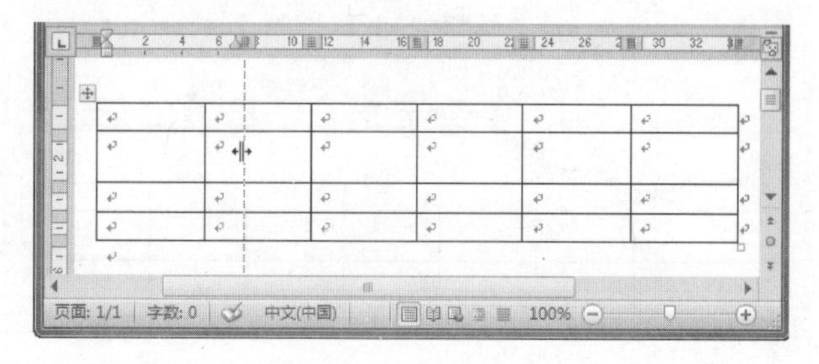

除此之外，还可以通过【表格属性】对话框来设置列宽，其操作步骤如下。

操作步骤

❶ 将光标定位到要调整宽度的列的任一单元格中，然后在【表格工具】下的【布局】选项卡中，单击【表】组中的【属性】按钮，如下图所示。

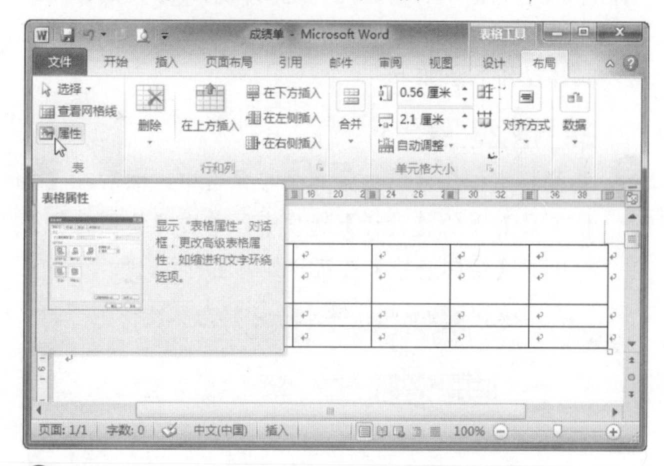

❷ 弹出【表格属性】对话框，切换到【列】选项卡，然后在【字号】选项组中选中【指定宽度】复选框，并右侧的文本框中输入列宽值，最后单击【确定】按钮，如下图所示。

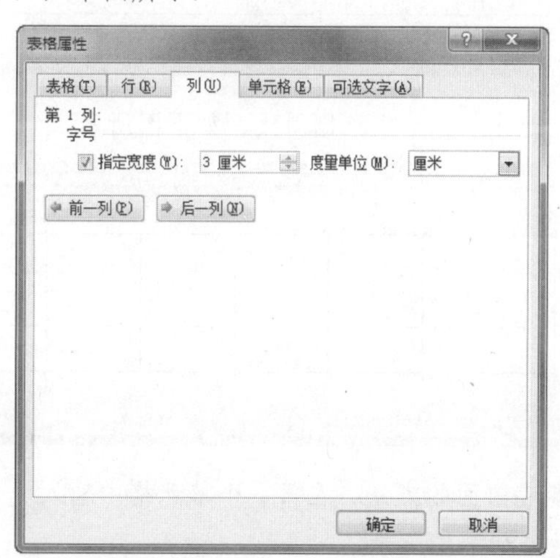

❸ 调整列宽后的效果如下图所示。

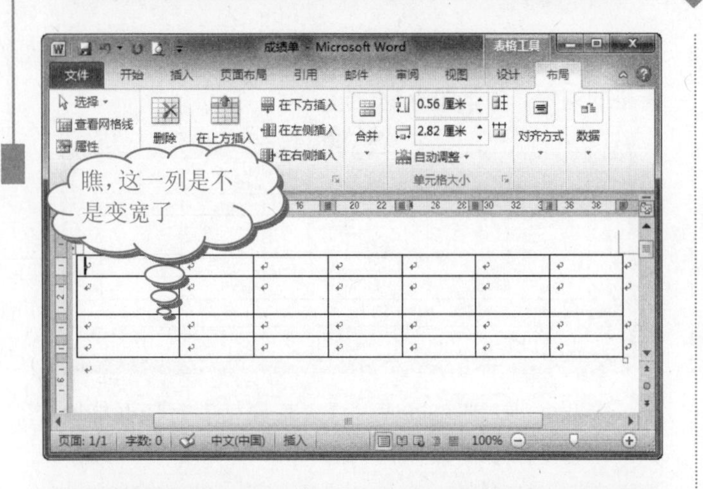

16.2.4　绘制斜线表头

斜线表头一般在表格的第一行、第一列的第一个单元格中，它对整个表格的内容起到归纳、分类的作用。在 Word 文档中用户可以在已创建的表格中绘制斜线表头，具体操作方法如下。

操作步骤

1. 将光标定位到表格的第一个单元格中，然后在【表格工具】下的【设计】选项卡，单击【绘图边框】组中的【绘制表格】按钮，如下图所示。

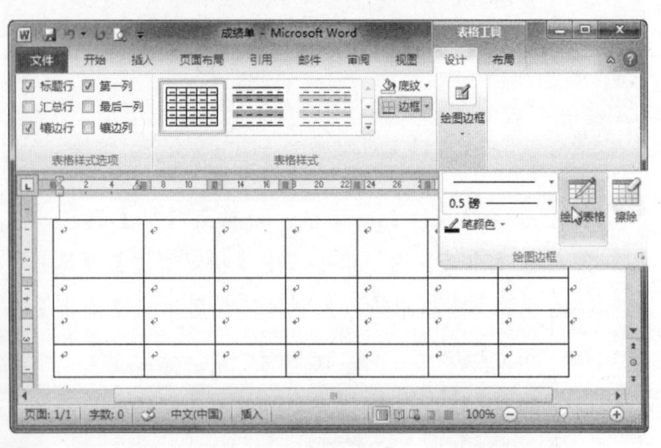

2. 接着在单元格中绘制斜线，如下图所示。

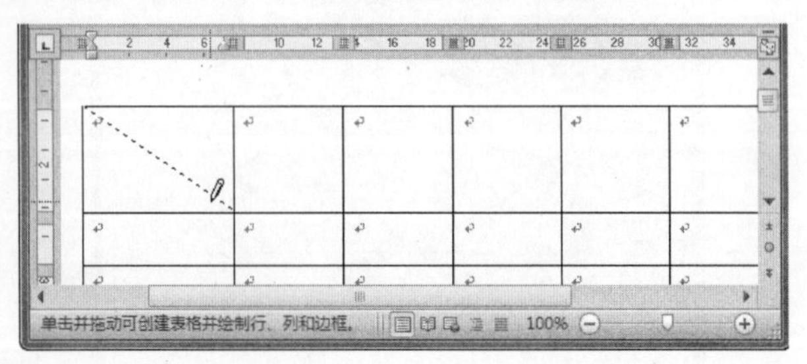

3. 参考前面的方法，在第一个单元格中输入文本内容效果如下图所示。

16.2.5　在表格中插入行/列

如果在创建表格之前没有计算需要的表格行列数，现在发现表格的行列数不够使用，该怎么办呢？其实很简单，在创建好的表格中插入需要的行或列即可。

1. 添加列

下面以在表格右侧末尾处添加列为例，介绍如何在创建好的表格中添加新列，其操作步骤如下。

操作步骤

1. 将光标定位的表格最后一列的任意单元格中，然后在【表格工具】下的【布局】选项卡中，单击【行和列】组中的【在右侧插入】按钮，如下图所示。

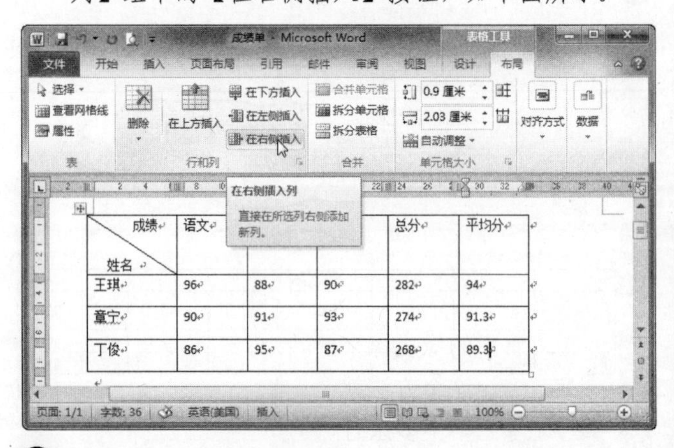

2. 这时会在表格末尾处添加一新列，如下图所示。

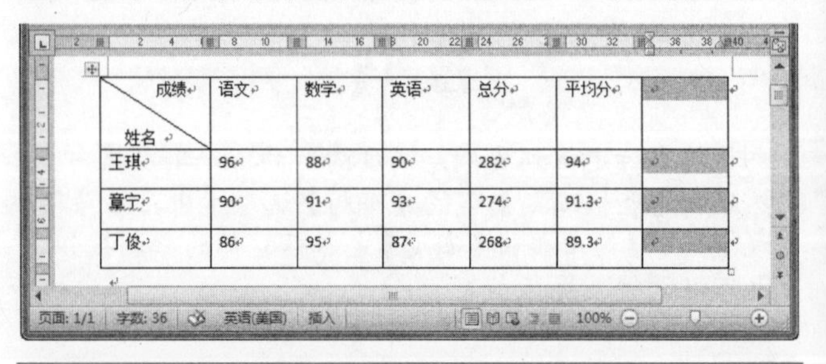

2. 添加行

添加行的操作与添加列的操作类似，下面以一次性添加多行为例进行介绍，具体操作如下。

将光标移到表格的第一行第一个单元格内，按 Enter 键即可在表格上方插入一空行。将光标移到表格右侧换行符前按 Enter 键可在下一行插入一行单元格。

操作步骤

❶ 在已有的表格中选择与要添加行数相同的行，这里选中表格的最后三行，然后在【表格工具】下的【布局】选项卡中，单击【行和列】组中的【在下方插入】按钮，如下图所示。

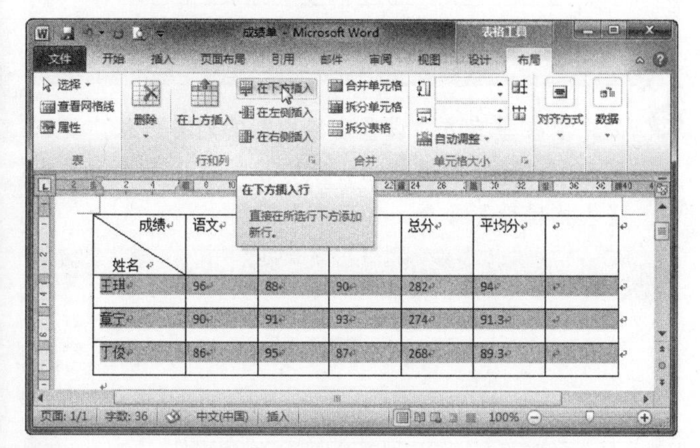

❷ 这时会在表格下方插入三空行，如下图所示。

16.2.6 删除行、列与单元格

如果添加的行或列太多了怎么办？当然，用户可以使用表格工具中的橡皮擦来擦除多余的行列。如果要删除的行列过多，这个方法就显得麻烦了，下面告诉大家一个快速删除表格中多余行、列或单元格的方法，其操作步骤如下。

操作步骤

❶ 将光标定位到要删除行/列的任一单元格中，然后在【表格工具】下的【布局】选项卡中，单击【行和列】组中的【删除】按钮，从打开的菜单中选择需要的命令即可，如下图所示。

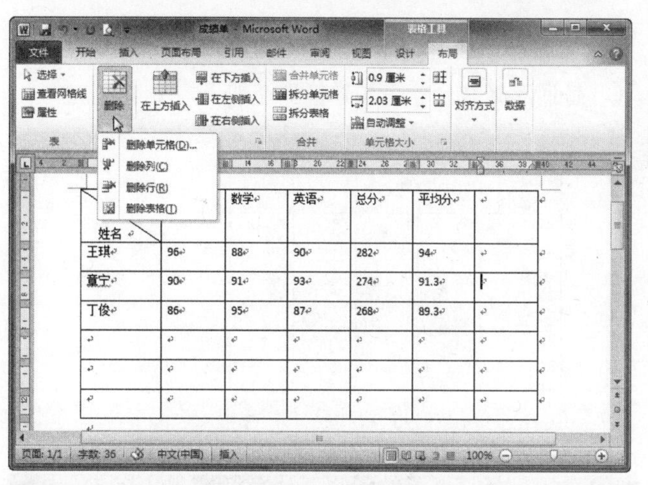

❷ 如果选择【删除列】命令，则会删除单元格所在的列，结果如下图所示。

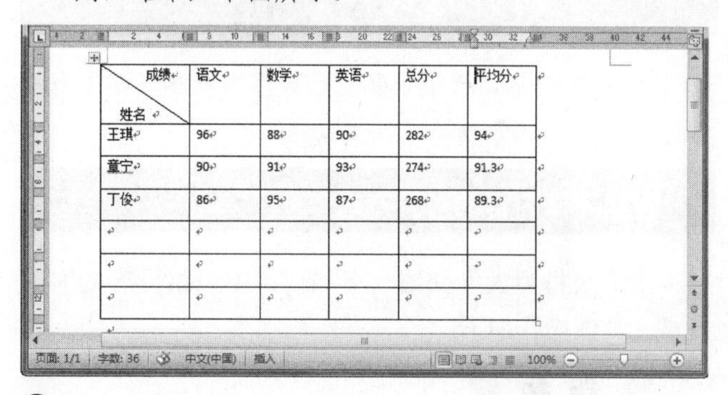

❸ 如果选择【删除行】命令，则会删除单元格所在的行，结果如下图所示。

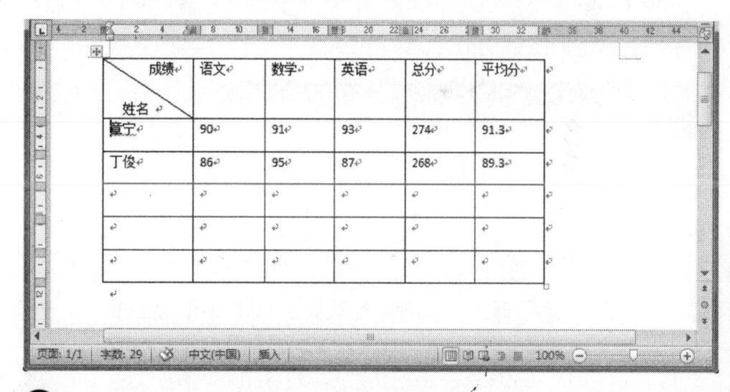

❹ 如果选择【删除表格】命令，则会删除整个表格。

❺ 如果选择【删除单元格】命令，则会弹出【删除单元格】对话框，选中【右侧单元格左移】单选按钮，再单击【确定】按钮，如下图所示。

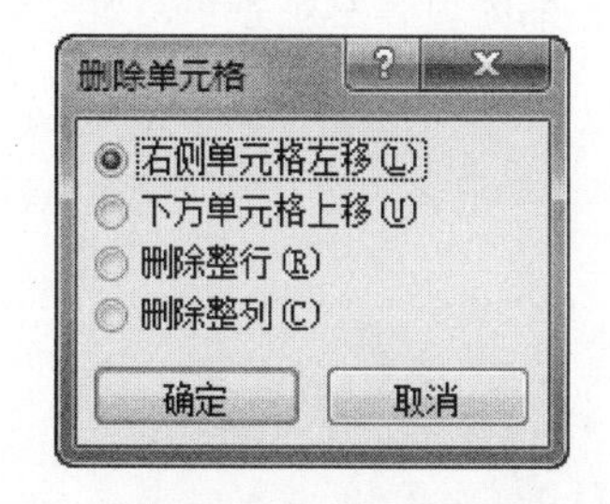

长见识：Word 的表格两侧不能插入其他表格，不过可以把一个表格"一分为二"，间接得到双表。方法是选定表格中间作为"分隔"的某列后，通过【边框和底纹】对话框中的预览图取消所有的横边框，就可得到"双表"了。

6 这时，光标所在的单元格将被删除，同时右侧单元格向左移动一个单元格位置，如下图所示。

成绩/姓名	语文	数学	英语	总分	平均分
王琪	96	88	90	282	
章宁	90	91	93	274	91.3
丁俊	86	95	87	268	89.3

16.2.7 调整表格内容/表格本身的对齐方式

绘制完表格后，接下来要调整表格内容和表格本身的对齐方式。

1. 调整表格内容的对齐方式

接下来将为大家介绍一下如何调整表格内容的对齐方式，具体操作如下。

操作步骤

1 在表格中选中要调整对齐方式的单元格，然后在【开始】选项卡下的【段落】组中，单击【左对齐】按钮，如下图所示。

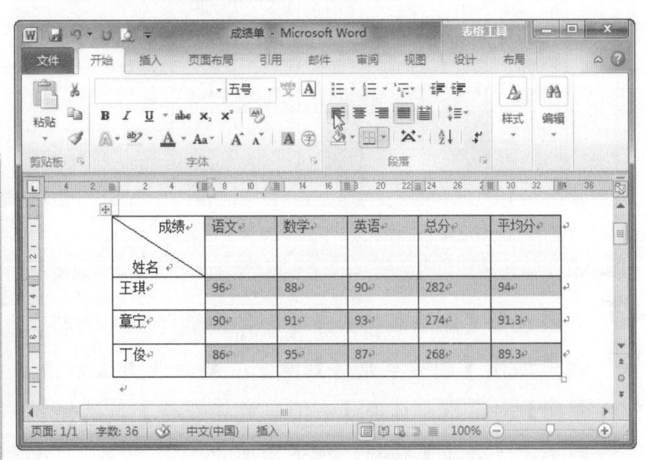

2 瞧，单元格中的内容左对齐了，效果如下图所示。

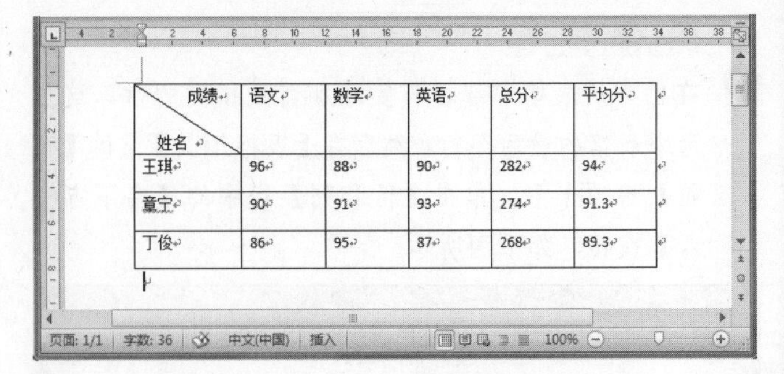

成绩/姓名	语文	数学	英语	总分	平均分
王琪	96	88	90	282	94
章宁	90	91	93	274	91.3
丁俊	86	95	87	268	89.3

3 如果要在垂直方向设置表格内容的对齐方法，可以先选中单元格，并右击，从弹出的快捷菜单中选择【表格属性】命令，如下图所示。

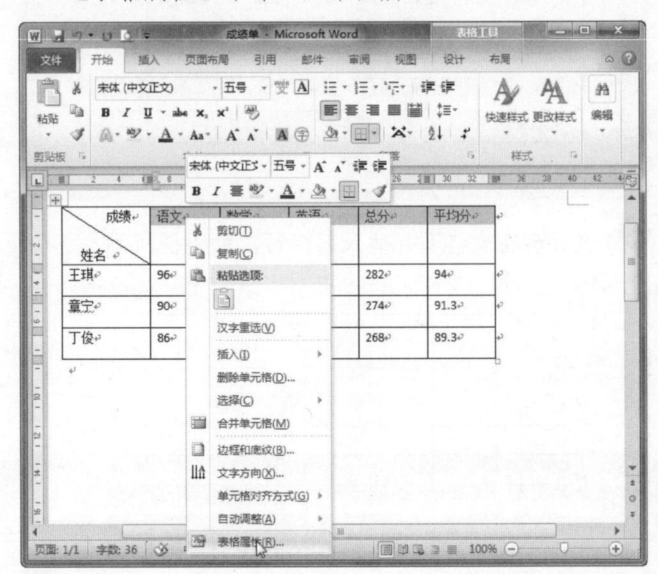

4 弹出【表格属性】对话框，切换到【单元格】选项卡，然后在【垂直对齐方式】选项组中选中【居中】选项，再单击【确定】按钮，如下图所示。

5 这时，选中的单元格中的内容垂直居中显示了，效果如下图所示。

长见识

按住Alt键，同时单击表格中的任一单元格，从而选中这个单元格所在的列。在按住Alt键的同时，双击表格中的任一单元格可以选中整个表格。

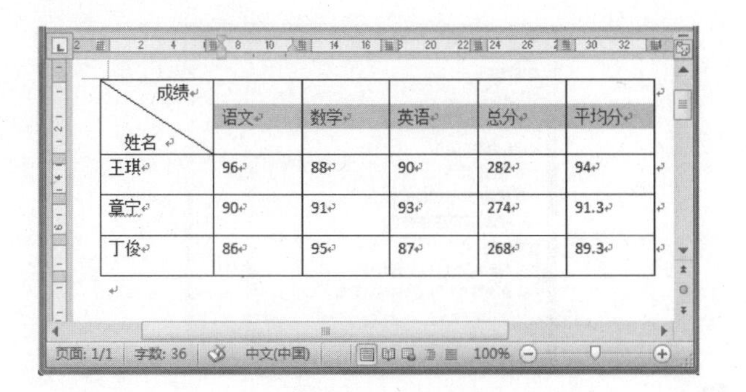

技巧

还可以在【表格工具】下的【布局】选项卡中，单击【对齐方式】组中的相应按钮来设置白表格内容的对齐方式，如下图所示。

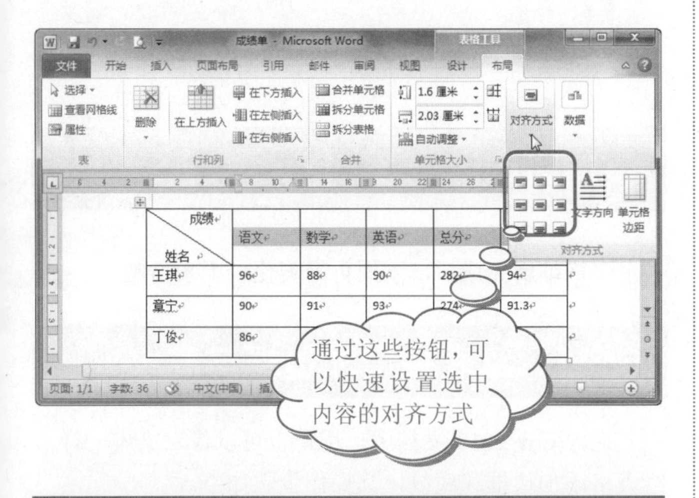

2. 调整表格本身的对齐方式

下面再来介绍一下如何调整表格本身的对齐方式，其操作步骤如下。

操作步骤

❶ 选中整个表格，然后在【表格工具】下的【布局】选项卡中，单击【表】组中的【属性】按钮，如下图所示。

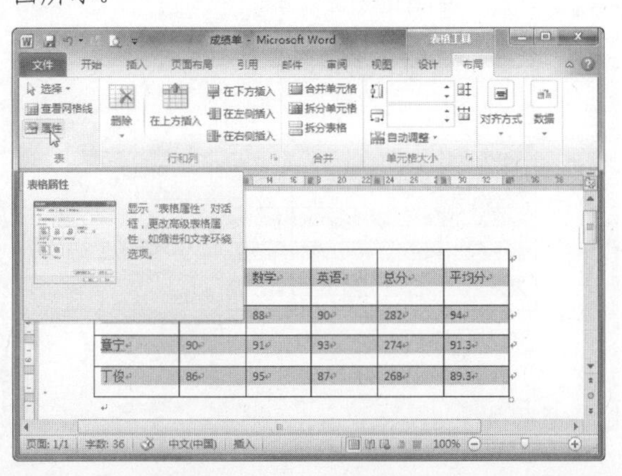

❷ 弹出【表格属性】对话框，切换到【表格】选项卡，然后在【对齐方式】选项组中选择对齐方式，这里单击【居中】选项，再单击【确定】按钮即可将表格水平居中对齐了，如下图所示。

16.2.8 文本与表格之间的相互转换

在文档的编辑过程中，也许用户会遇到需要将表格转换成文本，或是将文本转换成表格的情况，该怎么实现呢？下面一起来探寻一下吧。

1. 将表格转换成文本

将表格转换成文本的操作步骤如下。

操作步骤

❶ 选中要转换成文本的表格，然后在【表格工具】下的【布局】选项卡中，单击【数据】组中的【转换为文本】按钮，如下图所示。

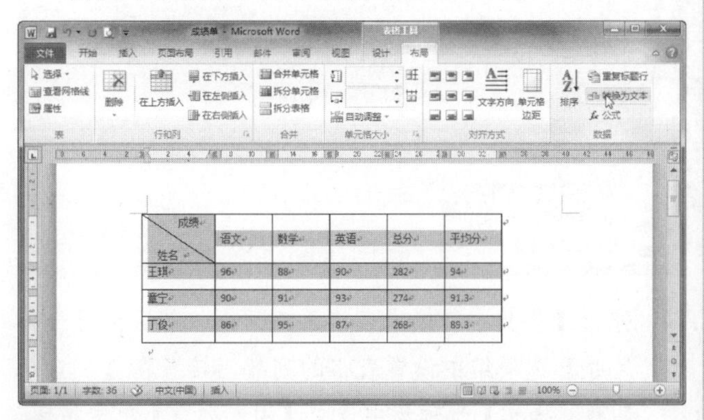

❷ 弹出【表格转换成文本】对话框，然后在【文字分隔符】选项组选择需要的分隔符，这里选中【制表符】单选按钮，再单击【确定】按钮，如下图所示。

选中整个表格，按 Delete 键，将表格中的所有内容全部删除，表格的所有单元格仅仅能容纳下一个段落标记了。注意：Delete 键是用来删除文字的，而 BackSpace 键则是用来删除表格的单元格。

❸ 这时，表格被转换成文本了，如下图所示。

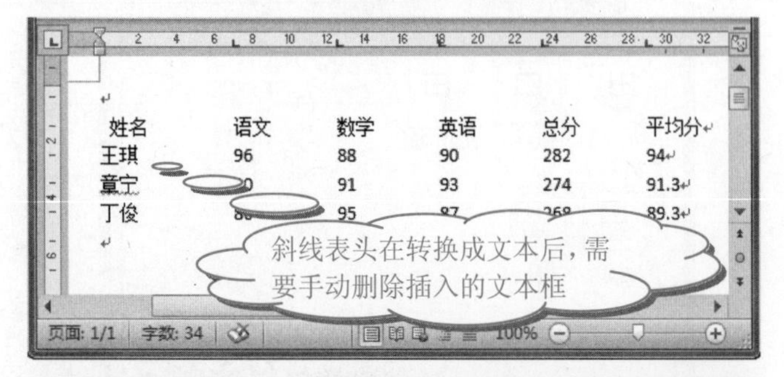

2. 将文本转换成表格

下面再来介绍一下如何将文本转换成表格，其操作步骤如下。

操作步骤

❶ 在文档中选择要转换为表格的文本内容，然后在【插入】选项卡下的【表格】组中，单击【表格】按钮，从弹出的下拉列表中选择【文本转换成表格】命令，如下图所示。

❷ 弹出【将文字转换成表格】对话框，然后在【表格尺寸】选项组中设置表格的列数，接着在【“自动调整”操作】选项组中选中【固定列宽】单选按钮，再在【文字分隔位置】选项组中选中【制表符】单选按钮，最后单击【确定】按钮即可，如下图所示。

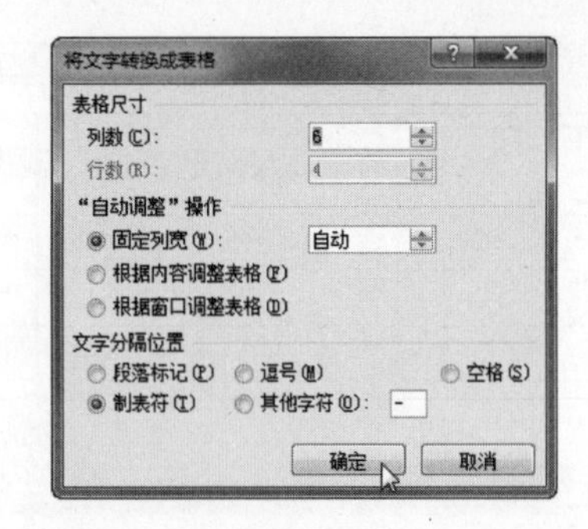

❸ 这时，表格又“变”回来了，如下图所示。调整首行高度，再绘制斜线表头即可将表格恢复原样了。

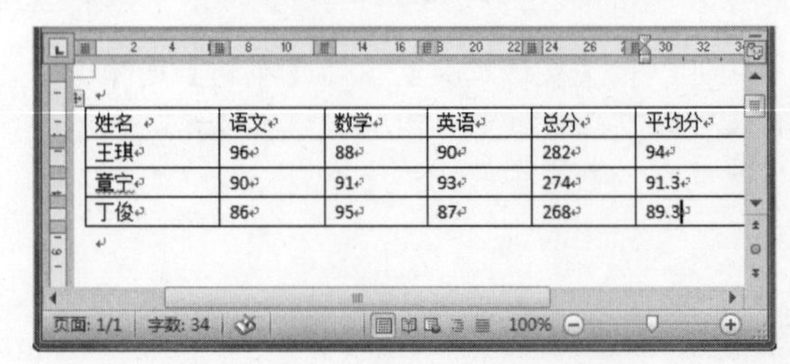

16.3 美化表格

表格编辑完成后，下面再来美化一下表格吧。

16.3.1 给表格增加边框与底纹

在 Word 2010 文档中，用户也可以像对文本一样，给表格添加边框和底纹，其操作步骤如下。

操作步骤

❶ 选中整个表格，然后在【表格工具】下的【设计】选项卡中，在【表格样式】组中单击【边框】按钮右侧的下三角按钮，从打开的菜单中选择【边框和底纹】命令，如下图所示。

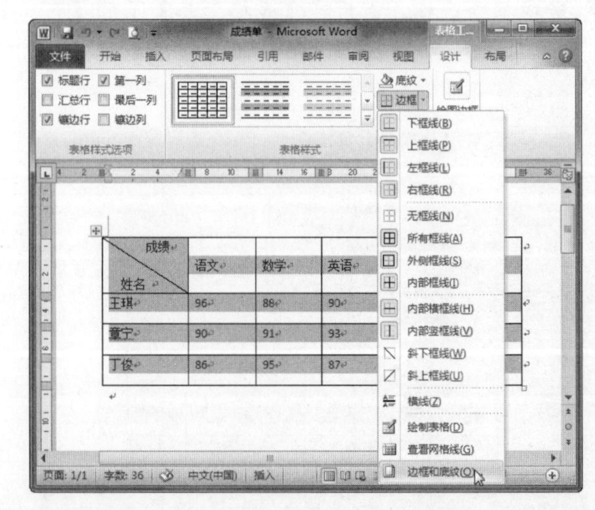

表格模板包含示例数据，可以帮助用户想象添加数据时表格的外观。

❷ 弹出【边框和底纹】对话框，切换到【边框】选项卡，然后在【设置】选项组中选择【自定义】选项，接着在【样式】下拉列表框中选择需要的线条样式，并设置【宽度】为【0.75 磅】，接着在【预览】区域中单击相应的表格位置按钮，设置表格外边框线，应用该线条，如下图所示。同理设置表格内边框线。

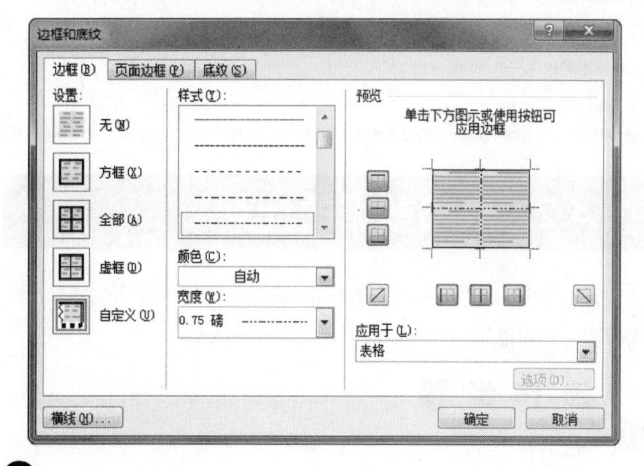

❸ 切换到【底纹】选项卡，单击【填充】下拉列表框右侧的下拉按钮，从弹出的下拉列表中选择需要的颜色，如下图所示。

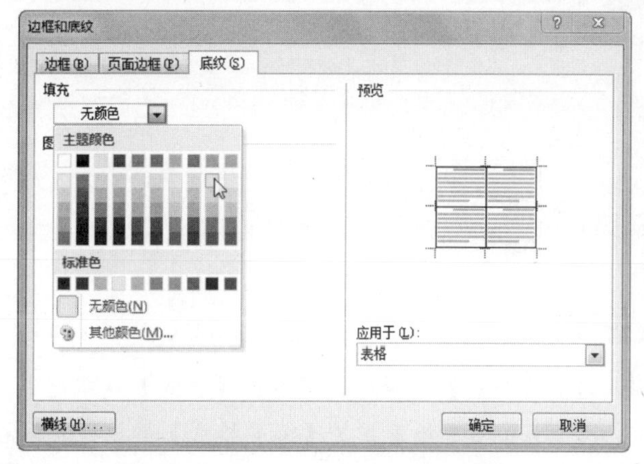

❹ 单击【确定】按钮，其效果如下图所示。

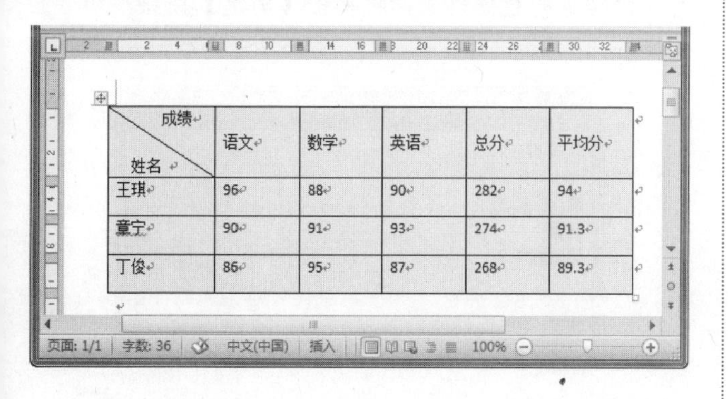

16.3.2 为表格套用样式

在 Word 2010 中内置一些现成的表格样式外观，用户可以通过套用这样表格样式来快速美化表格，其操作步骤如下。

操作步骤

❶ 选中整个表格，然后在【表格工具】下的【设计】选项卡中，单击【表格样式】组中的【其他】按钮，从弹出的下拉列表中选择需要的表格样式，如下图所示。

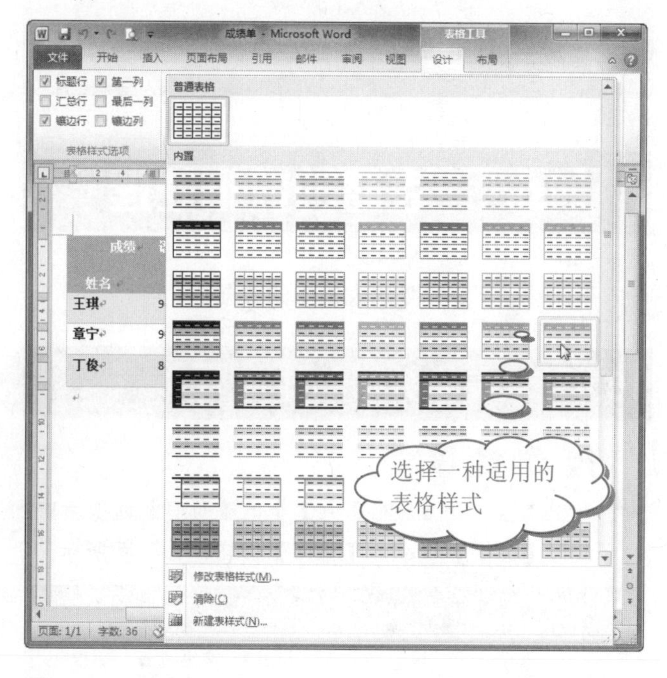

❷ 单击选中样式可将其应用到表格中，效果如下图所示。

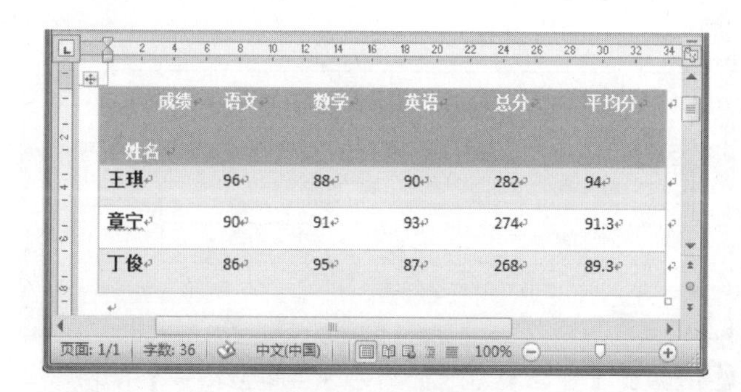

提示

在【表格工具】下的【设计】选项卡中，在【表格样式选项】组中，选中或清除选中的某个复选框，以应用或删除对应行或列的样式。如下图所示的是删除镶边行的效果。

学以致用系列丛书

表格可以全部或者部分地复制，与文本复制的方法一样。选中要复制的单元格，单击【复制】按钮，把光标定位到要复制单元格的地方，单击【粘贴】按钮，刚才复制的单元格就形成了一个独立的表格。

长见识

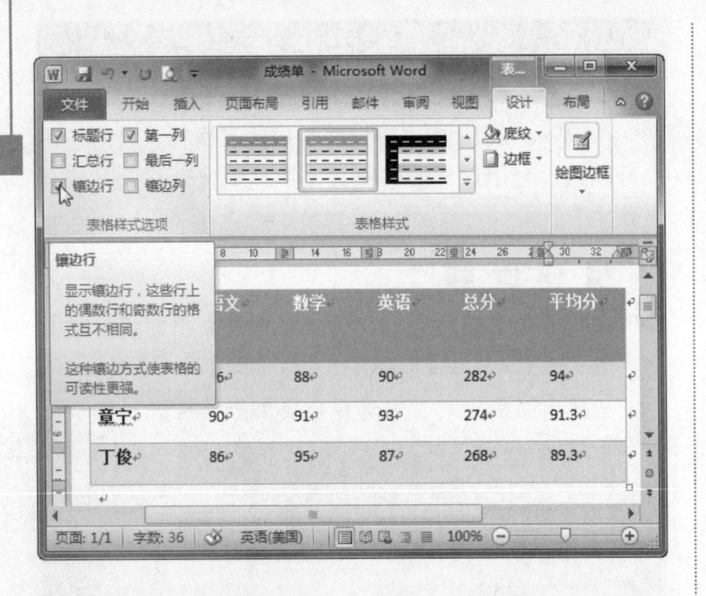

16.4 表格的数据处理

下面看一下怎样处理表格中的数据吧！

16.4.1 表格数据的排序

操作步骤

1. 选中表格，在【表格工具】下的【布局】选项卡中，单击【数据】组中的【排序】按钮，如下图所示。

2. 弹出【排序】对话框，在【主要关键字】区域，单击关键字下拉三角按钮选择排序依据的主要关键字。单击【类型】下拉三角按钮，在【类型】列表中选择参与排序的数据类型，选中“升序”或“降序”单选框设置排序的顺序类型，最后单击【确定】按钮即可，如下图所示。

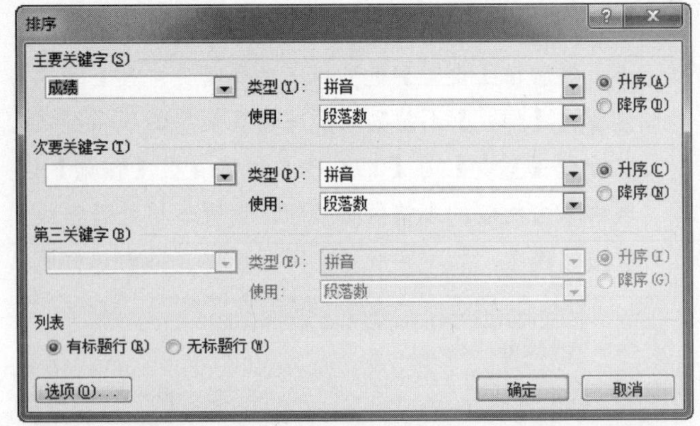

16.4.2 表格数据的计算

到这里，表格调整得差不多了，下面就来计算“优秀率”一列的数值吧，其操作步骤如下。

操作步骤

1. 将光标定位到要进行计算的单元格中，然后在【表格工具】下的【布局】选项卡中，单击【数据】组中的【公式】按钮，如下图所示。

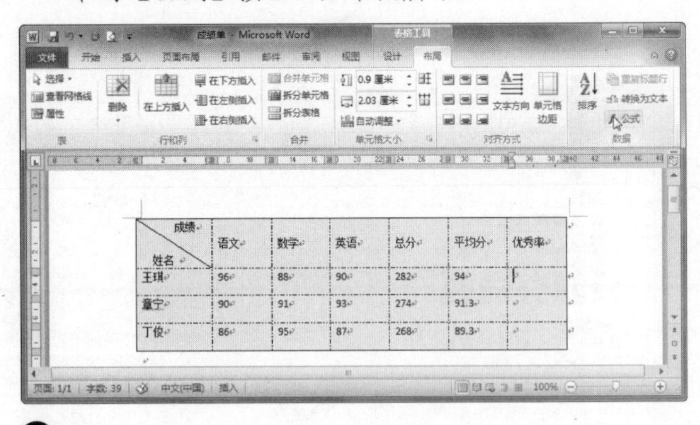

2. 弹出【公式】对话框，然后在【公式】文本框中输入计算公式，接着单击【编号格式】下拉列表框右侧的下拉按钮，从弹出的下拉列表中选择公式计算结算的数据格式，再单击【确定】按钮，如下图所示。

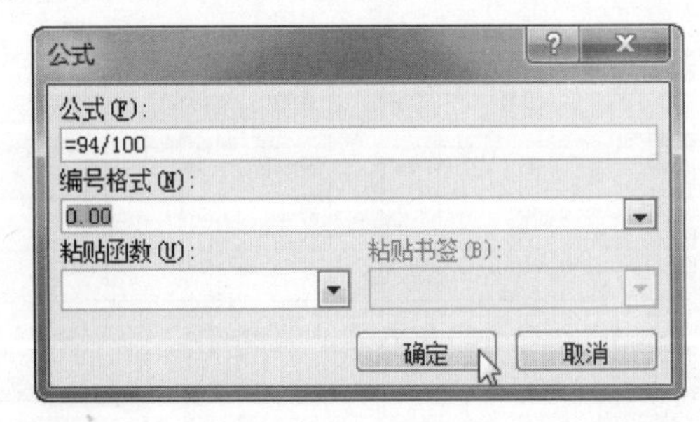

在使用【绘制斜线表头】对话框编辑表头时，新的表头将会代替原有的表头。如果表格单元格容纳不下输入的标题，会看到提示警告，并且容纳不下的字符会被截掉。

技巧

除了手动编写公式外，用户也可以使用函数进行计算，方法是在【公式】对话框中单击【粘贴函数】下拉列表框右侧的下拉按钮，从弹出的下拉列表中选择需要的函数，如下图所示。这时函数将被插入到【公式】文本框中，设置函数参数，再单击【确定】按钮即可。

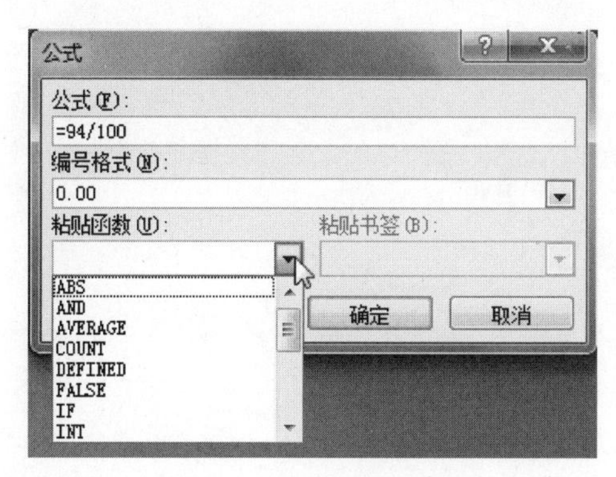

❸ 得到公式计算结果，如下图所示。

16.5 思考与练习

选择题

1. 利用【插入表格】按钮可以快速插入一个最大为________的表格。

   A. 8 行、10 列　　　　B. 10 行、10 列

   C. 7 行、7 列　　　　D. 10 行、8 列

2. 合并与拆分操作一般在________选项卡中进行。

   A. 【开始】　　　　B. 【插入】

   C. 【布局】　　　　D. 【引用】

3. 给表格添加边框和底纹是在________选项卡中进行的。

   A. 【页面布局】　　　　B. 【布局】

   C. 【设计】　　　　D. 【插入】

4. 在【将文字转换成表格】对话框中的【文字分隔位置】选项组中，应选择________ 单选按钮。

   A. 【制表符】　　　　B. 【空格】

   C. 【逗号】　　　　D. 【段落标记】

操作题

1. 使用【插入表格】按钮创建一个 8 行、8 列的表格，再插入 1 行、1 列使之变成 9 行、9 列的表格。合并第 1 行与第 2 行，再将合并后的单元格删除。

2. 创建如下图所示的表格。

	姓名		性别		出生日期	
	民族		学历		专业	
教育经历						
爱好						
个人评价						

长见识：除了水平对齐以外，在表格中还经常用到中部两端对齐，特别是在同一行中不同单元格的文字高度不一致时。选定单元格，并右击，从弹出的快捷菜单选择【单元格对齐方向】|【中部两端对齐】命令即可。

第17章 Word 2010的高级美化与应用

通过前面的学习，相信读者已经可以制作出图文并茂的文档了。但是对于一些特殊用户，这些知识还不够用，为此，本章将为大家介绍一些文档的高级美化方法，全面提高用户对 Word 2010的应用能力。

学习要点

- ❖ 为文档设置主题
- ❖ 为文档选择页面背景
- ❖ 为文档添加水印效果
- ❖ 建立样式
- ❖ 创建目录
- ❖ 用大纲视图创建并编辑主控文档
- ❖ 添加书签与批注
- ❖ 使用邮件发送文档

学习目标

通过本章的学习，读者应该学会如何为文档设置主题，学会为文档选择页面背景，了解怎样建立样式以及创建目录，更好地利用大纲视图创建并编辑主控文档等。

掌握这些操作是进行文本编辑的基础，对以后进一步认识和学习 Word 2010 是非常重要的。

17.1 为文档设置主题

主题作为一套独立的选择方案可以直接应用于美化文档，它包含颜色、字体和效果三个方面，下面一起来研究一下吧。

17.1.1 使用内置主题

在 Word 程序中，用户可以根据需要使用适合的主题，具体操作如下，打开文件，然后在【页面布局】选项卡下的【主题】组中，单击【主题】下拉按钮，从打开列表的【内置】组中选择一种主题命令即可，如下图所示。

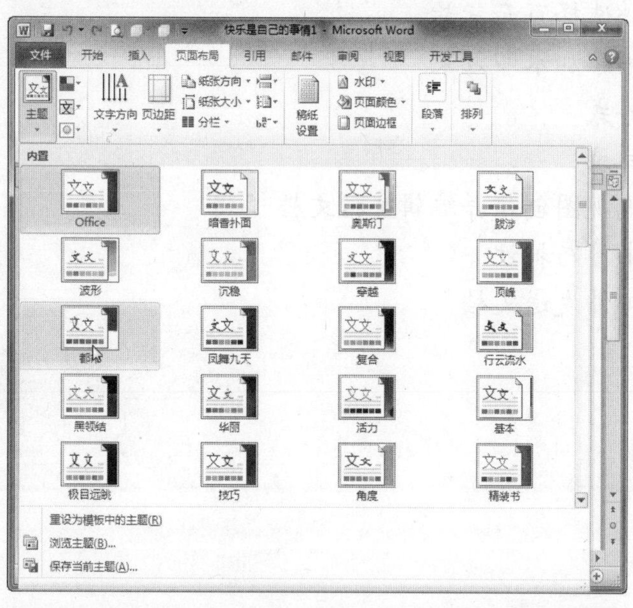

17.1.2 使用 Office 主题

如果对内置的主题不满意，用户还可以使用 Office 主题，操作方法和使用内置主题一样。打开文件，然后在【页面布局】选项卡下的【主题】组中，单击【主题】下拉按钮，从打开列表的【自 Office.com】组中选择一种主题命令，如下图所示。

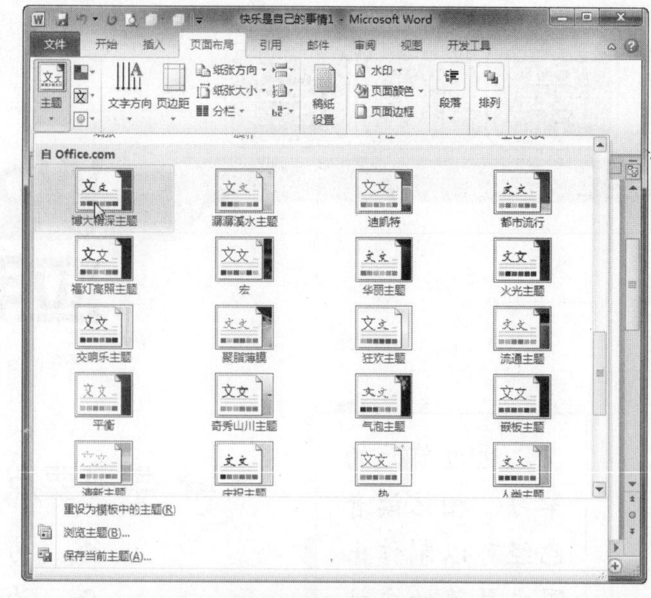

提示

在设置主题演示过程中，若对设置后的效果不满意，可以单击【重置】按钮重新设置。

17.1.3 选择主题字体

在 Word 程序中新建主题字体的步骤如下。

操作步骤

1. 在【页面布局】选项卡下的【主题】组中，单击【字体】按钮，从打开的列表中选择【新建主题字体】命令，如下图所示。

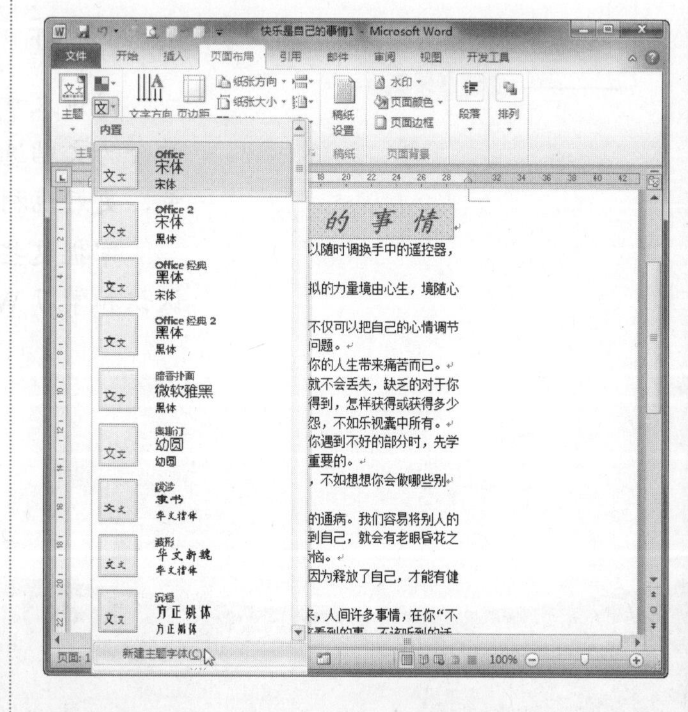

长见识 在【页面布局】选项卡下的【主题】组中，单击【主题字体】按钮，若在弹出的列表中未找到要使用的文档主题，请选择【浏览主题】命令以在计算机或网络上查找需要的主题。

❷ 弹出【新建主题字体】对话框，然后在【名称】文本框中输入主题名称，接着设置中西文字体格式，再单击【保存】按钮即可，如下图所示。

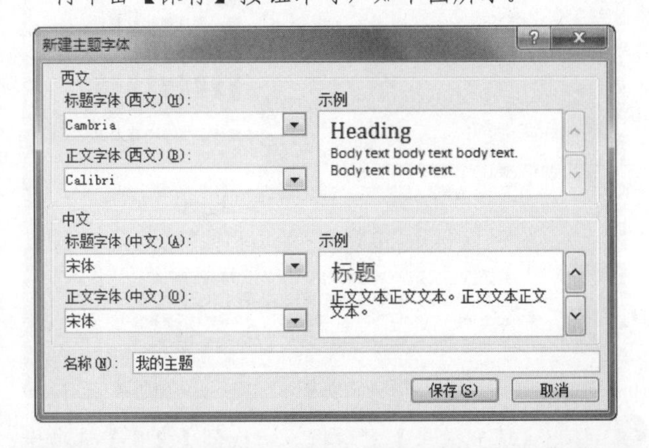

17.1.4　为主题选择一种效果

在 Word 程序中，通过为主题选择一种效果，可以快速设置整个文件的格式，具体操作步骤如下。

操作步骤

❶ 在【页面布局】选项卡下的【主题】组中，单击【主题】按钮，从打开的列表中要使用的主题，如下图所示。

❷ 应用后的效果如下图所示。

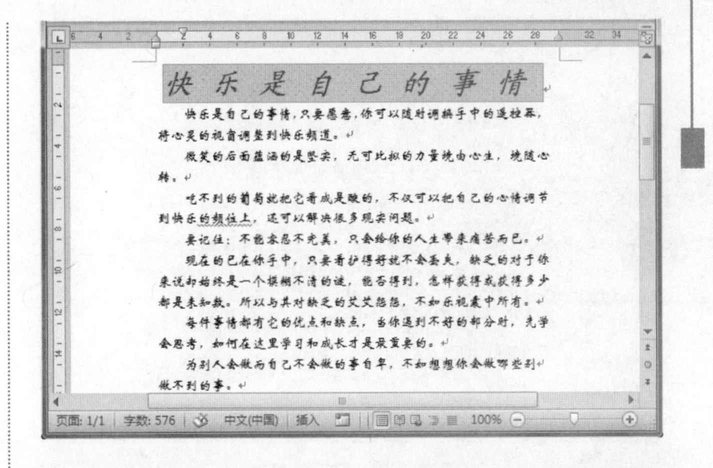

17.2　为文档选择页面背景

文档制作好后，为了丰富 Word 文档的页面显示效果，可以为文档选择页面背景。

17.2.1　设置文档的页面颜色

下面我们一起来为文档设置页面颜色吧。

操作步骤

❶ 打开文档，切换到【页面布局】选项卡，在【页面背景】组中单击【页面颜色】按钮，并在【页面颜色】下拉列表中选择【标准色】选项组中的【橄榄色，强调文字颜色 3，淡色 60%】选项，如下图所示。

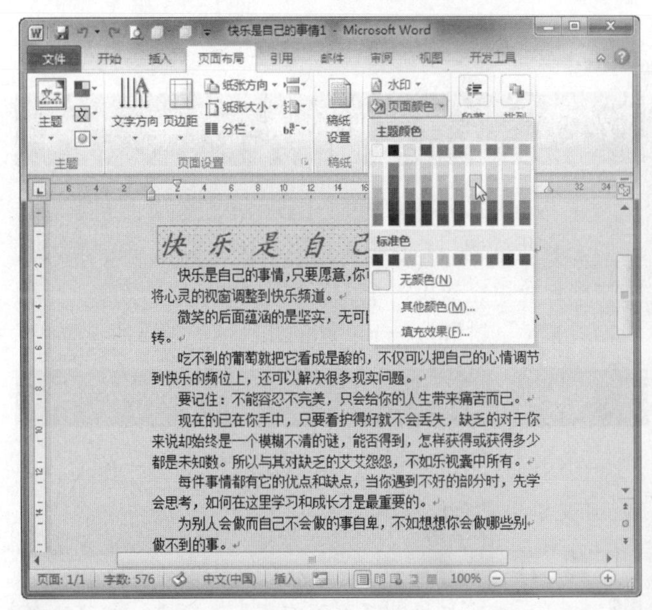

❷ 设置后的效果如下图所示。

学以致用系列丛书

在 Microsoft Word 中，可以通过以下三种方式来插入表格：从一组预先设好格式的表格(包括示例数据)中选择，或选择需要的行数和列数。可以将表格插入到文档中，或将一个表格插入到其他表格中创建更复杂的表格。

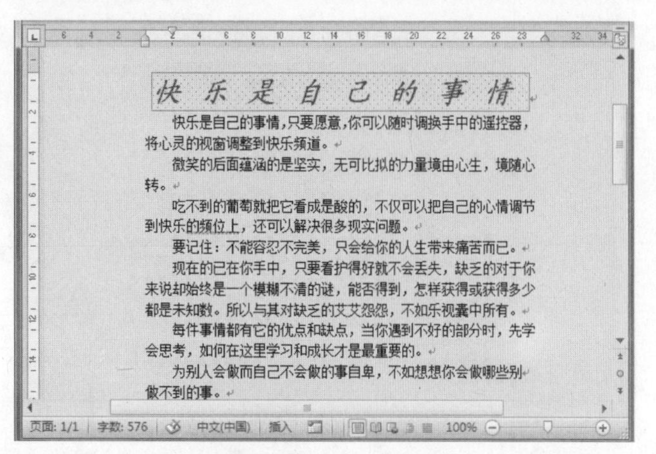

提示

如果【主题颜色】和【标准色】中显示的颜色依然无法满足用户的需要，可以单击【其他颜色】按钮，在打开的【颜色】对话框中切换到【自定义】选项卡，并选择合适的颜色。设置完毕后单击【确定】按钮即可，如下图所示。

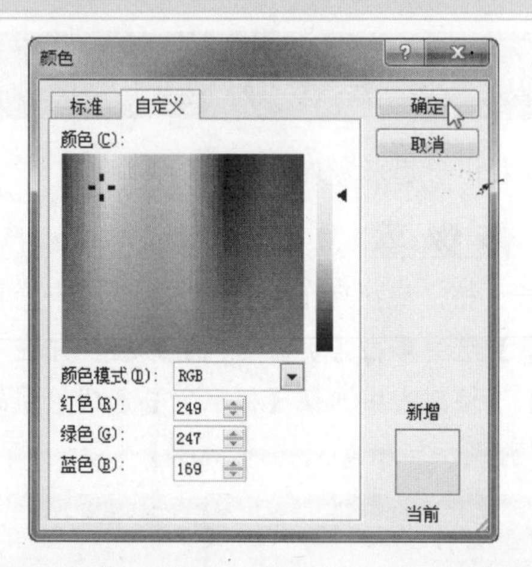

17.2.2 设置文档的填充效果

在 Word 2010 文档窗口中使用单色的页面背景看起来似乎有些单调，并且很难呈现出让人眼前一亮的效果。为文档设置填充效果，可以使文档更加的丰富多彩，下面我们就来一一讲解接一下文档的几种填充效果的设置吧。

1. 为文档设置渐变背景颜色

使用渐变颜色作为 Word 文档页面背景，则可以使 Word 文档更富有层次感。

操作步骤

1. 打开文档，切换到【页面布局】选项卡。在【页面背景】组中单击【页面颜色】按钮，并在打开的页面颜色面板中选择【填充效果】命令，如下图所示。

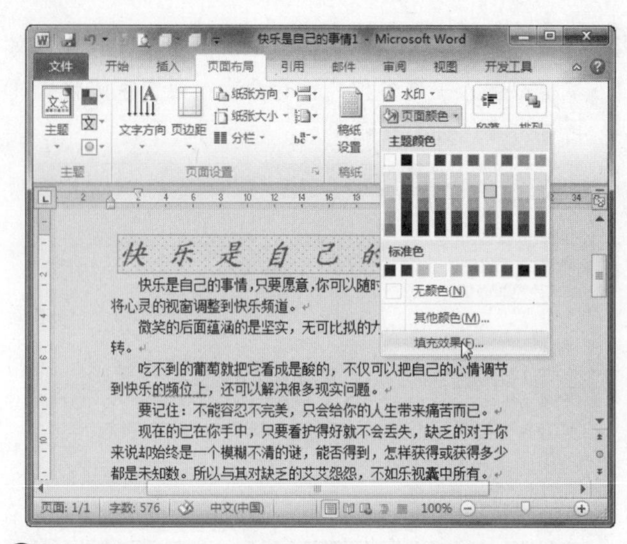

2. 弹出【填充效果】对话框，切换到【渐变】选项卡，在【颜色】区域选中【双色】单选按钮，然后分别在【颜色 1】和【颜色 2】下拉列表框中设置颜色。在【底纹样式】选项组中选择颜色的渐变方向，设置完毕单击【确定】按钮即可，如下图所示。

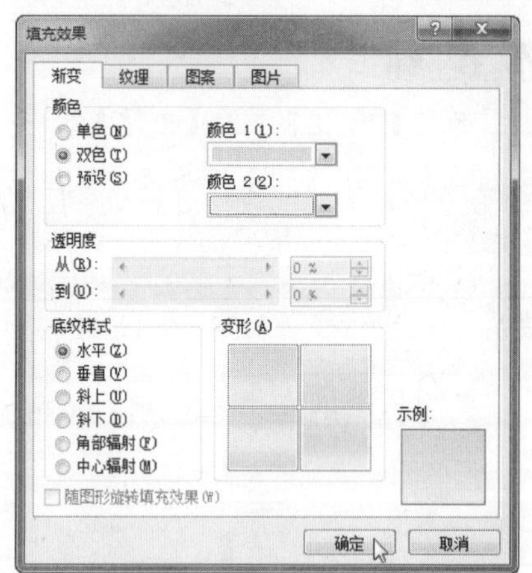

3. 设置后的效果如下图所示。

长见识

可以为背景应用渐变、图案、图片、纯色或纹理。渐变、图案、图片和纹理将进行平铺或重复以填充页面。如果将文档保存为网页，图片、纹理和渐变将保存为 JPEG(JPEG：一种图形文件格式(Microsoft Windows 中的.jpg 扩展名)，受到为压缩和存储照片图像而开发的许多 Web 浏览器的支持。最好使用它来处理色彩丰富的图形，如扫描的照片)文件，图案将保存为 GIF(GIF：一种图形文件格式(Windows 中的.gif 扩展名)，用于在万维网上显示彩色图形。它最多支持 256 种颜色，而且使用的是无损压缩，这意味着压缩文件时没有损失任何图像数据)文件。

2. 为文档设置纹理背景颜色

还可以为文档设置纹理背景颜色。

操作步骤

❶ 同样打开【填充效果】对话框，切换到【纹理】选项卡，在纹理列表中选择合适的纹理样式，最后单击【确定】按钮即可，如下图所示。

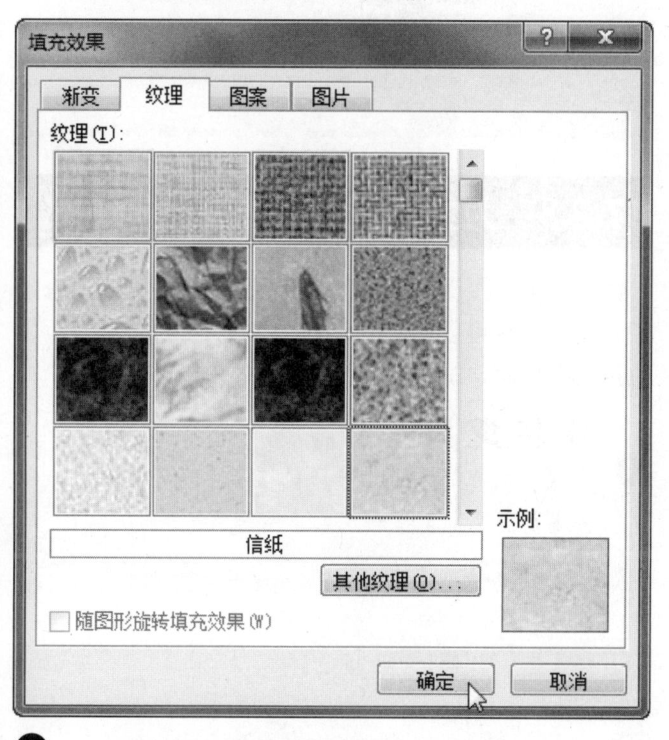

❷ 设置纹理后的效果如下图所示。

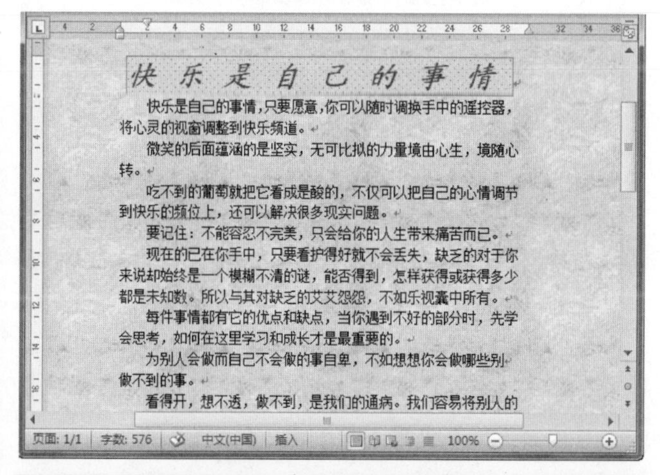

3. 为文档设置图案背景

为文档设置图案背景的操作步骤如下。

操作步骤

❶ 打开【填充效果】对话框，切换到【图案】选项卡，在图案列表中选择合适的图案样式，然后分别在【前景】和【背景】下拉列表框中设置颜色，最后单击【确定】按钮，如下图所示。

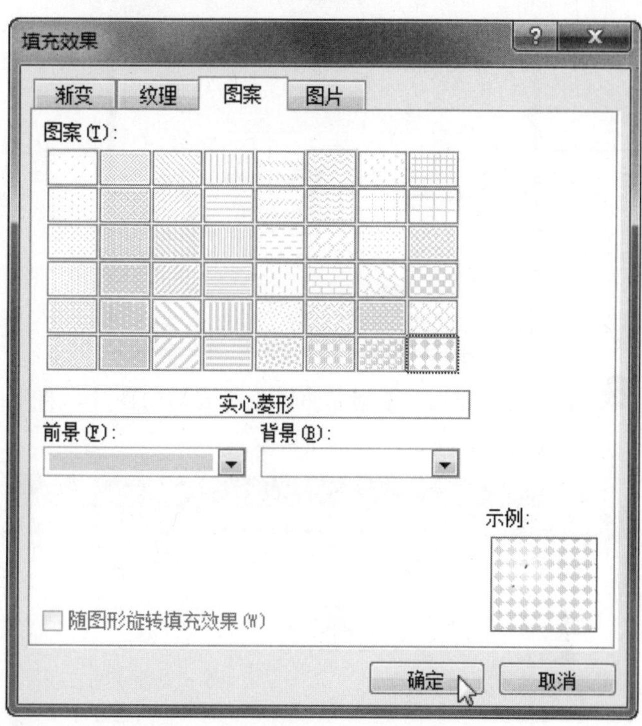

❷ 设置图案背景后的效果如下图所示。

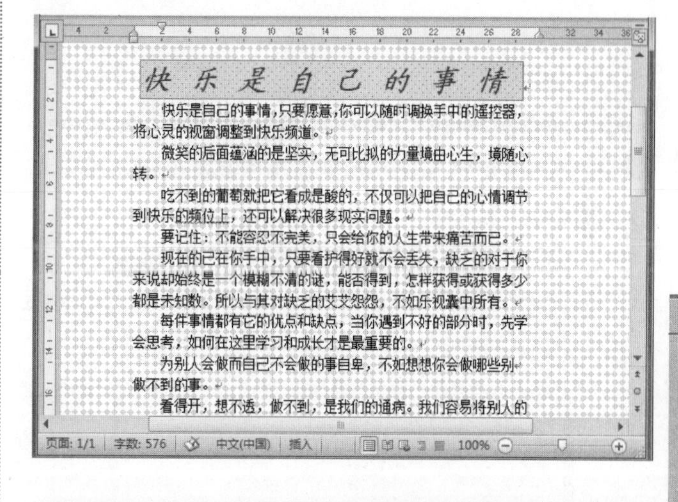

4. 为文档设置图片背景

除了以上背景效果外，还可以使用自定义的图片作为文档的背景。

操作步骤

❶ 在【填充效果】对话框中切换到【图片】选项卡，单击【选择图片】按钮，如下图所示。

学以致用系列丛书

背景或页面颜色主要用于为联机查看创建更有趣味的背景。Web 版式视图和阅读版式视图可显示背景。

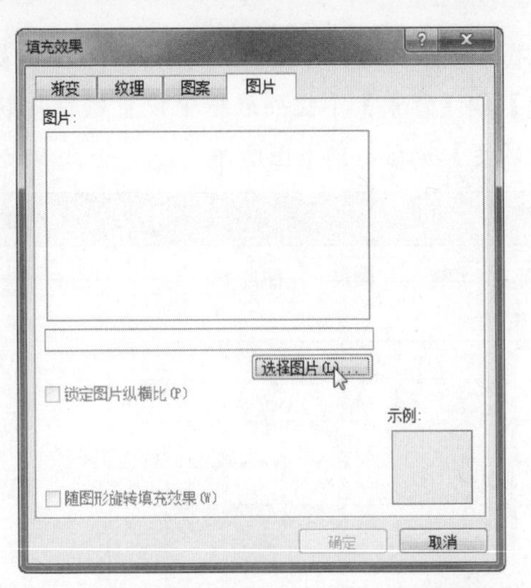

❷ 弹出【选择图片】对话框，选择需要的图片，再单击【插入】按钮，如下图所示。

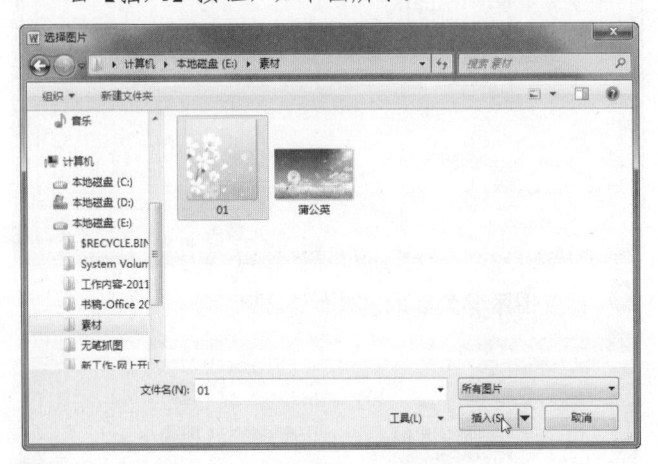

❸ 这时所选的图片就添加到了【图片】选项卡中，单击【确定】按钮即可，如下图所示。

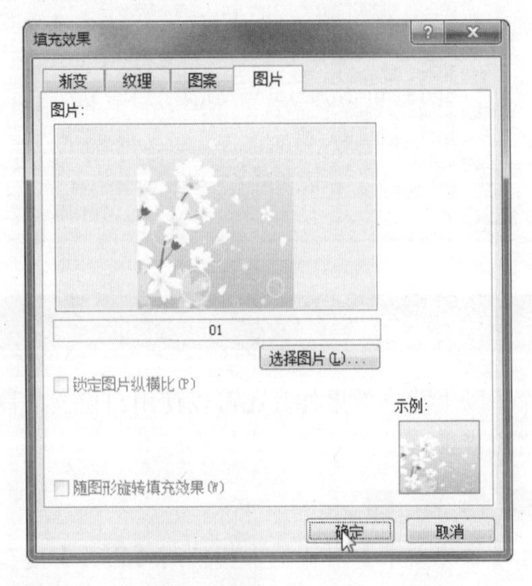

❹ 设置后的效果如下图所示。

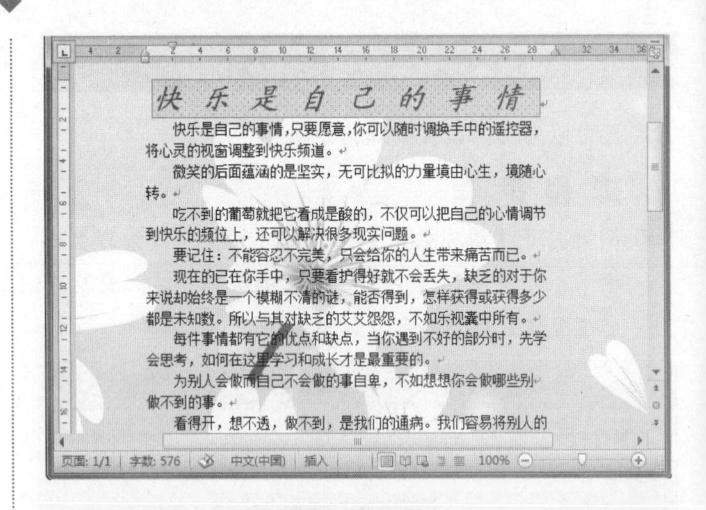

17.2.3 为文档选择好看的边框

用户可以在文档中向每个页面的任何一边或所有边添加边框，也可以只向某节中的页面、首页或除首页之外的所有页面添加边框，它们的操作方法是相同的。

操作步骤

❶ 在【页面布局】选项卡下的【页面背景】组中，单击【页面边框】按钮，如下图所示。

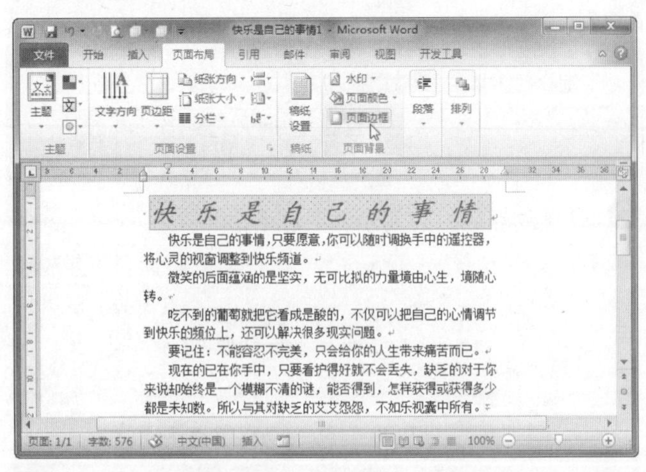

❷ 弹出【边框和底纹】对话框，切换到【页面边框】选项卡，然后在【设置】列表中选择【方框】选项，接着在【样式】列表框中选择线条样式，并设置【颜色】为水绿色，再从【应用于】下拉列表框中选择【整篇文档】选项，如下图所示。

长见识 Microsoft Word 2010提供了现成的水印，画廊，或您可以创建您自己的自定义水印，如公司徽标等。

❸ 设置完成后，单击【确定】按钮，效果如下图所示。

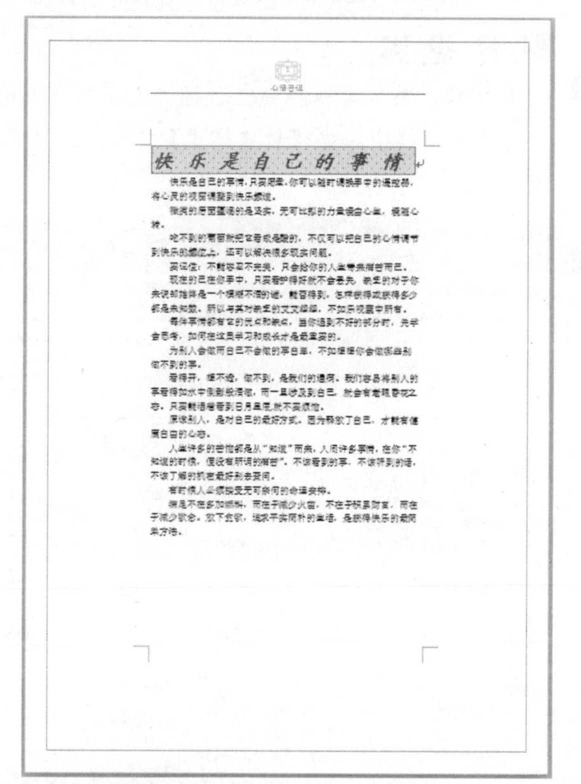

17.3　为文档添加水印效果

我们使用 Word 编辑一些办公文档，有时在打印一些重要文件时还需要给文档加“秘密”、“保密”的水印，以便让获得文件的人都知道该文档的重要性和保密性。下面，我们以 Word 2010 为例来介绍给文档添加水印的方法。

17.3.1　选择内置水印

选择内置水印的操作步骤如下。

操作步骤

❶ 在【页面布局】选项卡下的【页面背景】组中，单击【水印】按钮，在弹出的下拉列表中选择一种水印类型，如下图所示。

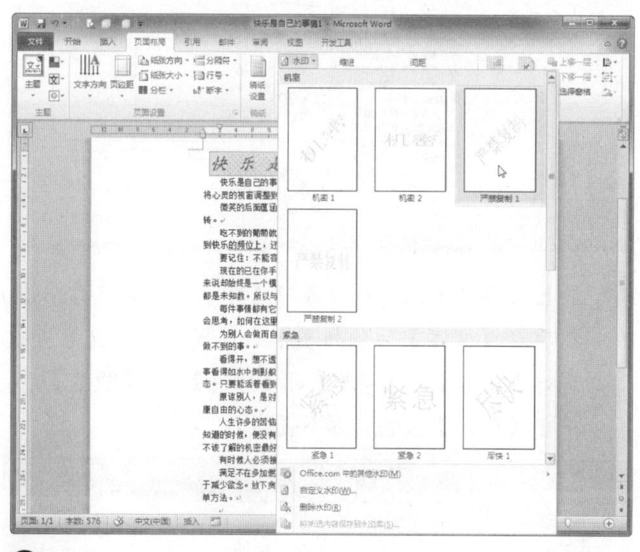

❷ 这时文档中就添加了水印，效果如下图所示。

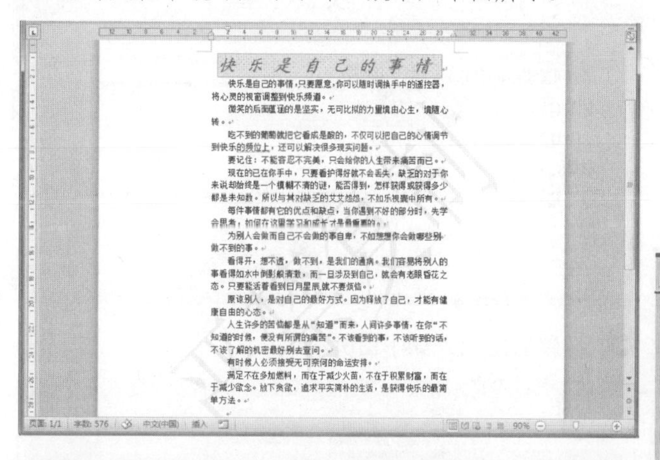

17.3.2　自定义水印

如果内置的水印样式没有您需要的，用户可以通过自定义水印设置需要的水印样式。

操作步骤

❶ 在【水印】对话框中，单击【自定义水印】按钮，如下图所示。

水印是文本或在文档文本后面显示的图片。它们经常用于增添兴趣，或标识文档的状态，如标记为草案的文档。您可以看到打印布局视图和阅读版式视图中或在打印文档中的水印。

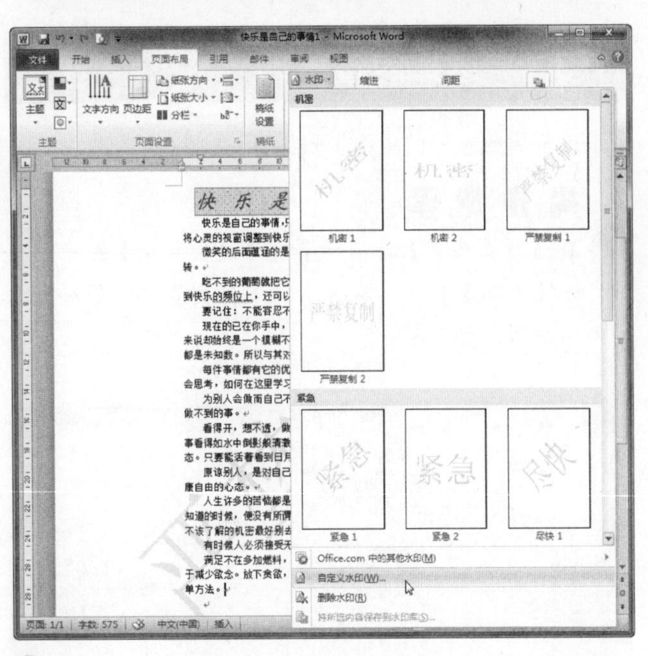

❷ 弹出【水印】对话框，选中【文字水印】单选按钮，然后在【文字】后的列表框中选择所需的文字并设置好【字体】、【字号】、【颜色】和【版式】后，单击【确定】按钮，如下图所示。

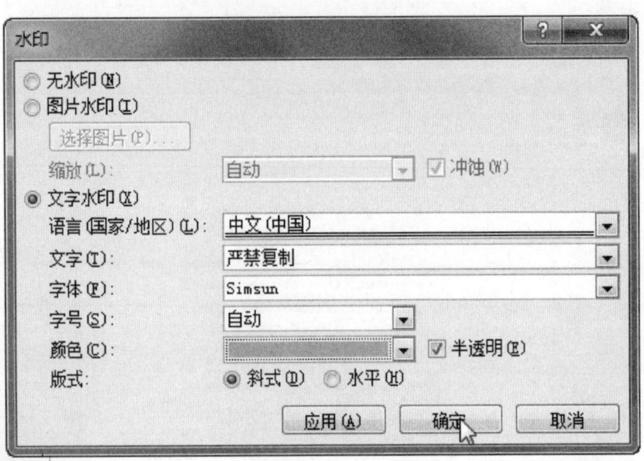

❸ 设置后的效果如下图所示。

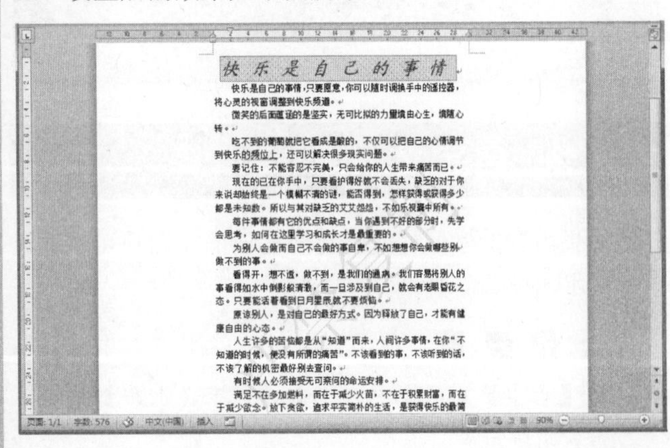

17.4 建立样式

样式是为了一起使用某些特定格式而创建的格式的集合。除了生成文档所需的所有样式外，用户也可以创建其他的样式，例如新表或列表样式等，下面一起来学习一下吧。

17.4.1 建立新样式

下面将介绍如何建立新样式，其操作步骤如下。

操作步骤

❶ 打开文档，然后选择要建立新样式的文本，接着在【样式】窗格中单击【新建样式】按钮，如下图所示。

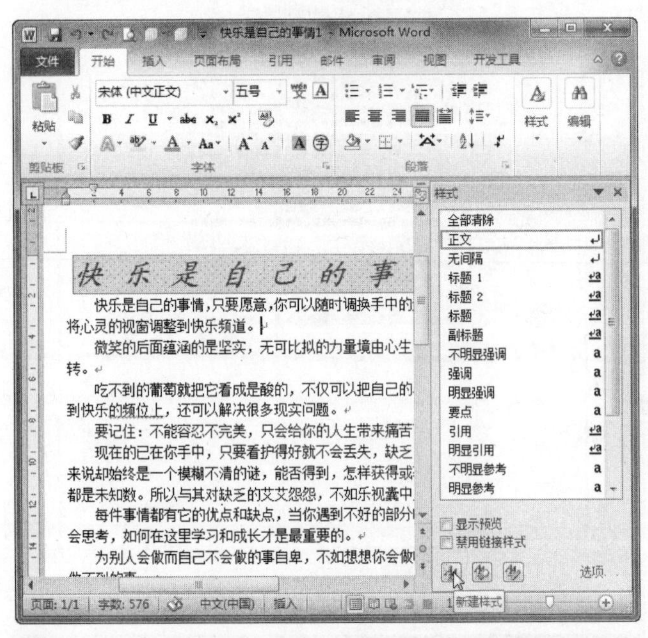

❷ 弹出【根据格式设置创建新样式】对话框，在【名称】文本框中输入样式标题，然后设置【样式类型】、【样式基准】和【后续段落样式】等选项的内容，如下图所示。

长见识

样式指的是某个特定文本(一行文字、一段文字也可以是整篇文档)的所有格式的集合，是一系列预置的排版指令。如某段文字的中文字体是黑体，字号是小四，段落格式为首行缩进2个字符，段前段后间距都是1行，将这些格式的集合起来就是样式。

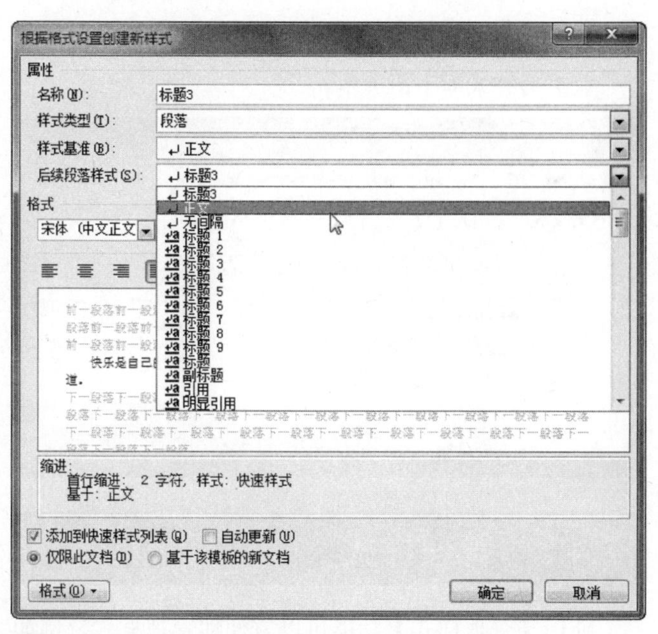

❸ 接着在【格式】选项组中设置字体为【黑体】、【四号】、【紫色】，再单击【格式】按钮，从打开的菜单中选择【段落】命令，如下图所示。

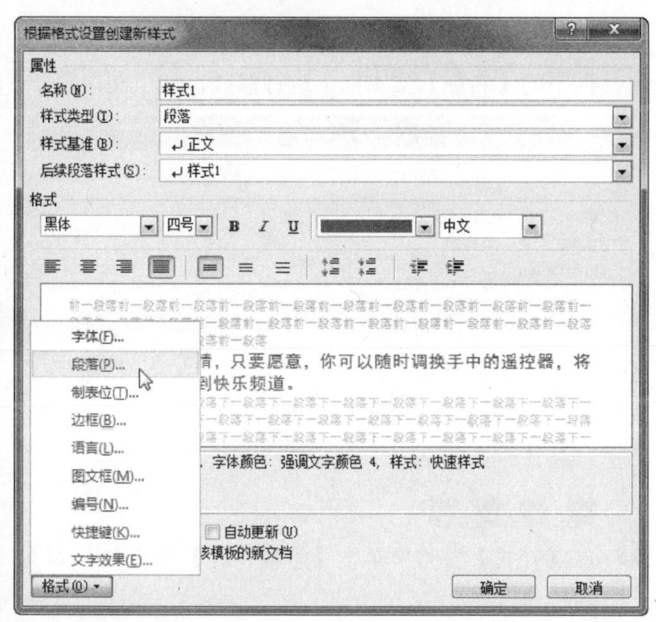

❹ 弹出【段落】对话框，设置段落格式，如下图所示。设置完毕后，单击【确定】按钮。

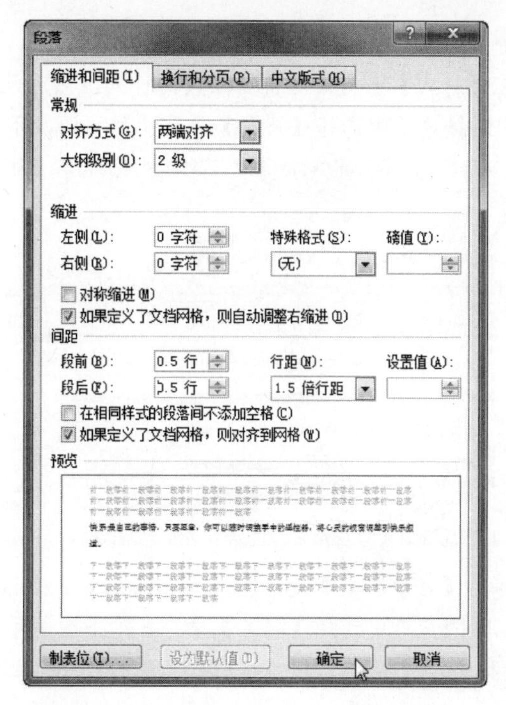

❺ 返回【根据格式设置创建新样式】对话框，选中【自动更新】复选框，再单击【确定】按钮。

❻ 这时，新创建的样式被添加到【样式】窗格中了，如下图所示。

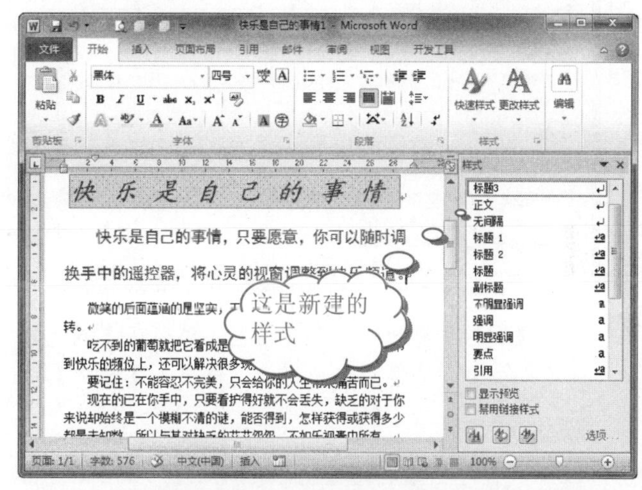

提示

也可以先给文本设置格式，然后再创建文本样式，这样就不需要在【根据格式设置创建新样式】对话框中详细地设置文本格式了。

17.4.2　修改样式

如果对所创建的样式不太满意，用户还可以对它进行修改。下面以给“标题 2”添加编号为例进行介绍，其操作步骤如下。

操作步骤

❶ 在【样式】窗格中右击要修改的样式，然后从弹出的快捷菜单中选择【修改】命令，如下图所示。

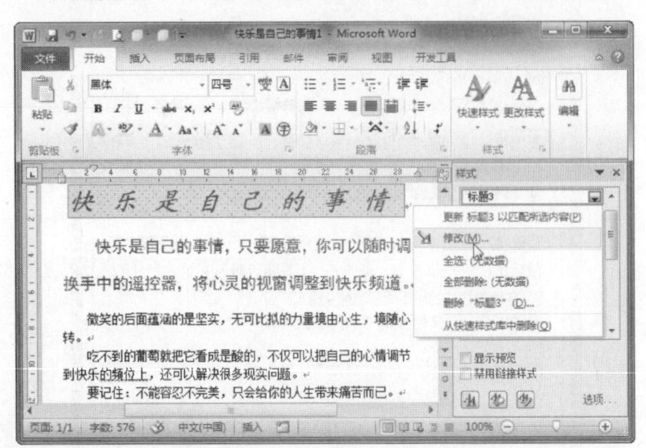

❷ 弹出【修改样式】对话框，单击【格式】按钮，从打开的菜单中选择【编号】命令，如下图所示。

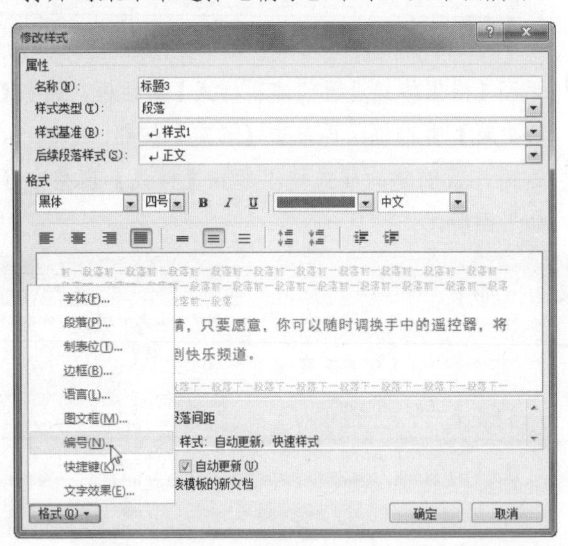

❸ 弹出【编号和项目符号】对话框，然后在【编号】选项卡中单击需要的编号样式，再单击【确定】按钮，如下图所示。

❹ 返回【修改样式】对话框，单击【确定】按钮，修改后的样式如下图所示。

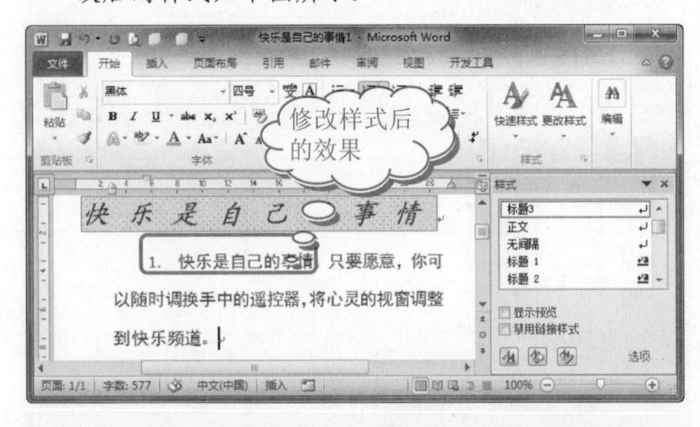

17.4.3 管理样式

使用【管理样式】功能可以方便地管理样式，例如重命名样式、删除多余样式等操作。

1. 重命名样式

如果是重命名某个样式，可以通过在【修改样式】对话框中的【名称】文本框中进行修改，如下图所示。

如果要重命名的样式很多，就需要逐个打开样式的【修改样式】对话框，这显得很麻烦。为此，下面将为大家介绍一种通过【管理样式】对话框来重命名样式的方法，具体操作如下。

操作步骤

❶ 在【样式】窗格中单击【管理样式】按钮，如下图所示。

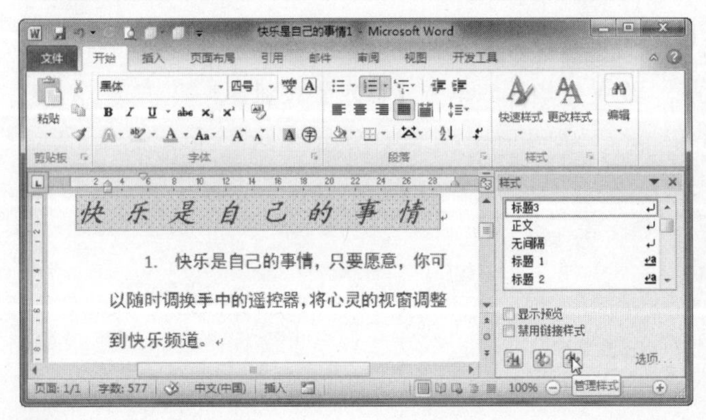

❷ 弹出【管理样式】对话框，然后在【编辑】选项卡

长见识：从快速样式库中删除样式不会将该样式从【样式】任务窗格中显示的条目删除。【样式】任务窗格列出了文档中的所有样式。

下单击【导入/导出】按钮，如下图所示。

❸ 弹出【管理器】对话框，切换到【样式】选项卡，然后在【在快乐是自己的事情 1 中】列表框中选择要重命名的样式，再单击【重命名】按钮，如下图所示。

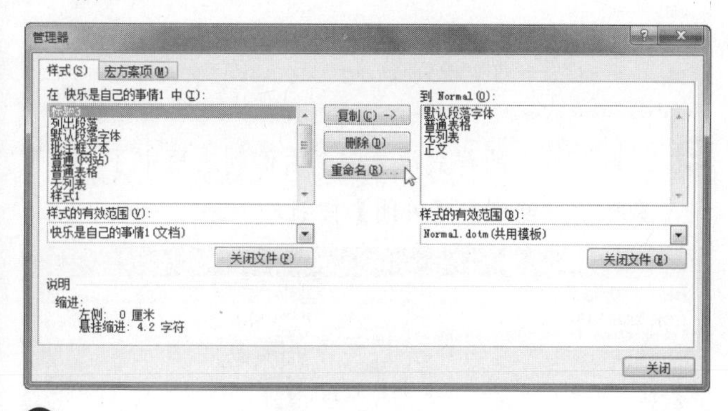

❹ 弹出【重命名】对话框，然后在【新名称】文本框中输入新名称，再单击【确定】按钮，如下图所示。

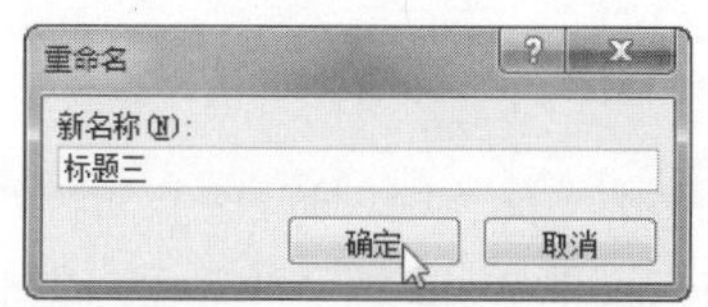

❺ 返回【管理器】对话框，这时会发现选中的样式名称改变了，如下图所示。

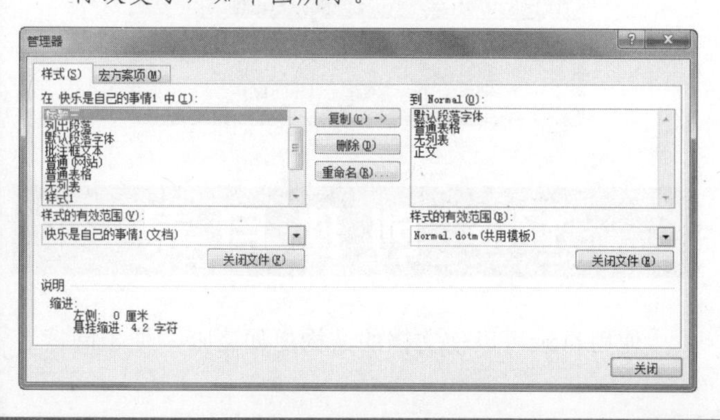

❻ 同理，使用该方法重命名其他样式，设置完成后，单击【关闭】按钮即可。

2. 删除样式

通过【管理样式】对话框删除样式与重命名样式操作类似，这里不再详细介绍。除此之外，还可以在【样式】窗格中右击要删除的样式，从弹出的快捷菜单中选择【删除“标题三”】命令即可，如下图所示。

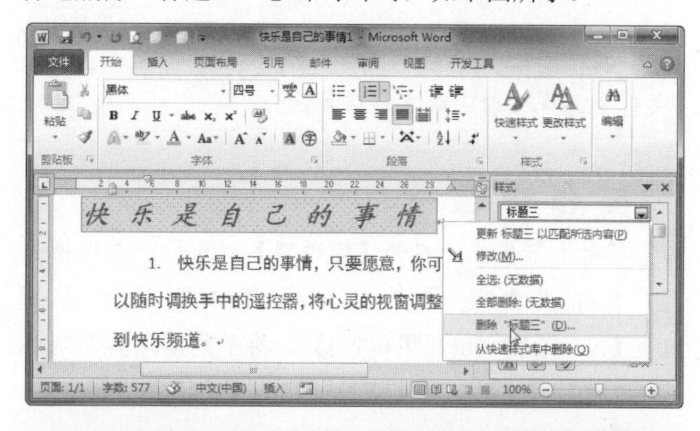

17.4.4　应用样式集

样式修改完成后，下面就来应用创建的样式吧，其操作方式如下。

操作步骤

❶ 选中要应用样式的文本，然后在【样式】窗格中单击要使用的样式名称，如下图所示。

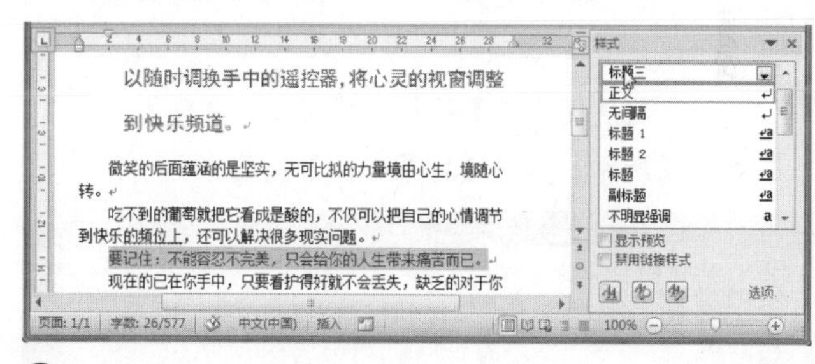

❷ 这样，样式就被应用到选中的文本中了，效果如下图所示。

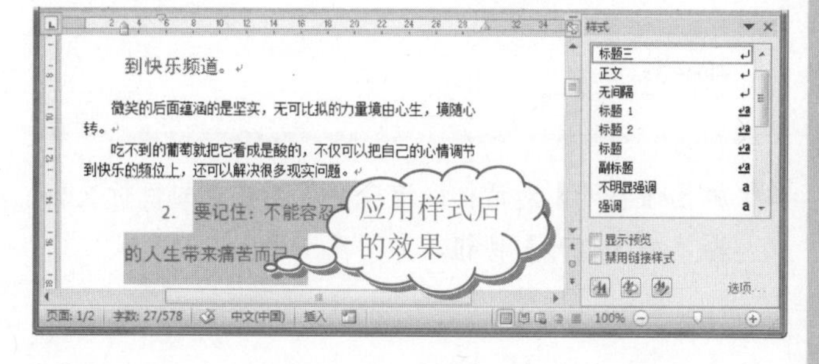

如果您更改了文档的样式并且样式没有按照您的希望更新，则请单击【“样式”对话框启动器】按钮，然后单击【样式检查器】，以确定文本是否是手动设置格式的，而不是使用样式设置格式的。

长见识

17.4.5 快速复制样式集

Word 2010为用户提供了许多模板，用于创建各种不同类型的文件。这些模板包含了许多不同的样式。在编辑文档时，用户可以通过复制的方法，将样式从一个文档中复制到另一个文档中，其操作步骤如下。

首先并排打开两个文件(样式所属的原文件和目标文件)，接着使用格式刷将要复制的样式复制到目标文件中，也可以完成复制样式操作。

操作步骤

❶ 参考上节操作，打开【管理器】对话框，并切换到【样式】选项卡，发现在右侧显示的是【Normal.dotm(共用模板)】，而不是用户要复制样式的目标文档，单击该列低端的【关闭文件】按钮，如下图所示。

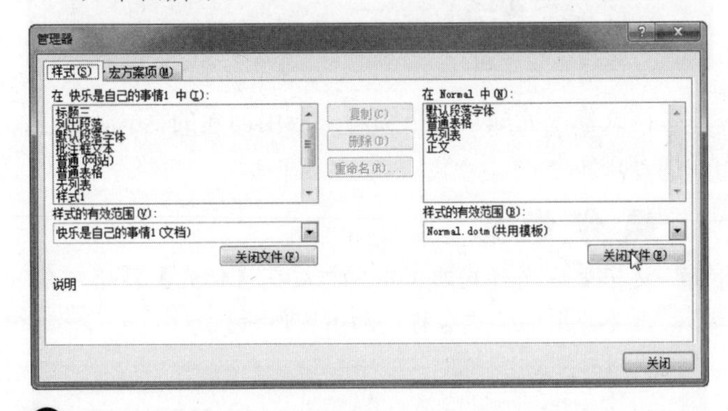

❷ 这时，【关闭文件】按钮变成【打开文件】按钮了，如下图所示，单击【打开文件】按钮。

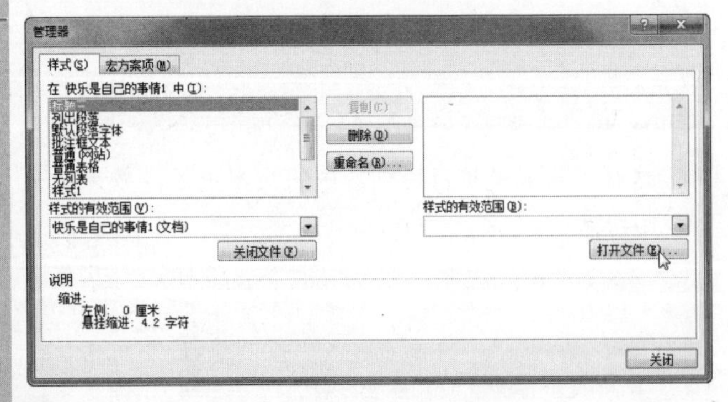

❸ 弹出【打开】对话框，选择要复制样式的目标文档，再单击【打开】按钮，如下图所示。

❹ 返回【管理器】对话框，在左侧列表框中选择要复制的样式，再单击【复制】按钮，如下图所示。

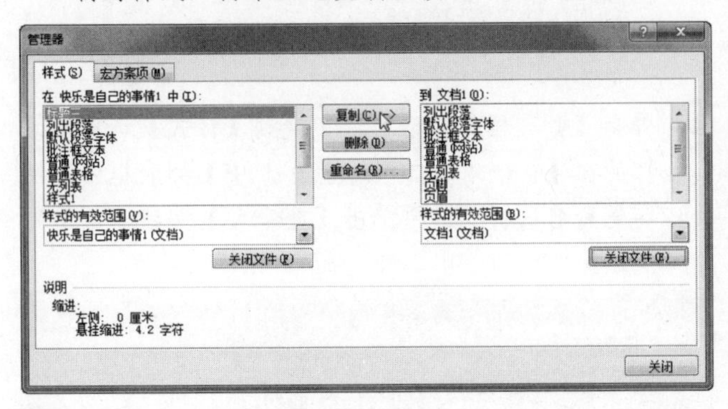

❺ 这时，选中的样式被复制到右侧列表框中了，如下图所示，再单击【关闭】按钮。

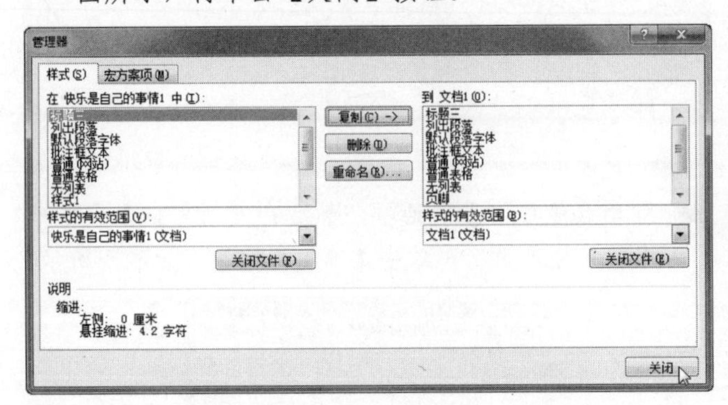

❻ 弹出Microsoft Word提示对话框，单击【保存】按钮，保存更改，如下图所示。

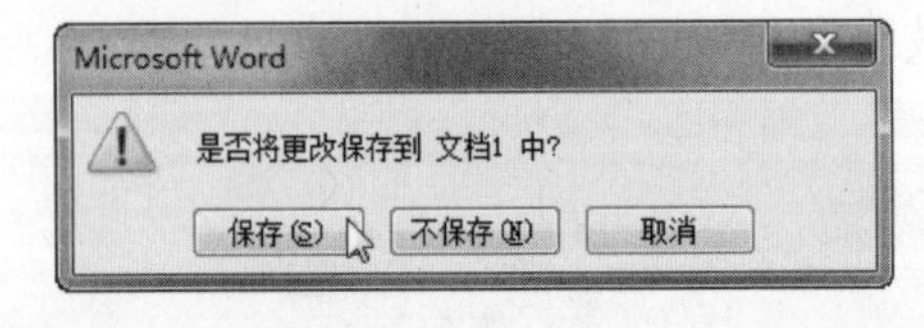

17.5 创建目录

使用目录可以使文档的结构更加清晰，便于阅读者

可通过对要包括在目录中的文本应用标题样式(如标题1、标题2和标题3)来创建目录。Microsoft Word 2010搜索这些标题，然后在文档中插入目录。

对整个文档进行定位。

17.5.1 创建新目录

创建新目录的具体操作如下。

操作步骤

1. 打开需要创建目录的文档，将光标移到需要添加目录的位置，如下图所示。

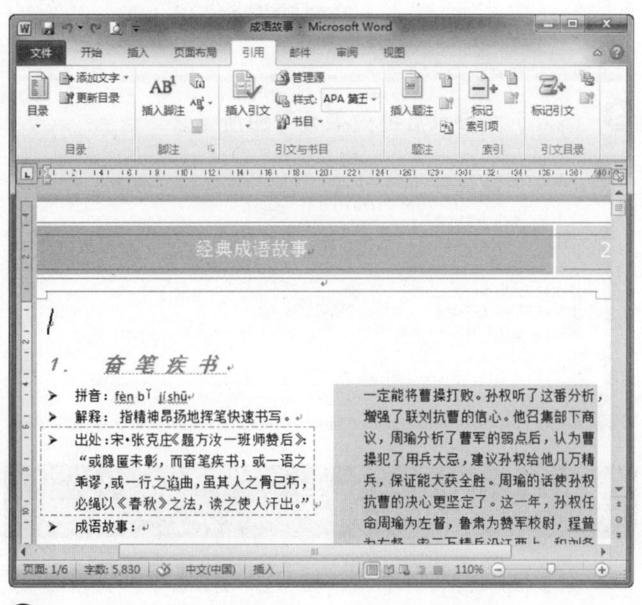

2. 切换到【引用】选项卡，在【目录】组中单击【目录】按钮，如下图所示。

3. 在弹出的下拉列表中单击【自动目录 1】或者【自动目录 2】，Word 2010 会在光标所在位置自动添加目录，创建目录后的效果如下图所示。

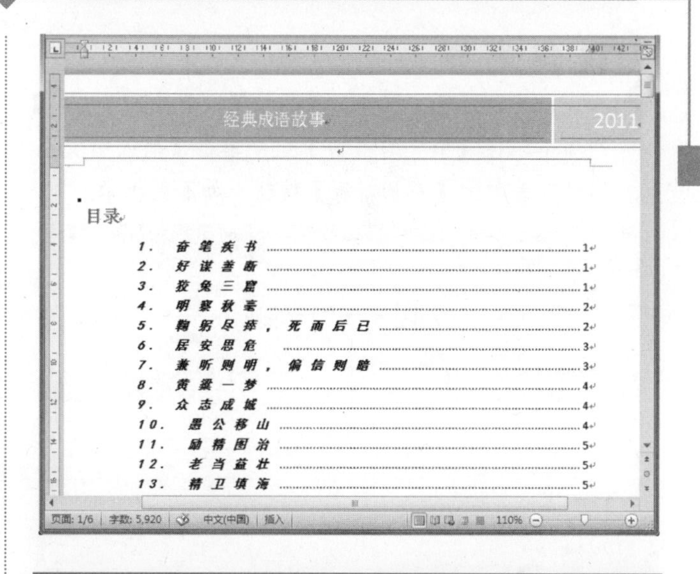

17.5.2 更新目录

当文档中的内容更改后，目录也要进行更改，下面就一起来学习下如何自动更新目录。

1. 切换到【引用】选项卡，在【目录】组中单击【更新目录】按钮，如下图所示。

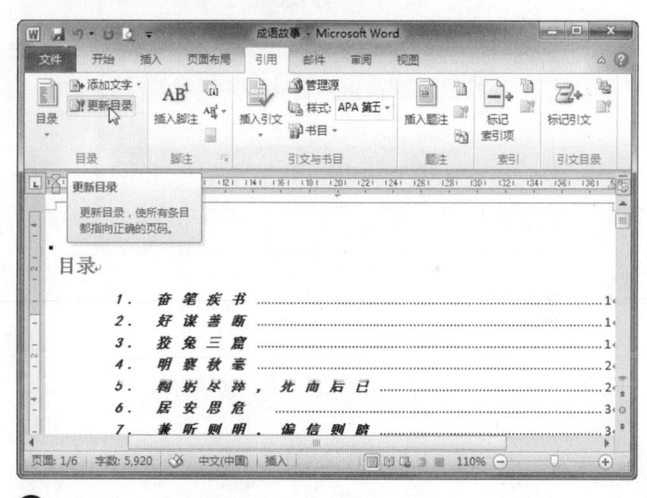

2. 弹出【更新目录】对话框，这里选中【只更新页码】单选按钮，最后单击【确定】按钮即可，如下图所示。

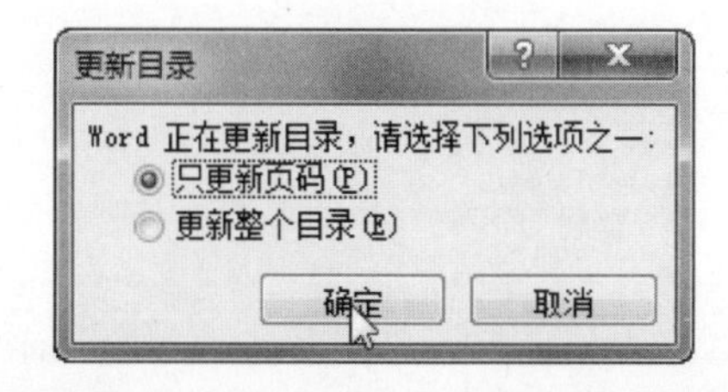

17.5.3 插入引文目录

Word 2010 可以根据不同的引文类型，创建不同的引文目录。

Microsoft Word 2010 提供了一个自动目录样式库，标记目录项，然后从选项库中单击您需要的目录样式。 长见识

操作步骤

1. 将光标移到要插入引文目录的位置，切换到【引用】选项卡，在【引文与书目】组中单击【插入引文】下拉列表中的【添加新源】按钮，如下图所示。

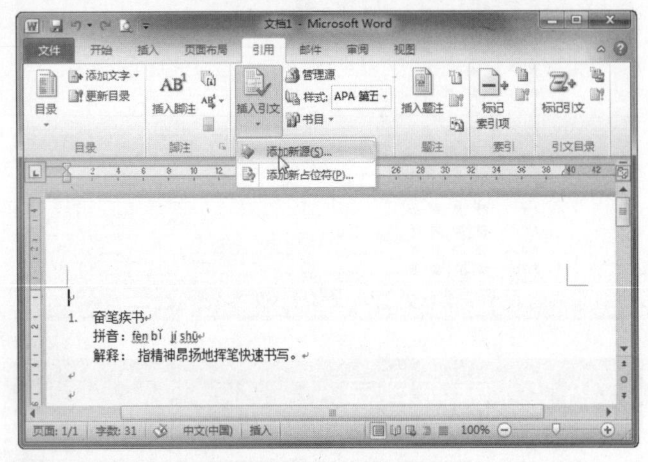

2. 弹出【创建源】对话框，在对话框中输入源信息。最后单击【确定】按钮，如下图所示。

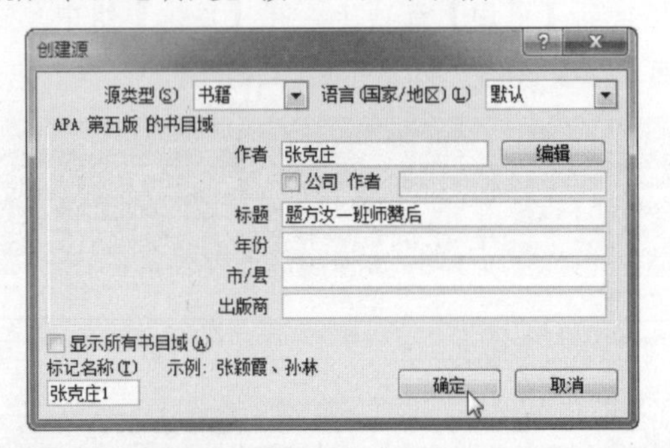

3. 这时要引用的新源就被添加到文档中了，如下图所示。

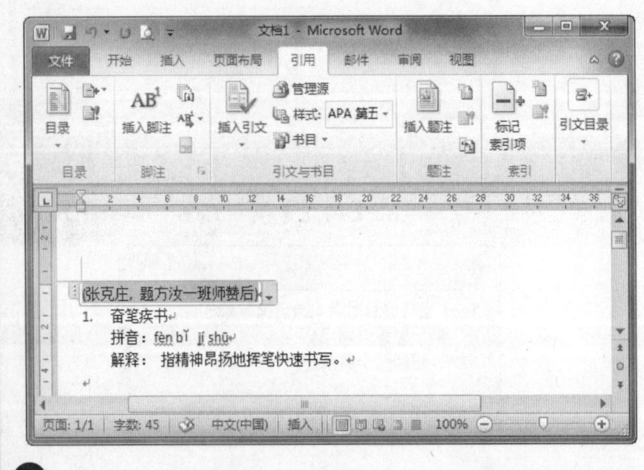

4. 参照步骤 2 的操作，继续添加源，然后在【引用】选项卡下，单击【引文与书目】组中【书目】按钮，在下拉列表中选择一种样式，如下图所示。

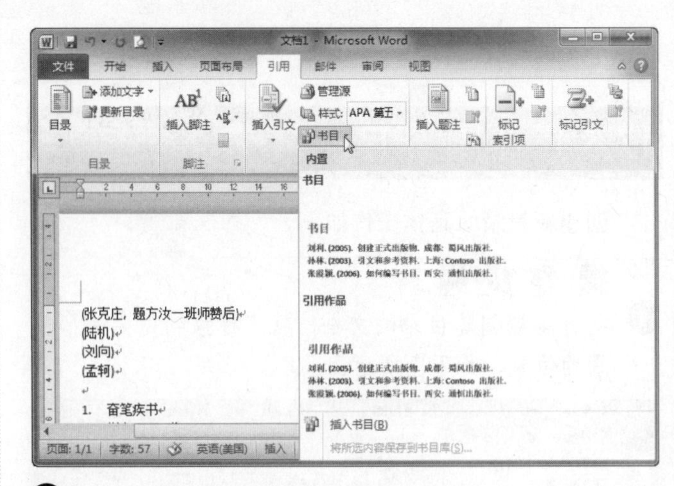

5. 插入引文目录后的效果如下图所示。

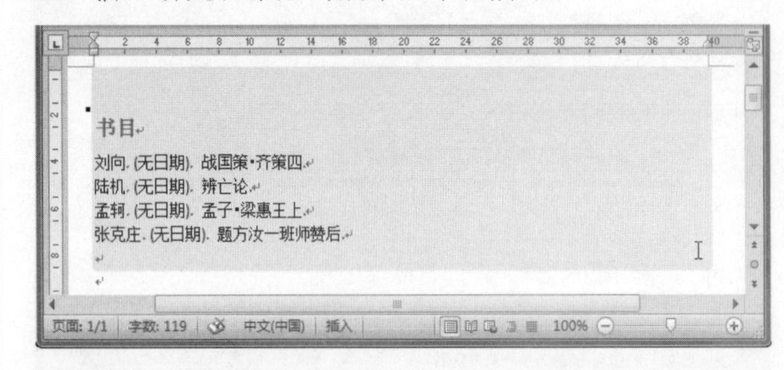

17.5.4 插入表目录

除了插入引文目录外，还可以为图表添加目录。

操作步骤

1. 选中要插入表目录的图片，在【引用】选项卡下单击【题注】组中的【插入题注】按钮，如下图所示。

2. 弹出【题注】对话框，在【选项】组中选择【标签】名称和【位置】类型，单击【确定】按钮，如下图所示。

长见识 如果希望在目录中包括没有设置为标题格式的文本，可以标记各个文本项，然后再生成目录。标记文本项的方法是：选择要在目录中包括的文本，然后在【引用】选项卡下的【目录】组中，单击【添加文字】按钮，从弹出的下拉列表中需要级别选项即可。

❸ 这时在图片下方就插入了题注，如下图所示。

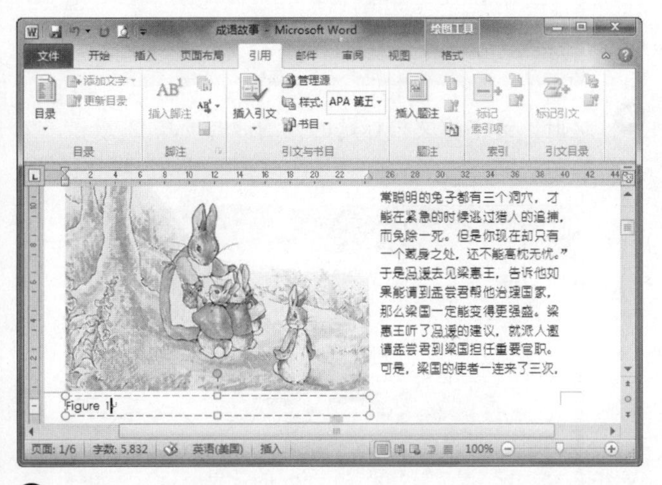

❹ 参照上面的步骤，继续为下面的图片插入题注。接着把光标定位在要插入表目录的位置，单击【引用】选项卡【题注】组中的【插入表目录】按钮，如下图所示。

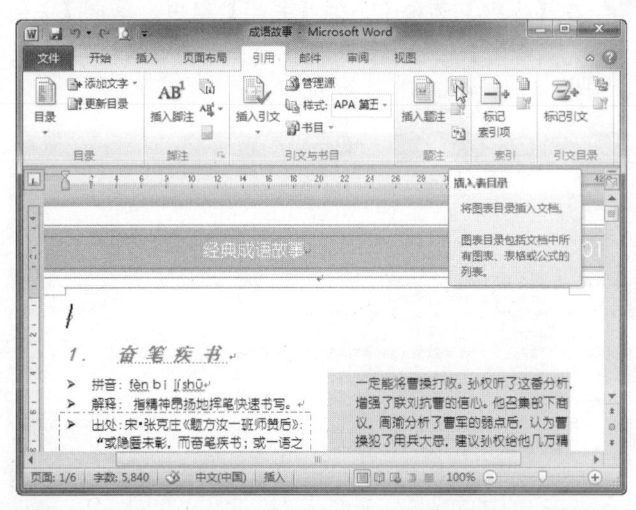

❺ 弹出【图表目录】对话框，单击【确定】按钮。

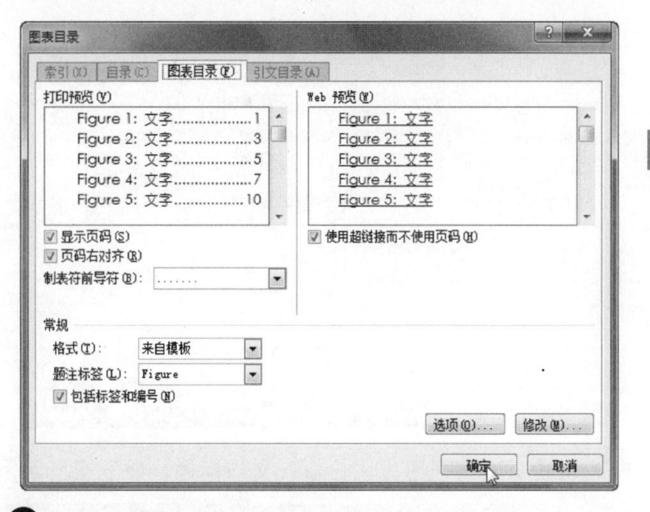

❻ 插入表目录后的效果如下图所示。

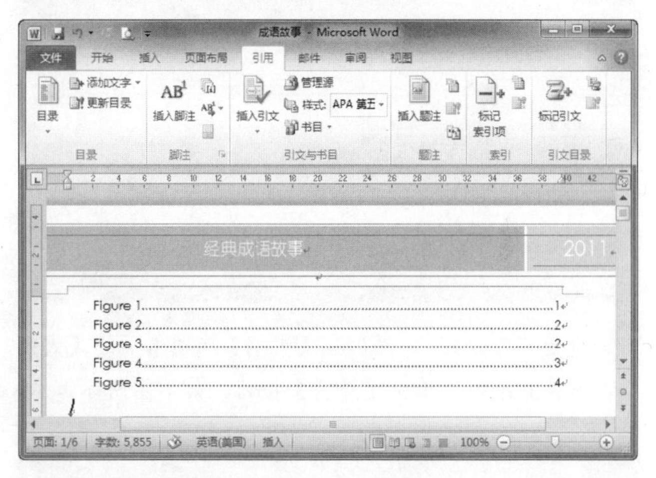

17.6 用大纲视图创建并编辑主控文档

主控文档是一组盛放单独文档(或子文档)的容器，包含与一系列子文档相联系的链接。使用主控文档可以管理多个文件。

17.6.1 创建主控文档

如果要创建主控文档需要从大纲开始，将大纲中的标题制订为子文档，当然也可以将当前文档添加到主控文档中，使其成为子文档。

操作步骤

❶ 新建一个名称为“主文档”的文档，然后在【视图】选项卡下的【文档视图】组中，单击【大纲视图】按钮，如下图所示。

创建目录最简单的方法是使用内置标题样式。您可以创建基于所应用的自定义样式的目录，还可以向各个文本项指定目录级别。

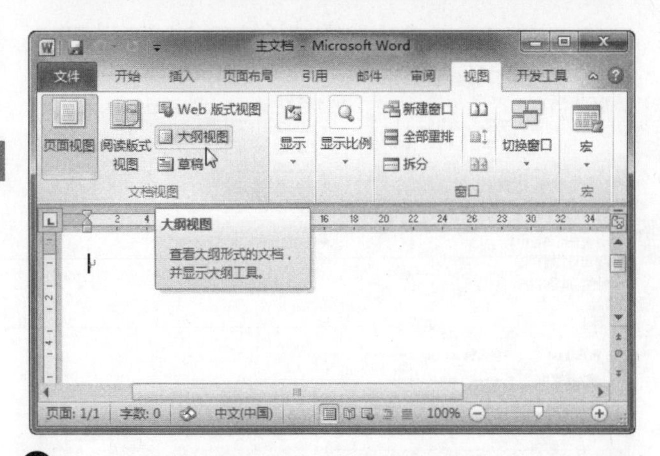

❷ 切换到大纲视图方式，输入文档标题，如下图所示。

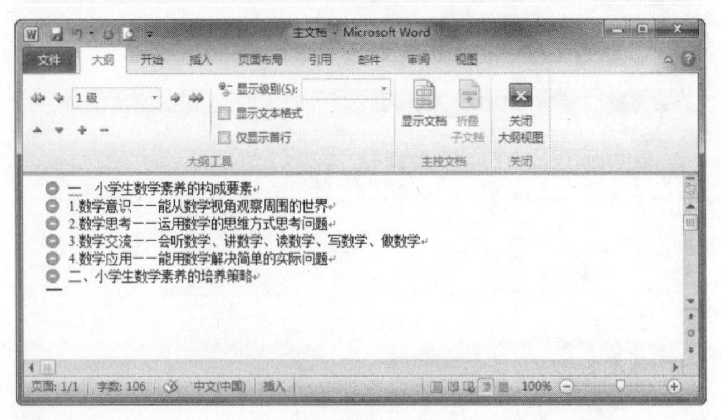

❸ 选中“1.至 4.”，然后在【大纲】选项卡下的【大纲工具】组中，单击【降级】按钮，如下图所示。

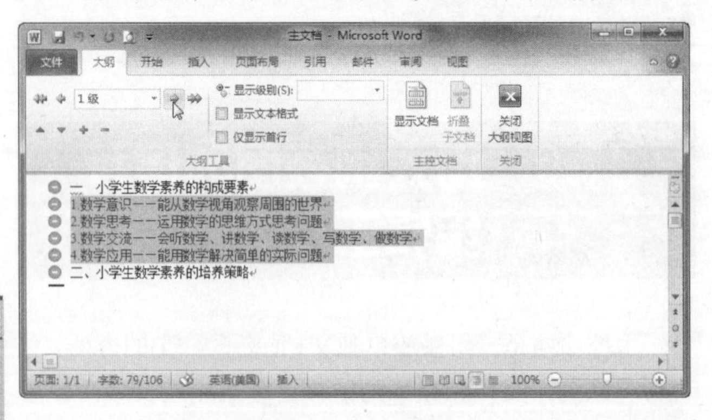

技巧

还可以通过在【大纲】选项卡下的【大纲工具】组中，单击▾按钮，从弹出的下拉列表中选择需要的大纲级别来设置文档标题，如下图所示。

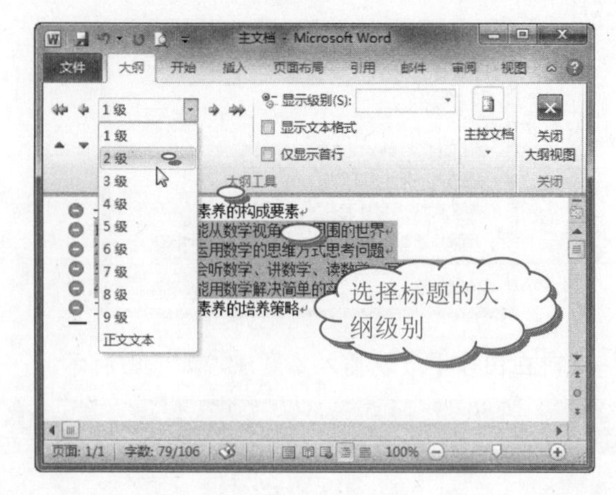

❹ 这时，选中的文档标题的大纲形式变成 2 级了，如下图所示。

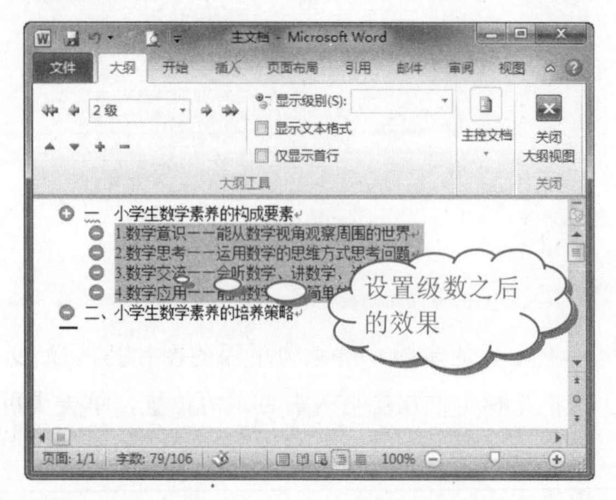

❺ 在【大纲】选项卡下的【关闭】组中，单击【关闭大纲视图】按钮，如下图所示，返回普通视图方式，添加正文内容。

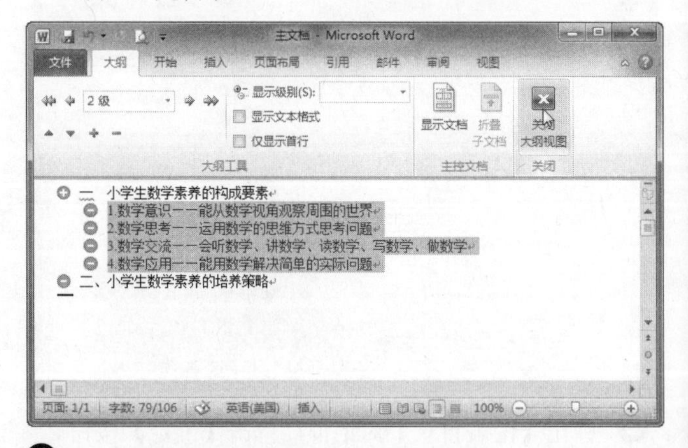

❻ 文档正文内容添加完成后，再切换到大纲视图方式，然后在【大纲】选项卡下的【主控文档】组中，单击【显示文档】按钮，如下图所示。

长见识　如果用户还不习惯使用 Office 2010 进行办公，可以安装 Office 2007 和 Office 2010 两个软件。在安装 Office 软件时，先安装 Office 2007 软件，然后再安装 Office 2010 软件。

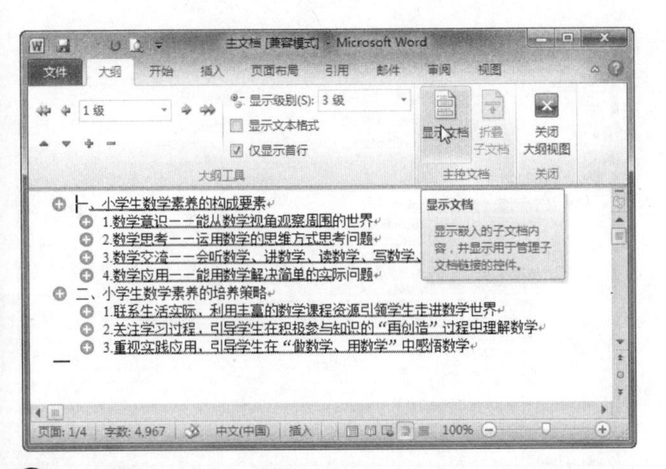

❼ 选中第一节的全部内容，然后在【大纲】选项卡下的【主控文档】组中，单击【创建】按钮，创建子文档，如下图所示。

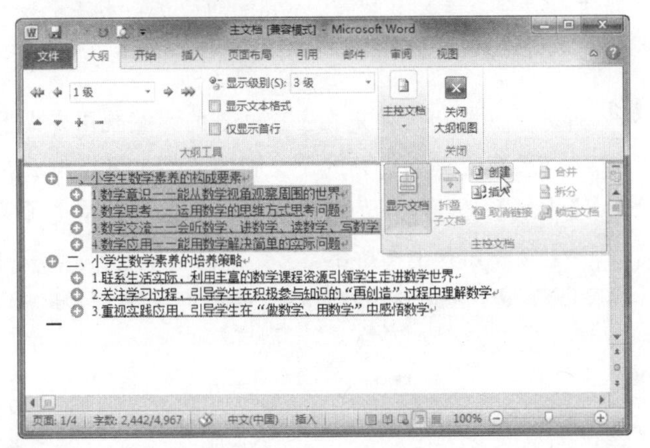

❽ 这时，第一节被创建为一个子文档了，并且，该节被一个灰线框框起来了，如下图所示。

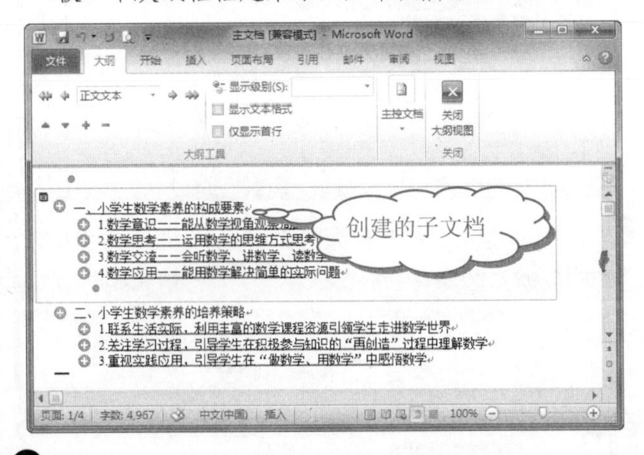

❾ 按照类似的方法将其他部分也创建子文档，然后单击快速访问工具栏中的【保存】按钮，开始保存子文档，如下图所示。

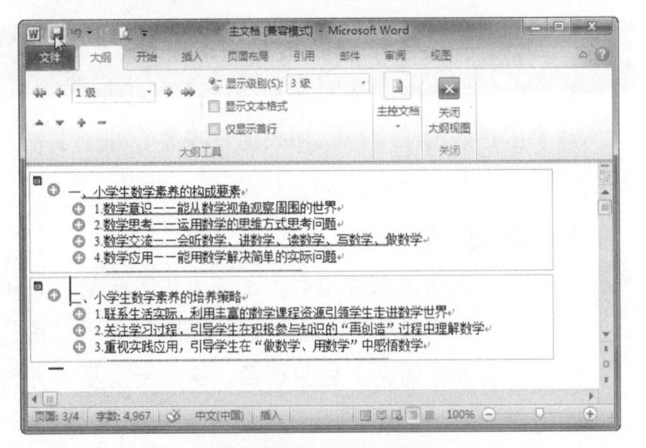

提示

在保存文件时，Word 默认地根据子文档的标题中的第一个字符为每个文档设定文件名，例如本文中以“第一节”开头的子文档被命名为“第一节.docx”。

❿ 这时会在“主文档”的保存位置处生成其他子文档，如下图所示。

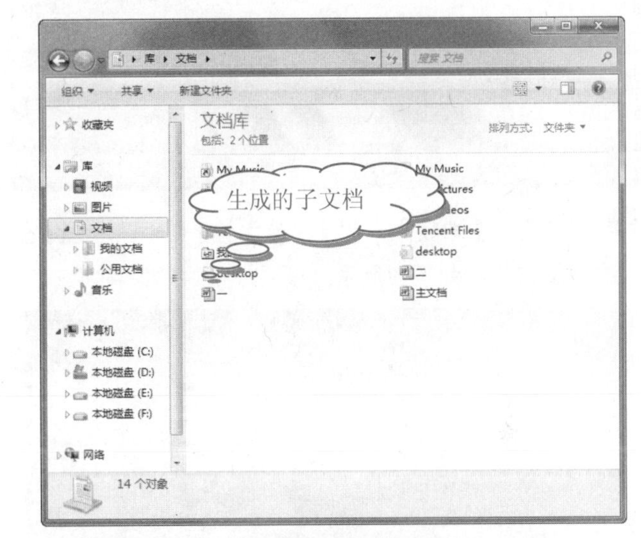

技巧

如果用户想查看子文档的地址，可以在【大纲】选项卡下的【主控文档】组中，单击【折叠子文档】按钮，将子文档以超级链接的形式显示，如下图所示。

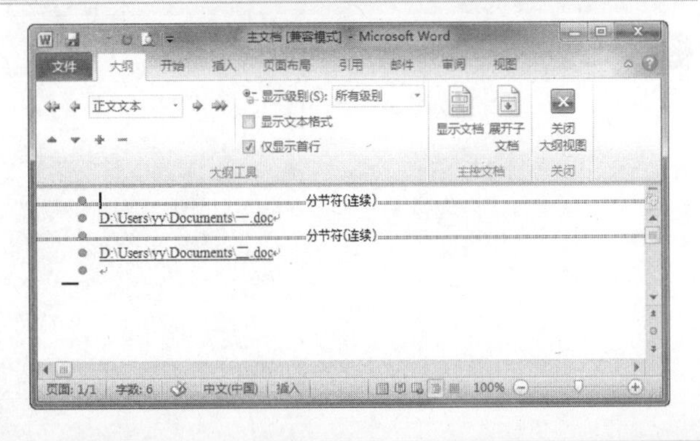

长见识：若要将形状的旋转角度限制为 15°，用户可以按住 Shift 键的同时拖动旋转手柄。按 Alt+向右键或向左键可以沿所需方向将形状旋转 15°。若要将形状旋转 1°，请在按住 Ctrl 键的同时按 Alt +向右键或向左键。

17.6.2 编辑长文档

对于创建好的子文档，如果用户需要合并子文档内容，可以通过下述方法实现。

操作步骤

1. 在主控文档的大纲视图中单击子文档图标，选中子文档，如下图所示，然后按住Shift键，再单击最后一个要合并的子文档图标，选中所有要合并的子文档。

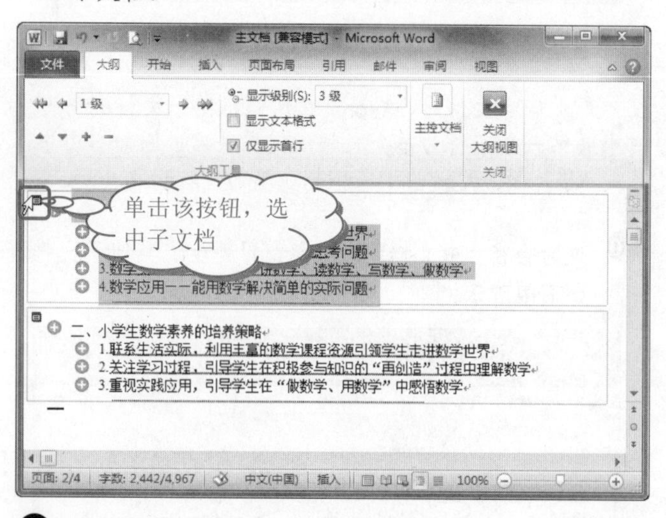

2. 在【大纲】选项卡下的【主控文档】组中，单击【合并】按钮，如下图所示。

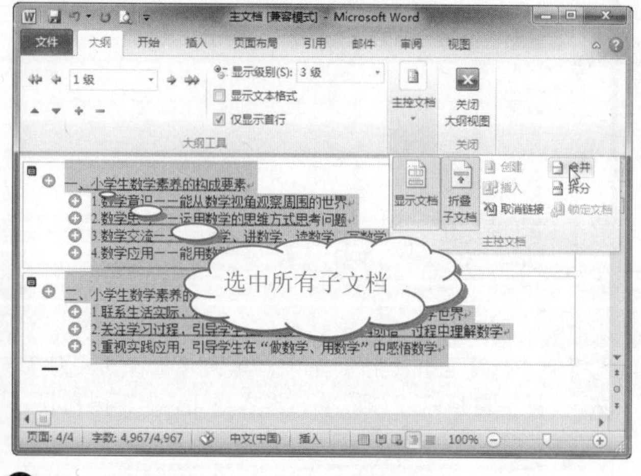

3. 合并子文档后的效果如下图所示。

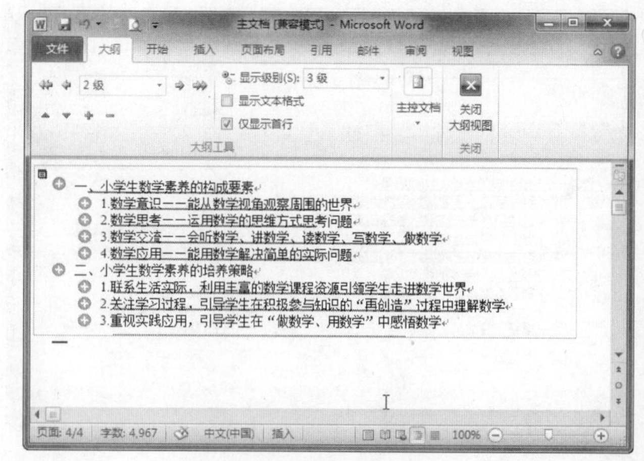

提示

在合并子文档时，未合并的子文档保留在原来的位置，在保存主控文档时，Word将以第一个子文档作为文件名保存合并的子文档。

4. 拆分子文档。方法是在主控文档的大纲视图方式下将光标定位到要拆分的子文档的起始位置，然后在【大纲】选项卡下的【主控文档】组中，单击【拆分】按钮，如下图所示。

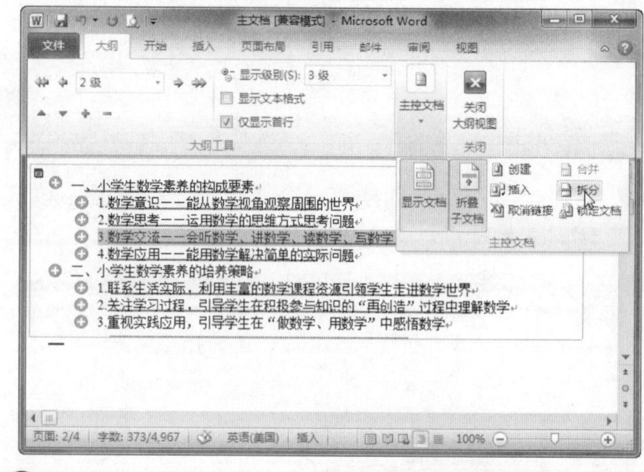

5. 这时将会从光标处拆分子文档，其效果如下图所示。

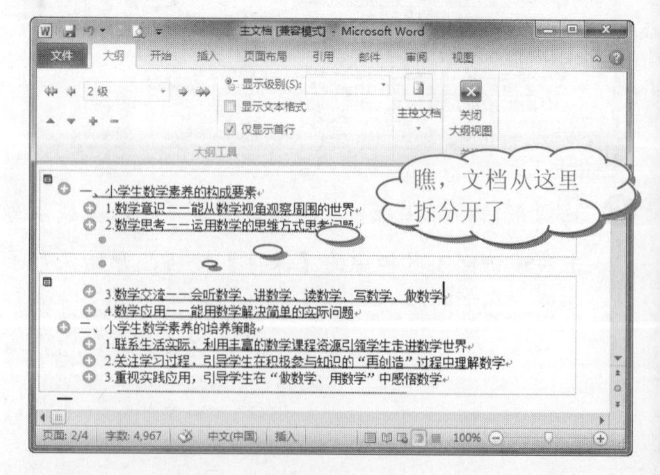

长见识：在Word中使用快捷键也可以快速实现功能区的最小化和最大化，若要最小化或还原功能区，请按Ctrl+F1键。

❻ 删除子文档。方法是在主控文档窗口中切换到大纲视图方式，然后在【大纲】选项卡下的【主控文档】组中，单击【展开子文档】按钮，展开文档内容，如下图所示。仔细阅读，选中要删除的子文档，然后按 Delete 键将其删除。

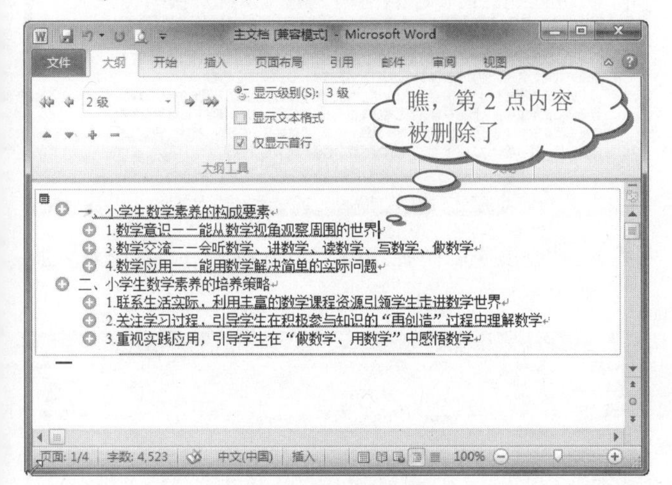

注意

当从主控文档删除子文档时，子文档文件还处于原始的文件夹中，并没有被删除。用户可以到原始的文件夹中删除该子文档文件。

17.7 添加书签与批注

书签用于标识由用户指定的文本位置，以供将来引用，而批注主要是审阅者为文档添加批示或修改以及修改意见等内容，下面一起来研究一下吧。

17.7.1 使用书签

用书签来标识以后需要进行修订的文本，以后修改文本时可以直接定位到书签位置，不需要在文档中上下滚动。

操作步骤

❶ 选择要为其指定书签的文本或项目，这里选中“数学”字符，然后在【插入】选项卡下的【链接】组中，单击【书签】按钮，如下图所示。

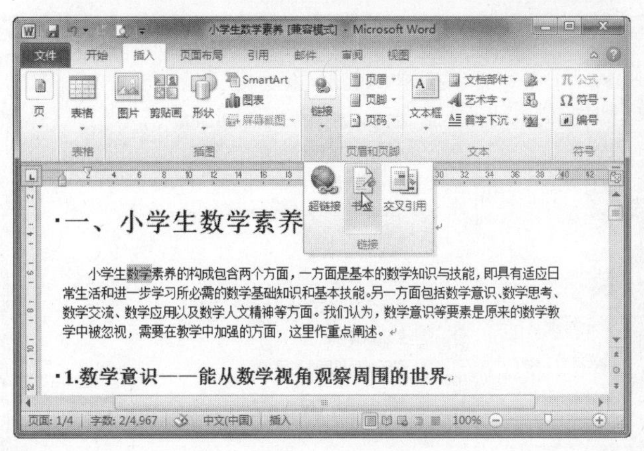

❷ 弹出【书签】对话框，然后在【书签名】文本框中输入书签名称，接着在【排序依据】组中选中【位置】单选按钮，再单击【添加】按钮，如下图所示。

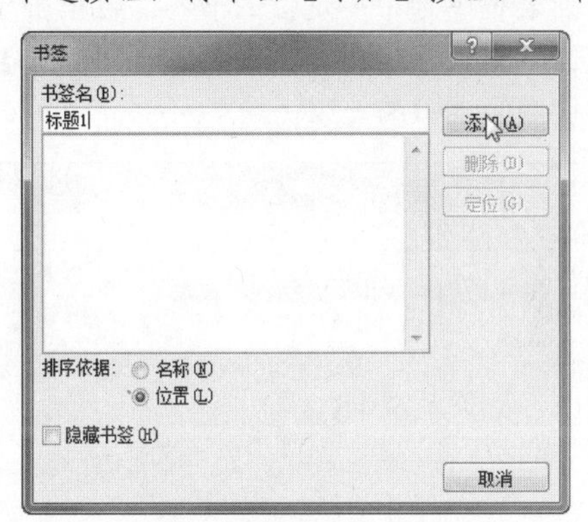

注意

书签名必须以字母或汉字开头，可包含数字但不能有空格，可以用下划线字符来分隔文字。

❸ 为文本块添加书签后，Word 程序将会用方括号将相应文本括起来，如下图所示。

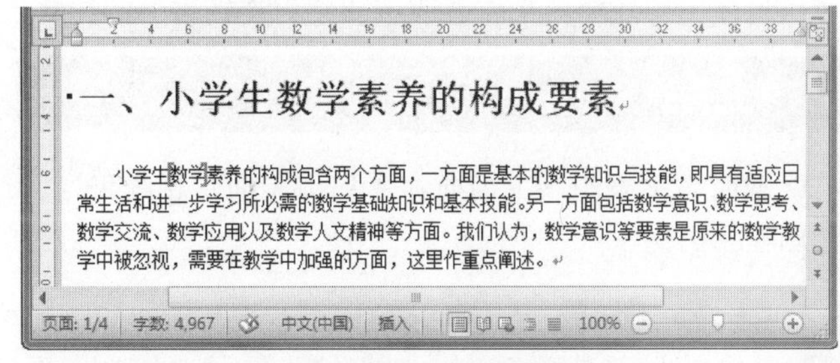

技巧

如果用户发现添加书签的文本没有被方括号括起来，可以通过下述设置让方括号显示出来：在【Word 选项】对话框的左侧导航窗格中单击【高级】选项，接着在右侧窗格中的【显示文档内容】组中选中【显示书签】复选框，再单击【确定】按钮即可，如下图所示。

长见识：若要为单个节添加目录，可为该节创建一个书签，然后在目录域代码中指定该书签。

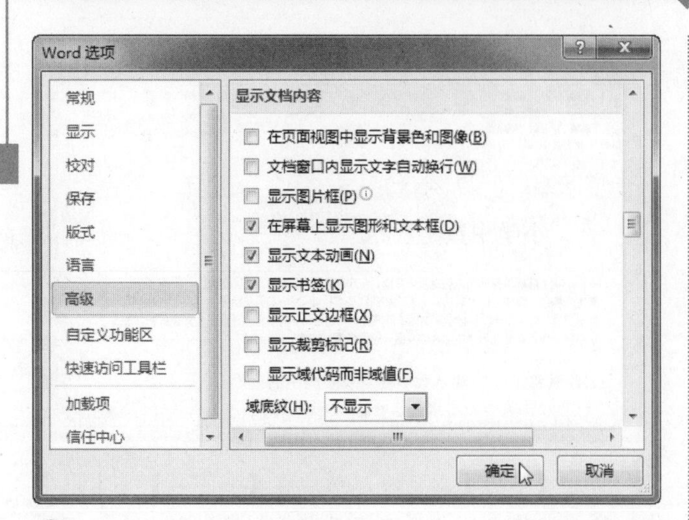

❹ 如果要快速定位特定书签，可以在【书签】对话框中的列表框中选中要定位的书签，再单击【定位】按钮即可，如下图所示。如果单击【删除】按钮，则可以删除选中的书签。

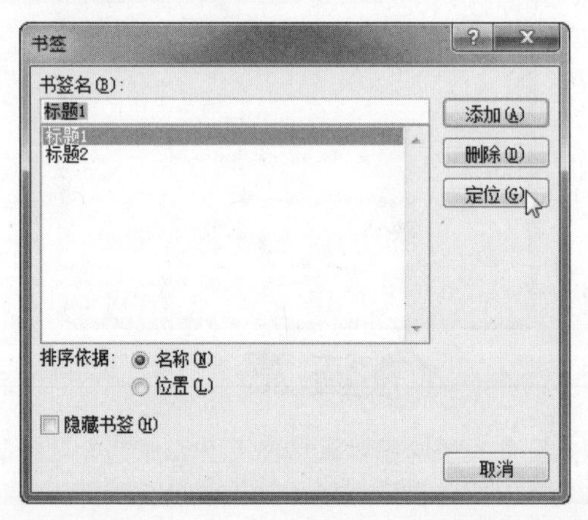

17.7.2 添加批注

批注又称注释，是作者或审阅者为文档添加的注释。

1. 添加与删除批注

下面先来介绍一下如何在文档中添加与删除批注，其操作步骤如下。

操作步骤

❶ 选择要对其进行批注的文本，或将光标定位到文本的末尾处，然后在【审阅】选项卡下的【批注】组中，单击【新建批注】按钮，如下图所示。

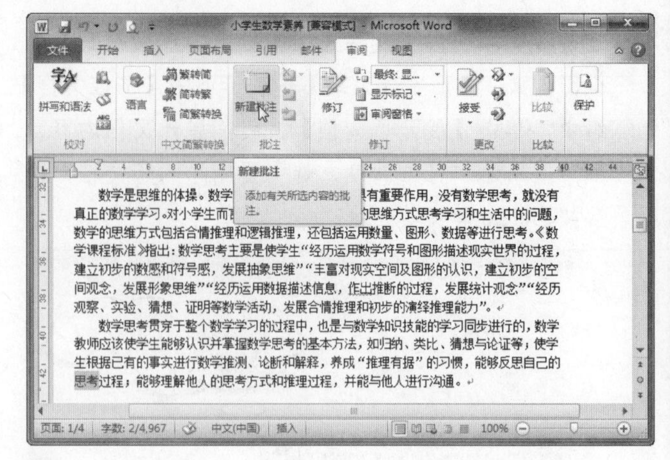

❷ 这时会出现一个批注框，如下图所示，在此输入批注文本即可。

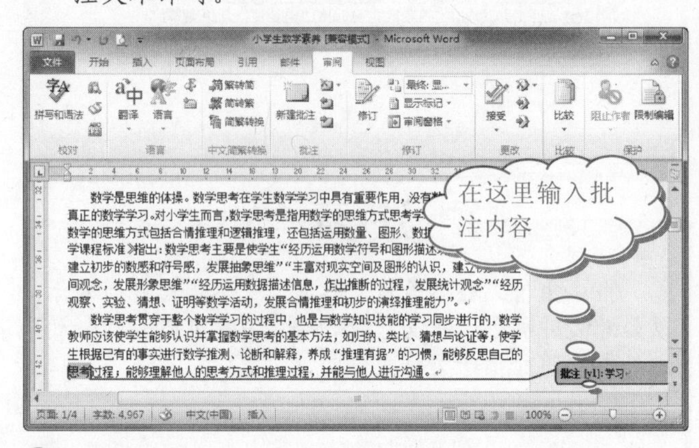

❸ 如果要删除批注，可以右击该批注，从弹出的快捷菜单中选择【删除批注】命令即可，如下图所示。

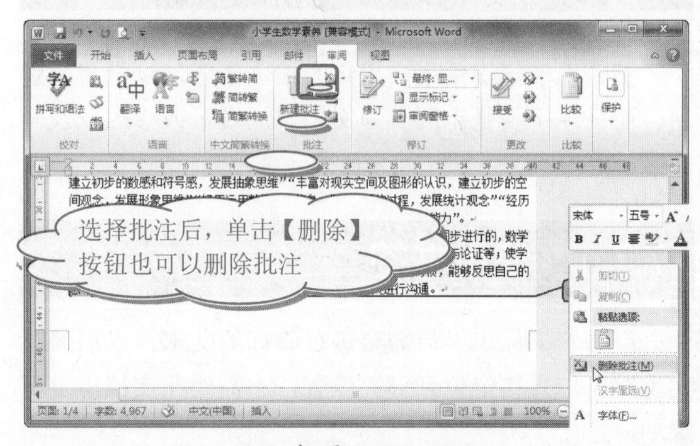

提示

如果在文档中没有显示出批注，可以在【审阅】选项卡下的【修订】组中，单击【显示标记】按钮，从打开的菜单中选择【批注】命令即可显示文档中的批注了，如下图所示。

长见识 在Microsoft Office Word中，可以跟踪每个插入、删除、移动、格式更改或批注操作，以便在以后审阅所有这些更改。【审阅窗格】中显示了文档中当前出现的所有更改、更改的总数以及每类更改的数目。

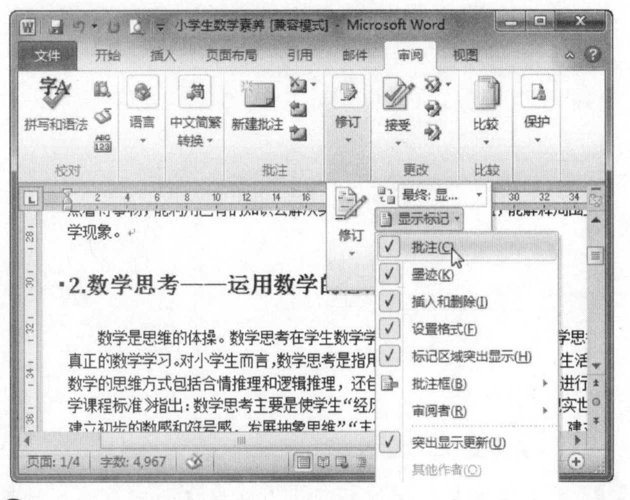

❹ 如果要删除文档中的所有批注，可以先单击文档中的任意一个批注，然后在【审阅】选项卡下的【批注】组中，单击【删除】按钮旁边的下三角按钮，从打开的菜单中选择【删除文档中的所有批注】命令即可，如下图所示。

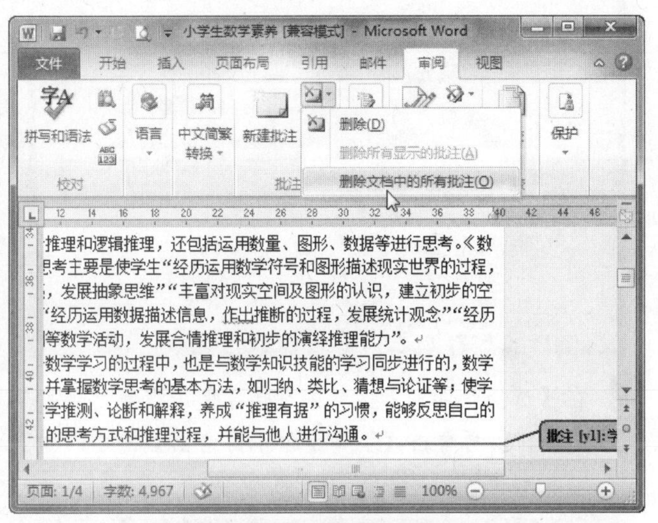

技巧

删除特定审阅者的批注：在【审阅】选项卡下的【修订】组中，单击【显示标记】按钮，从打开的菜单中选择【审阅者】|【所有审阅者】命令，如下图所示。再次单击【显示标记】按钮，从打开的菜单中选择【审阅者】命令，接着单击要删除其批注的审阅者的姓名，最后在【批注】组中单击【删除】按钮旁边的下三角按钮，从打开的菜单中选择【删除所有的显示批注】命令即可。

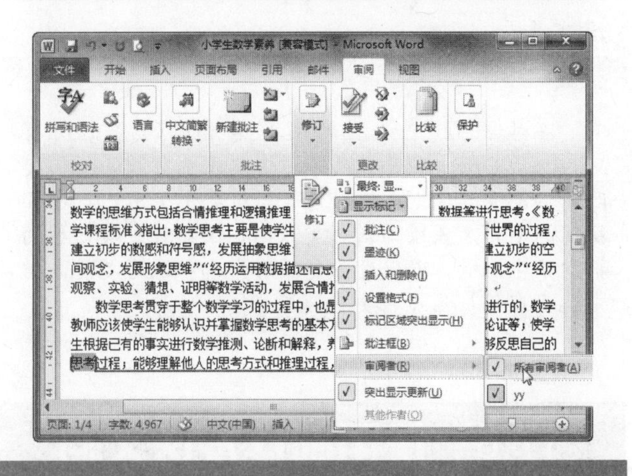

2. 更改批注中使用的姓名

若要更改批注中使用的批注者的姓名，可以通过下述操作实现。

操作步骤

❶ 在【审阅】选项卡下的【修订】组中，单击【修订】按钮旁边的下三角按钮，从打开的菜单中选择【更改用户名】命令，如下图所示。

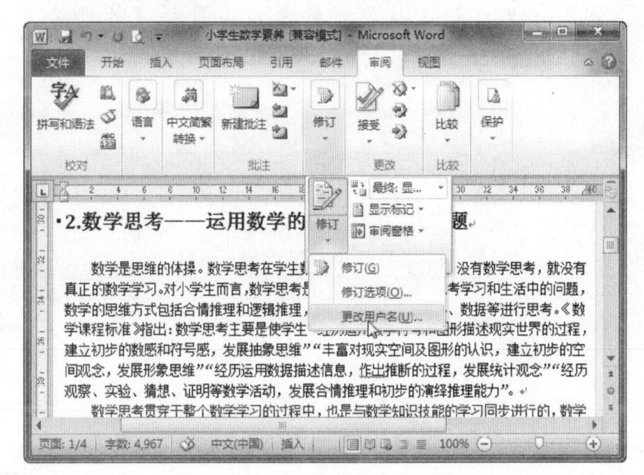

❷ 弹出【Word 选项】对话框，然后在左侧导航窗格中单击【常规】选项，接着在【对 Microsoft Office 进行个性化设置】组中设置用户名和用户名缩写，再单击【确定】按钮即可，如下图所示。

当审阅修订和批注时，可以接受或拒绝每一项更改。在接受或拒绝文档中的所有修订和批注之前，即使是您发送或显示的文档中的隐藏更改，审阅者也能够看到。

长见识

在步骤 2 中设置的用户名和缩写将由所有 Microsoft Office 程序使用，对这些设置所做的任何更改都会影响其他 Office 程序。当对要用于用户自己的批注的用户名或缩写进行更改时，仅会对更改之后的批注产生影响，不会对在更改用户名和缩写之前文档中已存在的批注进行更新。

17.8 使用邮件发送文档

编辑好的文档怎样在 Word 中发送出去呢？下面就来介绍下如何使用 Outlook 发送文档。

操作步骤

❶ 新建一个空白文档，在文档中输入邮件内容，将光标置于“同学”之前，然后在【邮件】选项卡下的【开始邮件合并】组中，单击【开始邮件合并】右侧下三角按钮，从打开的菜单中选择【邮件合并分布向导】命令，如下图所示。

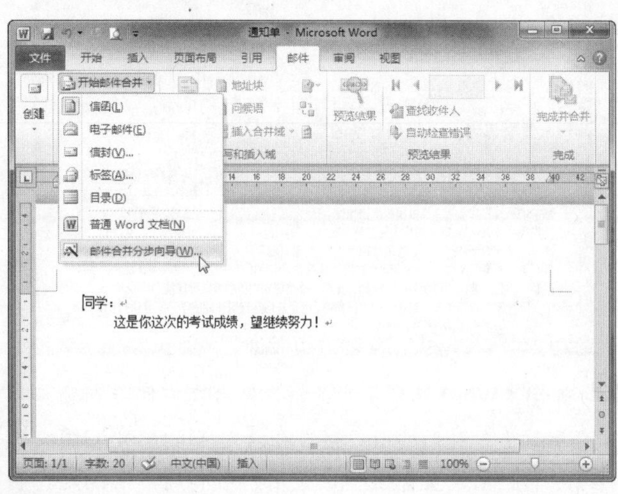

❷ 打开【邮件合并】窗格，在【选择文档类型】区域中选择【信函】单选按钮，再单击【下一步】按钮，如下图所示。

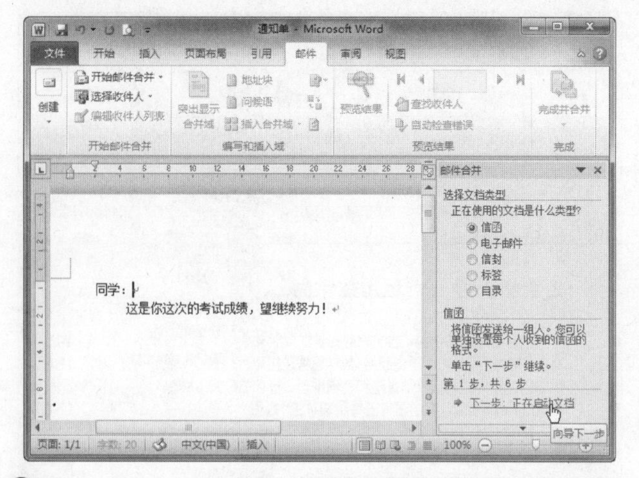

❸ 在【选择开始文档】区域中选择【使用当前文档】单选按钮，再单击【下一步：选取收件人】链接，如下图所示。

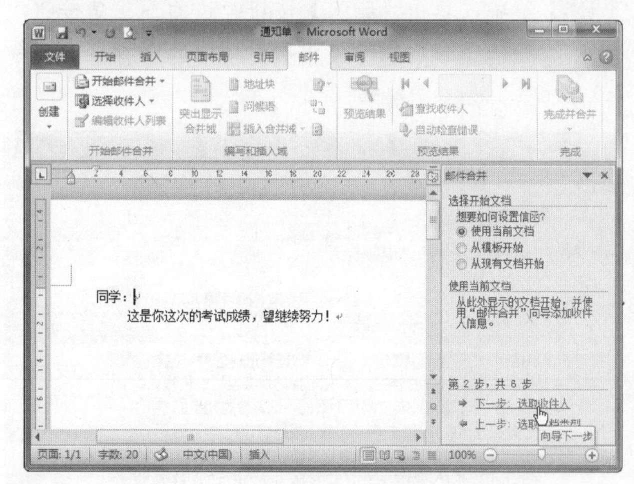

❹ 在【选择收件人】区域中选择【使用现有列表】单选按钮，再单击【下一步：撰写信函】链接，如下图所示。

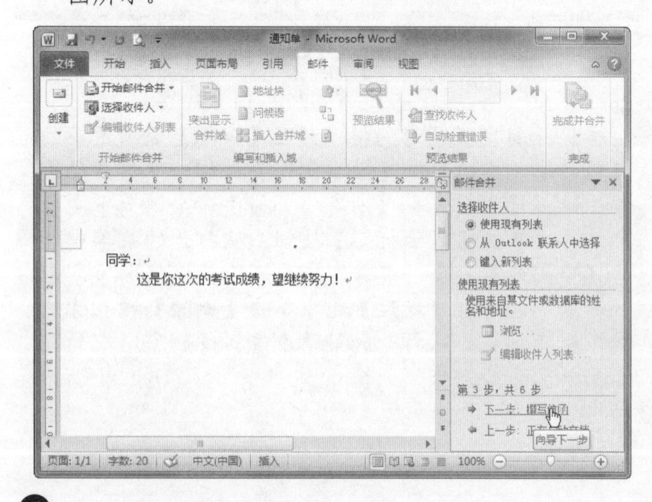

❺ 弹出【选取数据源】对话框，选中数据源文件，再单击【打开】按钮，如下图所示。

管理加载项涉及启用或禁用加载项、添加或删除加载项以及使加载项处于活动或非活动状态等多种操作。

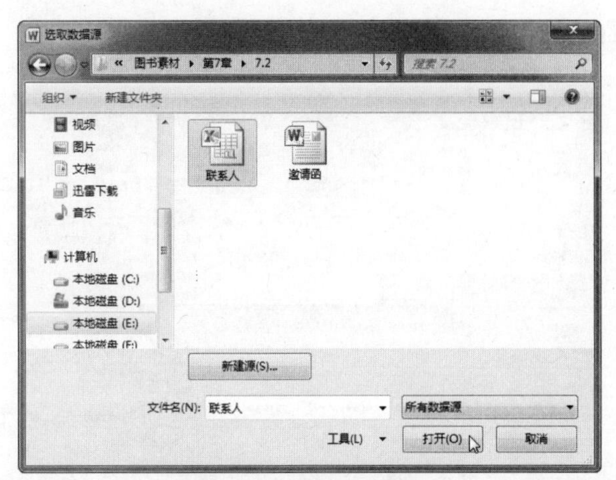

技巧

用户也可以单击【邮件】选项卡下的【开始邮件合并】工具栏的【选择收件人】按钮，从打开的菜单中选择加入数据源的方式，再根据提示进行操作即可，如下图所示。

如果用户要终止合并到电子邮件的过程，可以按 Esc 键停止。

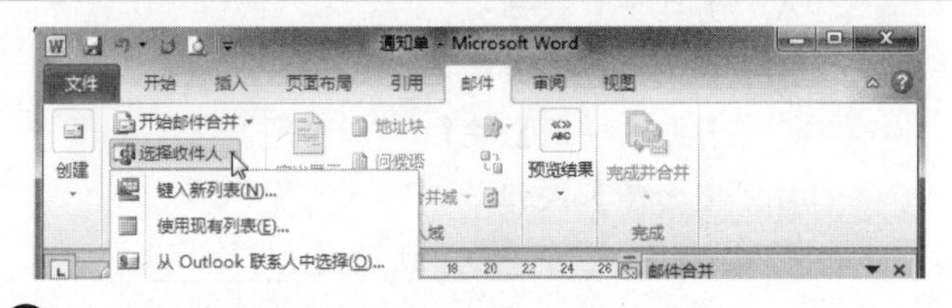

6 弹出【选择表格】对话框，选中 Sheet1 $ 选项，再单击【确定】按钮，如下图所示。

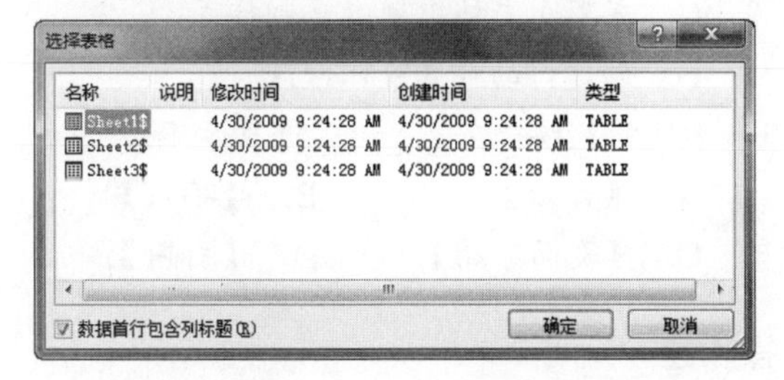

7 弹出【邮件合并收件人】对话框，选择收件人，再单击【确定】按钮，如下图所示。

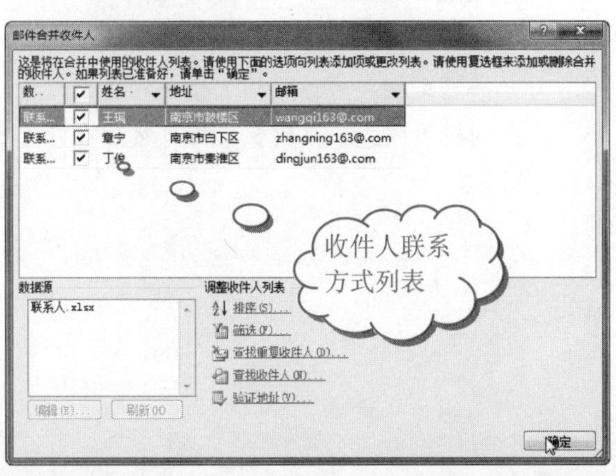

技巧

用户也可以单击【邮件】选项卡下的【开始邮件合并】工具栏的【编辑收件人列表】按钮，将弹出如上图所示的【邮件合并收件人】对话框。

8 在【邮件窗格】中单击【下一步：预览信函】链接，进入第 4 步，如下图所示。

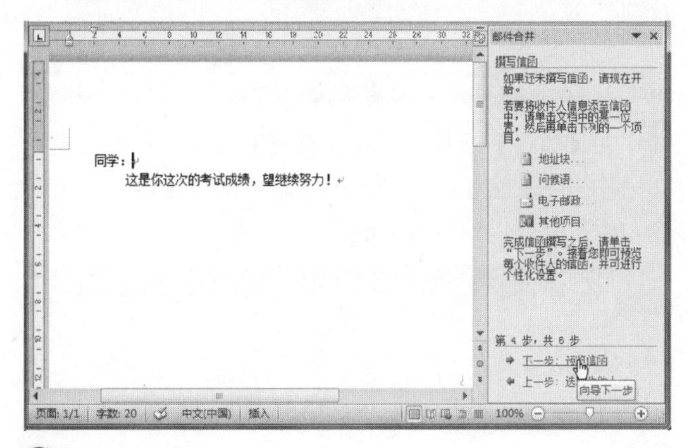

9 再单击【下一步：完成合并】链接，进入如下图所示的窗格，如下图所示。

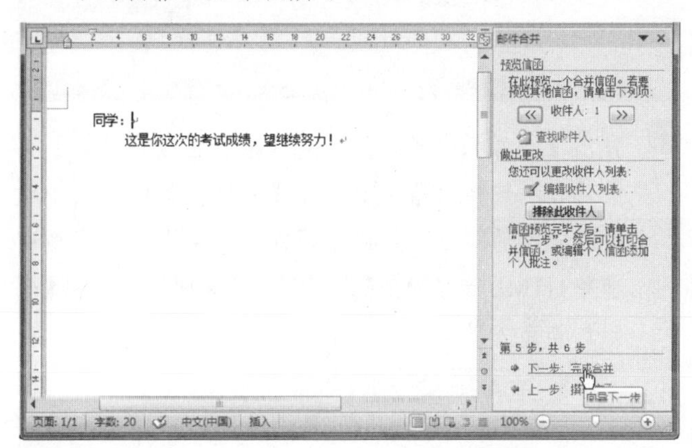

10 完成合并，如下图所示。

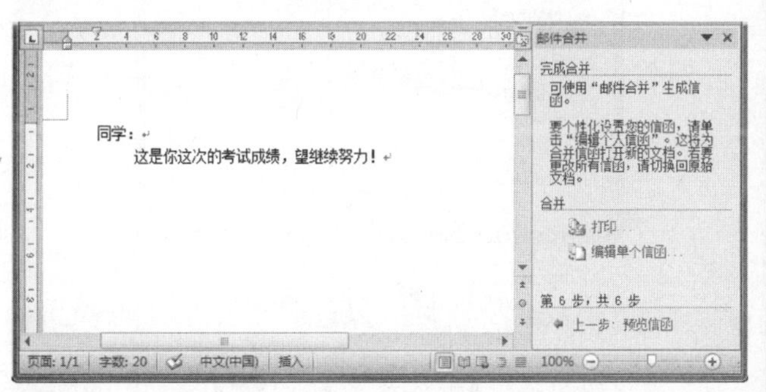

11 启动 Outlook 2010 程序，进入如下图所示的工作窗口。

学以致用系列丛书

必须安装 MAPI 兼容电子邮件程序，借助 Outlook MAPI(消息处理应用程序接口)的功能，Microsoft Word 和 Microsoft Outlook 才能在发送合并的电子邮件时共享信息。

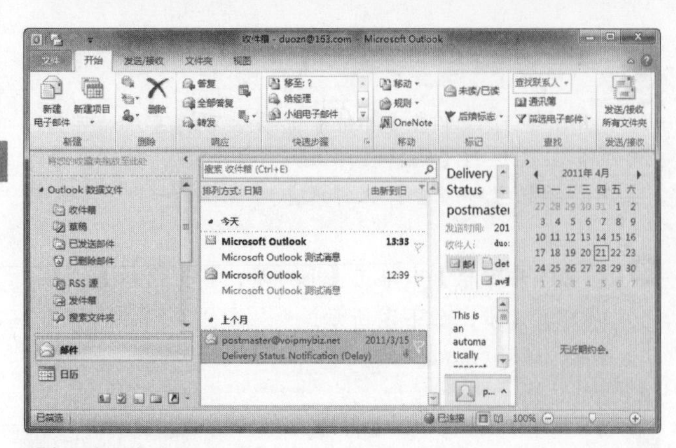

⑫ 在【邮件】选项卡下的【完成】组中，单击【完成并合并】按钮，从打开的菜单中选择【发送电子邮件】命令，如下图所示。

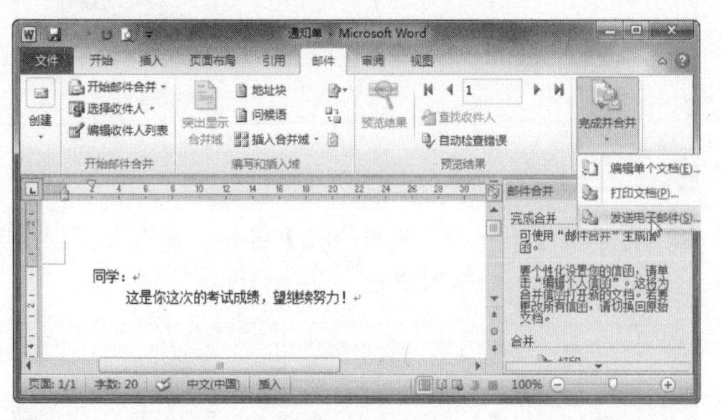

⑬ 弹出【合并到电子邮件】对话框，在【收件人】下拉列表中选择邮箱选项，在【主题行】文本框中输入“成绩通知单”，在【邮件格式】下拉列表框中选择 HTML 选项，在【发送记录】选项组中选中【全部】单选按钮，如下图所示。

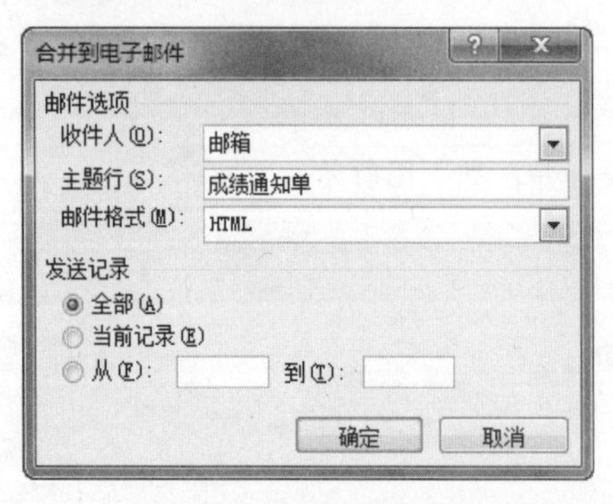

提示

在上图中设置【邮件格式】为 HTML 选项，Word 程序会将文档当作邮件正文进行发送；若选择【附件】选项，则会将文档当作附件进行发送；若选择【纯文本】选项，则会将文档作为纯文本电子邮件发送，电子邮件将不包含任何文本格式设置或图形。

⑭ 单击【确定】按钮，发送邮件，如下图所示。

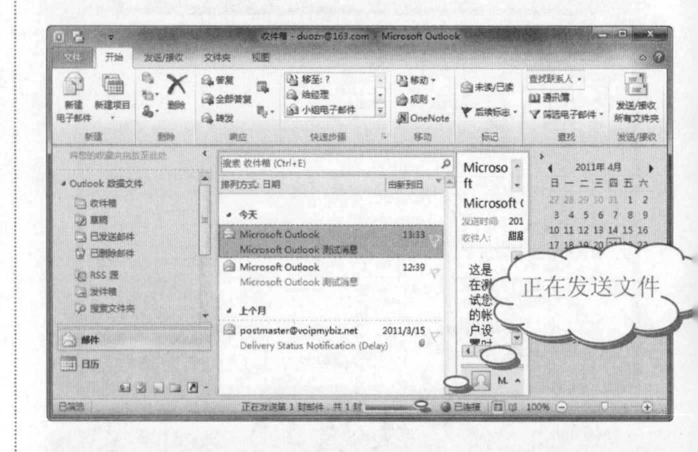

17.9 思考与练习

选择题

1. 单击________可以打开样式集。

   A. 【更多】按钮

   B. 【开始】选项卡

   C. 【更改样式】按钮

   D. 【选择】按钮

2. 下面关于样式，说法错误的是________。

   A. 样式创建完成后，可以删除，但不能修改

   B. 用户可以重命名样式名称

   C. 在不同文档中可以复制样式

   D. 创建好的样式可以修改

3. 【目录】按钮在________选项卡下。

   A. 【开始】　　B. 【插入】

   C. 【页面布局】　　D. 【引用】

操作题

1. 创建一个新样式，取名为“样式一”，要求此样式的字号为“初号”、字体为“楷体”、颜色为“青色”，并加粗。

2. 打开一篇文档，为该文档选择一种页面背景。

3. 在大纲视图方式下编辑长文档，然后在首页中生成文档目录。

将邮件合并域插入电子邮件主文档时，域名始终由尖括号(« »)括起来。这些尖括号不在最终电子邮件中显示，它们只用来帮助您将电子邮件主文档中的域与常规文字区分开。

第18章 Word 2010 实例操练

前面几章已经基本介绍了Word 2010 的文档和表格的高级编辑方法，下面就通过实例来介绍如何在 Word 2010 文档中制作个人简历、工作流程图和客户问卷调查表。

学习要点

- 设计属于自己的“简历”
- 绘制“工作流程图”
- 制作“问卷调查表”

学习目标

通过对本章的学习，读者应该掌握如何设计一份自己的简历，学会如何绘制“工作流程图”，以及怎样制作问卷调查表。

18.1 设计属于自己的“简历”

本案例是为刚毕业的大学生设计一份属于自己的简历。简历是大学生向用人单位传达个人信息的主要媒介之一，因此简历的设计从一定程度上会影响招聘者的印象。

18.1.1 设计思路

简历外观漂亮、简洁明了会给招聘者留下良好的印象，简历中应包括姓名、联系方法、受教育程度、工作经验、技能等一些个人信息。简历的设计不必过长，内容过长不容易突出重点，一张精美的简历封面和一张内容丰富的履历表就可以制作一份简历。

18.1.2 封面设计

简历封面要有清晰的布局，不要求制作得多么华丽，但一定要有自己的风格，Word 2010 中自带了一些简历模板，运用这些模板可以快速地设计一份属于自己的简历封面。

操作步骤

❶ 启动 Word 2010 程序，单击【页面设置】按钮，弹出【页面设置】对话框，在【页边距】选项区域中将上、下、右边距设为 2.4 厘米，左边距设为 3 厘米。单击【确定】按钮，如下图所示。

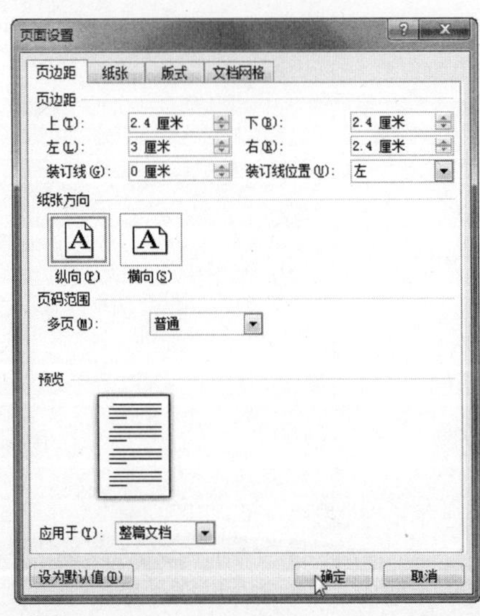

❷ 选择【文件】|【新建】命令，接着在可用模板组中单击【简历】，如下图所示。

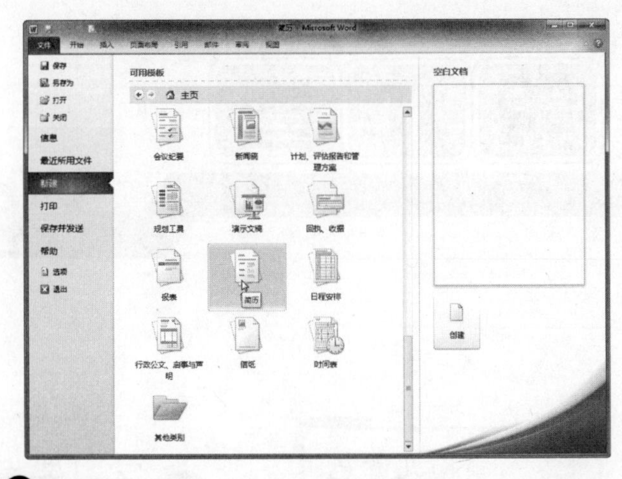

❸ 选择一种建立样式，单击【下载】，如下图所示。

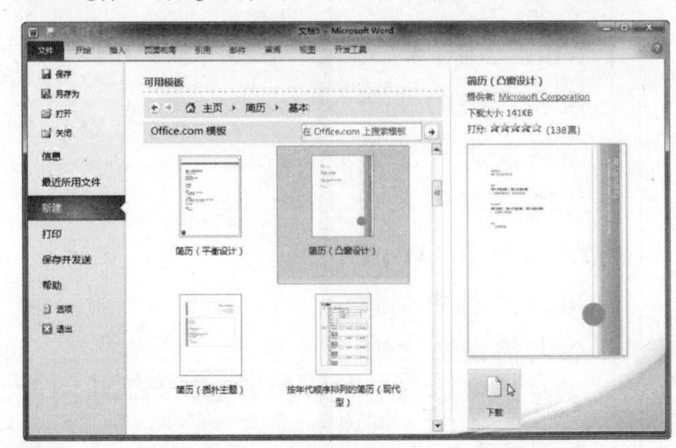

❹ 正在下载简历，如下图所示。

❺ 下载后的简历如下图所示。

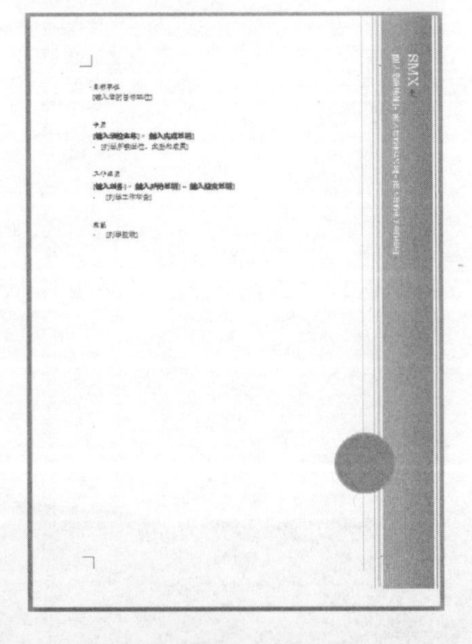

长见识 如果用户想把快速访问工具栏置于页面的上方而不置于状态栏中，用户可以在工具栏上右击，并从弹出的快捷菜单中选择【在功能区下方显示快速访问工具栏】命令。

6 删除模板上的文字，在【插入】选项卡下的【插图】组中，单击【图片】按钮，弹出【插入图片】对话框，选中要插入的图片，单击【插入】按钮，如下图所示。

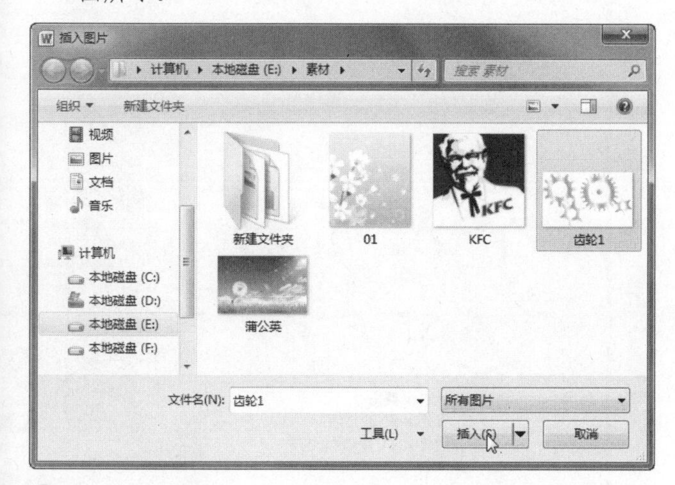

7 选中插入的图片，在【格式】选项卡下的【排列】组中，单击【自动换行】按钮，在弹出的下拉菜单中选择【衬于文字下方】，如下图所示。

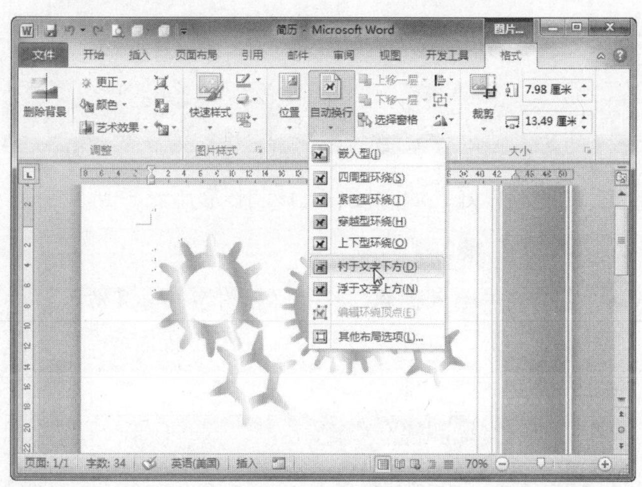

8 选中图片，把鼠标移动到绿色圆圈处，当鼠标变成旋转样式时，按住鼠标左键移动，调整图片的旋转方向，如下图所示。

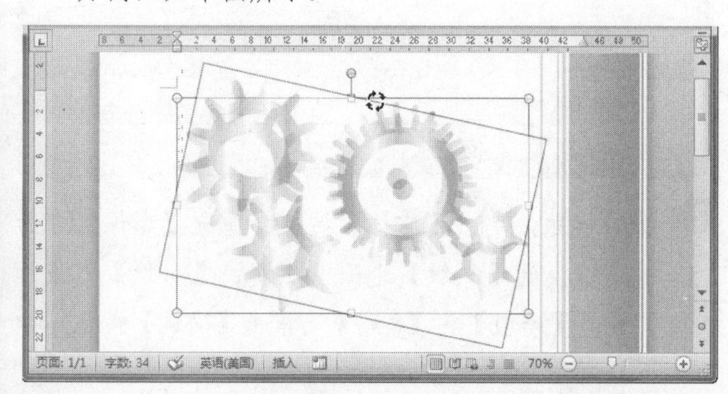

9 调整图片大小并移动到适合位置，如下图所示。

10 选中图片，在【格式】选项卡下的【调整】组中，单击【艺术效果】按钮，在弹出的下拉菜单中，选择一种艺术效果，如下图所示。

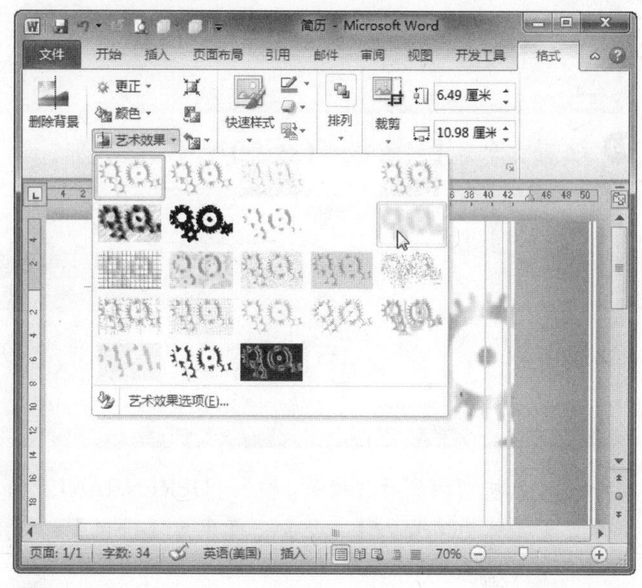

11 设置后的效果如下图所示。

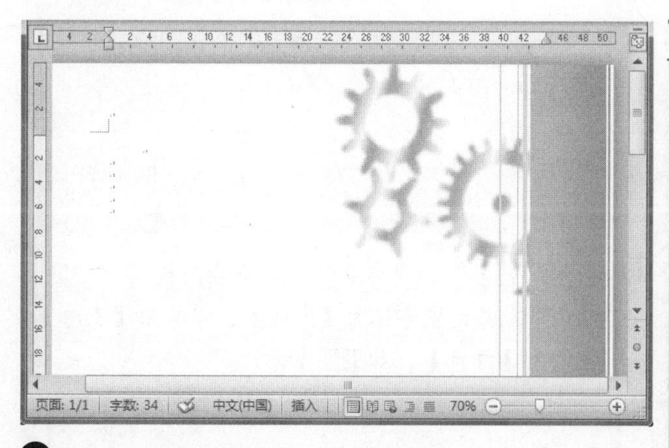

12 切换到【插入】选项卡，在【文本】组中，单击【艺术字】按钮，在弹出的下拉菜单中选择一种艺术字样式，如下图所示。

学以致用系列丛书

用户可以将常用的工具置于快速访问工具栏，只需右击该工具图标，然后从弹出的快捷菜单中选择【添加到快速访问工具栏】命令即可。

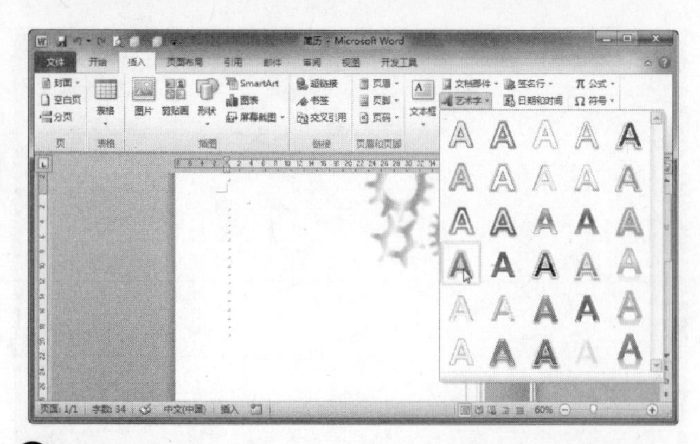

⓭ 在文本框中输入“个人简历”文字，如下图所示。

⓮ 设置文字为【楷体】、【85号】，如下图所示。

⓯ 将输入法切换到英文状态，输入“GERENJIANLI”，设置字体为字号为【二号】，颜色为【橙色】，如下图所示。

⓰ 输入“姓名”、“专业”、“毕业院校”、“联系电话”，并设置字体为【宋体】、字号为【三号】，颜色为【红色】，如下图所示。

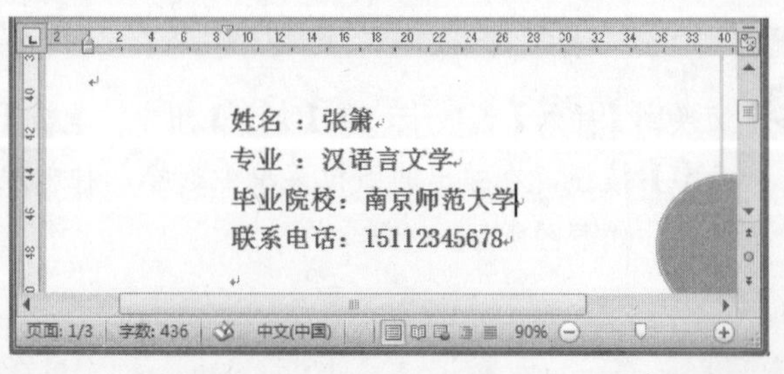

⓱ 设计好的简历封面如下图所示。

18.1.3 履历表设计

封面制作好之后，接着就该制作履历表了。

操作步骤

❶ 在文档中输入标题，设置标题的字体为【幼圆】、【小二】、加粗、加下划线，且居中对齐，如下图所示。

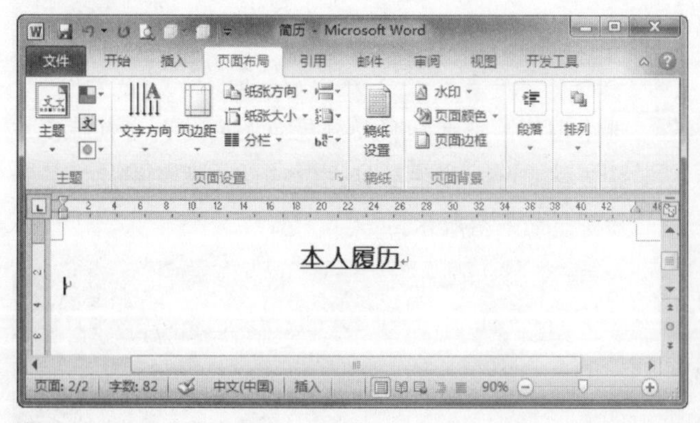

❷ 选中标题，单击【字体】按钮，弹出【字体】对话框，切换到【高级】选项卡，设置【间距】为【加宽】、【磅值】为【8磅】，单击【确认】按钮，如下图所示。

长见识 试着在Word菜单栏上的任意处右击。您会发现无论在哪儿右击，都会弹出格式“工具栏”列表，方便您随时随地快速地进行工具栏的选择和设置。

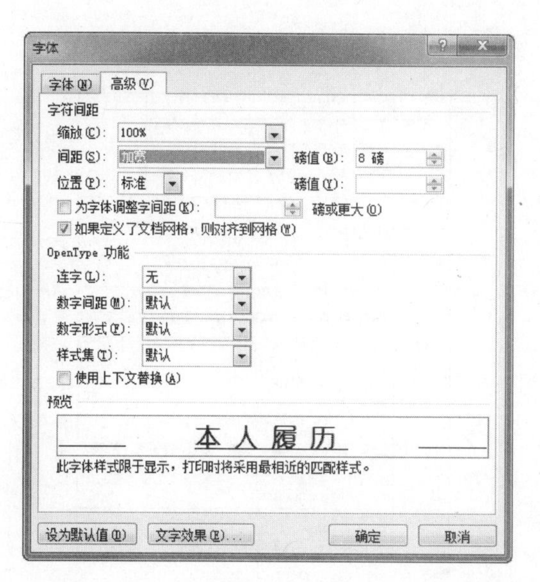

❸ 在【插入】选项卡【表格】组中，单击【表格】按钮，在弹出的下拉列表中选择【插入表格】命令，如下图所示。

❹ 弹出【插入表格】对话框，在【列数】和【行数】文本框中分别输入 2 列和 14 行，如下图所示。

❺ 在【表格】设计选项卡中，单击【表格样式】下拉按钮，在弹出的下拉菜单中选择【修改表格样式】命令，如下图所示。

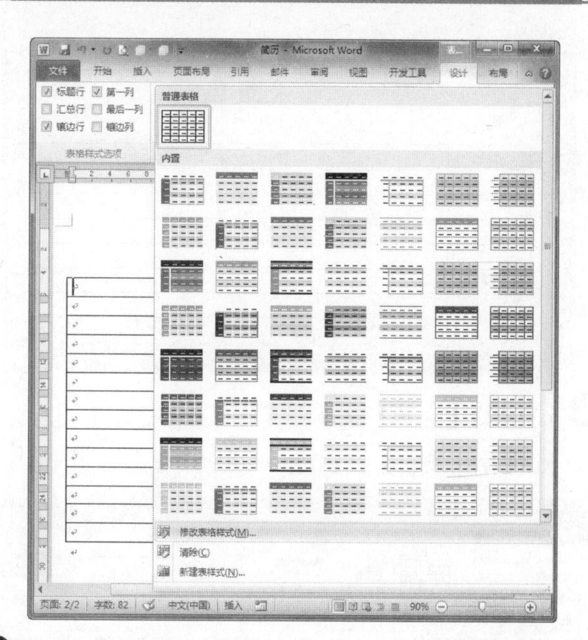

❻ 弹出【修改样式】对话框，在【样式基准】选项栏中，选择【典雅型】，最后单击【确定】按钮，如下图所示。

❼ 在表格中输入“应聘职务”，作为表格宽度基准，将鼠标指针停留在两列间的边框上，当鼠标指针变为 ⟺ 时，按住鼠标左键向左拖动边框到合适的宽度，如下图所示。

❽ 设置后的效果如下图所示。

学以致用系列丛书

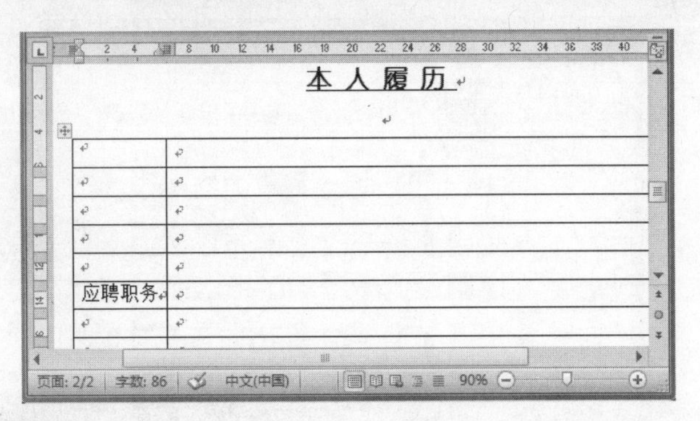

❾ 在表格【设计】选项卡下的【绘图边框】组中，单击【绘制表格】按钮，如下图所示。

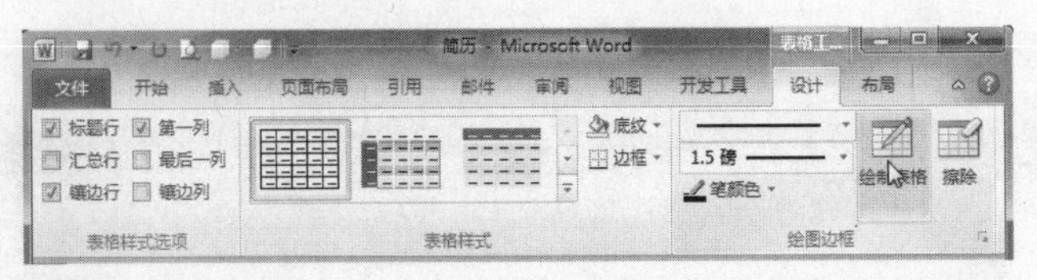

❿ 指针变为✎，这时就可以绘制表格了，如下图所示。

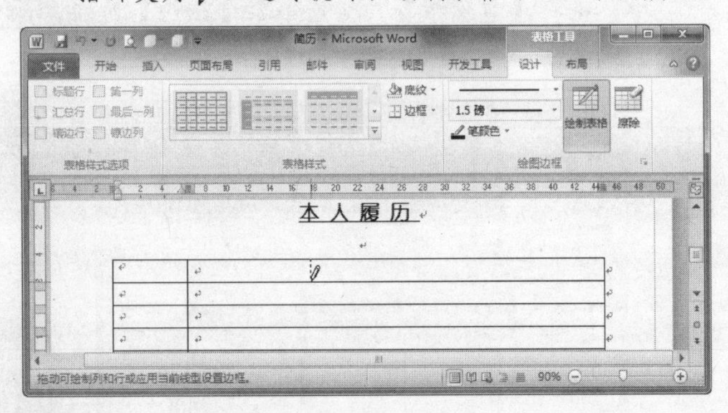

⓫ 选中要合并的单元格，在表格【布局】格式选项卡下的【合并】组中单击【合并单元格】按钮，如下图所示。

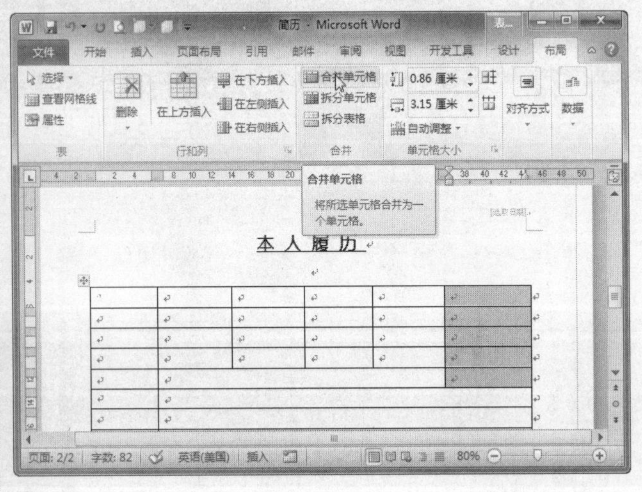

⓬ 参照以上步骤，最后编辑好的表格如下图所示。

本 人 履 历

姓名	张箫	性别	男	出生年月	1987.10	照片
名族	汉	政治面貌	党员	毕业时间	2009.6	
户籍	南京	婚姻状况	未婚	工作年限	2年	
学历	本科	人才类别	往届	学制	4年	
毕业学校	南京师范大学		专业	汉语言文学		
手机号码	15112345678		联系地址	南京市 白下区		
电子邮箱	233148126.com		邮编	210002		
教育经历	2005.9-2009.6 南京师范学院 汉语言文学 本科					
培训经历	涉外秘书资格证、大学英语四级证书、全国计算机一级证书。					
所获奖励	2006.5-2006.10 两次获得校二等奖学金 2007.4 普通话大赛文学院一等奖 2008.5 校三好学生 2008.10 获二等奖学金 2009.3 获三等奖学金 2009.4 英语口语大赛二等奖 2009.6 校优秀毕业生					
职业技能与特长爱好	文秘、组织、管理、写作、电脑、文学、分析研究、音乐等专业技能知识结构丰富，能顺利写出各种公文；英语基础知识较扎实，具备一定的听、说、读、写及翻译能力；熟悉计算机网络、熟练操作办公自动化。					
外语及方言	母语：汉语 第一外语：英语 第一外语水平：大学英语四级					

⓭ 选中表格，在表格【设计】选项卡下的【表格样式】组中，单击【边框】按钮，如下图所示。

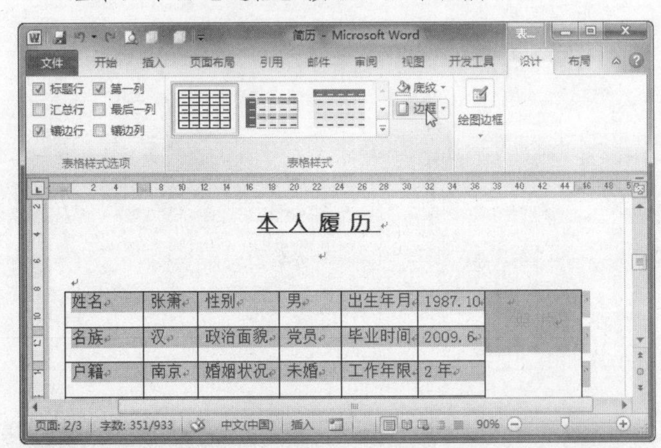

⓮ 弹出【边框和底纹】对话框，切换到【边框】选项卡，然后在【设置】选项组中选择【全部】选项，接着在【样式】下拉列表框中选择需要的线条样式，并设置【宽度】为【1.0 磅】，在【应用于】选项组中选择【表格】选项，最后单击【确定】按钮，如下图所示。

长见识：表格刚设定时占据了整个页宽，需要手动调整列宽，用户在完成文字输入后，选定需要调整的列，单击【单元格大小】工具栏的按钮即可调节单元格的高度和宽度。

⑮ 设置后的效果如下图所示。

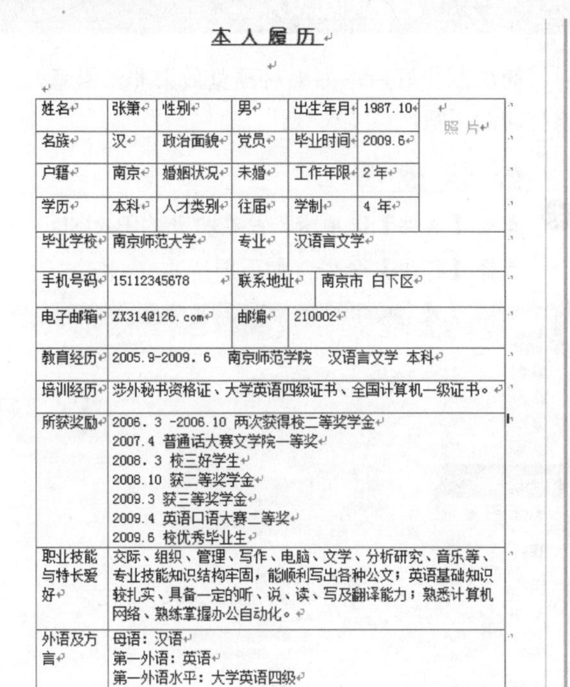

本人履历

姓名	张第	性别	男	出生年月	1987.10	照片
民族	汉	政治面貌	党员	毕业时间	2009.6	
户籍	南京	婚姻状况	未婚	工作年限	2年	
学历	本科	人才类别	往届	学制	4 年	
毕业学校	南京师范大学		专业	汉语言文学		
手机号码	15112345678		联系地址	南京市 白下区		
电子邮箱	ZX314@126.com		邮编	210002		
教育经历	2005.9-2009.6 南京师范学院 汉语言文学 本科					
培训经历	涉外秘书资格证、大学英语四级证书、全国计算机一级证书。					
所获奖励	2006.3 -2006.10 两次获得校二等奖学金 2007.4 普通话大赛文学院一等奖 2008.3 校三好学生 2008.10 获二等奖学金 2009.3 获三等奖学金 2009.4 英语口语大赛二等奖 2009.6 校优秀毕业生					
职业技能与特长爱好	交际、组织、管理、写作、电脑、文学、分析研究、音乐等、专业技能知识结构牢固，能顺利写出各种公文；英语基础知识较扎实，具备一定的听、说、读、写及翻译能力；熟悉计算机网络、熟练掌握办公自动化。					
外语及方言	母语：汉语 第一外语：英语 第一外语水平：大学英语四级					

⑯ 另起一页，输入“求职意向”、“工作经验”等内容，如下图所示。

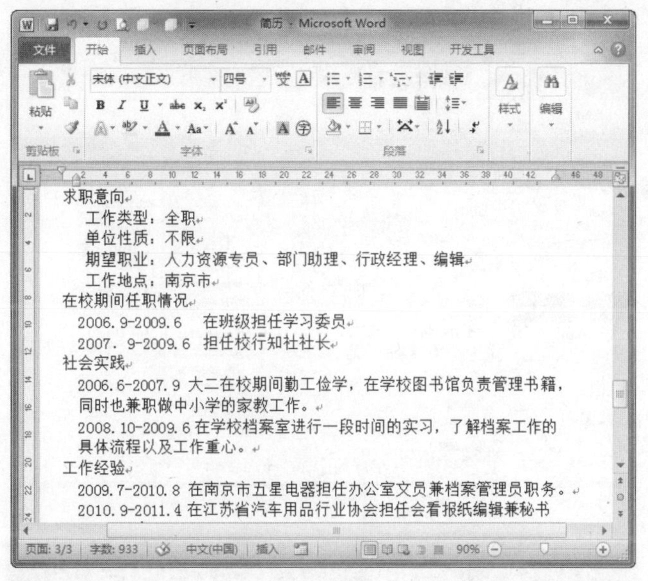

⑰ 选中标题文字，打开【字体】按钮，设置【字体】为【楷体】、【字形】为【加粗】、【字号】为【三号】、【颜色】为【红色】，最后单击【确定】按钮，如下图所示。

⑱ 设置后的效果如下图所示。

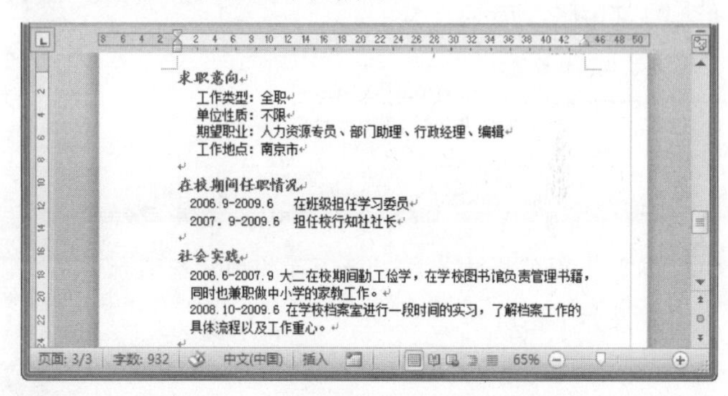

⑲ 把光标定位在“工作类型”前面，在【插入】选项卡下的【符号】组中单击【符号】按钮，在弹出的下拉菜单中选择【其他符号】命令，如下图所示。

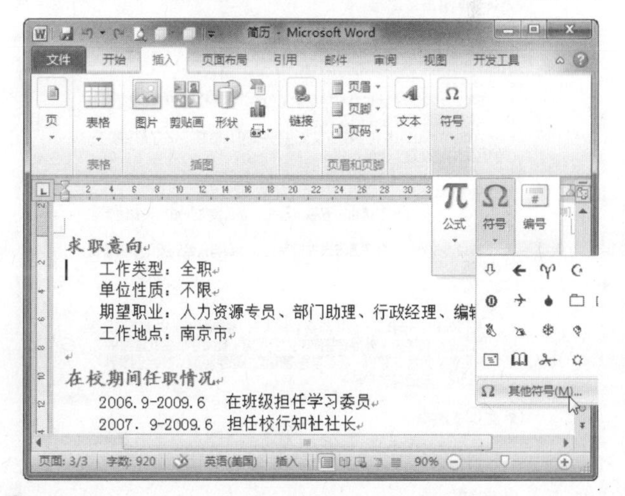

⑳ 弹出【符号】对话框，选择需要插入的符号后，单击【插入】按钮，如下图所示。

学以致用系列丛书

Microsoft Word 提供了一个封面库，其中包含预先设计的各种封面，使用起来很方便。选择一种封面，并用自己的文本替换示例文本。

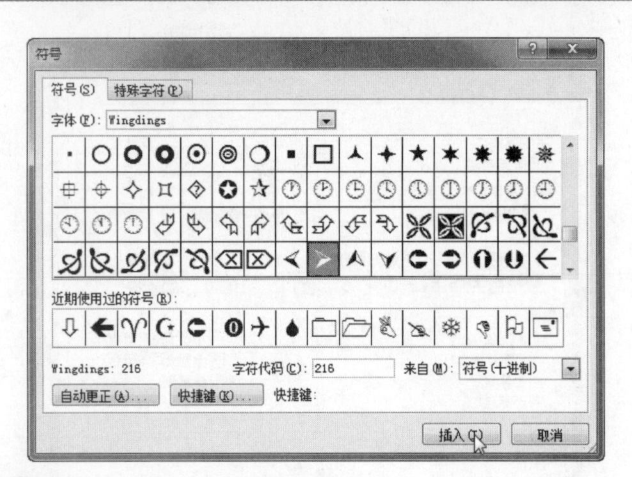

㉑ 插入的符号如下图所示。

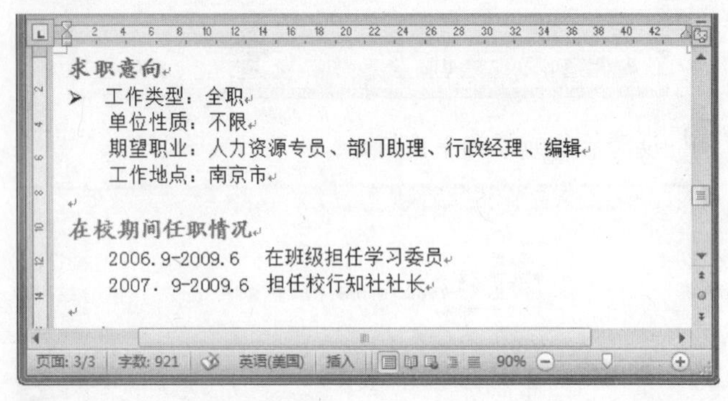
求职意向
➢ 工作类型：全职
单位性质：不限
期望职业：人力资源专员、部门助理、行政经理、编辑
工作地点：南京市

在校期间任职情况
2006.9-2009.6　在班级担任学习委员
2007. 9-2009.6　担任校行知社社长

㉒ 参照上面的操作步骤，为下面的内容都添加符号，效果如下图所示。

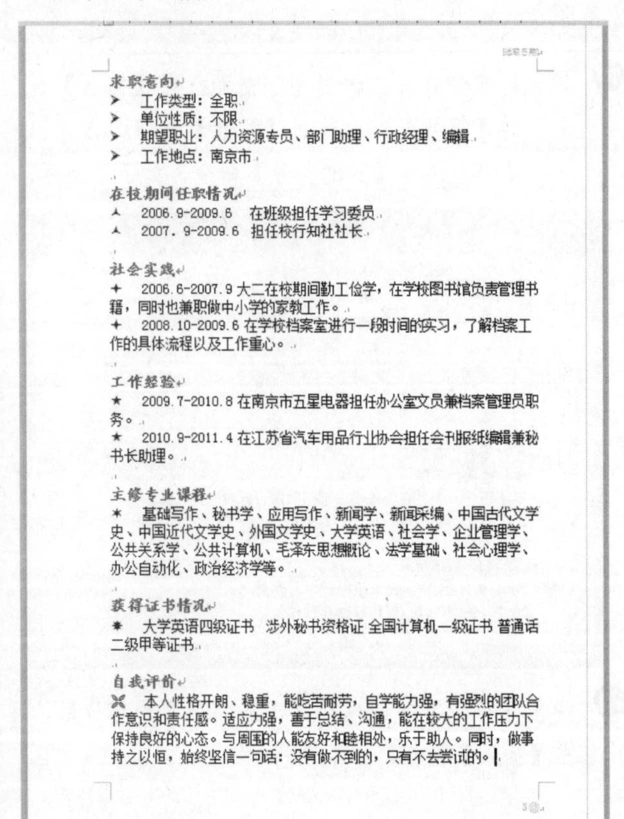
求职意向
➢ 工作类型：全职
➢ 单位性质：不限
➢ 期望职业：人力资源专员、部门助理、行政经理、编辑
➢ 工作地点：南京市

在校期间任职情况
⅄ 2006.9-2009.6　在班级担任学习委员
⅄ 2007. 9-2009.6　担任校行知社社长

社会实践
✦ 2006.6-2007.9 大二在校期间勤工俭学，在学校图书馆负责管理书籍，同时也兼职做中小学的家教工作。
✦ 2008.10-2009.6 在学校档案室进行一段时间的实习，了解档案工作的具体流程以及工作重心。

工作经验
★ 2009.7-2010.8 在南京市五星电器担任办公室文员兼档案管理员职务。
★ 2010.9-2011.4 在江苏省汽车用品行业协会担任会刊报纸编辑兼秘书长助理。

主修专业课程
✶ 基础写作、秘书学、应用写作、新闻学、新闻采编、中国古代文学史、中国近代文学史、外国文学史、大学英语、社会学、企业管理学、公共关系学、公共计算机、毛泽东思想概论、法学基础、社会心理学、办公自动化、政治经济学等。

获得证书情况
✹ 大学英语四级证书　涉外秘书资格证 全国计算机一级证书 普通话二级甲等证书

自我评价
✗ 本人性格开朗、稳重，能吃苦耐劳，自学能力强，有强烈的团队合作意识和责任感。适应力强，善于总结、沟通，能在较大的工作压力下保持良好的心态。与周围的人能友好和睦相处，乐于助人。同时，做事持之以恒，始终坚信一句话：没有做不到的，只有不去尝试的。

18.1.4　打印简历

简历制作好后，如果对预览效果非常满意，下面就来打印简历吧。

操作步骤

❶ 单击【文件】选项卡，并在打开的 Backstage 视图中选择【打印】命令，如下图所示。

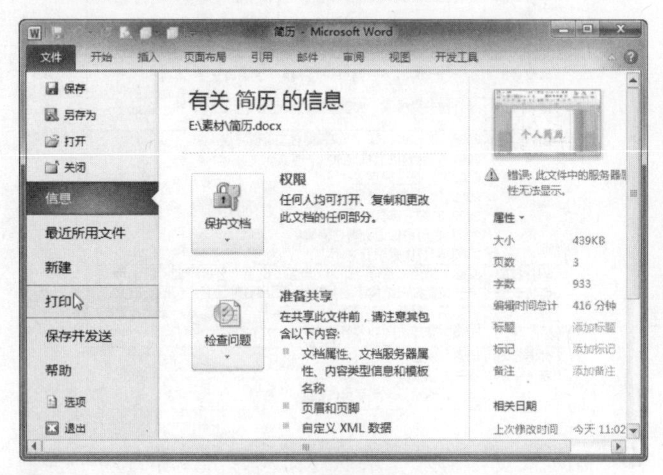

❷ 接着在中间窗格设置打印参数，设置完毕后单击【打印】按钮，即可开始打印简历了，如下图所示。

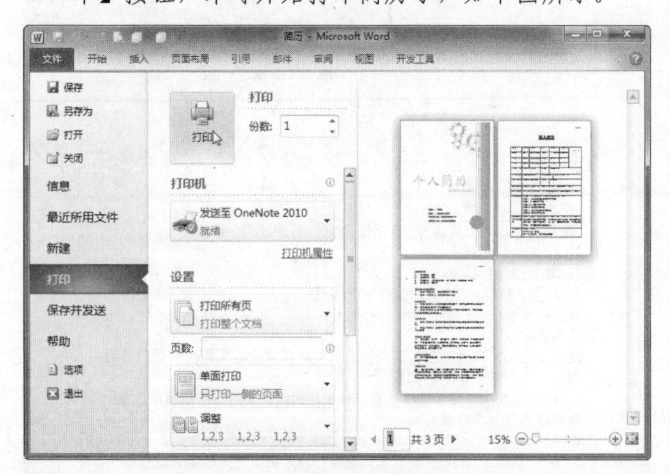

18.2　绘制“工作流程图”

制作一项产品必须要按照生产工艺的先后要求来完成，工作流程图明确地标明了各个生产过程的关键事项和操作步骤，有助于提高企业的工作效率。

18.2.1　制作分析

制作一个生产流程图的主要步骤包括以下几点。

在 Word 中，双击工具栏的选项卡按钮，例如双击【开始】标签，可以隐藏【开始】选项卡中的工具。当单击【开始】按钮时才显示其中的工具，这样可以增大页面的显示范围。

(1) 划分各道程序的分界线并决定所需细节的程度。

(2) 确定所包括的步骤并描绘它们。

(3) 准备主要程序步骤的流程图。

(4) 指出可能出现故障的地方。

(5) 建立执行服务的时间框架。

18.2.2 给流程图添加标题

制作工作流程图的第一步是给流程图添加标题。

操作步骤

1. 新建Word文档，切换到【页面布局】选项卡，单击【页面设置】按钮，在弹出的【页面设置】对话框的【页边距】选项卡中，将【上】、【下】、【左】、【右】分别设置为【1厘米】、【1厘米】、【2厘米】、【2厘米】，【纸张方向】设置为【纵向】，最后单击【确定】按钮，如下图所示。

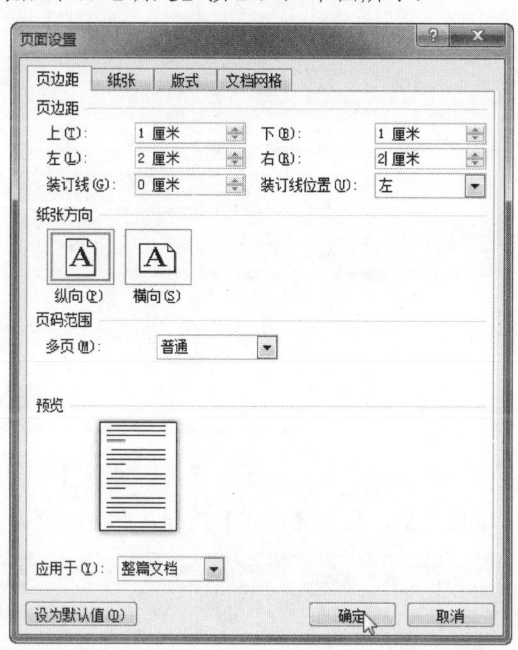

2. 在【开始】选项卡下，单击【段落】按钮，在弹出的【段落】对话框中设置【特殊格式】为“无”，【段前】为“0.5行”，【段前】为“0.5行”，单击【确定】按钮，如下图所示。

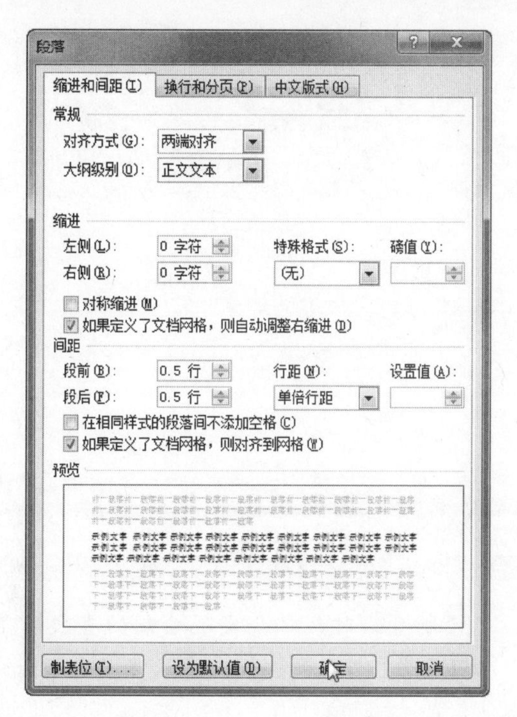

3. 在【插入】选项卡下，单击【插图】组中的【形状】按钮，在弹出的下拉列表中，选择【线条】栏中的“直线”，如下图所示。

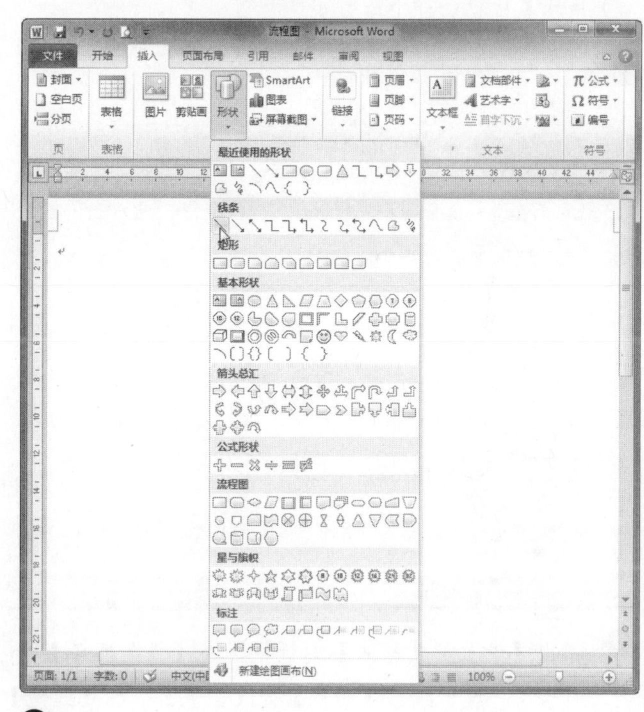

4. 拖动鼠标绘制一条直线，如下图所示。

在制作工作流程图时我们需要插入很多的流程图，用户可以将“图形”工具条添加到【快速访问工具栏】中，可以方便插入。

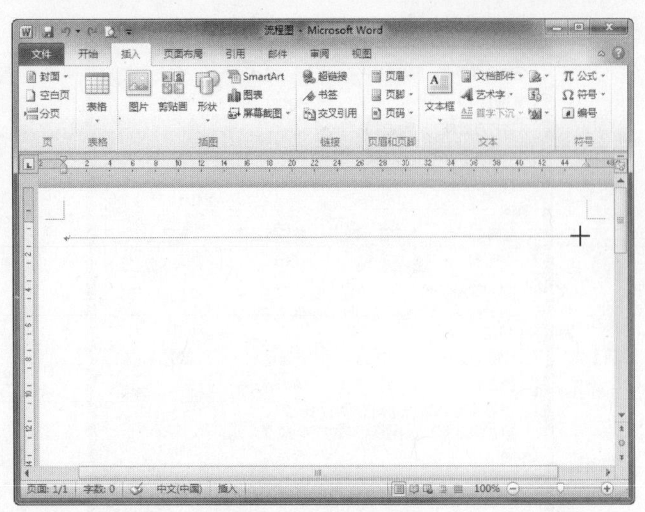

技巧

在绘制直线时经常会发现绘制的直线不是很直，这时候用户可以按住Shift键，然后进行绘制就可以了。

5 右击该直线，从弹出的快捷菜单中选择【设置形状格式】命令，如下图所示。

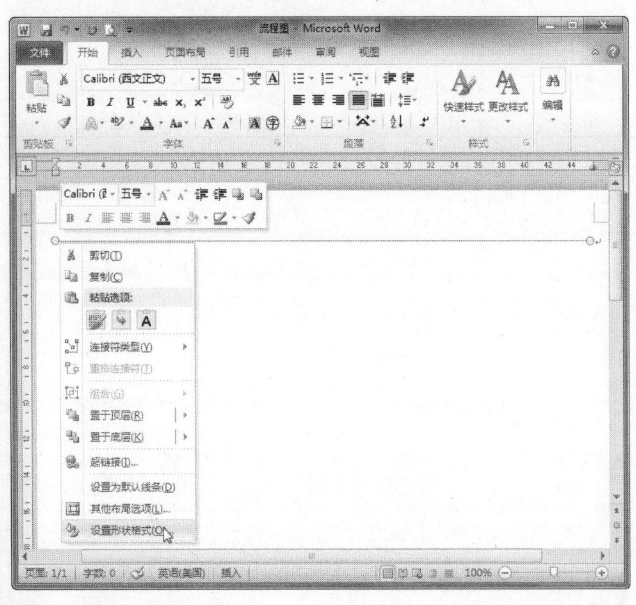

6 弹出【设置形状格式】对话框，在【线条颜色】选项卡下，设置线条【颜色】为【蓝色】，在【线型】选项卡下，设置【宽度】为“4磅”，单击【关闭】按钮，如下图所示。

7 在【插入】选项卡【插图】组中，单击【形状】按钮，在弹出的下拉列表中，选择【流程图】栏中一种样式，然后拖动鼠标绘制一个圆角矩形，如下图所示。

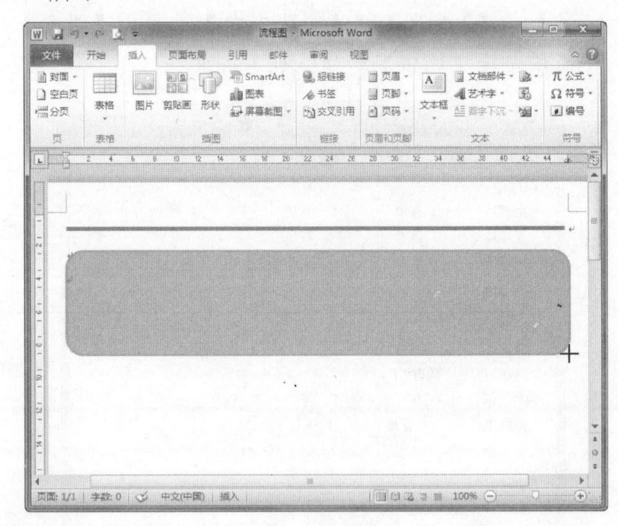

8 参考步骤5和步骤6设置该矩形，设置【线条颜色】为【白色】，单击【关闭】按钮，如下图所示。

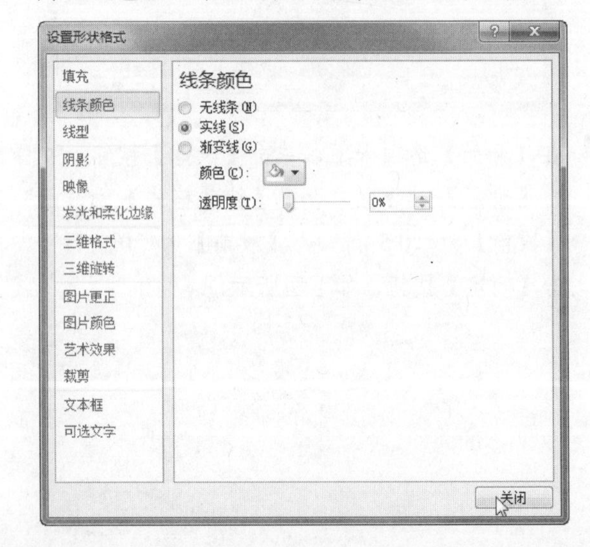

学以致用系列丛书

长见识：用户可以将图形的填充颜色设置为“双色”，然后为每一种颜色设置“透明度”，这样设置出来的填充效果有层次感。

9 设置后的效果如下图所示。

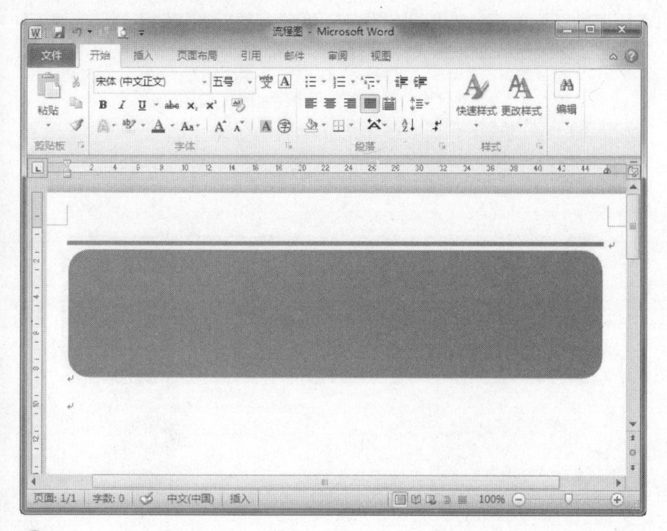

10 参照前面的步骤，在矩形下面再绘制一条直线，绘制后的效果如下图所示。

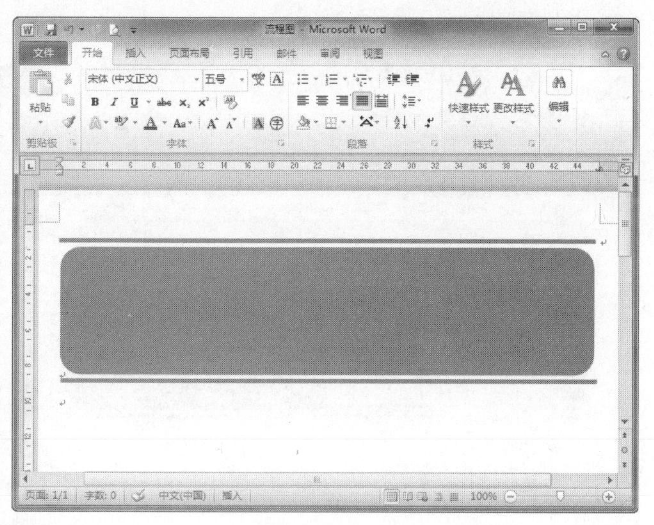

11 选中矩形，在【插入】选项卡下【文本】组中，单击【艺术字】按钮，选择一种艺术字样式，如下图所示。

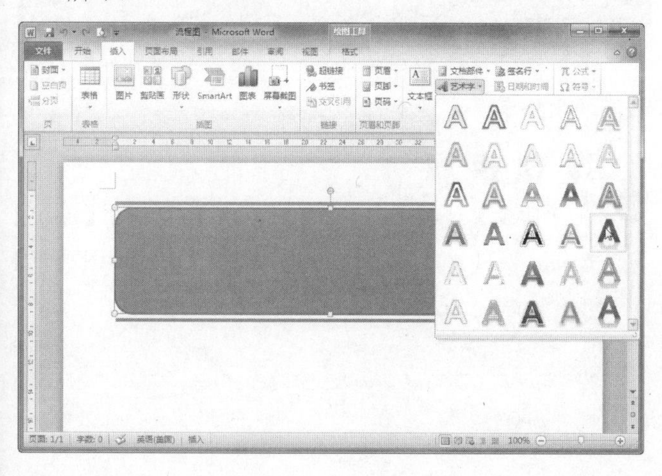

12 在艺术字文本框中输入“果汁生产流程图”，如下图所示。

13 选中艺术字，在【开始】选项卡下单击【字体】按钮，从弹出的对话框中，设置【字体】为【华文新魏】、【字号】为 36，如下图所示。

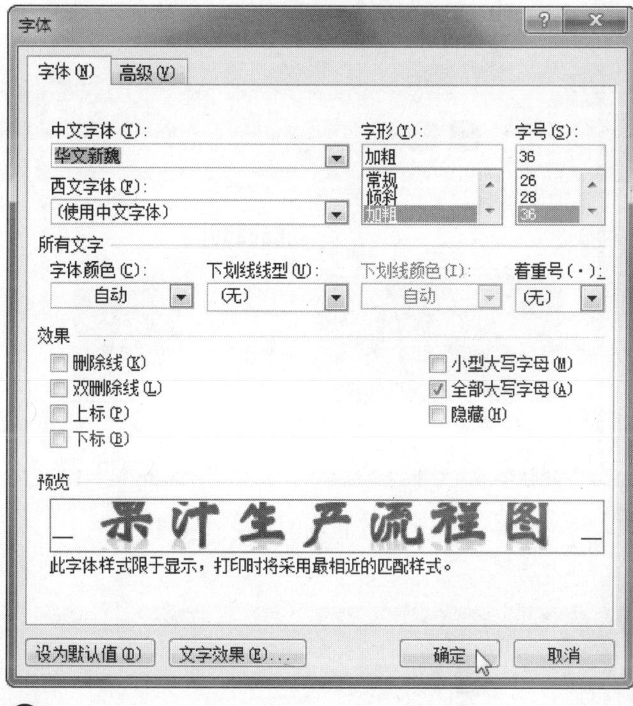

14 在【格式】选项卡下的【艺术字样式】组中单击【文字效果】按钮，在弹出的下拉菜单中单击【转换】按钮，选择一种转换样式，如下图所示。

用户可以单击 Office 按钮，从弹出的下拉菜单中选择【Word 选项】命令，在弹出的【Word 选项】对话框的【高级】卡中选择【插入“自选图形”自动添加绘图画图】复选框，以后再插入时，Word 就会自动新建画布。

长见识

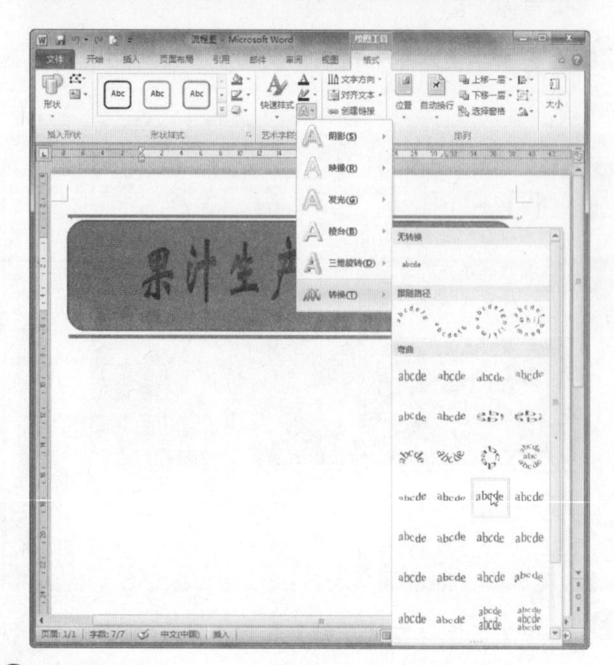

⑮ 在【格式】选项卡下的【艺术字样式】组中单击【文本轮廓】按钮，在弹出的下拉菜单中选择【标准色】中的【深蓝色】，如下图所示。

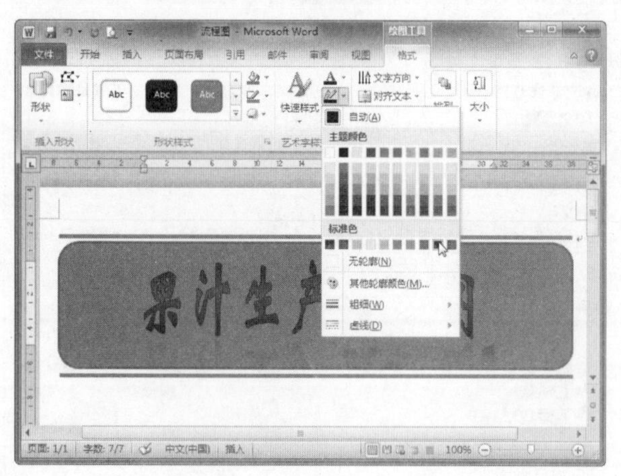

⑯ 参照上一步骤，在【粗细】栏中选择【1.5磅】，如下图所示。

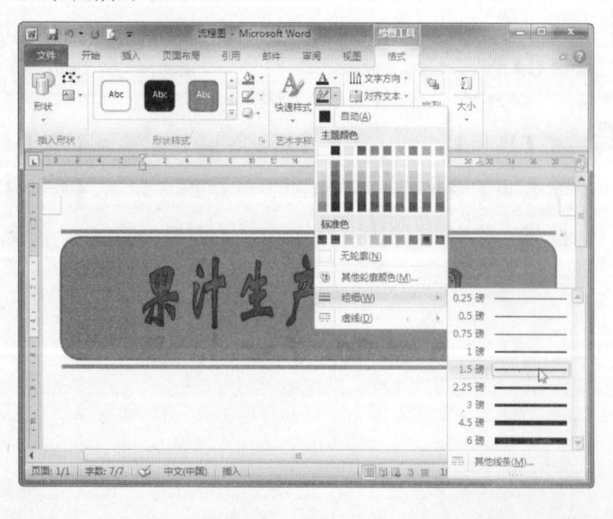

⑰ 调整文本框的大小，效果如下图所示。

⑱ 最后选中三个图形，然后右击并从弹出的快捷菜单中选择【组合】|【组合】命令，将三个图形组合在了一起，如下图所示。

18.2.3 绘制流程图

流程图的标题制作完成之后，我们就要开始制作流程图的主体了。

操作步骤

❶ 在【插入】选项卡下，单击【插图】组中的【形状】按钮，在弹出的下拉列表中，选择【新建绘图画布】命令，如下图所示。

长见识

在Word文档插入图形对象时，可以将图形对象放置在绘图画布中。绘图画布帮助用户在文档中排列绘图，绘图画布还在绘图和文档的其他部分之间提供了一条框架式的边界。在默认情况下，绘图画布没有背景或边框，但是如同处理图形对象一样，可以对绘图画布应用格式。

❷ 此时在页面中新建了一个画布，在【插入】选项卡下的【插图】组中，单击【形状】按钮，在弹出的下拉列表中选择【流程图】栏中的“准备”形状，如下图所示。

提示

流程图中的每个图形都代表不同的含义，用户应该按照流程图的过程选择合适的图形。

❸ 拖动鼠标，在页面中绘制一个“准备”形状，如下图所示。

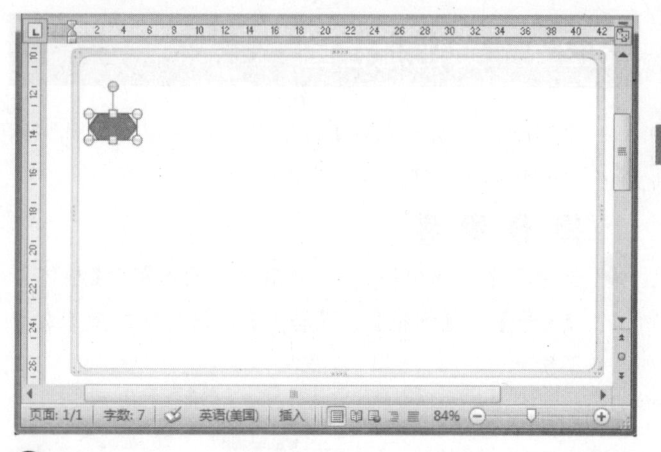

❹ 右击“准备”形状，从弹出的快捷菜单中选择【添加文字】命令，输入文字，如下图所示。

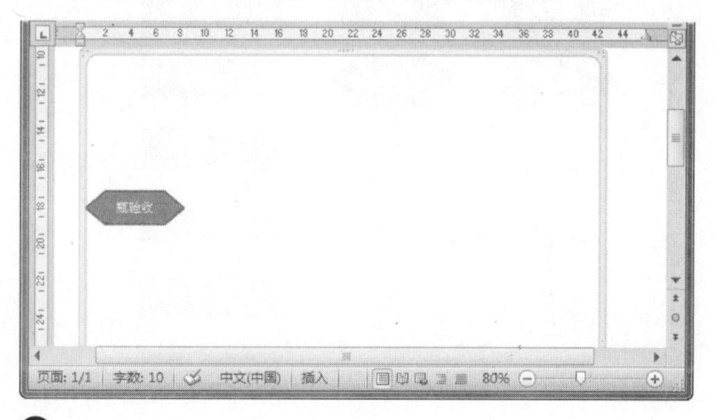

❺ 按照类似的步骤绘制其他图形并调整图形的位置，调整完毕后如下图所示。

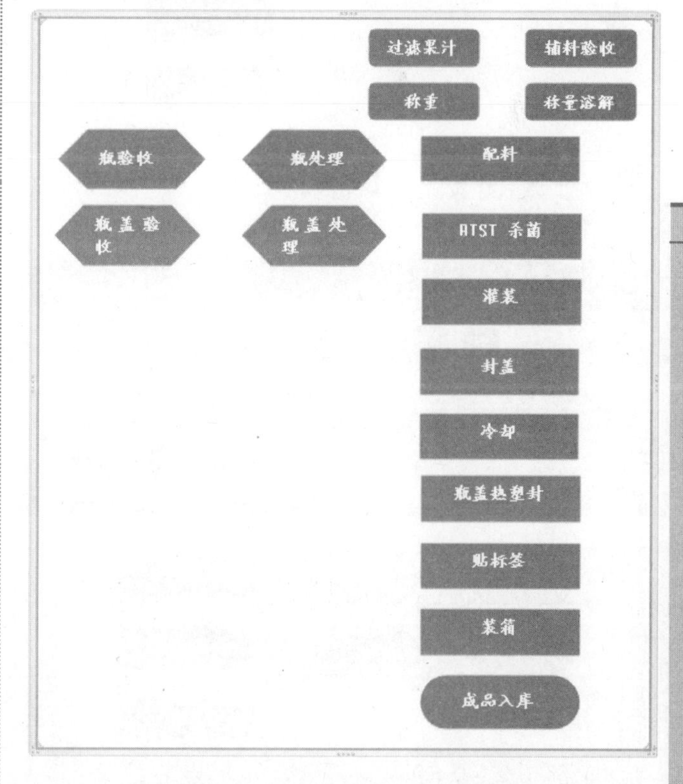

选中自选图形，右击并从弹出的快捷菜单中选择【设置自选图形格式】命令，在弹出的【设置自选图形格式】对话框中的【文本框】选项卡的【垂直对齐方式】选项区域选择【居中】选项，可以让添加到图形之中的文字居中显示。

18.2.4 美化流程图

流程图虽然绘制完毕了，但是不具有很强的视觉效果，下面我们来美化一下流程图。

操作步骤

1. 选中各个图形中的文字，然后将它们设置为【楷体】、【5号】、【加粗】、【居中】，设置后的效果如下图所示。

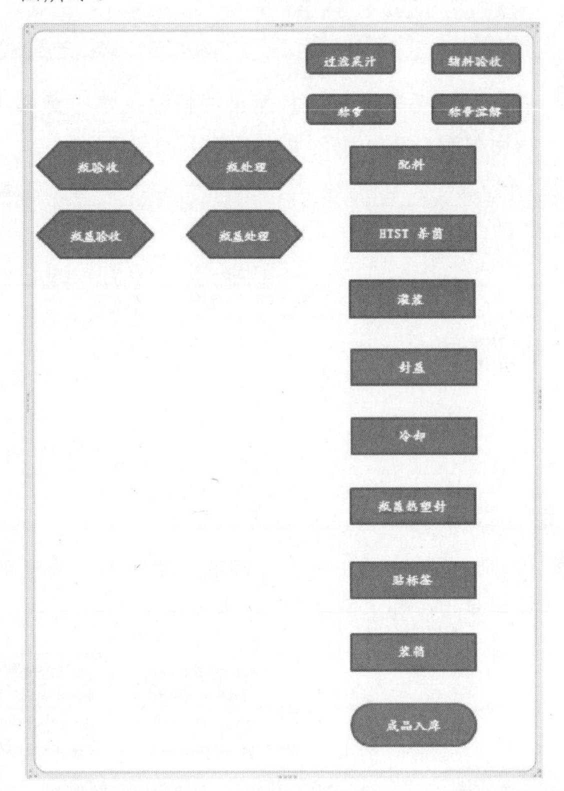

2. 选中所有图形，在【格式】选项卡下，单击【形状样式】按钮，如下图所示。

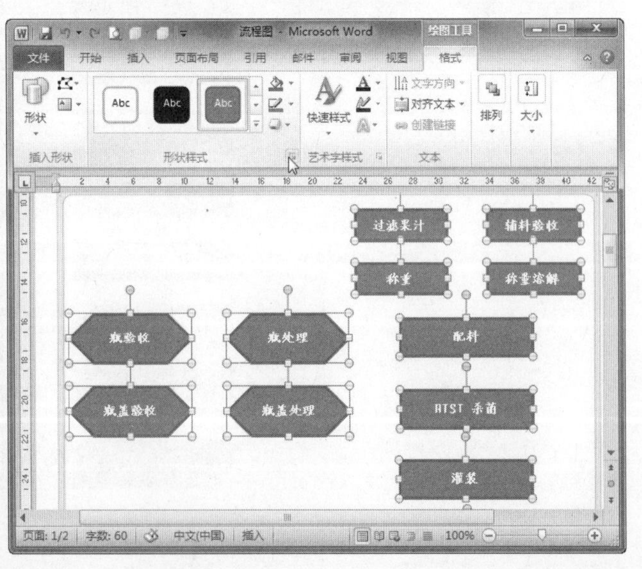

3. 弹出【设置形状格式】对话框，切换到【三维格式】选项卡下，在【棱台】组中设置【顶端】为【圆】，【宽度】、【高度】都设置为【3磅】，【照明】为【柔和】，如下图所示。

4. 选中“准备”形状，参照前面的操作步骤，打开【设置形状格式】对话框，切换到【阴影】选项卡，设置【预设】为【向左偏移】、【颜色】为【草绿色】、【透明度】为0%、大小为100%、虚化为【4磅】、角度为180°、【距离】为【2磅】，如下图所示。

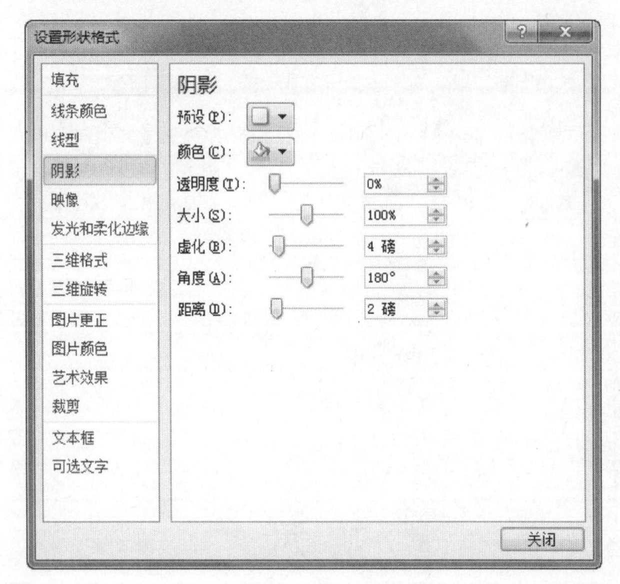

5. 在【线型】选项卡中设置【宽度】为【1.5磅】；在【线条颜色】选项卡中设置【线条颜色】为【实线】、【橄榄色】，【透明度】为0%，如下图所示。

长见识

在设置三维效果时，选择照明方向不同，得到的三维效果也是不同的，用户可以根据自己的需要进行设置。

❻ 按照类似的操作将“过程“和“最终”都分别添加【阴影】和【轮廓】，设置后的效果如下图所示。

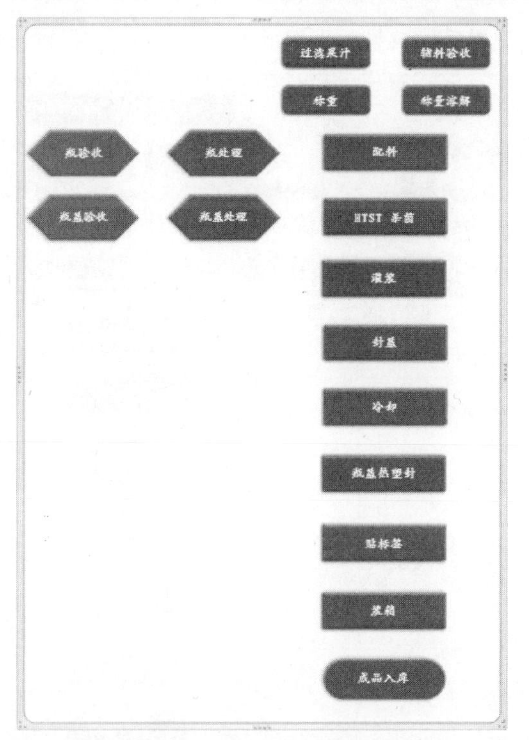

技巧

如果要将其他图形设置成一样的格式只需选中设置好的图形，单击【开始】|【剪贴板】选项卡的【格式刷】按钮，然后单击需要设置的图形即可。

18.2.5 连接所有流程图

绘制好各种图形后，需要将它们连接起来，我们这里使用的是连接符。

操作步骤

❶ 在【插入】选项卡下的【插图】组中，单击【形状】按钮，在弹出的下拉列表中选择【线条】组中的向下箭头形状，如下图所示。

❷ 在两个图形之间拖动鼠标，可将两个图形连接起来，如下图所示。

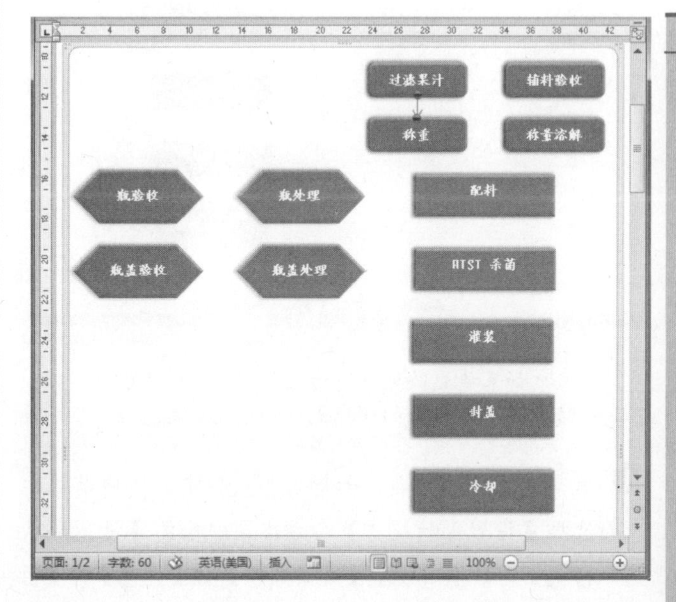

注意

如果绘制好的图形没有排列整齐，可以选中图形，在【格式】选项卡下的【排列】组中，单击【对齐】按钮进行设置，如下图所示。

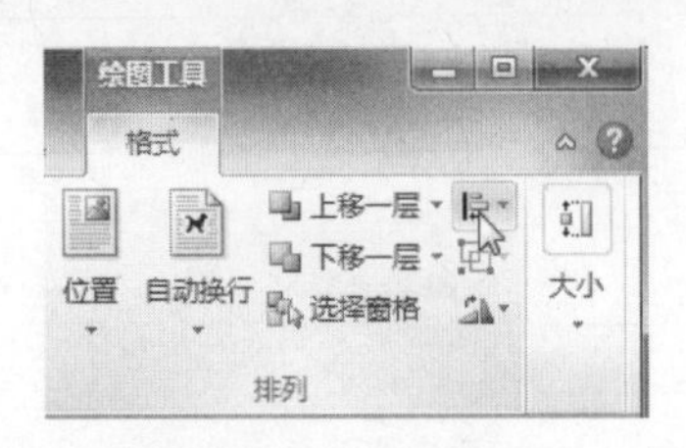

提示

在拖动鼠标进行连接时，图形上面会出现白色的圆圈，这些圆圈即是连接符连接的位置，

3 按照类似的步骤将所有图形都连接起来，如下图所示。

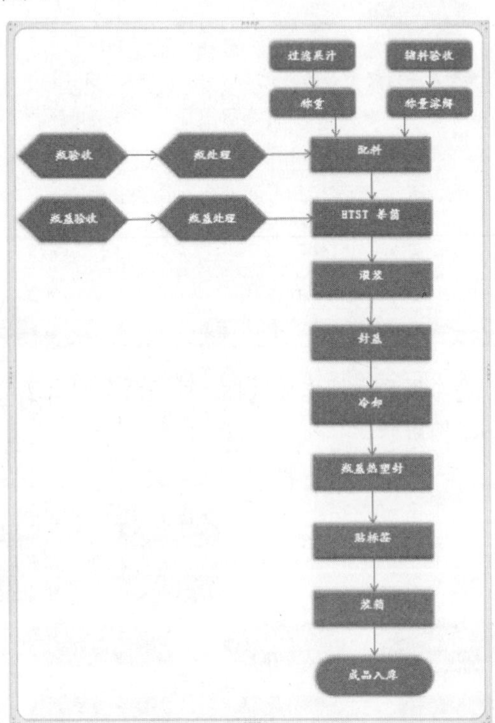

技巧

用户如果要更改连接符连接的位置，可以选中连接符，然后拖动连接符的端点到连接图形的位置上即可。

4 选中所有的连接符，然后右击从弹出的快捷菜单中选择【设置形状格式】命令，在弹出的【设置形状格式】对话框中设置【线条颜色】为【蓝色】、【粗细】为【2 磅】，并设置【后端类型】和【后端大小】，最后单击【关闭】按钮，如下图所示。

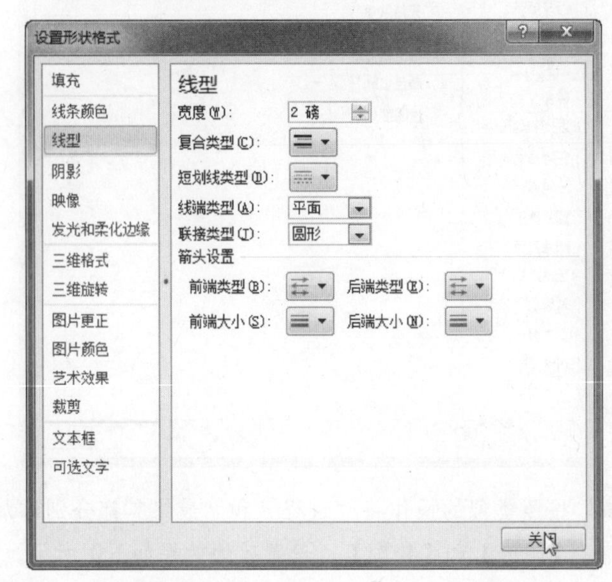

5 设置后的效果如下图所示。

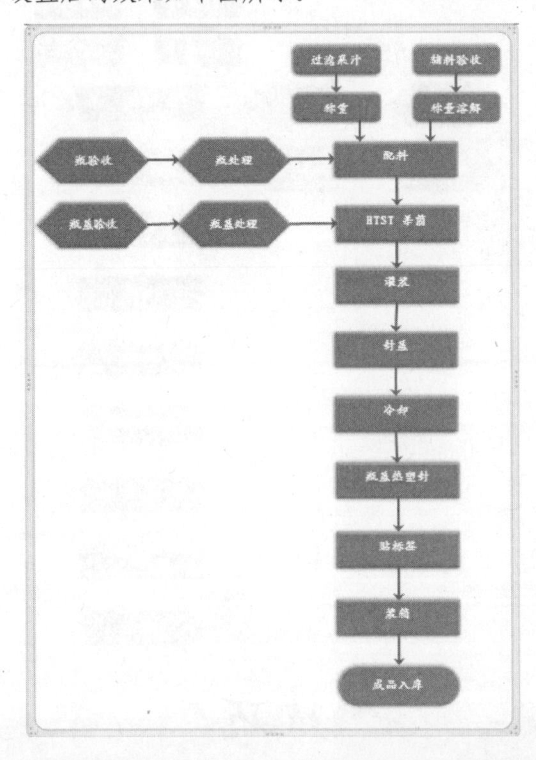

18.2.6 添加修饰

下面来为画布选择一种效果，使流程图看起来更美观。

操作步骤

1 选中画布，然后右击画布，从弹出的快捷菜单中选择【设置绘图画布格式】命令，如下图所示。

长见识

连接符是在末端具有连接点且与您将其附加到的形状保持连接的线条。连接符有三种类型：直接连接符、肘形(带角)连接符和曲线连接符。

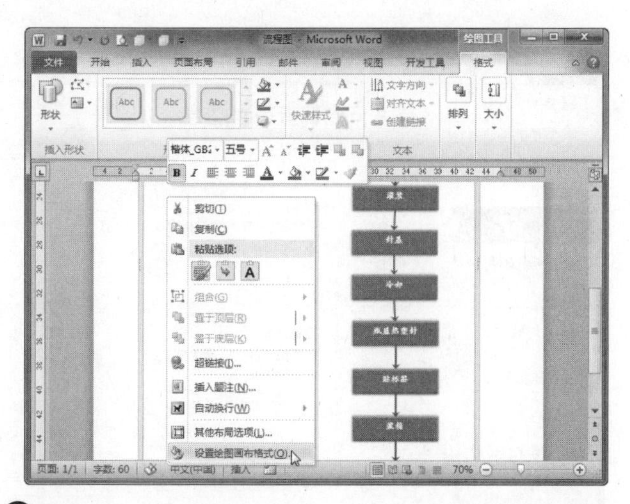

❷ 弹出【设置形状格式】对话框，切换到【填充】选项卡，选中【图案填充】复选框，选择想要的图案，设置【前景色】为【橄榄色】、【背景色】为【浅蓝色】，如下图所示。

❸ 切换到【线型】选项卡，设置宽度为【2 磅】，再切换到【线条颜色】选项卡，设置线条为【实线】，【颜色】为【橙色】，最后单击【关闭】按钮，如下图所示。

❹ 制作好的流程图效果如下图所示。

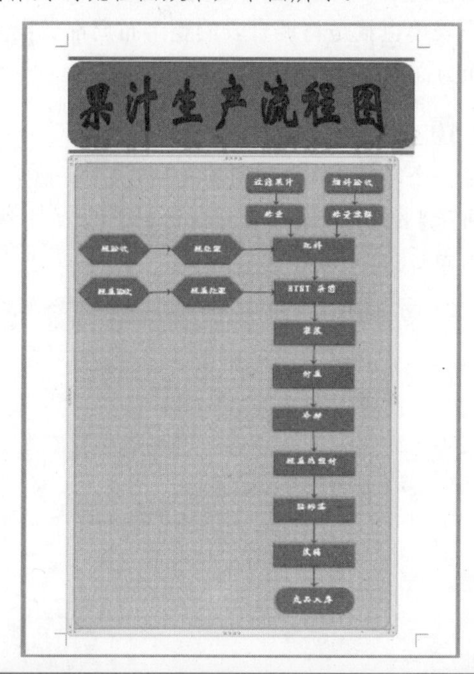

18.3 制作“问卷调查表”

客户问卷调查表是公司最常用的调查方式之一，一张好的问卷调查表不仅可以调查问题，还可以宣传该公司的企业文化。

18.3.1 制作分析

一个企业要有好的业绩，不仅要重视新顾客，更重要的是要留住老顾客。那么，怎么留住这些老顾客呢？除了推出物美价廉的产品，提供优质服务外，还应该多了解一下顾客对公司的产品和服务的态度，通常采用的方法是通过客户满意度调查表获得相关信息。

本案例所涉及的知识点概括如下。

(1) 设置页面。

(2) 巧用表格知识制作表单。

(3) 添加控件(包括复选框、选项按钮以及下拉列表框等)。

(4) 插入自选图形和图片。

(5) 设置自选图形格式。

18.3.2 制作表单

在制作客户满意度调查表之前，最好先构思好整个调查表的布局，以及一些项目的细节方面的设计。只有

绘图画布还能帮助用户将绘图的各个部分进行组合，这在绘图由若干个形状组成的情况下尤其有用。如果计划在插图中包含多个形状，最佳做法是插入一个绘图画布。

这样，设计出来的调查表才有新意。

制作表单也就是将调查表的整个布局都做出来，这需要多个方面的知识。

操作步骤

1. 新建一个名称为“问卷调查表”的文档，然后在【页面布局】选项卡下的【页面设置】组中，单击按钮，如下图所示。

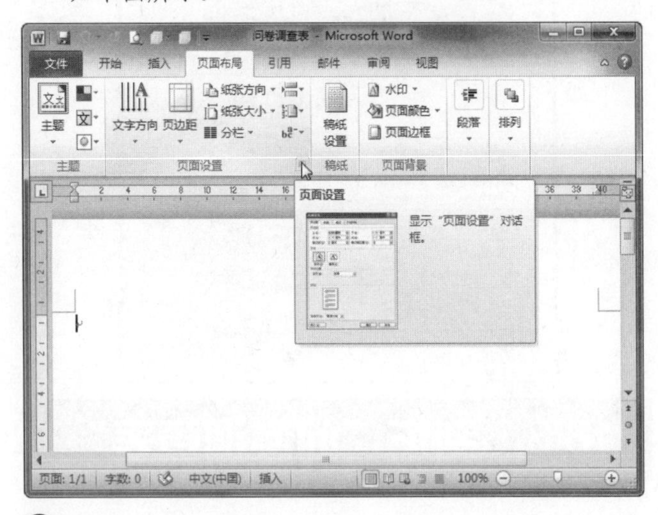

2. 弹出【页面设置】对话框，单击【页边距】选项卡，然后在【页边距】组中调整【上】、【下】、【左】和【右】的值，接着在【纸张方向】组中单击【纵向】图标，如下图所示，再单击【确定】按钮。

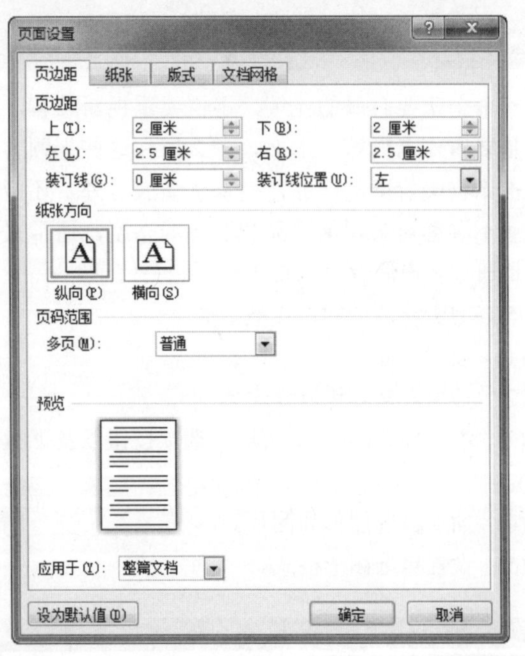

3. 单击【文件】选项卡，并在打开的Backstage视图中选择【选项】命令，如下图所示，打开【Word选项】对话框。

4. 在左侧导航窗格中单击【自定义功能区】选项，然后在【自定义功能区】下拉列表框中选择【主选项卡】选项，接着在下方的列表框中选中【开发工具】复选框，再单击【确定】按钮，如下图所示。

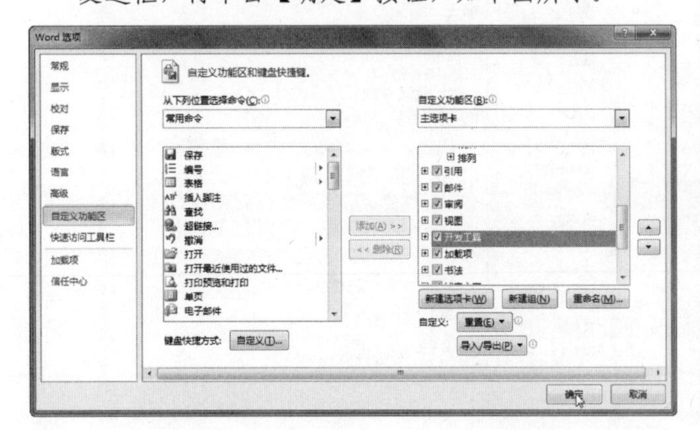

5. 这时在功能区中便添加了【开发工具】选项卡，如下图所示，然后在【开发工具】选项卡下的【控件】组中，单击【旧式工具】按钮，从弹出的列表中单击【插入横排图文框】按钮，如下图所示。

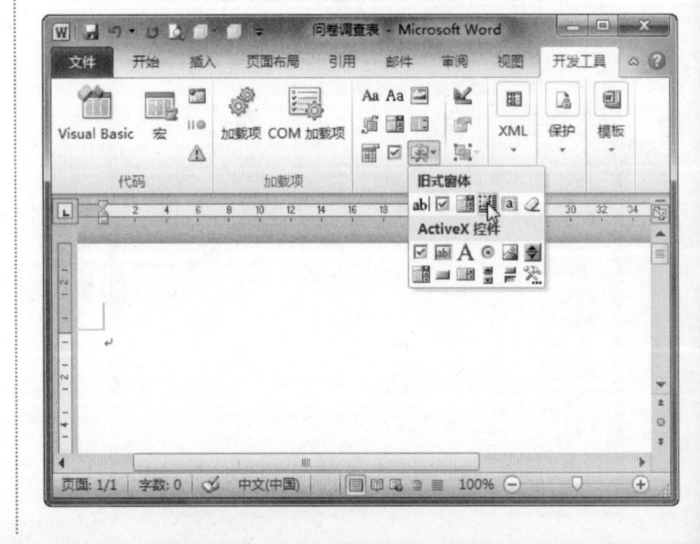

长见识

快速输入英文省略号：按Alt+Ctrl+.组合键可以输入英文省略号(...)，连续按两次Alt+Ctrl+.组合键可以输入中文省略号。快速输入中文省略号：按Shift+6组合键可以输入中文省略号(……)。

❻ 此时光标变成“十”字形，拖动鼠标便可以画出一个图文框，如下图所示。

❼ 右击图文框，从弹出的快捷菜单中选择【设置图文框格式】命令，如下图所示。

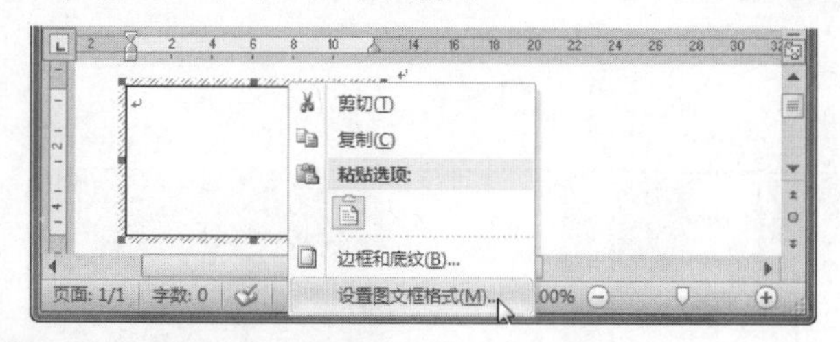

❽ 弹出【图文框】对话框，设置图文框的文字环绕方式、尺寸、水平位置和垂直位置等选项内容，再单击【确定】按钮，如下图所示。

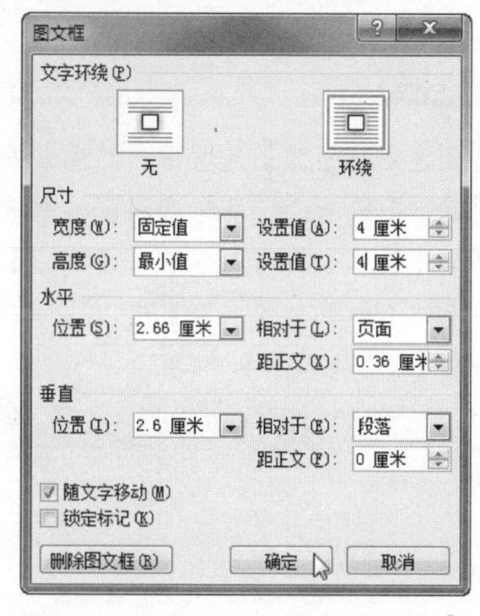

❾ 右击图文框，从弹出的快捷菜单中选择【边框和底纹】命令，如下图所示。

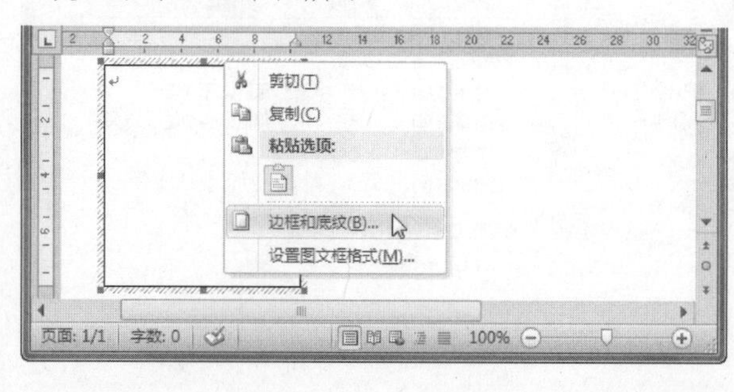

❿ 弹出【边框和底纹】对话框，切换到【边框】选项卡，然后在【设置】列表中选择【方框】选项，接着在【样式】列表框中选择线条样式，并设置【宽度】为【0.75 磅】，如下图所示。

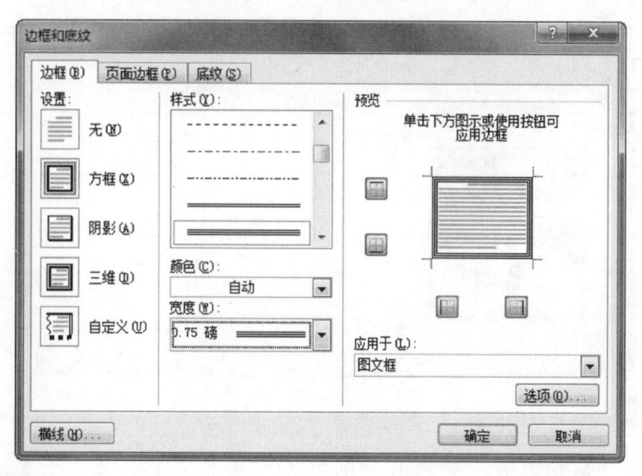

⓫ 单击【确定】按钮，设置后的效果如下图所示，然后在【插入】选项卡下的【插图】组中，单击【图片】按钮。

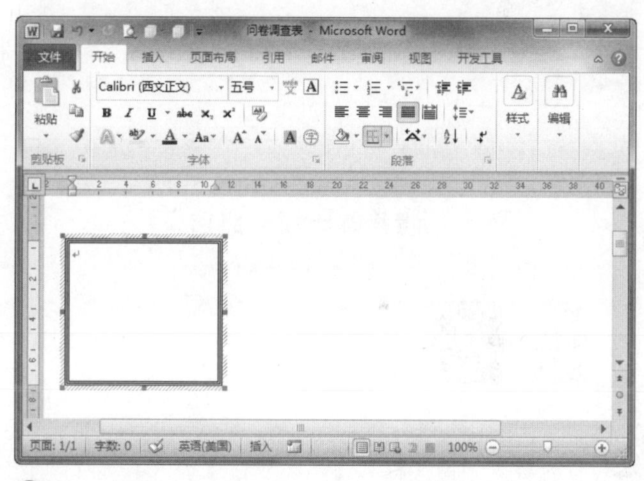

⓬ 弹出【插入图片】对话框，选择图片，再单击【插入】按钮，如下图所示。

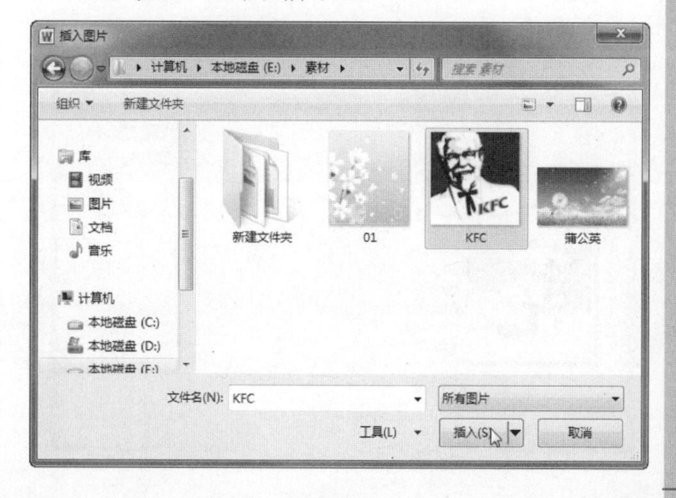

长见识：按 Shift+Ctrl+*组合键，可以显示出段落标记，再次按下 Shift+Ctrl+*组合键可以取消段落标记。

⑬ 这时，图片将被插入到图文框中，如下图所示，调整图片大小，使它和图文框的大小相适用。

⑭ 在文档中输入“肯德基大桥北路店”和“消费者问卷调查表”并将其分别设置为【黑体】、【二号】、【加粗】、【居中】和【楷体】、【四号】、【加粗】、【居中】，如下图所示。

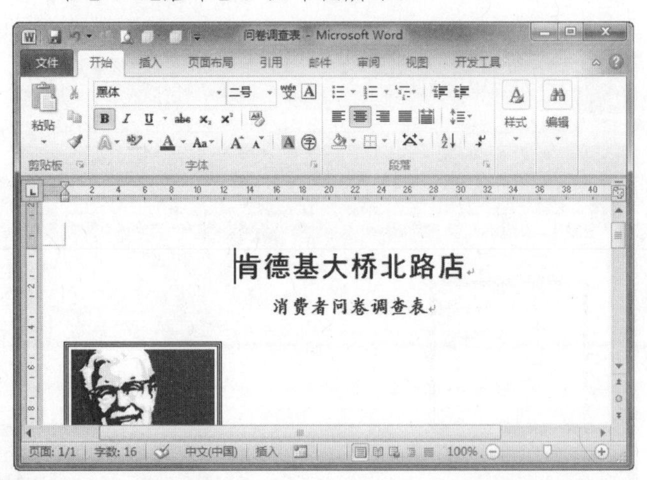

⑮ 将光标置于图文框右侧，然后在【插入】选项卡下的【插图】组中单击【形状】按钮，接着在弹出的快捷菜单中选择【圆角矩形】选项，如下图所示。

⑯ 拖动鼠标绘制出一个圆角矩形，如下图所示。

⑰ 右击圆角矩形，从弹出的快捷菜单中选择【设置形状格式】命令，如下图所示。

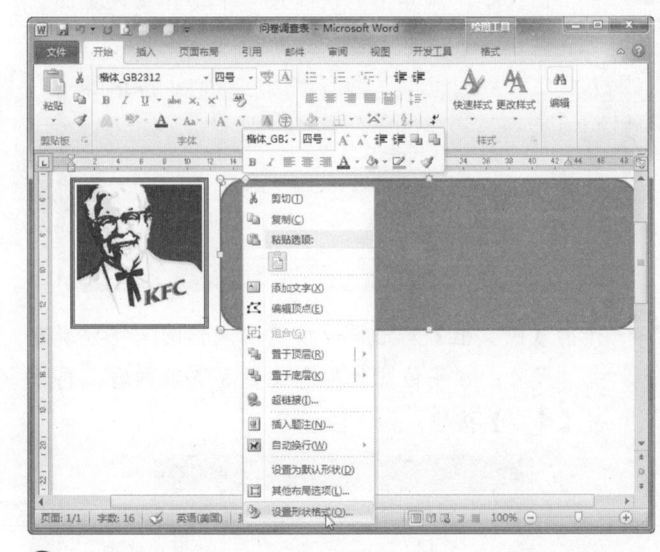

⑱ 弹出【设置图片格式】对话框，然后在左侧窗格中单击【填充】选项，接着在右侧窗格中选中【图片或纹理填充】单选按钮，再单击【纹理】按钮，并从打开的列表中单击【水滴】选项，如下图所示，最后单击【关闭】按钮。

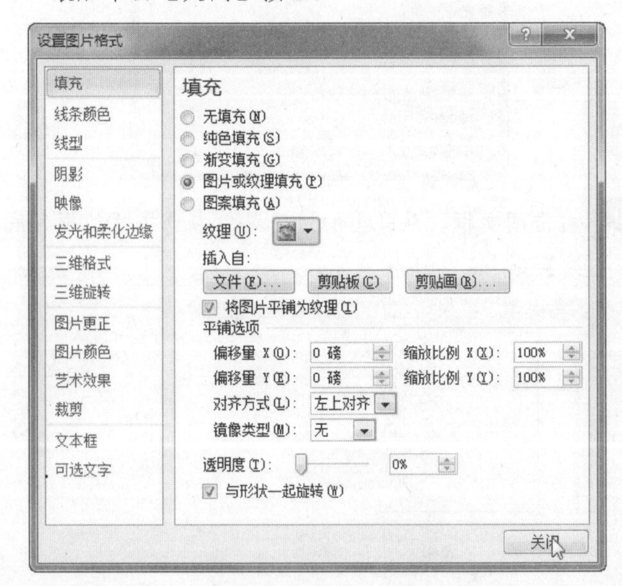

长见识 制订段落的标题层次和大纲级别都是为了在大纲视图方式下能够显示段落的不同层次，其区别是：前者用于设置内置的标题样式；后者用于设置用户自己命名的段落标题。

19 右击圆角矩形，从弹出的快捷菜单中选择【添加文字】命令，如下图所示。

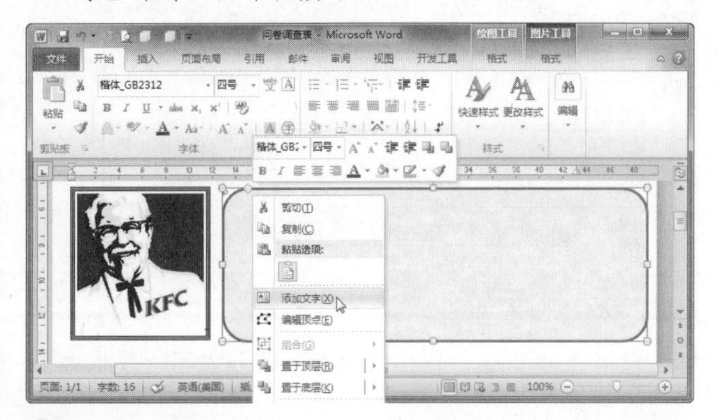

20 在圆角矩形中输入文字，如下图所示。

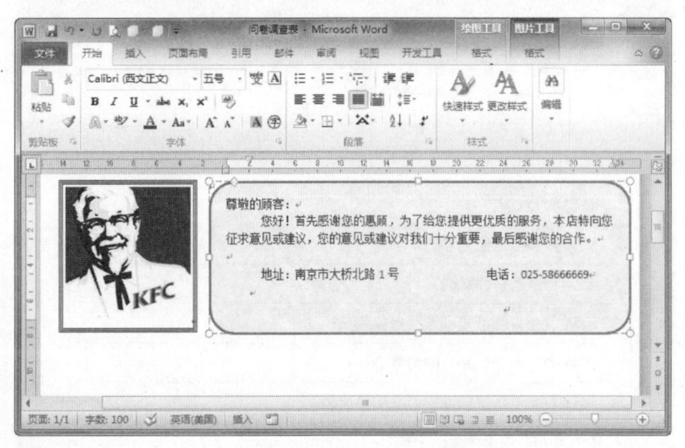

21 选中文字，设置【字体】为【楷体】、【加粗】、【5 号】，如下图所示。

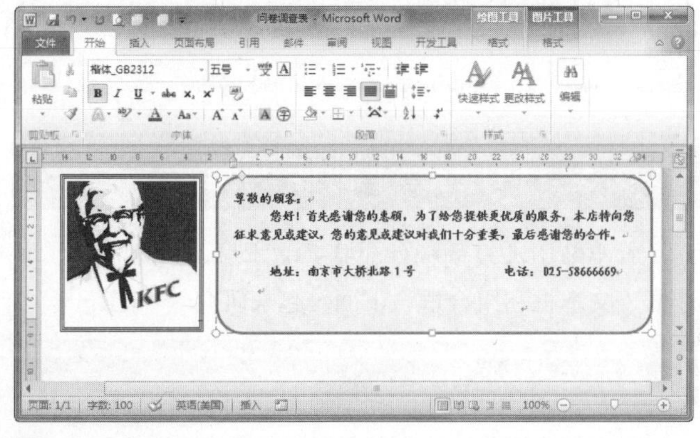

22 在【插入】选项卡【文本】组中单击【艺术字】按钮，在弹出的下拉列表中选择一种艺术字形式，如下图所示。

23 在文本框中输入“期待您的再次光临”文字，调整其大小和位置，效果如下图所示。

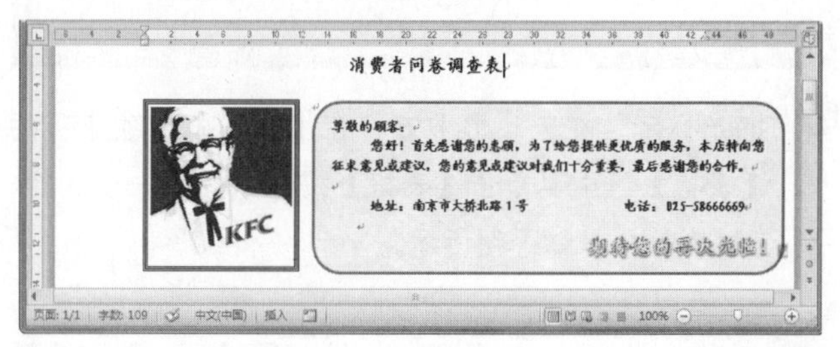

24 在文档中插入一个【五边形】图形，如下图所示。

25 设置五边形为【纯色填充】，填充颜色为【主题颜色】中的【白色，背景 1，深色 25%】，如下图所示。

在编辑文档时，如果自动更正功能作出了不需要的更正，您可以通过按 Ctrl+Z 组合键将其撤销，还可以对程序进行设置，以便在您撤销对自动更正的更改时，自动将该单词添加到例外项列表中。执行此操作后，自动更正将停止更改该单词。

长见识

❷❻ 然后在图形中添加文字“个人资料”，并将其设置为【宋体】、【五号】、【加粗】，调整图形到适当大小，效果如下图所示。

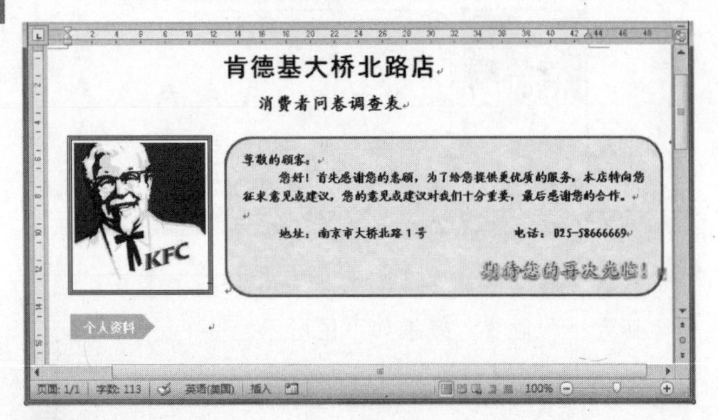

❷❼ 把光标定位在五边形下方，在【插入】选项卡下的【表格】组中，单击【表格】按钮，插入一个3行、3列的表格，如下图所示。

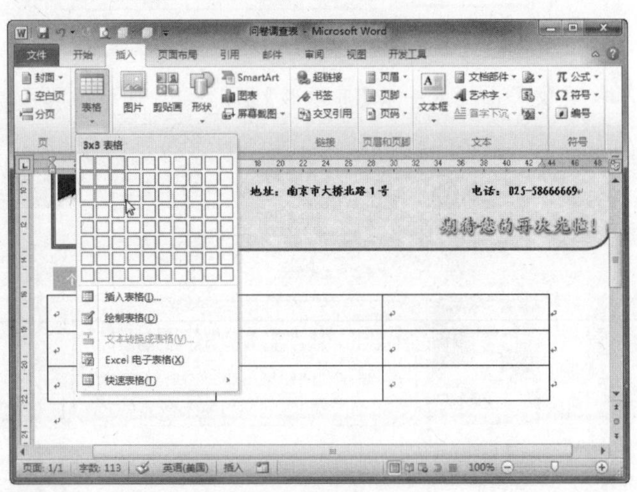

❷❽ 选中表格，在【设计】选项卡下的【表格样式】组中单击【底纹】按钮，选择【紫色】，如下图所示。

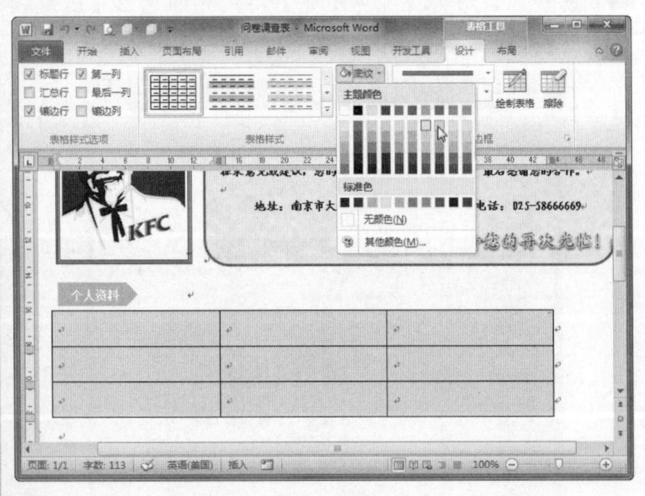

❷❾ 接着在表格中输入相应的信息，如下图所示。

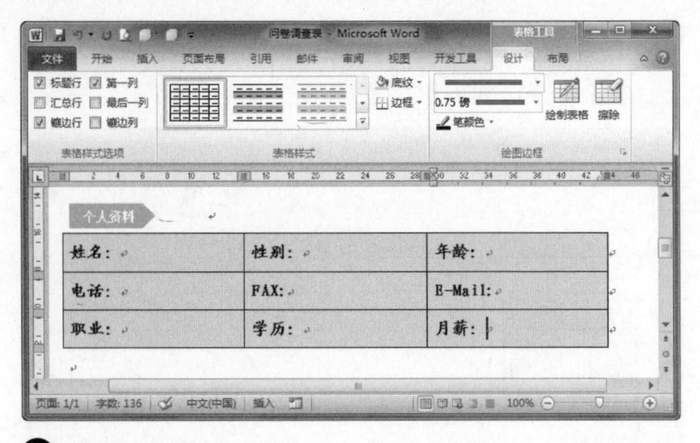

❸⓿ 参考上述步骤，制作“问卷”部分内容，效果如下图所示。

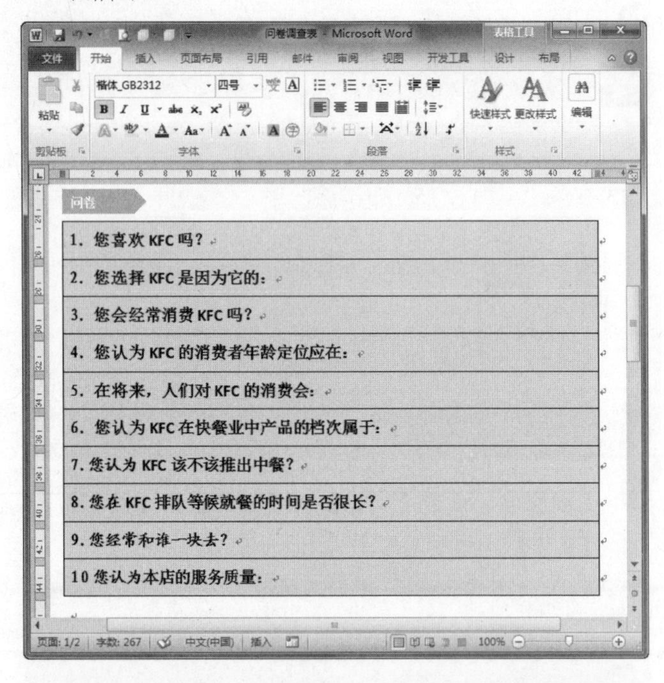

18.3.3 利用控件制作调查表

本小节中涉及的控件包括：文本域、选项按钮、复选框、文本框和组合框。下面一起来研究一下吧。

1. 添加文本域控件

在文档中添加文本域控件的方法如下。

操作步骤

❶ 将光标置于【姓名】栏，然后在【开发工具】选项卡下的【控件】组中，单击【旧式工具】按钮，从弹出的列表中单击【文本域】按钮abl，如下图所示。

使用【符号】对话框可以插入键盘上没有的符号或特殊字符，还可以插入Unicode(Unicode：Unicode Consortium开发的一种字符编码标准。该标准采用多个字节代表每一字符，实现了使用单个字符集代表世界上几乎所有书面语言)字符。

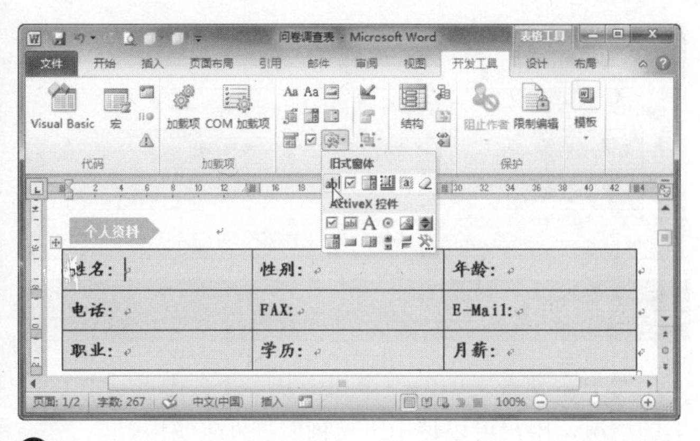

❷ 此时在【姓名】栏已经插入一个文本域，选中该文本域，然后在【开发工具】选项卡下的【控件】组中，单击【属性】按钮，如下图所示。

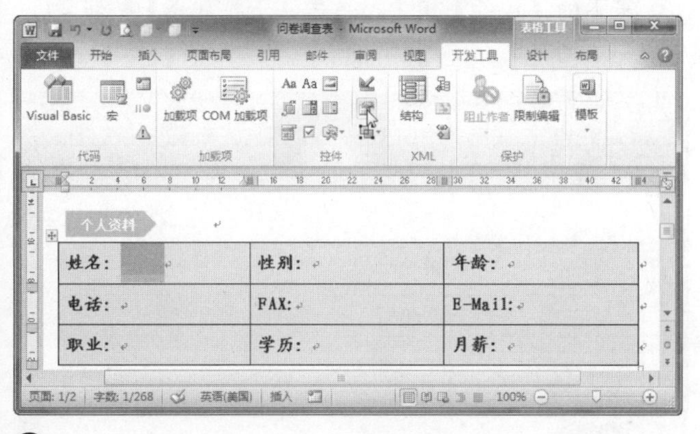

❸ 弹出【文字型窗体域选项】对话框，设置【类型】和【书签】选项内容，如下图所示。

文字型窗体域选项

文字型窗体域

类型(P)：常规文字　　默认文字(E)：

最大长度(M)：无限制　　文字格式(F)：

运行宏

插入点移入时(Y)：　　插入点移出时(X)：

域设置

书签(B)：文字1

启用填充(N)

退出时计算(C)

添加帮助文字(T)...　确定　取消

❹ 单击【添加帮助文字】按钮，弹出【窗体域帮助文字】对话框，切换到【状态栏】选项卡，选中【自己键入】单选按钮，并在文本框中输入“姓名”帮助文字，如下图所示，最后单击【确定】按钮。

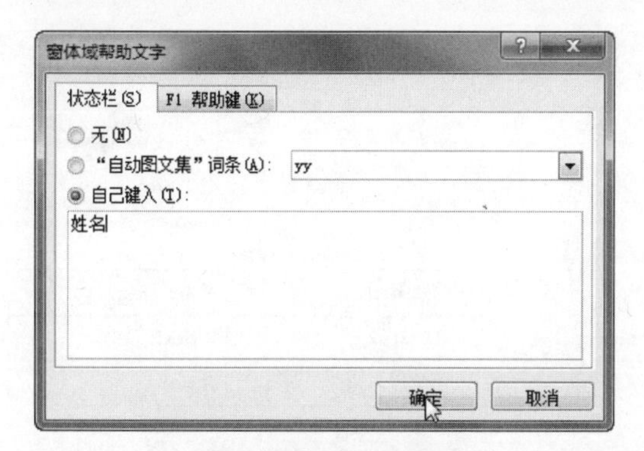

提示

【帮助文字】主要用于提示填写调查表的人该项主要涉及的是什么方面。

❺ 按照类似的操作为【年龄】栏、【电话】栏、FAX栏、E-Mail 栏、【职业】栏和【月薪】栏添加文字型窗体域，并将其【类型】分别设置为【数字】、【数字】、【常规文字】、【常规文字】、【常规文字】和【数字】，再分别设置【书签】选项，设置完成后，效果如下图所示。

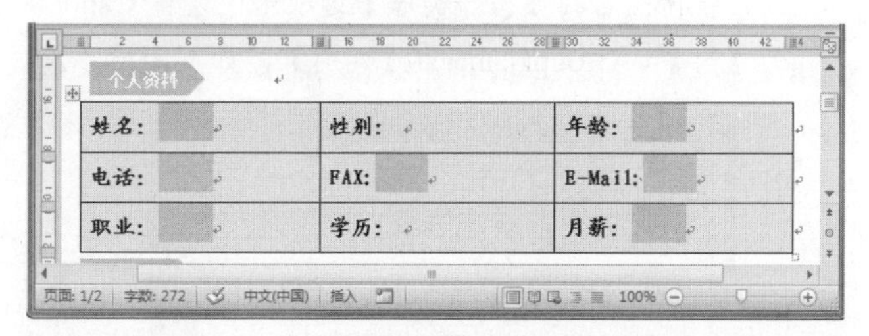

2. 添加选项按钮控件

对于在问卷中出现两者之中选择一个的情况，用户可以通过添加选项按钮控件来实现。

操作步骤

❶ 将光标置于【性别】栏，然后在【开发工具】选项卡下的【控件】组中，单击【旧式工具】按钮，从弹出的列表中单击【选项按钮】按钮，如下图所示。

如果用户要指定可以看透图片或纹理的程度，可以移动“透明度”滑块，或者在该滑块旁边的框中输入一个数字。可以改变的透明度百分比范围是从 0(完全不透明，默认设置)到 100%(完全透明)。

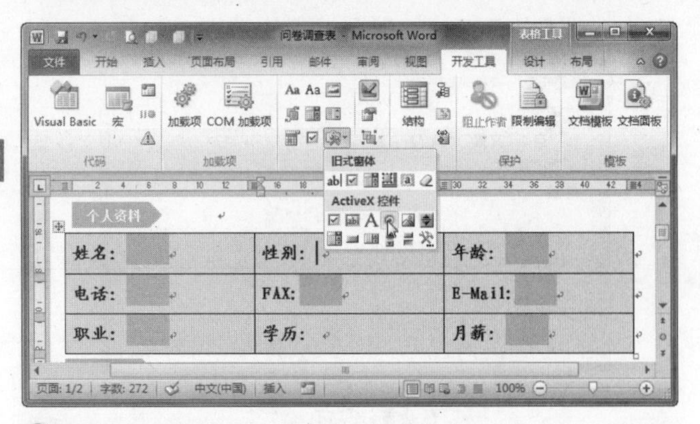

❷ 添加的选项按钮控件如下图所示。

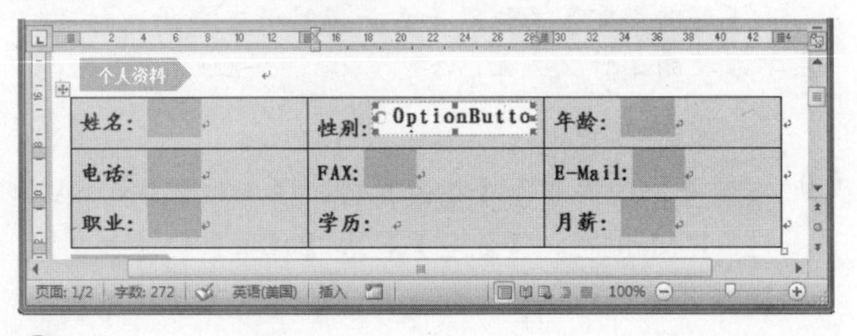

❸ 选中选项按钮控件，然后在【开发工具】选项卡下的【控件】组中，单击【属性】按钮，弹出【属性】对话框，接着在【按分类序】选项卡中设置 Caption 为【男】，GroupName 为【性别】，如下图所示。

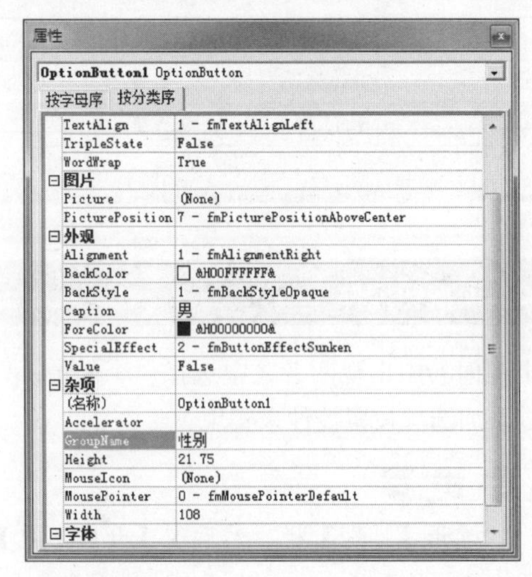

❹ 关闭【属性】对话框，返回文档，并调节选项按钮的大小，如下图所示。

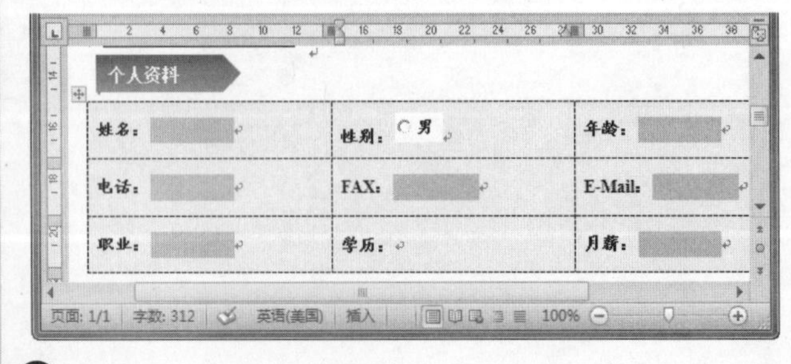

❺ 按照类似的操作添加另一个选项按钮，如下图所示。

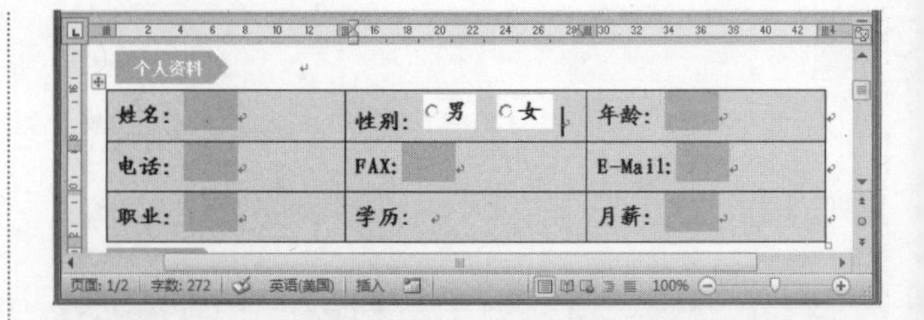

3. 添加下拉列表控件

对于在调查表中的一个栏中从多个项中选择一个答案的情况，用户可以使用下拉列表控件来实现。

操作步骤

❶ 将光标置于【学历】栏，然后在【开发工具】选项卡下的【控件】组中，单击【下拉列表】按钮，如下图所示。

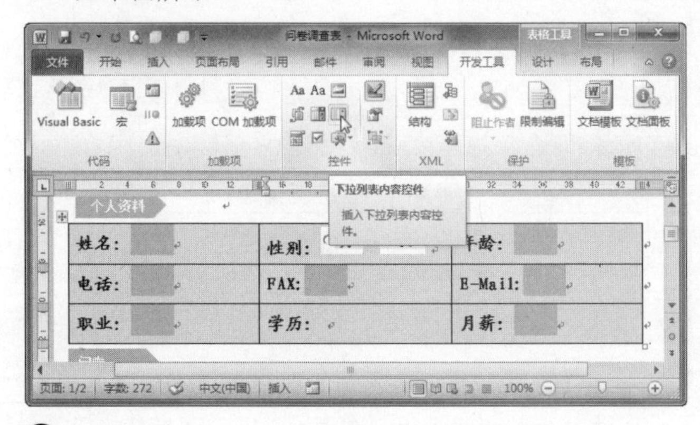

❷ 插入下拉列表框，然后在【开发工具】选项卡下的【控件】组中，单击【设计模式】按钮，调整下拉列表框的模式，如下图所示。

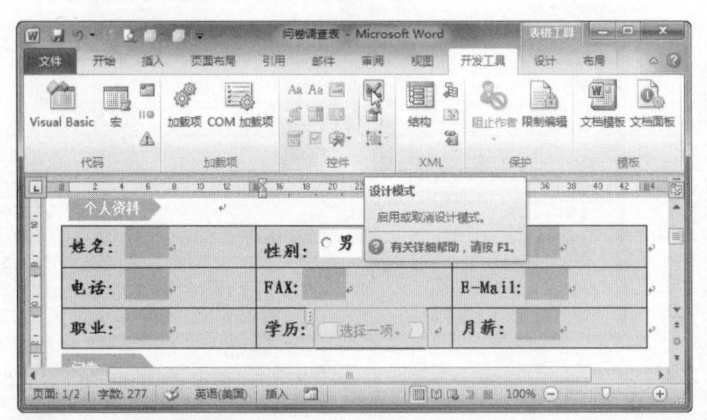

❸ 选中下拉列表框，然后在【开发工具】选项卡下的【控件】组中，单击【属性】按钮，弹出【内容控件属性】对话框。设置控件标题，并在【锁定】组中选择【无法删除内容控件】复选框，再单击【添加】按钮，如下图所示。

长见识 在东亚发行的简体中文版 Office 2010 是以字符单位为默认的测量单位，用户也可以更改测量单位。

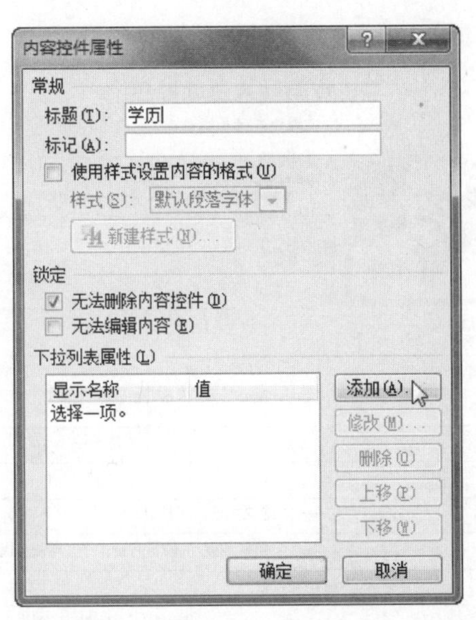

❹ 弹出【添加选项】对话框，在【显示名称】和【值】文本框中输入相应内容，再单击【确定】按钮，如下图所示。

添加选项
显示名称(N): 高中
值(V): 高中
确定 取消

❺ 这时，设置的选项被添加到【下拉列表属性】列表框中，如下图所示。同理添加其他选项，最后单击【确定】按钮。

内容控件属性
常规
标题(T): 学历
标记(A):
使用样式设置内容的格式(U)
样式(S): 默认段落字体
新建样式(N)...
锁定
无法删除内容控件(D)
无法编辑内容(E)
下拉列表属性(L)

显示名称	值
选择一项。	
高中	高中
中专	中专
大专	大专
本科	本科
硕士	硕士
博士	博士

添加(A)... 修改(M)... 删除(R) 上移(P) 下移(W)
确定 取消

❻ 这时在文档中单击下拉列表框，即可在弹出的下拉列表中看到添加的选项了，如下图所示。

4. 添加复选框控件

对于调查问卷中的多项选择，用户可以通过添加复选框控件来实现多项选择。

操作步骤

❶ 将光标置于问卷栏，在【开发工具】选项卡下的【控件】组中，单击【旧式工具】按钮，从弹出的列表中单击【复选框】按钮，如下图所示。

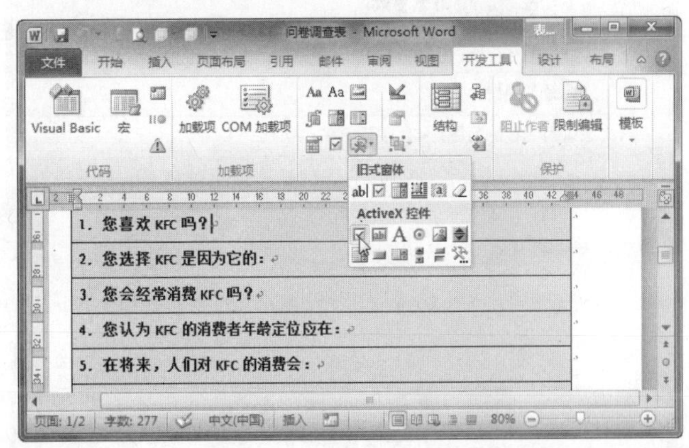

❷ 插入复选项，如下图所示。然后在【开发工具】选项卡下的【控件】组中，单击【属性】按钮。

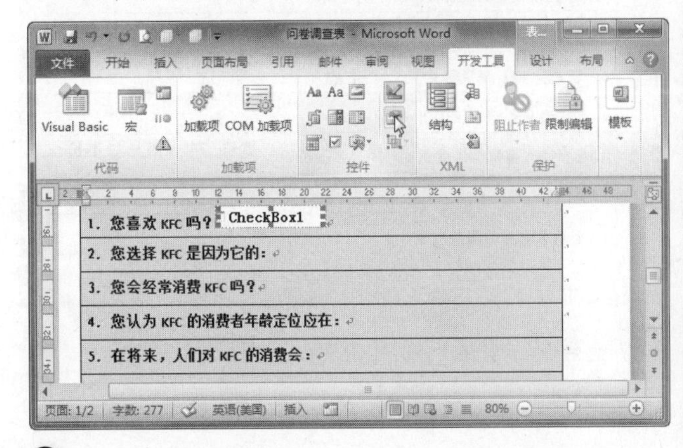

❸ 弹出【属性】对话框，然后在【按分类序】选项卡中将 Caption 设置为【非常喜欢】，将 GroupName

若要使用 Microsoft Office Word 2003、Word 2002 或 Word 2000 打开 Microsoft Word 2010 .docx 或 .docm 文件，需要安装适用于 Word、Excel 和 PowerPoint Open XML 文件格式的 Microsoft Office 兼容包和必要 Office 更新。

设置为【评价】，如下图所示。

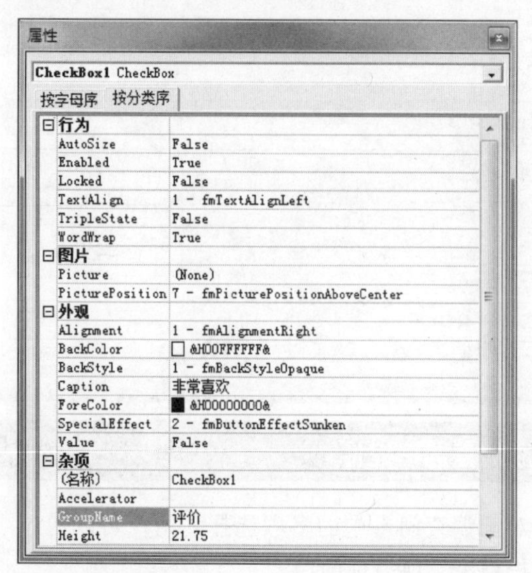

❹ 关闭【属性】对话框，并调整复选框控件的大小，如下图所示。

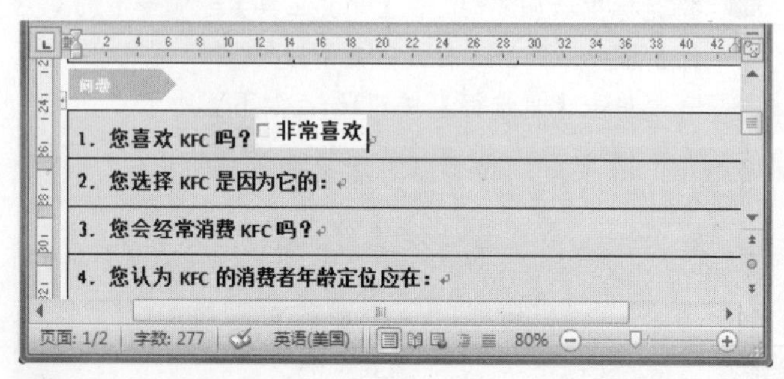

❺ 按照类似的方法为其他栏也添加复选框控件，如下图所示。

1. 您喜欢KFC吗？	非常喜欢	还可以	不喜欢
2. 您选择KFC是因为它的：	价格便宜	位置方便	方便快捷
3. 您会经常消费KFC吗？	会	不一定	不会
4. 您认为KFC的消费者年龄定位应在：	3-20	20-30	30以上
5. 在将来，人们对KFC的消费会：	增加	减少	没变化
6. 您认为KFC在快餐业中产品的档次属于：	高档	中档	低档
7. 您认为KFC该不该推出中餐？	该		不该
8. 您在KFC排队等候就餐的时间是否很长？	很长	一般	不长
9. 您经常和谁一块去？	家人	朋友	恋人
10 您认为本店的服务质量：	非常好	一般	不好

页面: 1/2 字数: 277 中文(中国) 插入 100%

❻ 最后制作好的问卷调查表如下图所示。

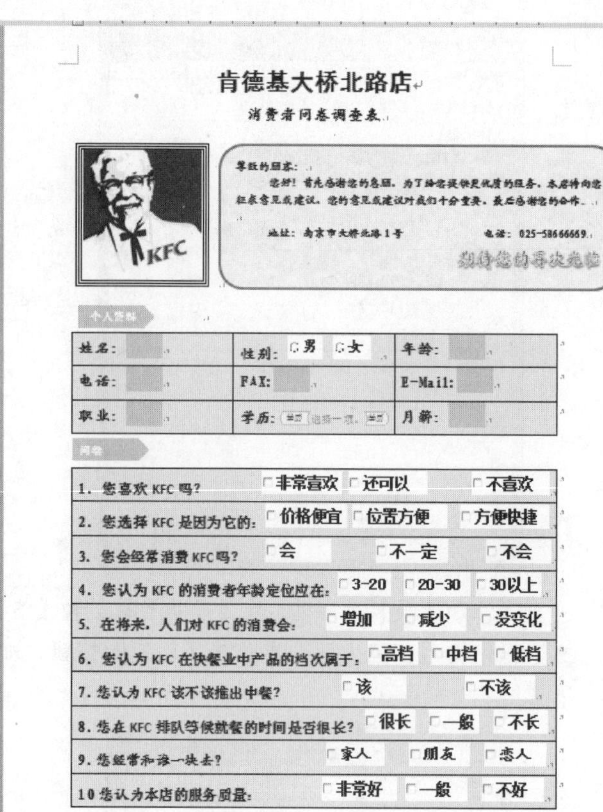

肯德基大桥北路店

消费者问卷调查表

尊敬的顾客：

您好！首先感谢您的惠顾，为了给您提供更优质的服务，本店特向您征求意见或建议，您的意见或建议对我们十分重要，最后感谢您的合作。

地址：南京市大桥北路1号　　电话：025-58666669

期待您的再次光临！

个人资料

姓名：		性别：	男 女	年龄：	
电话：		FAX:		E-Mail:	
职业：		学历：	选择一项	月薪：	

问卷

1. 您喜欢KFC吗？	非常喜欢	还可以	不喜欢
2. 您选择KFC是因为它的：	价格便宜	位置方便	方便快捷
3. 您会经常消费KFC吗？	会	不一定	不会
4. 您认为KFC的消费者年龄定位应在：	3-20	20-30	30以上
5. 在将来，人们对KFC的消费会：	增加	减少	没变化
6. 您认为KFC在快餐业中产品的档次属于：	高档	中档	低档
7. 您认为KFC该不该推出中餐？	该		不该
8. 您在KFC排队等候就餐的时间是否很长？	很长	一般	不长
9. 您经常和谁一块去？	家人	朋友	恋人
10 您认为本店的服务质量：	非常好	一般	不好

18.4 思考与练习

选择题

1. 插入自选项图形，是单击________按钮。
   A. 【图片】　　B. 【剪贴画】
   C. 【形状】　　D. 【图表】
2. 下面关于自选图形的填充效果，说法错误的是________。
   A. 可以为自选图形设置无色填充
   B. 可以为自选图形设置纯色填充
   C. 可以为自选图形设置渐变色填充效果、纹理填充效果和图案填充效果
   D. 无法将图片设为自选图形的填充效果

操作题

1. 在文档中制作公司合同书。
2. 为自己设计一份漂亮的简历。

长见识：文档属性的标准属性类型：默认情况下，Microsoft Office 文档与一组标准属性(如作者、标题和主题等)相关。您可以为这些属性指定自己的文本值以便更容易地组织和标识文档。

附录 A　五笔字型常用汉字编码

以下是新旧两版(98 版、86 版)五笔字型常用的汉字编码，新旧版的大部分编码是相同的。这里按汉语拼音顺序排列，并都以全码给出，也就是简码也按全码给出，在熟悉简码的情况下，可以不用打全码。由于在五笔输入法中，需要用到识别码，为了方便读者，在拆字实例中，识别码的字根上加了一个圆圈。

A

汉字	86 版	拆字实例	98 版	拆字实例
a				
啊	kbsk	口阝丁口	kbsk	口阝丁口
阿	bskg	阝丁口㊀	bskg	阝丁口㊀
ai				
埃	fctd	土厶𠂉大	fctd	土厶𠂉大
挨	rctd	扌厶𠂉大	rctd	扌厶𠂉大
哎	kaqy	口廾乂⦸	kary	口廾乂⦸
唉	kctd	口厶𠂉大	kctd	口厶𠂉大
哀	yeu	亠𧘇ⓢ	yeu	亠𧘇ⓢ
皑	rmnn	白山己ⓩ	rmnn	白山己ⓩ
癌	ukkm	疒口口山	ukkm	疒口口山
蔼	ayjn	廾讠日乙	ayjn	廾讠日乙
矮	tdtv	𠂉大禾女	tdtv	𠂉大禾女
艾	aqu	廾乂ⓢ	aru	廾乂ⓢ
碍	djgf	石日一寸	djgf	石日一寸
爱	epdc	爫冖ナ又	epdc	爫冖ナ又
隘	buwl	阝䒑八皿	buwl	阝䒑八皿
an				
鞍	afpv	廿串宀女	afpv	廿串宀女
氨	rnpv	𠂉乙宀女	rpvd	气宀女㊂
安	pvf	宀女㊁	pvf	宀女㊁
俺	wdjn	亻大日乙	wdjn	亻大日乙
按	rpvg	扌宀女㊀	rpvg	扌宀女㊀
暗	jujg	日立日㊀	jujg	日立日㊀
岸	mdfj	山厂干⑪	mdfj	山厂干⑪
胺	epvg	月宀女㊀	epvg	月宀女㊀
案	pvsu	宀女木ⓢ	pvsu	宀女木ⓢ
ang				
肮	eymn	月亠几ⓩ	eywn	月亠几ⓩ
昂	jqbj	日𠂎卩⑪	jqbj	日𠂎卩⑪
盎	mdlf	冂大皿㊁	mdlf	冂大皿㊁
ao				
凹	mmgd	几门一㊂	hnhg	丨乙丨一
敖	gqty	龶勹攵⦸	gqty	龶勹攵⦸
熬	gqto	龶勹攵灬	gqto	龶勹攵灬
翱	rdfn	白大十羽	rdfn	白大十羽
袄	putd	礻冫丿大	putd	礻冫丿大
傲	wgqt	亻龶勹攵	wgqt	亻龶勹攵
奥	tmod	丿冂米大	tmod	丿冂米大
懊	ntmd	忄丿冂大	ntmd	忄丿冂大
澳	itmd	氵丿冂大	itmd	氵丿冂大

B

汉字	86 版	拆字实例	98 版	拆字实例
ba				
芭	acb	廾巴ⓚ	acb	廾巴ⓚ
捌	rklj	扌口力刂	rkej	扌口力刂
扒	rwy	扌八⦸	rwy	扌八⦸
叭	kwy	口八⦸	kwy	口八⦸
吧	kcn	口巴ⓩ	kcn	口巴ⓩ
笆	tcb	𥫗巴ⓚ	tcb	𥫗巴ⓚ
八	wty	八丿㇏	wty	八丿㇏
疤	ucv	疒巴ⓦ	ucv	疒巴ⓦ
巴	cnhn	巴コ丨乙	cnhn	巴コ丨乙
拔	rdcy	扌ナ又丶	rdcy	扌ナ又丶
跋	khdc	口止𠂇又	khdy	口止ナ丶
靶	afcn	廿串巴ⓩ	afcn	廿串巴ⓩ
把	rcn	扌巴ⓩ	rcn	扌巴ⓩ
耙	dicn	三小巴ⓩ	fscn	二木巴ⓩ
坝	fmy	土冂丶	fmy	土冂丶
霸	fafe	雨廿串月	fafe	雨廿串月
罢	lfcu	罒土厶ⓢ	lfcu	罒土厶ⓢ
爸	wqcb	八乂巴ⓚ	wrcb	八乂巴ⓚ
bai				
白	rrrr	白白白白	rrrr	白白白白
柏	srg	木白㊀	srg	木白㊀
百	djf	丆日㊁	djf	丆日㊁
摆	rlfc	扌罒土厶	rlfc	扌罒土厶
佰	wdjg	亻丆日㊀	wdjg	亻丆日㊀
败	mty	贝攵⦸	mty	贝攵⦸
拜	rdfh	手三十①	rdfh	手三十①
稗	trtf	禾白丿十	trtf	禾白丿十
ban				
斑	gygg	王文王㊀	gygg	王文王㊀
班	gytg	王丶丿王	gytg	王丶丿王
搬	rtec	扌丿舟又	rtuc	扌丿舟又
扳	rrcy	扌𠂆又⦸	rrcy	扌𠂆又⦸
般	temc	丿舟几又	tuwc	丿舟几又
颁	wvdm	八刀丆贝	wvdm	八刀丆贝
板	srcy	木𠂆又⦸	srcy	木𠂆又⦸
版	thgc	𠂉丨一又	thgc	𠂉丨一又
扮	rwvn	扌八刀ⓩ	rwvt	扌八刀⊘
拌	rufh	扌䒑十①	rugh	扌丷丰①
伴	wufh	亻䒑十①	wugh	亻丷丰①

汉字	86 版	拆字实例	98 版	拆字实例
瓣	urcu	辛厂厶辛	urcu	辛厂厶辛
半	ufk	丷十ⓚ	ugk	丷丰ⓚ
办	lwi	力八ⓘ	ewi	力八ⓘ
绊	xufh	纟丷十ⓗ	xugh	纟丷丰ⓗ
bang				
邦	dtbh	三丿阝ⓗ	dtbh	三丿阝ⓗ
帮	dtbh	三丿阝丨	dtbh	三丿阝丨
梆	sdtb	木三丿阝	sdtb	木三丿阝
榜	supy	木立冖方	syuy	木亠丷方
膀	eupy	月立冖方	eyuy	月亠丷方
绑	xdtb	纟三丿阝	xdtb	纟三丿阝
棒	sdwh	木三八丨	sdwg	木三八丰
磅	dupy	石立冖方	dyuy	石亠丷方
蚌	jdhh	虫三丨ⓗ	jdhh	虫三丨ⓗ
镑	qupy	钅立冖方	qyuy	钅亠丷方
傍	wupy	亻立冖方	wyuy	亻亠丷方
谤	yupy	讠立冖方	yyuy	讠亠丷方
bao				
苞	aqnb	艹勹巳ⓑ	aqnb	艹勹巳ⓑ
胞	eqnn	月勹巳ⓝ	eqnn	月勹巳ⓝ
包	qnv	勹巳ⓥ	qnv	勹巳ⓥ
褒	ywke	亠亻口𧘇	ywke	亠亻口𧘇
剥	vijh	彐氺刂ⓗ	vijh	彐氺刂ⓗ
薄	aigf	艹氵一寸	aisf	艹氵甫寸
雹	fqnb	雨勹巳ⓑ	fqnb	雨勹巳ⓑ
保	wksy	亻口木ⓨ	wksy	亻口木ⓨ
堡	wksf	亻口木土	wksf	亻口木土
饱	qnqn	𠂊乙勹巳	qnqn	𠂊乙勹巳
宝	pgyu	宀王丶ⓤ	pgyu	宀王丶ⓤ
抱	rqnn	扌勹巳ⓝ	rqnn	扌勹巳ⓝ
报	rbcy	扌卩又ⓨ	rbcy	扌卩又ⓨ
暴	jawi	日𠀎八氺	jawi	日𠀎八氺
豹	eeqy	爫豸勹丶	eqyy	豸勹丶ⓨ
鲍	qgqn	鱼一勹巳	qgqn	鱼一勹巳
爆	ojai	火日𠀎氺	ojai	火日𠀎氺
bei				
杯	sgiy	木一小ⓨ	sdhy	木丆卜ⓨ
碑	drtf	石白丿十	drtf	石白丿十
悲	djdn	三刂三心	hdhn	丨三丨心
卑	rtfj	白丿十ⓙ	rtfj	白丿十ⓙ
北	uxn	丬匕ⓝ	uxn	丬匕ⓝ
辈	djdl	三刂三车	hdhl	丨三丨车
背	uxef	丬匕月ⓕ	uxef	丬匕月ⓕ
贝	mhny	贝丨乙丶	mhny	贝丨乙丶
钡	qmy	钅贝ⓨ	qmy	钅贝ⓨ
倍	wukg	亻立口ⓖ	wukg	亻立口ⓖ
狈	qtmy	犭丿贝ⓨ	qtmy	犭丿贝ⓨ
备	tlf	夂田ⓕ	tlf	夂田ⓕ
惫	tlnu	夂田心ⓤ	tlnu	夂田心ⓤ
焙	oukg	火立口ⓖ	oukg	火立口ⓖ
被	puhc	衤冫广又	puby	衤冫皮ⓨ
ben				
奔	dfaj	大十廾ⓙ	dfaj	大十廾ⓙ
苯	asgf	艹木一ⓕ	asgf	艹木一ⓕ

汉字	86 版	拆字实例	98 版	拆字实例
本	sgd	木一ⓓ	sgd	木一ⓓ
笨	tsgf	竹木一ⓕ	tsgf	竹木一ⓕ
beng				
崩	meef	山月月ⓕ	meef	山月月ⓕ
绷	xeeg	纟月月ⓖ	xeeg	纟月月ⓖ
甭	giej	一小用ⓙ	dhej	丆卜用ⓙ
泵	diu	石水ⓤ	diu	石水ⓤ
蹦	khme	口止山月	khme	口止山月
迸	uapk	丷廾辶ⓚ	uapk	丷廾辶ⓚ
bi				
逼	gklp	一口田辶	gklp	一口田辶
鼻	thlj	丿目田丌	thlj	丿目田丌
比	xxn	匕匕ⓝ	xxn	匕匕ⓝ
鄙	kflb	口十冂阝	kflb	口十冂阝
笔	ttfn	竹丿二乚	teb	竹毛ⓑ
彼	thcy	彳广又ⓨ	tby	彳皮ⓨ
碧	grdf	王白石ⓕ	grdf	王白石ⓕ
蓖	atlx	艹丿囗匕	atlx	艹丿囗匕
蔽	aumt	艹丷冂攵	aitu	艹㡀攵ⓤ
毕	xxfj	匕匕十ⓙ	xxfj	匕匕十ⓙ
毙	xxgx	匕匕一匕	xxgx	匕匕一匕
毖	xxnt	匕匕心丿	xxnt	匕匕心丿
币	tmhk	丿冂丨ⓚ	tmhk	丿冂丨ⓚ
庇	yxxv	广匕匕ⓥ	oxxv	广匕匕ⓥ
痹	ulgj	疒田一丌	ulgj	疒田一丌
闭	ufte	门十丿ⓔ	ufte	门十丿ⓔ
敝	umit	丷冂小攵	ity	㡀攵ⓨ
弊	umia	丷冂小廾	itaj	㡀攵廾ⓙ
必	nte	心丿ⓔ	nte	心丿ⓔ
辟	nkuh	尸口辛ⓗ	nkuh	尸口辛ⓗ
壁	nkuf	尸口辛土	nkuf	尸口辛土
臂	nkue	尸口辛月	nkue	尸口辛月
避	nkup	尸口辛辶	nkup	尸口辛辶
陛	bxxf	阝匕匕土	bxxf	阝匕匕土
bian				
鞭	afwq	廿串亻乂	afwr	廿串亻乂
边	lpv	力辶ⓥ	epe	力辶ⓔ
编	xyna	纟丶尸廾	xyna	纟丶尸廾
贬	mtpy	贝丿之ⓨ	mtpy	贝丿之ⓨ
扁	ynma	丶尸冂廾	ynma	丶尸冂廾
便	wgjq	亻一日乂	wgjr	亻一日乂
变	yocu	亠⺌又ⓤ	yocu	亠⺌又ⓤ
卞	yhu	亠卜ⓤ	yhu	亠卜ⓤ
辨	uytu	辛丶丿辛	uytu	辛丶丿辛
辩	uyuh	辛讠辛ⓗ	uyuh	辛讠辛ⓗ
辫	uxuh	辛纟辛ⓗ	uxuh	辛纟辛ⓗ
遍	ynmp	丶尸冂辶	ynmp	丶尸冂辶
biao				
标	sfiy	木二小ⓨ	sfiy	木二小ⓨ
彪	hame	广七几彡	hwee	虍几彡ⓔ
膘	esfi	月西二小	esfi	月覀二小
表	geu	龶𧘇ⓤ	geu	龶𧘇ⓤ
bie				
鳖	umig	丷冂小一	itqg	㡀攵鱼一
憋	umin	丷冂小心	itnu	㡀攵心ⓤ

汉字	86 版	拆字实例	98 版	拆字实例
别	kljh	口力刂①	kejh	口力刂①
瘪	uthx	疒丿目匕	uthx	疒丿目匕
bin				
彬	sset	木木彡⊘	sset	木木彡⊘
斌	ygah	文一弋止	ygay	文一弋丶
濒	ihim	氵止小贝	ihhm	氵止少贝
滨	iprw	氵宀丘八	iprw	氵宀丘八
宾	prgw	宀斤一八	prwu	宀丘八②
摈	rprw	扌宀丘八	rprw	扌宀丘八
bing				
兵	rgwu	斤一八②	rwu	丘八②
冰	uiy	冫水⦸	uiy	冫水⦸
柄	sgmw	木一冂人	sgmw	木一冂人
丙	gmwi	一冂人③	gmwi	一冂人③
秉	tgvi	丿一彐小	tvd	禾彐㊂
饼	qnua	𠂊乙丷廾	qnua	𠂊乙丷廾
炳	ogmw	火一冂人	ogmw	火一冂人
病	ugmw	疒一冂人	ugmw	疒一冂人
并	uaj	丷廾⑪	uaj	丷廾⑪
bo				
玻	ghcy	王广又⦸	gby	王皮⦸
菠	aihc	艹氵广又	aibu	艹氵皮②
播	rtol	扌丿米田	rtol	扌丿米田
拨	rnty	扌乙丿丶	rnty	扌乙丿丶
钵	qsgg	钅木一㊀	qsgg	钅木一㊀
波	ihcy	氵广又⦸	iby	氵皮⦸
博	fgef	十一月寸	fsfy	十甫寸⦸
勃	fpbl	十冖子力	fpbe	十冖子力
搏	rgef	扌一月寸	rsfy	扌甫寸⦸
铂	qrg	钅白㊀	qrg	钅白㊀
箔	tirf	𥫗氵白㊁	tirf	𥫗氵白㊁
伯	wrg	亻白㊀	wrg	亻白㊀
帛	rmhj	白冂丨⑪	rmhj	白冂丨⑪
舶	terg	丿舟白㊀	turg	丿舟白㊀
脖	efpb	月十冖子	efpb	月十冖子
膊	egef	月一月寸	esfy	月甫寸⦸
渤	ifpl	氵十冖力	ifpe	氵十冖力
泊	irg	氵白㊀	irg	氵白㊀
驳	cqqy	马乂乂⦸	cgrr	马一乂乂
bu				
捕	rgey	扌一月丶	rsy	扌甫⦸
卜	hhy	卜丨丶	hhy	卜丨丶
哺	kgey	口一月丶	ksy	口甫⦸
补	puhy	礻冫卜⦸	puhy	礻冫卜⦸
埠	fwnf	土亻コ十	ftnf	土丿𠂤十
不	gii	一小③	dhi	丆卜③
布	dmhj	𠂇冂丨⑪	dmhj	𠂇冂丨⑪
步	hir	止小⑦	hhr	止少⑦
簿	tigf	𥫗氵一寸	tisf	𥫗氵甫寸
部	ukbh	立口阝①	ukbh	立口阝①
怖	ndmh	忄𠂇冂丨	ndmh	忄𠂇冂丨

C

汉字	86 版	拆字实例	98 版	拆字实例
ca				
擦	rpwi	扌宀癶小	rpwi	扌宀癶小
cai				
猜	qtge	犭丿龶月	qtge	犭丿龶月
裁	faye	十戈亠𧘇	faye	十戈亠𧘇
材	sftt	木十丿⊘	sftt	木十丿⊘
才	fte	十丿⑧	fte	十丿⑧
财	mftt	贝十丿⊘	mftt	贝十丿⊘
睬	hesy	目爫木⦸	hesy	目爫木⦸
踩	khes	口止爫木	khes	口止爫木
采	esu	爫木②	esu	爫木②
彩	eset	爫木彡⊘	eset	爫木彡⊘
菜	aesu	艹爫木②	aesu	艹爫木②
蔡	awfi	艹癶十小	awfi	艹癶十小
can				
餐	hqce	卜夕又𧘇	hqcv	卜夕又艮
参	cder	厶大彡⑦	cder	厶大彡⑦
蚕	gdju	一大虫②	gdju	一大虫②
残	gqgt	一夕戋⊘	gqga	一夕一戈
惭	nlrh	忄车斤①	nlrh	忄车斤①
惨	ncde	忄厶大彡	ncde	忄厶大彡
灿	omh	火山①	omh	火山①
cang				
苍	awbb	艹人㔾⑥	awbb	艹人㔾⑥
舱	tewb	丿舟人㔾	tuwb	丿舟人㔾
仓	wbb	人㔾⑥	wbb	人㔾⑥
沧	iwbn	氵人㔾⑤	iwbn	氵人㔾⑤
藏	adnt	艹厂乙丿	aauh	艹戈爿丨
cao				
操	rkks	扌口口木	rkks	扌口口木
糙	otfp	米丿土辶	otfp	米丿土辶
槽	sgmj	木一冂日	sgmj	木一冂日
曹	gmaj	一冂廿日	gmaj	一冂廿日
草	ajj	艹早⑪	ajj	艹早⑪
ce				
厕	dmjk	厂贝刂⑩	dmjk	厂贝刂⑩
策	tgmi	𥫗一冂小	tsmb	𥫗木冂⑥
侧	wmjh	亻贝刂①	wmjh	亻贝刂①
册	mmgd	冂冂一㊂	mmgd	冂冂一㊂
测	imjh	氵贝刂①	imjh	氵贝刂①
ceng				
层	nfci	尸二厶③	nfci	尸二厶③
蹭	khuj	口止丷日	khuj	口止丷日
cha				
插	rtfv	扌丿十臼	rtfe	扌丿十臼
叉	cyi	又丶③	cyi	又丶③
茬	adhf	艹𠂇丨土	adhf	艹𠂇丨土
茶	awsu	艹人朩②	awsu	艹人朩②
查	sjgf	木日一㊁	sjgf	木日一㊁
碴	dsjg	石木日一	dsjg	石木日一
搽	raws	扌艹人朩	raws	扌艹人朩
察	pwfi	宀癶二小	pwfi	宀癶二小
岔	wvmj	八刀山⑪	wvmj	八刀山⑪
差	udaf	丷𠂇工㊁	uaf	𦍌工㊁
诧	ypta	讠宀丿七	ypta	讠宀丿七
chai				

汉字	86 版	拆字实例	98 版	拆字实例
拆	rryy	扌斤丶⊘	rryy	扌斤丶⊘
柴	hxsu	止匕木⑤	hxsu	止匕木⑤
豺	eeft	⺈⺈十丿	eftt	豸十丿⊘
chan				
搀	rqku	扌⺈口⺀	rqku	扌⺈口⺀
掺	rcde	扌厶大彡	rcde	扌厶大彡
蝉	jujf	虫丷日十	jujf	虫丷日十
馋	qnqu	⺈乙⺈⺀	qnqu	⺈乙⺈⺀
谗	yqku	讠⺈口⺀	yqku	讠⺈口⺀
缠	xyjf	纟广日土	xojf	纟广日土
铲	qutt	钅立丿⊘	qutt	钅立丿⊘
产	ute	立丿③	ute	立丿③
阐	uujf	门丷日十	uujf	门丷日十
颤	ylkm	亠口口贝	ylkm	亠口口贝
chang				
昌	jjf	日日⊜	jjf	日日⊜
猖	qtjj	犭丿日日	qtjj	犭丿日日
场	fnrt	土乙⺁⊘	fnrt	土乙⺁⊘
尝	ipfc	⺌冖二厶	ipfc	⺌冖二厶
常	ipkh	⺌冖口丨	ipkh	⺌冖口丨
长	tayi	丿七㇏⑤	tayi	丿七㇏⑤
偿	wipc	亻⺌冖厶	wipc	亻⺌冖厶
肠	enrt	月乙⺁⊘	enrt	月乙⺁⊘
厂	dgt	厂一丿	dgt	厂一丿
敞	imkt	⺌冂口攵	imkt	⺌冂口攵
畅	jhnr	日丨乙⺁	jhnr	日丨乙⺁
唱	kjjg	口日日⊖	kjjg	口日日⊖
倡	wjjg	亻日日⊖	wjjg	亻日日⊖
chao				
超	fhvk	土止刀口	fhvk	土止刀口
抄	ritt	扌小丿⊘	ritt	扌小丿⊘
钞	qitt	钅小丿⊘	qitt	钅小丿⊘
朝	fjeg	十早月⊖	fjeg	十早月⊖
嘲	kfje	口十早月	kfje	口十早月
潮	ifje	氵十早月	ifje	氵十早月
巢	vjsu	巛日木⑤	vjsu	巛日木⑤
吵	kitt	口小丿⊘	kitt	口小丿⊘
炒	oitt	火小丿⊘	oitt	火小丿⊘
che				
车	lgnh	车一乙丨	lgnh	车一乙丨
扯	rhg	扌止⊖	rhg	扌止⊖
撤	ryct	扌亠厶攵	ryct	扌亠厶攵
掣	rmhr	⺁冂丨手	tgmr	⺈一冂手
彻	tavn	彳七刀Ⓒ	tavt	彳七刀⊘
澈	iyct	氵亠厶攵	iyct	氵亠厶攵
chen				
郴	ssbh	木木阝①	ssbh	木木阝①
臣	ahnh	匚丨コ丨	ahnh	匚丨コ丨
辰	dfei	厂二𠄌⑤	dfei	厂二𠄌⑤
尘	iff	小土⊜	iff	小土⊜
晨	jdfe	日厂二𠄌	jdfe	日厂二𠄌
忱	npqn	忄冖儿Ⓒ	npqn	忄冖儿Ⓒ
沉	ipwn	氵冖几Ⓒ	ipwn	氵冖几Ⓒ
陈	baiy	阝七小⊘	baiy	阝七小⊘
趁	fhwe	土止人彡	fhwe	土止人彡

汉字	86 版	拆字实例	98 版	拆字实例
衬	pufy	衤⺀寸⊘	pufy	衤⺀寸⊘
cheng				
撑	ripr	扌⺌冖手	ripr	扌⺌冖手
称	tqiy	禾⺈小⊘	tqiy	禾⺈小⊘
城	fdnt	土厂乙丿	fdnn	土戊乙Ⓒ
橙	swgu	木癶一⺌	swgu	木癶一⺌
成	dnnt	厂乙乙丿	dnv	戊乙⑩
呈	kgf	口王⊜	kgf	口王⊜
乘	tuxv	禾丬匕⑩	tuxv	禾丬匕⑩
程	tkgg	禾口王⊖	tkgg	禾口王⊖
惩	tghn	彳一止心	tghn	彳一止心
澄	iwgu	氵癶一⺌	iwgu	氵癶一⺌
诚	ydnt	讠厂乙丿	ydnn	讠戊乙Ⓒ
承	bdii	了三八⑤	bdii	了三八⑤
逞	kgpd	口王辶⊜	kgpd	口王辶⊜
骋	cmgn	马由一乙	cgmn	马一由乙
秤	tguh	禾一⺍丨	tguf	禾一⺍十
chi				
吃	ktnn	口𠂉乙Ⓒ	ktnn	口𠂉乙Ⓒ
痴	utdk	疒𠂉大口	utdk	疒𠂉大口
持	rffy	扌土寸⊘	rffy	扌土寸⊘
匙	jghx	日一⺡匕	jghx	日一⺡匕
池	ibn	氵也Ⓒ	ibn	氵也Ⓒ
迟	nypi	尸丶辶⑤	nypi	尸丶辶⑤
弛	xbn	弓也Ⓒ	xbn	弓也Ⓒ
驰	cbn	马也Ⓒ	cgbn	马一也Ⓒ
耻	bhg	耳止⊖	bhg	耳止⊖
齿	hwbj	止人凵①	hwbj	止人凵①
侈	wqqy	人夕夕⊘	wqqy	人夕夕⊘
尺	nyi	尸㇏⑤	nyi	尸㇏⑤
赤	fou	凵⺌⑤	fou	凵⺌⑤
翅	fcnd	十又羽⊜	fcnd	十又羽⊜
斥	ryi	斤丶⑤	ryi	斤丶⑤
炽	okwy	火口八⊘	okwy	火口八⊘
chong				
充	ycqb	亠厶儿⑩	ycqb	亠厶儿⑩
冲	ukhh	冫口丨①	ukhh	冫口丨①
虫	jhny	虫丨乙丶	jhny	虫丨乙丶
崇	mpfi	山宀二小	mpfi	山宀二小
宠	pdxb	宀𠂇匕⑩	pdxy	宀𠂇匕丶
chou				
抽	rmg	扌由⊖	rmg	扌由⊖
酬	sgyh	西一丶丨	sgyh	西一丶丨
畴	ldtf	田三丿寸	ldtf	田三丿寸
踌	khdf	口止三寸	khdf	口止三寸
稠	tmfk	禾冂土口	tmfk	禾冂土口
愁	tonu	禾火心⑤	tonu	禾火心⑤
筹	tdtf	竹三丿寸	tdtf	竹三丿寸
仇	wvn	亻九Ⓒ	wvn	亻九Ⓒ
绸	xmfk	纟冂土口	xmfk	纟冂土口
瞅	htoy	目禾火⊘	htoy	目禾火⊘
丑	nfd	乙土⊜	nhgg	乙丨一一
臭	thdu	丿目犬⑤	thdu	丿目犬⑤
chu				
初	puvn	衤⺀刀Ⓒ	puvt	衤⺀刀⊘
出	bmk	凵山⑩	bmk	凵山⑩

汉字	86版	拆字实例	98版	拆字实例
橱	sdgf	木厂一寸	sdgf	木厂一寸
厨	dgkf	厂一口寸	dgkf	厂一口寸
躇	khaj	口止廾日	khaj	口止廾日
锄	qegl	钅目一力	qege	钅目一力
雏	qvwy	勹彐亻龶	qvwy	勹彐亻龶
滁	ibwt	氵阝人禾	ibws	氵阝人木
除	bwty	阝人禾⊘	bwgs	阝人一木
楚	ssnh	木木乙龰	ssnh	木木乙龰
础	dbmh	石凵山①	dbmh	石凵山①
储	wyfj	亻讠土日	wyfj	亻讠土日
矗	fhfh	十且十且	fhfh	十且十且
搐	ryxl	扌亠幺田	ryxl	扌亠幺田
触	qejy	勹用虫⊘	qejy	勹用虫⊘
处	thi	夂卜⊙	thi	夂卜⊙
chuai				
揣	rmdj	扌山丆刂	rmdj	扌山丆刂
chuan				
川	kthh	川丿丨丨	kthh	川丿丨丨
穿	pwat	宀八匚丿	pwat	宀八二丿
椽	sxey	木彑豕⊘	sxey	木彑豕⊘
传	wfny	亻二乙丶	wfny	亻二乙丶
船	temk	丿舟几口	tuwk	丿舟几口
喘	kmdj	口山丆刂	kmdj	口山丆刂
串	kkhk	口口丨ⓜ	kkhk	口口丨ⓜ
chuang				
疮	uwbv	疒人㔾ⓦ	uwbv	疒人㔾ⓦ
窗	pwtq	宀八丿夕	pwtq	宀八丿夕
幢	mhuf	冂丨立土	mhuf	冂丨立土
床	ysi	广木⊙	osi	广木⊙
闯	ucd	门马⊜	ucgd	门马一⊜
创	wbjh	人㔾刂①	wbjh	人㔾刂①
chui				
吹	kqwy	口勹人⊘	kqwy	口勹人⊘
炊	oqwy	火勹人⊘	oqwy	火勹人⊘
捶	rtgf	扌丿一士	rtgf	扌丿一士
锤	qtgf	钅丿一士	qtgf	钅丿一士
垂	tgaf	丿一廾士	tgaf	丿一廾士
chun				
春	dwjf	三八日⊖	dwjf	三八日⊖
椿	sdwj	木三八日	sdwj	木三八日
醇	sgyb	西一亠子	sgyb	西一亠子
唇	dfek	厂二𧘇口	dfek	厂二𧘇口
淳	iybg	氵亠子⊖	iybg	氵亠子⊖
纯	xgbn	纟一土乙	xgbn	纟一土乙
蠢	dwjj	三八日虫	dwjj	三八日虫
chuo				
戳	nwya	羽亻龶戈	nwya	羽亻龶戈
绰	xhjh	纟⺊早①	xhjh	纟⺊早①
ci				
疵	uhxv	疒止匕ⓦ	uhxv	疒止匕ⓦ
茨	auqw	廾冫勹人	auqw	廾冫勹人
磁	duxx	石䒑幺幺	duxx	石䒑幺幺
雌	hxwy	止匕亻龶	hxwy	止匕亻龶
辞	tduh	丿古辛①	tduh	丿古辛①
慈	uxxn	䒑幺幺心	uxxn	䒑幺幺心

汉字	86版	拆字实例	98版	拆字实例
瓷	uqwn	冫勹人乙	uqwy	冫勹人丶
词	yngk	讠乙一口	yngk	讠乙一口
此	hxn	止匕©	hxn	止匕©
刺	gmij	一冂小刂	smjh	木冂刂①
赐	mjqr	贝日勹彡	mjqr	贝日勹彡
次	uqwy	冫勹人⊘	uqwy	冫勹人⊘
cong				
聪	bukn	耳丷口心	bukn	耳丷口心
葱	aqrn	廾勹彡心	aqrn	廾勹彡心
囱	tlqi	丿口夕⊙	tlqi	丿口夕⊙
匆	qryi	勹彡丶⊙	qryi	勹彡丶⊙
从	wwy	人人⊘	wwy	人人⊘
丛	wwgf	人人一⊖	wwgf	人人一⊖
cou				
凑	udwd	冫三八大	udwd	冫三八大
cu				
粗	oegg	米目一⊖	oegg	米目一⊖
醋	sgaj	西一廿日	sgaj	西一廿日
簇	tytd	竹方𠂉大	tytd	竹方𠂉大
促	wkhy	亻口龰⊘	wkhy	亻口龰⊘
cuan				
蹿	khph	口止宀丨	khph	口止宀丨
篡	thdc	竹目大厶	thdc	竹目大厶
窜	pwkh	宀八口丨	pwkh	宀八口丨
cui				
摧	rmwy	扌山亻龶	rmwy	扌山亻龶
崔	mwyf	山亻龶⊖	mwyf	山亻龶⊖
催	wmwy	亻山亻龶	wmwy	亻山亻龶
脆	eqdb	月勹厂㔾	eqdb	月勹厂㔾
瘁	uywf	疒亠人十	uywf	疒亠人十
粹	oywf	米亠人十	oywf	米亠人十
淬	iywf	氵亠人十	iywf	氵亠人十
翠	nywf	羽亠人十	nywf	羽亠人十
cun				
村	sfy	木寸⊘	sfy	木寸⊘
存	dhbd	十丨子⊜	dhbd	十丨子⊜
寸	fghy	寸一丨丶	fghy	寸一丨丶
cuo				
磋	duda	石丷𡗗工	duag	石𦍌工⊖
撮	rjbc	扌日耳又	rjbc	扌日耳又
搓	ruda	扌丷𡗗工	ruag	扌𦍌工⊖
措	rajg	扌廿日⊖	rajg	扌廿日⊖
挫	rwwf	扌人人土	rwwf	扌人人土
错	qajg	钅廿日⊖	qajg	钅廿日⊖

D

汉字	86版	拆字实例	98版	拆字实例
da				
搭	rawk	扌廾人口	rawk	扌廾人口
达	dpi	大辶⊙	dpi	大辶⊙
答	twgk	竹人一口	twgk	竹人一口
瘩	uawk	疒廾人口	uawk	疒廾人口
打	rsh	扌丁①	rsh	扌丁①
大	dddd	大大大大	dddd	大大大大
dai				

汉字	86版	拆字实例	98版	拆字实例
呆	ksu	口木ⓢ	ksu	口木ⓢ
歹	gqi	一夕ⓘ	gqi	一夕ⓘ
傣	wdwi	亻三八氺	wdwi	亻三八氺
戴	falw	十戈田八	falw	十戈田八
带	gkph	一卌冖丨	gkph	一卌冖丨
殆	gqck	一夕厶口	gqck	一夕厶口
代	way	亻弋⊘	wayy	亻弋丶⊘
贷	wamu	亻弋贝ⓢ	waym	亻弋丶贝
袋	waye	亻弋丶衣	waye	亻弋丶衣
待	tffy	彳土寸⊘	tffy	彳土寸⊘
逮	vipi	彐氺辶ⓘ	vipi	彐氺辶ⓘ
怠	cknu	厶口心ⓢ	cknu	厶口心ⓢ
dan				
耽	bpqn	耳冖儿ⓒ	bpqn	耳冖儿ⓒ
担	rjgg	扌日一⊖	rjgg	扌日一⊖
丹	myd	冂一㊂	myd	冂一㊂
单	ujfj	丷日十ⓘ	ujfj	丷日十ⓘ
郸	ujfb	丷日十阝	ujfb	丷日十阝
掸	rujf	扌丷日十	rujf	扌丷日十
胆	ejgg	月日一⊖	ejgg	月日一⊖
旦	jgf	日一⊜	jgf	日一⊜
氮	rnoo	𠂉乙火火	rooi	气火火ⓘ
但	wjgg	亻日一⊖	wjgg	亻日一⊖
惮	nujf	忄丷日十	nujf	忄丷日十
淡	iooy	氵火火⊘	iooy	氵火火⊘
诞	ythp	讠丿止廴	ythp	讠丿卜廴
弹	xujf	弓丷日十	xujf	弓丷日十
蛋	nhju	乙止虫ⓢ	nhju	乙止虫ⓢ
dang				
当	ivf	⺌彐⊜	ivf	⺌彐⊜
挡	rivg	扌⺌彐⊖	rivg	扌⺌彐⊖
党	ipkq	⺌冖口儿	ipkq	⺌冖口儿
荡	ainr	艹氵乙𠂊	ainr	艹氵乙𠂊
档	sivg	木⺌彐⊖	sivg	木⺌彐⊖
dao				
刀	vnt	刀乙丿	vnt	刀乙丿
捣	rqym	扌勹丶山	rqmh	扌鸟山①
蹈	khev	口止爫臼	khee	口止爫臼
倒	wgcj	亻一厶刂	wgcj	亻一厶刂
岛	qynm	勹丶乙山	qmk	鸟山⑪
祷	pydf	礻丶三寸	pydf	礻丶三寸
导	nfu	巳寸ⓢ	nfu	巳寸ⓢ
到	gcfj	一厶土刂	gcfj	一厶土刂
稻	tevg	禾爫臼⊖	teeg	禾爫臼⊖
悼	nhjh	忄⺊早①	nhjh	忄⺊早①
道	uthp	丷丿目辶	uthp	丷丿目辶
盗	uqwl	冫𠂊人皿	uqwl	冫𠂊人皿
de				
德	tfln	彳十罒心	tfln	彳十罒心
得	tjgf	彳日一寸	tjgf	彳日一寸
的	rqyy	白勹丶⊘	rqyy	白勹丶⊘
deng				
蹬	khwu	口止癶丷	khwu	口止癶丷
灯	osh	火丁①	osh	火丁①
登	wgku	癶一口丷	wgku	癶一口丷
等	tffu	竹土寸ⓢ	tffu	竹土寸ⓢ
瞪	hwgu	目癶一丷	hwgu	目癶一丷
凳	wgkm	癶一口几	wgkw	癶一口几
邓	cbh	又阝①	cbh	又阝①
di				
堤	fjgh	土日一龰	fjgh	土日一龰
低	wqay	亻𠂆七丶	wqay	亻𠂆七丶
滴	iumd	氵立冂古	iyud	氵亠丷古
迪	mpd	由辶㊂	mpd	由辶㊂
敌	tdty	丿古攵⊘	tdty	丿古攵⊘
笛	tmf	竹由⊜	tmf	竹由⊜
狄	qtoy	犭丿火⊘	qtoy	犭丿火⊘
涤	itsy	氵夂朩⊘	itsy	氵夂朩⊘
翟	nwyf	羽亻主⊜	nwyf	羽亻主⊜
嫡	vumd	女立冂古	vyud	女亠丷古
抵	rqay	扌𠂆七丶	rqay	扌𠂆七丶
底	yqay	广𠂆七丶	oqay	广𠂆七丶
地	fbn	土也ⓒ	fbn	土也ⓒ
蒂	auph	艹立冖丨	ayuh	艹亠丷丨
第	txht	竹弓丨丿	txht	竹弓丨丿
帝	upmh	立冖冂丨	yuph	亠丷冖丨
弟	uxht	丷弓丨丿	uxht	丷弓丨丿
递	uxhp	丷弓丨辶	uxhp	丷弓丨辶
缔	xuph	纟立冖丨	xyuh	纟亠丷丨
dian				
颠	fhwm	十且八贝	fhwm	十且八贝
掂	ryhk	扌广⺊口	rohk	扌广⺊口
滇	ifhw	氵十且八	ifhw	氵十且八
碘	dmaw	石冂廾八	dmaw	石冂廾八
点	hkou	⺊口灬ⓢ	hkou	⺊口灬ⓢ
典	mawu	冂廾八ⓢ	mawu	冂廾八ⓢ
靛	geph	主月宀龰	geph	主月宀龰
垫	rvyf	扌九丶土	rvyf	扌九丶土
电	jnv	日乙ⓦ	jnv	日乙ⓦ
佃	wlg	亻田⊖	wlg	亻田⊖
甸	qld	勹田㊂	qld	勹田㊂
店	yhkd	广⺊口㊂	ohkd	广⺊口㊂
惦	nyhk	忄广⺊口	nohk	忄广⺊口
奠	usgd	丷西一大	usgd	丷西一大
淀	ipgh	氵宀一龰	ipgh	氵宀一龰
殿	nawc	尸龷八又	nawc	尸龷八又
diao				
碉	dmfk	石冂土口	dmfk	石冂土口
叼	kngg	口乙一⊖	kngg	口乙一⊖
雕	mfky	冂土口主	mfky	冂土口主
凋	umfk	冫冂土口	umfk	冫冂土口
刁	ngd	乙一㊂	ngd	乙一㊂
掉	rhjh	扌⺊早①	rhjh	扌⺊早①
吊	kmhj	口冂丨ⓘ	kmhj	口冂丨ⓘ
钓	qqyy	钅勹丶⊘	qqyy	钅勹丶⊘
调	ymfk	讠冂土口	ymfk	讠冂土口
die				
跌	khrw	口止𠂉人	khtg	口止丿夫
爹	wqqq	八乂夕夕	wrqq	八乂夕夕
碟	dans	石廿乙木	dans	石廿乙木

学以致用系列丛书

长见识

汉字	86版	拆字实例	98版	拆字实例
蝶	jans	虫廿乙木	jans	虫廿乙木
迭	rwpi	𠂉人辶ⓘ	tgpi	丿夫辶ⓘ
谍	yans	讠廿乙木	yans	讠廿乙木
叠	cccg	又又又一	cccg	又又又一
ding				
丁	sgh	丁一丨	sgh	丁一丨
盯	hsh	目丁ⓗ	hsh	目丁ⓗ
叮	ksh	口丁ⓗ	ksh	口丁ⓗ
钉	qsh	钅丁ⓗ	qsh	钅丁ⓗ
顶	sdmy	丁𠂆贝ⓨ	sdmy	丁𠂆贝ⓨ
鼎	hndn	目乙𠂆乙	hndn	目乙𠂆乙
锭	qpgh	钅宀一龰	qpgh	钅宀一龰
定	pghu	宀一龰ⓤ	pghu	宀一龰ⓤ
订	ysh	讠丁ⓗ	ysh	讠丁ⓗ
diu				
丢	tfcu	丿土厶ⓤ	tfcu	丿土厶ⓤ
dong				
东	aii	七小ⓘ	aii	七小ⓘ
冬	tuu	夂⺀ⓤ	tuu	夂⺀ⓤ
董	atgf	廾丿一土	atgf	廾丿一土
懂	natf	忄廾丿土	natf	忄廾丿土
动	fcln	二厶力ⓝ	fcet	二厶力ⓣ
栋	saiy	木七小ⓨ	saiy	木七小ⓨ
侗	wmgk	亻冂一口	wmgk	亻冂一口
恫	nmgk	忄冂一口	nmgk	忄冂一口
冻	uaiy	冫七小ⓨ	uaiy	冫七小ⓨ
洞	imgk	氵冂一口	imgk	氵冂一口
dou				
兜	qrnq	⺁白コ儿	rqnq	白⺁コ儿
抖	rufh	扌⺀十ⓗ	rufh	扌⺀十ⓗ
斗	ufk	⺀十ⓚ	ufk	⺀十ⓚ
陡	bfhy	阝土龰ⓨ	bfhy	阝土龰ⓨ
豆	gkuf	一口䒑ⓕ	gkuf	一口䒑ⓕ
逗	gkup	一口䒑辶	gkup	一口䒑辶
痘	ugku	疒一口䒑	ugku	疒一口䒑
du				
都	ftjb	土丿日阝	ftjb	土丿日阝
督	hich	上小又目	hich	上小又目
毒	gxgu	龶母一冫	gxu	龶母ⓤ
犊	trfd	丿扌十大	cfnd	牛十乙大
独	qtjy	犭丿虫ⓨ	qtjy	犭丿虫ⓨ
读	yfnd	讠十乙大	yfnd	讠十乙大
堵	fftj	土土丿日	fftj	土土丿日
睹	hftj	目土丿日	hftj	目土丿日
赌	mftj	贝土丿日	mftj	贝土丿日
杜	sfg	木土ⓖ	sfg	木土ⓖ
镀	qyac	钅广廿又	qoac	钅广廿又
肚	efg	月土ⓖ	efg	月土ⓖ
度	yaci	广廿又ⓘ	oaci	广廿又ⓘ
渡	iyac	氵广廿又	ioac	氵广廿又
妒	vynt	女丶尸ⓣ	vynt	女丶尸ⓣ
duan				
端	umdj	立山𠂆刂	umdj	立山𠂆刂
短	tdgu	𠂉大一䒑	tdgu	𠂉大一䒑
锻	qwdc	钅亻三又	qthc	𠂉丿丨又
段	wdmc	亻三几又	thdc	丿丨三又
断	onrh	米乙斤ⓗ	onrh	米乙斤ⓗ
缎	xwdc	纟亻三又	xthc	纟丿丨又
dui				
堆	fwyg	土亻⻖ⓖ	fwyg	土亻⻖ⓖ
兑	ukqb	丷口儿ⓑ	ukqb	丷口儿ⓑ
队	bwy	阝人ⓨ	bwy	阝人ⓨ
对	cfy	又寸ⓨ	cfy	又寸ⓨ
dun				
墩	fybt	土古子攵	fybt	土古子攵
吨	kgbn	口一凵乙	kgbn	口一凵乙
蹲	khuf	口止丷寸	khuf	口止丷寸
敦	ybty	古子攵ⓨ	ybty	古子攵ⓨ
顿	gbnm	一凵乙贝	gbnm	一凵乙贝
囤	lgbn	囗一凵乙	lgbn	囗一凵乙
钝	qgbn	钅一凵乙	qgbn	钅一凵乙
盾	rfhd	𠂆十目ⓓ	rfhd	𠂆十目ⓓ
遁	rfhp	𠂆十目辶	rfhp	𠂆十目辶
duo				
掇	rccc	扌又又又	rccc	扌又又又
哆	kqqy	口夕夕ⓨ	kqqy	口夕夕ⓨ
多	qqu	夕夕ⓤ	qqu	夕夕ⓤ
夺	dfu	大寸ⓤ	dfu	大寸ⓤ
垛	fmsy	凵几木ⓨ	fwsy	凵几木ⓨ
躲	tmds	丿冂三木	tmds	丿冂三木
朵	msu	几木ⓤ	wsu	几木ⓤ
跺	khms	口止几木	khws	口止几木
舵	tepx	丿舟宀匕	tupx	丿舟宀匕
剁	msjh	几木刂ⓗ	wsjh	几木刂ⓗ
惰	ndae	忄ナ工月	ndae	忄ナ工月
堕	bdef	阝ナ月凵	bdef	阝ナ月凵

E

汉字	86版	拆字实例	98版	拆字实例
e				
蛾	jtrt	虫丿扌丿	jtry	虫丿扌丶
峨	mtrt	山丿扌丿	mtry	山丿扌丶
鹅	trng	丿扌乙一	trng	丿扌乙一
俄	wtrt	亻丿扌丿	wtry	亻丿扌丶
额	ptkm	宀夂口贝	ptkm	宀夂口贝
讹	ywxn	讠亻匕ⓝ	ywxn	讠亻匕ⓝ
娥	vtrt	女丿扌丿	vtry	女丿扌丶
恶	gogn	一业一心	gonu	一业心ⓤ
厄	dbv	厂㔾ⓥ	dbv	厂㔾ⓥ
扼	rdbn	扌厂㔾ⓝ	rdbn	扌厂㔾ⓝ
遏	jqwp	日勹人辶	jqwp	日勹人辶
鄂	kkfb	口口二阝	kkfb	口口二阝
饿	qntt	𠂊乙丿丿	qnty	𠂊乙丿丶
en				
恩	ldnu	囗大心ⓤ	ldnu	囗大心ⓤ
er				
而	dmjj	𠂆冂刂ⓙ	dmjj	𠂆冂刂ⓙ
儿	qtn	儿丿乙	qtn	儿丿乙
耳	bghg	耳一丨一	bghg	耳一丨一
尔	qiu	𠂊小ⓤ	qiu	𠂊小ⓤ
饵	qnbg	𠂊乙耳ⓖ	qnbg	𠂊乙耳ⓖ

汉字	86版	拆字实例	98版	拆字实例
洱	ibg	氵耳㊀	ibg	氵耳㊀
二	fgg	二一一	fgg	二一一
贰	afmi	弋二贝(氵)	afmy	弋二贝丶

F

fa

汉字	86版	拆字实例	98版	拆字实例
发	ntcy	乙丿又丶	ntcy	乙丿又丶
罚	lyjj	罒讠刂(刂)	lyjj	罒讠刂(刂)
筏	twar	⺮亻戈(丿丿)	twau	⺮亻戈(冫)
伐	wat	亻戈(丿)	way	亻戈(丶)
乏	tpi	丿之(氵)	tpu	丿之(冫)
阀	uwae	门亻戈(彡)	uwai	门亻戈(氵)
法	ifcy	氵土厶(丶)	ifcy	氵土厶(丶)
珐	gfcy	王土厶(丶)	gfcy	王土厶(丶)

fan

汉字	86版	拆字实例	98版	拆字实例
藩	aitl	艹氵丿田	aitl	艹氵丿田
帆	mhmy	冂丨几丶	mhwy	冂丨几丶
番	tolf	丿米田㊁	tolf	丿米田㊁
翻	toln	丿米田羽	toln	丿米田羽
樊	sqqd	木乂乂大	srrd	木乂乂大
矾	dmyy	石几丶(丶)	dwyy	石几丶(丶)
钒	qmyy	钅几丶(丶)	qwyy	钅几丶(丶)
繁	txgi	𠂉母一小	txti	𠂉母攵小
凡	myi	几丶(氵)	wyi	几丶(氵)
烦	odmy	火丆贝(丶)	odmy	火丆贝(丶)
反	rci	厂又(氵)	rci	厂又(氵)
返	rcpi	厂又辶(氵)	rcpi	厂又辶(氵)
范	aibb	艹氵㔾(巜)	aibb	艹氵㔾(巜)
贩	mrcy	贝厂又(丶)	mrcy	贝厂又(丶)
犯	qtbn	犭丿㔾(乙)	qtbn	犭丿㔾(乙)
饭	qnrc	𠂉乙厂又	qnrc	𠂉乙厂又
泛	itpy	氵丿之(丶)	itpy	氵丿之(丶)

fang

汉字	86版	拆字实例	98版	拆字实例
坊	fyn	土方(乙)	fyt	土方(丿)
芳	ayb	艹方(巜)	ayr	艹方(丿丿)
方	yygn	方丶一乙	yygt	方丶一丿
肪	eyn	月方(乙)	eyt	月方(丿)
房	ynyv	丶尸方(巛)	ynye	丶尸方(彡)
防	byn	阝方(乙)	byt	阝方(丿)
妨	vyn	女方(乙)	vyt	女方(丿)
仿	wyn	亻方(乙)	wyt	亻方(丿)
访	yyn	讠方(乙)	yyt	讠方(丿)
纺	xyn	纟方(丿)	xyt	纟方(丿)
放	yty	方攵(丶)	yty	方攵(丶)

fei

汉字	86版	拆字实例	98版	拆字实例
菲	adjd	艹三刂三	ahdd	艹丨三三
非	djdd	三刂三㊂	hdhd	丨三丨三
啡	kdjd	口三刂三	khdd	口丨三三
飞	nui	乙冫(氵)	nui	乙冫(氵)
肥	ecn	月巴(乙)	ecn	月巴(乙)
匪	adjd	匚三刂三	ahdd	匚丨三三
诽	ydjd	讠三刂三	yhdd	讠丨三三
吠	kdy	口犬(丶)	kdy	口犬(丶)
肺	egmh	月一冂丨	egmh	月一冂丨
废	ynty	广乙丿丶	onty	广乙丿丶
沸	ixjh	氵弓刂(丨)	ixjh	氵弓刂(丨)
费	xjmu	弓刂贝(冫)	xjmu	弓刂贝(冫)

fen

汉字	86版	拆字实例	98版	拆字实例
芬	awvb	艹八刀(巜)	awvr	艹八刀(丿丿)
酚	sgwv	西一八刀	sgwv	西一八刀
吩	kwvt	口八刀(丿)	kwvt	口八刀(丿)
氛	rwve	气八刀(彡)	rwve	气八刀(彡)
分	wvr	八刀(丿丿)	wvr	八刀(丿丿)
纷	xwvt	纟八刀(丿)	xwvt	纟八刀(丿)
坟	fyy	土文(丶)	fyy	土文(丶)
焚	ssou	木木火(冫)	ssou	木木火(冫)
汾	iwvn	氵八刀(乙)	iwvt	氵八刀(丿)
粉	owvn	米八刀(乙)	owvt	米八刀(丿)
奋	dlf	大田㊁	dlf	大田㊁
份	wwvn	亻八刀(乙)	wwvt	亻八刀(丿)
忿	wvnu	八刀心(冫)	wvnu	八刀心(冫)
愤	nfam	忄十廾贝	nfam	忄十廾贝
粪	oawu	米龷八(冫)	oawu	米龷八(冫)

feng

汉字	86版	拆字实例	98版	拆字实例
丰	dhk	三丨(川)	dhk	三丨(川)
封	fffy	土土寸(丶)	fffy	土土寸(丶)
枫	smqy	木几乂(丶)	swry	木几乂(丶)
蜂	jtdh	虫夂三丨	jtdh	虫夂三丨
峰	mtdh	山夂三丨	mtdh	山夂三丨
锋	qtdh	钅夂三丨	qtdh	钅夂三丨
风	mqi	几乂(氵)	wri	几乂(氵)
疯	umqi	疒几乂(氵)	uwri	疒几乂(氵)
烽	otdh	火夂三丨	otdh	火夂三丨
逢	tdhp	夂三丨辶	tdhp	夂三丨辶
冯	ucg	冫马㊀	ucgg	冫马一㊀
缝	xtdp	纟夂三辶	xtdp	纟夂三辶
讽	ymqy	讠几乂(丶)	ywry	讠几乂(丶)
奉	dwfh	三八二丨	dwgj	三八丰(刂)
凤	mci	几又(氵)	wci	几又(氵)

fo

汉字	86版	拆字实例	98版	拆字实例
佛	wxjh	亻弓刂(丨)	wxjh	亻弓刂(丨)

fou

汉字	86版	拆字实例	98版	拆字实例
否	gikf	一小口㊁	dhkf	丆卜口㊁

fu

汉字	86版	拆字实例	98版	拆字实例
夫	fwi	二人(氵)	gggy	夫一一㇏
敷	geht	一月丨攵	syty	甫方攵(丶)
肤	efwy	月二人(丶)	egy	月夫(丶)
孵	qytb	𠂆丶丿子	qytb	𠂆丶丿子
扶	rfwy	扌二人(丶)	rgy	扌夫(丶)
拂	rxjh	扌弓刂(丨)	rxjh	扌弓刂(丨)
辐	lgkl	车一口田	lgkl	车一口田
幅	mhgl	冂丨一田	mhgl	冂丨一田
氟	rnxj	𠂉乙弓刂	rxjk	气弓刂(川)
符	twfu	⺮亻寸(冫)	twfu	⺮亻寸(冫)
伏	wdy	亻犬(丶)	wdy	亻犬(丶)
俘	webg	亻爫子㊀	webg	亻爫子㊀
服	ebcy	月卩又(丶)	ebcy	月卩又(丶)
浮	iebg	氵爫子㊀	iebg	氵爫子㊀
涪	iukg	氵立口㊀	iukg	氵立口㊀

学以致用系列丛书

汉字	86版	拆字实例	98版	拆字实例
福	pygl	礻丶一田	pygl	礻丶一田
袱	puwd	礻冫亻犬	puwd	礻冫亻犬
弗	xjk	弓川ⓚ	xjk	弓川ⓚ
甫	gehy	一月丨丶	sghy	甫一丨丶
抚	rfqn	扌二儿ⓝ	rfqn	扌二儿ⓝ
辅	lgey	车一月丶	lsy	车甫ⓨ
俯	wywf	亻广亻寸	wowf	亻广亻寸
釜	wqfu	八乂干丷	wrfu	八乂干丷
斧	wqrj	八乂斤ⓙ	wrrj	八乂斤ⓙ
脯	egey	月一月丶	esy	月甫ⓨ
腑	eywf	月广亻寸	eowf	月广亻寸
府	ywfi	广亻寸ⓘ	owfi	广亻寸ⓘ
腐	ywfw	广亻寸人	owfw	广亻寸人
赴	fhhi	土止卜ⓘ	fhhi	土止卜ⓘ
副	gklj	一口田刂	gklj	一口田刂
覆	sttt	西彳𠂉夂	sttt	西彳𠂉夂
赋	mgah	贝一弋止	mgay	贝一弋丶
复	tjtu	𠂉日夂ⓤ	tjtu	𠂉日夂ⓤ
傅	wgef	亻一月寸	wsfy	亻甫寸ⓨ
付	wfy	亻寸ⓨ	wfy	亻寸ⓨ
阜	wnnf	亻ココ十	tnfj	丿𠂤十ⓙ
父	wqu	八乂ⓤ	wru	八乂ⓤ
腹	etjt	月𠂉日夂	etjt	月𠂉日夂
负	qmu	𠂊贝ⓤ	qmu	𠂊贝ⓤ
富	pgkl	宀一口田	pgkl	宀一口田
讣	yhy	讠卜ⓨ	yhy	讠卜ⓨ
附	bwfy	阝亻寸ⓨ	bwfy	阝亻寸ⓨ
妇	vvg	女彐ⓖ	vvg	女彐ⓖ
缚	xgef	纟一月寸	xsfy	纟甫寸ⓨ
咐	kwfy	口亻寸ⓨ	kwfy	口亻寸ⓨ

G

汉字	86版	拆字实例	98版	拆字实例
ga				
噶	kajn	口艹日乙	kajn	口艹日乙
嘎	kdha	口丆目戈	kdha	口丆目戈
gai				
该	yynw	讠亠乙人	yynw	讠亠乙人
改	nty	己攵ⓨ	nty	己攵ⓨ
概	svcq	木彐厶儿	svaq	木艮匚儿
钙	qghn	钅一卜乙	qghn	钅一卜乙
盖	uglf	丷王皿ⓕ	uglf	丷王皿ⓕ
溉	ivcq	氵彐厶儿	ivaq	氵艮匚儿
gan				
干	fggh	干一一丨	fggh	干一一丨
甘	afd	廾二ⓓ	fghg	甘一丨一
杆	sfh	木干ⓗ	sfh	木干ⓗ
柑	safg	木廾二ⓖ	sfg	木甘ⓖ
竿	tfj	竹干ⓙ	tfj	竹干ⓙ
肝	efh	月干ⓗ	efh	月干ⓗ
赶	fhfk	土止干ⓚ	fhfk	土止干ⓚ
感	dgkn	厂一口心	dgkn	厂一口心
秆	tfh	禾干ⓗ	tfh	禾干ⓗ
敢	nbty	乙耳攵ⓨ	nbty	乙耳攵ⓨ
赣	ujtm	立早夂贝	ujtm	立早夂贝
gang				
冈	mqi	冂乂ⓘ	mri	冂乂ⓘ
刚	mqjh	冂乂刂ⓗ	mrjh	冂乂刂ⓗ
钢	qmqy	钅冂乂ⓨ	qmry	钅冂乂ⓨ
缸	rmag	𠂉山工ⓖ	tfba	丿干凵工
肛	eag	月工ⓖ	eag	月工ⓖ
纲	xmqy	纟冂乂ⓨ	xmry	纟冂乂ⓨ
岗	mmqu	山冂乂ⓤ	mmru	山冂乂ⓤ
港	iawn	氵龷八巳	iawn	氵龷八巳
杠	sag	木工ⓖ	sag	木工ⓖ
gao				
篙	tymk	PY冂口	tymk	竹亠冂口
皋	rdfj	白大十ⓙ	rdfj	白大十ⓙ
高	ymkf	亠冂口ⓕ	ymkf	亠冂口ⓚ
膏	ypke	亠冖口月	ypke	亠冖口月
羔	ugou	丷王灬ⓤ	ugou	丷王灬ⓤ
糕	ougo	米丷王灬	ougo	米丷王灬
搞	rymk	扌亠冂口	rymk	扌亠冂口
镐	qymk	钅亠冂口	qymk	钅亠冂口
稿	tymk	禾亠冂口	tymk	禾亠冂口
告	tfkf	丿凵口	tfkf	丿凵口ⓕ
ge				
哥	sksk	丁口丁口	sksk	丁口丁口
歌	sksw	丁口丁人	sksw	丁口丁人
搁	rutk	扌门夂口	rutk	扌门夂口
戈	agnt	戈一乙丿	agny	戈一乙丶
鸽	wgkg	人一口一	wgkg	人一口一
胳	etkg	月夂口ⓖ	etkg	月夂口ⓖ
疙	utnv	疒𠂉乙ⓥ	utnv	疒𠂉乙ⓥ
割	pdhj	宀三丨刂	pdhj	宀三丨刂
革	afj	廿串ⓙ	afj	廿串ⓙ
葛	ajqn	艹日勹乙	ajqn	艹日勹乙
格	stkg	木夂口ⓖ	stkg	木夂口ⓖ
蛤	jwgk	虫人一口	jwgk	虫人一口
阁	utkd	门夂口ⓓ	utkd	门夂口ⓓ
隔	bgkh	阝一口丨	bgkh	阝一口丨
铬	qtkg	钅夂口ⓖ	qtkg	钅夂口ⓖ
个	whj	人丨ⓙ	whj	人丨ⓙ
各	tkf	夂口ⓕ	tkf	夂口ⓕ
gei				
给	xwgk	纟人一口	xwgk	纟人一口
gen				
根	svey	木彐𠄌ⓨ	svy	木艮ⓨ
跟	khve	口止彐𠄌	khvy	口止艮ⓨ
geng				
耕	difj	三小二川	fsfj	二木二川
更	gjqi	一日乂ⓘ	gjri	一日乂ⓘ
庚	yvwi	广彐人ⓘ	ovwi	广彐人ⓘ
羹	ugod	丷王灬大	ugod	丷王灬大
埂	fgjq	凵一日乂	fgjr	凵一日乂
耿	boy	耳火ⓨ	boy	耳火ⓨ
梗	sgjq	木一日乂	sgjr	木一日乂
gong				
工	aaaa	工工工工	aaaa	工工工工
攻	aty	工攵ⓨ	aty	工攵ⓨ
功	aln	工力ⓝ	aet	工力ⓣ
恭	awnu	龷八⺗ⓤ	awnu	龷八⺗ⓤ

汉字	86 版	拆字实例	98 版	拆字实例
龚	dxaw	𠂇匕廾八	dxyw	ナ匕丶八
供	wawy	亻廾八⊘	wawy	亻廾八⊘
躬	tmdx	丿冂三弓	tmdx	丿冂三弓
公	wcu	八厶⑤	wcu	八厶⑤
宫	pkkf	宀口口⊜	pkkf	宀口口⊜
弓	xngn	弓乙一乙	xngn	弓乙一乙
巩	amyy	工几丶⊘	awyy	工几丶⊘
汞	aiu	工水⑤	aiu	工水⑤
拱	rawy	扌廾八⊘	rawy	扌廾八⊘
贡	amu	工贝⑤	amu	工贝⑤
共	awu	廾八⑤	awu	廾八⑤
gou				
钩	qqcy	钅勹厶⊘	qqcy	钅勹厶⊘
勾	qci	勹厶⊙	qci	勹厶⊙
沟	iqcy	氵勹厶⊘	iqcy	氵勹厶⊘
苟	aqkf	廾勹口⊜	aqkf	廾勹口⊜
狗	qtqk	犭丿勹口	qtqk	犭丿勹口
垢	frgk	土𠂆一口	frgk	土𠂆一口
构	sqcy	木勹厶⊘	sqcy	木勹厶⊘
购	mqcy	贝勹厶⊘	mqcy	贝勹厶⊘
够	qkqq	勹口夕夕	qkqq	勹口夕夕
gu				
辜	duj	古辛⑪	duj	古辛⑪
菇	avdf	廾女古⊜	avdf	廾女古⊜
咕	kdg	口古⊖	kdg	口古⊖
箍	trah	竹扌匚丨	trah	竹扌匚丨
估	wdg	亻古⊖	wdg	亻古⊖
沽	idg	氵古⊖	idg	氵古⊖
孤	brcy	子𠂆厶㇏	brcy	子𠂆厶㇏
姑	vdg	女古⊖	vdg	女古⊖
鼓	fkuc	士口丷又	fkuc	士口丷又
古	dghg	古一丨一	dghg	古一丨一
蛊	jlf	虫皿⊜	jlf	虫皿⊜
骨	mef	冎月⊜	mef	冎月⊜
谷	wwkf	八人口⊜	wwkf	八人口⊜
股	emcy	月几又⊘	ewcy	月几又⊘
故	dty	古攵⊘	dty	古攵⊘
顾	dbdm	厂㔾丆贝	dbdm	厂㔾丆贝
固	ldd	囗古㊂	ldd	囗古㊂
雇	ynwy	丶尸亻主	ynwy	丶尸亻主
gua				
刮	tdjh	丿古刂①	tdjh	丿古刂①
瓜	rcyi	𠂆厶㇏⊙	rcyi	𠂆厶㇏⊙
剐	kmwj	口冂人刂	kmwj	口冂人刂
寡	pdev	宀丆月刀	pdev	宀丆月刀
挂	rffg	扌土土⊖	rffg	扌土土⊖
褂	pufh	衤冫土卜	pufh	衤冫土卜
guai				
乖	tfux	丿十丬匕	tfux	丿十丬匕
拐	rkln	扌口力②	rket	扌口力⑦
怪	ncfg	忄又土⊖	ncfg	忄又土⊖
guan				
棺	spnn	木宀ココ	spng	木宀㠯⊖
关	udu	丷大⑤	udu	丷大⑤
官	pnhn	宀コ丨コ	pnf	宀㠯⊜
冠	pfqf	冖二儿寸	pfqf	冖二儿寸

汉字	86 版	拆字实例	98 版	拆字实例
观	cmqn	又冂儿②	cmqn	又冂儿②
管	tpnn	竹宀ココ	tpnf	竹宀㠯⊜
馆	qnpn	⺈乙宀㠯	qnpn	⺈乙宀㠯
罐	rmay	𠂉山廾主	tfby	丿千凵主
惯	nxfm	忄毌十贝	nxmy	忄毌贝⊘
灌	iaky	氵廾口主	iaky	氵廾口主
贯	xfmu	毌十贝⑤	xmu	毌贝⑤
guang				
光	iqb	⺌儿⑥	igqb	⺌一儿⑥
广	yygt	广丶一丿	oygt	广丶一丿
逛	qtgp	犭丿王辶	qtgp	犭丿王辶
gui				
瑰	grqc	王白儿厶	grqc	王白儿厶
规	fwmq	二人冂儿	gmqn	夫冂儿②
圭	fff	土土⊜	fff	土土⊜
硅	dffg	石土土⊖	dffg	石土土⊖
归	jvg	刂彐⊖	jvg	刂彐⊖
龟	qjnb	⺈日乙⑥	qjnb	⺈日乙⑥
闺	uffd	门土土㊂	uffd	门土土㊂
轨	lvn	车九②	lvn	车九②
鬼	rqci	白儿厶⊙	rqci	白儿厶⊙
诡	yqdb	讠⺈厂㔾	yqdb	讠⺈厂㔾
癸	wgdu	癶一大⑤	wgdu	癶一大⑤
桂	sffg	木土土⊖	sffg	木土土⊖
柜	sang	木匚コ⊖	sang	木匚コ⊖
跪	khqb	口止⺈㔾	khqb	口止⺈㔾
贵	khgm	口丨一贝	khgm	口丨一贝
刽	wfcj	人二厶刂	wfcj	人二厶刂
gun				
辊	ljxx	车日𠂉匕	ljxx	车日𠂉匕
滚	iuce	氵六厶𧘇	iuce	氵六厶𧘇
棍	sjxx	木日𠂉匕	sjxx	木日𠂉匕
guo				
锅	qkmw	钅口冂人	qkmw	钅口冂人
郭	ybbh	亠子阝①	ybbh	亠子阝①
国	lgyi	囗王丶⊙	lgyi	囗王丶⊙
果	jsi	日木⊙	jsi	日木⊙
裹	yjse	亠日木𧘇	yjse	亠日木𧘇
过	fpi	寸辶⊙	fpi	寸辶⊙

H

汉字	86 版	拆字实例	98 版	拆字实例
ha				
哈	kwgk	口人一口	kwgk	口人一口
hai				
骸	meyw	冎月亠人	meyw	冎月亠人
孩	bynw	子亠乙人	bynw	子亠乙人
海	itxu	氵𠂉母冫	itxy	氵𠂉母⊘
氦	rnyw	𠂉乙亠人	rynw	气亠乙人
亥	yntw	亠乙丿人	yntw	亠乙丿人
害	pdhk	宀三丨口	pdhk	宀三丨口
骇	cynw	马亠乙人	cgyw	马一亠人
han				
酣	sgaf	西一廾二	sgfg	西一甘⊖
憨	nbtn	乙耳攵心	nbtn	乙耳攵心
邯	afbh	廾二阝①	fbh	甘阝①

汉字	86版	拆字实例	98版	拆字实例
韩	fjfh	十早二丨	fjfh	十早二丨
含	wynk	人丶乙口	wynk	人丶乙口
涵	ibib	氵了㐅凵	ibib	氵了㐅凵
寒	pfju	宀二刂冫	pawu	宀龷八冫
函	bibk	了㐅凵⑩	bibk	了㐅凵⑩
喊	kdgt	口厂一丿	kdgk	口厂一口
罕	pwfj	冖八千⑪	pwfj	冖八千⑪
翰	fjwn	十早人羽	fjwn	十早人羽
撼	rdgn	扌厂一心	rdgn	扌厂一心
捍	RJFH	扌日千①	rjfh	扌日千①
旱	jfj	日千⑪	jfj	日千⑪
憾	ndgn	忄厂一心	ndgn	忄厂一心
悍	njfh	忄日千①	njfh	忄日千①
焊	ojfh	火日千①	ojfh	火日千①
汗	ifh	氵千①	ifh	氵千①
汉	icy	氵又⊙	ifh	氵千①
hang				
夯	dLB	大力⑥	der	大力⊘
杭	SYMN	木亠几©	sywn	木亠几©
航	TEYM	丿舟亠几	tuyw	丿舟亠几
hao				
壕	fype	土古冖豕	fype	土古冖豕
嚎	kype	口古冖豕	kype	口古冖豕
豪	ypeu	古冖豕⊙	ypge	古冖一豕
毫	yptn	古冖丿乙	ypeb	古冖毛⑥
郝	fobh	土小阝①	fobh	土小阝①
好	vbg	女子㊀	vbg	女子㊀
耗	ditn	三小丿乙	fsen	二木毛©
号	kgnb	口一乙⑥	kgnb	口一乙⑥
浩	itfk	氵丿土口	itfk	氵丿土口
he				
呵	kskg	口丁口㊀	kskg	口丁口㊀
喝	kjqn	口曰勹乙	kjqn	口曰勹乙
荷	awsk	廾亻丁口	awsk	廾亻丁口
菏	aisk	廾氵丁口	aisk	廾氵丁口
核	synw	木亠乙人	synw	木亠乙人
禾	tttt	禾禾禾禾	tttt	禾禾禾禾
和	tkg	禾口㊀	tkg	禾口㊀
何	wskg	亻丁口㊀	wskg	亻丁口㊀
合	wgkf	人一口㊁	wgkf	人一口㊁
盒	wgkl	人一口皿	wgkl	人一口皿
貉	eetk	爫豸夂口	etkg	豸夂口㊀
阂	uynw	门亠乙人	uynw	门亠乙人
河	iskg	氵丁口㊀	iskg	氵丁口㊀
涸	ildg	氵囗古㊀	ildg	氵囗古㊀
赫	fofo	土小土小	fofo	土小土小
褐	pujn	礻冫曰乙	pujn	礻冫曰乙
鹤	pwyg	冖亻圭一	pwyg	冖亻圭一
贺	lkmu	力口贝⊙	ekmu	力口贝⊙
hei				
嘿	klfo	口四土灬	klfo	口四土灬
黑	lfou	四土灬⊙	lfou	四土灬⊙
hen				
痕	uvei	疒彐𧘇⊙	uvi	疒艮⊙
很	tvey	彳彐𧘇⊙	tvy	彳艮⊙

汉字	86版	拆字实例	98版	拆字实例
狠	qtve	犭丿彐𧘇	qtvy	犭丿艮⊙
恨	nvey	忄彐𧘇⊙	nvy	忄艮⊙
heng				
哼	kybh	口古了①	kybh	口古了①
亨	ybj	古了⑪	ybj	古了⑪
横	samw	木龷由八	samw	木龷由八
衡	tqdh	彳鱼大丨	tqds	彳鱼大丁
恒	ngjg	忄一日一	ngjg	忄一日一
hong				
轰	lccu	车又又⊙	lccu	车又又⊙
哄	kawy	口龷八⊙	kawy	口龷八⊙
烘	oawy	火龷八⊙	oawy	火龷八⊙
虹	jag	虫工㊀	jag	虫工㊀
鸿	iaqg	氵工勹一	iaqg	氵工鸟一
洪	iawy	氵龷八⊙	iawy	氵龷八⊙
宏	pdcu	宀ナ厶⊙	pdcu	宀ナ厶⊙
弘	xcy	弓厶⊙	xcy	弓厶⊙
红	xag	纟工㊀	xag	纟工㊀
hou				
喉	kwnd	口亻乙大	kwnd	口亻⺈大
侯	wntd	亻⺈⺈大	wntd	亻⺈⺈大
猴	qtwd	犭丿亻大	qtwd	犭丿亻大
吼	kbnn	口孑乙©	kbnn	口孑乙©
厚	djbd	厂日子㊂	djbd	厂日子㊂
候	whnd	亻丨⺈大	whnd	亻丨⺈大
后	rgkd	𠂆一口㊂	rgkd	𠂆一口㊂
hu				
呼	ktuh	口丿丷丨	ktuf	口丿丷十
乎	tuhk	丿丷丨⑩	tufk	丿丷十⑩
忽	qrnu	勹⺁心⊙	qrnu	勹⺁心⊙
瑚	gdeg	王古月㊀	gdeg	王古月㊀
壶	fpog	士冖业一	fpof	士冖业㊁
葫	adef	廾古月㊁	adef	廾古月㊁
胡	deg	古月㊀	deg	古月㊀
蝴	jdeg	虫古月㊀	jdeg	虫古月㊀
狐	qtry	犭丿𠂆乀	qtry	犭丿𠂆乀
糊	odeg	米古月㊀	odeg	米古月㊀
湖	ideg	氵古月㊀	ideg	氵古月㊀
弧	xrcy	弓𠂆厶乀	xrcy	弓𠂆厶乀
虎	hamv	广七几⑥	hwv	虍几⑥
唬	kham	口广七几	khwn	口虍几©
护	rynt	扌丶尸⊘	rynt	扌丶尸⊘
互	gxgd	一彑一㊂	gxd	一彑㊂
沪	iynt	氵丶尸⊘	iynt	氵丶尸⊘
户	yne	丶尸③	yne	丶尸③
hua				
花	awxb	廾亻匕⑥	awxb	廾亻匕⑥
哗	kwxf	口亻匕十	kwxf	口亻匕十
华	wxfj	亻匕十⑪	wxfj	亻匕十⑪
猾	qtme	犭丿冎月	qtme	犭丿冎月
滑	imeg	氵冎月㊀	imeg	氵冎月㊀
画	glbj	一田凵⑪	glbj	一田凵⑪
划	ajh	戈刂①	ajh	戈刂①
化	wxn	亻匕©	wxn	亻匕©
话	ytdg	讠丿古㊀	ytdg	讠丿古㊀

汉字	86 版	拆字实例	98 版	拆字实例
huai				
槐	srqc	木白儿厶	srqc	木白儿厶
徊	tlkg	彳口口⊖	tlkg	彳口口⊖
怀	ngiy	忄一小⊘	ndhy	忄丆卜⊘
淮	iwyg	氵亻丰⊖	iwyg	氵亻丰⊖
坏	fgiy	土一小⊘	fdhy	土丆卜⊘
huan				
欢	cqwy	又⺈人⊘	cqwy	又⺈人⊘
环	ggiy	王一小⊘	gdhy	王丆卜⊘
桓	sgjg	木一日一	sgjg	木一日一
还	gipi	一小辶ⓘ	dhpi	丆卜辶ⓘ
缓	xefc	纟爫干又	xegc	纟爫一又
换	rqmd	扌⺈冂大	rqmd	扌⺈冂大
患	kkhn	口口丨心	kkhn	口口丨心
唤	kqmd	口⺈冂大	kqmd	口⺈冂大
痪	uqmd	疒⺈冂大	uqmd	疒⺈冂大
豢	udeu	丷大豕ⓢ	ugge	丷夫一豕
焕	oqmd	火⺈冂大	oqmd	火⺈冂大
涣	iqmd	氵⺈冂大	iqmd	氵⺈冂大
宦	pahh	宀匚丨丨	pahh	宀匚丨丨
幻	xnn	幺乙ⓒ	xnn	幺乙ⓒ
huang				
荒	aynq	廾亠乙儿	aynk	廾亠乙儿
慌	nayq	忄廾亠儿	nayk	忄廾亠儿
黄	amwu	龷由八ⓢ	amwu	龷由八ⓢ
磺	damw	石龷由八	damw	石龷由八
蝗	jrgg	虫白王⊖	jrgg	虫白王⊖
簧	tamw	竹龷由八	tamw	竹龷由八
皇	rgf	白王⊜	rgf	白王⊜
凰	wrgd	几白王⊜	wrgd	几白王⊜
惶	nrgg	忄白王⊖	nrgg	忄白王⊖
煌	orgg	火白王⊖	orgg	火白王⊖
晃	jiqb	日⺌儿ⓚ	jigq	日⺌一儿
幌	mhjq	冂丨日儿	mhjq	冂丨日儿
恍	niqn	忄⺌儿ⓒ	nigq	忄⺌一儿
谎	yayq	讠廾亠儿	yayk	讠廾亠儿
hui				
灰	dou	大火ⓢ	dou	大火ⓢ
挥	rplh	扌冖车①	rplh	扌冖车①
辉	iqpl	⺌儿冖车	igql	⺌一儿车
徽	tmgt	彳山一攵	tmgt	彳山一攵
恢	ndoy	忄大火⊘	ndoy	忄大火⊘
蛔	jlkg	虫口口⊖	jlkg	虫口口⊖
回	lkd	口口⊜	lkd	口口⊜
毁	vawc	臼工几又	eawc	臼工几又
悔	ntxu	忄𠂉母氵	ntxy	忄𠂉母⊘
慧	dhdn	三丨三心	dhdn	三丨三心
卉	faj	十廾①	faj	十廾①
惠	gjhn	一日丨心	gjhn	一日丨心
晦	jtxu	日𠂉母氵	jtxy	日𠂉母⊘
贿	mdeg	贝ナ月⊖	mdeg	贝ナ月⊖
秽	tmqy	禾山夕⊘	tmqy	禾山夕⊘
会	wfcu	人二厶ⓢ	wfcu	人二厶ⓢ
烩	owfc	火人二厶	owfc	火人二厶
汇	ian	氵匚ⓒ	ian	氵匚ⓒ

汉字	86 版	拆字实例	98 版	拆字实例
讳	yfnh	讠二乙丨	yfnh	讠二乙丨
诲	ytxu	讠𠂉母氵	ytxy	讠𠂉母⊘
绘	xwfc	纟人二厶	xwfc	纟人二厶
hun				
荤	aplj	廾冖车①	aplj	廾冖车①
昏	qajf	𠂆七日⊜	qajf	𠂆七日⊜
婚	vqaj	女𠂆七日	vqaj	女𠂆七日
魂	fcrc	二厶白厶	fcrc	二厶白厶
浑	iplh	氵冖车①	iplh	氵冖车①
混	ijxx	氵日匕匕	ijxx	氵日匕匕
huo				
豁	pdhk	宀三丨口	pdhk	宀三丨口
活	itdg	氵丿古⊖	itdg	氵丿古⊖
伙	woy	亻火⊘	woy	亻火⊘
火	oooo	火火火火	oooo	火火火火
获	aqtd	廾犭丿犬	aqtd	廾犭丿犬
或	akgd	戈口一⊜	akgd	戈口一⊜
惑	akgn	戈口一心	akgn	戈口一心
霍	fwyf	雨亻丰⊜	fwyf	雨亻丰⊜
货	wxmu	亻七贝ⓢ	wxmu	亻七贝ⓢ
祸	pykw	礻丶口人	pykw	礻丶口人

J

汉字	86 版	拆字实例	98 版	拆字实例
ji				
击	fmk	二山ⓜ	gbk	丰凵ⓜ
圾	fbyy	凵乃㇏⊘	fbyy	凵乃㇏⊘
基	adwf	廾三八凵	dwff	其八凵⊜
机	smn	木几ⓒ	swn	木几ⓒ
畸	ldsk	田大丁口	ldsk	田大丁口
稽	tdnj	禾ナ乙日	tdnj	禾ナ乙日
积	tkwy	禾口八⊘	tkwy	禾口八⊘
箕	tadw	竹廾三八	tdwu	竹其八ⓢ
肌	emn	月几ⓒ	ewn	月几ⓒ
饥	qnmn	⺈乙几ⓒ	qnwn	⺈乙几ⓒ
迹	yopi	亠⺗辶ⓘ	yopi	亠⺗辶ⓘ
激	iryt	氵白方攵	iryt	氵白方攵
讥	ymn	讠几ⓒ	ywn	讠几ⓒ
鸡	cqgg	又勹丶一	cqgg	又鸟一⊖
姬	vahh	女匚丨丨	vahh	女匚丨丨
绩	xgmy	纟丰贝⊘	xgmy	纟丰贝⊘
缉	xkbg	纟口耳⊖	xkbg	纟口耳⊖
吉	fkf	士口⊜	fkf	士口⊜
极	seyy	木乃㇏⊘	sbyy	木乃㇏⊘
棘	gmii	一冂小小	smsm	木冂木冂
辑	lkbg	车口耳⊖	lkbg	车口耳⊖
籍	tdij	竹三小日	tfsj	竹二木日
集	wysu	亻丰木ⓢ	wysu	亻丰木ⓢ
及	eyi	乃㇏ⓘ	byi	乃㇏ⓘ
急	qvnu	⺈彐心ⓢ	qvnu	⺈彐心ⓢ
疾	utdi	疒𠂉大ⓘ	utdi	疒𠂉大ⓘ
汲	ieyy	氵乃㇏⊘	ibyy	氵乃㇏⊘
即	vcbh	彐厶卩①	vbh	㔾卩①
嫉	vutd	女疒𠂉大	vutd	女疒𠂉大
级	xeyy	纟乃㇏⊘	xbyy	纟乃㇏⊘
挤	ryjh	扌文川①	ryjh	扌文川①

汉字	86 版	拆字实例	98 版	拆字实例
几	mtn	几丿乙	wtn	几丿乙
脊	iwef	⺍人月⊜	iwef	⺍人月⊜
己	nngn	己乙一乙	nngn	己乙一乙
蓟	aqgj	廾鱼一刂	aqgj	廾鱼一刂
技	rfcy	扌十又⊘	rfcy	扌十又⊘
冀	uxlw	丬匕田八	uxlw	丬匕田八
季	tbf	禾子⊜	tbf	禾子⊜
伎	wfcy	亻十又⊘	wfcy	亻十又⊘
祭	wfiu	癶二小⊙	wfiu	癶二小⊙
剂	yjjh	文刂刂①	yjjh	文刂刂①
悸	ntbg	忄禾子⊖	ntbg	忄禾子⊖
济	iyjh	氵文刂①	iyjh	氵文刂①
寄	pdsk	宀大丁口	pdsk	宀大丁口
寂	phic	宀上小又	phic	宀上小又
计	yfh	讠十①	yfh	讠十①
记	ynn	讠己Ⓒ	ynn	讠己Ⓒ
既	vcaq	ヨム匚儿	vaqn	艮匚儿Ⓒ
忌	nnu	己心⊙	nnu	己心⊙
际	bfiy	阝二小⊘	bfiy	阝二小⊘
妓	vfcy	女十又⊘	vfcy	女十又⊘
继	xonn	纟米乙Ⓒ	xonn	纟米乙Ⓒ
纪	xnn	纟己Ⓒ	xnn	纟己Ⓒ
jia				
嘉	fkuk	士口⺌口	fkuk	士口⺌口
枷	slk	木力口⊖	sekg	木力口⊖
夹	guwi	一⺌人⊙	gudi	一丷大⊙
佳	wffg	亻土土⊖	wffg	亻土土⊖
家	peu	宀豕⊙	pgeu	宀一豕⊙
加	lkg	力口⊖	ekg	力口⊖
荚	aguw	廾一⺌人	agud	廾一丷大
颊	guwm	一⺌人贝	gudm	一丷大贝
贾	smu	西贝⊙	Smu	覀贝⊙
甲	lhnh	甲丨乙丨	lhnh	甲丨乙丨
钾	qlh	钅甲①	qlh	钅甲①
假	wnhc	亻コ丨又	wnhc	亻コ丨又
稼	tpey	禾宀豕⊘	tpge	禾宀一豕
价	wwjh	人人刂①	wwjh	人人刂①
架	lksu	力口木⊙	eksu	力口木⊙
驾	lkcf	力口马⊜	ekcg	力口马一
嫁	vpey	女宀豕⊘	vpge	女宀一豕
jian				
歼	gqtf	一夕丿十	gqtf	一夕丿十
监	jtyl	刂𠂉丶皿	jtyl	刂𠂉丶皿
坚	jcff	刂又土⊜	jcff	刂又土⊜
尖	idu	小大⊙	idu	小大⊙
笺	tgr	⺮戋⊘	tgau	⺮一戈⊘
间	ujd	门日⊜	ujd	门日⊜
煎	uejo	䒑月刂灬	uejo	䒑月刂灬
兼	uvou	䒑ヨ灬⊙	uvjw	䒑彐刂八
肩	yned	丶尸月⊜	yned	丶尸月⊜
艰	cvey	又ヨ𧘇⊘	cvy	又艮⊘
奸	vfh	女干①	vfh	女干①
缄	xdgt	纟厂一丿	xdgk	纟厂一口
茧	aju	廾虫⊙	aju	廾虫⊙
检	swgi	木人一⺍	swgg	木人一一
柬	glii	一罒小⊙	sld	木罒⊜
碱	ddgt	石厂一丿	ddgk	石厂一口
硷	dwgi	石人一⺍	dwgg	石人一一
拣	ranw	扌𠂉乙八	ranw	扌𠂉乙八
捡	rwgi	扌人一⺍	rwgg	扌人一一
简	tujf	⺮门日⊜	tujf	⺮门日⊜
俭	wwgi	亻人一⺍	wwgg	亻人一一
剪	uejv	䒑月刂刀	uejv	䒑月刂刀
减	udgt	冫厂一丿	udgk	冫厂一口
荐	adhb	廾ナ丨子	adhb	廾ナ丨子
槛	sjtl	木刂𠂉皿	sjtl	木刂𠂉皿
鉴	jtyq	刂𠂉丶金	jtyq	刂𠂉丶金
践	khgt	口止戋⊘	khga	口止一戈
贱	mgt	贝戋⊘	mgay	贝一戈⊘
见	mqb	冂儿⊛	Mqb	冂儿⊛
键	qvfp	钅ヨ二廴	qvgp	钅彐キ廴
箭	tuej	⺮䒑月刂	tuej	⺮䒑月刂
件	wrhh	亻𠂉丨①	wtgh	亻丿キ①
健	wvfp	亻ヨ二廴	wvgp	亻彐キ廴
舰	temq	丿舟冂儿	tumq	丿舟冂儿
剑	wgij	人一⺍刂	wgij	人一⺍刂
饯	qngt	饣乙戋⊘	qnga	饣乙一戈
渐	ilrh	氵车斤①	ilrh	氵车斤①
溅	imgt	氵贝戋⊘	imga	氵贝一戈
涧	iujg	氵门日⊖	iujg	氵门日⊖
建	vfhp	ヨ二丨廴	vgpk	彐キ廴Ⓦ
jiang				
僵	wglg	亻一田一	wglg	亻一田一
姜	ugvf	丷王女⊜	ugvf	丷王女⊜
将	uqfy	丬夕寸⊘	uqfy	丬夕寸⊘
浆	uqiu	丬夕水⊙	uqiu	丬夕水⊙
江	iag	氵工⊖	Iag	氵工⊖
疆	xfgg	弓土一一	xfgg	弓土一一
蒋	auqf	廾丬夕寸	auqf	廾丬夕寸
桨	uqsu	丬夕木⊙	uqsu	丬夕木⊙
奖	uqdu	丬夕大⊙	uqdu	丬夕大⊙
讲	yfjh	讠二刂①	yfjh	讠二刂①
匠	ark	匚斤Ⓦ	ark	匚斤Ⓦ
酱	uqsg	丬夕西一	uqsg	丬夕西一
降	btah	阝夂匚丨	btgh	阝夂キ①
jiao				
蕉	awyo	廾亻圭灬	awyo	廾亻圭灬
椒	shic	木上小又	shic	木上小又
礁	dwyo	石亻圭灬	dwyo	石亻圭灬
焦	wyou	亻圭灬⊙	wyou	亻圭灬⊙
胶	euqy	月六乂⊘	eury	月六乂⊘
交	uqu	六乂⊙	uru	六乂⊙
郊	uqbh	六乂阝①	urbh	六乂阝①
浇	iatq	氵七丿儿	iatq	氵七丿儿
骄	ctdj	马丿大刂	cgtj	马一丿刂
娇	vtdj	女丿大刂	vtdj	女丿大刂
嚼	kelf	口爫罒寸	kelf	口爫罒寸
搅	ripq	扌⺍冖儿	ripq	扌⺍冖儿
铰	quqy	钅六乂⊘	qury	钅六乂⊘
矫	tdtj	𠂉大丿刂	tdtj	𠂉大丿刂

汉字	86 版	拆字实例	98 版	拆字实例
侥	watq	亻七丿儿	watq	亻七丿儿
脚	efcb	月土ム卩	efcb	月土ム卩
狡	qtuq	犭丿六乂	qtur	犭丿六乂
角	qej	𠂊用ⓙ	qej	𠂊用ⓙ
饺	qnuq	𠂊乙六乂	qnur	𠂊乙六乂
缴	xryt	纟白方攵	xryt	纟白方攵
绞	xuqy	纟六乂ⓨ	xury	纟六乂ⓨ
剿	vjsj	巛日木刂	vjsj	巛日木刂
教	ftbt	土丿子攵	ftbt	土丿子攵
酵	sgfb	西一土子	sgfb	西一土子
轿	ltdj	车丿大刂	ltdj	车丿大刂
较	luqy	车六乂ⓨ	lury	车六乂ⓨ
叫	knhh	口乙丨①	knhh	口乙丨①
窖	pwtk	宀八丿口	pwtk	宀八丿口
jie				
揭	rjqn	扌日勹乙	rjqn	扌日勹乙
接	ruvg	扌立女㊀	ruvg	扌立女㊀
皆	xxrf	匕匕白㊁	xxrf	匕匕白㊁
秸	tfkg	禾士口㊀	tfkg	禾士口㊀
街	tffh	彳土土丨	tffs	彳土土丁
阶	bwjh	阝人刂①	bwjh	阝人刂①
截	fawy	十戈亻主	fawy	十戈亻丶
劫	fcln	土ム力ⓝ	fcet	土ム力ⓡ
节	abj	廾卩ⓙ	abj	廾卩ⓙ
桔	sfkg	木士口㊀	sfkg	木士口㊀
杰	sou	木灬ⓤ	sou	木灬ⓤ
捷	rgvh	扌一彐龰	rgvh	扌一彐龰
睫	hgvh	目一彐龰	hgvh	目一彐龰
竭	ujqn	立日勹乙	ujqn	立日勹乙
洁	ifkg	氵士口㊀	ifkg	氵士口㊀
结	xfkg	纟士口㊀	xfkg	纟士口㊀
解	qevh	𠂊用刀丨	qevg	𠂊用刀キ
姐	vegg	女目一㊀	vegg	女目一㊀
戒	aak	戈廾ⓚ	aak	戈廾ⓚ
藉	adij	廾三小日	afsj	廾二木日
芥	awjj	廾人刂ⓙ	awjj	廾人刂ⓙ
界	lwjj	田人刂ⓙ	lwjj	田人刂ⓙ
借	wajg	亻龷日㊀	wajg	亻龷日㊀
介	wjj	人刂ⓙ	wjj	人刂ⓙ
疥	uwjk	疒人刂ⓚ	uwjk	疒人刂ⓚ
诫	yaah	讠戈廾①	yaah	讠戈廾①
届	nmd	尸由㊂	nmd	尸由㊂
jin				
巾	mhk	冂丨ⓚ	mhk	冂丨ⓚ
筋	telb	竹月力ⓑ	teer	竹月力ⓡ
斤	rtth	斤丿丿丨	rtth	斤丿丿丨
金	qqqq	金金金金	qqqq	金金金金
今	wynb	人丶乙ⓑ	wynb	人丶乙ⓑ
津	ivfh	氵彐二丨	ivgh	氵彐キ①
襟	pusi	衤冫木小	pusi	衤冫木小
紧	jcxi	刂又幺小	jcxi	刂又幺小
锦	qrmh	钅白冂丨	qrmh	钅白冂丨
仅	wcy	亻又ⓨ	wcy	亻又ⓨ
谨	yakg	讠廿口主	yakg	讠廿口主
进	fjpk	二刂辶ⓚ	fjpk	二刂辶ⓚ
靳	afrh	廿串斤①	afrh	廿串斤①
晋	gogj	一业一日	gojf	一业日㊁
禁	ssfi	木木二小	ssfi	木木二小
近	rpk	斤辶ⓚ	rpk	斤辶ⓚ
烬	onyu	火尸乀冫	onyu	火尸乀冫
浸	ivpc	氵彐冖又	ivpc	氵彐冖又
尽	nyuu	尸乀冫ⓤ	nyuu	尸乀冫ⓤ
劲	caln	ス工力ⓝ	caet	ス工力ⓡ
jing				
荆	agaj	廾一廾刂	agaj	廾一廾刂
兢	dqdq	古儿古儿	dqdq	古儿古儿
茎	acaf	廾ス工㊁	acaf	廾ス工㊁
睛	hgeg	目龶月㊀	hgeg	目龶月㊀
晶	jjjf	日日日㊁	jjjf	日日日㊁
鲸	qgyi	鱼一亠小	qgyi	鱼一亠小
京	yiu	亠小ⓤ	yiu	亠小ⓤ
惊	nyiy	忄亠小ⓨ	nyiy	忄亠小ⓨ
精	ogeg	米龶月㊀	ogeg	米龶月㊀
粳	ogjq	米一日乂	ogjr	米一日乂
经	xcag	纟ス工㊀	xcag	纟ス工㊀
井	fjk	二刂ⓚ	fjk	二刂ⓚ
警	aqky	廾勹口言	aqky	廾勹口言
景	jyiu	日亠小ⓤ	jyiu	日亠小ⓤ
颈	cadm	ス工丆贝	cadm	ス工丆贝
静	geqh	龶月𠂊丨	geqh	龶月𠂊丨
境	fujq	土立日儿	fujq	土立日儿
敬	aqkt	廾勹口攵	aqkt	廾勹口攵
镜	qujq	钅立日儿	qujq	钅立日儿
径	tcag	彳ス工㊀	tcag	彳ス工㊀
痉	ucad	疒ス工㊂	ucad	疒ス工㊂
靖	ugeg	立龶月㊀	ugeg	立龶月㊀
竟	ujqb	立日儿ⓑ	ujqb	立日儿ⓑ
竞	ukqb	立口儿ⓑ	ukqb	立口儿ⓑ
净	uqvh	冫𠂊彐丨	uqvh	冫𠂊彐丨
jiong				
炯	omkg	火冂口㊀	omkg	火冂口㊀
窘	pwvk	宀八彐口	pwvk	宀八彐口
jiu				
揪	rtoy	扌禾火ⓨ	rtoy	扌禾火ⓨ
究	pwvb	宀八九ⓑ	pwvb	宀八九ⓑ
纠	xnhh	纟乙丨①	xnhh	纟乙丨①
玖	gqyy	王勹乀ⓨ	gqyy	王勹乀ⓨ
韭	djdg	三刂三一	hdhg	丨三丨一
久	qyi	勹乀ⓘ	qyi	勹乀ⓘ
灸	qyou	勹丶火ⓤ	qyou	勹丶火ⓤ
九	vtn	九丿乙	vtn	九丿乙
酒	isgg	氵西一㊀	isgg	氵西一㊀
厩	dvcq	厂彐ム儿	dvaq	厂艮二儿
救	fiyt	十氺丶攵	giyt	一氺丶攵
旧	hjg	丨日㊀	hjg	丨日㊀
臼	vthg	臼丿丨一	ethg	臼丿丨一
舅	vllb	臼田力ⓑ	eler	臼田力ⓡ
咎	thkf	夂卜口㊁	thkf	夂卜口㊁
就	yidn	亠小尤乙	yidy	亠小ナ丶
疚	uqyi	疒勹乀ⓘ	uqyi	疒勹乀ⓘ

学以致用系列丛书

汉字	86 版	拆字实例	98 版	拆字实例
ju				
鞠	afqo	廿申勹米	afqo	廿申勹米
拘	rqkg	扌勹口㊀	rqkg	扌勹口㊀
狙	qteg	犭丿目一	qteg	犭丿目一
疽	uegd	疒目一㊂	uegd	疒目一㊂
居	ndd	尸古㊂	ndd	尸古㊂
驹	cqkg	马勹口㊀	cgqk	马一勹口
菊	aqou	廾勹米ⓢ	aqou	廾勹米ⓢ
局	nnkd	尸乙口㊂	nnkd	尸乙口㊂
咀	kegg	口目一㊀	kegg	口目一㊀
矩	tdan	𠂉大匚コ	tdan	𠂉大匚コ
举	iwfh	⺍八二丨	igwg	⺌一八丰
沮	iegg	氵目一㊀	iegg	氵目一㊀
聚	bcti	耳又丿水	bciu	耳又氺ⓢ
拒	rang	扌匚コ㊀	rang	扌匚コ㊀
据	rndg	扌尸古㊀	rndg	扌尸古㊀
巨	and	匚コ㊂	and	匚コ㊂
具	hwu	且八ⓢ	hwu	且八ⓢ
距	khan	口止匚コ	khan	口止匚コ
踞	khnd	口止尸古	khnd	口止尸古
锯	qndg	钅尸古㊀	qndg	钅尸古㊀
俱	whwy	亻且八⊘	whwy	亻且八⊘
句	qkd	勹口㊂	qkd	勹口㊂
惧	nhwy	忄且八⊘	nhwy	忄且八⊘
炬	oang	火匚コ㊀	oang	火匚コ㊀
剧	ndjh	尸古刂①	ndjh	尸古刂①
juan				
捐	rkeg	扌口月㊀	rkeg	扌口月㊀
鹃	keqg	口月鸟一	keqg	口月鸟一
娟	vkeg	女口月㊀	vkeg	女口月㊀
倦	wudb	亻⺌大㔾	wugb	亻丷夫㔾
眷	udhf	⺌大目㊁	ughf	丷夫目㊁
卷	udbb	⺌大㔾ⓚ	ugbb	丷夫㔾ⓚ
绢	xkeg	纟口月㊀	xkeg	纟口月㊀
jue				
撅	rduw	扌厂⺌人	rduw	扌厂⺌人
攫	rhhc	扌目目又	rhhc	扌目目又
抉	rnwy	扌コ人⊘	rnwy	扌コ人⊘
掘	rnbm	扌尸凵山	rnbm	扌尸凵山
倔	wnbm	亻尸凵山	wnbm	亻尸凵山
爵	elvf	爫罒艮寸	elvf	爫罒艮寸
觉	ipmq	⺍冖冂儿	ipmq	⺍冖冂儿
决	unwy	冫コ人⊘	unwy	冫コ人⊘
诀	ynwy	讠コ人⊘	ynwy	讠コ人⊘
绝	xqcn	纟⺈巴©	xqcn	纟⺈巴©
jun				
均	fqug	土勹冫㊀	fqug	土勹冫㊀
菌	altu	廾口禾ⓢ	altu	廾口禾ⓢ
钧	qqug	钅勹冫㊀	qqug	钅勹冫㊀
军	plj	冖车①	plj	冖车①
君	vtkd	彐丿口㊂	vtkf	彐丿口㊁
峻	mcwt	山厶八夂	mcwt	山厶八夂
俊	wcwt	亻厶八夂	wcwt	亻厶八夂
竣	ucwt	立厶八夂	ucwt	立厶八夂
浚	icwt	氵厶八夂	icwt	氵厶八夂
郡	vtkb	彐丿口阝	vtkb	彐丿口阝
骏	ccwt	马厶八夂	cgct	马一厶夂

K

汉字	86 版	拆字实例	98 版	拆字实例
ka				
喀	kptk	口宀夂口	kptk	口宀夂口
咖	klkg	口力口㊀	kekg	口力口㊀
卡	hhu	上卜ⓢ	hhu	上卜ⓢ
咯	ktkg	口夂口㊀	ktkg	口夂口㊀
kai				
开	gak	一廾ⓜ	gak	一廾ⓜ
揩	rxxr	扌⺊匕白	rxxr	扌⺊匕白
楷	sxxr	木⺊匕白	sxxr	木⺊匕白
凯	mnmn	山己几©	mnwn	山己几©
慨	nvcq	忄彐厶儿	nvaq	忄艮匚儿
kan				
刊	fjh	干刂①	fjh	干刂①
堪	fadn	土廾三乙	fdwn	土甘八乙
勘	adwl	廾三八力	dwne	甘八乙力
坎	fqwy	土⺈人⊘	fqwy	土⺈人⊘
砍	dqwy	石⺈人⊘	dqwy	石⺈人⊘
看	rhf	龵目㊁	rhf	龵目㊁
kang				
康	yvii	广彐小ⓘ	ovii	广⺕氺ⓘ
慷	nyvi	忄广彐小	novi	忄广⺕氺
糠	oyvi	米广彐小	oovi	米广⺕氺
扛	rag	扌工㊀	rag	扌工㊀
抗	rymn	扌亠几©	rywn	扌亠几©
亢	ymb	亠几ⓚ	ywb	亠几ⓚ
炕	oymn	火亠几©	oywn	火亠几©
kao				
考	ftgn	土丿一乙	ftgn	土丿一乙
拷	rftn	扌土丿乙	rftn	扌土丿乙
烤	oftn	火土丿乙	oftn	火土丿乙
靠	tfkd	丿土口三	tfkd	丿土口三
ke				
坷	fskg	土丁口㊀	fskg	土丁口㊀
苛	askf	廾丁口㊁	askf	廾丁口㊁
柯	sskg	木丁口㊀	sskg	木丁口㊀
棵	sjsy	木日木⊘	sjsy	木日木⊘
磕	dfcl	石土厶皿	dfcl	石土厶皿
颗	jsdm	日木丆贝	jsdm	日木丆贝
科	tufh	禾⺀十①	tufh	禾⺀十①
壳	fpmb	士冖几ⓚ	fpwb	士冖几ⓚ
咳	kynw	口亠乙人	kynw	口亠乙人
可	skd	丁口㊂	skd	丁口㊂
渴	ijqn	氵日勹乙	ijqn	氵日勹乙
克	dqb	古儿ⓚ	dqb	古儿ⓚ
刻	yntj	亠乙丿刂	yntj	亠乙丿刂
客	ptkf	宀夂口㊁	ptkf	宀夂口㊁
课	yjsy	讠日木⊘	yjsy	讠日木⊘
ken				
肯	hef	止月㊁	hef	止月㊁
啃	kheg	口止月㊀	kheg	口止月㊀
垦	veff	彐⺀土㊁	vff	艮土㊁

汉字	86 版	拆字实例	98 版	拆字实例
恳	venu	ヨ𠂈心ⓢ	vnu	艮心ⓢ
keng				
坑	fymn	土亠几ⓒ	fywn	土亠几ⓒ
吭	kymn	口亠几ⓒ	kywn	口亠几ⓒ
kong				
空	pwaf	宀八工⊜	pwaf	宀八工⊜
恐	amyn	工几丶心	awyn	工几丶心
孔	bnn	子乙ⓒ	bnn	子乙ⓒ
控	rpwa	扌宀八工	rpwa	扌宀八工
kou				
抠	raqy	扌匚乂⊘	rary	扌匚乂⊘
口	kkkk	口口口口	kkkk	口口口口
扣	rkg	扌口⊖	rkg	扌口⊖
寇	pfqc	宀二儿又	pfqc	宀二儿又
ku				
枯	sdg	木古⊖	sdg	木古⊖
哭	kkdu	口口犬ⓢ	kkdu	口口犬ⓢ
窟	pwnm	宀八尸山	pwnm	宀八尸山
苦	adf	廾古⊜	adf	廾古⊜
酷	sgtk	西一丿口	sgtk	西一丿口
库	ylk	广车ⓚ	olk	广车ⓚ
裤	puyl	礻冫广车	puol	礻冫广车
kua				
夸	dfnb	大二乙ⓑ	dfnb	大二乙ⓑ
垮	fdfn	土大二乙	fdfn	土大二乙
挎	rdfn	扌大二乙	rdfn	扌大二乙
跨	khdn	口止大乙	khdn	口止大乙
胯	edfn	月大二乙	edfn	月大二乙
kuai				
块	fnwy	土コ人⊘	fnwy	土コ人⊘
筷	tnnw	竹忄コ人	tnnw	竹忄コ人
侩	wwfc	亻人二厶	wwfc	亻人二厶
快	nnwy	忄コ人⊘	nnwy	忄コ人⊘
kuan				
宽	pamq	宀廾冂儿	pamq	宀廾冂儿
款	ffiw	士二小人	ffiw	士二小人
kuang				
匡	agd	匚王㊂	agd	匚王㊂
筐	tagf	竹匚王⊜	tagf	竹匚王⊜
狂	qtgg	犭丿王⊖	qtgg	犭丿王⊖
框	sagg	木匚王⊖	sagg	木匚王⊖
矿	dyt	石广⊘	dot	石广⊘
眶	hagg	目匚王⊖	hagg	目匚王⊖
旷	jyt	日广⊘	jot	日广⊘
况	ukqn	冫口儿ⓒ	ukqn	冫口儿ⓒ
kui				
亏	fnv	二乙ⓦ	fnb	二乙ⓦ
盔	dolf	ナ火皿⊜	dolf	ナ火皿⊜
岿	mjvf	山刂ヨ⊜	mjvf	山刂ヨ⊜
窥	pwfq	宀八夫儿	pwgq	宀八夫儿
葵	awgd	廾癶一大	awgd	廾癶一大
奎	dfff	大土土⊜	dfff	大土土⊜
魁	rqcf	白儿厶十	rqcf	白儿厶十
傀	wrqc	亻白儿厶	wrqc	亻白儿厶
馈	qnkm	⺈乙口贝	qnkm	⺈乙口贝
愧	nrqc	忄白儿厶	nrqc	忄白儿厶

汉字	86 版	拆字实例	98 版	拆字实例
溃	ikhm	氵口丨贝	ikhm	氵口丨贝
kun				
坤	fjhh	土日丨①	fjhh	土日丨①
昆	jxxb	日⺊匕ⓑ	jxxb	日⺊匕ⓑ
捆	rlsy	扌囗木⊘	rlsy	扌囗木⊘
困	lsi	囗木ⓘ	lsi	囗木ⓘ
kuo				
括	rtdg	扌丿古⊖	rtdg	扌丿古⊖
扩	ryt	扌广⊘	rot	扌广⊘
廓	yybb	广古子阝	oybb	广古子阝
阔	uitd	门氵丿古	uitd	门氵丿古

L

汉字	86 版	拆字实例	98 版	拆字实例
la				
垃	fug	土立⊖	fug	土立⊖
拉	rug	扌立⊖	rug	扌立⊖
喇	kgkj	口一口刂	kskj	口木口刂
蜡	jajg	虫艹日⊖	jajg	虫艹日⊖
腊	eajg	月艹日⊖	eajg	月艹日⊖
辣	ugki	辛一口小	uskg	辛木口⊖
啦	krug	口扌立⊖	krug	口扌立⊖
lai				
莱	agou	廾一米ⓢ	agus	廾一丷木
来	goi	一米ⓘ	gusi	一丷木ⓘ
赖	gkim	一口小贝	skqm	木口⺈贝
lan				
蓝	ajtl	廾刂𠂉皿	ajtl	廾刂𠂉皿
婪	ssvf	木木女⊜	ssvf	木木女⊜
栏	sufg	木丷二⊖	sudg	木丷三⊖
拦	rufg	扌丷二⊖	rudg	扌丷三⊖
篮	tjtl	竹刂𠂉皿	tjtl	竹刂𠂉皿
阑	ugli	门一四小	usld	门木四㊂
兰	uff	丷二⊜	udf	丷三⊜
澜	iugi	氵门一小	iusl	氵门木四
谰	yugi	讠门一小	yusl	讠门木四
揽	rjtq	扌刂𠂉儿	rjtq	扌刂𠂉儿
览	jtyq	刂𠂉丶儿	jtyq	刂𠂉丶儿
懒	ngkm	忄一口贝	nskm	忄木口贝
缆	xjtq	纟刂𠂉儿	xjtq	纟刂𠂉儿
烂	oufg	火丷二⊖	oudg	火丷三⊖
滥	ijtl	氵刂𠂉皿	ijtl	氵刂𠂉皿
lang				
琅	gyve	王丶ヨ𠂈	gyvy	王丶艮⊘
榔	syvb	木丶ヨ阝	syvb	木丶ヨ阝
狼	qtye	犭丿丶𠂈	qtyv	犭丿丶艮
廊	yyvb	广丶ヨ阝	oyvb	广丶ヨ阝
郎	yvcb	丶ヨ厶阝	yvbh	丶ヨ阝①
朗	yvce	丶ヨ厶月	yveg	丶ヨ月⊖
浪	iyve	氵丶ヨ𠂈	iyvy	氵丶艮⊘
lao				
捞	rapl	扌廾冖力	rape	扌廾冖力
劳	aplb	廾冖力ⓑ	aper	廾冖力⊘
牢	prhj	宀𠂉丨ⓙ	ptgj	宀丿牛ⓙ
老	ftxb	土丿匕ⓑ	ftxb	土丿匕ⓑ
佬	wftx	亻土丿匕	wftx	亻土丿匕
姥	vftx	女土丿匕	vftx	女土丿匕

汉字	86版	拆字实例	98版	拆字实例
酪	sgtk	西一夂口	sgtk	西一夂口
烙	otkg	火夂口⊖	otkg	火夂口⊖
涝	iapl	氵艹冖力	iape	氵艹冖力
le				
勒	afln	廿串力Ⓩ	afet	廿串力Ⓣ
乐	qii	㇗小ⓘ	tnii	丿乙小ⓘ
lei				
雷	flf	雨田⊜	flf	雨田⊜
镭	qflg	钅雨田⊖	qflg	钅雨田⊖
蕾	aflf	艹雨田⊜	aflf	艹雨田⊜
磊	dddf	石石石⊜	dddf	石石石⊜
累	lxiu	田幺小Ⓢ	lxiu	田幺小Ⓢ
儡	wlll	亻田田田	wlll	亻田田田
垒	cccf	厶厶厶土	cccf	厶厶厶土
擂	rflg	扌雨田⊖	rflg	扌雨田⊖
肋	eln	月力Ⓩ	eet	月力Ⓣ
类	odu	米大Ⓢ	odu	米大Ⓢ
泪	ihg	氵目⊖	ihg	氵目⊖
leng				
棱	sfwt	木土八夂	sfwt	木土八夂
楞	slyn	木罒方Ⓩ	slyt	木罒方Ⓣ
冷	uwyc	冫人丶マ	uwyc	冫人丶マ
li				
厘	djfd	厂日土⊜	djfd	厂日土⊜
梨	tjrh	禾刂𠂉丨	tjsu	禾刂木Ⓢ
犁	tjtg	禾刂丿扌	tjtg	禾刂丿扌
黎	tqti	禾勹丿氺	tqti	禾勹丿氺
篱	tybc	竹文凵厶	tyrc	竹亠乂厶
狸	qtjf	犭丿日凵	qtjf	犭丿日凵
离	ybmc	文凵冂厶	yrbc	亠乂凵厶
漓	iybc	氵文凵厶	iyrc	氵亠乂厶
理	gjfg	王日凵⊖	gjfg	王日凵⊖
李	sbf	木子⊜	sbf	木子⊜
里	jfd	日凵⊜	jfd	日凵⊜
鲤	qgjf	鱼一日凵	qgjf	鱼一日凵
礼	pynn	礻丶乙Ⓩ	pynn	礻丶乙Ⓩ
莉	atjj	艹禾刂Ⓘ	atjj	艹禾刂Ⓘ
荔	alll	艹力力力	aeee	艹力力力
吏	gkqi	一口乂ⓘ	gkri	一口乂ⓘ
栗	ssu	覀木Ⓢ	ssu	覀木Ⓢ
丽	gmyy	一冂丶丶	gmyy	一冂丶丶
厉	ddnv	厂丆乙Ⓥ	dgqe	厂一力Ⓔ
励	ddnl	厂丆乙力	dgqe	厂一力力
砾	dqiy	石㇗小Ⓢ	dtni	石丿乙小
历	dlv	厂力Ⓥ	dee	厂力Ⓔ
利	tjh	禾刂Ⓘ	tjh	禾刂Ⓘ
傈	wssy	亻覀木Ⓢ	wssy	亻覀木Ⓢ
例	wgqj	亻一夕刂	wgqj	亻一夕刂
俐	wtjh	亻禾刂Ⓘ	wtjh	亻禾刂Ⓘ
痢	utjk	疒禾刂Ⓜ	utjk	疒禾刂Ⓜ
立	uuuu	立立立立	uuuu	立立立立
粒	oug	米立⊖	oug	米立⊖
沥	idln	氵厂力Ⓩ	idet	氵厂力Ⓣ
隶	vii	彐水ⓘ	vii	彐水ⓘ
力	ltn	力丿乙	ent	力乙丿

汉字	86版	拆字实例	98版	拆字实例
璃	gybc	王文凵厶	gyrc	王亠乂厶
哩	kjfg	口日凵⊖	kjfg	口日凵⊖
lia				
俩	wgmw	亻一冂人	wgmw	亻一冂人
lian				
联	budy	耳丷大Ⓢ	budy	耳丷大Ⓢ
莲	alpu	艹车辶Ⓢ	alpu	艹车辶Ⓢ
连	lpk	车辶Ⓜ	lpk	车辶Ⓜ
镰	qyuo	钅广丷灬	qouw	钅广丷八
廉	yuvo	广丷彐灬	ouvw	广丷彐八
怜	nwyc	忄人丶マ	nwyc	忄人丶マ
涟	ilpy	氵车辶Ⓢ	ilpy	氵车辶Ⓢ
帘	pwmh	宀八冂丨	pwmh	宀八冂丨
敛	wgit	人一⺌攵	wgit	人一⺌攵
脸	ewgi	月人一⺌	ewgg	月人一一
链	qlpy	钅车辶Ⓢ	qlpy	钅车辶Ⓢ
恋	yonu	亠灬心Ⓢ	yonu	亠灬心Ⓢ
炼	oanw	火𠂉乙八	oanw	火𠂉乙八
练	xanw	纟𠂉乙八	xanw	纟𠂉乙八
liang				
粮	oyve	米丶彐𧘇	oyvy	米丶艮Ⓢ
凉	uyiy	冫亠小Ⓢ	uyiy	冫亠小Ⓢ
梁	ivws	氵刀八木	ivws	氵刀八木
粱	ivwo	氵刀八米	ivwo	氵刀八米
良	yvei	丶彐𧘇ⓘ	yvi	丶艮ⓘ
两	gmww	一冂人人	gmww	一冂人人
辆	lgmw	车一冂人	lgmw	车一冂人
量	jgjf	日一日凵	jgjf	日一日凵
晾	jyiy	日亠小Ⓢ	jyiy	日亠小Ⓢ
亮	ypmb	亠冖几Ⓑ	ypwb	亠冖几Ⓑ
谅	yyiy	讠亠小Ⓢ	yyiy	讠亠小Ⓢ
liao				
撩	rdui	扌大丷小	rdui	扌大丷小
聊	bqtb	耳㇗丿卩	bqtb	耳㇗丿卩
僚	wdui	亻大丷小	wdui	亻大丷小
疗	ubk	疒了Ⓜ	ubk	疒了Ⓜ
燎	odui	火大丷小	odui	火大丷小
寥	ynwe	广羽人彡	pnwe	宀羽人彡
辽	bpk	了辶Ⓜ	bpk	了辶Ⓜ
潦	idui	氵大丷小	idui	氵大丷小
了	bnh	了乙丨	bnh	了乙丨
撂	rltk	扌田夂口	rltk	扌田夂口
镣	qdui	钅大丷小	qdui	钅大丷小
廖	onwe	广羽人彡	onwe	广羽人彡
料	oufh	米冫十Ⓘ	oufh	米冫十Ⓘ
lie				
列	gqjh	一夕刂Ⓘ	gqjh	一夕刂Ⓘ
裂	gqje	一夕刂衣	gqje	一夕刂衣
烈	gqjo	一夕刂灬	gqjo	一夕刂灬
劣	itlb	小丿力Ⓑ	iter	小丿力Ⓡ
猎	qtaj	犭丿龷日	qtaj	犭丿龷日
lin				
琳	gssy	王木木Ⓢ	gssy	王木木Ⓢ
林	ssy	木木Ⓢ	ssy	木木Ⓢ
磷	doqh	石米夕丨	doqg	石米夕㐄

汉字	86 版	拆字实例	98 版	拆字实例
霖	fssu	雨木木ⓤ	fssu	雨木木ⓤ
临	jtyj	刂𠂉丶罒	jtyj	刂𠂉丶罒
邻	wycb	人丶マ阝	wycb	人丶マ阝
鳞	qgoh	鱼一米丨	qgog	鱼一米ヰ
淋	issy	氵木木ⓨ	issy	氵木木ⓨ
凛	uyli	冫亠口小	uyli	冫亠口小
赁	wtfm	亻丿士贝	wtfm	亻丿士贝
吝	ykf	文口ⓕ	ykf	文口ⓕ
拎	rwyc	扌人丶マ	rwyc	扌人丶マ
玲	gwyc	王人丶マ	gwyc	王人丶マ
ling				
菱	afwt	艹土八夂	afwt	艹土八夂
零	fwyc	雨人丶マ	fwyc	雨人丶マ
龄	hwbc	止人凵マ	hwbc	止人凵マ
铃	qwyc	钅人丶マ	qwyc	钅人丶マ
伶	wwyc	人人丶マ	wwyc	人人丶マ
羚	udwc	丷𠂇人マ	uwyc	𦍌人丶マ
凌	ufwt	冫土八夂	ufwt	冫土八夂
灵	vou	彐火ⓤ	vou	彐火ⓤ
陵	bfwt	阝土八夂	bfwt	阝土八夂
岭	mwyc	山人丶マ	mwyc	山人丶マ
领	wycm	人丶マ贝	wycm	人丶マ贝
另	klb	口力ⓑ	ker	口力ⓡ
令	wycu	人丶マⓤ	wycu	人丶マⓤ
liu				
溜	iqyl	氵𠂎丶田	iqyl	氵𠂎丶田
琉	gycq	王亠厶儿	gyck	王亠厶儿
榴	sqyl	木𠂎丶田	sqyl	木𠂎丶田
硫	dycq	石亠厶儿	dyck	石亠厶儿
馏	qnql	𠂊乙𠂎田	qnql	𠂊乙𠂎田
留	qyvl	𠂎丶刀田	qyvl	𠂎丶刀田
刘	yjh	文刂ⓗ	yjh	文刂ⓗ
瘤	uqyl	疒𠂎丶田	uqyl	疒𠂎丶田
流	iycq	氵亠厶儿	iyck	氵亠厶儿
柳	sqtb	木𠂎丿卩	sqtb	木𠂎丿卩
六	uygy	六丶一丶	uygy	六丶一丶
long				
龙	dxv	𠂇匕ⓥ	dxyi	𠂇匕丶ⓘ
聋	dxbf	𠂇匕耳ⓕ	dxyb	𠂇匕丶耳
咙	kdxn	口𠂇匕ⓝ	kdxy	口𠂇匕丶
笼	tdxb	𥫗𠂇匕ⓑ	tdxy	𥫗𠂇匕丶
窿	pwbg	宀八阝丰	pwbg	宀八阝丰
隆	btgg	阝夂一丰	btgg	阝夂一丰
垄	dxff	𠂇匕土ⓕ	dxyf	𠂇匕丶土
拢	rdxn	扌𠂇匕ⓝ	rdxy	扌𠂇匕丶
陇	bdxn	阝𠂇匕ⓝ	bdxy	阝𠂇匕丶
lou				
楼	sovg	木米女ⓖ	sovg	木米女ⓖ
娄	ovf	米女ⓕ	ovf	米女ⓕ
搂	rovg	扌米女ⓖ	rovg	扌米女ⓖ
篓	tovf	𥫗米女ⓕ	tovf	𥫗米女ⓕ
漏	infy	氵尸雨ⓨ	infy	氵尸雨ⓨ
陋	bgmn	阝一冂乙	bgmn	阝一冂乙
lu				
芦	aynr	艹丶尸ⓡ	aynr	艹丶尸ⓡ
卢	hne	卜尸ⓔ	hnr	卜尸ⓡ
颅	hndm	卜尸𠂆贝	hndm	卜尸𠂆贝
庐	yyne	广丶尸ⓔ	oyne	广丶尸ⓔ
炉	oynt	火丶尸ⓣ	oynt	火丶尸ⓣ
掳	rhal	扌广七力	rhet	扌虍力ⓣ
卤	hlqi	卜口乂ⓘ	hlru	卜口乂ⓤ
虏	halv	广七力ⓥ	hee	虍力ⓔ
鲁	qgjf	鱼一日ⓕ	qgjf	鱼一日ⓕ
麓	ssyx	木木广匕	ssox	木木𢉖匕
碌	dviy	石彐氺ⓨ	dviy	石彐氺ⓨ
露	fkhk	雨口止口	fkhk	雨口止口
路	khtk	口止夂口	khtk	口止夂口
赂	mtkg	贝夂口ⓖ	mtkg	贝夂口ⓖ
鹿	ynjx	广コ刂匕	oxxv	𢉖匕匕ⓥ
潞	ikhk	氵口止口	ikhk	氵口止口
禄	pyvi	礻丶彐氺	pyvi	礻丶彐氺
录	viu	彐氺ⓤ	viu	彐氺ⓤ
陆	bfmh	阝二山ⓗ	bgbh	阝丰凵ⓗ
戮	nwea	羽人彡戈	nwea	羽人彡戈
lü				
驴	cynt	马丶尸ⓣ	cgyn	马一丶尸
吕	kkf	口口ⓕ	kkf	口口ⓕ
铝	qkkg	钅口口ⓖ	qkkg	钅口口ⓖ
侣	wkkg	亻口口ⓖ	wkkg	亻口口ⓖ
旅	ytey	方𠂉𧘇ⓨ	ytey	方𠂉𧘇ⓨ
履	nttt	尸彳𠂉夂	nttt	尸彳𠂉夂
屡	novd	尸米女ⓓ	novd	尸米女ⓓ
缕	xovg	纟米女ⓖ	xovg	纟米女ⓖ
虑	hani	广七心ⓘ	hni	虍心ⓘ
氯	rnvi	𠂉乙彐氺	rvii	气彐氺ⓘ
律	tvfh	彳彐二丨	tvgh	彳彐丰ⓗ
率	yxif	亠幺丷十	yxif	亠幺丷十
滤	ihan	氵广七心	ihny	氵虍心ⓨ
绿	xviy	纟彐氺ⓨ	xviy	纟彐氺ⓨ
luan				
峦	yomj	亠小山ⓙ	yomj	亠小山ⓙ
挛	yorj	亠小手ⓙ	yorj	亠小手ⓙ
孪	yobf	亠小子ⓕ	yobf	亠小子ⓕ
滦	iyos	氵亠小木	iyos	氵亠小木
卵	qyty	𠂎丶丿丶	qyty	𠂎丶丿丶
乱	tdnn	丿古乙ⓝ	tdnn	丿古乙ⓝ
lüe				
掠	ryiy	扌古小ⓨ	ryiy	扌古小ⓨ
略	ltkg	田夂口ⓖ	ltkg	田夂口ⓖ
lun				
抡	rwxn	扌人匕ⓝ	rwxn	扌人匕ⓝ
轮	lwxn	车人匕ⓝ	lwxn	车人匕ⓝ
伦	wwxn	人人匕ⓝ	wwxn	人人匕ⓝ
仑	wxb	人匕ⓑ	wxb	人匕ⓑ
沦	iwxn	氵人匕ⓝ	iwxn	氵人匕ⓝ
纶	xwxn	纟人匕ⓝ	xwxn	纟人匕ⓝ
论	ywxn	讠人匕ⓝ	ywxn	讠人匕ⓝ
luo				
萝	alqu	艹罒夕ⓤ	alqu	艹罒夕ⓤ
螺	jlxi	虫田幺小	jlxi	虫田幺小

汉字	86版	拆字实例	98版	拆字实例
罗	lqu	罒夕③	lqu	罒夕③
逻	lqpi	罒夕辶⊙	lqpi	罒夕辶⊙
锣	qlqy	钅罒夕⊘	qlqy	钅罒夕⊘
箩	tlqu	竹罒夕③	tlqu	竹罒夕③
骡	clxi	马田幺小	cgli	马一田小
裸	pujs	礻冫日木	pujs	礻冫日木
落	aitk	廾氵夂口	aitk	廾氵夂口
洛	itkg	氵夂口⊝	itkg	氵夂口⊝
骆	ctkg	马夂口⊝	cgtk	马一夂口
络	xtkg	纟夂口⊝	xtkg	纟夂口⊝

M

汉字	86版	拆字实例	98版	拆字实例
ma				
妈	vcg	女马⊝	vcgg	女马一⊝
麻	yssi	广木木⊙	ossi	广木木⊙
玛	gcg	王马⊝	gcgg	王马一⊝
码	dcg	石马⊝	dcgg	石马一⊝
蚂	jcg	虫马⊝	jcgg	虫马一⊝
马	cgd	马乙乙一	cgd	马一⊜
骂	kkcf	口口马⊝	kkcg	口口马一
嘛	kyss	口广木木	koss	口广木木
吗	kcg	口马⊝	kcgg	口马一⊝
mai				
埋	fjfg	土日土⊝	fjfg	土日土⊝
买	nudu	乙冫大③	nudu	乙冫大③
麦	gtu	龶夂③	gtu	龶夂③
卖	fnud	十乙冫大	fnud	十乙冫大
迈	dnpv	丆乙辶⑩	gqpe	一力辶③
脉	eyni	月丶乙水	eyni	月丶乙水
man				
瞒	hagw	目廾一人	hagw	目廾一人
馒	qnjc	饣乙曰又	qnjc	饣乙曰又
蛮	yoju	亠小虫③	yoju	亠小虫③
满	iagw	氵廾一人	iagw	氵廾一人
蔓	ajlc	廾曰罒又	ajlc	廾曰罒又
曼	jlcu	曰罒又③	jlcu	曰罒又③
慢	njlc	忄曰罒又	njlc	忄曰罒又
漫	ijlc	氵曰罒又	ijlc	氵曰罒又
谩	yjlc	讠曰罒又	yjlc	讠曰罒又
mang				
芒	aynb	廾亠乙⑩	aynb	廾亠乙⑩
茫	aiyn	廾氵亠乙	aiyn	廾氵亠乙
盲	ynhf	亠乙目⊜	ynhf	亠乙目⊜
氓	ynna	亠乙尸七	ynna	亠乙尸七
忙	nynn	忄亠乙⊘	nynn	忄亠乙⊘
莽	adaj	廾犬廾⑪	adaj	廾犬廾⑪
mao				
猫	qtal	犭丿廾田	qtal	犭丿廾田
茅	acbt	廾マ卩丿	acnt	廾マ乙丿
锚	qalg	钅廾田⊝	qalg	钅廾田⊝
毛	tfnv	丿二乙⑩	etgn	毛丿一乙
矛	cbtr	マ卩丿⊘	cnht	マ乙丨丿
铆	qqtb	钅⺁丿卩	qqtb	钅⺁丿卩
卯	qtbh	⺁丿卩①	qtbh	⺁丿卩①
茂	adnt	廾厂乙丿	adu	廾戊③

汉字	86版	拆字实例	98版	拆字实例
冒	jhf	曰目⊜	jhf	曰目⊜
帽	mhjh	冂丨曰目	mhjh	冂丨曰目
貌	eerq	爫豸白儿	erqn	豸白儿⊘
贸	qyvm	⺁丶刀贝	qyvm	⺁丶刀贝
me				
么	tcu	丿厶③	tcu	丿厶③
mei				
玫	gty	王攵⊘	gty	王攵⊘
枚	sty	木攵⊘	sty	木攵⊘
梅	stxu	木𠂉母冫	stxy	木𠂉母⊘
酶	sgtu	西一𠂉冫	sgtx	西一𠂉母
霉	ftxu	雨𠂉母③	ftxu	雨𠂉母③
煤	oafs	火廾二木	ofsy	火甘木⊘
没	imcy	氵几又⊘	iwcy	氵几又⊘
眉	nhd	尸目⊜	nhd	尸目⊜
媒	vafs	女廾二木	vfsy	女甘木⊘
镁	qugd	钅丷王大	qugd	钅丷王大
每	txgu	𠂉母一冫	txu	𠂉母③
美	ugdu	丷王大③	ugdu	丷王大③
昧	jfiy	日二小⊘	jfy	日未⊘
寐	pnhi	宀乙丨小	pufu	宀丬未③
妹	vfiy	女二小⊘	vfy	女未⊘
媚	vnhg	女尸目⊝	vnhg	女尸目⊝
men				
门	uyhn	门丶丨乙	uyhn	门丶丨乙
闷	uni	门心⊙	uni	门心⊙
们	wun	亻门⊘	wun	亻门⊘
meng				
萌	ajef	廾日月⊜	ajef	廾日月⊜
蒙	apge	廾冖一豕	apfe	廾冖二豕
檬	sape	木廾冖豕	sape	木廾冖豕
盟	jelf	日月皿⊜	jelf	日月皿⊜
锰	qblg	钅子皿⊝	qblg	钅子皿⊝
猛	qtbl	犭丿子皿	qtbl	犭丿子皿
梦	ssqu	木木夕③	ssqu	木木夕③
孟	blf	子皿⊜	blf	子皿⊜
mi				
眯	hoy	目米⊘	hoy	目米⊘
醚	sgop	西一米辶	sgop	西一米辶
靡	yssd	广木木三	ossd	广木木三
糜	ysso	广木木米	osso	广木木米
迷	opi	米辶⊙	opi	米辶⊙
谜	yopy	讠米辶⊘	yopy	讠米辶⊘
弥	xqiy	弓⺈小⊘	xqiy	弓⺈小⊘
米	oyty	米丶丿㇏	oyty	米丶丿㇏
秘	tntt	禾心丿⊘	tntt	禾心丿⊘
觅	emqb	爫冂儿⑩	emqb	爫冂儿⑩
泌	intt	氵心丿⊘	intt	氵心丿⊘
蜜	pntj	宀心丿虫	pntj	宀心丿虫
密	pntm	宀心丿山	pntm	宀心丿山
幂	pjdh	冖曰大丨	pjdh	冖曰大丨
mian				
棉	srmh	木白冂丨	srmh	木白冂丨
眠	hnan	目尸七⊘	hnan	目尸七⊘
绵	xrmh	纟白冂丨	xrmh	纟白冂丨

学以致用系列丛书

长见识

汉字	86版	拆字实例	98版	拆字实例
冕	jqkq	日ク口儿	jqkq	日ク口儿
免	qkqb	⺈口儿ⓚ	qkqb	⺈口儿ⓚ
勉	qkql	ク口儿力	qkqe	⺈口儿力
娩	vqkq	女⺈口儿	vqkq	女⺈口儿
缅	xdmd	纟丆冂三	xdlf	纟丆囗二
面	dmjd	丆冂刂三	dljf	丆囗刂二
miao				
苗	alf	廾田⊜	alf	廾田⊜
描	ralg	扌廾田⊖	ralg	扌廾田⊖
瞄	halg	目廾田⊖	halg	目廾田⊖
藐	aeeq	廾爫豸儿	aerq	廾豸白儿
秒	titt	禾小丿⊘	titt	禾小丿⊘
渺	ihit	氵目小丿	ihit	氵目小丿
庙	ymd	广由⊜	omd	广由⊜
妙	vitt	女小丿⊘	vitt	女小丿⊘
mie				
蔑	aldt	廾罒厂丿	alaw	廾罒戈八
灭	goi	一火⊙	goi	一火⊙
min				
民	nav	尸七ⓚ	nav	尸七ⓚ
抿	rnan	扌尸七ⓒ	rnan	扌尸七ⓒ
皿	lhng	皿丨乙一	lhng	皿丨乙一
敏	txgt	𠂉⺟一攵	txty	𠂉母攵⊘
悯	nuyy	忄门文⊘	nuyy	忄门文⊘
闽	uji	门虫⊙	uji	门虫⊙
ming				
明	jeg	日月⊖	jeg	日月⊖
螟	jpju	虫冖日六	jpju	虫冖日六
鸣	kqyg	口勹丶一	kqgg	口鸟一⊖
铭	qqkg	钅夕口⊖	qqkg	钅夕口⊖
名	qkf	夕口⊜	qkf	夕口⊜
命	wgkb	人一口卩	wgkb	人一口卩
miu				
谬	ynwe	讠羽人彡	ynwe	讠羽人彡
mo				
摸	rajd	扌廾日大	rajd	扌廾日大
蓦	ajdr	廾日大手	ajdr	廾日大手
蘑	aysd	廾广木石	aosd	廾广木石
模	sajd	木廾日大	sajd	木廾日大
膜	eajd	月廾日大	eajd	月廾日大
磨	yssd	广木木石	ossd	广木木石
摩	yssr	广木木手	ossr	广木木手
魔	yssc	广木木厶	ossc	广木木厶
抹	rgsy	扌一木⊘	rgsy	扌一木⊘
末	gsi	一木⊙	gsi	一木⊙
莫	ajdu	廾日大ⓢ	ajdu	廾日大ⓢ
墨	lfof	罒土灬土	lfof	罒土灬土
默	lfod	罒土灬犬	lfod	罒土灬犬
沫	igsy	氵一木⊘	igsy	氵一木⊘
漠	iajd	氵廾日大	iajd	氵廾日大
寞	pajd	宀廾日大	pajd	宀廾日大
陌	bdjg	阝丆日⊖	bdjg	阝丆日⊖
mou				
谋	yafs	讠廾二木	yfsy	讠甘木⊘
牟	crhj	厶𠂉丨⑪	ctgj	厶丿丰⑪
某	afsu	廾二木ⓢ	fsu	甘木ⓢ
mu				
拇	rxgu	扌⺟一冫	rxy	扌母⊘
牡	trfg	丿扌土⊖	cfg	牜土⊖
亩	ylf	亠田⊜	ylf	亠田⊜
姆	vxgu	女⺟一冫	vxy	女母⊘
母	xgui	⺟一冫⊙	xnny	母乙乙丶
墓	ajdf	廾日大土	ajdf	廾日大土
暮	ajdj	廾日大日	ajdj	廾日大日
幕	ajdh	廾日大丨	ajdh	廾日大丨
募	ajdl	廾日大力	ajde	廾日大力
慕	ajdn	廾日大⺗	ajdn	廾日大⺗
木	ssss	木木木木	ssss	木木木木
目	hhhh	目目目目	hhhh	目目目目
睦	hfwf	目土八土	hfwf	目土八土
牧	trty	丿扌攵⊘	cty	牜攵⊘
穆	trie	禾白小彡	trie	禾白小彡

N

汉字	86版	拆字实例	98版	拆字实例
na				
拿	wgkr	人一口手	wgkr	人一口手
哪	kvfb	口刀二阝	kngb	口乙丰阝
呐	kmwy	口冂人⊘	kmwy	口冂人⊘
钠	qmwy	钅冂人⊘	qmwy	钅冂人⊘
那	vfbh	刀二阝①	ngbh	乙丰阝①
娜	vvfb	女刀二阝	vngb	女乙丰阝
纳	xmwy	纟冂人⊘	xmwy	纟冂人⊘
nai				
氖	rneb	⺈乙乃ⓚ	rbe	气乃③
乃	etn	乃丿乙	bnt	乃乙丿
奶	ven	女乃ⓒ	vbt	女乃⊘
耐	dmjf	丆冂刂寸	dmjf	丆冂刂寸
奈	dfiu	大二小ⓢ	dfiu	大二小ⓢ
nan				
南	fmuf	十冂丷十	fmuf	十冂丷干
男	llb	田力ⓚ	ler	田力⊘
难	cwyg	又亻主⊖	cwyg	又亻主⊖
nang				
囊	gkhe	一口丨𧘇	gkhe	一口丨𧘇
nao				
挠	ratq	扌七丿儿	ratq	扌七丿儿
脑	eybh	月文凵①	eyrb	月亠乂凵
恼	nybh	忄文凵①	nyrb	忄亠乂凵
闹	uymh	门亠冂丨	uymh	门亠冂丨
淖	ihjh	氵⺊早①	ihjh	氵⺊早①
ne				
呢	knxn	口尸匕ⓒ	knxn	口尸匕ⓒ
nei				
馁	qnev	⺈乙爫女	qnev	⺈乙爫女
内	mwi	冂人⊙	mwi	冂人⊙
nen				
嫩	vgkt	女一口攵	vskt	女木口攵
neng				
能	cexx	厶月匕匕	cexx	厶月匕匕

汉字	86 版	拆字实例	98 版	拆字实例
ni				
妮	vnxn	女尸匕(乙)	vnxn	女尸匕(乙)
霓	fvqb	雨臼儿(《)	feqb	雨臼儿(《)
倪	wvqn	亻臼儿(乙)	weqn	亻臼儿(乙)
泥	inxn	氵尸匕(乙)	inxn	氵尸匕(乙)
尼	nxv	尸匕(巛)	nxv	尸匕(巛)
拟	rnyw	扌乙丶人	rnyw	扌乙丶人
你	wqiy	亻⺈小⊘	wqiy	亻⺈小⊘
匿	aadk	匚廾ナ口	aadk	匚廾ナ口
腻	eafm	月弋二贝	eafy	月弋二丶
逆	ubtp	丷凵丿辶	ubtp	丷凵丿辶
溺	ixuu	氵弓冫冫	ixuu	氵弓冫冫
nian				
蔫	agho	廾一止灬	agho	廾一止灬
拈	rhkg	扌卜口⊖	rhkg	扌卜口⊖
年	rhfk	𠂉丨十(川)	tgj	𠂉牛(刂)
碾	dnae	石尸龷𧘇	dnae	石尸龷𧘇
撵	rfwl	扌二人车	rggl	扌夫夫车
捻	rwyn	扌人丶心	rwyn	扌人丶心
念	wynn	人丶乙心	wynn	人丶乙心
niang				
娘	vyve	女丶彐𧘇	vyvy	女丶艮⊘
酿	sgye	西一丶𧘇	sgyv	西一丶艮
niao				
鸟	qyng	勹丶乙一	qgd	鸟一㊂
尿	nii	尸水(氵)	nii	尸水(氵)
nie				
捏	rjfg	扌曰土⊖	rjfg	扌曰土⊖
聂	bccu	耳又又(冫)	bccu	耳又又(冫)
孽	awnb	廾亻コ子	atnb	廾丿𠂤子
啮	khwb	口止人土	khwb	口止人土
镊	qbcc	钅耳又又	qbcc	钅耳又又
镍	qths	钅丿目木	qths	钅丿目木
涅	ijfg	氵曰土⊖	ijfg	氵曰土⊖
nin				
您	wqin	亻⺈小心	wqin	亻⺈小心
ning				
柠	spsh	木宀丁①	spsh	木宀丁①
狞	qtps	犭丿宀丁	qtps	犭丿宀丁
凝	uxth	冫匕𠂉龰	uxth	冫匕𠂉龰
宁	psj	宀丁(刂)	psj	宀丁(刂)
拧	rpsh	扌宀丁①	rpsh	扌宀丁①
泞	ipsh	氵宀丁①	ipsh	氵宀丁①
niu				
牛	rhk	𠂉丨(川)	tgk	丿牛(川)
扭	rnfg	扌乙土⊖	rnhg	扌乙丨一
钮	qnfg	钅乙土⊖	qnhg	钅乙丨一
纽	xnfg	纟乙土⊖	xnhg	纟乙丨一
nong				
脓	epey	月冖𧘇⊘	epey	月冖𧘇⊘
浓	ipey	氵冖𧘇⊘	ipey	氵冖𧘇⊘
农	pei	冖𧘇(氵)	pei	冖𧘇(氵)
弄	gaj	王廾(刂)	gaj	王廾(刂)
nu				
奴	vcy	女又⊘	vcy	女又⊘

汉字	86 版	拆字实例	98 版	拆字实例
努	vclb	女又力(《)	vcer	女又力(丿)
怒	vcnu	女又心(冫)	vcnu	女又心(冫)
nü				
女	vvvv	女女女女	vvvv	女女女女
nuan				
暖	jefc	日爫二又	jegc	日爫一又
nüe				
虐	haag	广七匚一	hagd	虍匚一㊂
疟	uagd	疒匚一㊂	uagd	疒匚一㊂
nuo				
挪	rvfb	扌刀二阝	rngb	扌乙丰阝
懦	nfdj	忄雨丆刂	nfdj	忄雨丆刂
糯	ofdj	米雨丆刂	ofdj	米雨丆刂
诺	yadk	讠廾ナ口	yadk	讠廾ナ口

O

汉字	86 版	拆字实例	98 版	拆字实例
o				
哦	ktrt	口丿扌丿	ktry	口丿扌丶
ou				
欧	aqqw	匚乂ク人	arqw	匚乂⺈人
鸥	aqqg	匚乂勹一	arqg	匚乂鸟一
殴	aqmc	匚乂几又	arwc	匚乂几又
藕	adiy	廾三小丶	afsy	廾二木丶
呕	kaqy	口匚乂⊘	kary	口匚乂⊘
偶	wjmy	亻曰冂丶	wjmy	亻曰冂丶
沤	iaqy	氵匚乂⊘	iary	氵匚乂⊘

P

汉字	86 版	拆字实例	98 版	拆字实例
pa				
啪	krrg	口扌白⊖	krrg	口扌白⊖
趴	khwy	口止八⊘	khwy	口止八⊘
爬	rhyc	𠂆丨㇏巴	rhyc	𠂆丨㇏巴
帕	mhrg	冂丨白⊖	mhrg	冂丨白⊖
怕	nrg	忄白⊖	nrg	忄白⊖
琶	ggcb	王王巴(《)	ggcb	王王巴(《)
pai				
拍	rrg	扌白⊖	rrg	扌白⊖
排	rdjd	扌三刂三	rhdd	扌丨三三
牌	thgf	丿丨一十	thgf	丿丨一十
徘	tdjd	彳三刂三	thdd	彳丨三三
湃	irdf	氵手三十	irdf	氵手三十
派	irey	氵𠂆𧘇⊘	irey	氵𠂆𧘇⊘
pan				
攀	sqqr	木乂乂手	srrr	木乂乂手
潘	itol	氵丿米田	itol	氵丿米田
盘	telf	丿舟皿⊜	tulf	丿舟皿⊜
磐	temd	丿舟几石	tuwd	丿舟几石
盼	hwvn	目八刀(乙)	hwvt	目八刀(丿)
畔	lufh	田丷十①	lugh	田丷牛①
判	udjh	丷ナ刂①	ugjh	丷牛刂①
叛	udrc	丷ナ𠂆又	ugrc	丷丰𠂆又
pang				
乓	rgyu	斤一丶(冫)	ryu	丘丶(冫)
庞	ydxv	广ナ匕(巛)	odxy	广ナ匕丶

学以致用系列丛书

汉字	86 版	拆字实例	98 版	拆字实例
旁	upyb	立冖方《⃝	yupy	亠丷冖方
耪	diuy	三小立方	fsyy	二木亠方
胖	eufh	月丷十丨⃝	eugh	月丷丰丨⃝
pao				
抛	rvln	扌九力乙⃝	rvet	扌九力丿⃝
咆	kqnn	口勹巳乙⃝	kqnn	口勹巳乙⃝
刨	qnjh	勹巳刂丨⃝	qnjh	勹巳刂丨⃝
炮	oqnn	火勹巳乙⃝	oqnn	火勹巳乙⃝
袍	puqn	礻冫勹巳	puqn	礻冫勹巳
跑	khqn	口止勹巳	khqn	口止勹巳
泡	iqnn	氵勹巳乙⃝	iqnn	氵勹巳乙⃝
pei				
呸	kgig	口一小一	kdhg	口丆卜一
胚	egig	月一小一	edhg	月丆卜一
培	fukg	土立口一⃝	fukg	土立口一⃝
裴	djde	三刂三衣	hdhe	丨三刂衣
赔	mukg	贝立口一⃝	mukg	贝立口一⃝
陪	bukg	阝立口一⃝	bukg	阝立口一⃝
配	sgnn	西一己乙⃝	sgnn	西一己乙⃝
佩	wmgh	亻几一丨	wwgh	亻几一丨
沛	igmh	氵一冂丨	igmh	氵一冂丨
pen				
喷	kfam	口十廾贝	kfam	口十廾贝
盆	wvlf	八刀皿二⃝	wvlf	八刀皿二⃝
peng				
砰	dguh	石一丷丨	dguf	石一丷十
抨	rguh	扌一丷丨	rguf	扌一丷十
烹	ybou	古了灬冫⃝	ybou	古了灬冫⃝
澎	ifke	氵士口彡	ifke	氵士口彡
彭	fkue	士口丷彡	fkue	士口丷彡
蓬	atdp	艹夂三辶	atdp	艹夂三辶
棚	seeg	木月月一⃝	seeg	木月月一⃝
硼	deeg	石月月一⃝	deeg	石月月一⃝
篷	ttdp	竹夂三辶	ttdp	竹夂三辶
膨	efke	月士口彡	efke	月士口彡
朋	eeg	月月一⃝	eeg	月月一⃝
鹏	eeqg	月月鸟一	eeqg	月月鸟一
捧	rdwh	扌三八丨	rdwg	扌三八丰
碰	duog	石丷业一⃝	duog	石丷业一⃝
pi				
坯	fgig	土一小一	fdhg	土丆卜一
砒	dxxn	石匕匕乙⃝	dxxn	石匕匕乙⃝
霹	fnku	雨尸口辛	fnku	雨尸口辛
批	rxxn	扌匕匕乙⃝	rxxn	扌匕匕乙⃝
披	rhcy	扌广又丶⃝	rby	扌皮丶⃝
劈	nkuv	尸口辛刀	nkuv	尸口辛刀
琵	ggxx	王王匕匕	ggxx	王王匕匕
毗	lxxn	田匕匕乙⃝	lxxn	田匕匕乙⃝
啤	krtf	口白丿十	krtf	口白丿十
脾	ertf	月白丿十	ertf	月白丿十
疲	uhci	疒广又氵⃝	ubi	疒皮氵⃝
皮	bnty	广又氵⃝	bnty	皮乙丿乀
匹	aqv	匚儿巛⃝	aqv	匚儿巛⃝
痞	ugik	疒一小口	udhk	疒丆卜口
僻	wnku	亻尸口辛	wnku	亻尸口辛
屁	nxxv	尸匕匕巛⃝	nxxv	尸匕匕巛⃝

汉字	86 版	拆字实例	98 版	拆字实例
譬	nkuy	尸口辛言	nkuy	尸口辛言
pian				
篇	tyna	竹丶尸廾	tyna	竹丶尸廾
偏	wyna	亻丶尸廾	wyna	亻丶尸廾
片	thgn	丿丨一乙	thgn	丿丨一乙
骗	cyna	马一丶廾	cgya	马一丶廾
piao				
飘	sfiq	西二小乂	sfir	覀二小乂
漂	isfi	氵覀二小	isfi	氵覀二小
瓢	sfiy	覀二小乀	sfiy	覀二小乀
票	sfiu	西二小冫⃝	sfiu	覀二小冫⃝
pie				
撇	rumt	扌丷冂攵	rity	扌⺌攵丶⃝
瞥	umih	丷冂小目	ithf	⺌攵目二⃝
pin				
拼	ruah	扌丷廾丨⃝	ruah	扌丷廾丨⃝
频	hidm	止少丆贝	hhdm	止少丆贝
贫	wvmu	八刀贝冫⃝	wvmu	八刀贝冫⃝
品	kkkf	口口口二⃝	kkkf	口口口二⃝
聘	bmgn	耳由一乙	bmgn	耳由一乙
ping				
乒	rgtr	斤一丿〃⃝	rtr	丘丿〃⃝
坪	fguh	土一丷丨	fguf	土一丷十
苹	aguh	艹一丷丨	aguf	艹一丷十
萍	aigh	艹氵一丨	aigf	艹氵一十
平	guhk	一丷丨川⃝	gufk	一丷十川⃝
凭	wtfm	亻丿士几	wtfw	亻丿士几
瓶	uagn	丷廾一乙	uagy	丷廾一丶
评	yguh	讠一丷丨	yguf	讠一丷十
屏	nuak	尸丷廾川⃝	nuak	尸丷廾川⃝
po				
坡	fhcy	土广又丶⃝	fby	土皮丶⃝
泼	inty	氵乙丿丶	inty	氵乙丿丶
颇	hcdm	广又丆贝	bdmy	皮丆贝丶⃝
婆	ihcv	氵广又女	ibvf	氵皮女二⃝
破	dhcy	石广又丶⃝	dby	石皮丶⃝
魄	rrqc	白白儿厶	rrqc	白白儿厶
迫	rpd	白辶三⃝	rpd	白辶三⃝
粕	org	米白一⃝	org	米白一⃝
剖	ukjh	立口刂丨⃝	ukjh	立口刂丨⃝
pu				
扑	rhy	扌卜丶⃝	rhy	扌卜丶⃝
铺	qgey	钅一月丶	qsy	钅甫丶⃝
仆	why	亻卜丶⃝	why	亻卜丶⃝
莆	agey	艹一月丶	asu	艹甫冫⃝
葡	aqgy	艹勹一丶	aqsu	艹勹甫冫⃝
菩	aukf	艹立口二⃝	aukf	艹立口二⃝
蒲	aigy	艹氵一丶	aisu	艹氵甫冫⃝
埔	fgey	土一月丶	fsy	土甫丶⃝
朴	shy	木卜丶⃝	shy	木卜丶⃝
圃	lgey	囗一月丶	lsi	囗甫氵⃝
普	uogj	丷业一日	uojf	丷业日二⃝
浦	igey	氵一月丶	isy	氵甫丶⃝
谱	yuoj	讠丷业日	yuoj	讠丷业日
曝	jjai	日日艹氺	jjai	日日艹氺

汉字	86版	拆字实例	98版	拆字实例
瀑	ijai	氵日共氺	ijai	氵日共氺

Q

汉字	86版	拆字实例	98版	拆字实例
qi				
期	adwe	廾三八月	dweg	其八月⊖
欺	adww	廾三八人	dwqw	其八⺈人
栖	ssg	木西⊖	ssg	木西⊖
戚	dhit	厂止小丿	dhii	戊上小ⓘ
妻	gvhv	一彐丨女	gvhv	一彐丨女
七	agn	七一乙	agn	七一乙
凄	ugvv	冫一彐女	ugvv	冫一彐女
漆	iswi	氵木人氺	iswi	氵木人氺
柒	iasu	氵七木ⓤ	iasu	氵七木ⓤ
沏	iavn	氵七刀ⓝ	iavt	氵七刀⊘
其	adwu	廾三八ⓤ	dwu	其八ⓤ
棋	sadw	木廾三八	sdwy	木其八⦸
奇	dskf	大丁口⊜	dskf	大丁口⊜
歧	hfcy	止十又⦸	hfcy	止十又⦸
畦	lffg	田土土⊖	lffg	田土土⊖
崎	mdsk	山大丁口	mdsk	山大丁口
脐	eyjh	月文丿①	eyjh	月文丿①
齐	yjj	文丿ⓙ	yjj	文丿ⓙ
旗	ytaw	方𠂉廾八	ytdw	方𠂉其八
祈	pyrh	礻丶斤①	pyrh	礻丶斤①
祁	pybh	礻丶阝①	pybh	礻丶阝①
骑	cdsk	马大丁口	cgdk	马一大口
起	fhnv	土止己ⓥ	fhnv	土止己ⓥ
岂	mnb	山己ⓑ	mnb	山己ⓑ
乞	tnb	𠂉乙ⓑ	tnb	𠂉乙ⓑ
企	whf	人止⊜	whf	人止⊜
启	ynkd	丶尸口㊂	ynkd	丶尸口㊂
契	dhvd	三丨刀大	dhvd	三丨刀大
砌	davn	石七刀ⓝ	davt	石七刀⊘
器	kkdk	口口犬口	kkdk	口口犬口
气	rnb	𠂉乙ⓑ	rtgn	气𠂉一乙
迄	tnpv	𠂉乙辶ⓥ	tnpv	𠂉乙辶ⓥ
弃	ycaj	亠厶廾ⓙ	ycaj	亠厶廾ⓙ
汽	irnn	氵𠂉乙ⓝ	irn	氵气ⓝ
泣	iug	氵立⊖	iug	氵立⊖
讫	ytnn	讠𠂉乙ⓝ	ytnn	讠𠂉乙ⓝ
qia				
掐	rqvg	扌⺈臼⊖	rqeg	扌⺈臼⊖
恰	nwgk	忄人一口	nwgk	忄人一口
洽	iwgk	氵人一口	iwgk	氵人一口
qian				
牵	dprh	大冖𠂉丨	dptg	大冖丿丰
扦	rtfh	扌丿十①	rtfh	扌丿十①
钎	qtfh	钅丿十①	qtfh	钅丿十①
铅	qmkg	钅几口⊖	qwkg	钅几口⊖
千	tfk	丿十ⓚ	tfk	丿十ⓚ
迁	tfpk	丿十辶ⓚ	tfpk	丿十辶ⓚ
签	twgi	竹人一业	twgg	竹人一一
仟	wtfh	亻丿十①	wtfh	亻丿十①
谦	yuvo	讠丷彐小	yuvw	讠丷彐八
乾	fjtn	十早𠂉乙	fjtn	十早𠂉乙

汉字	86版	拆字实例	98版	拆字实例
黔	lfon	罒土灬乙	lfon	罒土灬乙
钱	qgt	钅戋⊘	qgay	钅一戈丶
钳	qafg	钅廾二⊖	qfg	钅甘⊖
前	uejj	丷月刂ⓙ	uejj	丷月刂ⓙ
潜	ifwj	氵二人日	iggj	氵夫夫日
遣	khgp	口丨一辶	khgp	口丨一辶
浅	igt	氵戋⊘	igay	氵一戈⦸
谴	ykhp	讠口丨辶	ykhp	讠口丨辶
堑	lrff	车斤土⊜	lrff	车斤土⊜
嵌	mafw	山廾二人	mfqw	山甘⺈人
欠	qwu	⺈人ⓤ	qwu	⺈人ⓤ
歉	uvow	丷彐小人	uvjw	丷彐刂人
qiang				
枪	swbn	木人㔾ⓝ	swbn	木人㔾ⓝ
呛	kwbn	口人㔾ⓝ	kwbn	口人㔾ⓝ
腔	epwa	月宀八工	epwa	月宀八工
羌	udnb	丷𡗗乙ⓑ	unv	𦍌乙ⓥ
墙	ffuk	土土丷口	ffuk	土土丷口
蔷	afuk	廾土丷口	afuk	廾土丷口
强	xkjy	弓口虫⦸	xkjy	弓口虫⦸
抢	rwbn	扌人㔾ⓝ	rwbn	扌人㔾ⓝ
qiao				
橇	stfn	木丿二乙	seee	木毛毛毛
锹	qtoy	钅禾火⦸	qtoy	钅禾火⦸
敲	ymkc	亠冂口又	ymkc	亠冂口又
悄	nieg	忄⺌月⊖	nieg	忄⺌月⊖
桥	stdj	木丿大丿	stdj	木丿大丿
瞧	hwyo	目亻主灬	hwyo	目亻主灬
乔	tdjj	丿大丿ⓙ	tdjj	丿大丿ⓙ
侨	wtdj	亻丿大丿	wtdj	亻丿大丿
巧	agnn	工一乙ⓝ	agnn	工一乙ⓝ
鞘	afie	廿串⺌月	afie	廿串⺌月
撬	rtfn	扌丿二乙	reee	扌毛毛毛
翘	atgn	弋丿一羽	atgn	弋丿一羽
峭	mieg	山⺌月⊖	mieg	山⺌月⊖
俏	wieg	亻⺌月⊖	wieg	亻⺌月⊖
窍	pwan	宀八工乙	pwan	宀八工乙
qie				
切	avn	七刀ⓝ	avt	七刀⊘
茄	alkf	廾力口⊜	aekf	廾力口⊜
且	egd	月一㊂	egd	月一㊂
怯	nfcy	忄土厶⦸	nfcy	忄土厶⦸
窃	pwav	宀八七刀	pwav	宀八七刀
qin				
钦	qqwy	钅⺈人⦸	qqwy	钅⺈人⦸
侵	wvpc	亻彐冖又	wvpc	亻彐冖又
亲	usu	立木ⓤ	usu	立木ⓤ
秦	dwtu	三八禾ⓤ	dwtu	三八禾ⓤ
琴	ggwn	王王人乙	ggwn	王王人乙
勤	akgl	廿口主力	akge	廿口主力
芹	arj	廾斤ⓙ	arj	廾斤ⓙ
擒	rwyc	扌人亠厶	rwyc	扌人亠厶
禽	wybc	人文凵厶	wyrc	人亠乂厶
寝	puvc	宀丬彐又	puvc	宀丬彐又
沁	iny	氵心⦸	iny	氵心⦸

汉字	86版	拆字实例	98版	拆字实例
qing				
青	gef	主月㊀	gef	主月㊀
轻	lcag	车ス工㊀	lcag	车ス工㊀
氢	rnca	𠂉乙ス工	rcad	气ス工㊂
倾	wxdm	亻匕丆贝	wxdm	亻匕丆贝
卿	qtvb	𠂆丿艮卩	qtvb	𠂆丿艮卩
清	igeg	氵主月㊀	igeg	氵主月㊀
擎	aqkr	廾勹口手	aqkr	廾勹口手
晴	jgeg	日主月㊀	jgeg	日主月㊀
氰	rnge	𠂉乙主月	rged	气主月㊂
情	ngeg	忄主月㊀	ngeg	忄主月㊀
顷	xdmy	匕丆贝⊘	xdmy	匕丆贝⊘
请	ygeg	讠主月㊀	ygeg	讠主月㊀
庆	ydi	广大③	odi	广大③
qiong				
琼	gyiy	王亠小⊘	gyiy	王亠小⊘
穷	pwlb	宀八力⑥	pwer	宀八力⊘
qiu				
秋	toy	禾火⊘	toy	禾火⊘
丘	rgd	斤一㊂	rthg	丘丿丨一
邱	rgbh	斤一阝①	rbh	丘阝①
球	gfiy	王十水丶	ggiy	王一水丶
求	fiyi	十水丶③	giyi	一水丶③
囚	lwi	囗人③	lwi	囗人③
酋	usgf	丷西一㊀	usgf	丷西一㊀
泅	ilwy	氵囗人⊘	ilwy	氵囗人⊘
qu				
趋	fhqv	土止⺈彐	fhqv	土龰⺈彐
区	aqi	匚乂③	ari	匚乂③
蛆	jegg	虫月一㊀	jegg	虫月一㊀
曲	mad	冂廿㊂	mad	冂廿㊂
躯	tmdq	丿冂三乂	tmdr	丿冂三乂
屈	nbmk	尸凵山⑩	nbmk	尸凵山⑩
驱	caqy	马匚乂⊘	cgar	马一匚乂
渠	ians	氵匚コ木	ians	氵匚コ木
取	bcy	耳又⊘	bcy	耳又⊘
娶	bcvf	耳又女㊁	bcvf	耳又女㊁
龋	hwby	止人凵丶	hwby	止人凵丶
趣	fhbc	土龰耳又	fhbc	土龰耳又
去	fcu	凵厶③	fcu	凵厶③
quan				
圈	ludb	囗丷大㔾	lugb	囗丷夫㔾
颧	akkm	廾口口贝	akkm	廾口口贝
权	scy	木又⊘	scy	木又⊘
醛	sgag	西一廾王	sgag	西一廾王
泉	riu	白水③	riu	白水③
全	wgf	人王㊁	wgf	人王㊁
痊	uwgd	疒人王㊂	uwgd	疒人王㊂
拳	udrj	丷大手①	ugrj	丷夫手①
犬	dgty	犬一丿丶	dgty	犬一丿丶
券	udvb	丷大刀⑥	ugvr	丷夫刀⊘
劝	cln	又力②	cet	又力⊘
que				
缺	rmnw	𠂉山コ人	tfbw	丿干凵人
炔	onwy	火コ人⊘	onwy	火コ人⊘
瘸	ulkw	疒力口人	uekw	疒力口人
却	fcbh	凵厶卩①	fcbh	凵厶卩①
鹊	ajqg	廾日鸟一	ajqg	廾日鸟一
榷	spwy	木冖亻主	spwy	木冖亻主
确	dqeh	石⺈用①	dqeh	石⺈用①
雀	iwyf	小亻主㊁	iwyf	小亻主㊁
qun				
裙	puvk	衤⺀彐口	puvk	衤⺀彐口
群	vtkd	彐丿口手	vtku	彐丿口羊

R

汉字	86版	拆字实例	98版	拆字实例
ran				
然	qdou	夕犬灬③	qdou	夕犬灬③
燃	oqdo	火夕犬灬	oqdo	火夕犬灬
冉	mfd	冂凵㊂	mfd	冂凵㊂
染	ivsu	氵九木③	ivsu	氵九木③
rang				
瓤	ykky	亠口口乀	ykky	亠口口乀
壤	fyke	土亠口𧘇	fyke	土亠口𧘇
攘	ryke	扌亠口𧘇	ryke	扌亠口𧘇
嚷	kyke	口亠口𧘇	kyke	口亠口𧘇
让	yhg	讠上㊀	yhg	讠上㊀
rao				
饶	qnaq	𠂉乙弋儿	qnaq	𠂉乙弋儿
扰	rdnn	扌ナ乙②	rdny	扌ナ乙丶
绕	xatq	纟弋丿儿	xatq	纟弋丿儿
re				
惹	adkn	廾ナ口心	adkn	廾ナ口心
热	rvyo	扌九丶灬	rvyo	扌九丶灬
ren				
壬	tfd	丿士㊂	tfd	丿士㊂
仁	wfg	亻二㊀	wfg	亻二㊀
人	wwww	人人人人	wwww	人人人人
忍	vynu	刀丶心③	vynu	刀丶心③
韧	fnhy	二乙丨丶	fnhy	二乙丨丶
任	wtfg	亻丿士㊀	wtfg	亻丿士㊀
认	ywy	讠人⊘	ywy	讠人⊘
刃	vyi	刀丶③	vyi	刀丶③
妊	vtfg	女丿士㊀	vtfg	女丿士㊀
纫	xvyy	纟刀丶⊘	xvyy	纟刀丶⊘
reng				
扔	ren	扌乃②	rbt	扌乃⊘
仍	wen	亻乃②	wbt	亻乃⊘
ri				
日	jjjj	日日日日	jjjj	日日日日
rong				
戎	ade	戈十③	ade	戈十③
茸	abf	廾耳㊁	abf	廾耳㊁
蓉	apwk	廾宀八口	apwk	廾宀八口
荣	apsu	廾冖木③	apsu	廾冖木③
融	gkmj	一口冂虫	gkmj	一口冂虫
熔	opwk	火宀八口	opwk	火宀八口
溶	ipwk	氵宀八口	ipwk	氵宀八口
容	pwwk	宀八人口	pwwk	宀八人口
绒	xadt	纟戈ナ⊘	xadt	纟戈ナ⊘

汉字	86版	拆字实例	98版	拆字实例
冗	pmb	冖几ⓑ	pwb	冖几ⓑ
rou				
揉	rcbs	扌マ卩木	rcns	扌マ乙木
柔	cbts	マ卩丿木	cnhs	マ乙丨木
肉	mwwi	冂人人ⓘ	mwwi	冂人人ⓘ
ru				
茹	avkf	廾女口⊜	avkf	廾女口⊜
蠕	jfdj	虫雨丆刂	jfdj	虫雨丆刂
儒	wfdj	亻雨丆刂	wfdj	亻雨丆刂
孺	bfdj	孑雨丆刂	bfdj	孑雨丆刂
如	vkg	女口⊖	vkg	女口⊖
辱	dfef	厂二𧘇寸	dfef	厂二𧘇寸
乳	ebnn	爫子乙ⓝ	ebnn	爫子乙ⓝ
汝	ivg	氵女⊖	ivg	氵女⊖
入	tyi	丿㇏ⓘ	tyi	丿㇏ⓘ
褥	pudf	礻⺀厂寸	pudf	礻⺀厂寸
ruan				
软	lqwy	车𠂊人ⓨ	lqwy	车𠂊人ⓨ
阮	bfqn	阝二儿ⓝ	bfqn	阝二儿ⓝ
rui				
蕊	annn	廾心心心	annn	廾心心心
瑞	gmdj	王山丆刂	gmdj	王山丆刂
锐	qukq	钅丷口儿	qukq	钅丷口儿
run				
闰	ugd	门王㊂	ugd	门王㊂
润	iugg	氵门王王	iugg	氵门王王
ruo				
若	adkf	廾ナ口⊜	adkf	廾ナ口⊜
弱	xuxu	弓冫弓冫	xuxu	弓冫弓冫

S

汉字	86版	拆字实例	98版	拆字实例
sa				
撒	raet	扌艹月攵	raet	扌艹月攵
洒	isg	氵西⊖	isg	氵西⊖
萨	abut	廾阝立丿	abut	廾阝立丿
sai				
腮	elny	月田心ⓨ	elny	月田心ⓨ
鳃	qgln	鱼一田心	qgln	鱼一田心
塞	pfjf	宀二刂土	pawf	宀龷八土
赛	pfjm	宀二刂贝	pawm	宀龷八贝
san				
三	dggg	三一一一	dggg	三一一一
叁	cddf	厶大三⊜	cddf	厶大三⊜
伞	wuhj	人丷丨ⓙ	wufj	人丷十ⓙ
散	aety	龷月攵ⓨ	aety	龷月攵ⓨ
sang				
桑	cccs	又又又木	cccs	又又又木
嗓	kccs	口又又木	kccs	口又又木
丧	fueu	土丷𧘇ⓤ	fueu	土丷𧘇ⓤ
sao				
搔	rcyj	扌又丶虫	rcyj	扌又丶虫
骚	ccyj	马又丶虫	cgcj	马一又虫
扫	rvg	扌彐⊖	rvg	扌彐⊖
嫂	vvhc	女臼丨又	vehc	女臼丨又
se				
瑟	ggnt	王王心丿	ggnt	王王心丿
色	qcb	𠂊巴ⓑ	qcb	𠂊巴ⓑ
涩	ivyh	氵刃丶止	ivyh	氵刃丶止
sen				
森	sssu	木木木ⓤ	sssu	木木木ⓤ
seng				
僧	wulj	亻丷四日	wulj	亻丷四日
sha				
莎	aiit	廾氵小丿	aiit	廾氵小丿
砂	ditt	石小丿ⓣ	ditt	石小丿ⓣ
杀	qsu	乂木ⓤ	rsu	乂朩ⓤ
刹	qsjh	乂木刂ⓗ	rsjh	乂朩刂ⓗ
沙	iitt	氵小丿ⓣ	iitt	氵小丿ⓣ
纱	xitt	纟小丿ⓣ	xitt	纟小丿ⓣ
傻	wtlt	亻丿口夂	wtlt	亻丿口夂
啥	kwfk	口人干口	kwfk	口人干口
煞	qvto	𠂊彐攵灬	qvto	𠂊彐攵灬
shai				
筛	tjgh	竹刂一丨	tjgh	竹刂一丨
晒	jsg	日西⊖	jsg	日西⊖
shan				
珊	gmmg	王冂冂一	gmmg	王冂冂一
苫	ahkf	廾卜口⊜	ahkf	廾卜口⊜
杉	set	木彡ⓣ	set	木彡ⓣ
山	mmmm	山山山山	mmmm	山山山山
删	mmgj	冂冂一刂	mmgj	冂冂一刂
煽	oynn	火丶尸羽	oynn	火丶尸羽
衫	puet	礻⺀彡ⓣ	puet	礻⺀彡ⓣ
闪	uwi	门人ⓘ	uwi	门人ⓘ
陕	bguw	阝一丷人	bgud	阝一丷大
擅	rylg	扌亠口一	rylg	扌亠口一
赡	mqdy	贝𠂊厂言	mqdy	贝𠂊厂言
膳	eudk	月丷手口	euuk	月羊丷口
善	uduk	丷手丷口	uukf	羊丷口⊜
汕	imh	氵山ⓗ	imh	氵山ⓗ
扇	ynnd	丶尸羽㊂	ynnd	丶尸羽㊂
缮	xudk	纟丷手口	xuuk	纟羊丷口
shang				
墒	fumk	土立冂口	fyuk	土亠丷口
伤	wtln	亻𠂉力ⓝ	wtet	亻𠂉力ⓣ
商	umwk	立冂八口	yumk	亠丷冂口
赏	ipkm	⺌冖口贝	ipkm	⺌冖口贝
晌	jtmk	日丿冂口	jtmk	日丿冂口
上	hhgg	上丨一一	hhgg	上丨一一
尚	imkf	⺌冂口⊜	imkf	⺌冂口⊜
裳	ipke	⺌冖口𧘇	ipke	⺌冖口𧘇
shao				
梢	sieg	木⺌月⊖	sieg	木⺌月⊖
捎	rieg	扌⺌月⊖	rieg	扌⺌月⊖
稍	tieg	禾⺌月⊖	tieg	禾⺌月⊖
烧	oatq	火七丿儿	oatq	火七丿儿
芍	aqyu	廾勹丶ⓤ	aqyu	廾勹丶ⓤ
勺	qyi	勹丶ⓘ	qyi	勹丶ⓘ
韶	ujvk	立日刀口	ujvk	立日刀口
少	itr	小丿ⓡ	ite	小丿ⓔ
哨	kieg	口⺌月⊖	kieg	口⺌月⊖

汉字	86版	拆字实例	98版	拆字实例
邵	vkbh	刀口卩①	vkbh	刀口卩①
绍	xvkg	纟刀口⊖	xvkg	纟刀口⊖
she				
奢	dftj	大土丿日	dftj	大土丿日
赊	mwfi	贝人二小	mwfi	贝人二小
蛇	jpxn	虫宀匕Ⓩ	jpxn	虫宀匕Ⓩ
舌	tdd	丿古㊂	tdd	丿古㊂
舍	wfkf	人干口⊜	wfkf	人干口⊜
赦	foty	土小攵⦸	foty	土小攵⦸
摄	rbcc	扌耳又又	rbcc	扌耳又又
射	tmdf	丿冂三寸	tmdf	丿冂三寸
慑	nbcc	忄耳又又	nbcc	忄耳又又
涉	ihit	氵止ツ⊘	ihht	氵止少⊘
社	pyfg	礻丶土⊖	pyfg	礻丶土⊖
设	ymcy	讠几又⦸	ywcy	讠几又⦸
shen				
砷	djhh	石日丨①	djhh	石日丨①
申	jhk	日丨⑾	jhk	日丨⑾
呻	kjhh	口日丨①	kjhh	口日丨①
伸	wjhh	亻日丨①	wjhh	亻日丨①
身	tmdt	丿冂三丿	tmdt	丿冂三丿
深	ipws	氵冖八木	ipws	氵冖八木
娠	vdfe	女厂二𠂌	vdfe	女厂二𠂌
绅	xjhh	纟日丨①	xjhh	纟日丨①
神	pyjh	礻丶日丨	pyjh	礻丶日丨
沈	ipqn	氵冖儿Ⓩ	ipqn	氵冖儿Ⓩ
审	pjhj	宀日丨⑪	pjhj	宀日丨⑪
婶	vpjh	女宀日丨	vpjh	女宀日丨
甚	adwn	廾三八乙	dwnb	其八乙ⓑ
肾	jcef	刂又月⊜	jcef	刂又月⊜
慎	nfhw	忄十且八	nfhw	忄十且八
渗	icde	氵厶大彡	icde	氵厶大彡
sheng				
声	fnr	士尸⊘	fnr	士尸⊘
生	tgd	丿龶㊂	tgd	丿龶㊂
甥	tgll	丿龶田力	tgle	丿龶田力
牲	trtg	牜丿龶⊖	ctgg	牜丿龶⊖
升	tak	丿廾⑾	tak	丿廾⑾
绳	xkjn	纟口日乙	xkjn	纟口日乙
省	ithf	小丿目⊜	ithf	小丿目⊜
盛	dnnl	厂乙乙皿	dnlf	戊乙皿⊜
剩	tuxj	禾丬匕刂	tuxj	禾丬匕刂
胜	etgg	月丿龶⊖	etgg	月丿龶⊖
圣	cff	又土⊜	cff	又土⊜
shi				
师	jgmh	刂一冂丨	jgmh	刂一冂丨
失	rwi	𠂉人ⓘ	tgi	丿夫ⓘ
狮	qtjh	犭丿刂丨	qtjh	犭丿刂丨
施	ytbn	方𠂉也Ⓩ	ytbn	方𠂉也Ⓩ
湿	ijog	氵日业⊖	ijog	氵日业⊖
诗	yffy	讠土寸⦸	yffy	讠土寸⦸
尸	nngt	尸乙一丿	nngt	尸乙一丿
虱	ntji	乙丿虫ⓘ	ntji	乙丿虫ⓘ
十	fgh	十一丨	fgh	十一丨
石	dgtg	石一丿一	dgtg	石一丿一
拾	rwgk	扌人一口	rwgk	扌人一口
时	jfy	日寸⦸	jfy	日寸⦸
什	wfh	亻十①	wfh	亻十①
食	wyve	人丶彐𠂌	wyvu	人丶艮ⓢ
蚀	qnjy	𠂊乙虫⦸	qnjy	𠂊乙虫⦸
实	pudu	宀⺀大ⓢ	pudu	宀⺀大ⓢ
识	ykwy	讠口八⦸	ykwy	讠口八⦸
史	kqi	口乂ⓘ	kri	口乂ⓘ
矢	tdu	𠂉大ⓢ	tdu	𠂉大ⓢ
使	wgkq	亻一口乂	wgkr	亻一口乂
屎	noi	尸米ⓘ	noi	尸米ⓘ
驶	ckqy	马口乂⦸	cgkr	马一口乂
始	vckg	女厶口⊖	vckg	女厶口⊖
式	aad	弋工丶ⓘ	aayi	弋工丶ⓘ
示	fiu	二小ⓢ	fiu	二小ⓢ
士	fghg	士一丨一	fghg	士一丨一
世	anv	廿乙ⓥ	anv	廿乙ⓥ
柿	symh	木亠冂丨	symh	木丶冂丨
事	gkvh	一口彐丨	gkvh	一口彐丨
拭	raag	扌弋工⊖	raay	扌弋工丶
誓	rryf	扌斤言⊜	rryf	扌斤言⊜
逝	rrpk	扌斤辶⑾	rrpk	扌斤辶⑾
势	rvyl	扌九丶力	rvye	斤九丶力
是	jghu	日一龰ⓢ	jghu	日一龰ⓢ
嗜	kftj	口土丿日	kftj	口土丿日
噬	ktaw	口⺮工人	ktaw	口⺮工人
适	tdpd	丿古辶㊂	tdpd	丿古辶㊂
仕	wfg	亻士⊖	wfg	亻士⊖
侍	wffy	亻土寸⦸	wffy	亻土寸⦸
释	toch	丿米又丨	tocg	丿米又丰
饰	qnth	𠂊乙𠂉丨	qnth	𠂊乙𠂉丨
氏	qav	𠂆弋ⓥ	qav	𠂆弋ⓥ
市	ymhj	亠冂丨⑪	ymhj	亠冂丨⑪
恃	nffy	忄土寸⦸	nffy	忄土寸⦸
室	pgcf	宀一厶土	pgcf	宀一厶土
视	pymq	礻丶冂儿	pymq	礻丶冂儿
试	yaag	讠弋工⊖	yaay	讠弋工丶
shou				
收	nhty	乙丨攵⦸	nhty	乙丨攵⦸
手	rtgh	手丿一丨	rtgh	手丿一丨
首	uthf	丷丿目⊜	uthf	丷丿目⊜
守	pfu	宀寸ⓢ	pfu	宀寸ⓢ
寿	dtfu	三丿寸ⓢ	dtfu	三丿寸ⓢ
授	repc	扌爫冖又	repc	扌爫冖又
售	wykf	亻圭口⊜	wykf	亻圭口⊜
受	epcu	爫冖又ⓢ	epcu	爫冖又ⓢ
瘦	uvhc	疒臼丨又	uehc	疒臼丨又
兽	ulgk	丷田一口	ulgk	丷田一口
shu				
蔬	anhq	廾乙止㐬	anhk	廾乙止㐬
枢	saqy	木匚乂⦸	sary	木匚乂⦸
梳	sycq	木亠厶㐬	syck	木亠厶㐬
殊	gqri	一夕𠂉小	gqtf	一夕丿未
抒	rcbh	扌マ卩①	rcnh	扌マ乙丨
输	lwgj	车人一刂	lwgj	车人一刂

汉字	86版	拆字实例	98版	拆字实例
叔	hicy	上小又ⓨ	hicy	上小又ⓨ
舒	wfkb	人干口卩	wfkh	人干口丨
淑	ihic	氵上小又	ihic	氵上小又
疏	nhyq	乙止亠ル	nhyk	乙止亠ル
书	nnhy	乙乙丨丶	nnhy	乙乙丨丶
赎	mfnd	贝十乙大	mfnd	贝十乙大
孰	ybvy	亠子九丶	ybvy	亠子九丶
熟	ybvo	亠子九灬	ybvo	亠子九灬
薯	alfj	廾罒土日	alfj	廾罒土日
暑	jftj	日土丿日	jftj	日土丿日
曙	jlfj	日罒土日	jlfj	日罒土日
署	lftj	罒土丿日	lftj	罒土丿日
蜀	lqju	罒勹虫ⓤ	lqju	罒勹虫ⓤ
黍	twiu	禾人氺ⓤ	twiu	禾人氺ⓤ
鼠	vnun	臼乙⺀乙	enun	臼乙⺀乙
属	ntky	尸丿口丶	ntky	尸丿口丶
术	syi	木丶ⓘ	syi	木丶ⓘ
述	sypi	木丶辶ⓘ	sypi	木丶辶ⓘ
树	scfy	木又寸ⓨ	scfy	木又寸ⓨ
束	gkii	一口小ⓘ	skd	木口ⓓ
戍	dynt	厂丶乙丿	awi	戈八ⓘ
竖	jcuf	刂又立ⓕ	jcuf	刂又立ⓕ
墅	jfcf	日土マ土	jfcf	日土マ土
庶	yaoi	广廿灬ⓘ	oaoi	广廿灬ⓘ
数	ovty	米女攵ⓨ	ovty	米女攵ⓨ
漱	igkw	氵一口人	iskw	氵木口人
恕	vknu	女口心ⓤ	vknu	女口心ⓤ
shua				
刷	nmhj	尸冂丨刂	nmhj	尸冂丨刂
耍	dmjv	丆冂刂女	dmjv	丆冂刂女
shuai				
摔	ryxf	扌亠幺十	ryxf	扌亠幺十
衰	ykge	亠口一𧘇	ykge	亠口一𧘇
甩	env	月乙ⓥ	env	月乙ⓥ
帅	jmhh	刂冂丨ⓗ	jmhh	刂冂丨ⓗ
shuan				
栓	swgg	木人王ⓖ	swgg	木人王ⓖ
拴	rwgg	扌人王ⓖ	rwgg	扌人王ⓖ
shuang				
霜	fshf	雨木目ⓕ	fshf	雨木目ⓕ
双	ccy	又又ⓨ	ccy	又又ⓨ
爽	dqqq	大㐅㐅㐅	drrr	大㐅㐅㐅
shui				
谁	ywyg	讠亻⺻ⓖ	ywyg	讠亻⺻ⓖ
水	iiii	水水水水	iiii	水水水水
睡	htgf	目丿一土	htgf	目丿一土
税	tukq	禾丷口儿	tukq	禾丷口儿
shun				
吮	kcqn	口厶儿ⓝ	kcqn	口厶儿ⓝ
瞬	heph	目爫冖丨	hepg	目爫冖㐄
顺	kdmy	川丆贝ⓨ	kdmy	川丆贝ⓨ
舜	epqh	爫冖夕丨	epqg	爫冖夕㐄
shuo				
说	yukq	讠丷口儿	yukq	讠丷口儿
硕	ddmy	石丆贝ⓨ	ddmy	石丆贝ⓨ

汉字	86版	拆字实例	98版	拆字实例
朔	ubte	丷凵丿月	ubte	丷凵丿月
烁	oqiy	火⺁小ⓨ	otni	火丿乙小
si				
斯	adwr	廾三八斤	dwrh	其八斤ⓗ
撕	radr	扌廾三斤	rdwr	扌其八斤
嘶	kadr	口廾三斤	kdwr	口其八斤
思	lnu	田心ⓤ	lnu	田心ⓤ
私	tcy	禾厶ⓨ	tcy	禾厶ⓨ
司	ngkd	乙一口ⓓ	ngkd	乙一口ⓓ
丝	xxgf	纟纟一ⓕ	xxgf	纟纟一ⓕ
死	gqxb	一夕匕ⓑ	gqxv	一夕匕ⓥ
肆	dvfh	镸彐二丨	dvgh	镸彐丰ⓗ
寺	ffu	土寸ⓤ	ffu	土寸ⓤ
嗣	kmak	口冂廾口	kmak	口冂廾口
四	lhng	四丨乙一	lhng	四丨乙一
伺	wngk	亻乙一口	wngk	亻乙一口
似	wnyw	亻乙丶人	wnyw	亻乙丶人
饲	qnnk	饣乙乙口	qnnk	饣乙乙口
巳	nngn	巳乙一乙	nngn	巳乙一乙
song				
松	swcy	木八厶ⓨ	swcy	木八厶ⓨ
耸	wwbf	人人耳ⓕ	wwbf	人人耳ⓕ
怂	wwnu	人人心ⓤ	wwnu	人人心ⓤ
颂	wcdm	八厶丆贝	wcdm	八厶丆贝
送	udpi	丷大辶ⓘ	udpi	丷大辶ⓘ
宋	psu	宀木ⓤ	psu	宀木ⓤ
讼	ywcy	讠八厶ⓨ	ywcy	讠八厶ⓨ
诵	yceh	讠マ用ⓗ	yceh	讠マ用ⓗ
sou				
搜	rvhc	扌臼丨又	rehc	扌臼丨又
艘	tevc	丿舟臼又	tuec	丿舟臼又
擞	rovt	扌米女攵	rovt	扌米女攵
嗽	kgkw	口一口人	kskw	口木口人
su				
苏	alwu	廾力八ⓤ	aewu	廾力八ⓤ
酥	sgty	西一禾ⓨ	sgty	西一禾ⓨ
俗	wwwk	亻八人口	wwwk	亻八人口
素	gxiu	龶幺小ⓤ	gxiu	龶幺小ⓤ
速	gkip	一口小辶	skpd	木口辶ⓓ
粟	sou	覀米ⓤ	sou	覀米ⓤ
僳	wsoy	亻覀米ⓨ	wsoy	亻覀米ⓨ
塑	ubtf	丷凵丿土	ubtf	丷凵丿土
溯	iube	氵丷凵月	iube	氵丷凵月
宿	pwdj	宀亻丆日	pwdj	宀亻丆日
诉	yryy	讠斤丶ⓨ	yryy	讠斤丶ⓨ
肃	vijk	彐小川ⓚ	vhjw	彐丨川八
suan				
酸	sgct	西一厶夊	sgct	西一厶夊
蒜	afii	廾二小小	afii	廾二小小
算	thaj	竹目廾ⓙ	thaj	竹目廾ⓙ
sui				
虽	kju	口虫ⓤ	kju	口虫ⓤ
隋	bdae	阝ナ工月	bdae	阝ナ工月
随	bdep	阝ナ月辶	bdep	阝ナ月辶
绥	xevg	纟爫女ⓖ	xevg	纟爫女ⓖ
髓	medp	罒月ナ辶	medp	罒月ナ辶

汉字	86 版	拆字实例	98 版	拆字实例
碎	dywf	石亠人十	dywf	石亠人十
岁	mqu	山夕ⓢ	mqu	山夕ⓢ
穗	tgjn	禾一曰心	tgjn	禾一曰心
遂	uepi	丷豕辶ⓘ	uepi	丷豕辶ⓘ
隧	buep	阝丷豕辶	buep	阝丷豕辶
祟	bmfi	凵山二小	bmfi	凵山二小
sun				
孙	biy	子小⊘	biy	子小⊘
损	rkmy	扌口贝⊘	rkmy	扌口贝⊘
笋	tvtr	竹彐丿⊘	tvtr	竹彐丿⊘
suo				
蓑	ayke	廿亠口𧘇	ayke	廿亠口𧘇
梭	scwt	木厶八夂	scwt	木厶八夂
唆	kcwt	口厶八夂	kcwt	口厶八夂
缩	xpwj	纟宀亻日	xpwj	纟宀亻日
琐	gimy	王⺌贝⊘	gimy	王⺌贝⊘
索	fpxi	十冖幺小	fpxi	十冖幺小
锁	qimy	钅⺌贝⊘	qimy	钅⺌贝⊘
所	rnrh	厂コ斤①	rnrh	厂コ斤①

T

汉字	86 版	拆字实例	98 版	拆字实例
ta				
塌	fjng	土曰羽⊝	fjng	土曰羽⊝
他	wbn	亻也ⓒ	wbn	亻也ⓒ
它	pxb	宀匕⑧	pxb	宀匕⑧
她	vbn	女也ⓒ	vbn	女也ⓒ
塔	fawk	土廾人口	fawk	土廾人口
獭	qtgm	犭丿一贝	qtsm	犭丿木贝
挞	rdpy	扌大辶⊘	rdpy	扌大辶⊘
蹋	khjn	口止曰羽	khjn	口止曰羽
踏	khij	口止水曰	khij	口止水曰
tai				
胎	eckg	月厶口⊝	eckg	月厶口⊝
苔	ackf	廾厶口⊜	ackf	廾厶口⊜
抬	rckg	扌厶口⊝	rckg	扌厶口⊝
台	ckf	厶口⊜	ckf	厶口⊜
泰	dwiu	三八氺ⓢ	dwiu	三八氺ⓢ
酞	sgdy	西一大丶	sgdy	西一大丶
太	dyi	大丶ⓘ	dyi	大丶ⓘ
态	dynu	大丶心ⓢ	dynu	大丶心ⓢ
汰	idyy	氵大丶⊘	idyy	氵大丶⊘
tan				
坍	fmyg	土冂亠⊝	fmyg	土冂亠⊝
摊	rcwy	扌又亻⺻	rcwy	扌又亻⺻
贪	wynm	人丶乙贝	wynm	人丶乙贝
瘫	ucwy	疒又亻⺻	ucwy	疒又亻⺻
滩	icwy	氵又亻⺻	icwy	氵又亻⺻
坛	ffcy	土二厶⊘	ffcy	土二厶⊘
檀	sylg	木亠口一	sylg	木亠口一
痰	uooi	疒火火ⓘ	uooi	疒火火ⓘ
潭	isjh	氵西早①	isjh	氵西早①
谭	ysjh	讠西早①	ysjh	讠西早①
谈	yooy	讠火火⊘	yooy	讠火火⊘
坦	fjgg	土日一⊝	fjgg	土日一⊝
毯	tfno	丿二乙火	eooi	毛火火ⓘ

汉字	86 版	拆字实例	98 版	拆字实例
袒	pujg	衤⺀日一	pujg	衤⺀日一
碳	dmdo	石山ナ火	dmdo	石山ナ火
探	rpws	扌冖八木	rpws	扌冖八木
叹	kcy	口又⊘	kcy	口又⊘
炭	mdou	山ナ火ⓢ	mdou	山ナ火ⓢ
tang				
汤	inrt	氵乙𠂊⊘	inrt	氵乙𠂊⊘
塘	fyvk	土广彐口	fovk	土广彐口
搪	ryvk	扌广彐口	rovk	扌广彐口
堂	ipkf	⺌冖口土	ipkf	⺌冖口土
棠	ipks	⺌冖口木	ipks	⺌冖口木
膛	eipf	月⺌冖土	eipf	月⺌冖土
唐	yvhk	广彐丨口	ovhk	广彐丨口
糖	oyvk	火广彐口	oovk	米广彐口
倘	wimk	亻⺌冂口	wimk	亻⺌冂口
躺	tmdk	丿冂三口	tmdk	丿冂三口
淌	iimk	氵⺌冂口	iimk	氵⺌冂口
趟	fhik	土龰⺌口	fhik	土龰⺌口
烫	inro	氵乙𠂊火	inro	氵乙𠂊火
tao				
掏	rqrm	扌勹𠂉山	rqtb	扌勹丿土
涛	idtf	氵三丿寸	idtf	氵三丿寸
滔	ievg	氵爫白⊝	ieeg	氵爫白⊝
绦	xtsy	纟夂朩⊘	xtsy	纟夂朩⊘
萄	aqrm	廾勹𠂉山	aqtb	廾勹丿土
桃	siqn	木⺀儿ⓒ	sqiy	木儿⺀⊘
逃	iqpv	⺀儿辶⑧	qipi	儿⺀辶ⓘ
淘	iqrm	氵勹𠂉山	iqtb	氵勹丿土
陶	bqrm	阝勹𠂉山	bqtb	阝勹丿土
讨	yfy	讠寸⊘	yfy	讠寸⊘
套	ddu	大镸ⓢ	ddu	大镸ⓢ
te				
特	trff	丿扌土寸	cffy	牛土寸⊘
teng				
藤	aeui	廾月丷氺	aeui	廾月丷氺
腾	eudc	月丷大马	eugg	月丷夫一
疼	utui	疒夂⺀ⓘ	utui	疒夂⺀ⓘ
誊	udyf	丷大言⊜	ugyf	丷夫言⊜
ti				
梯	suxt	木丷弓丿	suxt	木丷弓丿
剔	jqrj	日勹𠂊刂	jqrj	日勹𠂊刂
踢	khjr	口止日𠂊	khjr	口止日𠂊
锑	quxt	钅丷弓丿	quxt	钅丷弓丿
提	rjgh	扌日一龰	rjgh	扌日一龰
题	jghm	日一龰贝	jghm	日一龰贝
蹄	khuh	口止立丨	khyh	口止亠丨
啼	kuph	口立冖丨	kyuh	口亠丷丨
体	wsgg	亻木一⊝	wsgg	亻木一⊝
替	fwfj	二人二曰	ggjf	夫夫曰⊜
嚏	kfph	口十冖龰	kfph	口十冖龰
惕	njqr	忄日勹𠂊	njqr	忄日勹𠂊
涕	iuxt	氵丷弓丿	iuxt	氵丷弓丿
剃	uxhj	丷弓丨刂	uxhj	丷弓丨刂
屉	nanv	尸廿乙⑧	nanv	尸廿乙⑧
tian				

学以致用系列丛书

汉字	86 版	拆字实例	98 版	拆字实例
天	gdi	一大(氵)	gdi	一大(氵)
添	igdn	氵一大⺗	igdn	氵一大⺗
填	ffhw	土十且八	ffhw	土十且八
田	llll	田田田田	llll	田田田田
甜	tdaf	丿古廾二	tdfg	丿古甘㊀
恬	ntdg	忄丿古㊀	ntdg	忄丿古㊀
舔	tdgn	丿古一⺗	tdgn	丿古一⺗
腆	emaw	月冂卄八	emaw	月冂卄八
tiao				
挑	riqn	扌⺍儿(乙)	rqiy	扌儿⺍(丶)
条	tsu	夂朩(冫)	tsu	夂朩(冫)
迢	vkpd	刀口辶㊂	vkpd	刀口辶㊂
眺	hiqn	目⺍儿(乙)	hqiy	目儿⺍(丶)
跳	khiq	口止⺍儿	khqi	口止儿⺍
tie				
贴	mhkg	贝卜口㊀	mhkg	贝卜口㊀
铁	qrwy	钅𠂉人(丶)	qtgy	钅丿夫(丶)
帖	mhhk	冂丨卜口	mhhk	冂丨卜口
ting				
厅	dsk	厂丁(川)	dsk	厂丁(川)
听	krh	口斤(丨)	krh	口斤(丨)
烃	ocag	火又工㊀	ocag	火又工㊀
汀	ish	氵丁(丨)	ish	氵丁(丨)
廷	tfpd	丿士廴㊂	tfpd	丿士廴㊂
停	wyps	亻古冖丁	wyps	亻古冖丁
亭	ypsj	古冖丁(刂)	ypsj	古冖丁(刂)
庭	ytfp	广丿士廴	otfp	广丿士廴
挺	rtfp	扌丿士廴	rtfp	扌丿士廴
艇	tetp	丿舟丿廴	tutp	丿舟丿廴
tong				
通	cepk	マ用辶(川)	cepk	マ用辶(川)
桐	smgk	木冂一口	smgk	木冂一口
酮	sgmk	西一冂(川)	sgmk	西一冂(川)
瞳	hujf	目立日土	hujf	目立日土
同	mgkd	冂一口㊂	mgkd	冂一口㊂
铜	qmgk	钅冂一口	qmgk	钅冂一口
彤	myet	冂亠彡(丿)	myet	冂亠彡(丿)
童	ujff	立日土㊀	ujff	立日土㊀
桶	sceh	木マ用(丨)	sceh	木マ用(丨)
捅	rceh	扌マ用(丨)	rceh	扌マ用(丨)
筒	tmgk	⺮冂一口	tmgk	⺮冂一口
统	xycq	纟亠厶儿	xycq	纟亠厶儿
痛	ucek	疒マ用(川)	ucek	疒マ用(川)
tou				
偷	wwgj	亻人一刂	wwgj	亻人一刂
投	rmcy	扌几又(丶)	rwcy	扌几又(丶)
头	udi	冫大(氵)	udi	冫大(氵)
透	tepv	禾乃辶(巛)	tbpe	禾乃辶(彡)
tu				
凸	hgmg	丨一冂一	hghg	丨一丨一
秃	tmb	禾几(巜)	twb	禾几(巜)
突	pwdu	穴八犬(冫)	pwdu	穴八犬(冫)
图	ltui	囗夂冫(氵)	ltui	囗夂冫(氵)
徒	tfhy	彳土龰(丶)	tfhy	彳土龰(丶)
途	wtpi	人朩辶(氵)	wgsp	人一朩辶

汉字	86 版	拆字实例	98 版	拆字实例
涂	iwty	氵人朩(丶)	iwgs	氵人一朩
屠	nftj	尸土丿日	nftj	尸土丿日
土	ffff	土土土土	ffff	土土土土
吐	kfg	口土㊀	kfg	口土㊀
兔	qkqy	𠂊口儿丶	qkqy	𠂊口儿丶
tuan				
湍	imdj	氵山丆刂	imdj	氵山丆刂
团	lfte	囗十丿(彡)	lfte	囗十丿(彡)
tui				
推	rwyg	扌亻主㊀	rwyg	扌亻主㊀
颓	tmdm	禾几丆贝	twdm	禾几丆贝
腿	evep	月彐乄辶	evpy	月艮辶(丶)
蜕	jukq	虫丷口儿	jukq	虫丷口儿
褪	puvp	礻冫艮辶	puvp	礻冫艮辶
退	vepi	彐乄辶(氵)	vpi	艮辶(氵)
tun				
吞	gdkf	一大口㊁	gdkf	一大口㊁
屯	gbnv	一凵乙(巛)	gbnv	一凵乙(巛)
臀	nawe	尸龷八月	nawe	尸龷八月
tuo				
拖	rtbn	扌𠂉也(乙)	rtbn	扌𠂉也(乙)
托	rtan	扌丿七(乙)	rtan	扌丿七(乙)
脱	eukq	月丷口儿	eukq	月丷口儿
鸵	qynx	勹丶乙匕	qgpx	鸟一宀匕
陀	bpxn	阝宀匕(乙)	bpxn	阝宀匕(乙)
驮	cdy	马大(丶)	cgdy	马一大(丶)
驼	cpxn	马宀匕(乙)	cgpx	马一宀匕
椭	sbde	木阝ナ月	sbde	木阝ナ月
妥	evf	爫女㊁	evf	爫女㊁
拓	rdg	扌石㊀	rdg	扌石㊀
唾	ktgf	口丿一士	ktgf	口丿一士

W

汉字	86 版	拆字实例	98 版	拆字实例
wa				
挖	rpwn	扌宀八乙	rpwn	扌宀八乙
哇	kffg	口凵凵㊀	kffg	口凵凵㊀
蛙	jffg	虫凵凵㊀	jffg	虫凵凵㊀
洼	iffg	氵凵凵㊀	iffg	氵凵凵㊀
娃	vffg	女凵凵㊀	vffg	女凵凵㊀
瓦	gnyn	一乙丶乙	gnny	一乙乙丶
袜	pugs	礻冫一木	pugs	礻冫一木
wai				
歪	gigh	一小一止	dhgh	丆卜一止
外	qhy	夕卜(丶)	qhy	夕卜(丶)
wan				
豌	gkub	一口丷㔾	gkub	一口丷㔾
弯	yoxb	亠⺌弓(巜)	yoxb	亠⺌弓(巜)
湾	iyox	氵亠⺌弓	iyox	氵亠⺌弓
玩	gfqn	王二儿(乙)	gfqn	王二儿(乙)
顽	fqdm	二儿丆贝	fqdm	二儿丆贝
丸	vyi	九丶(氵)	vyi	九丶(氵)
烷	opfq	火宀二儿	opfq	火宀二儿
完	pfqb	宀二儿(巜)	pfqb	宀二儿(巜)
碗	dpqb	石宀夕㔾	dpqb	石宀夕㔾

汉字	86版	拆字实例	98版	拆字实例
挽	rqkq	扌⺈口儿	rqkq	扌⺈口儿
晚	jqkq	日⺈口儿	jqkq	日⺈口儿
皖	rpfq	白宀二儿	rpfq	白宀二儿
惋	npqb	忄宀夕㔾	npqb	忄宀夕㔾
宛	pqbb	宀夕㔾⑫	pqbb	宀夕㔾⑫
婉	vpqb	女宀夕㔾	vpqb	女宀夕㔾
万	dnv	ㄏ乙⑫	gqe	一力③
腕	epqb	月宀夕㔾	epqb	月宀夕㔾
wang				
汪	igg	氵王㊀	igg	氵王㊀
王	gggg	王王王王	gggg	王王王王
亡	ynv	亠乙⑫	ynv	亠乙⑫
枉	sgg	木王㊀	sgg	木王㊀
网	mrri	冂㐅㐅⑦	mrri	冂㐅㐅⑦
往	tygg	彳丶王㊀	tygg	彳丶王㊀
旺	jgg	日王㊀	jgg	日王㊀
望	yneg	亠乙月王	yneg	亠乙月王
忘	ynnu	亠乙心⑤	ynnu	亠乙心⑤
妄	ynvf	亠乙女㊁	ynvf	亠乙女㊁
wei				
威	dgvt	厂一女丿	dgvd	戊一女㊂
巍	mtvc	山禾女厶	mtvc	山禾女厶
微	tmgt	彳山一攵	tmgt	彳山一攵
危	qdbb	⺈厂㔾⑫	qdbb	⺈厂㔾⑫
韦	fnhk	二乙丨⑩	fnhk	二乙丨⑩
违	fnhp	二乙丨辶	fnhp	二乙丨辶
桅	sqdb	木⺈厂㔾	sqdb	木⺈厂㔾
围	lfnh	囗二乙丨	lfnh	囗二乙丨
唯	kwyg	口亻圭㊀	kwyg	口亻圭㊀
惟	nwyg	忄亻圭㊀	nwyg	忄亻圭㊀
为	ylyi	丶力丶⑦	yeyi	丶力丶⑦
潍	ixwy	氵纟亻圭	ixwy	氵纟亻圭
维	xwyg	纟亻圭㊀	xwyg	纟亻圭㊀
苇	afnh	廾二乙丨	afnh	廾二乙丨
萎	atvf	廾禾女㊁	atvf	廾禾女㊁
委	tvf	禾女㊁	tvf	禾女㊁
伟	wfnh	亻二乙丨	wfnh	亻二乙丨
伪	wyly	亻丶力丶	wyey	亻丶力丶
尾	ntfn	尸丿二乙	nev	尸毛⑫
纬	xfnh	纟二乙丨	xfnh	纟二乙丨
未	fii	二小⑦	fggy	未一一㇏
蔚	anff	廾尸二寸	anff	廾尸二寸
味	kfiy	口二小⦸	kfy	口未⦸
畏	lgeu	田一⺀⑤	lgeu	田一⺀⑤
胃	lef	田月㊁	lef	田月㊁
喂	klge	口田一⺀	klge	口田一⺀
魏	tvrc	禾女白厶	tvrc	禾女白厶
位	wug	亻立㊀	wug	亻立㊀
渭	ileg	氵田月㊀	ileg	氵田月㊀
谓	yleg	讠田月㊀	yleg	讠田月㊀
尉	nfif	尸二小寸	nfif	尸二小寸
慰	nfin	尸二小心	nfin	尸二小心
卫	bgd	卩一㊂	bgd	卩一㊂
wen				
瘟	ujld	疒日皿㊂	ujld	疒日皿㊂
温	ijlg	氵日皿㊀	ijlg	氵日皿㊀
蚊	jyy	虫文⦸	jyy	虫文⦸
文	yygy	文丶一㇏	yygy	文丶一㇏
闻	ubd	门耳㊂	ubd	门耳㊂
纹	xyy	纟文⦸	xyy	纟文⦸
吻	kqrt	口勹⺇⊘	kqrt	口勹⺇⊘
稳	tqvn	禾⺈彐心	tqvn	禾⺈彐心
紊	yxiu	文幺小⑤	yxiu	文幺小⑤
问	ukd	门口㊂	ukd	门口㊂
weng				
嗡	kwcn	口八厶羽	kwcn	口八厶羽
翁	wcnf	八厶羽㊁	wcnf	八厶羽㊁
瓮	wcgn	八厶一乙	wcgy	八厶一丶
wo				
挝	rfpy	扌寸辶⦸	rfpy	扌寸辶⦸
蜗	jkmw	虫口冂人	jkmw	虫口冂人
涡	ikmw	氵口冂人	ikmw	氵口冂人
窝	pwkw	宀八口人	pwkw	宀八口人
我	trnt	丿扌乙丿	trny	丿扌乙丶
斡	fjwf	十早人十	fjwf	十早人十
卧	ahnh	匚丨コ卜	ahnh	匚丨コ卜
握	rngf	扌尸一土	rngf	扌尸一土
沃	itdy	氵丿大⦸	itdy	氵丿大⦸
wu				
巫	awwi	工人人⑦	awwi	工人人⑦
呜	kqng	口勹乙一	ktng	口丿乙一
钨	qqng	钅勹乙一	qtng	钅丿乙一
乌	qngd	勹乙一㊂	tnng	丿乙乙一
污	ifnn	氵二乙◎	ifnn	氵二乙◎
诬	yaww	讠工人人	yaww	讠工人人
屋	ngcf	尸一厶土	ngcf	尸一厶土
无	fqv	二儿⑫	fqv	二儿⑫
芜	afqb	廾二儿⑫	afqb	廾二儿⑫
梧	sgkg	木五口㊀	sgkg	木五口㊀
吾	gkf	五口㊁	gkf	五口㊁
吴	kgdu	口一大⑤	kgdu	口一大⑤
毋	xde	母ナ③	nnde	乙乙ナ③
武	gahd	一弋止㊂	gahy	一弋止丶
五	gghg	五一丨一	gghg	五一丨一
捂	rgkg	扌五口㊀	rgkg	扌五口㊀
午	tfj	𠂉十⑪	tfj	𠂉丿干⑪
舞	rlgh	𠂉罒一丨	tglg	𠂉一罒㐄
伍	wgg	亻五㊀	wgg	亻五㊀
侮	wtxu	亻𠂉母⺀	wtxy	亻𠂉母⦸
坞	fqng	土勹乙一	ftng	土丿乙一
戊	dnyt	厂乙丶丿	dgty	戊一丿丶
雾	ftlb	雨夂力⑫	fter	雨夂力⊘
晤	jgkg	日五口㊀	jgkg	日五口㊀
物	trqr	丿扌勹⺇	cqrt	牜勹⺇⊘
勿	qre	勹⺇③	qre	勹⺇③
务	tlb	夂力⑫	ter	夂力⊘
悟	ngkg	忄五口㊀	ngkg	忄五口㊀
误	ykgd	讠口一大	ykgd	讠口一大

X

汉字	86 版	拆字实例	98 版	拆字实例
xi				
昔	ajf	廾日㊀	ajf	廾日㊀
熙	ahko	匚丨口灬	ahko	匚丨口灬
析	srh	木斤①	srh	木斤①
西	sghg	西一丨一	sghg	西一丨一
硒	dsg	石西㊀	dsg	石西㊀
矽	dqy	石夕⊘	dqy	石夕⊘
晰	jsrh	日木斤①	jsrh	日木斤①
嘻	kfkk	口士口口	kfkk	口士口口
吸	keyy	口乃乀⊘	kbyy	口乃乀⊘
锡	qjqr	钅日勹彡	qjqr	钅日勹彡
牺	trsg	丿扌西㊀	csg	牛西㊀
稀	tqdh	禾乂ナ丨	trdh	禾乂ナ丨
息	thnu	丿目心ⓢ	thnu	丿目心ⓢ
希	qdmh	乂ナ冂丨	rdmh	乂ナ冂丨
悉	tonu	丿米心ⓢ	tonu	丿米心ⓢ
膝	eswi	月木人氺	eswi	月木人氺
夕	qtny	夕丿乙丶	qtny	夕丿乙丶
惜	najg	忄廾日㊀	najg	忄廾日㊀
熄	othn	火丿目心	othn	火丿目心
烯	oqdh	火乂ナ丨	ordh	火乂ナ丨
溪	iexd	氵爫幺大	iexd	氵爫幺大
汐	iqy	氵夕⊘	iqy	氵夕⊘
犀	nirh	尸氺二丨	nitg	尸氺丿丰
檄	sryt	木白方攵	sryt	木白方攵
袭	dxye	ナ匕亠𧘇	dxye	ナ匕丶𧘇
席	yamh	广廿冂丨	oamh	广廿冂丨
习	nud	乙冫㊂	nud	乙冫㊂
媳	vthn	女丿目心	vthn	女丿目心
喜	fkuk	士口丷口	fkuk	士口丷口
铣	qtfq	钅丿土儿	qtfq	钅丿土儿
洗	itfq	氵丿土儿	itfq	氵丿土儿
系	txiu	丿幺小ⓢ	txiu	丿幺小ⓢ
隙	biji	阝小日小	biji	阝小日小
戏	cat	又戈⊘	cay	又戈⊘
细	xlg	纟田㊀	xlg	纟田㊀
xia				
瞎	hpdk	目宀三口	hpdk	目宀三口
虾	jghy	虫一卜⊘	jghy	虫一卜⊘
匣	alk	匚甲ⓜ	alk	匚甲ⓜ
霞	fnhc	雨コ丨又	fnhc	雨コ丨又
辖	lpdk	车宀三口	lpdk	车宀三口
暇	jnhc	日コ丨又	jnhc	日コ丨又
峡	mguw	山一丷人	mgud	山一丷大
侠	wguw	亻一丷人	wgud	亻一丷大
狭	qtgw	犭丿一人	qtgd	犭丿一大
下	ghi	一卜ⓘ	ghi	一卜ⓘ
厦	ddht	厂丆目夂	ddht	厂丆目夂
夏	dhtu	丆目夂ⓢ	dhtu	丆目夂ⓢ
吓	kghy	口一卜⊘	kghy	口一卜⊘
xian				
掀	rrqw	扌斤𠂊人	rrqw	扌斤𠂊人
锨	qrqw	钅斤𠂊人	qrqw	钅斤𠂊人
先	tfqb	丿土儿ⓚ	tfqb	丿土儿ⓚ
仙	wmh	亻山①	wmh	亻山①
鲜	qgud	鱼一丷手	qguh	鱼一羊①
纤	xtfh	纟丿十①	xtfh	纟丿十①
咸	dgkt	厂一口丿	dgkd	戊一口㊂
贤	jcmu	刂又贝ⓢ	jcmu	刂又贝ⓢ
衔	tqfh	彳钅二丨	tqgs	彳钅一丁
舷	teyx	丿舟亠幺	tuyx	丿舟亠幺
闲	usi	门木ⓘ	usi	门木ⓘ
涎	ithp	氵丿卜廴	ithp	氵丿卜廴
弦	xyxy	弓亠幺⊘	xyxy	弓亠幺⊘
嫌	vuvo	女丷彐小	vuvw	女丷彐八
显	jogf	日业一㊁	jof	日业㊁
险	bwgi	阝人一业	bwgg	阝人一一
现	gmqn	王冂儿ⓒ	gmqn	王冂儿ⓒ
献	fmud	十冂丷犬	fmud	十冂丷犬
县	egcu	月一厶ⓢ	egcu	月一厶ⓢ
腺	eriy	月白水⊘	eriy	月白水⊘
馅	qnqv	饣乙勹臼	qnqe	饣乙𠂊臼
羡	uguw	丷王冫人	uguw	丷王冫人
宪	ptfq	宀丿土儿	ptfq	宀丿土儿
陷	bqvg	阝勹臼㊀	bqeg	阝𠂊臼㊀
限	bvey	阝彐𠂉⊘	bvy	阝艮⊘
线	xgt	纟戋⊘	xgay	纟一戈⊘
xiang				
相	shg	木目㊀	shg	木目㊀
厢	dshd	厂木目㊂	dshd	厂木目㊂
镶	qyke	钅亠口𧘇	qyke	钅亠口𧘇
香	tjf	禾日㊁	tjf	禾日㊁
箱	tshf	竹木目㊁	tshf	竹木目㊁
襄	ykke	亠口口𧘇	ykke	亠口口𧘇
湘	ishg	氵木目㊀	ishg	氵木目㊀
乡	xte	纟丿③	xte	纟丿③
翔	udng	丷手羽㊀	ung	羊羽㊀
祥	pyud	礻丶丷手	pyuh	礻丶羊①
详	yudh	讠丷手①	yuh	讠羊①
想	shnu	木目心ⓢ	shnu	木目心ⓢ
响	ktmk	口丿冂口	ktmk	口丿冂口
享	ybf	亠子㊁	ybf	亠子㊁
项	admy	工丆贝⊘	admy	工丆贝⊘
巷	awnb	共八巳ⓚ	awnb	共八巳ⓚ
橡	sqje	木勹口豕	sqke	木𠂊口豕
像	wqje	亻勹口豕	wqke	亻𠂊口豕
向	tmkd	丿冂口㊂	tmkd	丿冂口㊂
象	qjeu	勹口豕ⓢ	qkeu	𠂊口豕ⓢ
xiao				
萧	avij	廾彐小刂	avhw	廾彐丨八
硝	dieg	石⺌月㊀	dieg	石⺌月㊀
霄	fief	雨⺌月㊁	fief	雨⺌月㊁
削	iejh	⺌月刂①	iejh	⺌月刂①
哮	kftb	口土丿子	kftb	口土丿子
嚣	kkdk	口口丆口	kkdk	口口丆口
销	qieg	钅⺌月㊀	qieg	钅⺌月㊀
消	iieg	氵⺌月㊀	iieg	氵⺌月㊀
宵	pief	宀⺌月㊁	pief	宀⺌月㊁
淆	iqde	氵乂ナ月	irde	氵乂ナ月

汉字	86 版	拆字实例	98 版	拆字实例
晓	jatq	日七丿儿	jatq	日弋丿儿
小	ihty	小丨丿丶	ihty	小丨丿丶
孝	ftbf	凵丿子㊁	ftbf	凵丿子㊁
校	suqy	木六乂⊘	sury	木六乂⊘
肖	ief	⺌月㊁	ief	⺌月㊁
啸	kvij	口彐小刂	kvhw	口彐丨八
笑	ttdu	⺮丿大ⓢ	ttdu	⺮丿大ⓢ
效	uqty	六乂攵⊘	urty	六乂攵⊘
xie				
楔	sdhd	木三丨大	sdhd	木三丨大
些	hxff	止匕二㊁	hxff	止匕二㊁
歇	jqww	日勹人人	jqww	日勹人人
蝎	jjqn	虫日勹乙	jjqn	虫日勹乙
鞋	afff	廿串凵凵	afff	廿串凵凵
协	flwy	十力八⊘	fewy	十力八⊘
挟	rguw	扌一丷人	rgud	扌一丷大
携	rwye	扌亻主乃	rwyb	扌亻主乃
邪	ahtb	二丨丿阝	ahtb	二丨丿阝
斜	wtuf	人禾冫十	wgsf	人一木十
胁	elwy	月力八⊘	eewy	月力八⊘
谐	yxxr	讠⺊匕白	yxxr	讠⺊匕白
写	pgng	冖一乙一	pgng	冖一乙一
械	saah	木戈廾①	saah	木戈廾①
卸	rhbh	𠂉止卩①	tghb	𠂉一止卩
蟹	qevj	𠂊用刀虫	qevj	𠂊用刀虫
懈	nqeh	忄𠂊用丨	nqeg	忄𠂊用丰
泄	iann	氵廿乙②	iann	氵廿乙②
泻	ipgg	氵冖一一	ipgg	氵冖一一
谢	ytmf	讠丿冂寸	ytmf	讠丿冂寸
屑	nied	尸⺌月㊂	nied	尸⺌月㊂
xin				
薪	ausr	廾立木斤	ausr	廾立木斤
芯	anu	廾心ⓢ	anu	廾心ⓢ
锌	quh	钅辛①	quh	钅辛①
欣	rqwy	斤𠂊人⊘	rqwy	斤𠂊人⊘
辛	uygh	辛丶一丨	uygh	辛丶一丨
新	usrh	立木斤①	usrh	立木斤①
忻	nrh	忄斤①	nrh	忄斤①
心	nyny	心丶乙丶	nyny	心丶乙丶
信	wyg	亻言㊀	wyg	亻言㊀
衅	tluf	丿皿丷十	tlug	丿皿丷丰
xing				
星	jtgf	日丿龶㊁	jtgf	日丿龶㊁
腥	ejtg	月日丿龶	ejtg	月日丿龶
猩	qtjg	犭丿日龶	qtjg	犭丿日龶
惺	njtg	忄日丿龶	njtg	忄日丿龶
兴	iwu	𭕄八ⓢ	igwu	丷一八ⓢ
刑	gajh	一廾刂①	gajh	一廾刂①
型	gajf	一廾刂土	gajf	一廾刂土
形	gaet	一廾彡⊘	gaet	一廾彡⊘
邢	gabh	一廾阝①	gabh	一廾阝①
行	tfhh	彳二丨①	tgsh	彳一丁①
醒	sgjg	西一日龶	sgjg	西一日龶
幸	fufj	土丷干⑪	fufj	土丷干⑪
杏	skf	木口㊁	skf	木口㊁
性	ntgg	忄丿龶㊀	ntgg	忄丿龶㊀

汉字	86 版	拆字实例	98 版	拆字实例
姓	vtgg	女丿龶㊀	vtgg	女丿龶㊀
xiong				
兄	kqb	口儿ⓦ	kqb	口儿ⓦ
凶	qbk	乂凵⑩	rbk	乂凵⑩
胸	eqqb	月勹乂凵	eqrb	月勹乂凵
匈	qqbk	勹乂凵⑩	qrbk	勹乂凵⑩
汹	iqbh	氵乂凵①	irbh	氵乂凵①
雄	dcwy	𠂇厶亻龶	dcwy	𠂇厶亻龶
熊	cexo	厶月匕灬	cexo	厶月匕灬
xiu				
休	wsy	亻木⊘	wsy	亻木⊘
修	whte	亻丨夂彡	whte	亻丨夂彡
羞	udnf	丷𡗗乙凵	unhg	⺶乙丨一
朽	sgnn	木一乙②	sgnn	木一乙②
嗅	kthd	口丿目犬	kthd	口丿目犬
锈	qten	钅禾乃②	qtbt	钅禾乃⊘
秀	teb	禾乃ⓦ	tbr	禾乃⊘
袖	pumg	衤冫由㊀	pumg	衤冫由㊀
绣	xten	纟禾乃②	xtbt	纟禾乃⊘
xu				
墟	fhag	凵虍七一	fhog	凵虍业㊀
戌	dgnt	厂一乙丿	dgd	戊一㊂
需	fdmj	雨𠂆冂刂	fdmj	雨𠂆冂刂
虚	haog	虍七业一	hod	虍业㊂
嘘	khag	口虍七一	khog	口虍业㊀
须	edmy	彡𠂆贝⊘	edmy	彡𠂆贝⊘
徐	twty	彳人禾⊘	twgs	彳人一木
许	ytfh	讠丿干丨	ytfh	讠丿干丨
蓄	ayxl	廾亠幺田	ayxl	廾亠幺田
酗	sgqb	西一乂凵	sgrb	西一乂凵
叙	wtcy	人禾又⊘	wgsc	人一木又
旭	vjd	九日㊂	vjd	九日㊂
序	ycbk	广マ卩⑩	ocnh	广マ乙丨
畜	yxlf	亠幺田㊁	yxlf	亠幺田㊁
恤	ntlg	忄丿皿㊀	ntlg	忄丿皿㊀
絮	vkxi	女口幺小	vkxi	女口幺小
婿	vnhe	女乙⺊月	vnhe	女乙⺊月
绪	xftj	纟凵丿日	xftj	纟凵丿日
续	xfnd	纟十乙大	xfnd	纟十乙大
xuan				
轩	lfh	力干①	lfh	车干①
喧	kpgg	口宀一一	kpgg	口宀一一
宣	pgjg	宀一日一	pgjg	宀一日一
悬	egcn	月一厶心	egcn	月一厶心
旋	ytnh	方𠂉乙龰	ytnh	方𠂉乙龰
玄	yxu	亠幺ⓢ	yxu	亠幺ⓢ
选	tfqp	丿凵儿辶	tfqp	丿凵儿辶
癣	uqgd	疒鱼一手	uqgu	疒鱼一羊
眩	hyxy	目亠幺⊘	hyxy	目亠幺⊘
绚	xqjg	纟勹日㊀	xqjg	纟勹日㊀
xue				
靴	afwx	廿串亻匕	afwx	廿串亻匕
薛	awnu	廾亻コ辛	atnu	廾丿⻖辛
学	ipbf	⺍冖子㊁	ipbf	⺍冖子㊁
穴	pwu	宀八ⓢ	pwu	宀八ⓢ

学以致用系列丛书

汉字	86 版	拆字实例	98 版	拆字实例
雪	fvf	雨ヨ㊁	fvf	雨ヨ㊁
血	tld	丿皿㊂	tld	丿皿㊂
xun				
勋	kmln	口贝力ⓒ	kmet	口贝力⊘
熏	tglo	丿一罒灬	tglo	丿一罒灬
循	trfh	彳厂十目	trfh	彳厂十目
旬	qjd	勹日㊂	qjd	勹日㊂
询	yqjg	讠勹日㊀	yqjg	讠勹日㊀
寻	vfu	ヨ寸⊙	vfu	ヨ寸⊙
驯	ckh	马川①	cgkh	马一川①
巡	vpv	巛辶ⓦ	vpv	巛辶ⓦ
殉	gqqj	一夕勹日	gqqj	一夕勹日
汛	infh	氵乙十①	infh	氵乙十①
训	ykh	讠川①	ykh	讠川①
讯	ynfh	讠乙十①	ynfh	讠乙十①
逊	bipi	孑小辶⊙	bipi	孑小辶⊙
迅	nfpk	乙十辶ⓜ	nfpk	乙十辶ⓜ

Y

汉字	86 版	拆字实例	98 版	拆字实例
ya				
压	dfyi	厂土丶⊙	dfyi	厂土丶⊙
押	rlh	扌甲①	rlh	扌甲①
鸦	ahtg	匚丨丿一	ahtg	匚丨丿一
鸭	lqyg	甲勹丶一	lqgg	甲鸟一㊀
呀	kaht	口匚丨丿	kaht	口匚丨丿
丫	uhk	丷丨ⓜ	uhk	丷丨ⓜ
芽	aaht	廾匚丨丿	aaht	廾匚丨丿
牙	ahte	匚丨丿③	ahte	匚丨丿③
蚜	jaht	虫匚丨丿	jaht	虫匚丨丿
崖	mdff	山厂土土	mdff	山厂土土
衙	tgkh	彳五口丨	tgks	彳五口丁
涯	idff	氵厂土土	idff	氵厂土土
雅	ahty	匚丨丿圭	ahty	匚丨丿圭
哑	kgog	口一业㊀	kgog	口一业㊀
亚	gogd	一业一㊂	god	一业㊂
讶	yaht	讠匚丨丿	yaht	讠匚丨丿
yan				
焉	ghgo	一止一灬	ghgo	一止一灬
咽	kldy	口囗大⊘	kldy	口囗大⊘
阉	udjn	门大曰乙	udjn	门大曰乙
烟	oldy	火囗大⊘	oldy	火囗大⊘
淹	idjn	氵大曰乙	idjn	氵大曰乙
盐	fhlf	土卜皿㊁	fhlf	土卜皿㊁
严	godr	一业厂⊘	gote	一业丿③
研	dgah	石一廾①	dgah	石一廾①
蜒	jthp	虫丿卜廴	jthp	虫丿卜廴
岩	mdf	山石㊁	mdf	山石㊁
延	thpd	丿止廴㊂	thnp	丿卜乙廴
言	yyyy	言言言言	yyyy	言言言言
颜	utem	立丿彡贝	utem	立丿彡贝
阎	uqvd	门⺈臼㊂	uqed	门⺈臼㊂
炎	oou	火火⊙	oou	火火⊙
沿	imkg	氵几口㊀	iwkg	氵几口㊀
奄	djnb	大曰乙⑧	djnb	大曰乙⑧
掩	rdjn	扌大曰乙	rdjn	扌大曰乙

汉字	86 版	拆字实例	98 版	拆字实例
眼	hvey	目ヨ𠄌⊘	hvy	目艮⊘
衍	tifh	彳氵二丨	tigs	彳氵一丁
演	ipgw	氵宀一八	ipgw	氵宀一八
艳	dhqc	三丨⺈巴	dhqc	三丨⺈巴
堰	fajv	土匚曰女	fajv	土匚曰女
燕	auko	廿丬口灬	akuo	廿口丬灬
厌	ddi	厂犬⊙	ddi	厂犬⊙
砚	dmqn	石冂儿ⓒ	dmqn	石冂儿ⓒ
雁	dwwy	厂亻亻圭	dwwy	厂亻亻圭
唁	kyg	口言㊀	kyg	口言㊀
彦	uter	立丿彡⊘	utee	立丿彡③
焰	oqvg	火⺈臼㊀	oqeg	火⺈臼㊀
宴	pjvf	宀日女㊁	pjvf	宀日女㊁
谚	yute	讠立丿彡	yute	讠立丿彡
验	cwgi	马人一⺍	cgwg	马一人一
yang				
殃	gqmd	一夕冂大	gqmd	一夕冂大
央	mdi	冂大⊙	mdi	冂大⊙
鸯	mdqg	冂大鸟一	mdqg	冂大鸟一
秧	tmdy	禾冂大⊘	tmdy	禾冂大⊘
杨	snrt	木乙ク⊘	snrt	木乙ク⊘
扬	rnrt	扌乙ク⊘	rnrt	扌乙ク⊘
佯	wudh	亻丷手①	wuh	亻羊①
疡	unre	疒乙ク③	unre	疒乙ク③
羊	udj	丷手①	uyth	羊丶丿丨
洋	iudh	氵丷手①	iuh	氵羊①
阳	bjg	阝日㊀	bjg	阝日㊀
氧	rnud	𠂉乙丷手	ruk	气羊ⓜ
仰	wqbh	亻𠂎卩①	wqbh	亻𠂎卩①
痒	uudk	疒丷手ⓜ	uuk	疒羊ⓜ
养	udyj	丷𡗗乀刂	ugjj	䒑夫刂①
样	sudh	木丷手①	suh	木羊①
漾	iugi	氵丷王氺	iugi	氵丷王氺
yao				
邀	rytp	白方攵辶	rytp	白方攵辶
腰	esvg	月覀女㊀	esvg	月覀女㊀
妖	vtdy	女丿大⊘	vtdy	女丿大⊘
瑶	germ	王爫𠂉山	getb	王爫丿凵
摇	rerm	扌爫𠂉山	retb	扌爫丿凵
尧	atgq	七丿一儿	atgq	七丿一儿
遥	ermp	爫𠂉山辶	etfp	爫丿干辶
窑	pwrm	宀八𠂉山	pwtb	宀八丿凵
谣	yerm	讠爫𠂉山	yetb	讠爫丿凵
姚	viqn	女⺀儿ⓒ	vqiy	女儿⺀⊘
咬	kuqy	口立乂⊘	kury	口六乂⊘
舀	evf	爫臼㊁	eef	爫臼㊁
药	axqy	廾纟勹丶	axqy	廾纟勹丶
要	svf	西女㊁	svf	覀女㊁
耀	iqny	⺌儿羽圭	igqy	⺌一儿圭
ye				
椰	sbbh	木耳阝①	sbbh	木耳阝①
噎	kfpu	口士冖䒑	kfpu	口士冖䒑
耶	bbh	耳阝①	bbh	耳阝①
爷	wqbj	八乂卩①	wrbj	八乂卩①
野	jfcb	曰⺆マ卩	jfch	曰⺆マ丨

汉字	86版	拆字实例	98版	拆字实例
冶	uckg	冫厶口⊖	uckg	冫厶口⊖
也	bnhn	也乙丨乙	bnhn	也乙丨乙
页	dmu	丆贝ⓢ	dmu	丆贝ⓢ
掖	rywy	扌亠亻㇏	rywy	扌亠亻㇏
业	ogd	业一⊜	ohhg	业丨丨一
叶	kfh	口十①	kfh	口十①
曳	jxe	日匕③	jnte	日乙丿③
腋	eywy	月亠亻丶	eywy	月亠亻丶
夜	ywty	亠亻夂丶	ywty	亠亻夂丶
液	iywy	氵亠亻丶	iywy	氵亠亻丶
yi				
一	ggll	一一LL	ggll	一一LL
壹	fpgu	士冖一丷	fpgu	士冖一丷
医	atdi	匚丿大⊙	atdi	匚丿大⊙
揖	rkbg	扌口耳⊖	rkbg	扌口耳⊖
铱	qyey	钅亠𧘇⊘	qyey	钅亠𧘇⊘
依	wyey	亻亠𧘇⊘	wyey	亻亠𧘇⊘
伊	wvtt	亻彐丿⊘	wvtt	亻彐丿⊘
衣	yeu	亠𧘇ⓢ	yeu	亠𧘇ⓢ
颐	ahkm	匚丨口贝	ahkm	匚丨口贝
夷	gxwi	一弓人⊙	gxwi	一弓人⊙
遗	khgp	口丨一辶	khgp	口丨一辶
移	tqqy	禾夕夕⊘	tqqy	禾夕夕⊘
仪	wyqy	亻丶乂⊘	wyry	亻丶乂⊘
胰	egxw	月一弓人	egxw	月一弓人
疑	xtdh	匕𠂉大龰	xtdh	匕丿大龰
沂	irh	氵斤①	irh	氵斤①
宜	pegf	宀月一⊜	pegf	宀月一⊜
姨	vgxw	女一弓人	vgxw	女一弓人
彝	xgoa	彑一米廾	xoxa	彑米幺廾
椅	sdsk	木大丁口	sdsk	木大丁口
蚁	jyqy	虫丶乂⊘	jyry	虫丶乂⊘
倚	wdsk	亻大丁口	wdsk	亻大丁口
已	nnnn	已已已已	nnnn	已已已已
乙	nnll	乙乙LL	nnll	乙乙LL
矣	ctdu	厶丿大ⓢ	ctdu	厶丿大ⓢ
以	nywy	乙丶人⊘	nywy	乙丶人⊘
艺	anb	廾乙ⓚ	anb	廾乙ⓚ
抑	rqbh	扌𠂎卩①	rqbh	扌𠂎卩①
易	jqrr	日勹𠂊⊘	jqrr	日勹𠂊⊘
邑	kcb	口巴ⓚ	kcb	口巴ⓚ
屹	mtnn	山𠂉乙ⓒ	mtnn	山𠂉乙ⓒ
亿	wnn	亻乙ⓒ	wnn	亻乙ⓒ
役	tmcy	彳几又⊘	twcy	彳几又⊘
臆	eujn	月立日心	eujn	月立日心
逸	qkqp	𠂊口儿辶	qkqp	𠂊口儿辶
肄	xtdh	匕𠂉大丨	xtdg	匕丿大⺻
疫	umci	疒几又⊙	uwci	疒几又⊙
亦	you	亠小ⓢ	you	亠小ⓢ
裔	yemk	亠𧘇冂口	yemk	亠𧘇冂口
意	ujnu	立日心ⓢ	ujnu	立日心ⓢ
毅	uemc	立豕几又	uewc	立豕几又
忆	nnn	忄乙ⓒ	nnn	忄乙ⓒ
义	yqi	丶乂⊙	yri	丶乂⊙
益	uwlf	丷八皿⊜	uwlf	丷八皿⊜
溢	iuwl	氵丷八皿	iuwl	氵丷八皿
诣	yxjg	讠匕日⊖	yxjg	讠匕日⊖
议	yyqy	讠丶乂⊘	yyry	讠丶乂⊘
谊	ypeg	讠宀月一	ypeg	讠宀月一
译	ycfh	讠又二丨	ycgh	讠又丰①
异	naj	巳廾①	naj	巳廾①
翼	nlaw	羽田共八	nlaw	羽田共八
翌	nuf	羽立⊜	nuf	羽立⊜
绎	xcfh	纟又二丨	xcgh	纟又丰①
yin				
茵	aldu	廾口大ⓢ	aldu	廾口大ⓢ
荫	abef	廾阝月⊜	abef	廾阝月⊜
因	ldi	口大⊙	ldi	口大⊙
殷	rvnc	厂彐乙又	rvnc	厂彐乙又
音	ujf	立日⊜	ujf	立日⊜
阴	beg	阝月⊖	beg	阝月⊖
姻	vldy	女口大⊘	vldy	女口大⊘
吟	kwyn	口人丶乙	kwyn	口人丶乙
银	qvey	钅彐𧘇⊘	qvy	钅艮⊘
淫	ietf	氵爫丿士	ietf	氵爫丿士
寅	pgmw	宀一由八	pgmw	宀一由八
饮	qnqw	𠂊乙𠂊人	qnqw	𠂊乙𠂊人
尹	vte	彐丿③	vte	彐丿③
引	xhh	弓丨①	xhh	弓丨①
隐	bqvn	阝𠂊彐心	bqvn	阝𠂊彐心
印	qgbh	𠂎一卩①	qgbh	𠂎一卩①
ying				
英	amdu	廾冂大ⓢ	amdu	廾冂大ⓢ
樱	smmv	木贝贝女	smmv	木贝贝女
婴	mmvf	冂冂女⊜	mmvf	冂冂女⊜
鹰	ywwg	广亻亻一	owwg	广亻亻一
应	yid	广⺍⊜	oigd	广⺍一⊜
缨	xmmv	纟冂冂女	xmmv	纟冂冂女
莹	apgy	廾冖王丶	apgy	廾冖王丶
萤	apju	廾冖虫ⓢ	apju	廾冖虫ⓢ
营	apkk	廾冖口口	apkk	廾冖口口
荧	apou	廾冖火ⓢ	apou	廾冖火ⓢ
蝇	jkjn	虫口日乙	jkjn	虫口日乙
迎	qbpk	𠂎卩辶ⓦ	qbpk	𠂎卩辶ⓦ
赢	ynky	亠乙口丶	yemy	言月贝丶
盈	eclf	乃又皿⊜	bclf	乃又皿⊜
影	jyie	日亠小彡	jyie	日亠小彡
颖	xtdm	匕禾丆贝	xtdm	匕禾丆贝
硬	dgjq	石一日乂	dgjr	石一日乂
映	jmdy	日冂大⊘	jmdy	日冂大⊘
yo				
哟	kxqy	口纟勹丶	kxqy	口纟勹丶
yong				
拥	reh	扌用①	reh	扌用①
佣	weh	亻用①	weh	亻用①
臃	eyxy	月亠纟圭	eyxy	月亠纟圭
痈	uek	疒用ⓚ	uek	疒用ⓚ
庸	yveh	广彐月丨	oveh	广彐月丨
雍	yxty	亠纟丿圭	yxty	亠纟丿圭
踊	khce	口止マ用	khce	口止マ用
蛹	jceh	虫マ用①	jceh	虫マ用①

汉字	86版	拆字实例	98版	拆字实例
咏	kyni	口丶乙八	kyni	口丶乙八
泳	iyni	氵丶乙八	iyni	氵丶乙八
涌	iceh	氵マ用①	iceh	氵マ用①
永	ynii	丶乙八ⓘ	ynii	丶乙八ⓘ
恿	cenu	マ用心ⓢ	cenu	マ用心ⓢ
勇	celb	マ用力⑥	ceer	マ用力⊘
用	etnh	用ノ乙丨	etnh	用ノ乙丨
you				
幽	xxmk	幺幺山⑩	mxxi	山幺幺ⓘ
优	wdnn	亻ナ乙©	wdny	亻ナ乙丶
悠	whtn	亻丨攵心	whtn	亻丨攵心
忧	ndnn	忄ナ乙©	ndny	忄ナ乙丶
尤	dnv	ナ乙ⓥ	dnyi	ナ乙丶ⓘ
由	mhng	由丨乙一	mhng	由丨乙一
邮	mbh	由阝①	mbh	由阝①
铀	qmg	钅由⊖	qmg	钅由⊖
犹	qtdn	犭ノナ乙	qtdy	犭ノナ丶
油	img	氵由⊖	img	氵由⊖
游	iytb	氵方𠂉子	iytb	氵方𠂉子
酉	sgd	西一⊜	sgd	西一⊜
有	def	十月⊜	def	十月⊜
友	dcu	ナ又ⓢ	dcu	ナ又ⓢ
右	dkf	ナ口⊜	dkf	ナ口⊜
佑	wdkg	亻ナ口⊖	wdkg	亻ナ口⊖
釉	tomg	ノ米由⊖	tomg	ノ米由⊖
诱	yten	讠禾乃©	ytbt	讠禾乃⊘
又	cccc	又又又又	cccc	又又又又
幼	xln	幺力©	xet	幺力⊘
yu				
迂	gfpk	一十辶⑩	gfpk	一十辶⑩
淤	iywu	氵方人⺀	iywu	氵方人⺀
于	gfk	一十⑩	gfk	一十⑩
盂	gflf	一十皿⊜	gflf	一十皿⊜
榆	swgj	木人一刂	swgj	木人一刂
虞	hakd	广七口大	hkgd	虍口一大
愚	jmhn	日冂丨心	jmhn	日冂丨心
舆	wflw	亻二车八	elgw	白车一八
余	wtu	人禾ⓢ	wgsu	人一木ⓢ
俞	wgej	人一月刂	wgej	人一月刂
逾	wgep	人一月辶	wgep	人一月辶
鱼	qgf	鱼一⊜	qgf	鱼一⊜
愉	nwgj	忄人一刂	nwgj	忄人一刂
渝	iwgj	氵人一刂	iwgj	氵人一刂
渔	iqgg	氵鱼一⊖	iqgg	氵鱼一⊖
隅	bjmy	阝日冂丶	bjmy	阝日冂丶
予	cbj	マ阝①	cnhj	マ乙丨①
娱	vkgd	女口一大	vkgd	女口一大
雨	fghy	雨一丨丶	fghy	雨一丨丶
与	gngd	一乙一⊜	gngd	一乙一⊜
屿	mgng	山一乙一	mgng	山一乙一
禹	tkmy	ノ口冂丶	tkmy	ノ口冂丶
宇	pgfj	宀一十①	pgfj	宀一十①
语	ygkg	讠五口⊖	ygkg	讠五口⊖
羽	nnyg	羽乙丶一	nnyg	羽乙丶一
玉	gyi	王丶ⓘ	gyi	王丶ⓘ
域	fakg	土戈口一	fakg	土廿口一
芋	agfj	廿一十①	agfj	廿一十①
郁	debh	ナ月阝①	debh	ナ月阝①
吁	kgfh	口一十①	kgfh	口一十①
遇	jmhp	日冂丨辶	jmhp	日冂丨辶
喻	kwgj	口人一刂	kwgj	口人一刂
峪	mwwk	山八人口	mwwk	山八人口
御	trhb	彳𠂉止卩	ttgb	彳𠂉一卩
愈	wgen	人一月心	wgen	人一月心
欲	wwkw	八人口人	wwkw	八人口人
狱	qtyd	犭ノ讠犬	qtyd	犭ノ讠犬
育	ycef	亠厶月⊜	ycef	亠厶月⊜
誉	iwyf	⺍八言⊜	igwy	⺍一八言
浴	iwwk	氵八人口	iwwk	氵八人口
寓	pjmy	宀日冂丶	pjmy	宀日冂丶
裕	puwk	礻⺀八口	puwk	礻⺀八口
预	cbdm	マ阝丆贝	cnhm	マ乙丨贝
豫	cbqe	マ阝ク豕	cnhe	マ乙丨豕
驭	ccy	马又⊘	cgcy	马一又⊘
yuan				
鸳	qbqg	夕㔾鸟一	qbqg	夕㔾鸟一
渊	itoh	氵ノ米丨	itoh	氵ノ米丨
冤	pqky	冖⺈口丶	pqky	冖⺈口丶
元	fqb	二儿⑥	fqb	二儿⑥
垣	fgjg	土一日一	fgjg	土一日一
袁	fkeu	土口𧘇ⓢ	fkeu	土口𧘇ⓢ
原	drii	厂白小ⓘ	drii	厂白小ⓘ
援	refc	扌⺤二又	regc	扌⺤一又
辕	lfke	车土口𧘇	lfke	车土口𧘇
园	lfqv	囗二儿ⓥ	lfqv	囗二儿ⓥ
员	kmu	口贝ⓢ	kmu	口贝ⓢ
圆	lkmi	囗口贝ⓘ	lkmi	囗口贝ⓘ
猿	qtfe	犭ノ土豕	qtfe	犭ノ土𧘇
源	idri	氵厂白小	idri	氵厂白小
缘	xxey	纟彑豕⊘	xxey	纟彑豕⊘
远	fqpv	二儿辶ⓥ	fqpv	二儿辶ⓥ
苑	aqbb	廿夕㔾⑥	aqbb	廿夕㔾⑥
愿	drin	厂白小心	drin	厂白小心
怨	qbnu	夕㔾心ⓢ	qbnu	夕㔾心ⓢ
院	bpfq	阝宀二儿	bpfq	阝宀二儿
yue				
曰	jhng	日丨乙一	jhng	日丨乙一
约	xqyy	纟勹丶⊘	xqyy	纟勹丶⊘
越	fhat	土龰匚ノ	fhan	土龰戈乙
跃	khtd	口止ノ大	khtd	口止ノ大
钥	qeg	钅月⊖	qeg	钅月⊖
岳	rgmj	斤一山①	rmj	丘山①
粤	tlon	ノ囗米乙	tlon	ノ囗米乙
月	eeee	月月月月	eeee	月月月月
悦	nukq	忄⺍口儿	nukq	忄⺍口儿
阅	uukq	门⺍口儿	uukq	门⺍口儿
yun				
耘	difc	三小二厶	fsfc	二木二厶
云	fcu	二厶ⓢ	fcu	二厶ⓢ
郧	kmbh	口贝阝①	kmbh	口贝阝①
匀	qud	勹冫⊜	qud	勹冫⊜

汉字	86版	拆字实例	98版	拆字实例
陨	bkmy	阝口贝⦸	bkmy	阝口贝⦸
允	cqb	厶儿ⓚ	cqb	厶儿ⓚ
运	fcpi	二厶辶ⓘ	fcpi	二厶辶ⓘ
蕴	axjl	艹纟日皿	axjl	艹纟日皿
酝	sgfc	西一二厶	sgfc	西一二厶
晕	jplj	日冖车⑪	jplj	日冖车⑪
韵	ujqu	立日勹冫	ujqu	立日勹冫
孕	ebf	乃子㊁	bbf	乃子㊁

Z

汉字	86版	拆字实例	98版	拆字实例
za				
匝	amhk	匚冂丨ⓜ	amhk	匚冂丨ⓜ
砸	damh	石匚冂丨	damh	石匚冂丨
杂	vsu	九朩ⓢ	vsu	九朩ⓢ
zai				
栽	fasi	十戈木ⓘ	fasi	十戈木ⓘ
哉	fakd	十戈口㊂	fakd	十戈口㊂
灾	pou	宀火ⓢ	pou	宀火ⓢ
宰	puj	宀辛⑪	puj	宀辛⑪
载	falk	十戈车ⓜ	fald	十戈车㊂
再	gmfd	一冂土㊂	gmfd	一冂土㊂
在	dhfd	ナ丨土㊂	dhfd	ナ丨土㊂
zan				
咱	kthg	口丿目㊀	kthg	口丿目㊀
攒	rtfm	扌丿土心	rtfm	扌丿土心
暂	lrjf	车斤日㊁	lrjf	车斤日㊁
赞	tfqm	丿土儿贝	tfqm	丿土儿贝
zang				
赃	myfg	贝广土㊀	mofg	贝广土㊀
脏	eyfg	月广土㊀	eofg	月广土㊀
葬	agqa	艹一夕廾	agqa	艹一夕廾
zao				
遭	gmap	一冂艹辶	gmap	一冂艹辶
糟	ogmj	火一冂日	ogmj	火一冂日
凿	ogub	业一㐅凵	oufb	业丷干凵
藻	aiks	艹氵口木	aiks	艹氵口木
枣	gmiu	一冂小冫	smuu	木冂⺀ⓢ
早	jhnh	早丨乙丨	jhnh	早丨乙丨
澡	ikks	氵口口木	ikks	氵口口木
蚤	cyju	又丶虫ⓢ	cyju	又丶虫ⓢ
躁	khks	口止口木	khks	口止口木
噪	kkks	口口口木	kkks	口口口木
造	tfkp	丿土口辶	tfkp	丿土口辶
皂	rab	白七ⓚ	rab	白七ⓚ
灶	ofg	火土㊀	ofg	火土㊀
燥	okks	火口口木	okks	火口口木
ze				
责	gmu	龶贝ⓢ	gmu	龶贝ⓢ
择	rcfh	扌又二丨	rcgh	扌又丰⦶
则	mjh	贝刂⦶	mjh	贝刂⦶
泽	icfh	氵又二丨	icgh	氵又丰⦶
zei				
贼	madt	贝戈十⊘	madt	贝戈十⊘
zen				
怎	thfn	𠂉丨二心	thfn	𠂉丨二心

汉字	86版	拆字实例	98版	拆字实例
zeng				
增	fulj	土丷罒日	fulj	土丷罒日
憎	nulj	忄丷罒日	nulj	忄丷罒日
曾	uljf	丷罒日㊁	uljf	丷罒日㊁
赠	mulj	贝丷罒日	mulj	贝丷罒日
zha				
扎	snn	木乙ⓒ	rnn	扌乙ⓒ
喳	ksjg	口木日一	ksjg	口木日一
渣	isjg	氵木日一	isjg	氵木日一
札	snn	木乙ⓒ	snn	木乙ⓒ
轧	lnn	车乙ⓒ	lnn	车乙ⓒ
铡	qmjh	钅贝刂⦶	qmjh	钅贝刂⦶
闸	ulk	门甲ⓜ	ulk	门甲ⓜ
眨	htpy	目丿之⦸	htpy	目丿之⦸
栅	smmg	木冂冂一	smmg	木冂冂一
榨	spwf	木宀八二	spwf	木宀八二
咋	kthf	口𠂉丨二	kthf	口𠂉丨二
乍	thfd	𠂉丨二㊂	thff	𠂉丨二㊁
炸	othf	火𠂉丨二	othf	火𠂉丨二
诈	ythf	讠𠂉丨二	ythf	讠𠂉丨二
zhai				
摘	rumd	扌亠冂古	ryud	扌亠丷古
斋	ydmj	文丆冂刂	ydmj	文丆冂刂
宅	ptab	宀丿七ⓚ	ptab	宀丿七ⓚ
窄	pwtf	宀八𠂉二	pwtf	宀八𠂉二
债	wgmy	亻龶贝⦸	wgmy	亻龶贝⦸
寨	pfjs	宀二刂木	paws	宀龷八木
zhan				
瞻	hqdy	目⺈厂言	hqdy	目⺈厂言
毡	tfnk	丿二乙口	ehkd	毛⺊口㊂
詹	qdwy	⺈厂八言	qdwy	⺈厂八言
粘	ohkg	米⺊口㊀	ohkg	米⺊口㊀
沾	ihkg	氵⺊口㊀	ihkg	氵⺊口㊀
盏	glf	戋皿㊁	galf	一戋皿㊁
斩	lrh	车斤⦶	lrh	车斤⦶
辗	lnae	车尸龷𧘇	lnae	车尸龷𧘇
崭	mlrj	山车斤⑪	mlrj	山车斤⑪
展	naei	尸龷𧘇ⓘ	naei	尸龷𧘇ⓘ
蘸	asgo	艹西一灬	asgo	艹西一灬
栈	sgt	木戋⊘	sgay	木一戈⦸
占	hkf	⺊口㊁	hkf	⺊口㊁
战	hkat	⺊口戈⊘	hkay	⺊口戈⦸
站	uhkg	立⺊口㊀	uhkg	立⺊口㊀
湛	iadn	氵艹三乙	idwn	氵甘八乙
绽	xpgh	纟宀一龰	xpgh	纟宀一龰
zhang				
樟	sujh	木立早⦶	sujh	木立早⦶
章	ujj	立早⑪	ujj	立早⑪
彰	ujet	立早彡⊘	ujet	立早彡⊘
漳	iujh	氵立早⦶	iujh	氵立早⦶
张	xtay	弓丿七㇏	xtay	弓丿⺧㇏
掌	ipkr	⺌冖口手	ipkr	⺌冖口手
涨	ixty	氵弓丿㇏	ixty	氵弓丿㇏
杖	sdyy	木ナ㇏⦸	sdyy	木ナ㇏⦸
丈	dyi	ナ㇏ⓘ	dyi	ナ㇏ⓘ

学以致用系列丛书

汉字	86版	拆字实例	98版	拆字实例
帐	mhty	冂丨丿㇏	mhty	冂丨丿㇏
账	mtay	贝丿七㇏	mtay	贝丿七㇏
仗	wdyy	亻𠂇㇏⦸	wdyy	亻𠂇㇏⦸
胀	etay	月丿七㇏	etay	月丿七㇏
瘴	uujk	疒立早⑩	uujk	疒立早⑩
障	bujh	阝立早①	bujh	阝立早①
zhao				
招	rvkg	扌刀口⊖	rvkg	扌刀口⊖
昭	jvkg	日刀口⊖	jvkg	日刀口⊖
找	rat	扌戈⊘	ray	扌戈⦸
沼	ivkg	氵刀口⊖	ivkg	氵刀口⊖
赵	fhqi	土𠂇乂⊙	fhri	土𠂇乂⊙
照	jvko	日刀口灬	jvko	日刀口灬
罩	lhjj	罒⺊早⑪	lhjj	罒⺊早⑪
兆	iqv	⺀儿⑳	qii	儿⺀⊙
肇	ynth	丶尸攵丨	yntg	丶尸攵⺘
召	vkf	刀口⊜	vkf	刀口⊜
zhe				
遮	yaop	广廿灬辶	oaop	广廿灬辶
折	rrh	扌斤①	rrh	扌斤①
哲	rrkf	扌斤口⊜	rrkf	扌斤口⊜
蜇	rvyj	扌九丶虫	rvyj	扌九丶虫
辙	lyct	车亠厶攵	lyct	车亠厶攵
者	ftjf	土丿日⊜	ftjf	土丿日⊜
锗	qftj	钅土丿日	qftj	钅土丿日
蔗	ayao	艹广廿灬	aoao	艹广廿灬
这	ypi	文辶⊙	ypi	文辶⊙
浙	irrh	氵扌斤①	irrh	氵扌斤①
zhen				
珍	gwet	王人彡⊘	gwet	王人彡⊘
斟	adwf	廿三八十	dwnf	甘八乙十
真	fhwu	十且八⑤	fhwu	十且八⑤
甄	sfgn	西土一乙	sfgy	覀土一丶
砧	dhkg	石⺊口⊖	dhkg	石⺊口⊖
臻	gcft	一厶土禾	gcft	一厶土禾
贞	hmu	⺊贝⑤	hmu	⺊贝⑤
针	qfh	钅十①	qfh	钅十①
侦	whmy	亻⺊贝⦸	whmy	亻⺊贝⦸
枕	spqn	木冖儿⑫	spqn	木冖儿⑫
疹	uwee	疒人彡③	uwee	疒人彡③
诊	ywet	讠人彡⊘	ywet	讠人彡⊘
震	fdfe	雨厂二𧘇	fdfe	雨厂二𧘇
振	rdfe	扌厂二𧘇	rdfe	扌厂二𧘇
镇	qfhw	钅十且八	qfhw	钅十且八
阵	blh	阝车①	blh	阝车①
zheng				
蒸	abio	艹了𠔁灬	abio	艹了𠔁灬
挣	rqvh	扌⺈彐丨	rqvh	扌⺈彐丨
睁	hqvh	目⺈彐丨	hqvh	目⺈彐丨
征	tghg	彳一止⊖	tghg	彳一止⊖
狰	qtqh	犭丿⺈丨	qtqh	犭丿⺈丨
争	qvhj	⺈彐丨⑪	qvhj	⺈彐丨⑪
怔	nghg	忄一止⊖	nghg	忄一止⊖
整	gkih	一口小止	skth	木口攵止
拯	rbig	扌了𠂢一	rbig	扌了𠂢一

汉字	86版	拆字实例	98版	拆字实例
正	ghd	一止㊂	ghd	一止㊂
政	ghty	一止攵⦸	ghty	一止攵⦸
帧	mhhm	冂丨⺊贝	mhhm	冂丨⺊贝
症	ughd	疒一止㊂	ughd	疒一止㊂
郑	udbh	丷大阝①	udbh	丷大阝①
证	yghg	讠一止⊖	yghg	讠一止⊖
zhi				
芝	apu	艹之⑤	apu	艹之⑤
枝	sfcy	木十又⦸	sfcy	木十又⦸
支	fcu	十又⑤	fcu	十又⑤
吱	kfcy	口十又⦸	kfcy	口十又⦸
蜘	jtdk	虫𠂉大口	jtdk	虫𠂉大口
知	tdkg	𠂉大口⊖	tdkg	𠂉大口⊖
肢	efcy	月十又⦸	efcy	月十又⦸
脂	exjg	月匕日⊖	exjg	月匕日⊖
汁	ifh	氵十①	ifh	氵十①
之	pppp	之之之之	pppp	之之之之
织	xkwy	纟口八⦸	xkwy	纟口八⦸
职	bkwy	耳口八⦸	bkwy	耳口八⦸
直	fhf	十且⊜	fhf	十且⊜
植	sfhg	木十且⊖	sfhg	木十且⊖
殖	gqfh	一夕十且	gqfh	一夕十且
执	rvyy	扌九丶⦸	rvyy	扌九丶⦸
值	wfhg	亻十且⊖	wfhg	亻十且⊖
侄	wgcf	亻一厶土	wgcf	亻一厶土
址	fhg	土止⊖	fhg	土止⊖
指	rxjg	扌匕日⊖	rxjg	扌匕日⊖
止	hhhg	止⺊丨一	hhgg	止丨一一
趾	khhg	口止止⊖	khhg	口止止⊖
只	kwu	口八⑤	kwu	口八⑤
旨	xjf	匕日⊜	xjf	匕日⊜
纸	xqan	纟𠂆七⑫	xqan	纟𠂆七⑫
志	fnu	士心⑤	fnu	士心⑤
挚	rvyr	扌九丶手	rvyr	扌九丶手
掷	rudb	扌丷大阝	rudb	扌丷大阝
至	gcff	一厶土⊜	gcff	一厶土⊜
致	gcft	一厶土攵	gcft	一厶土攵
置	lfhf	罒十且⊜	lfhf	罒十且⊜
帜	mhkw	冂丨口八	mhkw	冂丨口八
峙	mffy	山土寸⦸	mffy	山土寸⦸
制	rmhj	𠂉冂丨刂	tgmj	丿⺘冂刂
智	tdkj	丿大口日	tdkj	丿大口日
秩	trwy	禾𠂉人⦸	ttgy	禾丿夫⦸
稚	twyg	禾亻主⊖	twyg	禾亻主⊖
质	rfmi	𠂆十贝⊙	rfmi	𠂆十贝⊙
炙	qou	夕火⑤	qou	夕火⑤
痔	uffi	疒土寸⊙	uffi	疒土寸⊙
滞	igkh	氵一⺍丨	igkh	氵一⺍丨
治	ickg	氵厶口⊖	ickg	氵厶口⊖
窒	pwgf	宀八一土	pwgf	宀八一土
zhong				
中	khk	口丨⑩	khk	口丨⑩
盅	khlf	口丨皿⊜	khlf	口丨皿⊜
忠	khnu	口丨心⑤	khnu	口丨心⑤
钟	qkhh	钅口丨①	qkhh	钅口丨①
衷	ykhe	亠口丨𧘇	ykhe	亠口丨𧘇

汉字	86 版	拆字实例	98 版	拆字实例
终	xtuy	纟夂冫⊘	xtuy	纟夂冫⊘
种	tkhh	禾口丨⦶	tkhh	禾口丨⦶
肿	ekhh	月口丨⦶	ekhh	月口丨⦶
重	tgjf	丿一日土	tgjf	丿一日土
仲	wkhh	亻口丨⦶	wkhh	亻口丨⦶
众	wwwu	人人人Ⓢ	wwwu	人人人Ⓢ
zhou				
舟	tei	丿舟ⓘ	tui	丿舟ⓘ
周	mfkd	冂土口㊂	mfkd	冂土口㊂
州	ytyh	丶丿丶丨	ytyh	丶丿丶丨
洲	iyth	氵丶丿丨	iyth	氵丶丿丨
诌	yqvg	讠勹彐⊖	yqvg	讠⺈彐⊖
粥	xoxn	弓米弓Ⓒ	xoxn	弓米弓Ⓒ
轴	lmg	车由⊖	lmg	车由⊖
肘	efy	月寸⊘	efy	月寸⊘
帚	vpmh	彐冖冂丨	vpmh	彐冖冂丨
咒	kkmb	口口几Ⓚ	kkwb	口口几Ⓚ
皱	qvhc	勹彐广又	qvby	⺈彐皮⊘
宙	pmf	宀由⊖	pmf	宀由⊖
昼	nyjg	尸㇏日一	nyjg	尸㇏日一
骤	cbci	马耳又氺	cgbi	马一耳氺
zhu				
珠	griy	王𠂉小⊘	gtfy	王丿未⊘
株	sriy	木𠂉小⊘	stfy	木丿未⊘
蛛	jriy	虫𠂉小⊘	jtfy	虫丿未⊘
朱	rii	𠂉小ⓘ	tfi	丿未ⓘ
猪	qtfj	犭丿土日	qtfj	犭丿土日
诸	yftj	讠土丿日	yftj	讠土丿日
诛	yriy	讠𠂉小⊘	ytfy	讠丿未⊘
逐	epi	豕辶ⓘ	gepi	一豕辶ⓘ
竹	ttgh	𥫗丿一丨	thth	𠂉丨𠂉丨
烛	ojy	火虫⊘	ojy	火虫⊘
煮	ftjo	土丿日灬	ftjo	土丿日灬
拄	rygg	扌丶王⊖	rygg	扌丶王⊖
瞩	hnty	目尸丿丶	hnty	目尸丿丶
嘱	knty	口尸丿丶	knty	口尸丿丶
主	ygd	丶王㊂	ygd	丶王㊂
著	aftj	廾土丿日	aftj	廾土丿日
柱	sygg	木丶王⊖	sygg	木丶王⊖
助	egln	目一力Ⓒ	eget	目一力⊘
蛀	jygg	虫丶王⊖	jygg	虫丶王⊖
贮	mpgg	贝宀一⊖	mpgg	贝宀一⊖
铸	qdtf	钅三丿寸	qdtf	钅三丿寸
筑	tamy	𥫗工几丶	tawy	𥫗工几丶
住	wygg	亻丶王⊖	wygg	亻丶王⊖
注	iygg	氵丶王⊖	iygg	氵丶王⊖
祝	pykq	礻丶口儿	pykq	礻丶口儿
驻	cygg	马丶王⊖	cgyg	马一丶王
zhua				
抓	rrhy	扌厂丨㇏	rrhy	扌厂丨㇏
爪	rhyi	厂丨㇏ⓘ	rhyi	厂丨㇏ⓘ
zhuai				
拽	rjxt	扌日匕⊘	rjnt	扌日乙丿
zhuan				
专	fnyi	二乙丶ⓘ	fnyi	二乙丶ⓘ
砖	dfny	石二乙丶	dfny	石二乙丶
转	lfny	车二乙丶	lfny	车二乙丶
撰	rnnw	扌巳巳八	rnnw	扌巳巳八
赚	muvo	贝丷彐灬	muvw	贝丷彐八
篆	txeu	𥫗彑豕Ⓢ	txeu	𥫗彑豕Ⓢ
zhuang				
桩	syfg	木广土⊖	sofg	木广土⊖
庄	yfd	广土㊂	ofd	广土㊂
装	ufye	丬士亠𧘇	ufye	丬士亠𧘇
妆	uvg	丬女⊖	uvg	丬女⊖
撞	rujf	扌立日土	rujf	扌立日土
壮	ufg	丬士⊖	ufg	丬士⊖
状	udy	丬犬⊘	udy	丬犬⊘
zhui				
椎	swyg	木亻圭⊖	swyg	木亻圭⊖
锥	qwyg	钅亻圭⊖	qwyg	钅亻圭⊖
追	wnnp	亻㇆㇆辶	tnpd	丿𠂇辶㊂
赘	gqtm	龶力攵贝	gqtm	龶力攵贝
坠	bwff	阝人土⊖	bwff	阝人土⊖
缀	xccc	纟又又又	xccc	纟又又又
zhun				
谆	yybg	讠亠子⊖	yybg	讠亠子⊖
准	uwyg	冫亻圭⊖	uwyg	冫亻圭⊖
zhuo				
捉	rkhy	扌口龰⊘	rkhy	扌口龰⊘
拙	rbmh	扌凵山⦶	rbmh	扌凵山⦶
卓	hjj	⺊早⦶	hjj	⺊早⦶
桌	hjsu	⺊日木Ⓢ	hjsu	⺊日木Ⓢ
琢	geyy	王豕丶⊘	ggey	王一豕丶
茁	abmj	廾凵山⦶	abmj	廾凵山⦶
酌	sgqy	西一勹丶	sgqy	西一勹丶
啄	keyy	口豕丶⊘	kgey	口一豕丶
着	udhf	丷𦍌目㊂	uhf	𦍌目㊂
灼	oqyy	火勹丶⊘	oqyy	火勹丶⊘
浊	ijy	氵虫⊘	ijy	氵虫⊘
zi				
兹	uxxu	丷幺幺Ⓢ	uxxu	丷幺幺Ⓢ
咨	uqwk	冫⺈人口	uqwk	冫⺈人口
资	uqwm	冫⺈人贝	uqwm	冫⺈人贝
姿	uqwv	冫⺈人女	uqwv	冫⺈人女
滋	iuxx	氵丷幺幺	iuxx	氵丷幺幺
淄	ivlg	氵巛田⊖	ivlg	氵巛田⊖
孜	bty	子攵⊘	bty	子攵⊘
紫	hxxi	止匕幺小	hxxi	止匕幺小
仔	wbg	亻子⊖	wbg	亻子⊖
籽	obg	米子⊖	obg	米子⊖
滓	ipuh	氵宀辛⦶	ipuh	氵宀辛⦶
子	bbbb	子子子子	bbbb	子子子子
自	thd	丿目㊂	thd	丿目㊂
渍	igmy	氵龶贝⊘	igmy	氵龶贝⊘
字	pbf	宀子㊁	pbf	宀子㊁
zong				
鬃	depi	镸彡宀小	depi	镸彡宀小
棕	spfi	木宀二小	spfi	木宀二小
踪	khpi	口止宀小	khpi	口止宀小

学以致用系列丛书

汉字	86版	拆字实例	98版	拆字实例
宗	pfiu	宀二小ⓢ	pfiu	宀二小ⓢ
综	xpfi	纟宀二小	xpfi	纟宀二小
总	uknu	丷口心ⓢ	uknu	丷口心ⓢ
纵	xwwy	纟人人⊘	xwwy	纟人人⊘
zou				
邹	qvbh	勹彐阝①	qvbh	勹彐阝①
走	fhu	土龰ⓢ	fhu	土龰ⓢ
奏	dwgd	三八一大	dwgd	三八一大
揍	rdwd	扌三八大	rdwd	扌三八大
zu				
租	tegg	禾月一⊖	tegg	禾月一⊖
足	khu	口龰ⓢ	khu	口龰ⓢ
卒	ywwf	亠人人十	ywwf	亠人人十
族	yttd	方𠂉𠂉大	yttd	方𠂉𠂉大
祖	pyeg	礻丶月一	pyeg	礻丶月一
诅	yegg	讠月一⊖	yegg	讠月一⊖
阻	begg	阝月一⊖	begg	阝月一⊖
组	xegg	纟月一⊖	xegg	纟月一⊖
zuan				
钻	qhkg	钅⺊口⊖	qhkg	钅⺊口⊖
纂	thdi	竹目大小	thdi	竹目大小
zui				
嘴	khxe	口止匕用	khxe	口止匕用
醉	sgyf	西一亠十	sgyf	西一亠十
最	jbcu	曰耳又ⓢ	jbcu	曰耳又ⓢ
罪	ldjd	目三刂三	lhdd	罒丨三三
zun				
尊	usgf	丷西一寸	usgf	丷西一寸
遵	usgp	丷西一辶	usgp	丷西一辶
zuo				
昨	jthf	日𠂉丨二	jthf	日𠂉丨二
左	daf	𠂇工⊖	daf	𠂇工⊖
佐	wdag	亻𠂇工⊖	wdag	亻𠂇工⊖
柞	sthf	木𠂉丨二	sthf	木𠂉丨二
做	wdty	亻古攵⊘	wdty	亻古攵⊘
作	wthf	亻𠂉丨二	wthf	亻𠂉丨二
坐	wwff	人人土⊜	wwfd	人人土⊜
座	ywwf	广人人土	owwf	广人人土

学以致用系列丛书

附录 B　五笔字型不常用汉字编码

汉字	拼音	86 版	拆字实例	98 版	拆字实例
亍	chu	FHK	二丨(川)	GSJ	一丁①
丌	ji	GJK	一川(川)	GJK	一川(川)
兀	wu	GQV	一儿(巛)	GQV	一儿(巛)
丐	gai	GHNV	一卜乙(巛)	GHN	一卜乙(巛)
廿	nian	AGHG	廾一丨一	AGHG	廾一丨一
卅	sa	GKK	一川(川)	GKK	一川(川)
丕	pi	GIGF	一小一㊁	DHGD	丆卜一㊂
亘	gen	GJGF	一日一㊁	GJGF	一日一㊁
丞	cheng	BIGF	了八一㊁	BIG	了八一㊁
鬲	ge	GKMH	一口冂丨	GKMH	一口冂丨
孬	nao	GIVB	一小女子	DHVB	丆卜女子
噩	e	GKKK	王口口口	GKKK	王口口口

丨

汉字	拼音	86 版	拆字实例	98 版	拆字实例
丨		HHLL	丨丨LL	HHLL	丨丨LL
禺	yu	JMHY	日冂丨、	JMHY	日冂丨、

丿

汉字	拼音	86 版	拆字实例	98 版	拆字实例
丿		TTLL	丿丿LL	TTLL	丿丿LL
匕	bi	XTN	匕丿乙	XTN	匕丿乙
乇	tyo	TAV	丿七(巛)	TAV	丿七(巛)
夭	yao	TDI	丿大(氵)	TDI	丿大(氵)
爻	yao	QQU	乂乂(冫)	RRU	乂乂(冫)
卮	zhi	RGBV	厂一㔾(巛)	RGBV	厂一㔾(巛)
氐	di	QAYI	𠂉七、(氵)	QAYI	𠂉七、(氵)
囟	xin	TLQI	丿口乂(氵)	TLRI	丿口乂(氵)
胤	yin	TXEN	丿幺月乙	TXEN	丿幺月乙
馗	kui	VUTH	九丷丿目	VUTH	九丷丿目
毓	yu	TXGQ	𠂉母一儿	TXYK	𠂉母亠儿
睾	gao	TLFF	丿罒土干	TLFF	丿罒土干
鼗	tao	IQFC	丷儿士又	QIFC	儿丷士又

丶

汉字	拼音	86 版	拆字实例	98 版	拆字实例
丶		YYLL	丶丶LL	YYLL	丶丶LL

乙

汉字	拼音	86 版	拆字实例	98 版	拆字实例
亟	ji	BKCG	了口又一	BKCG	了口又一
鼐	nai	EHNN	乃目乙乙	BHNN	乃目乙乙
乜	mie	NNV	乙乙(巛)	NNV	乙乙(巛)
乩	ji	HKNN	卜口乙(乙)	HKNN	卜口乙(乙)

二

汉字	拼音	86 版	拆字实例	98 版	拆字实例
亓	qi	FJJ	二川①	FJJ	二川①

十

汉字	拼音	86 版	拆字实例	98 版	拆字实例
芈	mi	GJGH	一刂一丨	HGHG	丨一⺊キ
孛	bei	FPBF	十冖子㊁	FPBF	十冖子㊁
啬	se	FULK	土丷口口	FULK	土丷口口
嘏	gu	DNHC	古コ丨又	DNHC	古コ丨又

厂

汉字	拼音	86 版	拆字实例	98 版	拆字实例
仄	ze	DWI	厂人(氵)	DWI	厂人(氵)
厍	she	DLK	厂车(川)	DLK	厂车(川)
厝	cuo	DAJD	厂廾日㊂	DAJD	厂廾日㊂
厣	yan	DDLK	厂犬甲(川)	DDLK	厂犬甲(川)
厥	jue	DUBW	厂丷凵人	DUBW	厂丷凵人
厮	si	DADR	厂廾三斤	DDWR	厂甘八斤
靥	ye	DDDL	厂犬丆L	DDDF	厂犬丆二
赝	yan	DWWM	厂亻亻贝	DWWM	厂亻亻贝

匚

汉字	拼音	86 版	拆字实例	98 版	拆字实例
匚	fang	AGN	匚一乙	AGN	匚一乙
叵	po	AKD	匚口㊂	AKD	匚口㊂
匦	gui	ALVV	匚车九(巛)	ALVV	匚车九(巛)
匮	kui	AKHN	匚口丨乙	AKHM	匚口丨贝
匾	bian	AYNA	匚、尸廾	AYNA	匚、尸廾
赜	ze	AHKM	廾丨口贝	AHKM	匚丨口贝

卜

汉字	拼音	86 版	拆字实例	98 版	拆字实例
卦	gua	FFHY	凵凵卜⊘	FFHY	凵凵卜⊘
卣	gou	HLNF	卜口コ㊁	HLNF	卜口コ㊁

刂

汉字	拼音	86 版	拆字实例	98 版	拆字实例
刂		JHH	刂丨丨	JHH	刂丨丨
刈	yi	QJH	乂刂①	RJH	乂刂①
刎	wen	QRJH	勹彡刂①	QRJH	勹彡刂①
刭	jing	CAJH	ス工刂①	CAJH	ス工刂①
刳	ku	DFNJ	大二乙刂	DFNJ	大二乙刂
刿	gui	MQJH	山夕刂①	MQJH	山夕刂①
剀	kai	MNJH	山己刂①	MNJH	山己刂①
剌	la	GKIJ	一口小刂	SKJH	木口刂①
剞	ji	DSKJ	大丁口刂	DSKJ	大丁口刂
剡	yan	OOJH	火火刂①	OOJH	火火刂①
剜	wan	PQBJ	宀夕卩刂	PQBJ	宀夕卩刂
蒯	kuai	AEEJ	廾月月刂	AEEJ	廾月月刂
剽	piao	SFIJ	覀二小刂	SFIJ	覀二小刂
劂	jue	DUBJ	厂丷凵刂	DUBJ	厂丷凵刂
劁	qiao	WYOJ	亻主灬刂	WYOJ	亻主灬刂

汉字	拼音	86版	拆字实例	98版	拆字实例
劐	huo	AWYJ	卄亻圭刂	AWYJ	卄亻圭刂
劓	yi	THLJ	丿目田刂	THLJ	丿目田刂

冂

汉字	拼音	86版	拆字实例	98版	拆字实例
冂	jiōng	MHN	冂丨乙	MHN	冂丨乙
罔	wang	MUYN	冂丷一乙	MUYN	冂丷一©

亻

汉字	拼音	86版	拆字实例	98版	拆字实例
亻		WTH	亻丿丨	WTH	亻丿丨
仃	ding	WSH	亻丁①	WSH	亻丁①
仉	zhang	WMN	亻几©	WWN	亻几©
仂	le	WLN	亻力©	WET	亻力⊘
仨	sa	WDG	亻三⊖	WDG	亻三⊖
仡	ge	WTNN	亻𠂉乙©	WTNN	亻𠂉乙©
仫	mu	WTCY	亻丿厶⊘	WTCY	亻丿厶⊘
仞	ren	WVYY	亻刀丶⊘	WVYY	亻刀丶⊘
伛	yu	WAQY	亻匚乂⊘	WARY	亻匚乂⊘
仳	pi	WXXN	亻⺊匕©	WXXN	亻⺊匕©
伢	ya	WAHT	亻匚丨丿	WAHT	亻匚丨丿
佤	wa	WGNN	亻一乙乙	WGNY	亻一乙丶
仵	wu	WTFH	亻丿干①	WTFH	亻丿干①
伥	chang	WTAY	亻丿⺘㇏	WTAY	亻丿⺘㇏
伧	chen	WWBN	亻人㔾©	WWBN	亻人㔾©
伉	kang	WYMN	亻亠几©	WYWN	亻亠几©
伫	zhu	WPGG	亻宀一⊖	WPGG	亻宀一⊖
佞	ning	WFVG	亻二女⊖	WFVG	亻二女⊖
佧	ka	WHHY	亻上卜⊘	WHHY	亻上卜⊘
攸	you	WHTY	亻丨攵⊘	WHTY	亻丨攵⊘
佚	yi	WRWY	亻𠂉人⊘	WTGY	亻丿夫⊘
佝	gou	WQKG	亻勹口⊖	WQKG	亻勹口⊖
佟	tong	WTUY	亻夂⺀⊘	WTUY	亻夂⺀⊘
佗	tuo	WPXN	亻宀匕©	WPXN	亻宀匕©
伲	ni	WNXN	亻尸匕©	WNXN	亻尸匕©
伽	jia	WLKG	亻力口⊖	WEKG	亻力口⊖
佶	ji	WFKG	亻士口⊖	WFKG	亻士口⊖
佴	er	WBG	亻耳⊖	WBG	亻耳⊖
侑	you	WDEG	亻𠂇月⊖	WDEG	亻𠂇月⊖
侉	kua	WDFN	亻大二乙	WDFN	亻大二乙
侃	kan	WKQN	亻口⺎©	WKKN	亻口⺎©
侏	zhu	WRIY	亻𠂉小⊘	WTFY	亻丿未⊘
佾	yi	WWEG	亻八月⊖	WWEG	亻八月⊖
佻	tiao	WIQN	亻⺌儿©	WQIY	亻儿⺌⊘
侪	chai	WYJH	亻文川①	WYJH	亻文川①
佼	jiao	WUQY	亻六乂⊘	WURY	亻六乂⊘
侬	nong	WPEY	亻冖𧘇⊘	WPEY	亻冖𧘇⊘
侔	mou	WCRH	亻厶𠂉丨	WCTG	亻厶丿丰
俦	chou	WDTF	亻三丿寸	WDTF	亻三丿寸
俨	yan	WGOD	亻一业厂	WGOT	亻一业丿
俪	li	WGMY	亻一冂丶	WGMY	亻一冂丶
俅	qiu	WFIY	亻十⺢丶	WGIY	亻一水丶
俚	li	WJFG	亻日土⊖	WJFG	亻日土⊖
俣	yu	WKGD	亻口一大	WKGD	亻口一大
俜	ping	WMGN	亻由一乙	WMGN	亻由一乙
俑	youg	WCEH	亻マ用①	WCEH	亻マ用①
俟	si	WCTD	亻厶𠂉大	WCTD	亻厶𠂉大
俸	feng	WDWH	亻三八丨	WDWG	亻三八丰
倩	qian	WGEG	亻龶月⊖	WGEG	亻龶月⊖
偌	ruo	WADK	亻卄𠂇口	WADK	亻卄𠂇口
俳	pai	WDJD	亻三刂三	WHDD	亻丨三三
倬	zhuo	WHJH	亻⺊早①	WHJH	亻⺊早①
倏	shu	WHTD	亻丨攵犬	WHTD	亻丨攵犬
倮	luo	WJSY	亻日木⊘	WJSY	亻日木⊘
倭	wo	WTVG	亻禾女⊖	WTVG	亻禾女⊖
俾	bi	WRTF	亻白丿十	WRTF	亻白丿十
倜	ti	WMFK	亻冂土口	WMFK	亻冂土口
倌	guan	WPNN	亻宀ココ	WPNG	亻宀㠯⊖
倥	kong	WPWA	亻宀八工	WPWA	亻宀八工
倨	ju	WNDG	亻尸古⊖	WNDG	亻尸古⊖
偾	fen	WFAM	亻十卄贝	WFAM	亻十卄贝
偃	yan	WAJV	亻匚日女	WAJV	亻匚日女
偕	xie	WXXR	亻⺊匕白	WXXR	亻⺊匕白
偈	jie	WJQN	亻日勹乙	WJQN	亻日勹乙
偎	wei	WLGE	亻田一𧘇	WLGE	亻田一𧘇
偬	zong	WQRN	亻勹⺈心	WQRN	亻勹⺈心
偻	lou	WOVG	亻米女⊖	WOVG	亻米女⊖
傥	tang	WIPQ	亻⺌冖儿	WIPQ	亻⺌冖儿
傧	bin	WPRW	亻宀丘八	WPRW	亻宀丘八
傩	nuo	WCWY	亻又亻龶	WCWY	亻又亻龶
傺	chi	WWFI	亻癶二小	WWFI	亻癶二小
僖	xi	WFKK	亻士口口	WFKK	亻士口口
儆	jing	WAQT	亻卄勹攵	WAQT	亻卄勹攵
僭	jian	WAQJ	亻匸儿日	WAQJ	亻匸儿日
僬	jiao	WWYO	亻亻龶灬	WWYO	亻亻龶灬
僦	jiu	WYIN	亻古小乙	WYIY	亻古小丶
僮	zhuang	WUJF	亻立日十	WUJF	亻立日十
儇	xuan	WLGE	亻罒一𧘇	WLGE	亻罒一𧘇
儋	dan	WQDY	亻⺈厂言	WQDY	亻⺈厂言

人

汉字	拼音	86版	拆字实例	98版	拆字实例
仝	tong	WAF	人工⊜	WAF	人工⊜
氽	tun	WIU	人水ⓢ	WIU	人水ⓢ
佘	she	WFIU	人二小ⓢ	WFIU	人二小ⓢ
佥	qian	WGIF	人一⺌⊜	WGIG	人一⺍一
俎	zu	WWEG	人人月一	WWEG	人人月一
龠	yue	WGKA	人一口卄	WGKA	人一口卄
汆	cuan	TYIU	丿㇏水ⓢ	TYIU	丿㇏水ⓢ
籴	di	TYOU	丿㇏米ⓢ	TYOU	丿㇏米ⓢ

八(丷)

汉字	拼音	86版	拆字实例	98版	拆字实例
兮	xi	WGNB	八一乙⑧	WGNB	八一乙⑧
巽	xun	NNAW	巳巳廾八	NNAW	巳巳廾八
黉	hong	IPAW	⺍冖廾八	IPAW	⺍冖廾八
馘	guo	UTHG	丷丿目一	UTHG	丷丿目一
冁	chan	UJFE	丷日十𧘇	UJFE	丷日十𧘇
夔	kui	UHTT	丷止丿夊	UTHT	丷丿目夊

汉字	拼音	86 版	拆字实例	98 版	拆字实例
勹					
勹	bao	QTN	勹丿乙	QTN	勹丿乙
匍	pu	QGEY	勹一月丶	QSI	勹甫⑦
訇	hong	QYD	勹言⊜	QYD	勹言⊜
匐	fu	QGKL	勹一口田	QGKL	勹一口田
几					
凫	fu	QYNM	勹丶乙几	QWB	鸟几⑧
夙	su	MGQI	几一夕⑦	WGQI	几一夕⑦
兕	si	MMGQ	几冂一儿	HNHQ	丨乙丨儿
亠					
亠		YYG	亠丶一	YYG	亠丶一
兖	yan	UCQB	六厶儿⑧	UCQB	六厶儿⑧
亳	bo	YPTA	亠冖丿七	YPTA	亠冖丿七
衮	gun	UCEU	六厶衣③	UCEU	六厶衣③
袤	mao	YCBE	亠マ卩衣	YCNE	亠マ乙衣
亵	xie	YRVE	亠扌九衣	YRVE	亠扌九衣
脔	luan	YOMW	亠灬冂人	YOMW	亠灬冂人
裒	pou	YVEU	亠臼衣③	YEEU	亠臼衣③
禀	bing	YLKI	亠口口小	YLKI	亠口口小
嬴	ying	YNKY	亠乙口丶	YEVY	言月女丶
蠃	ying	YNKY	亠乙口丶	YEJY	言月虫丶
羸	ying	YNKY	亠乙口丶	YEUY	言月羊丶
冫					
冫		UYG	冫丶一	UYG	冫丶一
冱	hu	UGXG	冫一ㄐ一	UGXG	冫一彑⊖
洌	lie	UGQJ	冫一夕刂	UGQJ	冫一夕刂
冼	xian	UTFQ	冫丿土儿	UTFQ	冫丿土儿
凇	song	USWC	冫木八厶	USWC	冫木八厶
冖					
冖		PYN	冖丶乙	PYN	冖丶乙
冢	zhong	PEYU	冖豕丶③	PGEY	冖一豕丶
冥	ming	PJUU	冖日六③	PJUU	冖日六③
讠					
讠		YYN	讠丶乙	YYN	讠丶乙
讦	jie	YFH	讠干①	YFH	讠干①
讧	hong	YAG	讠工⊖	YAG	讠工⊖
讪	shan	YMH	讠山①	YMH	讠山①
讴	ou	YAQY	讠匚乂⊘	YARY	讠匚乂⊘
讵	ju	YANG	讠匚コ⊖	YANG	讠匚コ⊖
讷	ne	YMWY	讠冂人⊘	YMWY	讠冂人⊘
诂	gu	YDG	讠古⊖	YDG	讠古⊖
诃	he	YSKG	讠丁口⊖	YSKG	讠丁口⊖
诋	di	YQAY	讠𠂆弋丶	YQAY	讠𠂆弋丶
诏	zhao	YVKG	讠刀口⊖	YVKG	讠刀口⊖
诎	qu	YBMH	讠凵山①	YBMH	讠凵山①
诒	yi	YCKG	讠厶口⊖	YCKG	讠厶口⊖
诓	kuang	YAGG	讠匚王⊖	YAGG	讠匚王⊖
诔	lei	YDIY	讠三小⊘	YFSY	讠二木⊘
诖	gua	YFFG	讠土土⊖	YFFG	讠土土⊖
诘	ji	YFKG	讠士口⊖	YFKG	讠士口⊖
诙	hui	YDOY	讠ナ火⊘	YDOY	讠ナ火⊘
诜	shen	YTFQ	讠丿土儿	YTFQ	讠丿土儿
诟	gou	YRGK	讠⺁一口	YRGK	讠⺁一口
诠	quan	YWGG	讠人王⊖	YWGG	讠人王⊖
诤	zheng	YQVH	讠⺈彐①	YQVH	讠⺈彐①
诨	hun	YPLH	讠冖车①	YPLH	讠冖车①
诩	xu	YNG	讠羽⊖	YNG	讠羽⊖
诮	qiao	YIEG	讠⺌月⊖	YIEG	讠⺌月⊖
诰	gao	YTFK	讠丿土口	YTFK	讠丿土口
诳	kuang	YQTG	讠犭丿王	YQTG	讠犭丿王
诶	ei	YCTD	讠厶⺈大	YCTD	讠厶⺈大
诹	zou	YBCY	讠耳又⊘	YBCY	讠耳又⊘
诼	zhou	YEYY	讠豕丶⊘	YGEY	讠一豕丶
诿	wei	YTVG	讠禾女⊖	YTVG	讠禾女⊖
谀	yu	YVWY	讠臼人⊘	YEWY	讠臼人⊘
谂	shen	YWYN	讠人丶心	YWYN	讠人丶心
谄	chen	YQVG	讠ク臼⊖	YQEG	讠⺈臼⊖
谇	sui	YYWF	讠亠人十	YYWF	讠亠人十
谌	chen	YADN	讠卄三乙	YDWN	讠其八乙
谏	jian	YGLI	讠一四小	YSLG	讠木四⊖
谑	nue	YHAG	讠虍匚一	YHAG	讠虍匚一
谒	ye	YJQN	讠日勹乙	YJQN	讠日勹乙
谔	e	YKKN	讠口口乙	YKKN	讠口口乙
谕	yu	YWGJ	讠人一刂	YWGJ	讠人一刂
谖	xuan	YEFC	讠爫二又	YEGC	讠爫一又
谙	an	YUJG	讠立日⊖	YUJG	讠立日⊖
谛	di	YUPH	讠立冖丨	YYUH	讠亠丷丨
谘	zi	YUQK	讠冫⺈口	YUQK	讠冫⺈口
谝	pian	YYNA	讠丶尸廾	YYNA	讠丶尸廾
谟	mo	YAJD	讠卄日大	YAJD	讠卄日大
谠	dang	YIPQ	讠⺌冖儿	YIPQ	讠⺌冖儿
谡	su	YLWT	讠田八夂	YLWT	讠田八夂
谥	shi	YUWL	讠䒑八皿	YUWL	讠䒑八皿
谧	mi	YNTL	讠心丿皿	YNTL	讠心丿皿
谪	zhe	YUMD	讠立冂古	YYUD	讠亠丷古
谫	jian	YUEV	讠䒑月刀	YUEV	讠䒑月刀
谮	zen	YAQJ	讠匚儿日	YAQJ	讠二儿日
谯	qiao	YWYO	讠亻圭灬	YWYO	讠亻圭灬
谲	jue	YCBK	讠マ卩口	YCNK	讠マ乙口
谳	yan	YFMD	讠十冂犬	YFMD	讠十冂犬
谵	zhan	YQDY	讠⺈厂言	YQDY	讠⺈厂言
谶	caen	YWWG	讠人人一	YWWG	讠人人一
卩					
卩	jie	BNH	卩乙丨	BNH	卩乙丨
卺	jin	BIGB	了氺一㔾	BIGB	了氺一㔾
阝					
阝		BNH	阝乙丨	BNH	阝乙丨

学以致用系列丛书

汉字	拼音	86 版	拆字实例	98 版	拆字实例
阢	wu	BGQN	阝一儿©	BGQN	阝一儿©
阡	qian	BTFH	阝丿十①	BTFH	阝丿十①
阱	jing	BFJH	阝二〢①	BFJH	阝二〢①
阪	ban	BRCY	阝厂又⦸	BRCY	阝厂又⦸
阽	dian	BHKG	阝卜口⊖	BHKG	阝卜口⊖
阼	zuo	BTHF	阝𠂉丨二	BTHF	阝𠂉丨二
陂	bei	BHCY	阝广又⦸	BBY	阝皮⦸
陉	xing	BCAG	阝ㄡ工⊖	BCAG	阝ㄡ工⊖
陔	gai	BYNW	阝亠乙人	BYNW	阝亠乙人
陟	zhi	BHIT	阝止小⊘	BHHT	阝止少⊘
隉	nie	BJFG	阝日土⊖	BJFG	阝日土⊖
陬	zou	BBCY	阝耳又⦸	BBCY	阝耳又⦸
陲	chui	BTGF	阝丿一士	BTGF	阝丿一士
陴	pi	BRTF	阝白丿十	BRTF	阝白丿十
隈	wei	BLGE	阝田一𧘇	BLGE	阝田一𧘇
隍	huang	BRGG	阝白王⊖	BRGG	阝白王⊖
隗	kui	BRQC	阝白儿厶	BRQC	阝白儿厶
隰	xi	BJXO	阝日幺灬	BJXO	阝日幺灬
邗	han	FBH	干阝①	FBH	干阝①
邛	qiong	ABH	工阝①	ABH	工阝①
邝	kuang	YBH	广阝①	OBH	广阝①
邙	mang	YNBH	亠乙阝①	YNBH	亠乙阝①
邬	wu	QNGB	勹乙一阝	TNNB	丿乙乙阝
邡	fang	YBH	方阝①	YBH	方阝①
邴	bing	GMWB	一冂人阝	GMWB	一冂人阝
邳	pi	GIGB	一小一阝	DHGB	丆卜一阝
邶	bei	UXBH	丬匕阝①	UXBH	丬匕阝①
邺	ye	OGBH	业一阝①	OBH	业阝①
邸	di	QAYB	𠂆七丶阝	QAYB	𠂆弋丶阝
邰	tai	CKBH	厶口阝①	CKBH	厶口阝①
郏	jia	GUWB	一丷人阝	GUDB	一丷大阝
郅	zhi	GCFB	一厶土阝	GCFB	一厶土阝
邾	zhu	RIBH	𠂉小阝①	TFBH	丿未阝①
郐	kuai	WFCB	人二厶阝	WFCB	人二厶阝
郄	qie	QDCB	乂ナ厶阝	RDCB	乂ナ厶阝
郇	huan	QJBH	勹日阝①	QJBH	勹日阝①
郓	yun	PLBH	冖车阝①	PLBH	冖车阝①
郦	li	GMYB	一冂丶阝	GMYB	一冂丶阝
郢	ying	KGBH	口王阝①	KGBH	口王阝①
郜	gao	TFKB	丿土口阝	TFKB	丿土口阝
郗	xi	QDMB	乂ナ冂阝	RDMB	乂ナ冂阝
郛	fu	EBBH	爫子阝①	EBBH	爫子阝①
郫	pi	RTFB	白丿十阝	RTFB	白丿十阝
郯	tan	OOBH	火火阝①	OOBH	火火阝①
郾	yan	AJVB	匚日女阝	AJVB	匚日女阝
鄄	juan	SFBH	覀土阝①	SFBH	覀土阝①
鄢	yan	GHGB	一止一阝	GHGB	一止一阝
鄞	yin	AKGB	廿口圭阝	AKGB	廿口圭阝
鄣	zhang	UJBH	立早阝①	UJBH	立早阝①
鄱	po	TOLB	丿米田阝	TOLB	丿米田阝
鄯	shan	UDUB	丷手䒑阝	UUKB	羊䒑口阝
鄹	zou	BCTB	耳又丿阝	BCIB	耳又氺阝
酃	ling	FKKB	雨口口阝	FKKB	雨口口阝
酆	feng	DHDB	三丨三阝	MDHB	山三丨阝

汉字	拼音	86 版	拆字实例	98 版	拆字实例
⺈					
刍		QVF	⺈彐⊜	QVF	⺈彐⊜
奂	huan	QMDU	⺈冂大ⓢ	QMDU	⺈冂大ⓢ
力					
劢	mai	DNLN	丆乙力©	GQET	一勹力⊘
劬	qu	QKLN	勹口力©	QKET	勹口力⊘
劭	shao	VKLN	刀口力©	VKET	刀口力⊘
劾	he	YNTL	亠乙丿力	YNTE	亠乙丿力
哿	ge	LKSK	力口丁口	EKSK	力口丁口
勐	meng	BLLN	子皿力©	BLET	子皿力⊘
勖	xu	JHLN	日目力©	JHET	冃目月⊘
勰	xie	LLLN	力力力心	EEEN	力力力心
又					
叟	sou	VHCU	臼丨又ⓢ	EHCU	臼丨又ⓢ
燮	xie	OYOC	火言火又	YOOC	言火火又
矍	jue	HHWC	目目亻又	HHWC	目目亻又
廴					
廴		PNY	廴乙㇏	PNY	廴乙㇏
凵					
凵	kan	BNH	凵乙丨	BNH	凵乙丨
凼	dang	IBK	水凵ⓜ	IBK	水凵ⓜ
鬯	chang	QOBX	乂灬凵匕	OBXB	米凵匕ⓚ
厶					
厶	si	CNY	厶乙丶	CNY	厶乙丶
弁	bian	CAJ	厶廾ⓙ	CAJ	厶廾ⓙ
畚	ben	CDLF	厶大田⊜	CDLF	厶大田⊜
巯	qiu	CAYQ	ㄡ工亠ㄦ	CAYK	ㄡ工亠ㄦ
土					
坌	ben	WVFF	八刀凵⊜	WVFF	八刀凵⊜
垩	e	GOGF	一业一凵	GOFF	一业凵⊜
垡	fa	WAFF	亻戈凵⊜	WAFF	亻戈凵⊜
塾	shu	YBVF	亨子九凵	YBVF	亨子九凵
墼	ji	GJFF	一日十凵	LBWF	車凵几凵
壅	yong	YXTF	亠乡丿凵	YXTF	亠乡丿凵
壑	he	HPGF	卜冖一凵	HPGF	卜冖一凵
圩	xu	FGFH	凵一十①	FGFH	凵一十①
圬	wu	FFNN	凵二乙©	FFNN	凵二乙©
圪	ge	FTNN	凵𠂉乙©	FTNN	凵𠂉乙©
圳	zhen	FKH	凵川①	FKH	凵川①
圹	kuang	FYT	凵广⊘	FOT	凵广⊘
圮	pi	FNN	凵己©	FNN	凵己©
圯	pi	FNN	凵巳©	FNN	凵巳©
坜	li	FDLN	凵厂力©	FDET	凵厂力⊘
圻	yin	FRH	凵斤①	FRH	凵斤①

汉字	拼音	86版	拆字实例	98版	拆字实例
坂	ban	FRCY	土厂又⦸	FRCY	土厂又⦸
坩	gan	FAFG	土廾二㊀	FFG	土甘㊀
垅	long	FDXN	二ナ匕ⓩ	FDXY	土ナ匕、
坫	dian	FHKG	土卜口㊀	FHKG	土卜口㊀
垆	lu	FHNT	土卜尸⊘	FHNT	土卜尸⊘
坼	che	FRYY	土斤丶⦸	FRYY	土斤丶⦸
坻	di	FQAY	土𠂉七、	FQAY	土𠂉七、
坨	tuo	FPXN	土宀匕ⓩ	FPXN	土宀匕ⓩ
坭	ni	FNXN	土尸匕ⓩ	FNXN	土尸匕ⓩ
坶	mu	FXGU	土𠂆一冫	FXY	土母⦸
坳	ao	FXLN	土幺力ⓩ	FXET	土幺力⊘
垭	ya	FGOG	土一业㊀	FGOG	土一业㊀
垤	die	FGCF	土一厶土	FGCF	土一厶土
垌	dong	FMGK	土冂一口	FMGK	土冂一口
垲	kai	FMNN	土山己ⓩ	FMNN	土山己ⓩ
埏	shan	FTHP	土丿卜廴	FTHP	土丿卜廴
垧	shang	FTMK	土丿冂口	FTMK	土丿冂口
垴	nao	FYBH	凵文凵①	FYRB	凵亠乂凵
垓	gai	FYNW	凵亠乙人	FYNW	凵亠乙人
垠	yin	FVEY	凵彐𧘇⦸	FVY	凵艮⦸
埕	cheng	FKGG	凵口王㊀	FKGG	凵口王㊀
埘	shi	FJFY	凵日寸⦸	FJFY	凵日寸⦸
埚	guo	FKMW	凵口冂人	FKMW	凵口冂人
埙	xun	FKMY	凵口贝⦸	FKMY	凵口贝⦸
埒	lie	FEFY	凵爫寸⦸	FEFY	凵爫寸⦸
垸	yuan	FPFQ	凵宀二儿	FPFQ	凵宀二儿
埴	zhi	FFHG	凵十且㊀	FFHG	凵十且㊀
埯	an	FDJN	凵大曰乙	FDJN	凵大曰乙
埸	yi	FJQR	凵日勹彡	FJQR	凵日勹彡
埤	pi	FRTF	凵白丿十	FRTF	凵白丿十
埝	nian	FWYN	凵人丶心	FWYN	凵人丶心
堋	peng	FEEG	凵月月㊀	FEEG	凵月月㊀
堍	tu	FQKY	凵𠂊口、	FQKY	凵𠂊口、
埽	sao	FVPH	凵彐冖丨	FVPH	凵彐冖丨
埭	dai	FVIY	凵彐氺⦸	FVIY	凵彐氺⦸
堀	ku	FNBM	凵尸凵山	FNBM	凵尸凵山
堞	die	FANS	凵廿乙木	FANS	凵廿乙木
堙	yin	FSFG	凵西凵㊀	FSFG	凵西凵㊀
塄	leng	FLYN	凵罒方乙	FLYT	凵罒方⊘
堠	hou	FWND	凵亻コ大	FWND	凵亻コ大
塥	ge	FGKH	凵一口丨	FGKH	凵一口丨
塬	yuan	FDRI	凵厂白小	FDRI	凵厂白小
墁	man	FJLC	凵日罒又	FJLC	凵日罒又
墉	yong	FYVH	凵广彐丨	FOVH	凵广彐丨
墚	liang	FIVS	凵氵刀木	FIVS	凵氵刀木
墀	chi	FNIH	凵尸氺丨	FNIG	凵尸氺丰

士

汉字	拼音	86版	拆字实例	98版	拆字实例
馨	xin	FNMJ	士尸几日	FNWJ	士尸几日
鼙	pi	FKUF	士口丷十	FKUF	士口丷十
懿	yi	FPGN	士冖一心	FPGN	士冖一心

艹

汉字	拼音	86版	拆字实例	98版	拆字实例
艹		AGHH	廾一丨丨	AGHH	廾一丨丨

汉字	拼音	86版	拆字实例	98版	拆字实例
艽	jiao	AVB	廾九◎	AVB	廾九◎
艿	nai	AEB	廾乃◎	ABR	廾乃⊘
芏	du	AFF	廾凵㊁	AFF	廾凵㊁
芊	qian	ATFJ	廾丿十①	ATFJ	廾丿十①
芨	ji	AEYU	廾乃㇏㊂	ABYU	廾乃㇏㊂
芄	wan	AVYU	廾九丶㊂	AVYU	廾九丶㊂
芎	xiong	AXB	廾弓◎	AXB	廾弓◎
芑	qi	ANB	廾己◎	ANB	廾己◎
芗	xiang	AXTR	廾纟丿⊘	AXTR	廾纟丿⊘
芙	fu	AFWU	廾二人㊂	AGU	廾夫㊂
芫	yan	AFQB	廾二儿◎	AFQB	廾二儿◎
芸	yun	AFCU	廾二厶㊂	AFCU	廾二厶㊂
芾	fei	AGMH	廾一冂丨	AGMH	廾一冂丨
芰	ji	AFCU	廾十又㊂	AFCU	廾十又㊂
苈	li	ADLB	廾厂力◎	ADER	廾厂力⊘
苊	e	ADBB	廾厂㔾◎	ADBB	廾厂㔾◎
苣	ju	AANF	廾匚コ㊁	AANF	廾匚コ㊁
芘	bi	AXXB	廾𠂤匕◎	AXXB	廾𠂤匕◎
芷	zhi	AHF	廾止㊁	AHF	廾止㊁
芮	rui	AMWU	廾冂人㊂	AMWU	廾冂人㊂
苋	xian	AMQB	廾冂儿◎	AMQB	廾冂儿◎
苌	chang	ATAY	廾丿七㇏	ATAY	廾丿七㇏
苁	cong	AWWU	廾人人㊂	AWWU	廾人人㊂
芩	qin	AWYN	廾人丶乙	AWYN	廾人丶乙
芴	wu	AQRR	廾勹彡⊘	AQRR	廾勹彡⊘
芡	qian	AQWU	廾𠂊人㊂	AQWU	廾𠂊人㊂
芪	qi	AQAB	廾𠂉七◎	AQAB	廾𠂉七◎
芟	shan	AMCU	廾几又㊂	AWCU	廾几又㊂
苄	bian	AYHU	廾亠卜㊂	AYHU	廾亠卜㊂
苎	zhu	APGF	廾宀一㊁	APGF	廾宀一㊁
芤	kou	ABNB	廾子乙◎	ABNB	廾子乙◎
苡	yi	ANYW	廾乙丶人	ANYW	廾乙丶人
茉	mo	AGSU	廾一木㊂	AGSU	廾一木㊂
苷	gan	AAFF	廾廾二㊁	AFF	廾甘㊁
苤	pie	AGIG	廾一小一	ADHG	廾丆卜一
茏	long	ADXB	廾ナ匕◎	ADXY	廾ナ匕、
茇	ba	ADCU	廾ナ又㊂	ADCY	廾ナ又⦸
苜	mu	AHF	廾目㊁	AHF	廾目㊁
苴	ju	AEGF	廾月一㊁	AEGF	廾月一㊁
苒	ran	AMFF	廾冂凵㊁	AMFF	廾冂凵㊁
苘	qing	AMKF	廾冂口㊁	AMKF	廾冂口㊁
茌	chi	AWFF	廾亻士㊁	AWFF	廾亻士㊁
苻	fu	AWFU	廾亻寸㊂	AWFU	廾亻寸㊂
苓	ling	AWYC	廾人丶マ	AWYC	廾人丶マ
茑	niao	AQYG	廾勹丶一	AQGF	廾鸟一㊁
茚	yin	AQGB	廾𠂉一卩	AQGB	廾𠂉一卩
茆	mao	AQTB	廾𠂉丿卩	AQTB	廾𠂉丿卩
茔	ying	APFF	廾冖凵㊁	APFF	廾冖凵㊁
茕	qiong	APNF	廾冖乙十	APNF	廾冖乙十
苠	min	ANAB	廾𠃜七◎	ANAB	廾𠃜七◎
苕	shao	AVKF	廾刀口㊁	AVKF	廾刀口㊁
茜	xi	ASF	廾西㊁	ASF	廾西㊁
荑	ti	AGXW	廾一弓人	AGXW	廾一弓人
荛	rao	AATQ	廾七丿儿	AATQ	廾七丿儿
荜	bi	AXXF	廾𠂤匕十	AXXF	廾𠂤匕十

汉字	拼音	86版	拆字实例	98版	拆字实例
茈	zi	AHXB	廾止匕(巛)	AHXB	廾止匕(巛)
莒	ju	AKKF	廾口口㊂	AKKF	廾口口㊂
茼	tong	AMGK	廾冂一口	AMGK	廾冂一口
茴	hui	ALKF	廾囗口㊂	ALKF	廾囗口㊂
茱	zhu	ARIU	廾𠂉小(⺀)	ATFU	廾丿未(⺀)
莛	ting	ATFP	廾丿士廴	ATFP	廾丿士廴
荞	qiao	ATDJ	廾丿大刂	ATDJ	廾丿大刂
茯	fu	AWDU	廾亻犬(⺀)	AWDU	廾亻犬(⺀)
荏	ren	AWTF	廾亻丿士	AWTF	廾亻丿士
荇	xing	ATFH	廾彳二丨	ATGS	廾彳一丁
荃	quan	AWGF	廾人王㊂	AWGF	廾人王㊂
荟	hui	AWFC	廾人二厶	AWFC	廾人二厶
荀	xun	AQJF	廾勹日㊂	AQJF	廾勹日㊂
茗	ming	AQKF	廾夕口㊂	AQKF	廾夕口㊂
荠	ji	AYJJ	廾文刂(刂)	AYJJ	廾文刂(刂)
茭	jiao	AUQU	廾六乂(⺀)	AURU	廾六乂(⺀)
茺	chong	AYCQ	廾亠厶儿	AYCQ	廾亠厶儿
茳	jiang	AIAF	廾氵工㊂	AIAF	廾氵工㊂
荦	luo	APRH	廾冖𠂉丨	APTG	廾冖丿丰
荥	xing	APIU	廾冖水(⺀)	APIU	廾冖水(⺀)
荨	qian	AVFU	廾彐寸(⺀)	AVFU	廾彐寸(⺀)
茛	gen	AVEU	廾彐𠂋(⺀)	AVU	廾艮(⺀)
荩	jin	ANYU	廾尸㇏⺀	ANYU	廾尸㇏⺀
荬	mai	ANUD	廾乙⺀大	ANUD	廾乙⺀大
荪	sun	ABIU	廾子小(⺀)	ABIU	廾子小(⺀)
荭	hong	AXAF	廾纟工㊂	AXAF	廾纟工㊂
荮	zhou	AXFU	廾纟寸(⺀)	AXFU	廾纟寸(⺀)
莰	kan	AFQW	廾土𠂊人	AFQW	廾土𠂊人
荸	bi	AFPB	廾十冖子	AFPB	廾十冖子
莳	shi	AJFU	廾日寸(⺀)	AJFU	廾日寸(⺀)
莴	wo	AKMW	廾口冂人	AKMW	廾口冂人
莠	you	ATEB	廾禾乃(巛)	ATBR	廾禾乃(㇒)
莪	e	ATRT	廾丿扌丿	ATRY	廾丿扌丶
莓	mei	ATXU	廾𠂉母(⺀)	ATXU	廾𠂉母(⺀)
莜	you	AWHT	廾亻丨攵	AWHT	廾亻丨攵
莅	li	AWUF	廾亻立㊂	AWUF	廾亻立㊂
荼	tu	AWTU	廾人朩(⺀)	AWGS	廾人一朩
莶	xian	AWGI	廾人一⺍	AWGG	廾人一一
莩	piao	AEBF	廾爫子㊂	AEBF	廾爫子㊂
荽	sui	AEVF	廾爫女㊂	AEVF	廾爫女㊂
莸	you	AQTN	廾犭丿乙	AQTY	廾犭丿丶
荻	di	AQTO	廾犭丿火	AQTO	廾犭丿火
莘	shen	AUJ	廾辛(刂)	AUJ	廾辛(刂)
莞	wan	APFQ	廾宀二儿	APFQ	廾宀二儿
莨	liang	AYVE	廾丶彐𠂋	AYVU	廾丶艮(⺀)
莺	ying	APQG	廾冖鸟一	APQG	廾冖鸟一
莼	chun	AXGN	廾纟一乙	AXGN	廾纟一乙
菁	jing	AGEF	廾龶月㊂	AGEF	廾龶月㊂
萁	ji	ADWU	廾卄三八	ADWU	廾其八(⺀)
菥	xi	ASRJ	廾木斤(刂)	ASRJ	廾木斤(刂)
菘	song	ASWC	廾木八厶	ASWC	廾木八厶
堇	jin	AKGF	廿口龶㊂	AKGF	廿口龶㊂
萘	nai	ADFI	廾大二小	ADFI	廾大二小
萋	qi	AGVV	廾一彐女	AGVV	廾一彐女
菝	ba	ARDC	廾扌𠂇又	ARDY	廾扌ナ丶
菽	shu	AHIC	廾上小又	AHIC	廾上小又
菖	chang	AJJF	廾日日㊂	AJJF	廾日日㊂
萜	tie	AMHK	廾冂丨口	AMHK	廾冂丨口
萸	yu	AVWU	廾臼人(⺀)	AEWU	廾臼人(⺀)
萑	huan	AWYF	廾亻圭㊂	AWYF	廾亻圭㊂
萆	bi	ARTF	廾白丿十	ARTF	廾白丿十
菔	fu	AEBC	廾月卩又	AEBC	廾月卩又
菟	tu	AQKY	廾𠂊口丶	AQKY	廾𠂊口丶
萏	dan	AQVF	廾⺈臼㊂	AQEF	廾𠂊臼㊂
萃	cui	AYWF	廾亠人十	AYWF	廾亠人十
菸	yan	AYWU	廾方人⺀	AYWU	廾方人⺀
菹	zu	AIEG	廾氵月一	AIEG	廾氵月一
菪	dang	APDF	廾宀石㊂	APDF	廾宀石㊂
菅	jian	APNN	廾宀ココ	APNF	廾宀㠯㊂
菀	wan	APQB	廾宀夕㔾	APQB	廾宀夕㔾
萦	ying	APXI	廾冖幺小	APXI	廾冖幺小
菰	gu	ABRY	廾子𠂆㇏	ABRY	廾子𠂆㇏
菡	han	ABIB	廾了⺍凵	ABIB	廾了⺍凵
葜	qia	ADHD	廾三丨大	ADHD	廾三丨大
葑	feng	AFFF	廾凵凵寸	AFFF	廾凵凵寸
葚	shen	AADN	廾卄三乙	ADWN	廾其八乙
葙	xiang	ASHF	廾木目㊂	ASHF	廾木目㊂
葳	wei	ADGT	廾厂一丿	ADGV	廾戊一女
蒇	chan	ADMT	廾厂贝丿	ADMU	廾戊贝(⺀)
蒈	kai	AXXR	廾⺊匕白	AXXR	廾⺊匕白
葺	qi	AKBF	廾口耳㊂	AKBF	廾口耳㊂
蒉	kui	AKHM	廾口丨贝	AKHM	廾口丨贝
葸	xi	ALNU	廾田心(⺀)	ALNU	廾田心(⺀)
萼	e	AKKN	廾口口乙	AKKN	廾口口乙
葆	bao	AWKS	廾亻口木	AWKS	廾亻口木
葩	pa	ARCB	廾白巴(巛)	ARCB	廾白巴(巛)
葶	ting	AYPS	廾亠口冖丁	AYPS	廾亠口冖丁
蒌	luo	AOVF	廾米女㊂	AOVF	廾米女㊂
蒎	pai	AIRE	廾氵𠂆𠂋	AIRE	廾氵𠂆𠂋
萱	xuan	APGG	廾宀一一	APGG	廾宀一一
葭	qia	ANHC	廾コ丨又	ANHC	廾コ丨又
蓁	zhen	ADWT	廾三八禾	ADWT	廾三八禾
蓍	shi	AFTJ	廾凵丿日	AFTJ	廾凵丿日
蓐	ru	ADFF	廾厂二寸	ADFF	廾厂二寸
蓦	mo	AJDC	廾日大马	AJDG	廾日大一
蒽	en	ALDN	廾囗大心	ALDN	廾囗大心
蓓	bei	AWUK	廾亻立口	AWUK	廾亻立口
蓊	weng	AWCN	廾八厶羽	AWCN	廾八厶羽
蒿	hao	AYMK	廾亠口冂口	AYMK	廾亠口冂口
蒺	ji	AUTD	廾疒𠂉大	AUTD	廾疒𠂉大
蓠	li	AYBC	廾文凵厶	AYRC	廾亠乂厶
蒡	bang	AUPY	廾亠冖方	AYUY	廾亠丷方
蒹	jian	AUVO	廾丷彐灬	AUVW	廾丷彐八
蒴	shuo	AUBE	廾丷凵月	AUBE	廾丷凵月
蒗	lang	AIYE	廾氵丶𠂋	AIYV	廾氵丶艮
蓥	ying	APQF	廾冖金㊂	APQF	廾冖金㊂
蓣	yu	ACBM	廾マ卩贝	ACNM	廾マ乙贝
蔌	su	AGKW	廾一口人	ASKW	廾木口人
甍	meng	ALPN	廾罒冖乙	ALPY	廾罒冖丶
蔸	dou	AQRQ	廾𠂎白儿	ARQQ	廾白𠂎儿

汉字	拼音	86版	拆字实例	98版	拆字实例
蓰	xi	ATHH	艹彳止乚	ATHH	艹彳止乚
蔹	lian	AWGT	艹人一攵	AWGT	艹人一攵
蔟	cu	AYTD	艹方𠂉大	AYTD	艹方𠂉大
蔺	lin	AUWY	艹门亻圭	AUWY	艹门亻圭
蕖	qu	AIAS	艹氵匚木	AIAS	艹氵匚木
蔻	kou	APFL	艹宀二乚	APFC	艹宀二又
蓿	xu	APWJ	艹宀亻日	APWJ	艹宀亻日
蓼	liao	ANWE	艹羽人彡	ANWE	艹羽人彡
蕙	hui	AGJN	艹一曰心	AGJN	艹一曰心
蕈	xun	ASJJ	艹覀早⑪	ASJJ	艹覀早⑪
蕨	jue	ADUW	艹厂丷人	ADUW	艹厂丷人
蕤	rui	AETG	艹豕丿圭	AGEG	艹一豕圭
蕞	zui	AJBC	艹日耳又	AJBC	艹日耳又
蕺	ji	AKBT	艹口耳丿	AKBY	艹口耳丶
瞢	meng	ALPH	艹罒冖目	ALPH	艹罒冖目
蕃	fan	ATOL	艹丿米田	ATOL	艹丿米田
蕲	qi	AUJR	艹丷曰斤	AUJR	艹丷曰斤
蕻	hong	ADAW	艹镸廾八	ADAW	艹镸廾八
薤	xie	AGQG	艹一夕一	AGQG	艹一夕一
薨	hong	ALPX	艹罒冖匕	ALPX	艹罒冖匕
薇	wei	ATMT	艹彳山攵	ATMT	艹彳山攵
薏	yi	AUJN	艹立曰心	AUJN	艹立曰心
蕹	weng	AYXY	艹亠纟圭	AYXY	艹亠纟圭
薮	sou	AOVT	艹米女攵	AOVT	艹米女攵
薜	bi	ANKU	艹尸口辛	ANKU	艹尸口辛
薅	hao	AVDF	艹女厂寸	AVDF	艹女厂寸
薹	tai	AFKF	艹士口土	AFKF	艹士口土
薷	ru	AFDJ	艹雨丆刂	AFDJ	艹雨丆刂
薰	xun	ATGO	艹丿一灬	ATGO	艹丿一灬
藓	xian	AQGD	艹鱼一手	AQGU	艹鱼一羊
藁	gao	AYMS	艹亠冂木	AYMS	艹亠冂木
藜	li	ATQI	艹禾勹氺	ATQI	艹禾勹氺
藿	huo	AFWY	艹雨亻圭	AFWY	艹雨亻圭
蘧	qu	AHAP	艹广七辶	AHGP	艹虍一辶
蘅	heng	ATQH	艹彳鱼丨	ATQS	艹彳鱼丁
蘩	fan	ATXI	艹𠂉母小	ATXI	艹𠂉母小
蘖	nie	AWNS	艹亻ヨ木	ATNS	艹丿𠂤木
蘼	mi	AYSD	艹广木三	AOSD	艹广木三

廾

汉字	拼音	86版	拆字实例	98版	拆字实例
廾		AGTH	廾一丿丨	AGTH	廾一丿丨
弈	yi	YOAJ	亠小廾⑪	YOAJ	亠小廾⑪

大

汉字	拼音	86版	拆字实例	98版	拆字实例
夼	kuang	DKJ	大川⑪	DKJ	大川⑪
奁	lian	DAQU	大匚乂ⓢ	DARU	大匚乂ⓢ
耷	da	DBF	大耳⊜	DBF	大耳⊜
奕	yi	YODU	亠小大ⓢ	YODU	亠小大ⓢ
奚	xi	EXDU	爫幺大ⓢ	EXDU	爫幺大ⓢ
奘	zang	NHDD	乙丨丆大	UFDU	丬士大ⓢ
匏	pao	DFNN	大二乙巳	DFNN	大二乙巳

尢

汉字	拼音	86版	拆字实例	98版	拆字实例
尢	wang	DNV	ナ乙ⓦ	DNV	ナ乙ⓦ
尥	liao	DNQY	ナ乙勹丶	DNQY	ナ乙勹丶
尬	ga	DNWJ	ナ乙人川	DNWJ	ナ乙人川
尴	gan	DNJL	ナ乙刂皿	DNJL	ナ乙刂皿

扌

汉字	拼音	86版	拆字实例	98版	拆字实例
扌		RGHG	扌一丨一	RGHG	扌一丨一
扪	men	RUN	扌门ⓩ	RUN	扌门ⓩ
抟	tuan	RFNY	扌二乙丶	RFNY	扌二乙丶
抻	chen	RJHH	扌曰丨①	RJHH	扌曰丨①
拊	fu	RWFY	扌亻寸⊘	RWFY	扌亻寸⊘
拚	pan	RCAH	扌厶廾①	RCAH	扌厶廾①
拗	ao	RXLN	扌幺力ⓩ	RXET	扌幺力∅
拮	jie	RFKG	扌士口⊖	RFKG	扌士口⊖
挢	jiao	RTDJ	扌丿大川	RTDJ	扌丿大川
拶	za	RVQY	扌巛夕⊘	RVQY	扌巛夕⊘
挹	yi	RKCN	扌口巴ⓩ	RKCN	扌口巴ⓩ
捋	luo	REFY	扌爫寸⊘	REFY	扌爫寸⊘
捃	jun	RVTK	扌ヨ丿口	RVTK	扌ヨ丿口
掭	tian	RGDN	扌一大㣺	RGDN	扌一大㣺
揶	ye	RBBH	扌耳阝①	RBBH	扌耳阝①
捱	ai	RDFF	扌厂土土	RDFF	扌厂土土
捺	na	RDFI	扌大二小	RDFI	扌大二小
掎	ji	RDSK	扌大丁口	RDSK	扌大丁口
掴	guo	RLGY	扌囗王丶	RLGY	扌囗王丶
捭	bai	RRTF	扌白丿十	RRTF	扌白丿十
掬	ju	RQOY	扌勹米⊘	RQOY	扌勹米⊘
掊	pou	RUKG	扌立口⊖	RUKG	扌立口⊖
捩	lie	RYND	扌丶尸犬	RYND	扌丶尸犬
掮	qian	RYNE	扌丶尸月	RYNE	扌丶尸月
掼	guan	RXFM	扌毌十贝	RXMY	扌毋贝⊘
揲	die	RANS	扌廿乙木	RANS	扌廿乙木
揸	zha	RSJG	扌木曰一	RSJG	扌木曰一
揠	ya	RAJV	扌匚曰女	RAJV	扌匚曰女
揿	qin	RQQW	扌钅𠂊人	RQQW	扌钅𠂊人
揄	yu	RWGJ	扌人一刂	RWGJ	扌人一刂
揞	an	RUJG	扌立曰⊖	RUJG	扌立曰⊖
揎	xuan	RPGG	扌宀一一	RPGG	扌宀一一
摒	bing	RNUA	扌尸丷廾	RNUA	扌尸丷廾
揆	kui	RWGD	扌癶一大	RWGD	扌癶一大
掾	yuan	RXEY	扌彑豕⊘	RXEY	扌彑豕⊘
摅	shu	RHAN	扌广七心	RHNY	扌虍心⊘
摁	en	RLDN	扌囗大心	RLDN	扌囗大心
搋	chuai	RRHM	扌厂广几	RRHW	扌厂虍几
搛	lian	RUVO	扌丷ヨ小	RUVW	扌丷ヨ八
搠	shuo	RUBE	扌丷凵月	RUBE	扌丷凵月
搌	zhan	RNAE	扌尸廾𧘇	RNAE	扌尸廾𧘇
搦	nuo	RXUU	扌弓冫冫	RXUU	扌弓冫冫
搡	sang	RCCS	扌又又木	RCCS	扌又又木
摞	luo	RLXI	扌田幺小	RLXI	扌田幺小
撄	ying	RMMV	扌贝贝女	RMMV	扌贝贝女
摭	zhi	RYAO	扌广廿灬	ROAO	扌广廿灬

汉字	拼音	86版	拆字实例	98版	拆字实例
撖	han	RNBT	扌乙耳攵	RNBT	扌乙耳攵
摺	zhe	RNRG	扌羽白⊖	RNRG	扌羽白⊖
撷	xie	RFKM	扌士口贝	RFKM	扌士口贝
撸	lu	RQGJ	扌鱼一日	RQGJ	扌鱼一日
撙	zun	RUSF	扌丷西寸	RUSF	扌丷西寸
撺	cuan	RPWH	扌宀八丨	RPWH	扌宀八丨
擀	gan	RFJF	扌十早干	RFJF	扌十早干
擐	huan	RLGE	扌罒一𧘇	RLGE	扌罒一𧘇
擗	pi	RNKU	扌尸口辛	RNKU	扌尸口辛
擤	xing	RTHJ	扌丿目丌	RTHJ	扌丿目丌
擢	zhuo	RNWY	扌羽亻圭	RNWY	扌羽亻圭
攉	huo	RFWY	扌雨亻圭	RFWY	扌雨亻圭
攥	zuan	RTHI	扌竹目小	RTHI	扌竹目小
攮	nang	RGKE	扌一口𧘇	RGKE	扌一口𧘇

弋

汉字	拼音	86版	拆字实例	98版	拆字实例
弋	ge	AGNY	弋一乙丶	AYI	弋丶(氵)
忒	tui	ANI	弋心(氵)	ANYI	弋心丶(氵)
甙	dai	AAFD	弋廾二⊜	AFYI	弋甘丶(氵)
弑	shi	QSAA	乂木弋工	RSAY	乂朩弋丶

口

汉字	拼音	86版	拆字实例	98版	拆字实例
卟	bu	KHY	口卜⦸	KHY	口卜⦸
叱	chi	KXN	口匕(乙)	KXN	口匕(乙)
叽	ji	KMN	口几(乙)	KWN	口几(乙)
叩	Kou	KBH	口卩⦶	KBH	口卩⦶
叨	dao	KVN	口刀(乙)	KVT	口刀⊘
叻	Lle	KLN	口力(乙)	KET	口力⊘
吒	zha	KTAN	口丿七(乙)	KTAN	口丿七(乙)
吖	a	KUHH	口丷丨⦶	KUHH	口丷丨⦶
吆	yao	KXY	口幺⦸	KXY	口幺⦸
呋	fu	KFWY	口二人⦸	KGY	口夫⦸
呒	m	KFQN	口二儿(乙)	KFQN	口二儿(乙)
呓	yi	KANN	口廾乙(乙)	KANN	口廾乙(乙)
呔	tai	KDYY	口大丶⦸	KDYY	口大丶⦸
呖	li	KDLN	口厂力(乙)	KDET	口厂力⊘
呃	e	KDBN	口厂㔾(乙)	KDBN	口厂㔾(乙)
吡	bi	KXXN	口⺊匕(乙)	KXXN	口⺊匕(乙)
呗	bai	KMY	口贝⦸	KMY	口贝⦸
呙	guo	KMWU	口冂人(冫)	KMWU	口冂人(冫)
吣	qin	KNY	口心⦸	KNY	口心⦸
吲	yin	KXHH	口弓丨⦶	KXHH	口弓丨⦶
咂	za	KAMH	口匚冂丨	KAMH	口匚冂丨
咔	ka	KHHY	口上卜⦸	KHHY	口上卜⦸
呷	ga	KLH	口甲⦶	KLH	口甲⦶
呱	gua	KRCY	口𠂆厶㇏	KRCY	口𠂆厶㇏
呤	ling	KWYC	口人丶マ	KWYC	口人丶マ
咚	dong	KTUY	口夂冫⦸	KTUY	口夂冫⦸
咛	ning	KPSH	口宀丁⦶	KPSH	口宀丁⦶
咄	duo	KBMH	口凵山⦶	KBMH	口凵山⦶
呶	nao	KVCY	口女又⦸	KVCY	口女又⦸
呦	you	KXLN	口幺力(乙)	KXET	口幺力⊘
咝	si	KXXG	口纟纟一	KXXG	口纟纟一
哐	kuang	KAGG	口匚王⊖	KAGG	口匚王⊖
咭	ji	KFKG	口士口⊖	KFKG	口士口⊖
哂	shen	KSG	口西⊖	KSG	口西⊖
咴	hui	KDOY	口𠂇火⦸	KDOY	口𠂇火⦸
哒	da	KDPY	口大辶⦸	KDPY	口大辶⦸
咧	lie	KGQJ	口一夕刂	KGQJ	口一夕刂
咦	yi	KGXW	口一弓人	KGXW	口一弓人
哓	xiao	KATQ	口弋丿儿	KATQ	口弋丿儿
哔	bi	KXXF	口⺊匕十	KXXF	口⺊匕十
呲	ci	KHXN	口止匕(乙)	KHXN	口止匕(乙)
咣	guang	KIQN	口⺌儿(乙)	KIGQ	口⺌一儿
哕	hui	KMQY	口山夕⦸	KMQY	口山夕⦸
咻	xiu	KWSY	口亻木⦸	KWSY	口亻木⦸
咿	yi	KWVT	口亻彐丿	KWVT	口亻彐丿
哌	pai	KREY	口𠂆𧘇⦸	KREY	口𠂆𧘇⦸
哙	kuai	KWFC	口人二厶	KWFC	口人二厶
哚	duo	KMSY	口几木⦸	KWSY	口几木⦸
哜	ji	KYJH	口文刂⦶	KYJH	口文刂⦶
咩	mie	KUDH	口丷手⦶	KUH	口羊⦶
咪	mi	KOY	口米⦸	KOY	口米⦸
咤	zha	KPTA	口宀丿七	KPTA	口宀丿七
哝	nong	KPEY	口冖𧘇⦸	KPEY	口冖𧘇⦸
哏	gen	KVEY	口彐𧘇⦸	KVY	口艮⦸
哞	mou	KCRH	口厶𠂉丨	KCTG	口厶丿⺧
唛	ma	KGTY	口龶夂⦸	KGTY	口龶夂⦸
哧	chi	KFOY	口土小⦸	KFOY	口土小⦸
唠	lao	KAPL	口廾冖力	KAPE	口廾冖力
哽	geng	KGJQ	口一日乂	KGJR	口一日乂
唔	wu	KGKG	口五口⊖	KGKG	口五口⊖
哳	zha	KRRH	口扌斤⦶	KRRH	口扌斤⦶
唢	suo	KIMY	口⺌贝⦸	KIMY	口⺌贝⦸
唣	zao	KRAN	口白七(乙)	KRAN	口白七(乙)
唏	xi	KQDH	口乂𠂇丨	KRDH	口乂𠂇丨
唑	zuo	KWWF	口人人土	KWWF	口人人土
唧	ji	KVCB	口彐厶卩	KVBH	口艮卩⦶
唪	feng	KDWH	口三八丨	KDWG	口三八⺧
啧	ze	KGMY	口龶贝⦸	KGMY	口龶贝⦸
喏	re	KADK	口廾𠂇口	KADK	口廾𠂇口
喵	miao	KALG	口廾田⊖	KALG	口廾田⊖
啉	lin	KSSY	口木木⦸	KSSY	口木木⦸
啭	zhuan	KLFY	口车二丶	KLFY	口车二丶
啁	zhao	KMFK	口⺆土口	KMFK	口⺆土口
啕	tao	KQRM	口勹𠂉山	KQTB	口勹丿土
唿	hu	KQRN	口勹⺁心	KQRN	口勹⺁心
啐	cui	KYWF	口亠人十	KYWF	口亠人十
唼	sha	KUVG	口立女⊖	KUVG	口立女⊖
唷	yo	KYCE	口亠厶月	KYCE	口亠厶月
啖	dan	KOOY	口火火⦸	KOOY	口火火⦸
啵	bo	KIHC	口氵广又	KIBY	口氵皮⦸
啶	ding	KPGH	口宀一龰	KPGH	口宀一龰
啷	lang	KYVB	口丶⺉阝	KYVB	口丶⺉阝
唳	li	KYND	口丶尸犬	KYND	口丶尸犬
唰	shua	KNMJ	口尸冂刂	KNMJ	口尸冂刂
啜	chuo	KCCC	口又又又	KCCC	口又又又
喋	zha	KANS	口廿乙木	KANS	口廿乙木
嗒	da	KAWK	口廾人口	KAWK	口廾人口

汉字	拼音	86 版	拆字实例	98 版	拆字实例
喃	nan	KFMF	口十冂干	KFMF	口十冂干
喱	li	KDJF	口厂日土	KDJF	口厂日土
喹	lui	KDFF	口大土土	KDFF	口大土土
喈	jie	KXXR	口匕匕白	KXXR	口匕匕白
喁	yong	KJMY	口日冂丶	KJMY	口日冂丶
喟	kui	KLEG	口田月⊖	KLEG	口田月⊖
啾	jiu	KTOY	口禾火⊘	KTOY	口禾火⊘
嗖	sou	KVHC	口臼丨又	KEHC	口臼丨又
喑	yin	KUJG	口立日⊖	KUJG	口立日⊖
啻	chi	UPMK	亠冖冂口	YUPK	亠丷冖口
嗟	jue	KUDA	口丷手工	KUAG	口𦍌工⊖
喽	lou	KOVG	口米女⊖	KOVG	口米女⊖
喾	ku	IPTK	⺍冖丿口	IPTK	⺍冖丿口
喔	wo	KNGF	口尸一土	KNGF	口尸一土
喙	hui	KXEY	口彑豕⊘	KXEY	口彑豕⊘
嗪	qin	KDWT	口三八禾	KDWT	口三八禾
嗷	ao	KGQT	口龶勹攵	KGQT	口龶勹攵
嗉	su	KGXI	口龶幺小	KGXI	口龶幺小
嘟	du	KFTB	口土丿阝	KFTB	口土丿阝
嗑	ke	KFCL	口土厶皿	KFCL	口土厶皿
嗫	nie	KBCC	口耳又又	KBCC	口耳又又
嗬	he	KAWK	口廾亻口	KAWK	口廾亻口
嗔	chen	KFHW	口十且八	KFHW	口十且八
嗦	suo	KFPI	口十冖小	KFPI	口十冖小
嗝	ge	KGKH	口一口丨	KGKH	口一口丨
嗄	a	KDHT	口丆目夂	KDHT	口丆目夂
嗯	nin	KLDN	口囗大心	KLDN	口囗大心
嗥	hao	KRDF	口白大十	KRDF	口白大十
嗲	dia	KWQQ	口八乂夕	KWRQ	口八乂夕
嗳	ai	KEPC	口爫冖又	KEPC	口爫冖又
嗌	yi	KUWL	口丷八皿	KUWL	口丷八皿
嗍	suo	KUBE	口丷凵月	KUBE	口丷凵月
嗨	hai	KITU	口氵𠂉氵	KITX	口氵𠂉母
嗵	tong	KCEP	口マ用辶	KCEP	口マ用辶
嗤	chi	KBHJ	口凵丨虫	KBHJ	口凵丨虫
辔	pei	XLXK	纟车纟口	LXXK	车纟纟口
嘞	lei	KAFL	口廿串力	KAFE	口廿串力
嘈	cao	KGMJ	口一冂日	KGMJ	口一冂日
嘌	piao	KSFI	口覀二小	KSFI	口覀二小
嘁	qi	KDHT	口厂上丿	KDHI	口戊止小
嘤	ying	KMMV	口贝贝女	KMMV	口贝贝女
嘣	beng	KMEE	口山月月	KMEE	口山月月
嗾	sou	KYTD	口方𠂉大	KYTD	口方𠂉大
嘀	di	KUMD	口亠冂古	KYUD	口亠丷古
嘧	mi	KPNM	口宀心山	KPNM	口宀心山
嘭	peng	KFKE	口士口彡	KFKE	口士口彡
噘	jue	KDUW	口厂丷人	KDUW	口厂丷人
嘹	liao	KDUI	口大丷小	KDUI	口大丷小
噗	pu	KOGY	口业一㇏	KOUG	口业丷夫
嘬	zuo	KJBC	口日耳又	KJBC	口日耳又
噍	jiao	KWYO	口亻龶灬	KWYO	口亻龶灬
噢	o	KTMD	口丿冂大	KTMD	口丿冂大
噙	qin	KWYC	口人丶厶	KWYC	口人丶厶
噜	lu	KQGJ	口鱼一日	KQGJ	口鱼一日
噌	cheng	KULJ	口丷四日	KULJ	口丷四日
噔	deng	KWGU	口癶一丷	KWGU	口癶一丷
嚆	hao	KAYK	口廾亠口	KAYK	口廾亠口
噤	jin	KSSI	口木木小	KSSI	口木木小
噱	jue	KHAE	口广七豕	KHGE	口虍一豕
噫	yi	KUJN	口立日心	KUJN	口立日心
噻	sai	KPFF	口宀二山	KPAF	口宀龷山
噼	pi	KNKU	口尸口辛	KNKU	口尸口辛
嚅	ru	KFDJ	口雨丆刂	KFDJ	口雨丆刂
嚓	cha	KPWI	口宀癶小	KPWI	口宀癶小
嚯	huo	KFWY	口雨亻龶	KFWY	口雨亻龶
囔	nang	KGKE	口一口𧘇	KGKE	口一口𧘇

囗

汉字	拼音	86 版	拆字实例	98 版	拆字实例
囗		LHNG	囗丨乙一	LHNG	囗丨乙一
囝	jian	LBD	囗子㊂	LBD	囗子㊂
囡	nan	LVD	囗女㊂	LVD	囗女㊂
囵	lun	LWXV	囗人匕(巛)	LWXV	囗人匕(巛)
囫	hu	LQRE	囗勹⺀(彡)	LQRE	囗勹⺀(彡)
囹	ling	LWYC	囗人丶マ	LWYC	囗人丶マ
囿	you	LDED	囗𠂇月㊂	LDED	囗𠂇月㊂
圄	yu	LGKD	囗五口㊂	LGKD	囗五口㊂
圊	qing	LGED	囗龶月㊂	LGED	囗龶月㊂
圉	yu	LFUF	囗土丷干	LFUF	囗土丷干
圜	huan	LLGE	囗罒一𧘇	LLGE	囗罒一𧘇

巾

汉字	拼音	86 版	拆字实例	98 版	拆字实例
帏	wei	MHFH	冂丨二丨	MHFH	冂丨二丨
帙	zhi	MHRW	冂丨𠂉人	MHTG	冂丨丿夫
帔	pei	MHHC	冂丨广又	MHBY	冂丨皮⊘
帑	tang	VCMH	女又冂丨	VCMH	女又冂丨
帱	chou	MHDF	冂丨三寸	MHDF	冂丨三寸
帻	ze	MHGM	冂丨龶贝	MHGM	冂丨龶贝
帼	guo	MHLY	冂丨囗丶	MHLY	冂丨囗丶
帷	wei	MHWY	冂丨亻龶	MHWY	冂丨亻龶
幄	wo	MHNF	冂丨尸凵	MHNF	冂丨尸凵
幔	man	MHJC	冂丨日又	MHJC	冂丨日又
幛	zhang	MHUJ	冂丨立早	MHUJ	冂丨立早
幞	fu	MHOY	冂丨业㇏	MHOG	冂丨业夫
幡	fan	MHTL	冂丨丿田	MHTL	冂丨丿田

山

汉字	拼音	86 版	拆字实例	98 版	拆字实例
岌	ji	MEYU	山乃㇏(冫)	MBYU	山乃㇏(冫)
屺	qi	MNN	山己(乙)	MNN	山己(乙)
岍	qian	MGAH	山一廾①	MGAH	山一廾①
岐	qi	MFCY	山十又⊘	MFCY	山十又⊘
岖	qu	MAQY	山匚乂⊘	MARY	山匚乂⊘
岈	ya	MAHT	山𠄐丨丿	MAHT	山𠄐丨丿
岘	xian	MMQN	山冂儿(乙)	MMQN	山冂儿(乙)
岙	ao	TDMJ	丿大山(刂)	TDMJ	丿大山(刂)
岑	cen	MWYN	山人丶乙	MWYN	山人丶乙
岚	lan	MMQU	山几乂(冫)	MWRU	山几乂(冫)
岜	ba	MCB	山巴(巜)	MCB	山巴(巜)
岵	hu	MDG	山古⊖	MDG	山古⊖

汉字	拼音	86 版	拆字实例	98 版	拆字实例
岢	ke	MSKF	山丁口㊀	MSKF	山丁口㊀
岽	dong	MAIU	山𠂇小③	MAIU	山𠂇小③
岬	jia	MLH	山甲①	MLH	山甲①
岫	xiu	MMG	山由㊀	MMG	山由㊀
岱	dai	WAMJ	亻弋山⑪	WAYM	亻弋丶山
岣	gou	MQKG	山勹口㊀	MQKG	山勹口㊀
峁	mao	MQTB	山𠂎丿卩	MQTB	山𠂎丿卩
岷	min	MNAN	山尸七②	MNAN	山尸七②
峄	yi	MCFH	山又二丨	MCGH	山又丰①
峒	tong	MMGK	山冂一口	MMGK	山冂一口
峤	jiao	MTDJ	山丿大刂	MTDJ	山丿大刂
峋	xun	MQJG	山勹日㊀	MQJG	山勹日㊀
峥	zheng	MQVH	山⺈彐丨	MQVH	山⺈彐丨
崂	lao	MAPL	山廾冖力	MAPE	山廾冖力
崃	lai	MGOY	山一米⦸	MGUS	山一丷木
崧	song	MSWC	山木八厶	MSWC	山木八厶
崦	yan	MDJN	山大日乙	MDJN	山大日乙
崮	gu	MLDF	山囗石㊀	MLDF	山囗石㊀
崤	xiao	MQDE	山㐅𠂇月	MRDE	山㐅𠂇月
崞	guo	MYBG	山亠子㊀	MYBG	山亠子㊀
崆	kong	MPWA	山宀八工	MPWA	山宀八工
崛	jue	MNBM	山尸凵山	MNBM	山尸凵山
嵘	rong	MAPS	山廾冖木	MAPS	山廾冖木
嵝	yao	MSVG	山西女㊀	MSVG	山西女㊀
崴	wai	MDGT	山厂一丿	MDGV	山戊一女
崽	zai	MLNU	山田心③	MLNU	山田心③
嵬	wei	MRQC	山白儿厶	MRQC	山白儿厶
嵛	yu	MWGJ	山人一刂	MWGJ	山人一刂
嵯	cuo	MUDA	山丷𦍌工	MUAG	山𦍌工㊀
嵝	lou	MOVG	山米女㊀	MOVG	山米女㊀
嵫	zi	MUXX	山䒑幺幺	MUXX	山䒑幺幺
嵋	mei	MNHG	山尸目㊀	MNHG	山尸目㊀
嵊	sheng	MTUX	山禾丬匕	MTUX	山禾丬匕
嵩	song	MYMK	山亠冂口	MYMK	山亠冂口
嵴	ji	MIWE	山⺌人月	MIWE	山⺌人月
嶂	zhang	MUJH	山立早①	MUJH	山立早①
嶙	lin	MOQH	山米夕丨	MOQG	山米夕⺧
嶝	deng	MWGU	山癶一䒑	MWGU	山癶一䒑
豳	bin	EEMK	豕豕山⑩	MGEE	山一豕豕
嶷	yi	MXTH	山匕𠂉龰	MXTH	山匕丿龰
巅	dian	MFHM	山十且贝	MFHM	山十且贝

彳

汉字	拼音	86 版	拆字实例	98 版	拆字实例
彳		TTTH	彳丿丿丨	TTTH	彳丿丿丨
彷	fang	TYN	彳方②	TYT	彳方⊘
徂	cu	TEGG	彳目一㊀	TEGG	彳目一㊀
徇	xun	TQJG	彳勹日㊀	TQJG	彳勹日㊀
徉	yang	TUDH	彳丷手①	TUH	彳羊①
後	hou	TXTY	彳幺夂⦸	TXTY	彳幺夂⦸
徕	lai	TGOY	彳一米⦸	TGUS	彳一丷木
徙	xi	THHY	彳止龰⦸	THHY	彳止龰⦸
徜	chang	TIMK	彳⺌冂口	TIMK	彳⺌冂口
徨	huang	TRGG	彳白王㊀	TRGG	彳白王㊀
徭	yao	TERM	彳爫𠂉山	TETB	彳爫丿凵
徽	hui	TMGT	彳山一攵	TMGT	彳山一攵
徼	jiao	TRYT	彳白方攵	TRYT	彳白方攵
衢	qu	THHH	彳目目丨	THHS	彳目目丁

彡

汉字	拼音	86 版	拆字实例	98 版	拆字实例
彡		ETTT	彡丿丿丿	ETTT	彡丿丿丿

犭

汉字	拼音	86 版	拆字实例	98 版	拆字实例
犭		QTE	犭丿③	QTTT	犭丿丿丿
犰	qiu	QTVN	犭丿九②	QTVN	犭丿九②
犴	an	QTFH	犭丿干①	QTFH	犭丿干①
犷	guang	QTYT	犭丿广⊘	QTOT	犭丿广⊘
犸	ma	QTCG	犭丿马㊀	QTCG	犭丿马一
狃	niu	QTNF	犭丿乙土	QTNG	犭丿乙一
狁	yun	QTCQ	犭丿厶儿	QTCQ	犭丿厶儿
狎	xia	QTLH	犭丿甲①	QTLH	犭丿甲①
狍	pao	QTQN	犭丿勹巳	QTQN	犭丿勹巳
狒	fei	QTXJ	犭丿弓刂	QTXJ	犭丿弓刂
狨	rong	QTAD	犭丿戈𠂇	QTAD	犭丿戈𠂇
狯	kuai	QTWC	犭丿人厶	QTWC	犭丿人厶
狩	shou	QTPF	犭丿宀寸	QTPF	犭丿宀寸
狲	sun	QTBI	犭丿子小	QTBI	犭丿子小
狴	bi	QTXF	犭丿匕土	QTXF	犭丿匕土
狷	juan	QTKE	犭丿口月	QTKE	犭丿口月
猁	li	QTTJ	犭丿禾刂	QTTJ	犭丿禾刂
狳	yu	QTWT	犭丿人朩	QTWS	犭丿人朩
猃	xian	QTWI	犭丿人䒑	QTWG	犭丿人一
狺	yin	QTYG	犭丿言㊀	QTYG	犭丿言㊀
狻	suan	QTCT	犭丿厶夂	QTCT	犭丿厶夂
猗	yi	QTDK	犭丿大口	QTDK	犭丿大口
猓	guo	QTJS	犭丿日木	QTJS	犭丿日木
猡	luo	QTLQ	犭丿罒夕	QTLQ	犭丿罒夕
猊	ni	QTVQ	犭丿臼儿	QTEQ	犭丿臼儿
猞	she	QTWK	犭丿人口	QTWK	犭丿人口
猝	cu	QTYF	犭丿亠十	QTYF	犭丿亠十
猕	mi	QTXI	犭丿弓小	QTXI	犭丿弓小
猢	hu	QTDE	犭丿古月	QTDE	犭丿古月
猹	zha	QTSG	犭丿木一	QTSG	犭丿木一
猥	wei	QTLE	犭丿田𧘇	QTLE	犭丿田𧘇
猬	wei	QTLE	犭丿田月	QTLE	犭丿田月
猸	mei	QTNH	犭丿尸目	QTNH	犭丿尸目
猱	nao	QTCS	犭丿マ木	QTCS	犭丿マ木
獐	zhang	QTUJ	犭丿立早	QTUJ	犭丿立早
獍	jing	QTUQ	犭丿立儿	QTUQ	犭丿立儿
獗	jue	QTDW	犭丿厂人	QTDW	犭丿厂人
獠	liao	QTDI	犭丿大小	QTDI	犭丿大小
獬	xie	QTQH	犭丿⺈丨	QTQG	犭丿⺈⺧
獯	xun	QTTO	犭丿丿灬	QTTO	犭丿丿灬
獾	huan	QTAY	犭丿廾圭	QTAY	犭丿廾圭

夕

汉字	拼音	86 版	拆字实例	98 版	拆字实例
舛	chuan	QAHH	夕匚丨①	QGH	夕⺧①
夥	huo	JSQQ	日木夕夕	JSQQ	日木夕夕
飧	sun	QWYE	夕人丶𧘇	QWYV	夕人丶艮

汉字	拼音	86版	拆字实例	98版	拆字实例
夤	yin	QPGW	夕宀一八	QPGW	夕宀一八
夂					
夂		TTNY	夂丿乙㇏	TTNY	夂丿乙㇏
饣					
饣		QNB	𠂉乙⑪	QNB	𠂉乙⑪
饧	tang	QNNR	𠂉乙乙彡	QNNR	𠂉乙乙彡
饨	tun	QNGN	𠂉乙一乙	QNGN	𠂉乙一乙
饩	xi	QNRN	𠂉乙气②	QNRN	𠂉乙气②
饪	ren	QNTF	𠂉乙丿士	QNTF	𠂉乙丿士
饫	yu	QNTD	𠂉乙丿大	QNTD	𠂉乙丿大
饬	chi	QNTL	𠂊乙𠂉力	QNTE	𠂉乙𠂉力
饴	yi	QNCK	𠂉乙厶口	QNCK	𠂉乙厶口
饷	xiang	QNTK	𠂉乙丿口	QNTK	𠂉乙丿口
饽	bo	QNFB	𠂉乙十子	QNFB	𠂉乙十子
馀	yu	QNWT	𠂊乙人朩	QNWS	𠂉乙人朩
馄	hun	QNJX	𠂉乙日匕	QNJX	𠂉乙日匕
馇	cha	QNSG	𠂉乙木一	QNSG	𠂉乙木一
馊	sou	QNVC	𠂊乙臼又	QNEC	𠂉乙臼又
馍	mo	QNAD	𠂉乙卄大	QNAD	𠂉乙卄大
馐	xiu	QNUF	𠂊乙丷土	QNUG	𠂉乙⺶一
馑	jin	QNAG	𠂉乙廿圭	QNAG	𠂉乙廿圭
馓	san	QNAT	𠂉乙龷攵	QNAT	𠂉乙龷攵
馔	zhuan	QNNW	𠂉乙巳八	QNNW	𠂉乙巳八
馕	nang	QNGE	𠂉乙一𧘇	QNGE	𠂉乙一𧘇
广					
庀	pi	YXV	广匕⑪	OXV	广匕⑪
庑	wu	YFQV	广二儿⑪	OFQV	广二儿⑪
庋	gui	YFCI	广十又③	OFCI	广十又③
庖	pao	YQNV	广勹巳⑪	OQNV	广勹巳⑪
庥	xiu	YWSI	广亻木③	OWSI	广亻木③
庠	xiang	YUDK	广羊⑪	OUK	广羊⑪
庹	tuo	YANY	广廿尸㇏	OANY	广廿尸㇏
庵	an	YDJN	广大日乙	ODJN	广大日乙
庾	yu	YVWI	广臼人③	OEWI	广臼人③
庳	bi	YRTF	广白丿十	ORTF	广白丿十
赓	geng	YVWM	广彐八贝	OVWM	广彐八贝
廒	ao	YGQT	广龶力攵	OGQT	广龶力攵
廑	jin	YAKG	广廿口圭	OAKG	广廿口圭
廛	chan	YJFF	广日土土	OJFF	广日土土
廨	xie	YQEH	广⺈用丨	OQEG	广𠂉用丰
廪	lin	YYLI	广亠冂小	OYLI	广亠冂小
膺	ying	YWWE	广亻亻月	OWWE	广亻亻月
忄					
忄		NYHY	忄丶丨丶	NYHY	忄丶丨丶
忉	dao	NVN	忄刀②	NVT	忄刀⊘
忖	cun	NFY	忄寸⊘	NFY	忄寸⊘
忏	chan	NTFH	忄丿十①	NTFH	忄丿十①
怃	wu	NFQN	忄二儿②	NFQN	忄二儿②
忮	zhi	NFCY	忄十又⊘	NFCY	忄十又⊘

汉字	拼音	86版	拆字实例	98版	拆字实例
怄	ou	NAQY	忄匚乂⊘	NARY	忄匚乂⊘
忡	chong	NKHH	忄口丨①	NKHH	忄口丨①
忤	wu	NTFH	忄丿干①	NTFH	忄丿干①
忾	kai	NRNN	忄𠂉乙②	NRN	忄气②
怅	chang	NTAY	忄丿七㇏	NTAY	忄丿七㇏
怆	chuang	NWBN	忄人巳②	NWBN	忄人巳②
忪	song	NWCY	忄八厶⊘	NWCY	忄八厶⊘
忭	bian	NYHY	忄亠卜⊘	NYHY	忄亠卜⊘
忸	niu	NNFG	忄乙土⊖	NNHG	忄乙丨一
怙	hu	NDG	忄古⊖	NDG	忄古⊖
怵	chu	NSYY	忄木丶⊘	NSYY	忄木丶⊘
怦	peng	NGUH	忄一丷丨	NGUF	忄一丷十
怛	da	NJGG	忄日一⊖	NJGG	忄日一⊖
怏	yang	NMDY	忄冂大⊘	NMDY	忄冂大⊘
怍	zuo	NTHF	忄𠂉丨二	NTHF	忄𠂉丨二
怩	ni	NNXN	忄尸匕②	NNXN	忄尸匕②
怫	fu	NXJH	忄弓刂①	NXJH	忄弓刂①
怊	chao	NVKG	忄刀口⊖	NVKG	忄刀口⊖
怿	yi	NCFH	忄又二丨	NCGH	忄又丰①
怡	yi	NCKG	忄厶口⊖	NCKG	忄厶口⊖
恸	tong	NFCL	忄二厶力	NFCE	忄二厶力
恹	yan	NDDY	忄厂犬⊘	NDDY	忄厂犬⊘
恻	ce	NMJH	忄贝刂①	NMJH	忄贝刂①
恺	kai	NMNN	忄山己②	NMNN	忄山己②
恂	xun	NQJG	忄勹日⊖	NQJG	忄勹日⊖
恪	ke	NTKG	忄夂口⊖	NTKG	忄夂口⊖
恽	yun	NPLH	忄冖车①	NPLH	忄冖车①
悖	bei	NFPB	忄十冖子	NFPB	忄十冖子
悚	song	NGKI	忄一口小	NSKG	忄木口⊖
悭	qian	NJCF	忄刂又土	NJCF	忄刂又土
悝	li	NJFG	忄日土⊖	NJFG	忄日土⊖
悃	kun	NLSY	忄囗木⊘	NLSY	忄囗木⊘
悒	yi	NKCN	忄口巴②	NKCN	忄口巴②
悌	ti	NUXT	忄丷弓丿	NUXT	忄丷弓丿
悛	quan	NCWT	忄厶八夂	NCWT	忄厶八夂
惬	qie	NAGW	忄匚一人	NAGD	忄匚一大
悻	xing	NFUF	忄土丷干	NFUF	忄土丷干
悱	fei	NDJD	忄三刂三	NHDD	忄丨三三
惝	chang	NIMK	忄⺌冂口	NIMK	忄⺌冂口
惘	wang	NMUN	忄冂丷乙	NMUN	忄冂丷乙
惆	chou	NMFK	忄冂土口	NMFK	忄冂土口
惚	hu	NQRN	忄勹彡心	NQRN	忄勹彡心
悴	cui	NYWF	忄亠人十	NYWF	忄亠人十
愠	yun	NJLG	忄日皿⊖	NJLG	忄日皿⊖
愦	kui	NKHM	忄口丨贝	NKHM	忄口丨贝
愕	e	NKKN	忄口口乙	NKKN	忄口口乙
愣	leng	NLYN	忄四方②	NLYT	忄四方⊘
惴	zhui	NMDJ	忄山丆刂	NMDJ	忄山丆刂
愀	qiao	NTOY	忄禾火⊘	NTOY	忄禾火⊘
愎	bi	NTJT	忄𠂉日夂	NTJT	忄𠂉日夂
愫	su	NGXI	忄龶幺小	NGXI	忄龶幺小
慊	qian	NUVO	忄丷彐⺌	NUVW	忄丷彐八
慵	yong	NYVH	忄广彐丨	NOVH	忄广彐丨
憬	jing	NJYI	忄日亠小	NJYI	忄日亠小
憔	qiao	NWYO	忄亻主灬	NWYO	忄亻主灬

汉字	拼音	86版	拆字实例	98版	拆字实例
憧	chong	NUJF	忄立日土	NUJF	忄立日土
憷	chu	NSSH	忄木木龰	NSSH	忄木木龰
懔	lin	NYLI	忄亠口小	NYLI	忄亠口小
懵	meng	NALH	忄艹罒目	NALH	忄艹罒目
忝	tian	GDNU	一大⺗ⓤ	GDNU	一大⺗ⓤ
隳	hui	BDAN	阝ナ工⺗	BDAN	阝ナ工⺗

门

汉字	拼音	86版	拆字实例	98版	拆字实例
闩	shuan	UGD	门一㊂	UGD	门一㊂
闫	yan	UDD	门三㊂	UDD	门三㊂
闱	wei	UFNH	门二乙丨	UFNH	门二乙丨
闳	hong	UDCI	门ナ厶ⓘ	UDCI	门ナ厶ⓘ
闵	min	UYI	门文ⓘ	UYI	门文ⓘ
闶	kang	UYMV	门亠几ⓦ	UYWV	门亠几ⓦ
闼	ta	UDPI	门大辶ⓘ	UDPI	门大辶ⓘ
闾	lv	UKKD	门口口㊂	UKKD	门口口㊂
阃	kun	ULSI	门口木ⓘ	ULSI	门口木ⓘ
阄	jiu	UQJN	门⺈日乙	UQJN	门⺈日乙
阆	lang	UYVE	门丶彐⻀	UYVI	门丶艮ⓘ
阈	yu	UAKG	门戈口一	UAKG	门戈口一
阊	chang	UJJD	门日日㊂	UJJD	门日日㊂
阋	xi	UVQV	门臼儿ⓦ	UEQV	门臼儿ⓦ
阌	wen	UEPC	门爫冖又	UEPC	门爫冖又
阍	hun	UQAJ	门⺁七日	UQAJ	门⺁七日
阏	yan	UYWU	门方人⺀	UYWU	门方人⺀
阒	qu	UHDI	门目犬ⓘ	UHDI	门目犬ⓘ
阕	que	UWGD	门癶一大	UWGD	门癶一大
阖	he	UFCL	门土厶皿	UFCL	门土厶皿
阗	tian	UFHW	门十且八	UFHW	门十且八
阙	que	UUBW	门⺌凵人	UUBW	门⺌凵人
阚	han	UNBT	门乙耳攵	UNBT	门乙耳攵

丬(爿)

汉字	拼音	86版	拆字实例	98版	拆字实例
丬		UYGH	丬丶一丨	UYGH	丬丶一丨
爿	pan	NHDE	乙丨丆㊂	UNHT	丬乙丨丿
戕	qiang	NHDA	乙丨丆戈	UAY	丬戈⊘

氵

汉字	拼音	86版	拆字实例	98版	拆字实例
氵		IYYG	氵丶丶一	IYYG	氵丶丶一
汔	qi	ITNN	氵𠂉乙ⓒ	ITNN	氵𠂉乙ⓒ
汜	si	INN	氵巳ⓒ	INN	氵巳ⓒ
汊	cha	ICYY	氵又丶⊘	ICYY	氵又丶⊘
沣	feng	IDHH	氵三丨①	IDHH	氵三丨①
沅	yuan	IFQN	氵二儿乙	IFQN	氵二儿乙
沐	mu	ISY	氵木⊘	ISY	氵木⊘
沔	mian	IGHN	氵一丨乙	IGHN	氵一丨乙
沌	dun	IGBN	氵一凵乙	IGBN	氵一凵乙
汨	mi	IJG	氵日㊀	IJG	氵日㊀
汩	gu	IJG	氵曰㊀	IJG	氵曰㊀
汴	bian	IYHY	氵亠卜⊘	IYHY	氵亠卜⊘
汶	wen	IYY	氵文⊘	IYY	氵文⊘
沆	hang	IYMN	氵亠几ⓒ	IYWN	氵亠几ⓒ
沩	wei	IYLY	氵丶力丶	IYEY	氵丶力丶
泐	le	IBLN	氵阝力ⓒ	IBET	氵阝力⊘
泔	gan	IAFG	氵廿二㊀	IFG	氵甘㊀
沭	shu	ISYY	氵木丶⊘	ISYY	氵木丶⊘
泷	long	IDXN	氵ナ匕ⓒ	IDXY	氵ナ匕丶
泸	lu	IHNT	氵⺊尸⊘	IHNT	氵⺊尸⊘
泱	yang	IMDY	氵冂大⊘	IMDY	氵冂大⊘
泗	si	ILG	氵四㊀	ILG	氵四㊀
沲	duo	ITBN	氵𠂉也ⓒ	ITBN	氵𠂉也ⓒ
泠	ling	IWYC	氵人丶マ	IWYC	氵人丶マ
泖	mao	IQTB	氵⺁丿卩	IQTB	氵⺁丿卩
泺	luo	IQIY	氵⺁小⊘	ITNI	氵丿乙小
泫	xuan	IYXY	氵亠幺⊘	IYXY	氵亠幺⊘
泮	pan	IUFH	氵⺌十①	IUGH	氵丷龶①
沱	tuo	IPXN	氵宀匕ⓒ	IPXN	氵宀匕ⓒ
泓	hong	IXCY	氵弓厶⊘	IXCY	氵弓厶⊘
泯	min	INAN	氵尸七ⓒ	INAN	氵尸七ⓒ
泾	jing	ICAG	氵ス工㊀	ICAG	氵ス工㊀
洹	huan	IGJG	氵一日一	IGJG	氵一日一
洧	wei	IDEG	氵ナ月㊀	IDEG	氵ナ月㊀
洌	lie	IGQJ	氵一夕刂	IGQJ	氵一夕刂
浃	jia	IGUW	氵一⺌人	IGUD	氵一丷大
浈	zhen	IHMY	氵⺊贝⊘	IHMY	氵⺊贝⊘
洇	yin	ILDY	氵口大⊘	ILDY	氵口大⊘
洄	hui	ILKG	氵口口㊀	ILKG	氵口口㊀
洙	zhu	IRIY	氵𠂉小⊘	ITFY	氵丿未⊘
洎	ji	ITHG	氵丿目㊀	ITHG	氵丿目㊀
洫	xu	ITLG	氵丿皿㊀	ITLG	氵丿皿㊀
浍	hui	IWFC	氵人二厶	IWFC	氵人二厶
洮	tao	IIQN	氵儿⺀⊘	IQIY	氵儿⺀⊘
洵	xun	IQJG	氵勹日㊀	IQJG	氵勹日㊀
洚	jiang	ITAH	氵夂匚丨	ITGH	氵夂龶①
浏	liu	IYJH	氵文刂①	IYJH	氵文刂①
浒	hu	IYTF	氵讠丿干	IYTF	氵讠丿干
浔	xun	IVFY	氵彐寸⊘	IVFY	氵彐寸⊘
洳	ru	IVKG	氵女口㊀	IVKG	氵女口㊀
涑	su	IGKI	氵一口小	ISKG	氵木口㊀
浯	wu	IGKG	氵五口㊀	IGKG	氵五口㊀
涞	lai	IGOY	氵一米⊘	IGUS	氵一丷木
涠	wei	ILFH	氵口二丨	ILFH	氵口二丨
浞	zhuo	IKHY	氵口龰⊘	IKHY	氵口龰⊘
涓	juan	IKEG	氵口月㊀	IKEG	氵口月㊀
涔	cen	IMWN	氵山人乙	IMWN	氵山人乙
浜	bang	IRGW	氵斤一八	IRWY	氵丘八⊘
浠	xi	IQDH	氵乂ナ丨	IRDH	氵乂ナ丨
浼	mei	IQKQ	氵⺈口儿	IQKQ	氵⺈口儿
浣	huan	IPFQ	氵宀二儿	IPFQ	氵宀二儿
渚	zhu	IFTJ	氵土丿日	IFTJ	氵土丿日
淇	qi	IADW	氵艹三八	IDWY	氵其八⊘
淅	xi	ISRH	氵木斤①	ISRH	氵木斤①
淞	song	ISWC	氵木八厶	ISWC	氵木八厶
渎	du	IFND	氵十乙大	IFND	氵十乙大
涿	zhuo	IEYY	氵豕丶⊘	IGEY	氵一豕丶
淠	pi	ILGJ	氵田一刂	ILGJ	氵田一刂
渑	mian	IKJN	氵口日乙	IKJN	氵口日乙
淦	gan	IQG	氵金㊀	IQG	氵金㊀

汉字	拼音	86版	拆字实例	98版	拆字实例
淝	fei	IECN	氵月巴㉃	IECN	氵月巴㉃
淙	cong	IPFI	氵宀二小	IPFI	氵宀二小
渖	shen	IPJH	氵宀日丨	IPJH	氵宀日丨
涫	guan	IPNN	氵宀ココ	IPNG	氵宀㠯⊖
渌	lu	IVIY	氵彐氺⊘	IVIY	氵彐氺⊘
涮	shuan	INMJ	氵尸冂刂	INMJ	氵尸冂刂
渫	xie	IANS	氵廿乙木	IANS	氵廿乙木
湮	yan	ISFG	氵覀土⊖	ISFG	氵覀土⊖
湎	mian	IDMD	氵丆冂三	IDLF	氵丆口二
湫	jiao	ITOY	氵禾火⊘	ITOY	氵禾火⊘
溲	sou	IVHC	氵臼丨又	IEHC	氵臼丨又
湟	huang	IRGG	氵白王⊖	IRGG	氵白王⊖
溆	xu	IWTC	氵人ホ又	IWGC	氵人一又
湓	pen	IWVL	氵八刀皿	IWVL	氵八刀皿
湔	jian	IUEJ	氵丷月刂	IUEJ	氵丷月刂
渲	xuan	IPGG	氵宀一一	IPGG	氵宀一一
渥	wo	INGF	氵尸一土	INGF	氵尸一土
湄	mei	INHG	氵尸目⊖	INHG	氵尸目⊖
滟	yan	IDHC	氵三丨巴	IDHC	氵三丨巴
溱	qin	IDWT	氵三八禾	IDWT	氵三八禾
溘	ke	IFCL	氵土厶皿	IFCL	氵土厶皿
滠	she	IBCC	氵耳又又	IBCC	氵耳又又
漭	mang	IADA	氵廾犬廾	IADA	氵廾犬廾
滢	ying	IAPY	氵廾冖、	IAPY	氵廾冖、
溥	pu	IGEF	氵一月寸	ISFY	氵甫寸⊘
溧	li	ISSY	氵覀木⊘	ISSY	氵覀木⊘
溽	ru	IDFF	氵厂二寸	IDFF	氵厂二寸
溻	ta	IJNG	氵日羽⊖	IJNG	氵日羽⊖
溷	hun	ILEY	氵口豕⊘	ILGE	氵口一豕
滗	bi	ITTN	氵⺮丿乙	ITEN	氵⺮毛㉃
溴	xiu	ITHD	氵丿目犬	ITHD	氵丿目犬
滏	fu	IWQU	氵八乂丷	IWRU	氵八乂丷
溏	tang	IYVK	氵广彐口	IOVK	氵广彐口
滂	pang	IUPY	氵亠冖方	IYUY	氵亠丷方
溟	ming	IPJU	氵冖日六	IPJU	氵冖日六
潢	huang	IAMW	氵龷由八	IAMW	氵龷由八
潆	ying	IAPI	氵廾冖小	IAPI	氵廾冖小
潇	xiao	IAVJ	氵廾彐刂	IAVW	氵廾彐八
漤	lan	ISSV	氵木木女	ISSV	氵木木女
漕	cao	IGMJ	氵一冂日	IGMJ	氵一冂日
滹	hu	IHAH	氵广七丨	IHTF	氵虍丿十
漯	luo	ILXI	氵田幺小	ILXI	氵田幺小
漶	huan	IKKN	氵口口心	IKKN	氵口口心
潋	lian	IWGT	氵人一攵	IWGT	氵人一攵
潴	zhu	IQTJ	氵犭丿日	IQTJ	氵犭丿日
漪	yi	IQTK	氵犭丿口	IQTK	氵犭丿口
漉	lu	IYNX	氵广コ匕	IOXX	氵声⺊匕
漩	xuan	IYTH	氵方𠂉⻊	IYTH	氵方𠂉⻊
澉	gan	INBT	氵乙耳攵	INBT	氵乙耳攵
澍	shu	IFKF	氵士口寸	IFKF	氵士口寸
澌	si	IADR	氵廾三斤	IDWR	氵其八斤
潸	shan	ISSE	氵木木月	ISSE	氵木木月
潲	shao	ITIE	氵禾⺌月	ITIE	氵禾⺌月
潼	tong	IUJF	氵立日土	IUJF	氵立日土
潺	chan	INBB	氵尸子子	INBB	氵尸子子
濑	lai	IGKM	氵一口贝	ISKM	氵木口贝
濉	sui	IHWY	氵目亻主	IHWY	氵目亻主
澧	li	IMAU	氵冂廾丷	IMAU	氵冂廾丷
澹	dan	IQDY	氵⺈厂言	IQDY	氵⺈厂言
澶	chan	IYLG	氵亠口一	IYLG	氵亠口一
濂	lian	IYUO	氵广丷灬	IOUW	氵广丷八
濡	ru	IFDJ	氵雨丆刂	IFDJ	氵雨丆刂
濮	pu	IWOY	氵亻业㇏	IWOG	氵亻业夫
濞	bi	ITHJ	氵丿目丌	ITHJ	氵丿目丌
濠	hao	IYPE	氵亠冖豕	IYPE	氵亠冖豕
濯	zhuo	INWY	氵羽亻主	INWY	氵羽亻主
瀚	han	IFJN	氵十早羽	IFJN	氵十早羽
瀣	xie	IHQG	氵⺊夕一	IHQG	氵⺊夕一
瀛	ying	IYNY	氵亠乙、	IYEY	氵言月、
瀹	yue	IWGA	氵人一廾	IWGA	氵人一廾
瀵	fen	IOLW	氵米田八	IOLW	氵米田八
灏	hao	IJYM	氵日亠贝	IJYM	氵日亠贝
灞	ba	IFAE	氵雨廿月	IFAE	氵雨廿月

宀

汉字	拼音	86版	拆字实例	98版	拆字实例
宀		PYYN	宀、、乙	PYYN	宀、、乙
宄	gui	PVB	宀九㉃	PVB	宀九㉃
宕	dang	PDF	宀石⊜	PDF	宀石⊜
宓	mi	PNTR	宀心丿㉗	PNTR	宀心丿㉗
宥	you	PDEF	宀ナ月⊜	PDEF	宀ナ月⊜
宸	chen	PDFE	宀厂二𧘇	PDFE	宀厂二𧘇
甯	ning	PNEJ	宀心用㉑	PNEJ	宀心用㉑
骞	qian	PFJC	宀二刂马	PAWG	宀龷八一
搴	qian	PFJR	宀二刂手	PAWR	宀龷八手
寤	wu	PNHK	宀乙丨口	PUGK	宀丬五口
寮	liao	PDUI	宀大丷小	PDUI	宀大丷小
褰	qian	PFJE	宀二刂𧘇	PAWE	宀龷八𧘇
寰	huan	PLGE	宀罒一𧘇	PLGE	宀罒一𧘇
蹇	jian	PFJH	宀二刂⻊	PAWH	宀龷八⻊
謇	jian	PFJY	宀二刂言	PAWY	宀龷八言

辶

汉字	拼音	86版	拆字实例	98版	拆字实例
辶		PYNY	辶、乙㇏	PYNY	辶、乙㇏
迓	ya	AHTP	二丨丿辶	AHTP	二丨丿辶
迕	wu	TFPK	丿干辶㊂	TFPK	丿干辶㊂
迥	jiong	MKPD	冂口辶⊜	MKPD	冂口辶⊜
迮	ze	THFP	𠂉丨二辶	THFP	𠂉丨二辶
迤	yi	TBPV	𠂉也辶㉃	TBPV	𠂉也辶㉃
迩	er	QIPI	𠂊小辶㉑	QIPI	𠂊小辶㉑
迦	jia	LKPD	力口辶⊜	EKPD	力口辶⊜
迳	jing	CAPD	𡿨工辶⊜	CAPD	𡿨工辶⊜
迨	dai	CKPD	厶口辶⊜	CKPD	厶口辶⊜
逅	hou	RGKP	𠂆一口辶	RGKP	𠂆一口辶
逄	pang	TAHP	夂匚丨辶	TGPK	夂牛辶㊂
逋	bu	GEHP	一月丨辶	SPI	甫辶㉑
逦	li	GMYP	一冂、辶	GMYP	一冂、辶
逑	qiu	FIYP	十氺、辶	GIYP	一水、辶
逍	xiao	IEPD	⺌月辶⊜	IEPD	⺌月辶⊜
逖	ti	QTOP	犭丿火辶	QTOP	犭丿火辶

汉字	拼音	86 版	拆字实例	98 版	拆字实例
逡	qun	CWTP	厶八夂辶	CWTP	厶八夂辶
逵	kui	FWFP	土八土辶	FWFP	土八土辶
逶	wei	TVPD	禾女辶㊂	TVPD	禾女辶㊂
逭	huan	PNHP	宀コ丨辶	PNPD	宀㠯辶㊂
逯	lu	VIPI	彐氺辶⊙	VIPI	彐氺辶⊙
遄	chuan	MDMP	山丆冂辶	MDMP	山丆冂辶
遑	huang	RGPD	白王辶㊂	RGPD	白王辶㊂
遒	qiu	USGP	丷西一辶	USGP	丷西一辶
遐	xia	NHFP	コ丨二辶	NHFP	コ丨二辶
遨	ao	GQTP	龶勹攵辶	GQTP	龶勹攵辶
遘	gou	FJGP	二刂一辶	AMFP	井冂土辶
遢	ta	JNPD	曰羽辶㊂	JNPD	曰羽辶㊂
遛	liu	QYVP	⺈丶刀辶	QYVP	⺈丶刀辶
暹	xian	JWYP	曰亻龶辶	JWYP	曰亻龶辶
遴	lin	OQAP	米夕匚辶	OQGP	米夕㐄辶
遽	ju	HAEP	广七豕辶	HGEP	虍一豕辶
邂	xie	QEVP	⺈用刀辶	QEVP	⺈用刀辶
邈	miao	EERP	爫豸白辶	ERQP	豸白儿辶
邃	sui	PWUP	宀八丷辶	PWUP	宀八丷辶
邋	la	VLQP	巛囗乂辶	VLRP	巛囗乂辶

彐(彑)

汉字	拼音	86 版	拆字实例	98 版	拆字实例
彐		VNGG	彐乙一一	VNGG	彐乙一一
彗	hui	DHDV	三丨三彐	DHDV	三丨三彐
彖	xeu	XEU	彑豕ⓢ	XEU	彑豕ⓢ
彘	zhi	XGXX	彑一ヒ匕	XTDX	彑𠂉大匕

尸

汉字	拼音	86 版	拆字实例	98 版	拆字实例
尻	kao	NVV	尸九⑪	NVV	尸九⑪
咫	zhi	NYKW	尸乀口八	NYKW	尸乀口八
屐	ji	NTFC	尸彳十又	NTFC	尸彳十又
屙	e	NBSK	尸阝丁口	NBSK	尸阝丁口
孱	can	NBBB	尸子孑子	NBBB	尸子孑子
屣	xi	NTHH	尸彳止𠂉	NTHH	尸彳止𠂉
屦	ju	NTOV	尸彳米女	NTOV	尸彳米女
羼	chan	NUDD	尸丷手手	NUUU	尸羊𦍌羊

弓

汉字	拼音	86 版	拆字实例	98 版	拆字实例
弪	jing	XCAG	弓ㄨ工⊖	XCAG	弓ㄨ工⊖
弩	nu	VCXB	女又弓⑪	VCXB	女又弓⑪
弭	mi	XBG	弓耳⊖	XBG	弓耳⊖
艴	fu	XJQC	弓川⺈巴	XJQC	弓川⺈巴
弼	bi	XDJX	弓丆日弓	XDJX	弓丆日弓
鬻	yu	XOXH	弓米弓丨	XOXH	弓米弓丨
屮		BHK	凵丨⑪	BHK	凵丨⑪

女

汉字	拼音	86 版	拆字实例	98 版	拆字实例
妁	shou	VQYY	女勹丶⊘	VQYY	女勹丶⊘
妃	fei	VNN	女己Ⓩ	VNN	女己Ⓩ
奸	gan	VGAH	女一廾①	VGAH	女一廾①
妩	wu	VFQN	女二儿Ⓩ	VFQN	女二儿Ⓩ
妪	yu	VAQY	女匚乂⊘	VARY	女匚乂⊘
妣	bi	VXXN	女ヒ匕Ⓩ	VXXN	女ヒ匕Ⓩ
妗	jin	VWYN	女人丶乙	VWYN	女人丶乙
姊	zi	VTNT	女丿乙丿	VTNT	女丿乙丿
妫	gui	VYLY	女丶力丶	VYEY	女丶力丶
妞	niu	VNFG	女乙山⊖	VNHG	女乙丨一
妤	yu	VCBH	女マ卩①	VCNH	女マ乙丨
姒	si	VNYW	女乙丶人	VNYW	女乙丶人
妲	da	VJGG	女日一⊖	VJGG	女日一⊖
妯	zhou	VMG	女由⊖	VMG	女由⊖
姗	shan	VMMG	女冂冂一	VMMG	女冂冂一
妾	qie	UVF	立女㊁	UVF	立女㊁
娅	ya	VGOG	女一业⊖	VGOG	女一业⊖
娆	rao	VATQ	女七丿儿	VATQ	女七丿儿
姝	shu	VRIY	女𠂉小⊘	VTFY	女丿未⊘
娈	luan	YOVF	亠灬女㊁	YOVF	亠灬女㊁
姣	jiao	VUQY	女六乂⊘	VURY	女六乂⊘
姘	pin	VUAH	女丷廾①	VUAH	女丷廾①
姹	cha	VPTA	女宀丿七	VPTA	女宀丿七
娌	li	VJFG	女曰山⊖	VJFG	女曰山⊖
娉	ping	VMGN	女由一乙	VMGN	女由一乙
娲	wa	VKMW	女口冂人	VKMW	女口冂人
娴	xian	VUSY	女门木⊘	VUSY	女门木⊘
娑	suo	IITV	氵小丿女	IITV	氵小丿女
娣	di	VUXT	女丷弓丿	VUXT	女丷弓丿
娓	wei	VNTN	女尸丿乙	VNEN	女尸毛Ⓩ
婀	e	VBSK	女阝丁口	VBSK	女阝丁口
婧	jing	VGEG	女龶月⊖	VGEG	女龶月⊖
婊	biao	VGEY	女龶𧘇⊘	VGEY	女龶𧘇⊘
婕	jie	VGVH	女一彐𠂉	VGVH	女一彐𠂉
娼	chang	VJJG	女曰曰⊖	VJJG	女曰曰⊖
婢	bi	VRTF	女白丿十	VRTF	女白丿十
婵	chan	VUJF	女丷日十	VUJF	女丷日十
胬	nu	VCMW	女又冂人	VCMW	女又冂人
媪	ao	VJLG	女日皿⊖	VJLG	女日皿⊖
媛	yuan	VEFC	女爫二又	VEGC	女爫一又
婷	ting	VYPS	女亠冖丁	VYPS	女亠冖丁
婺	wu	CBTV	マ阝丿女	CNHV	マ乙丨女
媾	gou	VFJF	女二刂山	VAMF	女井冂山
嫫	mo	VAJD	女艹日大	VAJD	女艹日大
媲	pi	VTLX	女丿囗匕	VTLX	女丿囗匕
嫒	ai	VEPC	女爫冖又	VEPC	女爫冖又
嫔	pin	VPRW	女宀丘八	VPRW	女宀丘八
媸	chi	VBHJ	女山丨虫	VBHJ	女山丨虫
嫠	li	FITV	二小攵女	FTDV	未攵厂女
嫣	yan	VGHO	女一止灬	VGHO	女一止灬
嫱	qiang	VFUK	女山丷口	VFUK	女山丷口
嫖	piao	VSFI	女西二小	VSFI	女西二小
嫦	chang	VIPH	女⺌冖丨	VIPH	女⺌冖丨
嫘	lei	VLXI	女田幺小	VLXI	女田幺小
嫜	zhang	VUJH	女立早①	VUJH	女立早①
嬉	xi	VFKK	女士口口	VFKK	女士口口
嬗	shan	VYLG	女亠囗一	VYLG	女亠囗一
嬖	bi	NKUV	尸口辛女	NKUV	尸口辛女
嬲	niao	LLVL	田力女力	LEVE	田力女力
嬷	ma	VYSC	女广木厶	VOSC	女广木厶
孀	shuang	VFSH	女雨木目	VFSH	女雨木目

汉字	拼音	86 版	拆字实例	98 版	拆字实例
小					
尕	ga	EIU	乃小ⓢ	BIU	乃小ⓢ
尜	ga	IDIU	小大小ⓢ	IDIU	小大小ⓢ
子					
孚	fu	EBF	爫子⊖	EBF	爫子⊖
孥	nu	VCBF	女又子⊖	VCBF	女又子⊖
孽	zi	UXXB	丷幺幺子	UXXB	丷幺幺子
孑		BNHG	孑乙丨一	BNHG	孑乙丨一
孓		BYI	了乀ⓘ	BYI	了乀ⓘ
孢	bao	BQNN	孑勹巳©	BQNN	孑勹巳©
马					
驵	zang	CEGG	马月一⊖	CGEG	马一月一
驷	si	CLG	马四⊖	CGLG	马一四⊖
驸	fu	CWFY	马亻寸⊘	CGWF	马一亻寸
驺	zou	CQVG	马ク彐⊖	CGQV	马一ク彐
驿	yi	CCFH	马又二丨	CGCG	马一又キ
驽	nu	VCCF	女又马⊖	VCCG	女又马一
骀	tai	CCKG	马厶口⊖	CGCK	马一厶口
骁	xiao	CATQ	马七丿儿	CGAQ	马一弋儿
骅	hua	CWXF	马亻匕十	CGWF	马一亻十
骈	pian	CUAH	马丷廾①	CGUA	马一丷廾
骊	li	CGMY	马一冂丶	CGGY	马一一丶
骐	qi	CADW	马廾三八	CGDW	马一其八
骒	ke	CJSY	马日木⊘	CGJS	马一日木
骓	zhui	CWYG	马亻主⊖	CGWY	马一亻主
骖	can	CCDE	马厶大彡	CGCE	马一厶彡
骘	zhi	BHIC	阝止小马	BHHG	阝止少一
骛	wu	CBTC	マ卩丿马	CNHG	マ乙丨一
骜	ao	GQTC	龶勹攵马	GQTG	龶力攵一
骝	liu	CQYL	马ㄑ丶田	CGQL	马一ㄑ田
骟	shan	CYNN	马丶尸羽	CGYN	马一丶羽
骠	biao	CSFI	马西二小	CGSI	马一覀小
骢	cong	CTLN	马丿口心	CGTN	马一丿心
骣	chan	CNBB	马尸子子	CGNB	马一尸子
骥	ji	CUXW	马丬匕八	CGUW	马一丬八
骧	xiang	CYKE	马亠口𧘇	CGYE	马一亠𧘇
纟					
纟		XNNG	纟乙乙一	XNNG	纟乙乙一
纡	yu	XGFH	纟一十①	XGFH	纟一十①
纣	zhou	XFY	纟寸⊘	XFY	纟寸⊘
纥	ge	XTNN	纟𠂉乙©	XTNN	纟𠂉乙©
纨	wan	XVYY	纟九丶⊘	XVYY	纟九丶⊘
纩	kuang	XYT	纟广⊘	XOT	纟广⊘
纭	yun	XFCY	纟二厶⊘	XFCY	纟二厶⊘
纰	pi	XXXN	纟⺊匕©	XXXN	纟⺊匕©
纾	shu	XCBH	纟マ卩①	XCNH	纟マ乙丨
绀	gan	XAFG	纟廾二⊖	XFG	纟甘⊖
绁	xie	XANN	纟廿乙©	XANN	纟廿乙©
绂	fu	XDCY	纟ナ又丶	XDCY	纟ナ又丶
绉	zhou	XQVG	纟⺈彐⊖	XQVG	纟⺈彐⊖
绋	fu	XXJH	纟弓刂①	XXJH	纟弓刂①
绌	chu	XBMH	纟凵山①	XBMH	纟凵山①
绐	dai	XCKG	纟厶口⊖	XCKG	纟厶口⊖
绔	ku	XDFN	纟大二乙	XDFN	纟大二乙
绗	hang	XTFH	纟彳二丨	XTGS	纟彳一丁
绛	jiang	XTAH	纟夂匚丨	XTGH	纟夂㐄①
绠	geng	XGJQ	纟一日乂	XGJR	纟一日乂
绡	xiao	XIEG	纟⺌月⊖	XIEG	纟⺌月⊖
绨	ti	XUXT	纟丷弓丿	XUXT	纟丷弓丿
绫	ling	XFWT	纟土八夂	XFWT	纟土八夂
绮	qi	XDSK	纟大丁口	XDSK	纟大丁口
绯	fei	XDJD	纟三刂三	XHDD	纟丨三三
绱	shang	XIMK	纟⺌冂口	XIMK	纟⺌冂口
绲	gun	XJXX	纟日⺊匕	XJXX	纟日⺊匕
缍	duo	XTGF	纟丿一士	XTGF	纟丿一士
绶	shou	XEPC	纟爫冖又	XEPC	纟爫冖又
绺	liu	XTHK	纟夂⺊口	XTHK	纟夂⺊口
绻	quan	XUDB	纟丷大㔾	XUGB	纟丷夫㔾
绾	wan	XPNN	纟宀ココ	XPNG	纟宀𠂤⊖
缁	zi	XVLG	纟巛田⊖	XVLG	纟巛田⊖
缂	ke	XAFH	纟廿串①	XAFH	纟廿串①
缃	xiang	XSHG	纟木目⊖	XSHG	纟木目⊖
缇	ti	XJGH	纟日一龰	XJGH	纟日一龰
缈	miao	XHIT	纟目小丿	XHIT	纟目小丿
缋	hui	XKHM	纟口丨贝	XKHM	纟口丨贝
缌	si	XLNY	纟田心⊘	XLNY	纟田心⊘
缏	bian	XWGQ	纟亻一乂	XWGR	纟亻一乂
缑	gou	XWND	纟亻コ大	XWND	纟亻コ大
缒	zhui	XWNP	纟亻コ辶	XTNP	纟丿𠂤辶
缗	min	XNAJ	纟尸七日	XNAJ	纟尸七日
缙	jin	XGOJ	纟一业日	XGOJ	纟一业日
缜	zhen	XFHW	纟十且八	XFHW	纟十且八
缛	ru	XDFF	纟厂二寸	XDFF	纟厂二寸
缟	gao	XYMK	纟亠冂口	XYMK	纟亠冂口
缡	li	XYBC	纟文凵厶	XYRC	纟亠乂厶
缢	yi	XUWL	纟丷八皿	XUWL	纟丷八皿
缣	jian	XUVO	纟丷彐灬	XUVW	纟丷彐八
缤	bin	XPRW	纟宀丘八	XPRW	纟宀丘八
缥	piao	XSFI	纟覀二小	XSFI	纟覀二小
缦	man	XJLC	纟日四又	XJLC	纟日四又
缧	lei	XLXI	纟田幺小	XLXI	纟田幺小
缪	miao	XNWE	纟羽人彡	XNWE	纟羽人彡
缫	sao	XVJS	纟巛日木	XVJS	纟巛日木
缬	xie	XFKM	纟士口贝	XFKM	纟士口贝
缭	liao	XDUI	纟大丷小	XDUI	纟大丷小
缯	zeng	XULJ	纟丷四日	XULJ	纟丷四日
缰	jing	XGLG	纟一田一	XGLG	纟一田一
缱	qian	XKHP	纟口丨辶	XKHP	纟口丨辶
缲	qiao	XKKS	纟口口木	XKKS	纟口口木
缳	huan	XLGE	纟四一𧘇	XLGE	纟四一𧘇
缵	zuan	XTFM	纟丿土贝	XTFM	纟丿土贝
幺					
幺	yao	XNNY	幺乙乙丶	XXXX	幺幺幺幺

学以致用系列丛书

汉字	拼音	86版	拆字实例	98版	拆字实例
畿	ji	XXAL	幺幺戈田	XXAL	幺幺戈田

巛

汉字	拼音	86版	拆字实例	98版	拆字实例
巛		VNNN	巛乙乙乙	VNNN	巛乙乙乙
甾	zai	VLF	巛田⊖	VLF	巛田⊖
邕	yong	VKCB	巛口巴⑧	VKCB	巛口巴⑧

王

汉字	拼音	86版	拆字实例	98版	拆字实例
玎	ding	GSH	王丁①	GSH	王丁①
玑	ji	GMN	王几②	GWN	王几②
玮	wei	GFNH	王二乙丨	GFNH	王二乙丨
玢	bin	GWVN	王八刀②	GWVT	王八刀⊘
玟	min	GYY	王文⊗	GYY	王文⊗
珏	jue	GGYY	王王丶⊗	GGYY	王王丶⊗
珂	ke	GSKG	王丁口⊖	GSKG	王丁口⊖
珑	long	GDXN	王ナ匕②	GDXY	王ナ匕丶
玷	dian	GHKG	王卜口⊖	GHKG	王卜口⊖
玳	dai	GWAY	王亻弋丶	GWAY	王亻弋丶
珀	po	GRG	王白⊖	GRG	王白⊖
珉	min	GNAN	王尸弋②	GNAN	王尸弋②
珈	jia	GLKG	王力口⊖	GEKG	王力口⊖
珥	er	GBG	王耳⊖	GBG	王耳⊖
珙	gong	GAWY	王廾八⊗	GAWY	王廾八⊗
顼	xu	GDMY	王丆贝⊗	GDMY	王丆贝⊗
琊	ya	GAHB	王匚丨阝	GAHB	王匚丨阝
珩	heng	GTFH	王彳二丨	GTGS	王彳一丁
珧	yao	GIQN	王⺌儿②	GQIY	王儿⺌⊗
珞	luo	GTKG	王夂口⊖	GTKG	王夂口⊖
玺	xi	QIGY	𠂊小王丶	QIGY	𠂊小王丶
珲	hun	GPLH	王冖车①	GPLH	王冖车①
琏	lian	GLPY	王车辶⊗	GLPY	王车辶⊗
琪	qi	GADW	王廾三八	GDWY	王甘八⊗
瑛	ying	GAMD	王廾冂大	GAMD	王廾冂大
琦	qi	GDSK	王大丁口	GDSK	王大丁口
琥	hu	GHAM	王广七几	GHWN	王虍几②
琨	kun	GJXX	王日匕匕	GJXX	王日匕匕
琰	yan	GOOY	王火火⊗	GOOY	王火火⊗
琮	cong	GPFI	王宀二小	GPFI	王宀二小
琬	wan	GPQB	王宀夕㔾	GPQB	王宀夕㔾
琛	chen	GPWS	王冖八木	GPWS	王冖八木
琚	ju	GNDG	王尸古⊖	GNDG	王尸古⊖
瑁	mao	GJHG	王冃目⊖	GJHG	王冃目⊖
瑜	yu	GWGJ	王人一刂	GWGJ	王人一刂
瑗	yuan	GEFC	王爫二又	GEGC	王爫一又
瑕	xia	GNHC	王コ丨又	GNHC	王コ丨又
瑙	nao	GVTQ	王巛丿乂	GVTR	王巛丿乂
瑷	ai	GEPC	王爫冖又	GEPC	王爫冖又
瑭	tang	GYVK	王广彐口	GOVK	王广彐口
瑾	jin	GAKG	王廿口圭	GAKG	王廿口圭
璜	huang	GAMW	王廿由八	GAMW	王廿由八
璎	ying	GMMV	王贝贝女	GMMV	王贝贝女
璀	cui	GMWY	王山亻圭	GMWY	王山亻圭
璁	cong	GTLN	王丿口心	GTLN	王丿口心
璇	xuen	GYTH	王方𠂉疋	GYTH	王方𠂉疋
璋	zhang	GUJH	王立早①	GUJH	王立早①
璞	pu	GOGY	王业一乀	GOUG	王业丷夫
璨	can	GHQO	王卜夕米	GHQO	王卜夕米
璩	qu	GHAE	王广七豕	GHGE	王虍一豕
璐	lu	GKHK	王口止口	GKHK	王口止口
璧	bi	NKUY	尸口辛丶	NKUY	尸口辛丶
瓒	zan	GTFM	王丿土贝	GTFM	王丿土贝
璺	wen	WFMY	亻二冂丶	EMGY	臼冂一丶

韦

汉字	拼音	86版	拆字实例	98版	拆字实例
韪	wei	JGHH	日一止丨	JGHH	日一止丨
韫	yun	FNHL	二乙丨皿	FNHL	二乙丨皿
韬	tao	FNHV	二乙丨臼	FNHE	二乙丨臼

木

汉字	拼音	86版	拆字实例	98版	拆字实例
杌	wu	SGQN	木一儿②	SGQN	木一儿②
杓	biao	SQYY	木勹丶⊗	SQYY	木勹丶⊗
杞	qi	SNN	木己②	SNN	木己②
杈	cha	SCYY	木又丶⊗	SCYY	木又丶⊗
杩	ma	SCG	木马⊖	SCGG	木马一⊖
枥	li	SDLN	木厂力②	SDET	木厂力⊘
枇	pi	SXXN	木匕匕②	SXXN	木匕匕②
杪	miao	SITT	木小丿⊘	SITT	木小丿⊘
杳	yao	SJF	木日⊖	SJF	木日⊖
枘	rui	SMWY	木冂人⊗	SMWY	木冂人⊗
枧	jian	SMQN	木冂儿②	SMQN	木冂儿②
杵	chu	STFH	木丿干①	STFH	木丿干①
枨	cheng	STAY	木丿七乀	STAY	木丿七乀
枞	cong	SWWY	木人人⊗	SWWY	木人人⊗
枭	xiao	QYNS	勹丶乙木	QSU	鸟木③
枋	fang	SYN	木方②	SYT	木方⊘
杷	pa	SCN	木巴②	SCN	木巴②
杼	zhu	SCBH	木マ卩①	SCNH	木マ乙丨
柰	nai	SFIU	木二小③	SFIU	木二小③
栉	zhi	SABH	木艹卩①	SABH	木艹卩①
柘	zhe	SDG	木石⊖	SDG	木石⊖
栊	long	SDXN	木ナ匕②	SDXY	木ナ匕丶
柩	jiu	SAQY	木匚夂丶	SAQY	木匚夂丶
枰	ping	SGUH	木一丷丨	SGUF	木一丷十
栌	lu	SHNT	木卜尸⊘	SHNT	木卜尸⊘
柙	xia	SLH	木甲①	SLH	木甲①
枵	xiao	SKGN	木口一乙	SKGN	木口一乙
柚	you	SMG	木由⊖	SMG	木由⊖
枳	zhi	SKWY	木口八⊗	SKWY	木口八⊗
柝	tuo	SRYY	木斤丶⊗	SRYY	木斤丶⊗
栀	zhi	SRGB	木厂一㔾	SRGB	木厂一㔾
柃	ling	SWYC	木人丶マ	SWYC	木人丶マ
枸	ju	SQKG	木勹口⊖	SQKG	木勹口⊖
柢	di	SQAY	木𠂎弋丶	SQAY	木𠂎弋丶
栎	li	SQIY	木𠂎小⊗	STNI	木丿乙小
柁	tuo	SPXN	木宀匕②	SPXN	木宀匕②
柽	cheng	SCFG	木又土⊖	SCFG	木又土⊖
栲	kao	SFTN	木土丿乙	SFTN	木土丿乙
栳	lao	SFTX	木土丿匕	SFTX	木土丿匕

汉字	拼音	86 版	拆字实例	98 版	拆字实例
椏	ya	SGOG	木一业⊖	SGOG	木一业⊖
桡	rao	SATQ	木七丿儿	SATQ	木七丿儿
桎	zhi	SGCF	木一厶土	SGCF	木一厶土
桢	zhen	SHMY	木⺊贝⊘	SHMY	木⺊贝⊘
桄	guang	SIQN	木⺌儿©	SIGQ	木⺌一儿
桤	qi	SMNN	木山己©	SMNN	木山己©
梃	ting	STFP	木丿士廴	STFP	木丿士廴
栝	kuo	STDG	木丿古⊖	STDG	木丿古⊖
桕	jiu	SVG	木臼⊖	SEG	木臼⊖
桦	hua	SWXF	木亻匕十	SWXF	木亻匕十
桁	heng	STFH	木彳二丨	STGS	木彳一丁
桧	gui	SWFC	木人二厶	SWFC	木人二厶
桀	jie	QAHS	夕匚丨木	QGSU	夕牛木ⓢ
栾	luan	YOSU	亠灬木ⓢ	YOSU	亠灬木ⓢ
桊	juan	UDSU	丷夫木ⓢ	UGSU	丷夫木ⓢ
桉	an	SPVG	木宀女⊖	SPVG	木宀女⊖
栩	xu	SNG	木羽⊖	SNG	木羽⊖
梵	fan	SSMY	木木几丶	SSWY	木木几丶
梏	gu	STFK	木丿土口	STFK	木丿土口
桴	fu	SEBG	木爫子⊖	SEBG	木爫子⊖
桷	jue	SQEH	木⺈用①	SQEH	木⺈用①
梓	zi	SUH	木辛①	SUH	木辛①
桫	suo	SIIT	木氵小丿	SIIT	木氵小丿
棂	ling	SVOY	木彐火⊘	SVOY	木彐火⊘
楮	chu	SFTJ	木土丿日	SFTJ	木土丿日
棼	fen	SSWV	木木八刀	SSWV	木木八刀
椟	du	SFND	木十乙大	SFND	木十乙大
椠	qian	LRSU	车斤木ⓢ	LRSU	车斤木ⓢ
棹	zhao	SHJH	木⺊早①	SHJH	木⺊早①
椤	luo	SLQY	木罒夕⊘	SLQY	木罒夕⊘
棰	chui	STGF	木丿一士	STGF	木丿一士
椋	liang	SYIY	木亠小⊘	SYIY	木亠小⊘
椁	guo	SYBG	木亠子⊖	SYBG	木亠子⊖
楗	jian	SVFP	木彐二廴	SVGP	木⺕キ廴
棣	di	SVIY	木⺕氺⊘	SVIY	木⺕氺⊘
椐	ju	SNDG	木尸古⊖	SNDG	木尸古⊖
楱	cou	SDWD	木三八大	SDWD	木三八大
椹	shen	SADN	木卄三乙	SDWN	木甘八乙
楠	nan	SFMF	木十冂干	SFMF	木十冂干
楂	cha	SSJG	木木日一	SSJG	木木日一
楝	lian	SGLI	木一罒小	SSLG	木木罒⊖
榄	lan	SJTQ	木刂𠂉儿	SJTQ	木刂𠂉儿
楫	ji	SKBG	木口耳⊖	SKBG	木口耳⊖
榀	pin	SKKK	木口口口	SKKK	木口口口
榘	ju	TDAS	丿大匚木	TDAS	丿大匚木
楸	qiu	STOY	木禾火⊘	STOY	木禾火⊘
椴	duan	SWDC	木亻三又	STHC	木丿丨又
槌	chui	SWNP	木亻コ辶	STNP	木丿𠂤辶
榇	chen	SUSY	木立朩⊘	SUSY	木立朩⊘
榈	lü	SUKK	木门口口	SUKK	木门口口
槎	cha	SUDA	木丷𢀖工	SUAG	木𦍌工⊖
榉	ju	SIWH	木⺍八丨	SIGG	木⺍一キ
楦	xuan	SPGG	木宀一一	SPGG	木宀一一
楣	mei	SNHG	木尸目⊖	SNHG	木尸目⊖
楹	ying	SECL	木乃又皿	SBCL	木乃又皿
榛	zhen	SDWT	木三八禾	SDWT	木三八禾
榧	fei	SADD	木匚三三	SAHD	木匚丨三
榻	ta	SJNG	木日羽⊖	SJNG	木日羽⊖
榫	sun	SWYF	木亻⺷十	SWYF	木亻⺷十
榭	xie	STMF	木丿冂寸	STMF	木丿冂寸
槔	gao	SRDF	木白大十	SRDF	木白大十
榱	cui	SYKE	木亠口𧘇	SYKE	木亠口𧘇
槁	gao	SYMK	木亠冂口	SYMK	木亠冂口
槊	shuo	UBTS	丷凵丿木	UBTS	丷凵丿木
槟	bing	SPRW	木宀丘八	SPRW	木宀丘八
榕	rong	SPWK	木宀八口	SPWK	木宀八口
槠	zhu	SYFJ	木讠土日	SYFJ	木讠土日
榍	xie	SNIE	木尸⺌月	SNIE	木尸⺌月
槿	jin	SAKG	木廿口⺷	SAKG	木廿口⺷
樯	qiang	SFUK	木土丷口	SFUK	木土丷口
槭	qi	SDHT	木厂上丿	SDHI	木戊上小
樗	chu	SFFN	木雨二乙	SFFN	木雨二乙
樘	tang	SIPF	木⺌冖土	SIPF	木⺌冖土
橥	zhu	QTFS	犭丿土木	QTFS	犭丿土木
槲	hu	SQEF	木⺈用十	SQEF	木⺈用十
橄	gan	SNBT	木乙耳攵	SNBT	木乙耳攵
樾	yue	SFHT	木土走丿	SFHN	木土走乙
檠	qing	AQKS	艹勹口木	AQKS	艹勹口木
橐	tuo	GKHS	一口丨木	GKHS	一口丨木
橛	jue	SDUW	木厂丷人	SDUW	木厂丷人
樵	qiao	SWYO	木亻⺷灬	SWYO	木亻⺷灬
檎	qin	SWYC	木人丶厶	SWYC	木人丶厶
橹	lu	SQGJ	木鱼一日	SQGJ	木鱼一日
樽	zun	SUSF	木丷西寸	SUSF	木丷西寸
樨	xi	SNIH	木尸水丨	SNIG	木尸水キ
橘	ju	SCBK	木マ卩口	SCNK	木マ乙口
橼	yuan	SXXE	木纟彑豕	SXXE	木纟彑豕
檑	lei	SFLG	木雨田⊖	SFLG	木雨田⊖
檐	yan	SQDY	木⺈厂言	SQDY	木⺈厂言
檩	lin	SYLI	木亠口小	SYLI	木亠口小
檗	bo	NKUS	尸口辛木	NKUS	尸口辛木
檫	cha	SPWI	木宀癶小	SPWI	木宀癶小

犬

汉字	拼音	86 版	拆字实例	98 版	拆字实例
猷	you	USGD	丷西一犬	USGD	丷西一犬
獒	ao	GQTD	龶力攵犬	GQTD	龶力攵犬

歹

汉字	拼音	86 版	拆字实例	98 版	拆字实例
殁	mo	GQMC	一夕几又	GQWC	一夕几又
殂	cu	GQEG	一夕月一	GQEG	一夕月一
殇	shang	GQTR	一夕𠂉𠃋	GQTR	一夕𠂉𠃋
殄	tian	GQWE	一夕人彡	GQWE	一夕人彡
殒	yun	GQKM	一夕口贝	GQKM	一夕口贝
殓	lian	GQWI	一夕人⺍	GQWG	一夕人一
殍	piao	GQEB	一夕爫子	GQEB	一夕爫子
殚	dan	GQUF	一夕丷十	GQUF	一夕丷十
殛	ji	GQBG	一夕了一	GQBG	一夕了一
殡	bin	GQPW	一夕宀八	GQPW	一夕宀八
殪	yi	GQFU	一夕士⺷	GQFU	一夕士⺷

学以致用系列丛书

车

汉字	拼音	86版	拆字实例	98版	拆字实例
轫	ren	LVYY	车刀丶⦸	LVYY	车刀丶⦸
轭	e	LDBN	车厂㔾ⓒ	LDBN	车厂㔾ⓒ
轱	gu	LDG	车古⊖	LDG	车古⊖
轲	ke	LSKG	车丁口⊖	LSKG	车丁口⊖
轳	lu	LHNT	车⺊尸⊘	LHNT	车⺊尸⊘
轵	zhi	LKWY	车口八⦸	LKWY	车口八⦸
轶	yi	LRWY	车𠂉人⦸	LTGY	车丿夫⦸
轸	zhen	LWET	车人彡⊘	LWET	车人彡⊘
轷	hu	LTUH	车丿丷丨	LTUF	车丿丷十
轹	li	LQIY	车𠂊小⦸	LTNI	车丿乙小
轺	yao	LVKG	车刀口⊖	LVKG	车刀口⊖
轼	shi	LAAG	车弋工⊖	LAAY	车弋工丶
轾	zhi	LGCF	车一厶土	LGCF	车一厶土
辁	quan	LWGG	车人王⊖	LWGG	车人王⊖
辂	lu	LTKG	车夂口⊖	LTKG	车夂口⊖
辄	zhe	LBNN	车耳乙ⓒ	LBNN	车耳乙ⓒ
辇	nian	FWFL	二人二车	GGLJ	夫夫车①
辋	wang	LMUN	车冂丷乙	LMUN	车冂丷乙
辍	chuo	LCCC	车又又又	LCCC	车又又又
辎	zi	LVLG	车巛田⊖	LVLG	车巛田⊖
辏	cou	LDWD	车三八大	LDWD	车三八大
辘	lu	LYNX	车广コ匕	LOXX	车声匕匕
辚	lin	LOQH	车米夕丨	LOQG	车米夕㐄
軎	wei	GJFK	一日十口	LKF	車口㊁

戋

汉字	拼音	86版	拆字实例	98版	拆字实例
戋	jian	GGGT	戋一一丿	GAI	一戋⑦
戗	qiang	WBAT	人㔾戈⊘	WBAY	人㔾戈⦸

戈

汉字	拼音	86版	拆字实例	98版	拆字实例
戛	jia	DHAR	丆目戈⊘	DHAU	丆目戈ⓢ
戟	ji	FJAT	十早戈⊘	FJAY	十早戈⦸
戢	ji	KBNT	口耳乙丿	KBNY	口耳乙丶
戡	kan	ADWA	廾三八戈	DWNA	甚八乙戈
戥	deng	JTGA	日丿圭戈	JTGA	日丿圭戈
戤	gai	ECLA	乃又皿戈	BCLA	乃又皿戈
戬	jian	GOGA	一业一戈	GOJA	一广日戈
臧	zang	DNDT	厂乙丆丿	AUAH	戈丬匚丨

瓦

汉字	拼音	86版	拆字实例	98版	拆字实例
瓯	ou	AQGN	匚㐅一乙	ARGY	匚㐅一丶
瓴	ling	WYCN	人丶マ乙	WYCY	人丶マ丶
瓿	bu	UKGN	立口一乙	UKGY	立口一丶
甏	beng	FKUN	士口丷乙	FKUY	士口丷丶
甑	zeng	ULJN	丷四日乙	ULJY	丷四日丶
甓	pi	NKUN	尸口辛乙	NKUY	尸口辛丶

支

汉字	拼音	86版	拆字实例	98版	拆字实例
支		HCU	⺊又ⓢ	HCU	⺊又ⓢ

日

汉字	拼音	86版	拆字实例	98版	拆字实例
旮	ga	VJF	九日㊁	VJF	九日㊁
旯	la	JVB	日九ⓚ	JVB	日九ⓚ
旰	gan	JFH	日干①	JFH	日干①
昊	hao	JGDU	日一大ⓢ	JGDU	日一大ⓢ
昙	tan	JFCU	日二厶ⓢ	JFCU	日二厶ⓢ
杲	gao	JSU	日木ⓢ	JSU	日木ⓢ
昃	ze	JDWU	日厂人ⓢ	JDWU	日厂人ⓢ
昕	xin	JRH	日斤①	JRH	日斤①
昀	yun	JQUG	日勹冫⊖	JQUG	日勹冫⊖
炅	gui	JOU	日火ⓢ	JOU	日火ⓢ
曷	he	JQWN	日勹人乙	JQWN	日勹人乙
昝	zan	THJF	夂⺊日㊁	THJF	夂⺊日㊁
昴	mao	JQTB	日𠂊丿卩	JQTB	日𠂊丿卩
昱	yu	JUF	日立㊁	JUF	日立㊁
昶	chang	YNIJ	丶乙⺢日	YNIJ	丶乙⺢日
昵	ni	JNXN	日尸匕ⓒ	JNXN	日尸匕ⓒ
耆	qi	FTXJ	土丿匕日	FTXJ	土丿匕日
晟	cheng	JDNT	日厂乙丿	JDNB	日戊乙ⓚ
晔	ye	JWXF	日亻匕十	JWXF	日亻匕十
晁	chao	JIQB	日⺌儿ⓚ	JQIU	日儿⺌ⓢ
晏	yan	JPVF	日宀女㊁	JPVF	日宀女㊁
晖	hui	JPLH	日冖车①	JPLH	日冖车①
晡	bu	JGEY	日一月丶	JSY	日甫⦸
晗	han	JWYK	日人丶口	JWYK	日人丶口
晷	gui	JTHK	日夂⺊口	JTHK	日夂⺊口
暄	xuan	JPGG	日宀一一	JPGG	日宀一一
暌	kui	JWGD	日癶一大	JWGD	日癶一大
暧	ai	JEPC	日爫冖又	JEPC	日爫冖又
暝	ming	JPJU	日冖日六	JPJU	日冖日六
暾	tun	JYBT	日亠子攵	JYBT	日亠子攵
曛	xun	JTGO	日丿一灬	JTGO	日丿一灬
曜	yao	JNWY	日羽亻主	JNWY	日羽亻主
曦	xi	JUGT	日丷王丿	JUGY	日丷王丶
曩	nang	JYKE	日亠口𧘇	JYKE	日亠口𧘇

贝

汉字	拼音	86版	拆字实例	98版	拆字实例
贲	bi	FAMU	十廾贝ⓢ	FAMU	十廾贝ⓢ
贳	shi	ANMU	廿乙贝ⓢ	ANMU	廿乙贝ⓢ
贶	kuang	MKQN	贝口儿ⓒ	MKQN	贝口儿ⓒ
贻	yi	MCKG	贝厶口⊖	MCKG	贝厶口⊖
贽	zhi	RVYM	扌九丶贝	RVYM	扌九丶贝
赀	zi	HXMU	止匕贝ⓢ	HXMU	止匕贝ⓢ
赅	gai	MYNW	贝亠乙人	MYNW	贝亠乙人
赆	jin	MNYU	贝尸㇏冫	MNYU	贝尸㇏冫
赈	zhen	MDFE	贝厂二𧘇	MDFE	贝厂二𧘇
赉	lai	GOMU	一米贝ⓢ	GUSM	一丷木贝
赇	qiu	MFIY	贝十八丶	MGIY	贝一氺丶
赍	ji	FWWM	土人人贝	FWWM	土人人贝
赕	dan	MOOY	贝火火⦸	MOOY	贝火火⦸
赙	fu	MGEF	贝一月寸	MSFY	贝甫寸⦸

汉字	拼音	86版	拆字实例	98版	拆字实例
见					
觇	chan	HKMQ	⺊口冂儿	HKMQ	⺊口冂儿
觊	ji	MNMQ	山己冂儿	MNMQ	山己冂儿
觋	xi	AWWQ	工人人儿	AWWQ	工人人儿
觌	di	FNUQ	十乙⺀儿	FNUQ	十乙⺀儿
觎	yu	WGEQ	人一月儿	WGEQ	人一月儿
觏	gou	FJGQ	二刂一儿	AMFQ	井冂土儿
觐	jin	AKGQ	廿口圭儿	AKGQ	廿口圭儿
觑	qu	HAOQ	广七业儿	HOMQ	虍业冂儿
牛					
犍	jian	WARH	亻弋⺧丨	WAYG	亻弋丶丰
犟	jiang	XKJH	弓口虫丨	XKJG	弓口虫丰
牝	pin	TRXN	丿扌匕②	CXN	牜匕②
牦	mao	TRTN	丿扌丿乙	CEN	牜毛②
牯	gu	TRDG	丿扌古㊀	CDG	牜古㊀
牾	wu	TRGK	丿扌五口	CGKG	牜五口㊀
牿	gu	TRTK	丿扌丿口	CTFK	牜丿土口
犄	ji	TRDK	丿扌大口	CDSK	牜大丁口
犋	ju	TRHW	丿扌且八	CHWY	牜且八⦸
犍	qian	TRVP	丿扌彐廴	CVGP	牜彐丰廴
犏	pian	TRYA	丿扌丶廾	CYNA	牜丶尸廾
犒	kao	TRYK	丿扌古口	CYMK	牜古冂口
手					
挈	qie	DHVR	三丨刀手	DHVR	三丨刀手
挲	suo	IITR	氵小丿手	IITR	氵小丿手
掰	bai	RWVR	手八刀手	RWVR	手八刀手
掱	ge	RWGR	手人一手	RWGR	手人一手
擘	bo	NKUR	尸口辛手	NKUR	尸口辛手
毛					
耄	mao	FTXN	土丿匕乙	FTXE	土丿匕毛
毪	mu	TFNH	丿二乙丨	ECTG	毛厶丿丰
毳	cui	TFNN	丿二乙乙	EEEB	毛毛毛⑾
毽	jian	TFNP	丿二乙廴	EVGP	毛彐丰廴
毵	san	CDEN	厶大彡乙	CDEE	厶大彡毛
毹	shu	WGEN	人一月乙	WGEE	人一月毛
氅	chang	IMKN	⺌冂口乙	IMKE	⺌冂口毛
氇	lu	TFNJ	丿二乙日	EQGJ	毛鱼一日
氆	pu	TFNJ	丿二乙日	EUOJ	毛丷业日
氍	qu	HHWN	目目亻乙	HHWE	目目亻毛
气					
氕	pie	RNTR	⺧乙丿⊘	RTE	气丿③
氘	dao	RNJJ	⺧乙刂⑪	RJK	气刂⑾
氙	xian	RNMJ	⺧乙山⑪	RMK	气山⑾
氚	chuan	RNKJ	⺧乙川⑪	RKK	气川⑾
氡	dong	RNTU	⺧乙夂冫	RTUI	气夂⺀⦸
氩	ya	RNGG	⺧乙一一	RGOD	气一业㊂
氤	yin	RNLD	⺧乙囗大	RLDI	气囗大⦸
氪	ke	RNDQ	⺧乙古儿	RDQV	气古儿⑾
氲	yun	RNJL	⺧乙日皿	RJLD	气日皿㊂
攵					
攵		TTGY	攵丿一㇏	TTGY	攵丿一㇏
敕	chi	GKIT	一口小攵	SKTY	木口攵⦸
敫	jiao	RYTY	白方攵⦸	RYTY	白方攵⦸
片					
牍	du	THGD	丿丨一大	THGD	丿丨一大
牒	die	THGS	丿丨一木	THGS	丿丨一木
牖	you	THGY	丿丨一丶	THGS	丿丨一甫
爫					
爰	yuan	EFTC	爫二丿又	EGDC	爫一ナ又
虢	guo	EFHM	爫寸广几	EFHW	爫寸虍几
月					
刖	yue	EJH	月刂①	EJH	月刂①
肟	wo	EFNN	月二乙②	EFNN	月二乙②
肜	rong	EET	月彡⊘	EET	月彡⊘
肓	huang	YNEF	亠乙月㊁	YNEF	亠乙月㊁
肼	jing	EFJH	月二刂①	EFJH	月二刂①
朊	ruan	EFQN	月二儿②	EFQN	月二儿②
肽	tai	EDYY	月大丶⦸	EDYY	月大丶⦸
肱	gong	EDCY	月ナ厶⦸	EDCY	月ナ厶⦸
肫	zhun	EGBN	月一凵乙	EGBN	月一凵乙
肭	na	EMWY	月冂人⦸	EMWY	月冂人⦸
肴	yao	QDEF	乂ナ月㊁	RDEF	乂ナ月㊁
肷	qian	EQWY	月⺈人⦸	EQWY	月⺈人⦸
胧	long	EDXN	月ナ匕②	EDXY	月ナ匕丶
胨	dong	EAIY	月𠂇小⦸	EAIY	月𠂇小⦸
胩	ka	EHHY	月上卜⦸	EHHY	月上卜⦸
胪	lu	EHNT	月⺊尸⊘	EHNT	月⺊尸⊘
胛	jia	ELH	月甲①	ELH	月甲①
胂	shen	EJHH	月日丨①	EJHH	月日丨①
胄	zhou	MEF	由月㊁	MEF	由月㊁
胙	zuo	ETHF	月𠂉丨二	ETHF	月𠂉丨二
胍	gua	ERCY	月𠂆厶㇏	ERCY	月𠂆厶㇏
胗	zhen	EWET	月人彡⊘	EWET	月人彡⊘
朐	qu	EQKG	月勹口㊀	EQKG	月勹口㊀
胝	zhi	EQAY	月𠂆弋丶	EQAY	月𠂆弋丶
胫	jing	ECAG	月又工㊀	ECAG	月又工㊀
胱	guang	EIQN	月⺌儿②	EIGQ	月⺌一儿
胴	dong	EMGK	月冂一口	EMGK	月冂一口
胭	yan	ELDY	月囗大⦸	ELDY	月囗大⦸
脍	kuai	EWFC	月人二厶	EWFC	月人二厶
脎	sa	EQSY	月乂木⦸	ERSY	月乂朩⦸
胲	hai	EYNW	月亠乙人	EYNW	月亠乙人
胼	pian	EUAH	月丷廾①	EUAH	月丷廾①
朕	zhen	EUDY	月丷大⦸	EUDY	月丷大⦸
脒	mi	EOY	月米⦸	EOY	月米⦸
豚	tun	EEY	月豕⦸	EGEY	月一豕⦸

学以致用系列丛书

汉字	拼音	86 版	拆字实例	98 版	拆字实例
腡	luo	EKMW	月口冂人	EKMW	月口冂人
脞	cuo	EWWF	月人人土	EWWF	月人人土
脬	pao	EEBG	月爫子⊖	EEBG	月爫子⊖
脘	wan	EPFQ	月宀二儿	EPFQ	月宀二儿
脲	niao	ENIY	月尸水⊘	ENIY	月尸水⊘
腈	jing	EGEG	月龶月⊖	EGEG	月龶月⊖
腌	yan	EDJN	月大日乙	EDJN	月大日乙
腓	fei	EDJD	月三刂三	EHDD	月丨三三
腴	yu	EVWY	月臼人⊘	EEWY	月臼人⊘
腙	zong	EPFI	月宀二小	EPFI	月宀二小
腚	ding	EPGH	月宀一止	EPGH	月宀一止
腱	jian	EVFP	月彐二廴	EVGP	月彐キ廴
腠	cou	EDWD	月三八大	EDWD	月三八大
腩	nan	EFMF	月十冂干	EFMF	月十冂干
腼	mian	EDMD	月丆冂三	EDLF	月丆口二
腽	wa	EJLG	月日皿⊖	EJLG	月日皿⊖
腭	e	EKKN	月口口乙	EKKN	月口口乙
腧	shu	EWGJ	月人一刂	EWGJ	月人一刂
塍	cheng	EUDF	月丷大土	EUGF	月丷夫土
媵	ying	EUDV	月丷大女	EUGV	月丷夫女
膈	ge	EGKH	月一口丨	EGKH	月一口丨
膂	lv	YTEE	方𠂉氏月	YTEE	方𠂉氏月
膑	bin	EPRW	月宀丘八	EPRW	月宀丘八
滕	teng	EUDI	月丷大氺	EUGI	月丷夫氺
膣	zhi	EPWF	月宀八土	EPWF	月宀八土
膪	chuai	EUPK	月立冖口	EYUK	月亠丷口
臌	gu	EFKC	月士口又	EFKC	月士口又
朦	meng	EAPE	月廾冖豕	EAPE	月廾冖豕
臊	sao	EKKS	月口口木	EKKS	月口口木
膻	shan	EYLG	月亠口一	EYLG	月亠口一
臁	lian	EYUO	月广丷灬	EOUW	月广丷八
膦	lin	EOQH	月米夕丨	EOQG	月米夕ヰ
欠					
欤	yu	GNGW	一乙一人	GNGW	一乙一人
欷	xi	QDMW	乂ナ冂人	RDMW	乂ナ冂人
欹	qi	DSKW	大丁口人	DSKW	大丁口人
歃	sha	TFVW	丿十臼人	TFEW	丿十臼人
歆	xin	UJQW	立日𠂊人	UJQW	立日𠂊人
歙	xi	WGKW	人一口人	WGKW	人一口人
风					
飑	biao	MQQN	几乂勹巳	WRQN	几乂勹巳
飒	sa	UMQY	立几乂⊘	UWRY	立几乂⊘
飓	ju	MQHW	几乂且八	WRHW	几乂且八
飕	sou	MQVC	几乂臼又	WREC	几乂臼又
飙	biao	DDDQ	犬犬犬乂	DDDR	犬犬犬乂
飚	biao	MQOO	几乂火火	WROO	几乂火火
殳					
殳		MCU	几又ⓢ	WCU	几又ⓢ
彀	gou	FPGC	士冖一又	FPGC	士冖一又
毂	gu	FPLC	士冖车又	FPLC	士冖车又
觳	hu	FPGC	士冖一又	FPGC	士冖一又
文					
斐	fei	DJDY	三刂三文	HDHY	丨三丨文
齑	ji	YDJJ	文三刂刂	YHDJ	文丨三刂
斓	lan	YUGI	文门一小	YUSL	文门木罒
方					
於	wu	YWUY	方人⺀⊘	YWUY	方人⺀⊘
旆	pei	YTGH	方𠂉一丨	YTGH	方𠂉一丨
旄	mao	YTTN	方𠂉毛Ⓒ	YTEN	方𠂉毛Ⓒ
旃	zhan	YTMY	方𠂉冂亠	YTMY	方𠂉冂亠
旌	jing	YTTG	方𠂉丿龶	YTTG	方𠂉丿龶
旎	ni	YTNX	方𠂉尸匕	YTNX	方𠂉尸匕
旒	liu	YTYQ	方𠂉亠儿	YTYK	方𠂉亠儿
旖	yi	YTDK	方𠂉大口	YTDK	方𠂉大口
火					
炀	yang	ONRT	火乙勹⊘	ONRT	火乙勹⊘
炜	wei	OFNH	火二乙丨	OFNH	火二乙丨
炖	dun	OGBN	火一凵乙	OGBN	火一凵乙
炝	qiang	OWBN	火人㔾Ⓒ	OWBN	火人㔾Ⓒ
炻	shi	ODG	火石⊖	ODG	火石⊖
烀	hu	OTUH	火丿丷丨	OTUF	火丿丷十
炷	zhu	OYGG	火丶王⊖	OYGG	火丶王⊖
炫	xuan	OYXY	火亠幺⊘	OYXY	火亠幺⊘
炱	tai	CKOU	厶口火ⓢ	CKOU	厶口火ⓢ
烨	ye	OWXF	火亻匕十	OWXF	火亻匕十
烊	yang	OUDH	火丷手①	OUH	火羊①
焐	wu	OGKG	火五口⊖	OGKG	火五口⊖
焓	han	OWYK	火人丶口	OWYK	火人丶口
焖	men	OUNY	火门心⊘	OUNY	火门心⊘
焯	chao	OHJH	火⺊早①	OHJH	火⺊早①
焱	yan	OOOU	火火火ⓢ	OOOU	火火火ⓢ
煳	hu	ODEG	火古月⊖	ODEG	火古月⊖
煜	yu	OJUG	火日立⊖	OJUG	火日立⊖
煨	wei	OLGE	火田一𧘇	OLGE	火田一𧘇
煅	duan	OWDC	火亻三又	OTHC	火丿丨又
煲	bao	WKSO	亻口木火	WKSO	亻口木火
煊	xuan	OPGG	火宀一一	OPGG	火宀一一
煸	bian	OYNA	火丶尸廾	OYNA	火丶尸廾
煺	tui	OVEP	火彐𧘇辶	OVPY	火艮辶⊘
熘	liu	OQYL	火𠂆丶田	OQYL	火𠂆丶田
熳	man	OJLC	火日罒又	OJLC	火日罒又
熵	shang	OUMK	火立冂口	OYUK	火亠丷口
熨	yun	NFIO	尸二小火	NFIO	尸二小火
熠	yi	ONRG	火羽白⊖	ONRG	火羽白⊖
燠	yu	OTMD	火丿冂大	OTMD	火丿冂大
燔	fan	OTOL	火丿米田	OTOL	火丿米田
燧	sui	OUEP	火丷豕辶	OUEP	火丷豕辶
燹	xian	EEOU	豕豕火ⓢ	GEGO	一豕一火
爝	juw	OELF	火爫罒寸	OELF	火爫罒寸
爨	cuan	WFMO	亻二冂火	EMGO	臼冂一火

学以致用系列丛书

汉字	拼音	86版	拆字实例	98版	拆字实例
灬					
灬		OYYY	灬丶丶丶	OYYY	灬丶丶丶
焘	dao	DTFO	三丿寸灬	DTFO	三丿寸灬
煦	xu	JQKO	日勹口灬	JQKO	日勹口灬
熹	xi	FKUO	士口丷灬	FKUO	士口丷灬
户					
戾	li	YNDI	丶尸犬ⓘ	YNDI	丶尸犬ⓘ
戽	hu	YNUF	丶尸⺀十	YNUF	丶尸⺀十
扃	jiong	YNMK	丶尸冂口	YNMK	丶尸冂口
扈	hu	YNKC	丶尸口巴	YNKC	丶尸口巴
扉	fei	YNDD	丶尸三三	YNHD	丶尸丨三
礻					
礻		PYI	礻丶ⓘ	PYYY	礻丶丶丶
祀	si	PYNN	礻丶巳Ⓝ	PYNN	礻丶巳Ⓝ
祆	xian	PYGD	礻丶一大	PYGD	礻丶一大
祉	zhi	PYHG	礻丶止⊖	PYHG	礻丶止⊖
祛	qu	PYFC	礻丶土厶	PYFC	礻丶土厶
祜	hu	PYDG	礻丶古⊖	PYDG	礻丶古⊖
祓	fu	PYDC	礻丶𠂇又	PYDY	礻丶ナ丶
祚	zuo	PYTF	礻丶𠂉二	PYTF	礻丶𠂉二
祢	mi	PYQI	礻丶𠂊小	PYQI	礻丶𠂊小
祗	qi	PYQY	礻丶𠂒丶	PYQY	礻丶𠂒丶
祠	ci	PYNK	礻丶乙口	PYNK	礻丶乙口
祯	zhen	PYHM	礻丶⺊贝	PYHM	礻丶⺊贝
祧	tiao	PYIQ	礻丶⺌儿	PYQI	礻丶儿⺌
祺	qi	PYAW	礻丶廾八	PYDW	礻丶其八
禅	chan	PYUF	礻丶丷十	PYUF	礻丶丷十
禊	xi	PYDD	礻丶三大	PYDD	礻丶三大
禚	zhuo	PYUO	礻丶丷灬	PYUO	礻丶丷灬
禧	xi	PYFK	礻丶士口	PYFK	礻丶士口
禳	rang	PYYE	礻丶亠𧘇	PYYE	礻丶亠𧘇
心					
忑	te	GHNU	一卜心ⓢ	GHNU	一卜心ⓢ
忐	tan	HNU	上心ⓢ	HNU	上心ⓢ
怼	dui	CFNU	又寸心ⓢ	CFNU	又寸心ⓢ
恝	jia	DHVN	三丨刀心	DHVN	三丨刀心
恚	hui	FFNU	土土心ⓢ	FFNU	土土心ⓢ
恧	nv	DMJN	丆冂刂心	DMJN	丆冂刂心
恁	nen	WTFN	亻丿士心	WTFN	亻丿士心
恙	yang	UGNU	丷王心ⓢ	UGNU	丷王心ⓢ
恣	zi	UQWN	冫𠂊人心	UQWN	冫𠂊人心
悫	que	FPMN	士冖几心	FPWN	士冖几心
愆	qian	TIFN	彳氵二心	TIGN	彳氵一心
愍	min	NATN	尸乀攵心	NATN	尸乀攵心
慝	te	AADN	匚廾ナ心	AADN	匚廾ナ心
憩	qi	TDTN	丿古丿心	TDTN	丿古丿心
憝	dui	YBTN	亠子攵心	YBTN	亠子攵心
懋	mao	SCBN	木マ阝心	SCNN	木マ乙心
懑	men	IAGN	氵廾一心	IAGN	氵廾一心

汉字	拼音	86版	拆字实例	98版	拆字实例
戆	gang	UJTN	立早夂心	UJTN	立早夂心
肀					
肀		VHK	彐丨ⓜ	VHK	彐丨ⓜ
聿	yu	VFHK	彐二丨ⓜ	VGK	彐丰ⓜ
水					
沓	da	IJF	水日⊖	IJF	水日⊖
泶	xue	IPIU	⺍冖水ⓢ	IPIU	⺍冖水ⓢ
淼	miao	IIIU	水水水ⓢ	IIIU	水水水ⓢ
石					
矶	ji	DMN	石几Ⓝ	DWN	石几Ⓝ
矸	gan	DFH	石干①	DFH	石干①
砀	dang	DNRT	石乙〃⊘	DNRT	石乙〃⊘
砉	hua	DHDF	三丨石⊖	DHDF	三丨石⊖
砗	che	DLH	石车①	DLH	石车①
砘	dun	DGBN	石一凵乙	DGBN	石一凵乙
砑	ya	DAHT	石匚丨丿	DAHT	石匚丨丿
斫	zhuo	DRH	石斤①	DRH	石斤①
砭	bian	DTPY	石丿之⊘	DTPY	石丿之⊘
砜	feng	DMQY	石几乂⊘	DWRY	石几乂⊘
砝	fa	DFCY	石凵厶⊘	DFCY	石凵厶⊘
砹	ai	DAQY	石廾乂⊘	DARY	石廾乂⊘
砺	li	DDDN	石厂丆乙	DDGQ	石厂一勹
砻	long	DXDF	𠂇匕石⊖	DXYD	ナ匕丶石
砟	zha	DTHF	石𠂉丨二	DTHF	石𠂉丨二
砼	tong	DWAG	石人工⊖	DWAG	石人工⊖
砥	di	DQAY	石𠂒七丶	DQAY	石𠂒七丶
砬	la	DUG	石立⊖	DUG	石立⊖
砣	tuo	DPXN	石宀匕Ⓝ	DPXN	石宀匕Ⓝ
砩	fu	DXJH	石弓刂①	DXJH	石弓刂①
硎	xing	DGAJ	石一廾刂	DGAJ	石一廾刂
硭	mang	DAYN	石廾亠乙	DAYN	石廾亠乙
硖	xia	DGUW	石一丷人	DGUD	石一丷大
硗	qiao	DATQ	石弋丿儿	DATQ	石弋丿儿
砦	zhai	HXDF	止匕石⊖	HXDF	止匕石⊖
硐	dong	DMGK	石冂一口	DMGK	石冂一口
硇	nao	DTLQ	石丿囗乂	DTLR	石丿囗乂
硌	ge	DTKG	石夂口⊖	DTKG	石夂口⊖
硪	wo	DTRT	石丿扌丿	DTRY	石丿扌丶
碛	qi	DGMY	石龶贝⊘	DGMY	石龶贝⊘
碓	dui	DWYG	石亻主⊖	DWYG	石亻主⊖
碚	bei	DUKG	石立口⊖	DUKG	石立口⊖
碇	ding	DPGH	石宀一龰	DPGH	石宀一龰
碜	chen	DCDE	石厶大彡	DCDE	石厶大彡
碡	zhou	DGXU	石龶母冫	DGXY	石龶母⊘
碣	jie	DJQN	石日勹乙	DJQN	石日勹乙
碲	di	DUPH	石亠冖丨	DYUH	石亠丷丨
碹	xuan	DPGG	石宀一一	DPGG	石宀一一
碥	bian	DYNA	石丶尸廾	DYNA	石丶尸廾
磔	zhe	DQAS	石夕匚木	DQGS	石夕牛木
磙	gun	DUCE	石六厶𧘇	DUCE	石六厶𧘇

汉字	拼音	86版	拆字实例	98版	拆字实例
磉	sang	DCCS	石又又木	DCCS	石又又木
磬	qing	FNMD	士尸几石	FNWD	士尸几石
磲	qu	DIAS	石氵匚木	DIAS	石氵匚木
礅	dun	DYBT	石亠子攵	DYBT	石亠子攵
磴	deng	DWGU	石癶一㐅	DWGU	石癶一㐅
礓	jiang	DGLG	石一田一	DGLG	石一田一
礤	ca	DAWI	石廾癶小	DAWI	石廾癶小
礞	meng	DAPE	石廾冖豕	DAPE	石廾冖豕
礴	bo	DAIF	石廾氵寸	DAIF	石廾氵寸
龙					
龛	kan	WGKX	人一口匕	WGKY	人一口丶
业					
黹	zhi	OGUI	业一丷小	OIU	业肃⊜
黻	fu	OGUC	业一丷又	OIDY	业肃ナ丶
黼	fu	OGUY	业一丷丶	OISY	业肃甫⊘
目					
盱	xu	HGFH	目一十①	HGFH	目一十①
眄	mian	HGHN	目一丨乙	HGHN	目一丨乙
眍	kou	HAQY	目匚乂⊘	HARY	目匚乂⊘
盹	dun	HGBN	目一凵乙	HGBN	目一凵乙
眇	miao	HITT	目小丿⊘	HITT	目小丿⊘
眈	dan	HPQN	目冖儿②	HPQN	目冖儿②
眚	sheng	TGHF	丿主目⊜	TGHF	丿主目⊜
眢	yuan	QBHF	夕㔾目⊜	QBHF	夕㔾目⊜
眙	yi	HCKG	目厶口⊖	HCKG	目厶口⊖
眭	sui	HFFG	目土土⊖	HFFG	目土土⊖
眦	zi	HHXN	目止匕②	HHXN	目止匕②
眵	chi	HQQY	目夕夕⊘	HQQY	目夕夕⊘
眸	mou	HCRH	目厶𠂉丨	HCTG	目厶丿丰
睐	lai	HGOY	目一米⊘	HGUS	目一丷木
睑	jian	HWGI	目人一业	HWGG	目人一一
睇	di	HUXT	目丷弓丿	HUXT	目丷弓丿
睃	suo	HCWT	目厶八夂	HCWT	目厶八夂
睚	ya	HDFF	目厂土土	HDFF	目厂土土
睨	ni	HVQN	目臼儿②	HEQN	目臼儿②
睢	sui	HWYG	目亻主⊖	HWYG	目亻主⊖
睥	pi	HRTF	目白丿十	HRTF	目白丿十
睿	rui	HPGH	卜冖一目	HPGH	卜冖一目
瞍	sou	HVHC	目臼丨又	HEHC	目臼丨又
睽	kui	HWGD	目癶一大	HWGD	目癶一大
瞀	mao	CBTH	マ卩丿目	CNHH	マ乙丨目
瞌	ke	HFCL	目土厶皿	HFCL	目土厶皿
瞑	ming	HPJU	目冖日六	HPJU	目冖日六
瞟	piao	HSFI	目西二小	HSFI	目西二小
瞠	cheng	HIPF	目⺌冖土	HIPF	目⺌冖土
瞰	kan	HNBT	目乙子攵	HNBT	目乙子攵
瞵	lin	HOQH	目米夕丨	HOQG	目米夕㐄
瞽	gu	FKUH	士口丷目	FKUH	士口丷目

汉字	拼音	86版	拆字实例	98版	拆字实例
田					
町	ding	LSH	田丁①	LSH	田丁①
畀	bi	LGJJ	田一丿①	LGJJ	田一丿①
甽	quan	LDY	田犬⊘	LDY	田犬⊘
畋	tian	LTY	田攵⊘	LTY	田攵⊘
畈	fan	LRCY	田厂又⊘	LRCY	田厂又⊘
畛	zhen	LWET	田人彡⊘	LWET	田人彡⊘
畲	she	WFIL	人二小田	WFIL	人二小田
畹	wan	LPQB	田宀夕㔾	LPQB	田宀夕㔾
疃	tuan	LUJF	田立日土	LUJF	田立日土
罒					
罘	fu	LGIU	罒一小⑤	LDHU	罒丆卜⑤
罡	gang	LGHF	罒一止⊜	LGHF	罒一止⊜
罟	gu	LDF	罒古⊜	LDF	罒古⊜
詈	li	LYF	罒言⊜	LYF	罒言⊜
罨	yan	LDJN	罒大日乙	LDJN	罒大日乙
罴	pi	LFCO	罒土厶灬	LFCO	罒土厶灬
罱	lan	LFMF	罒十冂干	LFMF	罒十冂干
罹	Li	LNWY	罒忄亻主	LNWY	罒忄亻主
羁	ji	LAFC	罒廿串马	LAFG	罒廿串一
罾	zeng	LULJ	罒丷罒日	LULJ	罒丷罒日
皿					
盍	he	FCLF	土厶皿⊜	FCLF	土厶皿⊜
盥	guan	QGIL	𠂤一水皿	EILF	臼水皿⊜
蠲	juen	UWLJ	丷八皿虫	UWLJ	丷八皿虫
钅					
钅		QTGN	钅丿一乙	QTGN	钅丿一乙
钆	yi	QNN	钅乙②	QNN	钅乙②
钇	yi	QNN	钅乙②	QNN	钅乙②
钋	po	QHY	钅卜⊘	QHY	钅卜⊘
钊	zhao	QJH	钅刂①	QJH	钅刂①
钌	liao	QBH	钅了①	QBH	钅了①
钍	tu	QFG	钅土⊖	QFG	钅土⊖
钏	chuan	QKH	钅川①	QKH	钅川①
钐	shan	QET	钅彡⊘	QET	钅彡⊘
钔	men	QUN	钅门②	QUN	钅门②
钗	chai	QCYY	钅又丶⊘	QCYY	钅又丶⊘
钕	nü	QVG	钅女⊖	QVG	钅女⊖
钚	bu	QGIY	钅一小⊘	QDHY	钅丆卜⊘
钛	tai	QDYY	钅大丶⊘	QDYY	钅大丶⊘
钜	ju	QANG	钅匚コ⊖	QANG	钅匚コ⊖
钣	ban	QRCY	钅厂又⊘	QRCY	钅厂又⊘
钤	qian	QWYN	钅人丶乙	QWYN	钅人丶乙
钫	fang	QYN	钅方②	QYT	钅方⊘
钪	kang	QYMN	钅亠几②	QYWN	钅亠几②
钭	tou	QUFH	钅冫十①	QUFH	钅冫十①
钬	huo	QOY	钅火⊘	QOY	钅火⊘
钯	ba	QCN	钅巴②	QCN	钅巴②
钰	yu	QGYY	钅王丶⊘	QGYY	钅王丶⊘

学以致用系列丛书

汉字	拼音	86版	拆字实例	98版	拆字实例
钲	zheng	QGHG	钅一止⊖	QGHG	钅一止⊖
钴	gu	QDG	钅古⊖	QDG	钅古⊖
钶	ke	QSKG	钅丁口⊖	QSKG	钅丁口⊖
钷	po	QAKG	钅匚口⊖	QAKG	钅匚口⊖
钸	bu	QDMH	钅ナ冂丨	QDMH	钅ナ冂丨
钹	bo	QDCY	钅ナ又⊘	QDCY	钅ナ又、
钺	yue	QANT	钅匚乙丿	QANN	钅戈乙②
钼	mu	QHG	钅目⊖	QHG	钅目⊖
钽	tan	QJGG	钅日一⊖	QJGG	钅日一⊖
钿	dian	QLG	钅田⊖	QLG	钅田⊖
铄	shuo	QQIY	钅⺁小⊘	QTNI	钅丿乙小
铈	shi	QYMH	钅亠冂丨	QYMH	钅亠冂丨
铉	xuan	QYXY	钅亠幺⊘	QYXY	钅亠幺⊘
铊	ta	QPXN	钅宀匕②	QPXN	钅宀匕②
铋	bi	QNTT	钅心丿⊘	QNTT	钅心丿⊘
铌	ni	QNXN	钅尸匕②	QNXN	钅尸匕②
铍	pi	QHCY	钅广又⊘	QBY	钅皮⊘
铎	duo	QCFH	钅又二丨	QCGH	钅又丰①
铐	kao	QFTN	钅土丿乙	QFTN	钅土丿乙
铑	lao	QFTX	钅土丿匕	QFTX	钅土丿匕
铒	er	QBG	钅耳⊖	QBG	钅耳⊖
铕	you	QDEG	钅ナ月⊖	QDEG	钅ナ月⊖
铖	cheng	QDNT	钅厂乙丿	QDNN	钅戊乙②
铗	jia	QGUW	钅一丷人	QGUD	钅一丷大
铙	nao	QATQ	钅七丿儿	QATQ	钅七丿儿
铘	ye	QAHB	钅匚丨阝	QAHB	钅二丨阝
铛	cheng	QIVG	钅⺌彐⊖	QIVG	钅⺌彐⊖
铞	diao	QKMH	钅口冂丨	QKMH	钅口冂丨
铟	yin	QLDY	钅口大⊘	QLDY	钅口大⊘
铠	kai	QMNN	钅山己②	QMNN	钅山己②
铢	zhu	QRIY	钅⺧小⊘	QTFY	钅丿未⊘
铤	ding	QTFP	钅丿士廴	QTFP	钅丿士廴
铥	diu	QTFC	钅丿土厶	QTFC	钅丿土厶
铧	hua	QWXF	钅亻匕十	QWXF	钅亻匕十
铨	quan	QWGG	钅人王⊖	QWGG	钅人王⊖
铪	ha	QWGK	钅人一口	QWGK	钅人一口
铩	sha	QQSY	钅乂木⊘	QRSY	钅乂朩⊘
铫	diao	QIQN	钅⺌儿②	QQIY	钅儿⺌⊘
铮	zheng	QQVH	钅⺈彐丨	QQVH	钅⺈彐丨
铯	se	QQCN	钅⺈巴②	QQCN	钅⺈巴②
铳	chong	QYCQ	钅亠厶儿	QYCQ	钅亠厶儿
铴	tang	QINR	钅氵乙彡	QINR	钅氵乙彡
铵	an	QPVG	钅宀女⊖	QPVG	钅宀女⊖
铷	ru	QVKG	钅女口⊖	QVKG	钅女口⊖
铹	lao	QAPL	钅艹冖力	QAPE	钅艹冖力
铼	lai	QGOY	钅一米⊘	QGUS	钅一丷木
铽	te	QANY	钅弋心、	QANY	钅弋心、
铿	keng	QJCF	钅刂又土	QJCF	钅刂又土
锃	zeng	QKGG	钅口王⊖	QKGG	钅口王⊖
锂	li	QJFG	钅日土⊖	QJFG	钅日土⊖
锆	gao	QTFK	钅⺧土口	QTFK	钅⺧土口
锇	e	QTRT	钅丿扌丿	QTRY	钅丿扌、
锉	cuo	QWWF	钅人人土	QWWF	钅人人土
锊	lue	QEFY	钅爫寸⊘	QEFY	钅爫寸⊘
锍	liu	QYCQ	钅亠厶儿	钅亠厶儿	钅亠厶儿
锎	kai	QUGA	钅门一廾	QUGA	钅门一廾
锏	jian	QUJG	钅门日⊖	QUJG	钅门日⊖
锒	lang	QYVE	钅丶彐𧘇	QYVY	钅丶艮⊘
锓	qin	QVPC	钅彐冖又	QVPC	钅彐冖又
锔	ju	QNNK	钅尸乙口	QNNK	钅尸乙口
锕	a	QBSK	钅阝丁口	QBSK	钅阝丁口
锖	qing	QGEG	钅龶月⊖	QGEG	钅龶月⊖
锘	nuo	QADK	钅艹ナ口	QADK	钅艹ナ口
锛	ben	QDFA	钅大十廾	QDFA	钅大十廾
锝	de	QJGF	钅日一寸	QJGF	钅日一寸
锞	ke	QJSY	钅日木⊘	QJSY	钅日木⊘
锟	kun	QJXX	钅日ヒ匕	QJXX	钅日ヒ匕
锢	gu	QLDG	钅口古⊖	QLDG	钅口古⊖
锪	huo	QQRN	钅勹彡心	QQRN	钅勹彡心
锫	pei	QUKG	钅立口⊖	QUKG	钅立口⊖
锩	juan	QUDB	钅丷大㔾	QUGB	钅丷夫㔾
锬	tan	QOOY	钅火火⊘	QOOY	钅火火⊘
锱	zi	QVLG	钅巛田⊖	QVLG	钅巛田⊖
锲	qie	QDHD	钅三丨大	QDHD	钅三丨大
锴	kai	QXXR	钅ヒ匕白	QXXR	钅ヒ匕白
锶	si	QLNY	钅田心⊘	QLNY	钅田心⊘
锷	e	QKKN	钅口口乙	QKKN	钅口口乙
锸	cha	QTFV	钅丿十臼	QTFE	钅丿十臼
锼	sou	QVHC	钅臼丨又	QEHC	钅臼丨又
锾	huan	QEFC	钅爫二又	QEGC	钅爫一又
锿	ai	QYEY	钅亠𧘇⊘	QYEY	钅亠𧘇⊘
镂	lou	QOVG	钅米女⊖	QOVG	钅米女⊖
锵	qiang	QUQF	钅丬夕寸	QUQF	钅丬夕寸
镄	fei	QXJM	钅弓丿贝	QXJM	钅弓丿贝
镅	mei	QNHG	钅尸目⊖	QNHG	钅尸目⊖
镆	mo	QAJD	钅艹日大	QAJD	钅艹日大
镉	ge	QGKH	钅一口丨	QGKH	钅一口丨
镌	juan	QWYE	钅亻主乃	QWYB	钅亻主乃
镎	na	QWGR	钅人一手	QWGR	钅人一手
镏	liu	QQYL	钅⺁丶田	QQYL	钅⺁丶田
镒	yi	QUWL	钅丷八皿	QUWL	钅丷八皿
镓	jia	QPEY	钅宀豕⊘	QPGE	钅宀一豕
镔	bin	QPRW	钅宀丘八	QPRW	钅宀丘八
镖	biao	QSFI	钅西二小	QSFI	钅西二小
镗	tang	QIPF	钅⺌冖土	QIPF	钅⺌冖土
镘	man	QJLC	钅日罒又	QJLC	钅日罒又
镙	luo	QLXI	钅田幺小	QLXI	钅田幺小
镛	yong	QYVH	钅广彐丨	QOVH	钅广彐丨
镞	zu	QYTD	钅方𠂉大	QYTD	钅方𠂉大
镟	xuan	QYTH	钅方𠂉龰	QYTH	钅方𠂉龰
镝	di	QUMD	钅亠冂古	QYUD	钅亠丷古
镡	chan	QSJH	钅西早①	QSJH	钅西早①
镢	jue	QDUW	钅厂丷人	QDUW	钅厂丷人
镤	pu	QOGY	钅业一㇏	QOUG	钅业丷夫
镥	lu	QQGJ	钅鱼一日	QQGJ	钅鱼一日
镦	dui	QYBT	钅亠子攵	QYBT	钅亠子攵
镧	lan	QUGI	钅门一小	QUSL	钅门木四
镨	pu	QUOJ	钅丷业日	QUOJ	钅丷业日
镩	cuan	QPWH	钅宀八丨	QPWH	钅宀八丨
镪	qiang	QXKJ	钅弓口虫	QXKJ	钅弓口虫

汉字	拼音	86版	拆字实例	98版	拆字实例
镫	deng	QWGU	钅癶一䒑	QWGU	钅癶一䒑
镬	huo	QAWC	钅廾亻又	QAWC	钅廾亻又
镯	zhuo	QLQJ	钅罒勹虫	QLQJ	钅罒勹虫
镱	yi	QUJN	钅立日心	QUJN	钅立日心
镲	cha	QPWI	钅宀癶小	QPWI	钅宀癶小
镳	biao	QYNO	钅广コ灬	QOXO	钅广匕灬
锺	zhong	QTGF	钅丿一土	QTGF	钅丿一土

矢

汉字	拼音	86版	拆字实例	98版	拆字实例
矧	shen	TDXH	𠂉大弓丨	TDXH	𠂉大弓丨
矬	cuo	TDWF	𠂉大人土	TDWF	𠂉大人土
雉	zhi	TDWY	𠂉大亻圭	TDWY	𠂉大亻圭

禾

汉字	拼音	86版	拆字实例	98版	拆字实例
秕	bi	TXXN	禾ヒ匕(乙)	TXXN	禾ヒ匕(乙)
秭	zi	TTNT	禾丿乙丿	TTNT	禾丿乙丿
秣	mo	TGSY	禾一木(丶)	TGSY	禾一木(丶)
秫	shu	TSYY	禾木丶(丶)	TSYY	禾木丶(丶)
稆	lv	TKKG	禾口口㊀	TKKG	禾口口㊀
嵇	ji	TDNM	禾十乙山	TDNM	禾十乙山
稃	fu	TEBG	禾爫子㊀	TEBG	禾爫子㊀
稂	lang	TYVE	禾丶彐𧘇	TYVY	禾丶艮(丶)
稞	ke	TJSY	禾日木(丶)	TJSY	禾日木(丶)
稔	ren	TWYN	禾人丶心	TWYN	禾人丶心
稹	zhen	TFHW	禾十且八	TFHW	禾十且八
稷	ji	TLWT	禾田八夂	TLWT	禾田八夂
穑	se	TFUK	禾土丷口	TFUK	禾土丷口
黏	nian	TWIK	禾人氺口	TWIK	禾人氺口
馥	fu	TJTT	禾日𠂉夂	TJTT	禾日𠂉夂
穰	rang	TYKE	禾亠口𧘇	TYKE	禾亠口𧘇

白

汉字	拼音	86版	拆字实例	98版	拆字实例
皈	gui	RRCY	白厂又(丶)	RRCY	白厂又(丶)
皎	jiao	RUQY	白六乂(丶)	RURY	白六乂(丶)
皓	hao	RTFK	白丿土口	RTFK	白丿土口
皙	xi	SRRF	木斤白㊁	SRRF	木斤白㊁
皤	po	RTOL	白丿米田	RTOL	白丿米田

瓜

汉字	拼音	86版	拆字实例	98版	拆字实例
瓞	die	RCYW	𠂆厶乀人	RCYG	𠂆厶乀夫
瓠	hu	DFNY	大二乙乀	DFNY	大二乙乀

甬

汉字	拼音	86版	拆字实例	98版	拆字实例
甬		CEJ	マ用(丨)	CEJ	マ用(丨)

鸟

汉字	拼音	86版	拆字实例	98版	拆字实例
鸠	jiu	VQYG	九勹丶一	VQGG	九鸟一㊀
鸢	yuan	AQYG	弋勹丶一	AYQG	弋丶鸟一
鸨	bao	XFQG	匕十鸟一	XFQG	匕十鸟一
鸩	zhen	PQQG	冖儿鸟一	PQQG	冖儿鸟一
鸪	gu	DQYG	古勹丶一	DQGG	古鸟一㊀
鸫	dong	AIQG	𠂇小鸟一	AIQG	𠂇小鸟一
鸬	lu	HNQG	卜尸鸟一	HNQG	卜尸鸟一
鸲	qu	QKQG	勹口鸟一	QKQG	勹口鸟一
鸱	chi	QAYG	𠂆弋丶一	QAYG	𠂆弋丶一
鸶	si	XXGG	纟纟一一	XXGG	纟纟一一
鸸	er	DMJG	丆冂刂一	DMJG	丆冂刂一
鸷	zhi	RVYG	扌九丶一	RVYG	扌九丶一
鸹	gua	TDQG	丿古勹一	TDQG	丿古鸟一
鸺	xiu	WSQG	亻木鸟一	WSQG	亻木鸟一
鸾	luan	YOQG	亠灬鸟一	YOQG	亠灬鸟一
鹁	bo	FPBG	十冖子一	FPBG	十冖子一
鹂	li	GMYG	一冂丶一	GMYG	一冂丶一
鹄	gu	TFKG	丿土口一	TFKG	丿土口一
鹆	gu	WWKG	八人口一	WWKG	八人口一
鹇	xian	USQG	门木鸟一	USQG	门木鸟一
鹈	ti	UXHG	丷弓丨一	UXHG	丷弓丨一
鹉	wu	GAHG	一弋止一	GAHG	一弋止一
鹋	miao	ALQG	廾田鸟一	ALQG	廾田鸟一
鹌	lan	DJNG	大日乙一	DJNG	大日乙一
鹎	bei	RTFG	白丿十一	RTFG	白丿十一
鹑	chun	YBQG	亠子鸟一	YBQG	亠子鸟一
鹕	hu	DEQG	古月鸟一	DEQG	古月鸟一
鹗	e	KKFG	口口二一	KKFG	口口二一
鹚	ci	UXXG	䒑幺幺一	UXXG	䒑幺幺一
鹛	mei	NHQG	尸目鸟一	NHQG	尸目鸟一
鹜	wu	CBTG	マ卩丿一	CNHG	マ乙丨一
鹞	yao	ERMG	爫𠂉山一	ETFG	爫丿干一
鹣	jian	UVOG	䒑彐灬一	UVJG	䒑彐刂一
鹦	ying	MMVG	贝贝女一	MMVG	贝贝女一
鹧	zhe	YAOG	广廿灬一	OAOG	广廿灬一
鹨	liu	NWEG	羽人彡一	NWEG	羽人彡一
鹩	liao	DUJG	大丷日一	DUJG	大丷日一
鹪	jiao	WYOG	亻圭灬一	WYOG	亻圭灬一
鹫	jiu	YIDG	亠小𠂇一	YIDG	亠小𠂇一
鹬	yu	CBTG	マ卩丿一	CNHG	マ乙丨一
鹱	hu	QYNC	勹丶乙又	QGAC	鸟一廾又
鹭	lu	KHTG	口止夂一	KHTG	口止夂一
鹳	guan	AKKG	廾口口一	AKKG	廾口口一

疒

汉字	拼音	86版	拆字实例	98版	拆字实例
疒		UYGG	疒丶一一	UYGG	疒丶一一
疔	ding	USK	疒丁(川)	USK	疒丁(川)
疖	jie	UBK	疒卩(川)	UBK	疒卩(川)
疠	li	UDNV	疒丆乙(巛)	UGQE	疒一ㄌ(彡)
疝	shan	UMK	疒山(川)	UMK	疒山(川)
疬	li	UDLV	疒厂力(巛)	UDEE	疒厂力(彡)
疣	you	UDNV	疒𠂇乙(巛)	UDNY	疒十乙丶
疳	gan	UAFD	疒廾二㊂	UFD	疒甘㊂
疴	ke	USKD	疒丁口㊂	USKD	疒丁口㊂
疸	dan	UJGD	疒日一㊂	UJGD	疒日一㊂
痄	zha	UTHF	疒𠂉丨二	UTHF	疒𠂉丨二
疱	pao	UQNV	疒勹巳(巛)	UQNV	疒勹巳(巛)
疰	zhu	UYGD	疒丶王㊂	UYGD	疒丶王㊂
痃	xuan	UYXI	疒亠幺(冫)	UYXI	疒亠幺(冫)
痂	jia	ULKD	疒力口㊂	UEKD	疒力口㊂

学以致用系列丛书

长见识

汉字	拼音	86版	拆字实例	98版	拆字实例
瘂	ya	UGOG	疒一业一	UGOD	疒一业㊂
痍	yi	UGXW	疒一弓人	UGXW	疒一弓人
痣	zhi	UFNI	疒士心ⓘ	UFNI	疒士心ⓘ
痨	lao	UAPL	疒廾冖力	UAPE	疒廾冖力
痦	wu	UGKD	疒五口㊂	UGKD	疒五口㊂
痤	cuo	UWWF	疒人人土	UWWF	疒人人土
痫	xian	UUSI	疒门木ⓘ	UUSI	疒门木ⓘ
痧	sha	UIIT	疒氵小丿	UIIT	疒氵小丿
瘃	zhu	UEYI	疒豕丶ⓘ	UGEY	疒一豕丶
痱	fei	UDJD	疒三刂三	UHDD	疒丨三三
痼	gu	ULDD	疒囗古㊂	ULDD	疒囗古㊂
痿	wei	UTVD	疒禾女㊂	UTVD	疒禾女㊂
瘐	yu	UVWI	疒臼人ⓘ	UEWI	疒臼人ⓘ
瘀	yu	UYWU	疒方人冫	UYWU	疒方人冫
瘅	dan	UUJF	疒丷日十	UUJF	疒丷日十
瘌	la	UGKJ	疒一口刂	USKJ	疒木口刂
瘗	yi	UGUF	疒一丷土	UGUF	疒一丷土
瘊	hou	UWND	疒亻ユ大	UWND	疒亻ユ大
瘥	chai	UUDA	疒丷𡗗工	UUAD	疒𦍌工㊂
瘘	lou	UOVD	疒米女㊂	UOVD	疒米女㊂
瘕	jia	UNHC	疒コ丨又	UNHC	疒コ丨又
瘙	sao	UCYJ	疒又丶虫	UCYJ	疒又丶虫
瘛	chi	UDHN	疒三丨心	UDHN	疒三丨心
瘼	mo	UAJD	疒廾日大	UAJD	疒廾日大
瘢	ban	UTEC	疒丿舟又	UTUC	疒丿舟又
瘠	ji	UIWE	疒⺌人月	UIWE	疒⺌人月
癀	huang	UAMW	疒龷由八	UAMW	疒龷由八
瘭	biao	USFI	疒覀二小	USFI	疒覀二小
瘰	luo	ULXI	疒田幺小	ULXI	疒田幺小
瘿	ying	UMMV	疒贝贝女	UMMV	疒贝贝女
瘵	zhai	UWFI	疒癶二小	UWFI	疒癶二小
癃	long	UBTG	疒阝夂丰	UBTG	疒阝夂丰
瘾	yin	UBQN	疒阝⺈心	UBQN	疒阝⺈心
瘳	chou	UNWE	疒羽人彡	UNWE	疒羽人彡
癍	ban	UGYG	疒王文王	UGYG	疒王文王
癞	lai	UGKM	疒一口贝	USKM	疒木口贝
癔	yi	UUJN	疒立日心	UUJN	疒立日心
癜	dian	UNAC	疒尸廾又	UNAC	疒尸廾又
癖	pi	UNKU	疒尸口辛	UNKU	疒尸口辛
癫	dian	UFHM	疒十且贝	UFHM	疒十且贝
癯	qu	UHHY	疒目目圭	UHHY	疒目目圭

立

汉字	拼音	86版	拆字实例	98版	拆字实例
翊	yi	UNG	立羽⊖	UNG	立羽⊖
竦	song	UGKI	立一口小	USKG	立木口⊖

穴

汉字	拼音	86版	拆字实例	98版	拆字实例
穸	xi	PWQU	宀八夕ⓢ	PWQU	宀八夕ⓢ
穹	qiong	PWXB	宀八弓《	PWXB	宀八弓《
窀	zhun	PWGN	宀八一乙	PWGN	宀八一乙
窆	bian	PWTP	宀八丿之	PWTP	宀八丿之
窈	yao	PWXL	宀八幺力	PWXE	宀八幺力
窕	tiao	PWIQ	宀八⺌儿	PWQI	宀八儿⺌
窦	dou	PWFD	宀八十大	PWFD	宀八十大
窠	ke	PWJS	宀八日木	PWJS	宀八日木
窬	yu	PWWJ	宀八人刂	PWWJ	宀八人刂
窨	xun	PWUJ	宀八立日	PWUJ	宀八立日
窭	ju	PWOV	宀八米女	PWOV	宀八米女
窳	yu	PWRY	宀八𠂆㇏	PWRY	宀八𠂆㇏

衤

汉字	拼音	86版	拆字实例	98版	拆字实例
衤		PUI	衤冫ⓘ	PUYY	衤冫丶丶
衩	cha	PUCY	衤冫又丶	PUCY	衤冫又丶
衲	na	PUMW	衤冫冂人	PUMW	衤冫冂人
衽	ren	PUTF	衤冫丿士	PUTF	衤冫丿士
衿	jin	PUWN	衤冫人乙	PUWN	衤冫人乙
袂	mei	PUNW	衤冫ユ人	PUNW	衤冫ユ人
袢	pan	PUUF	衤冫丷十	PUUG	衤冫丷丰
裆	dang	PUIV	衤冫⺌彐	PUIV	衤冫⺌彐
袷	qia	PUWK	衤冫人口	PUWK	衤冫人口
袼	ge	PUTK	衤冫夂口	PUTK	衤冫夂口
裉	ken	PUVE	衤冫彐𧘇	PUVY	衤冫艮⊘
裢	lian	PULP	衤冫车辶	PULP	衤冫车辶
裎	cheng	PUKG	衤冫口王	PUKG	衤冫口王
裣	lian	PUWI	衤冫人⺍	PUWG	衤冫人一
裥	jian	PUUJ	衤冫门日	PUUJ	衤冫门日
裱	biao	PUGE	衤冫龶𧘇	PUGE	衤冫龶𧘇
褚	zhu	PUFJ	衤冫土日	PUFJ	衤冫土日
裼	ti	PUJR	衤冫日勹	PUJR	衤冫日勹
裨	bi	PURF	衤冫白十	PURF	衤冫白十
裾	ju	PUND	衤冫尸古	PUND	衤冫尸古
裰	duo	PUCC	衤冫又又	PUCC	衤冫又又
褡	da	PUAK	衤冫廾口	PUAK	衤冫廾口
褙	bei	PUUE	衤冫丬月	PUUE	衤冫丬月
褓	bao	PUWS	衤冫亻木	PUWS	衤冫亻木
褛	puo	PUOV	衤冫米女	PUOV	衤冫米女
褊	bian	PUYA	衤冫丶廾	PUYA	衤冫丶廾
褴	lan	PUJL	衤冫刂皿	PUJL	衤冫刂皿
褫	chi	PURM	衤冫𠂆几	PURW	衤冫𠂆几
褶	zhe	PUNR	衤冫羽白	PUNR	衤冫羽白
襁	qiang	PUXJ	衤冫弓虫	PUXJ	衤冫弓虫
襦	ru	PUFJ	衤冫雨刂	PUFJ	衤冫雨刂
襻	pan	PUSR	衤冫木手	PUSR	衤冫木手

疋

汉字	拼音	86版	拆字实例	98版	拆字实例
疋		NHI	乙龰ⓘ	NHI	乙龰ⓘ
胥	xu	NHEF	乙龰月⊖	NHEF	乙龰月⊖
皲	jun	PLHC	冖车𠂆又	PLBY	冖车皮⊘
皴	cun	CWTC	厶八夂又	CWTB	厶八夂皮
矜	jin	CBTN	マ卩丿乙	CNHN	マ乙丨乙

耒

汉字	拼音	86版	拆字实例	98版	拆字实例
耒		DII	三小ⓘ	FSI	二木ⓘ
耔	zi	DIBG	三小子⊖	FSBG	二木子⊖
耖	chao	DIIT	三小小丿	FSIT	二木小丿
耜	din	DINN	三小ココ	FSNG	二木𠂎⊖
耠	huo	DIWK	三小人口	FSWK	二木人口

汉字	拼音	86 版	拆字实例	98 版	拆字实例
耪	lao	DIAL	三小廾力	FSAE	二木廾力
耥	tang	DIIK	三小⺌口	FSIK	二木⺌口
耦	ou	DIJY	三小曰丶	FSJY	二木曰丶
耧	lou	DIOV	三小米女	FSOV	二木米女
耩	jiang	DIFF	三小二土	FSAF	二木龷土
耨	nou	DIDF	三小厂寸	FSDF	二木厂寸
耱	mo	DIYD	三小广石	FSOD	二木广石

老

汉字	拼音	86 版	拆字实例	98 版	拆字实例
耋	die	FTXF	土丿匕土	FTXF	土丿匕土

耳

汉字	拼音	86 版	拆字实例	98 版	拆字实例
耵	ding	BSH	耳丁①	BSH	耳丁①
聃	dan	BMFG	耳冂土⊖	BMFG	耳冂土⊖
聆	ling	BWYC	耳人丶マ	BWYC	耳人丶マ
聍	ning	BPSH	耳宀丁①	BPSH	耳宀丁①
聒	guo	BTDG	耳丿古⊖	BTDG	耳丿古⊖
聩	kui	BKHM	耳口丨贝	BKHM	耳口丨贝
聱	ao	GQTB	龶力攵耳	GQTB	龶力攵耳

覀

汉字	拼音	86 版	拆字实例	98 版	拆字实例
覃	tan	SJJ	覀早①	SJJ	覀早①

页

汉字	拼音	86 版	拆字实例	98 版	拆字实例
顸	han	FDMY	干丆贝⊘	FDMY	干丆贝⊘
颀	qi	RDMY	斤丆贝⊘	RDMY	斤丆贝⊘
颃	hang	YMDM	亠几丆贝	YWDM	亠几丆贝
颉	jie	FKDM	士口丆贝	FKDM	士口丆贝
颌	ge	WGKM	人一口贝	WGKM	人一口贝
颍	ying	XIDM	匕水丆贝	XIDM	匕水丆贝
颏	ke	YNTM	亠乙丿贝	YNTM	亠乙丿贝
颔	han	WYNM	人丶乙贝	WYNM	人丶乙贝
颚	e	KKFM	口口二贝	KKFM	口口二贝
颛	zhuan	MDMM	山丆冂贝	MDMM	山丆冂贝
颞	nie	BCCM	耳又又贝	BCCM	耳又又贝
颟	man	AGMM	廾一冂贝	AGMM	廾一冂贝
颡	sang	CCCM	又又又贝	CCCM	又又又贝
颢	hao	JYIM	日亠小贝	JYIM	日亠小贝
颥	ru	FDMM	雨丆冂贝	FDMM	雨丆冂贝
颦	pin	HIDF	止小丆十	HHDF	止少丆十

虍

汉字	拼音	86 版	拆字实例	98 版	拆字实例
虍		HAV	广七⑩	HHGN	虍丨一乙
虔	qian	HAYI	广七文⊙	HYI	虍文⊙

虫

汉字	拼音	86 版	拆字实例	98 版	拆字实例
虬	qiu	JNN	虫乙ⓩ	JNN	虫乙ⓩ
虮	ji	JMN	虫几ⓩ	JWN	虫几ⓩ
虿	chai	DNJU	丆乙虫⊙	GQJU	一力虫⊙
虺	hui	GQJI	一儿虫⊙	GQJI	一儿虫⊙
虼	ge	JTNN	虫𠂉乙ⓩ	JTNN	虫𠂉乙ⓩ

汉字	拼音	86 版	拆字实例	98 版	拆字实例
虻	meng	JYNN	虫亠乙ⓩ	JYNN	虫亠乙ⓩ
蚨	fu	JFWY	虫二人⊘	JGY	虫夫⊘
蚍	pi	JXXN	虫⺊匕ⓩ	JXXN	虫⺊匕ⓩ
蚋	rui	JMWY	虫冂人⊘	JMWY	虫冂人⊘
蚬	xian	JMQN	虫冂儿ⓩ	JMQN	虫冂儿ⓩ
蚝	hao	JTFN	虫丿二乙	JEN	虫毛ⓩ
蚧	jie	JWJH	虫人川①	JWJH	虫人川①
蚣	gong	JWCY	虫八厶⊘	JWCY	虫八厶⊘
蚪	dou	JUFH	虫⺀十①	JUFH	虫⺀十①
蚓	yin	JXHH	虫弓丨①	JXHH	虫弓丨①
蚩	chi	BHGJ	凵丨一虫	BHGJ	凵丨一虫
蚶	han	JAFG	虫廾二⊖	JFG	虫甘⊖
蛄	gu	JDG	虫古⊖	JDG	虫古⊖
蚵	ke	JSKG	虫丁口⊖	JSKG	虫丁口⊖
蛎	li	JDDN	虫厂丆乙	JDGQ	虫厂一力
蚰	you	JMG	虫由⊖	JMG	虫由⊖
蚺	ran	JMFG	虫冂山⊖	JMFG	虫冂山⊖
蚱	zha	JTHF	虫𠂉丨二	JTHF	虫𠂉丨二
蚯	qiu	JRGG	虫斤一⊖	JRG	虫丘⊖
蛉	ling	JWYC	虫人丶マ	JWYC	虫人丶マ
蛏	cheng	JCFG	虫又山⊖	JCFG	虫又山⊖
蚴	you	JXLN	虫幺力ⓩ	JXET	虫幺力⊘
蛩	qiong	AMYJ	工几丶虫	AWYJ	工几丶虫
蛱	jia	JGUW	虫一⺍人	JGUD	虫一⺍大
蛲	nao	JATQ	虫弋丿儿	JATQ	虫弋丿儿
蛭	zhi	JGCF	虫一厶山	JGCF	虫一厶山
蛳	si	JJGH	虫刂一丨	JJGH	虫刂一丨
蛐	qu	JMAG	虫冂廾一	JMAG	虫冂廾一
蜓	ting	JTFP	虫丿士廴	JTFP	虫丿士廴
蛞	kuo	JTDG	虫丿古⊖	JTDG	虫丿古⊖
蛴	qi	JYJH	虫文川①	JYJH	虫文川①
蛟	jiao	JUQY	虫六乂⊘	JURY	虫六乂⊘
蛘	yang	JUDH	虫⺍手①	JUH	虫羊①
蛑	mou	JCRH	虫厶𠂉丨	JCTG	虫厶丿丰
蜃	shen	DFEJ	厂二𧘇虫	DFEJ	厂二𧘇虫
蜇	zhe	RRJU	扌斤虫⊙	RRJU	扌斤虫⊙
蛸	xiao	JIEG	虫⺌月⊖	JIEG	虫⺌月⊖
蜈	wu	JKGD	虫口一大	JKGD	虫口一大
蜊	Li	JTJH	虫禾刂①	JTJH	虫禾刂①
蜍	chu	JWTY	虫人朩⊘	JWGS	虫人一朩
蜉	fu	JEBG	虫爫子⊖	JEBG	虫爫子⊖
蜣	qiang	JUDN	虫⺍𦍌乙	JUNN	虫𦍌乙ⓩ
蜻	qing	JGEG	虫龶月⊖	JGEG	虫龶月⊖
蜞	qi	JADW	虫廾三八	JDWY	虫其八⊘
蜥	xi	JSRH	虫木斤①	JSRH	虫木斤①
蜮	yu	JAKG	虫戈口一	JAKG	虫戈口一
蜚	fei	DJDJ	三刂三虫	HDHJ	丨三丨虫
蜾	guo	JJSY	虫曰木⊘	JJSY	虫曰木⊘
蝈	guo	JLGY	虫囗王丶	JLGY	虫囗王丶
蜴	yi	JJQR	虫日勹彡	JJQR	虫日勹彡
蜱	pi	JRTF	虫白丿十	JRTF	虫白丿十
蜩	tiao	JMFK	虫冂土口	JMFK	虫冂土口
蜷	quan	JUDB	虫⺍大㔾	JUGB	虫⺍夫㔾
蜿	wan	JPQB	虫宀夕㔾	JPQB	虫宀夕㔾
螂	lang	JYVB	虫丶彐阝	JYVB	虫丶彐阝

汉字	拼音	86版	拆字实例	98版	拆字实例
蜢	meng	JBLG	虫子皿㊀	JBLG	虫子皿㊀
蝽	chun	JDWJ	虫三八日	JDWJ	虫三八日
蝾	rong	JAPS	虫廾冖木	JAPS	虫廾冖木
蝻	nan	JFMF	虫十冂干	JFMF	虫十冂干
蝠	fu	JGKL	虫一口田	JGKL	虫一口田
蝰	kui	JDFF	虫大土土	JDFF	虫大土土
蝌	ke	JTUF	虫禾⺀十	JTUF	虫禾⺀十
蝮	fu	JTJT	虫𠂉日夂	JTJT	虫𠂉日夂
螋	sou	JVHC	虫臼丨又	JEHC	虫臼丨又
蝓	yu	JWGJ	虫人王刂	JWGJ	虫人王刂
蝣	you	JYTB	虫方𠂉子	JYTB	虫方𠂉子
蝼	lou	JOVG	虫米女㊀	JOVG	虫米女㊀
蝤	you	JUSG	虫丷西一	JUSG	虫丷西一
蝙	bian	JYNA	虫丶尸廾	JYNA	虫丶尸廾
蝥	mao	CBTJ	マ卩攵虫	CNHJ	マ乙丨虫
螓	qin	JDWT	虫三八禾	JDWT	虫三八禾
螯	ao	GQTJ	龶勹攵虫	GQTJ	龶勹攵虫
螨	man	JAGW	虫廾一人	JAGW	虫廾一人
蟒	mang	JADA	虫廾犬廾	JADA	虫廾犬廾
蟆	ma	JAJD	虫廾日大	JAJD	虫廾日大
螈	yuan	JDRI	虫厂白小	JDRI	虫厂白小
螅	xi	JTHN	虫丿目心	JTHN	虫丿目心
螭	chi	JYBC	虫文凵厶	JYRC	虫亠㐅厶
螗	tang	JYVK	虫广彐口	JOVK	虫广彐口
螃	pang	JUPY	虫立冖方	JYUY	虫亠丷方
螫	shi	FOTJ	凵小攵虫	FOTJ	凵小攵虫
蟥	huang	JAMW	虫龷由八	JAMW	虫龷由八
螬	cao	JGMJ	虫一冂日	JGMJ	虫一冂日
螵	piao	JSFI	虫覀二小	JSFI	虫覀二小
螳	tang	JIPF	虫⺌冖土	JIPF	虫⺌冖土
蟋	xi	JTON	虫丿米心	JTON	虫丿米心
蟓	xiang	JQJE	虫⺈罒豕	JQKE	虫⺈口豕
螽	zhong	TUJJ	夂⺀虫虫	TUJJ	夂⺀虫虫
蟑	zhang	JUJH	虫立早⑪	JUJH	虫立早⑪
蟀	shuai	JYXF	虫亠幺十	JYXF	虫亠幺十
蟊	mao	CBTJ	マ卩丿虫	CNHJ	マ乙丨虫
蟛	peng	JFKE	虫士口彡	JFKE	虫士口彡
蟪	hui	JGJN	虫一日心	JGJN	虫一日心
蟠	pan	JTOL	虫丿米田	JTOL	虫丿米田
蟮	shan	JUDK	虫丷手口	JUUK	虫羊丷口
蠖	huo	JAWC	虫廾亻又	JAWC	虫廾亻又
蠓	meng	JAPE	虫廾冖豕	JAPE	虫廾冖豕
蟾	chan	JQDY	虫⺈厂言	JQDY	虫⺈厂言
蠊	lian	JYUO	虫广丷灬	JOUW	虫广丷八
蠛	mie	JALT	虫廾罒丿	JALW	虫廾罒八
蠡	li	XEJJ	彑豕虫虫	XEJJ	彑豕虫虫
蠹	du	GKHJ	一口丨虫	GKHJ	一口丨虫
蠼	qu	JHHC	虫目目又	JHHC	虫目目又
缶					
缶	fou	RMK	𠂉山⑩	TFBK	丿干凵⑩
罂	ying	MMRM	贝贝𠂉山	MMTB	贝贝丿凵
罄	qing	FNMM	士尸几山	FNWB	士尸几凵
罅	xia	RMHH	𠂉山广丨	TFBF	丿干凵寸

汉字	拼音	86版	拆字实例	98版	拆字实例
舌					
舐	shi	TDQA	丿古𠂆七	TDQA	丿古𠂆七
⺮					
竺	zhu	TFF	⺮二㊀	TFF	⺮二㊀
竽	yu	TGFJ	⺮一士⑪	TGFJ	⺮一士⑪
笈	ji	TEYU	⺮乃㇏ⓢ	TBYU	⺮乃㇏ⓢ
笃	du	TCF	⺮马㊀	TCGF	⺮马一㊀
笄	ji	TGAJ	⺮一廾⑪	TGAJ	⺮一廾⑪
笕	jian	TMQB	⺮冂儿⑫	TMQB	⺮冂儿⑫
笊	zhao	TRHY	⺮𠂆丨㇏	TRHY	⺮𠂆丨㇏
笫	zi	TTNT	⺮丿乙丿	TTNT	⺮丿乙丿
笏	hu	TQRR	⺮勹⺈⑳	TQRR	⺮勹⺈⑳
筇	qiong	TABJ	⺮工阝⑪	TABJ	⺮工阝⑪
笸	po	TAKF	⺮匚口㊀	TAKF	⺮匚口㊀
笪	da	TJGF	⺮日一㊀	TJGF	⺮日一㊀
笙	sheng	TTGF	⺮丿龶㊀	TTGF	⺮丿龶㊀
笮	ze	TTHF	⺮𠂉丨二	TTHF	⺮𠂉丨二
笱	gou	TQKF	⺮勹口㊀	TQKF	⺮勹口㊀
笠	li	TUF	⺮立㊀	TUF	⺮立㊀
笥	si	TNGK	⺮乙一口	TNGK	⺮乙一口
笤	tiao	TVKF	⺮刀口㊀	TVKF	⺮刀口㊀
笳	jia	TLKF	⺮力口㊀	TEKF	⺮力口㊀
笾	bian	TLPU	⺮力辶ⓢ	TEPU	⺮力辶ⓢ
笞	chi	TCKF	⺮厶口㊀	TCKF	⺮厶口㊀
筘	kou	TRKF	⺮扌口㊀	TRKF	⺮扌口㊀
筚	bi	TXXF	⺮⺊匕十	TXXF	⺮⺊匕十
筅	xian	TTFQ	⺮丿凵儿	TTFQ	⺮丿凵儿
筵	yan	TTHP	⺮丿止廴	TTHP	⺮丿⺊廴
筌	quan	TWGF	⺮人王㊀	TWGF	⺮人王㊀
筝	zheng	TQVH	⺮⺈彐丨	TQVH	⺮⺈彐丨
筠	jun	TFQU	⺮凵勹⺀	TFQU	⺮凵勹⺀
筮	shi	TAWW	⺮工人人	TAWW	⺮工人人
筻	gang	TGJQ	⺮一日乂	TGJR	⺮一日乂
筢	pa	TRCB	⺮扌巴⑫	TRCB	⺮扌巴⑫
筲	shao	TIEF	⺮⺌月㊀	TIEF	⺮⺌月㊀
筱	xiao	TWHT	⺮亻丨攵	TWHT	⺮亻丨攵
箐	qing	TGEF	⺮龶月㊀	TGEF	⺮龶月㊀
箦	ze	TGMU	⺮龶贝ⓢ	TGMU	⺮龶贝ⓢ
箧	qie	TAGW	⺮匚一人	TAGD	⺮匚一大
箸	zhu	TFTJ	⺮凵丿日	TFTJ	⺮凵丿日
箬	ruo	TADK	⺮廾ナ口	TADK	⺮廾ナ口
箝	qian	TRAF	⺮扌廾二	TRFF	⺮扌甘㊀
箨	tuo	TRCH	⺮扌又丨	TRCG	⺮扌又丰
箅	bi	TLGJ	⺮田一刂	TLGJ	⺮田一刂
箪	dan	TUJF	⺮丷日十	TUJF	⺮丷日十
箜	kong	TPWA	⺮宀八工	TPWA	⺮宀八工
箢	yuan	TPQB	⺮宀夕㔾	TPQB	⺮宀夕㔾
箫	xiao	TVIJ	⺮彐小刂	TVHW	⺮彐丨八
箴	zhen	TDGT	⺮厂一丿	TDGK	⺮戊一口
篑	kui	TKHM	⺮口丨贝	TKHM	⺮口丨贝
篁	huang	TRGF	⺮白王㊀	TRGF	⺮白王㊀
篌	hou	TWND	⺮亻コ大	TWND	⺮亻コ大

汉字	拼音	86版	拆字实例	98版	拆字实例
篝	gou	TFJF	⺮二刂土	TAMF	⺮龷冂土
篚	fei	TADD	⺮匚三三	TAHD	⺮匚丨三
篥	li	TSSU	⺮西木③	TSSU	⺮西木③
篦	bi	TTLX	⺮丿囗匕	TTLX	⺮丿囗匕
篪	chi	TRHM	⺮厂广几	TRHW	⺮厂虍几
簌	su	TGKW	⺮一口人	TSKW	⺮木口人
篾	mie	TLDT	⺮罒厂丿	TLAW	⺮罒戈八
篼	dou	TQRQ	⺮⺈白儿	TRQQ	⺮白⺈儿
簏	lu	TYNX	⺮广コ匕	TOXX	⺮声⺊匕
簖	duan	TONR	⺮米乙斤	TONR	⺮米乙斤
簋	gui	TVEL	⺮彐𠄌皿	TVLF	⺮艮皿⊖
簟	dian	TSJJ	⺮西早①	TSJJ	⺮西早①
簪	zan	TAQJ	⺮匚儿日	TAQJ	⺮匚儿日
簦	deng	TWGU	⺮癶一䒑	TWGU	⺮癶一䒑
簸	bo	TADC	⺮廾三又	TDWB	⺮甘八皮
籁	lai	TGKM	⺮一口贝	TSKM	⺮木口贝
籀	zhou	TRQL	⺮扌⺈田	TRQL	⺮斤⺈田

臼

汉字	拼音	86版	拆字实例	98版	拆字实例
臾	yu	VWI	臼人③	EWI	臼人③
舁	yu	VAJ	臼廾①	EAJ	臼廾①
舂	chong	DWVF	三八臼⊖	DWEF	三八臼⊖
舄	xi	VQOU	臼勹灬③	EQOU	臼勹灬③

自

汉字	拼音	86版	拆字实例	98版	拆字实例
臬	nie	THSU	丿目木③	THSU	丿目木③

血

汉字	拼音	86版	拆字实例	98版	拆字实例
衄	nv	TLNF	丿皿乙土	TLNG	丿皿乙一

舟

汉字	拼音	86版	拆字实例	98版	拆字实例
舡	chuan	TEAG	丿丹工⊖	TUAG	丿丹工⊖
舢	shan	TEMH	丿丹山丨	TUMH	丿丹山①
舣	yi	TEYQ	丿丹丶乂	TUYR	丿丹丶乂
舭	bi	TEXX	丿丹⺊匕	TUXX	丿丹⺊匕
舯	zhong	TEKH	丿丹口丨	TUKH	丿丹口丨
舨	ban	TERC	丿丹厂又	TURC	丿丹厂又
舫	fang	TEYN	丿丹方②	TUYT	丿丹方②
舸	ge	TESK	丿丹丁口	TUSK	丿丹丁口
舻	lu	TEHN	丿丹⺊尸	TUHN	丿丹⺊尸
舳	zhu	TEMG	丿丹由⊖	TUMG	丿丹由⊖
舴	ze	TETF	丿丹𠂉二	TUTF	丿丹𠂉二
舾	xi	TESG	丿丹西⊖	TUSG	丿丹西⊖
艄	shao	TEIE	丿丹⺌月	TUIE	丿丹⺌月
艉	ten	TENN	丿丹尸乙	TUNE	丿丹尸毛
艋	meng	TEBL	丿丹子皿	TUBL	丿丹子皿
艏	shou	TEUH	丿丹䒑目	TUUH	丿丹䒑目
艚	cao	TEGJ	丿丹一日	TUGJ	丿丹一日
艟	chong	TEUF	丿丹立土	TUUF	丿丹立土
艨	meng	TEAE	丿丹廾豕	TUAE	丿丹廾豕

衣

汉字	拼音	86版	拆字实例	98版	拆字实例
衾	qin	WYNE	人丶乙𧘇	WYNE	人丶乙𧘇
袅	niao	QYNE	勹丶乙𧘇	QYEU	鸟亠𧘇③
袈	jia	LKYE	力口亠𧘇	EKYE	力口亠𧘇
裘	qiu	FIYE	十氺丶𧘇	GIYE	一氺丶𧘇
裟	sha	IITE	氵小丿𧘇	IITE	氵小丿𧘇
襞	bi	NKUE	尸口辛𧘇	NKUE	尸口辛𧘇

羊

汉字	拼音	86版	拆字实例	98版	拆字实例
羝	di	UDQY	丷𫇦𠂆丶	UQAY	⺶𠂆弋丶
羟	qiang	UDCA	丷𫇦又工	UCAG	⺶又工⊖
羧	suo	UDCT	丷𫇦厶夂	UCWT	⺶厶八夂
羯	jie	UDJN	丷𫇦日乙	UJQN	⺶日勹乙
羰	tang	UDMO	丷𫇦山火	UMDO	⺶山ナ火
羲	xi	UGTT	丷王禾丿	UGTY	丷王禾丶

米

汉字	拼音	86版	拆字实例	98版	拆字实例
籼	xian	OMH	米山①	OMH	米山①
籹	mi	OTY	米攵⊘	OTY	米攵⊘
粑	ba	OCN	米巴②	OCN	米巴②
粝	li	ODDN	米厂丆乙	ODGQ	米厂一力
粜	tiao	BMOU	凵山米③	BMOU	凵山米③
粞	xi	OSG	米西⊖	OSG	米西⊖
粢	zi	UQWO	冫⺈人米	UQWO	冫⺈人米
粲	can	HQCO	⺊夕又米	HQCO	⺊夕又米
粼	lin	OQAB	米夕匚巛	OQGB	米夕𠀎巛
粽	zong	OPFI	米宀二小	OPFI	米宀二小
糁	san	OCDE	米厶大彡	OCDE	米厶大彡
糇	hou	OWND	米亻コ大	OWND	米亻コ大
糌	zan	OTHJ	米夂⺊日	OTHJ	米夂⺊日
糍	ci	OUXX	米䒑幺幺	OUXX	米䒑幺幺
糈	xu	ONHE	米乙⺊月	ONHE	米乙⺊月
糅	rou	OCBS	米マ卩木	OCNS	米マ乙木
糗	qiu	OTHD	米丿目犬	OTHD	米丿目犬
糨	jiang	OXKJ	米弓口虫	OXKJ	米弓口虫

艮

汉字	拼音	86版	拆字实例	98版	拆字实例
艮		VEI	彐𠄌③	VNGY	艮乙一乀
暨	ji	VCAG	彐厶匚一	VAQG	巳匚儿一

羽

汉字	拼音	86版	拆字实例	98版	拆字实例
羿	yi	NAJ	羽廾①	NAJ	羽廾①
翎	ling	WYCN	人丶マ羽	WYCN	人丶マ羽
翕	xi	WGKN	人一口羽	WGKN	人一口羽
翥	zhu	FTJN	土丿日羽	FTJN	土丿日羽
翡	fei	DJDN	三刂三羽	HDHN	丨三丨羽
翦	jian	UEJN	䒑月刂羽	UEJN	䒑月刂羽
翩	pian	YNMN	丶尸冂羽	YNMN	丶尸冂羽
翮	he	GKMN	一口冂羽	GKMN	一口冂羽
翳	yi	ATDN	匚𠂉大羽	ATDN	匚𠂉大羽

汉字	拼音	86版	拆字实例	98版	拆字实例
糸					
糸	xi	XIU	幺小③	XIU	幺小③
絷	zhi	RVYI	扌九丶小	RVYI	扌九丶小
綦	qi	ADWI	廾三八小	DWXI	其八幺小
綮	qing	YNTI	丶尸攵小	YNTI	丶尸攵小
繇	zhou	ERMI	爫𠂉山小	ETFI	爫丿干小
纛	dao	GXFI	主母十小	GXHI	主母且小
麦					
麸	fu	GQFW	主夕二人	GQGY	主夕夫⊘
麴	qu	FWWO	十人人米	SWWO	木人人米
走					
赳	jiu	FHNH	土龰乙丨	FHNH	土龰乙丨
趄	ju	FHEG	土龰目一	FHEG	土龰目一
趔	lie	FHGJ	土龰一刂	FHGJ	土龰一刂
趑	zi	FHUW	土龰冫人	FHUW	土龰冫人
趱	zan	FHTM	土龰丿贝	FHTM	土龰丿贝
赤					
赧	nan	FOBC	土小卩又	FOBC	土小卩又
赭	zhe	FOFJ	土小土日	FOFJ	土小土日
豆	dou	gkuf	一口	gkuf	一口
豇	jiang	GKUA	一口丷工	GKUA	一口丷工
豉	chi	GKUC	一口丷又	GKUC	一口丷又
酉					
酊	ding	SGSH	西一丁①	SGSH	西一丁①
酐	gan	SGFH	西一干①	SGFH	西一干①
酎	zhou	SGFY	西一寸⊘	SGFY	西一寸⊘
酏	yi	SGBN	西一也②	SGBN	西一也②
酤	gu	SGDG	西一古⊖	SCDC	西一古⊖
酢	cu	SGTF	西一𠂉二	SGTF	西一𠂉二
酡	tuo	SGPX	西一宀匕	SGPX	西一宀匕
酰	xian	SGTQ	西一丿儿	SGTQ	西一丿儿
酩	ming	SGQK	西一夕口	SGQK	西一夕口
酯	zhi	SGXJ	西一匕日	SGXJ	西一匕日
酽	yan	SGGD	西一一厂	SGGT	西一一丿
酾	shi	SGGY	西一一丶	SGGY	西一一丶
酲	cheng	SGKG	西一口王	SGKG	西一口王
酴	tu	SGWT	西一人朩	SGWS	西一人朩
酹	kei	SGEF	西一爫寸	SGEF	西一爫寸
醌	kun	SGJX	西一日匕	SGJX	西一日匕
醅	pei	SGUK	西一立口	SGUK	西一立口
醐	hu	SGDE	西一古月	SGDE	西一古月
醍	ti	SGJH	西一日龰	SGJH	西一日龰
醑	xu	SGNE	西一乙月	SGNE	西一乙月
醢	hai	SGDL	西一十皿	SGDL	西一十皿
醣	tang	SGYK	西一广口	SGOK	西一广口
醪	lao	SGNE	西一羽彡	SGNE	西一羽彡
醭	bu	SGOY	西一业乀	SGOG	西一业夫
醮	jiao	SGWO	西一亻灬	SGWO	西一亻灬
醯	xi	SGYL	西一亠皿	SGYL	西一亠皿
醵	ju	SGHE	西一虍豕	SGHE	西一虍豕
醴	li	SGMU	西一冂丷	SGMU	西一冂丷
醺	xun	SGTO	西一丿灬	SGTO	西一丿灬
豕					
豕		EGTY	豕一丿乀	GEI	一豕③
卤					
鹾	cuo	HLQA	卜口乂工	HLRA	卜口乂工
足					
趸	dun	DNKH	丆乙口龰	GQKH	一勹口龰
跫	qiong	AMYH	工几丶龰	AWYH	工几丶龰
踅	xue	RRKH	扌斤口龰	RRKH	扌斤口龰
蹙	cu	DHIH	戊上小龰	DHIH	戊上小龰
蹩	bie	UMIH	丷冂小龰	ITKH	㡀文口龰
趵	bao	KHQY	口止勹丶	KHQY	口止勹丶
趿	ta	KHEY	口止乃乀	KHBY	口止乃乀
趼	jian	KHGA	口止一廾	KHGA	口止一廾
趺	fu	KHFW	口止二人	KHGY	口止夫⊘
跄	qiang	KHWB	口止人㔾	KHWB	口止人㔾
跖	zhi	KHDG	口止石⊖	KHDG	口止石⊖
跗	fu	KHWF	口止亻寸	KHWF	口止亻寸
跚	shan	KHMG	口止冂一	KHMG	口止冂一
跞	li	KHQI	口止𠂊小	KHTI	口止丿小
跎	ruo	KHPX	口止宀匕	KHPX	口止宀匕
跏	jia	KHLK	口止力口	KHEK	口止力口
跛	bo	KHHC	口止广又	KHBY	口止皮⊘
跆	tai	KHCK	口止厶口	KHCK	口止厶口
跬	kui	KHFF	口止土土	KHFF	口止土土
跷	jiao	KHAQ	口止弋儿	KHAQ	口止弋儿
跸	bi	KHXF	口止匕十	KHXF	口止匕十
跣	xian	KHTQ	口止丿儿	KHTQ	口止丿儿
跹	xian	KHTP	口止𠂉辶	KHTP	口止𠂉辶
跻	ji	KHYJ	口止文川	KHYJ	口止文川
跤	jiao	KHUQ	口止六乂	KHUR	口止六乂
踉	liang	KHYE	口止丶艮	KHYV	口止丶艮
跽	ji	KHNN	口止己心	KHNN	口止己心
踔	chuo	KHHJ	口止⺊早	KHHJ	口止⺊早
踝	huai	KHJS	口止日木	KHJS	口止日木
踟	chi	KHTK	口止𠂉口	KHTK	口止𠂉口
踬	zhi	KHRM	口止厂贝	KHRM	口止厂贝
踮	dian	KHYK	口止广口	KHOK	口止广口
踣	bo	KHUK	口止立口	KHUK	口止立口
踯	zhi	KHUB	口止丷阝	KHUB	口止丷阝
踺	jian	KHVP	口止彐廴	KHVP	口止彐廴
蹀	die	KHAS	口止廿木	KHAS	口止廿木
踹	chui	KHMJ	口止山刂	KHMJ	口止山刂
踵	zhong	KHTF	口止丿土	KHTF	口止丿土
踽	ju	KHTY	口止丿丶	KHTY	口止丿丶

汉字	拼音	86 版	拆字实例	98 版	拆字实例
踱	duo	KHYC	口止广又	KHOC	口止广又
蹉	cuo	KHUA	口止𦍌工	KHUA	口止𦍌工
蹁	pian	KHYA	口止丶廾	KHYA	口止丶廾
蹂	rou	KHCS	口止マ木	KHCS	口止マ木
蹑	nie	KHBC	口止耳又	KHBC	口止耳又
蹒	pan	KHAW	口止廾人	KHAW	口止廾人
蹊	qi	KHED	口止爫大	KHED	口止爫大
蹰	chu	KHDF	口止厂寸	KHDF	口止厂寸
蹶	jue	KHDW	口止厂人	KHDW	口止厂人
蹼	pu	KHOY	口止业乀	KHOG	口止业夫
蹯	fan	KHTL	口止丿田	KHTL	口止丿田
蹴	jiu	KHYN	口止古乙	KHYY	口止古丶
躅	zhu	KHLJ	口止罒虫	KHLJ	口止罒虫
躏	lin	KHAY	口止廾圭	KHAY	口止廾圭
躔	chan	KHYF	口止广土	KHOF	口止广土
躐	lie	KHVN	口止巛乙	KHVN	口止巛乙
躜	zuan	KHTM	口止丿贝	KHTM	口止丿贝
躞	xie	KHOC	口止火又	KHYC	口止言又

豸

汉字	拼音	86 版	拆字实例	98 版	拆字实例
豸		EER	爫犭⊘	ETYT	豸丿丶丿
貂	diao	EEVK	爫犭刀口	EVKG	豸刀口⊖
貊	mo	EEDJ	爫犭丆日	EDJG	豸丆日⊖
貅	xiu	EEWS	爫犭亻木	EWSY	豸亻木⊗
貘	mo	EEAD	爫犭廾大	EAJD	豸廾日大
貔	pi	EETX	爫犭丿匕	ETLX	豸丿囗匕

角

汉字	拼音	86 版	拆字实例	98 版	拆字实例
斛	hu	QEUF	⺈用⺀十	QEUF	⺈用⺀十
觖	jue	QENW	⺈用コ人	QENW	⺈用コ人
觞	shang	QETR	⺈用𠂉𠃌	QETR	⺈用𠂉𠃌
觚	gu	QERY	⺈用𠂆乀	QERY	⺈用𠂆乀
觜	zi	HXQE	止匕⺈用	HXQE	止匕⺈用
觥	gong	QEIQ	⺈用⺌儿	QEIQ	⺈用⺌儿
觫	su	QEGI	⺈用一小	QESK	⺈用木口
觯	zhi	QEUF	⺈用丷十	QEUF	⺈用丷十

言

汉字	拼音	86 版	拆字实例	98 版	拆字实例
訾	zi	HXYF	止匕言⊖	HXYF	止匕言⊖
謦	qing	FNMY	士尸几言	FNWY	士尸几言

青

汉字	拼音	86 版	拆字实例	98 版	拆字实例
靓	jing	GEMQ	龶月冂儿	GEMQ	龶月冂儿

雨

汉字	拼音	86 版	拆字实例	98 版	拆字实例
雩	yu	FFNB	雨二乙⓪	FFNB	雨二乙⓪
雳	li	FDLB	雨厂力⓪	FDER	雨厂力⊘
雯	wen	FYU	雨文⑤	FYU	雨文⑤
霆	ting	FTFP	雨丿士廴	FTFP	雨丿士廴
霁	ji	FYJJ	雨文刂⑪	FYJJ	雨文刂⑪
霈	pei	FIGH	雨氵一丨	FIGH	雨氵一丨
霏	fei	FDJD	雨三刂三	FHDD	雨丨三三
霎	sha	FUVF	雨立女⊖	FUVF	雨立女⊖
霪	yin	FIEF	雨氵爫士	FIEF	雨氵爫士
霭	ai	FYJN	雨讠曰乙	FYJN	雨讠曰乙
霰	san	FAET	雨廾月攵	FAET	雨廾月攵
霾	mai	FEEF	雨爫犭土	FEJF	雨豸日土

齿

汉字	拼音	86 版	拆字实例	98 版	拆字实例
龀	chen	HWBX	止人凵匕	HWBX	止人凵匕
龃	ju	HWBG	止人凵一	HWBG	止人凵一
龅	bao	HWBN	止人凵巳	HWBN	止人凵巳
龆	tiao	HWBK	止人凵口	HWBK	止人凵口
龇	zi	HWBX	止人凵匕	HWBX	止人凵匕
龈	yin	HWBE	止人凵𧾷	HWBV	止人凵艮
龉	yu	HWBK	止人凵口	HWBK	止人凵口
龊	chuo	HWBH	止人凵⻊	HWBH	止人凵⻊
龌	wo	HWBF	止人凵凵	HWBF	止人凵凵

黾

汉字	拼音	86 版	拆字实例	98 版	拆字实例
黾	min	KJNB	口曰乙⓪	KJNB	口曰乙⓪
鼋	yuan	FQKN	二儿口乙	FQKN	二儿口乙
鼍	tuo	KKLN	口口田乙	KKLN	口口田乙

隹

汉字	拼音	86 版	拆字实例	98 版	拆字实例
隹	zhui	WYG	亻圭⊖	WYG	亻圭⊖
隼	sun	WYFJ	亻圭十⑪	WYFJ	亻圭十⑪
隽	juan	WYEB	亻圭乃⓪	WYBR	亻圭乃⊘
雎	ju	EGWY	月一亻圭	EGWY	月一亻圭
雒	luo	TKWY	夂口亻圭	TKWY	夂口亻圭
瞿	qu	HHWY	目目亻圭	HHWY	目目亻圭
雠	chou	WYYY	亻圭讠圭	WYYY	亻圭讠圭

金

汉字	拼音	86 版	拆字实例	98 版	拆字实例
銎	qiong	AMYQ	工几丶金	AWYQ	工几丶金
銮	luan	YOQF	亠⺌金⊖	YOQF	亠⺌金⊖
鋈	wu	ITDQ	氵丿大金	ITDQ	氵丿大金
錾	zan	LRQF	车斤金⊖	LRQF	车斤金⊖
鍪	mou	CBTQ	マ阝攵金	CNHQ	マ乙丨金
鏊	ao	GQTQ	龶力攵金	GQTQ	龶力攵金
鎏	liu	IYCQ	氵亠厶金	IYCQ	氵亠厶金
鐾	bei	NKUQ	尸口辛金	NKUQ	尸口辛金
鑫	xin	QQQF	金金金⊖	QQQF	金金金⊖

鱼

汉字	拼音	86 版	拆字实例	98 版	拆字实例
鱿	you	QGDN	鱼一𠂇乙	QGDY	鱼一ナ丶
鲂	fang	QGYN	鱼一方⓪	QGYT	鱼一方⊘
鲅	ba	QGDC	鱼一𠂇又	QGDY	鱼一ナ丶
鲆	ping	QGGH	鱼一一丨	QGGF	鱼一一十
鲇	nian	QGHK	鱼一⺊口	QGHK	鱼一⺊口
鲈	lu	QGHN	鱼一⺊尸	QGHN	鱼一⺊尸
稣	su	QGTY	鱼一禾⊗	QGTY	鱼一禾⊗
鲋	fu	QGWF	鱼一亻寸	QGWF	鱼一亻寸
鲎	hou	IPQG	⺌冖鱼一	IPQG	⺌冖鱼一

汉字	拼音	86版	拆字实例	98版	拆字实例
鲐	tai	QGCK	鱼一厶口	QGCK	鱼一厶口
鲑	gui	QGFF	鱼一土土	QGFF	鱼一土土
鲒	jie	QGFK	鱼一士口	QGFK	鱼一士口
鲔	wei	QGDE	鱼一ナ月	QGDE	鱼一ナ月
鲕	er	QGDJ	鱼一丆刂	QGDJ	鱼一丆刂
鲚	ji	QGYJ	鱼一文刂	QGYJ	鱼一文刂
鲛	jiao	QGUQ	鱼一六乂	QGUR	鱼一六乂
鲞	xiang	UDQG	丷大鱼一	UGQG	丷夫鱼一
鲟	xun	QGVF	鱼一彐寸	QGVF	鱼一彐寸
鲠	geng	QGGQ	鱼一一乂	QGGR	鱼一一乂
鲡	li	QGGY	鱼一一丶	QGGY	鱼一一丶
鲢	lian	QGLP	鱼一车辶	QGLP	鱼一车辶
鲣	jian	QGJF	鱼一刂土	QGJF	鱼一刂土
鲥	shi	QGJF	鱼一日寸	QGJF	鱼一日寸
鲦	tiao	QGTS	鱼一夂朩	QGTS	鱼一夂朩
鲧	gun	QGTI	鱼一丿小	QGTI	鱼一丿小
鲨	sha	IITG	氵小丿一	IITG	氵小丿一
鲩	huan	QGPQ	鱼一宀儿	QGPQ	鱼一宀儿
鲫	ji	QGVB	鱼一彐卩	QGVB	鱼一艮卩
鲭	qing	QGGE	鱼一龶月	QGGE	鱼一龶月
鲮	ling	QGFT	鱼一土夂	QGFT	鱼一土夂
鲰	zou	QGBC	鱼一耳又	QGBC	鱼一耳又
鲱	fei	QGDD	鱼一三三	QGHD	鱼一丨三
鲲	kun	QGJX	鱼一日匕	QGJX	鱼一日匕
鲳	chang	QGJJ	鱼一日日	QGJJ	鱼一日日
鲴	gu	QGLD	鱼一囗古	QGLD	鱼一囗古
鲵	ni	QGVQ	鱼一臼儿	QGEQ	鱼一臼儿
鲶	nian	QGWN	鱼一人心	QGWN	鱼一人心
鲷	diao	QGMK	鱼一冂口	QGMK	鱼一冂口
鲺	shi	QGNJ	鱼一乙虫	QGNJ	鱼一乙虫
鲻	zi	QGVL	鱼一巛田	QGVL	鱼一巛田
鲼	fen	QGFM	鱼一十贝	QGFM	鱼一十贝
鲽	dei	QGAS	鱼一廿木	QGAS	鱼一廿木
鳄	e	QGKN	鱼一口乙	QGKN	鱼一口乙
鳅	qiu	QGTO	鱼一禾火	QGTO	鱼一禾火
鳆	fu	QGTT	鱼一𠂉夂	QCTT	鱼一𠂉夂
鳇	huang	QGRG	鱼一白王	QGRG	鱼一白王
鳊	bian	QGYA	鱼一丶廾	QGYA	鱼一丶廾
鳋	sao	QGCJ	鱼一又虫	QGCJ	鱼一又虫
鳌	ao	GQTG	龶力文一	GQTG	龶力文一
鳍	qi	QGFJ	鱼一土日	QGFJ	鱼一土日
鳎	ta	QGJN	鱼一日羽	QGJN	鱼一日羽
鳏	guan	QGLI	鱼一罒氺	QGLI	鱼一罒氺
鳐	yao	QGEM	鱼一爫山	QGEB	鱼一爫凵
鳓	le	QGAL	鱼一廿力	QGAE	鱼一廿力
鳔	biao	QGSI	鱼一西小	QGSI	鱼一西小
鳕	xue	QGFV	鱼一雨彐	QGFV	鱼一雨彐
鳗	man	QGJC	鱼一日又	QGJC	鱼一日又
鳘	min	TXGG	𠂉母一一	TXTG	𠂉母文一
鳙	yong	QGYH	鱼一广丨	QGOH	鱼一广丨
鳜	gui	QGDW	鱼一厂人	QGDW	鱼一厂人
鳝	shan	QGUK	鱼一羊口	QGUK	鱼一羊口
鳟	zun	QGUF	鱼一丷寸	QGUF	鱼一丷寸
鳢	li	QGMU	鱼一冂䒑	QGMU	鱼一冂䒑

汉字	拼音	86版	拆字实例	98版	拆字实例
革					
靼	da	AFJG	廿串日一	AFJG	廿串日一
鞅	yang	AFMD	廿串冂大	AFMD	廿串冂大
鞑	da	AFDP	廿凵大辶	AFDP	廿串大辶
鞒	qiao	AFTJ	廿串丿刂	AFTJ	廿串丿刂
鞔	man	AFQQ	廿串𠂊儿	AFQQ	廿串𠂊儿
鞯	jian	AFAB	廿串廿子	AFAB	廿串廿子
鞫	ju	AFQY	廿串勹言	AFQY	廿串勹言
鞣	rou	AFCS	廿串マ木	AFCS	廿串マ木
鞲	gou	AFFF	廿串二凵	AFAF	廿串井凵
鞴	bei	AFAE	廿串廿用	AFAE	廿串廿用
骨					
骱	jie	MEWJ	冎月人刂	MEWJ	冎月人刂
骰	tou	MEMC	冎月几又	MEWC	冎月几又
骷	ku	MEDG	冎月古⊖	MEDG	冎月古⊖
鹘	gu	MEQG	冎月勹一	MEQG	冎月鸟一
骶	di	MEQY	冎月氏丶	MEQY	冎月氏丶
骺	hou	MERK	冎月𠂆口	MERK	冎月𠂆口
骼	ge	METK	冎月夂口	METK	冎月夂口
髁	ke	MEJS	冎月日木	MEJS	冎月日木
髀	bi	MERF	冎月白十	MERF	冎月白十
髅	lou	MEOV	冎月米女	MEOV	冎月米女
髂	qia	MEPK	冎月宀口	MEPK	冎月宀口
髋	kuan	MEPQ	冎月宀儿	MEPQ	冎月宀儿
髌	bin	MEPW	冎月宀八	MEPW	冎月宀八
髑	du	MELJ	冎月罒虫	MELJ	冎月罒虫
鬼					
魅	mei	RQCI	白儿厶小	RQCF	白儿厶未
魃	ba	RQCC	白儿厶又	RQCY	白儿厶丶
魇	yan	DDRC	厂犬白厶	DDRC	厂犬白厶
魉	liang	RQCW	白儿厶人	RQCW	白儿厶人
魈	xiao	RQCE	白儿厶月	RQCE	白儿厶月
魍	wang	RQCN	白儿厶乙	RQCN	白儿厶乙
魑	chi	RQCC	白儿厶厶	RQCC	白儿厶厶
食					
飨	xiang	XTWE	纟丿人𧘇	XTWV	纟丿人艮
餍	yan	DDWE	厂犬人𧘇	DDWV	厂犬人艮
餮	tie	GQWE	一夕人𧘇	GQWV	一夕人艮
饕	tao	KGNE	口一乙𧘇	KGNV	口一乙艮
饔	yong	YXTE	亠纟丿𧘇	YXTV	亠纟丿艮

汉字	拼音	86 版	拆字实例	98 版	拆字实例
髟					
髟		DET	镸彡⊘	DET	镸彡⊘
髡	kun	DEGQ	镸彡一儿	DEGQ	镸彡一儿
髦	mao	DETN	镸彡丿乙	DEEB	镸彡毛⊗
髯	ran	DEMF	镸彡冂土	DEMF	镸彡冂土
髫	tiao	DEVK	镸彡刀口	DEVK	镸彡刀口
髻	ji	DEFK	镸彡士口	DEFK	镸彡士口
髭	zi	DEHX	镸彡止匕	DEHX	镸彡止匕
髹	xiu	DEWS	镸彡亻木	DEWS	镸彡亻木
鬈	quan	DEUB	镸彡丷㔾	DEUB	镸彡丷㔾
鬏	jiu	DETO	镸彡禾火	DETO	镸彡禾火
鬓	bin	DEPW	镸彡宀八	DEPW	镸彡宀八
鬟	huan	DELE	镸彡罒𧘇	DELE	镸彡罒𧘇
鬣	lie	DEVN	镸彡 乙	DEVN	镸彡 乙
麻					
麽	mo	YSSC	广木木厶	OSSC	广木木厶
麾	hui	YSSN	广木木乙	OSSE	广木木毛
縻	mi	YSSI	广木木小	OSSI	广木木小
鹿					
麂	ji	YNJM	广コ刂几	OXXW	声⺊匕几
麇	jun	YNJT	广コ刂禾	OXXT	声⺊匕禾
麈	zhu	YNJG	广コ刂王	OXXG	声⺊匕王
麋	mi	YNJO	广コ刂米	OXXO	声⺊匕米
麒	qi	YNJW	广コ刂八	OXXW	声⺊匕八
鏖	ao	YNJQ	广コ刂金	OXXQ	声⺊匕金
麝	she	YNJF	广コ刂寸	OXXF	声⺊匕寸
麟	lin	YNJH	广コ刂丨	OXXG	声⺊匕⺧
黑					
黛	dai	WALO	亻弋罒灬	WAYO	亻弋丶灬
黜	chu	LFOM	罒土灬山	LFOM	罒土灬山
黝	you	LFOL	罒土灬力	LFOE	罒土灬力
黠	xia	LFOK	罒土灬口	LFOK	罒土灬口
黟	yi	LFOQ	罒土灬夕	LFOQ	罒土灬夕
黢	qu	LFOT	罒土灬夂	LFOT	罒土灬夂
黩	du	LFOD	罒土灬大	LFOD	罒土灬大
黧	li	TQTO	禾勹丿灬	TQTO	禾勹丿灬
黥	qing	LFOI	罒土灬小	LFOI	罒土灬小
黪	can	LFOE	罒土灬彡	LFOE	罒土灬彡
黯	an	LFOJ	罒土灬日	LFOJ	罒土灬日
鼠					
鼢	fen	VNUV	臼乙冫刀	ENUV	臼乙⺀刀
鼬	you	VNUM	臼乙冫由	ENUM	臼乙⺀由
鼯	wu	VNUK	臼乙冫口	ENUK	臼乙⺀口
鼹	yan	VNUV	臼乙冫女	ENUV	臼乙⺀女
鼷	xi	VNUD	臼乙冫大	ENUD	臼乙⺀犬
鼻					
鼽	qiu	THLV	丿目田九	THLV	丿目田九
鼾	han	THLF	丿目田干	THLF	丿目田干
齄	ha	THLG	丿目田一	THLG	丿目田一

学以致用系列丛书

参考答案

第1章

1. A　2. B　3. B　4. D

第2章

1. C　2. B　3. A　4. D　5. D

第3章

1. D　2. C　3. C

第4章

1. A　2. C　3. A

第5章

1. C　2. C　3. B　4. D

第6章

1. C　2. A　3. D

第7章

1. D　2. B

第8章

1. C　2. D

第9章

1. D　2. D

第10章

1. D　2. C

第11章

1. A　2. C　3. D

第12章

1. A　2. B　3. C

第13章

1. B　2. C

第14章

1. A　2. C　3. D　4. D　5. B

第15章

1. A　2. D

第16章

1. D　2. C　3. C　4. A

第17章

1. C　2. A　3. D

第18章

1. C　2. D

读者回执卡

欢迎您立即填妥回函

您好！感谢您购买本书，请您抽出宝贵的时间填写这份回执卡，并将此页剪下寄回我公司读者服务部。我们会在以后的工作中充分考虑您的意见和建议，并将您的信息加入公司的客户档案中，以便向您提供全程的一体化服务。您享有的权益：

★ 免费获得我公司的新书资料；
★ 寻求解答阅读中遇到的问题；
★ 免费参加我公司组织的技术交流会及讲座；
★ 可参加不定期的促销活动，免费获取赠品；

读者基本资料

姓　　名＿＿＿＿＿＿＿＿ 性　　别 □男　□女 年　　龄＿＿＿＿＿＿

电　　话＿＿＿＿＿＿＿＿ 职　　业＿＿＿＿＿＿ 文化程度＿＿＿＿＿＿

E-mail＿＿＿＿＿＿＿＿ 邮　　编＿＿＿＿＿＿

通讯地址＿＿＿＿＿＿＿＿＿＿＿＿＿＿＿＿＿＿＿＿

请在您认可处打✓（6至10题可多选）

1、您购买的图书名称是什么：＿＿＿＿＿＿＿＿＿＿＿＿＿＿

2、您在何处购买的此书：＿＿＿＿＿＿＿＿＿＿＿＿＿＿

3、您对电脑的掌握程度：　□不懂　□基本掌握　□熟练应用　□精通某一领域

4、您学习此书的主要目的是：　□工作需要　□个人爱好　□获得证书

5、您希望通过学习达到何种程度：　□基本掌握　□熟练应用　□专业水平

6、您想学习的其他电脑知识有：　□电脑入门　□操作系统　□办公软件　□多媒体设计　□编程知识　□图像设计　□网页设计　□互联网知识

7、影响您购买图书的因素：　□书名　□作者　□出版机构　□印刷、装帧质量　□内容简介　□网络宣传　□图书定价　□书店宣传　□封面，插图及版式　□知名作家（学者）的推荐或书评　□其他

8、您比较喜欢哪些形式的学习方式：　□看图书　□上网学习　□用教学光盘　□参加培训班

9、您可以接受的图书的价格是：　□ 20 元以内　□ 30 元以内　□ 50 元以内　□ 100 元以内

10、您从何处获知本公司产品信息：　□报纸、杂志　□广播、电视　□同事或朋友推荐　□网站

11、您对本书的满意度：　□很满意　□较满意　□一般　□不满意

12、您对我们的建议：＿＿＿＿＿＿＿＿＿＿＿＿＿＿

←请剪下本页填写清楚，放入信封寄回，谢谢！

1 0 0 0 8 4

贴邮票处

北京100084—157信箱

读者服务部　　收

邮政编码：□□□□□□

技术支持与资源下载：http://www.tup.com.cn　http://www.wenyuan.com.cn
读 者 服 务 邮 箱：service@wenyuan.com.cn
邮　购　电　话：(010)62791865　(010)62791863　(010)62792097-220
组　稿　编　辑：章忆文
投　稿　电　话：(010)62770604
投　稿　邮　箱：bjyiwen@263.net